"十二五"普通高等教育本科国家级规划教材
国家精品课程教材

高等学校测绘工程专业核心教材

GPS测量与数据处理

GPS Surveying and Data Processing

（第三版）

李征航 黄劲松 编著

WUHAN UNIVERSITY PRESS
武汉大学出版社

图书在版编目(CIP)数据

GPS测量与数据处理/李征航,黄劲松编著. —3版.—武汉:武汉大学出版社,2016.5(2022.1重印)

"十二五"普通高等教育本科国家级规划教材 国家精品课程教材 高等学校测绘工程专业核心教材

ISBN 978-7-307-17680-5

Ⅰ.G… Ⅱ.①李… ②黄… Ⅲ.①全球定位系统—测量学—高等学校—教材 ②全球定位系统—数据处理—高等学校—教材 Ⅳ.P228.4

中国版本图书馆CIP数据核字(2016)第050955号

责任编辑:王金龙　　责任校对:汪欣怡　　版式设计:马　佳

出版发行:**武汉大学出版社** (430072 武昌 珞珈山)

(电子邮箱:cbs22@ whu.edu.cn 网址:www.wdp.com.cn)

印刷:武汉科源印刷设计有限公司

开本:787×1092 1/16 印张:29.25 字数:689千字

版次:2005年3月第1版 2010年9月第2版

2016年5月第3版 2022年1月第3版第8次印刷

ISBN 978-7-307-17680-5 定价:48.00元

第三版前言

本书为普通高等教育“十一五”国家级规划教材和“十二五”普通高等教育本科国家级规划教材。自2005年出版以来,先后印刷14次,印数已超过5万册,被很多高校选用作为教材。自2010年第二版面世以来,卫星导航定位系统及卫星导航定位技术已有了不少发展和改进,有必要对本书再次进行修订。在第三版中除了删去一些陈旧过时的内容,对一些资料和数据进行了修改和更新外,还在下列几个方面作了较大幅度的补充和修改:

(1)卫星信号的内部时延差T_{GD}及ISC对卫星钟差的影响及电离层延迟改正的影响,这部分属于较难理解的内容,在第二版中只给出了相应的公式(引自GPS的空间部分与导航用户间的接口文件IS-GPS-200,IS-GPS-705等相关文件),这次我们又对上述公式进行了推导,有助于学生的理解。

(2)在5.7单点定位这一节中增补了精度衰减因子DOP以及广域实时精密定位等内容,对精密单点定位部分进行了扩充,补充了硬件延迟及基于互联网的在线PPP服务系统等相关内容,使之能更全面地反映单点定位的发展现状。

(3)对5.5周跳的探测及修复、5.6整周模糊度的确定两节重新进行了梳理和分类,使之尽可能显得有条理和系统化。考虑到LAMBDA法在确定模糊度中的重要作用,对该方法的原理及具体做法进行了说明,并增加了一个案例,以加深学生对该方法的理解。

(4)北斗卫星导航系统BDS已正式向中国及其周边地区提供导航、定位、授时服务。这一由我国自行研制、组建和管理的卫星导航系统必将对我国的国防建设和经济建设产生巨大影响。为此我们依据手头上可收集到的公开资料编写了“北斗卫星导航系统”这一章。考虑到本书的书名为《GPS测量与数据处理》,将其作为正文似不太合适,故暂列于附录中。今后将根据形势的发展将其单独列为一门课程或将本书改名为“GNSS测量与数据处理”。建议各位老师将BDS的内容正式列入教学计划,以利于学生学习、应用及推广BDS。

我们希望这本新版的教材既能较为系统的介绍GPS测量与数据处理中涉及的基本原理与主要方法,也能较为全面地反映出本领域国内外的最新进展及发展趋势,成为一本深受广大师生喜欢的教材。然而由于能力有限,恐不能如愿。真诚希望广大读者批评指正。

作者

2015年10月

第二版修订说明

自 2005 年本书第一版发行以来,该书重印多次,发行量超过 2 万册。该书已被多所大学用作本科教学的教材,同时也成为研究生及专业技术人员广为阅读的一本参考书。基于以下原因,我们对第一版进行了较大幅度的修改和补充:

(1) 5 年来,全球定位系统本身已作了重要改进,GPS 导航定位技术也有了新的发展。

(2) 经多年使用后,有必要根据广大师生的意见对第一版的内容作一些增补和调整,以便更好地满足教学的需要。

(3) 本书的修订版已被批准为普通高等学校"十一五"国家级规划教材。

本版主要修订内容为:

(1) 对第一版的结构作了部分调整。新增加了一章《GPS 测量中涉及的时间系统和坐标系统》,并将"全球定位系统的应用"抽出来单独作为一章。此外,在导航电文前增补了有关卫星轨道根数及轨道摄动的内容,使教材的结构更为合理,也便于缺乏相关预备知识的学生使用本教材。

(2) 增补了有关系统本身近年来所作改进的相关内容:

- 广播星历精度改进计划 L-ALL;
- 有关 L_2C 码和 L_5I 码,L_5Q 码的相关内容;
- 调制在 L_2C 码和 L_5I 码上的导航电文;
- 信号在卫星内部的时延差 TGD、ISC 及其对卫星钟改正数和电离层延迟改正数的影响;
- 在导航电文中引入地球自转参数及其产生的影响。

(3) 增加或补充了有关 RTK、网络 RTK 及 CORS 的相关内容,对卫星相位中心偏差 PCO 及相位中心变化 PCV 以及天线相位缠绕等内容也作了增补。

(4) 对第一版的"第二编　技术设计与数据采集"和"第三编　数据处理"进行了大幅度的调整,主要调整的内容如下:

- 将第一版中第二编与第三编合并成为一编——"测量与数据处理",重点介绍 GPS 网建立的全过程及各个环节中的质量控制问题。
- 将原第 7 章、第 8 章和第 10.3~10.7 节的内容删除,对剩余章节进行了重新编排和补充,使本编的内容更侧重于工程应用。

本学科仍然处于迅速发展的阶段,知识更新速度很快,因而在修订过程中,我们继续坚持下列原则:既要讲清 GPS 测量与数据处理的具体方法、步骤和要求,并通过必要的实习使学生具备外业观测和数据处理的能力,以满足生产单位的需要;又要讲清楚基本原理,使学生明白为什么要这么做(这一点对于迅速发展中的学科来讲可能更为重要),以培养学生的创新能力,为今后卫星导航定位事业的发展作出贡献。

2010 年 7 月

第一版前言

全球定位系统在交通、运输、测绘、通信、军事、石油勘探、资源调查、农林渔业、时间比对、大气研究、气象预报、地质灾害的监测和预报等部门和领域中有广泛的应用前景。全球定位系统的出现使导航技术和定位技术产生了一场深刻的变革，促进了相关行业的整体技术进步。因而 GPS 导航定位技术已成为高等学校各相关专业中的一门重要课程。

自 20 世纪 70 年代起，我院（系）就紧跟学科发展前沿，用空间大地测量技术对原专业进行改造和建设，对旧的课程体系进行了大规模的调整。在培养具有新的知识结构的符合社会需要的大批人才的同时，我院（系）还承担了大量的科研项目和科技开发（生产）项目，将一个逐渐老化且生源和需求都严重不足的老专业改造建设成为一个欣欣向荣、充满活力的用高新技术武装起来的新专业。“跟踪学科发展前沿，改造和建设大地测量专业的研究和实践”获湖北省和国家教学成果一等奖。目前，“GPS 测量原理及其应用”不仅是武汉大学测绘学院、遥感信息工程学院、资源和环境学院中相关专业的必修课程，而且也成为面向全校的一门公选课。

本书是武汉大学“十五”规划教材，其内容涵盖“GPS 测量原理及其应用”（省级优质课程）和“GPS 数据处理”两门课程。根据我们的经验，这两门课程的难点为：载波相位测量的原理，观测值的线性组合，周跳的探测修复，整周模糊度的确定以及网平差（无约束平差、约束平差、联合平差）等内容，因此本教材对这些问题作了较为详细的阐述。考虑到卫星导航定位系统正处于迅速发展和变革的时期，所以在教材中对 GLONASS 系统、伽利略系统、我国的北斗系统以及 GPS 的现代化等内容也作了简要介绍。按武汉大学测绘学院的教学计划，有关时间系统、坐标系统、卫星轨道理论的基本知识和卫星应用等方面的内容已在“大地测量学基础”、“空间大地测量理论基础”和“卫星应用概论”等前期课程中讲过，故本书中不再作介绍，以免造成过多的重叠。但为了顾及外校和其他相关专业学生使用的需要，对一些必要的内容仍作了简单介绍。此外，为了保持两门课程相对的独立性和完整性，编写时允许有极少量内容相互交叉和重叠。

全书共分三编。第一编为 GPS 定位原理、方法与数学模型，共分 4 章。第 1 章绪论简要介绍了全球定位系统的产生、发展、前景以及在各个领域中的应用，对其他卫星导航定位系统也作了简要介绍。第 2 章介绍了全球定位系统的组成和信号结构以及卫星位置的计算。第 3 章介绍了影响 GPS 定位的各种误差源以及消除或削弱误差影响的方法。第 4 章介绍了测定卫地距的方法以及 GPS 定位的方法。第二编为技术设计与数据采集，共分 2 章。第 5 章介绍了技术设计的依据和方法。第 6 章介绍了选点与埋石、接收机检验、外业观测、成果验收等内容。第三编为数据处理，共分 5 章。第 7 章介绍了常用的时间标示方法及相互换算的方法。第 8 章介绍了 GPS 测量中常用的坐标系和参考框架。第 9 章介绍了

GPS 数据处理中常用的 RINEX 格式和 SP3 格式。第 10 章介绍了 GPS 基线向量解算和网平差中的各种问题。第 11 章介绍了 GPS 高程测量。其中第一、二编(前 6 章)由李征航编写,第三编(后 5 章)由黄劲松编写,最后由李征航负责统稿。其中部分标注有“* *”的内容主要供研究生学习和相关科研人员参考,不一定作为本科生学习的内容。

由于作者水平有限,谬误不当及疏漏之处在所难免。当前 GPS 定位技术仍处于迅速发展阶段,虽然我们力求与时俱进,反映该领域中的最新成果,但未必如愿。真诚希望广大读者批评指正。

作 者

2005 年 1 月

目　录

第一篇　GPS 定位原理、方法与数学模型

第 1 章　绪论 …… 3
1.1　全球定位系统的产生与发展 …… 3
1.1.1　子午卫星系统及其局限性 …… 3
1.1.2　全球定位系统的产生和发展 …… 6
1.2　美国政府的 GPS 政策 …… 7
1.2.1　早期的 GPS 政策 …… 7
1.2.2　GPS 政策的变化 …… 8
1.3　其他卫星导航定位系统概况 …… 9
1.3.1　全球导航卫星系统(GNSS) …… 9
1.3.2　区域性卫星导航定位系统 …… 13

第 2 章　GPS 测量中所涉及的时间系统和坐标系统 …… 17
2.1　有关时间系统的一些基本概念 …… 17
2.2　恒星时与太阳时 …… 20
2.3　原子时、协调世界时与 GPS 时 …… 22
2.4　建立在相对论框架下的时间系统 …… 25
2.5　GPS 中涉及的一些长时间计时方法 …… 27
2.6　天球坐标系 …… 30
2.6.1　岁差 …… 31
2.6.2　章动 …… 34
2.6.3　天球坐标系 …… 35
2.7　地球坐标系 …… 36
2.7.1　极移 …… 36
2.7.2　瞬时(真)地球坐标系 …… 37
2.7.3　协议地球坐标系 …… 37
2.8　ITRS 与 GCRS 之间的坐标转换 …… 40

第 3 章　全球定位系统的组成及信号结构 …… 42
3.1　全球定位系统的组成 …… 42

3.1.1　空间部分 …… 42
3.1.2　地面监控部分 …… 45
3.1.3　用户部分 …… 47
3.2　载波与测距码 …… 49
3.2.1　载波 …… 50
3.2.2　测距码 …… 50
3.3　导航电文 …… 58
3.3.1　导航电文的总体结构 …… 58
3.3.2　第 1 子帧(第一数据块) …… 59
3.3.3　第 2、3 子帧(第二数据块) …… 66
3.3.4　第 4、5 子帧(第三数据块) …… 69
3.4　卫星信号调制 …… 73
3.5　GPS 卫星位置的计算 …… 75
3.5.1　用广播星历计算卫星位置 …… 75
3.5.2　用精密星历计算卫星位置 …… 78

第 4 章　GPS 定位中的误差源 …… 79
4.1　概述 …… 79
4.1.1　误差分类 …… 79
4.1.2　消除或削弱上述误差影响的方法和措施 …… 81
4.2　相对论效应 …… 82
4.2.1　近似公式 …… 82
4.2.2　严格公式 …… 84
4.2.3　需要说明的几个问题 …… 84
4.3　钟误差 …… 85
4.3.1　卫星钟误差 …… 85
4.3.2　由于信号在卫星内的群延差而引起的卫星钟改正 …… 86
4.3.3　接收机钟误差 …… 89
4.3.4　在 GPS 测量中处理钟差的几种方法 …… 89
4.4　卫星星历误差 …… 90
4.4.1　GPS 卫星的广播星历和精密星历 …… 91
4.4.2　国际 GNSS 服务 …… 92
4.4.3　IGS 的产品及其精度 …… 94
4.4.4　星历误差对定位的影响 …… 96
4.4.5　消除和削弱星历误差影响的方法和措施 …… 98
4.5　电离层延迟 …… 99
4.5.1　电离层的概况 …… 99
4.5.2　电离层模型和经验改正公式 …… 104

4.5.3 双频改正模型 …… 106
4.5.4 利用GNSS双频观测资料建立VTEC模型 …… 111
4.5.5 利用三频观测值进行电离层延迟改正 …… 114
4.6 对流层延迟 …… 116
4.6.1 基本原理 …… 116
4.6.2 普通GPS测量中常用的几种对流层延迟模型 …… 117
4.6.3 高精度GPS测量时所用的对流层延迟改正方法 …… 122
4.6.4 投影函数 …… 122
4.7 多路径误差 …… 125
4.8 其他误差改正 …… 129
4.8.1 地球自转改正 …… 129
4.8.2 天线相位缠绕 …… 130
4.8.3 天线相位中心的误差 …… 131

第5章 距离测量与定位方法 …… 136
5.1 利用测距码测定卫地距 …… 136
5.2 载波相位测量 …… 141
5.2.1 概论 …… 141
5.2.2 载波相位测量原理 …… 143
5.2.3 载波相位测量的实际观测值 …… 144
5.2.4 载波相位测量的观测方程 …… 145
5.3 单差、双差、三差观测值 …… 146
5.4 其他一些常用的线性组合观测值 …… 151
5.4.1 同类型不同频率观测值的线性组合 …… 151
5.4.2 不同类型观测值的线性组合 …… 152
5.5 周跳的探测及修复 …… 154
5.5.1 产生整周跳变的原因 …… 154
5.5.2 周跳的探测及修复 …… 155
5.6 整周模糊度的确定 …… 161
5.6.1 模糊度问题的重要性及解决方法 …… 161
5.6.2 用伪距观测值来确定整周模糊度 …… 162
5.6.3 依据较为精确的先验站坐标及卫星星历来确定整周模糊度 …… 164
5.6.4 将模糊度作为待定参数通过平差计算来进行估计 …… 167
5.6.5 其他方法 …… 184
5.7 单点定位 …… 186
5.7.1 坐标系 …… 187
5.7.2 标准单点定位 …… 187
5.7.3 精密单点定位 …… 190

5.7.4　广域实时精密定位技术 …… 194
5.8　相对定位 …… 195
5.8.1　GPS 定位中的几个基本术语 …… 195
5.8.2　静态相对定位 …… 196
5.8.3　动态相对定位 …… 199
5.8.4　RTK …… 200
5.9　网络 RTK 及连续运行参考系统 CORS …… 201
5.9.1　网络 RTK …… 201
5.9.2　连续运行参考系统 …… 203
5.10　差分 GPS …… 205
5.10.1　概况 …… 205
5.10.2　差分 GPS 原理 …… 206
5.10.3　差分 GPS 的分类 …… 208
5.10.4　差分 GPS 的新进展 …… 212

第 6 章　全球定位系统的应用 …… 214
6.1　GPS 在测量领域中的应用 …… 214
6.1.1　GPS 在大地测量与地球动力学中的应用 …… 214
6.1.2　GPS 在工程测量中的应用 …… 215
6.1.3　GPS 在航测和遥感中的应用 …… 216
6.1.4　GPS 在地籍测量及地形测量中的应用 …… 217
6.2　GPS 在军事中的应用 …… 217
6.3　GPS 在交通运输业中的应用 …… 218
6.4　GPS 在大气科学中的应用 …… 219
6.5　GPS 在其他领域中的应用 …… 221

第二篇　GPS 测量与数据处理

第 7 章　GPS 网及其建立 …… 225
7.1　GPS 网 …… 225
7.1.1　GPS 静态测量的特点 …… 225
7.1.2　GPS 网 …… 226
7.2　GPS 网的建立过程 …… 227
7.2.1　设计准备 …… 228
7.2.2　测量实施 …… 228
7.2.3　数据处理 …… 229
7.3　GPS 测量中的几个基本概念 …… 230
7.3.1　观测时段 …… 230
7.3.2　同步观测 …… 230

7.3.3 基线向量 …………………………………………………… 230
7.3.4 复测基线及其长度较差 ……………………………………… 230
7.3.5 闭合环及环闭合差 ………………………………………… 230
7.3.6 同步观测环和同步环检验 …………………………………… 231
7.3.7 独立基线向量 ……………………………………………… 231
7.3.8 独立观测环和独立环检验 …………………………………… 233
7.4 GPS 网的质量及质量控制 …………………………………………… 233
7.4.1 GPS 网的质量 ……………………………………………… 233
7.4.2 GPS 网的质量控制 ………………………………………… 233
7.4.3 GPS 网质量的影响因素 …………………………………… 233

第 8 章 GPS 测量的技术设计 ……………………………………………… 235
8.1 概述 ……………………………………………………………… 235
8.1.1 技术设计及其作用 ………………………………………… 235
8.1.2 技术设计的依据 …………………………………………… 235
8.2 GPS 网的精度和密度设计 ………………………………………… 236
8.2.1 GPS 测量的等级及其用途 …………………………………… 236
8.2.2 GPS 测量的精度及密度指标 ………………………………… 237
8.2.3 GPS 网的精度和密度设计 …………………………………… 238
8.3 GPS 网的基准设计 ………………………………………………… 238
8.3.1 GPS 网的基准设计 ………………………………………… 238
8.3.2 起算数据的选取与分布 …………………………………… 239
8.4 GPS 网的布网形式 ………………………………………………… 240
8.4.1 跟踪站式 …………………………………………………… 240
8.4.2 会战式 ……………………………………………………… 240
8.4.3 多基准站式 ………………………………………………… 241
8.4.4 同步图形扩展式 …………………………………………… 242
8.4.5 单基准站式 ………………………………………………… 242
8.5 GPS 网的图形设计 ………………………………………………… 243
8.5.1 GPS 网图形与质量的关系 …………………………………… 243
8.5.2 提高 GPS 网质量的图形设计方法 …………………………… 244
8.6 GPS 网的设计指标 ………………………………………………… 245
8.6.1 GPS 网的特征值 …………………………………………… 245
8.6.2 效率指标 …………………………………………………… 246
8.6.3 可靠性指标 ………………………………………………… 247
8.6.4 精度指标 …………………………………………………… 247
8.7 技术设计书的编写 ………………………………………………… 247

第 9 章　GPS 测量的外业 …… 249
9.1　选点与埋石 …… 249
9.1.1　选点准备 …… 249
9.1.2　选点 …… 249
9.1.3　埋石 …… 250
9.2　接收机的维护和保养 …… 252
9.3　接收机的检验 …… 253
9.3.1　一般性检视 …… 253
9.3.2　通电检验 …… 253
9.3.3　附件检验 …… 253
9.3.4　试测检验 …… 254
9.3.5　接收机的检验要求 …… 256
9.3.6　野外检定场 …… 256
9.4　观测方案设计 …… 256
9.4.1　基本技术要求 …… 256
9.4.2　观测方案内容 …… 257
9.5　作业调度 …… 259
9.5.1　作业调度的内容 …… 259
9.5.2　同步图形的连接方式 …… 260
9.5.3　迁站方案 …… 262
9.6　观测作业 …… 264
9.6.1　准备工作 …… 264
9.6.2　观测作业 …… 264
9.6.3　记录 …… 265
9.6.4　外业观测成果的质量检核 …… 267
9.6.5　补测和重测 …… 267
9.7　成果验收和上交资料 …… 268
9.7.1　成果验收 …… 268
9.7.2　上交资料 …… 268
9.8　外业进度估算及项目成本预算 …… 269
9.8.1　外业进度估算 …… 269
9.8.2　项目成本预算 …… 269

第 10 章　GPS 测量中的数据格式 …… 270
10.1　RINEX 格式 …… 270
10.1.1　概述 …… 270
10.1.2　文件类型及命名规则 …… 270
10.1.3　文件结构及特点 …… 272

10.1.4　RINEX 2.10 格式说明 ………… 272
10.1.5　RINEX 格式文件实例 ………… 286
10.2　SP3 精密星历数据格式 ………… 292
10.2.1　概述 ………… 292
10.2.2　SP3 格式文件实例 ………… 293
10.2.3　SP3 格式定义及说明 ………… 293

第 11 章　GPS 基线解算 ………… 306
11.1　概述 ………… 306
11.2　基线的解算模式 ………… 307
11.2.1　基线向量解 ………… 307
11.2.2　单基线解模式 ………… 309
11.2.3　多基线解模式 ………… 310
11.2.4　整体解/战役模式 ………… 311
11.3　基线解算的过程及结果 ………… 312
11.3.1　GPS 基线解算的过程 ………… 312
11.3.2　基线解的输出结果 ………… 313
11.4　基线解算的质量控制 ………… 313
11.4.1　质量的控制指标 ………… 313
11.4.2　质量的参考指标 ………… 316
11.4.3　基线的精化处理 ………… 317

第 12 章　GPS 网平差 ………… 321
12.1　网平差的类型及作用 ………… 321
12.1.1　网平差的目的 ………… 321
12.1.2　网平差的类型 ………… 321
12.2　网平差的流程 ………… 323
12.2.1　网平差的整体流程 ………… 323
12.2.2　无约束平差的流程 ………… 324
12.2.3　约束平差的流程 ………… 325
12.2.4　联合平差的流程 ………… 325
12.3　网平差原理及质量控制 ………… 327
12.3.1　基本数学模型 ………… 327
12.3.2　三维无约束平差 ………… 336
12.3.3　三维约束平差 ………… 339
12.3.4　三维联合平差 ………… 343
12.4　采用 GPS 技术建立独立坐标系 ………… 345
12.4.1　独立坐标系 ………… 345

12.4.2　建立独立坐标系基本方法 …… 346
12.4.3　投影面的转换 …… 346
12.4.4　坐标的相似变换 …… 349
12.5　GPS 高程测量 …… 349
12.5.1　高程系统及其相互关系 …… 349
12.5.2　GPS 水准 …… 353

附录 1　调制在 L_2C 码上的导航电文 CNAV …… 359

附录 2　北斗卫星导航系统 …… 382
附 2.1　系统简介 …… 382
附 2.1.1　北斗系统的发展历程 …… 382
附 2.1.2　北斗系统采用的坐标系统及时间系统 …… 385
附 2.2　北斗卫星导航系统的组成 …… 387
附 2.2.1　空间部分 …… 387
附 2.2.2　地面控制系统 …… 393
附 2.2.3　用户终端 …… 394
附 2.3　BDS 所用的载波与测距码 …… 394
附 2.3.1　载波 …… 394
附 2.3.2　测距码 …… 396
附 2.3.3　信号调制 …… 399
附 2. 4　导航电文 …… 400
附 2.4.1　D_1 导航电文 …… 400
附 2.4.2　D_2 导航电文 …… 410
附 2. 5　利用导航电文提供的信息进行相关计算 …… 427
附 2.5.1　电离层延迟改正 …… 427
附 2.5.2　计算卫星钟差 …… 432
附 2.5.3　计算卫星位置 …… 432

附录 3　引用的缩写词 …… 437

参考文献 …… 439

第一篇　GPS 定位原理、方法与数学模型

第1章　绪　论

1.1　全球定位系统的产生与发展

1.1.1　子午卫星系统及其局限性

1.子午卫星系统

子午卫星系统(Transit)是美国海军研制、开发、管理的第一代卫星导航定位系统,又称海军导航卫星系统(Navy Navigation Satellite System,NNSS)。该系统采用多普勒测量的方法来进行导航和定位。1957年10月,前苏联成功地发射了第一颗人造地球卫星。美国约翰·霍普金斯大学应用物理实验室的吉尔博士和魏芬巴哈博士对该卫星发射的无线电信号的多普勒频移产生了浓厚的兴趣。他们的研究表明,利用地面跟踪站上的多普勒测量资料可以精确确定卫星轨道。在应用物理实验室工作的另外两位科学家麦克卢尔博士和克什纳博士则指出,对一颗轨道已被精确确定的卫星进行多普勒测量,可以确定用户的位置。上述工作为子午卫星系统的诞生奠定了基础。当时美国海军正在寻求一种可对北极星潜艇中的惯性导航系统进行间断地、精确地修正的方法,故积极资助应用物理实验室开展进一步的研究。1958年12月,在克什纳博士的领导下开展了三项研究工作:研制子午卫星;建立地球重力场模型,以便能准确确定和预报卫星轨道;研制多普勒接收机。1964年1月,子午卫星系统正式建成并投入军用。1967年7月,该系统解密,同时供民用。用户数激增,最终达到95000个用户。其中军方用户只有650家,不足总数的1%。

子午卫星在几乎是圆形的极轨道(轨道倾角$i \approx 90°$)上运行。卫星离地面的高度约为1075km,卫星的运行周期为107min。子午卫星星座一般由6颗卫星组成。这6颗卫星应均匀地分布在地球四周,即相邻的卫星轨道平面之间的夹角均应为30°。但由于各卫星轨道面的倾角i不严格为90°,故进动的大小和符号各不相同。这样,经过一段时间后,各轨道面的分布就会变得疏密不一。位于中纬度地区的用户平均1.5h左右可观测到一颗卫星,但最不利时要等待10h才能进行下一次观测。

子午卫星系统采用多普勒测量的方法来进行导航定位,当子午卫星系统以f_S的频率发射信号时,由于多普勒效应,接收机所接收到的信号频率将变为f_R。接收频率f_R和发射频率f_S间存在下列关系:

$$f_R = \left(1 - \frac{1}{c}\frac{\mathrm{d}D}{\mathrm{d}t}\right)f_S \tag{1-1}$$

式中,D为信号源与接收机间的距离;c为真空中光速。

若接收机产生一个频率为 f_0 的本振信号并与接收到的频率为 f_R 的卫星信号混频，然后将差频信号在时间段 $[t_1,t_2]$ 间进行积分，则积分值 N 和距离差 (D_2-D_1) 间有下列关系：

$$N=\int_{t_1}^{t_2}(f_0-f_R)\,\mathrm{d}t=\int_{t_1}^{t_2}(f_0-f_S)\,\mathrm{d}t+\int_{t_1}^{t_2}(f_S-f_R)\,\mathrm{d}t$$

$$=(f_0-f_S)(t_2-t_1)+\int_{t_1}^{t_2}\frac{f_S}{c}\frac{\mathrm{d}D}{\mathrm{d}t}\cdot\mathrm{d}t=(f_0-f_S)(t_2-t_1)+\frac{f_S}{c}(D_2-D_1) \quad (1\text{-}2)$$

式中，N 称为多普勒计数，是多普勒测量中的观测值；积分间隔 (t_2-t_1) 一般可取 4.6s、30s 或 2min，作业人员可自行选择；D_1 和 D_2 分别为 t_1 和 t_2 时刻卫星至接收机的距离。由式(1-2)知，进行多普勒测量后，我们即可据多普勒计数 N 求得 t_1、t_2 时刻卫星至接收机的距离差 (D_2-D_1)：

$$D_2-D_1=\frac{c}{f_S}[N-(f_0-f_S)(t_2-t_1)]=\lambda_S[N-(f_0-f_S)(t_2-t_1)] \quad (1\text{-}3)$$

式中，λ_S 为发射信号的波长。若该卫星的轨道已被确定，t_1、t_2 时刻卫星在空间的位置 s_1 和 s_2 已知，那么我们就能以 s_1 和 s_2 为焦点作出一个旋转双曲面，该双曲面上的任意一点至这两个焦点的距离之差恒等于 (D_2-D_1)。显然，用户必位于该旋转双曲面上。如果我们继续在时间段 $[t_2,t_3]$ 和 $[t_3,t_4]$ 内进行多普勒测量，求得距离差 (D_3-D_2) 和 (D_4-D_3)，就能按照上述方法做出第二个旋转双曲面和第三个旋转双曲面，从而交会出用户在空间的位置。

2.子午卫星系统的局限性

(1)一次定位所需的时间过长

这一缺点是由多普勒定位方法的本质所决定的。如前所述，在多普勒定位中，旋转双曲面的焦点 s_1、s_2、s_3、… 是由同一卫星在运行过程中逐步形成的。为了保证定位精度，这些焦点与地面测站之间的夹角不能过小，以便能组成较好的几何图形。所以，利用子午卫星多普勒观测进行导航时，通常需观测一次完整的卫星通过(一般为 8~18min)。而利用 GPS 进行距离交会时，由于空间的“已知点”是由同一瞬间的不同卫星来提供的，故只进行一个历元的观测就有可能获得几何强度极佳的一组观测值。一次定位所需时间过长会带来一系列问题，如：

① 无法为飞机、导弹、卫星等高动态用户服务，也难以满足汽车等运行轨迹较为复杂的地面车辆导航定位的需要。

② 为尽量减少一次导航定位所需的时间，只能采用低轨道卫星。这是因为：(a)当卫星运动速度相同时，从地面测站上所看到的低轨卫星的方向变化远比高轨卫星快。(b)低轨卫星运行的线速度比高轨卫星快，如果把子午卫星发射至离地面 20000km 的 GPS 卫星轨道上，那么为了获得同样的几何图形，观测时间就必须增加 6~7 倍。也就是说，一次导航定位的时间需 1~2h，这样长的观测时间显然是用户难以接受的。所以，采用多普勒测量方法来导航定位的卫星通常都是低轨卫星。而采用低轨卫星又会产生一系列特殊问题，例如，卫星所受到的大气阻力较大，其轨道难以准确测定和预报；由于每个卫星跟踪站能观测到的卫星轨道较短，因而需在全球布设大量的卫星跟踪站才有可能对卫星进行连续观测，然而由于自然地理条件的限制以及政治方面的原因，这是很难做到的(指当时的技术条件)。

③ 即使是对船舶等低动态用户来说，由于在一次导航定位过程中载体仍处于运动状态中，故各观测值所对应的用户位置是不相同的，其变化量一般可达 5~10km。解算时，需根据船速等信息将这些观测值归算至同一参考时刻。由于一次导航定位所需的时间过长，船速等参数的误差将影响定位精度。

上述各种问题是由多普勒定位方法本身引起的，难以解决。

（2）不是一个连续的、独立的卫星导航系统

如前所述，美国海军研制组建子午卫星系统的目的是为了能给惯性导航系统提供一种间断的、精确的修正，故该系统中没有采用频分、码分、时分等多路接收技术。接收机在某一时刻只能接收一个卫星信号，这就意味着子午卫星星座中所含的卫星数不能太多。为防止在高纬度地区的视场中同时出现两颗子午卫星，从而造成信号相互干扰的可能性，子午卫星星座中的卫星一般不超过 6 颗，从而使中低纬度地区两次卫星通过的平均间隔达 1.5h 左右。由于各卫星轨道面进动的大小和方向不一，最终造成各轨道面之间的间隔疏密不一。相邻轨道面过密时，会导致两颗卫星同时进入用户视场，造成信号的相互干扰，此时控制中心不得不暂时关闭一颗卫星使其停止工作。轨道面过疏时，用户的等待时间有可能长达 8~10h。导航定位的不连续性使子午卫星系统无法成为一种独立的导航定位系统，而只能成为一种辅助系统，多种导航的并存不仅增加了用户的费用，而且还有可能导致信号相互干扰。

正因为从导航的角度讲子午卫星系统存在上述两大缺点，所以在该系统投入使用后不久，美国国防部即组织陆、海、空三军着手研制第二代卫星导航定位系统——全球定位系统 GPS。

此外，从测量的角度讲，子午卫星系统也存在不少问题，主要有：

（1）所需时间长，作业效率偏低

利用子午卫星进行测量时，大部分时间都是在等待卫星中度过的，真正的观测时间不足 20%，作业效率低。为获得对大地测量有意义的成果，一般需观测 50~100 次合格的卫星通过，历时一星期左右。

（2）定位精度偏低

子午卫星多普勒定位一般只能获得分米级至米级的定位精度，从而限制了它的应用范围。究其原因主要是：

① 卫星钟和接收机钟的频率都不够稳定，而在一次卫星通过中，我们通常只引入一个频漂参数 $d\Delta f$ 来表示这两台钟之间实际的频率差相对于其理论值 Δf_0 的偏差：$d\Delta f_0=(f_0-f_1)-\Delta f_0$。但实际上，该值在这么长的时间内是无法保持稳定不变的。研究结果表明，当卫星钟的稳定度为 5×10^{-12} 时，在一次卫星通过时，只引入一个参数（而不是在每个观测历元分别引入一个参数），会导致 0.8~1.0m 的定位误差。

② 由于子午卫星所用的频率较低，而电离层延迟改正模型中一般只顾及 f^2 项，在中等的太阳活动年份中，在地球赤道附近被略去的高阶项的影响将大于 1.0m。

③ 由于卫星的轨道较低，在当时的技术水平下，地球重力场模型和大气阻力摄动的误差对定位的影响将达 1~2m。观测 50~100 次卫星通过后，才能削弱至分米级水平。

上述缺陷也从另一个侧面说明了用全球定位系统取代子午卫星系统的必要性。

1.1.2 全球定位系统的产生和发展

由于子午卫星系统存在上述局限性，所以在该系统投入运行后不久，各军兵种立即开展了相关的研究工作来设计适合于自己的卫星导航定位系统，其中较著名的有美国海军提出的 Timation 计划和美国空军提出的 621 B 计划。Timation 主要用于高精度的时间传递，同时也可提供导航信息。由于使用了高精度的卫星钟（铷原子钟、铯原子钟），从而大大改善了预报星历的精度，增加了两次卫星星历输入的时间间隔。621 B 则采用伪随机噪声码（Pseudo Random Noise，PRN）来进行伪距测量。经适当选择后的 PRN 码几乎都是互相正交的，故可采用码分多址技术来识别和处理不同的卫星信号。此外，还可以在 PRN 码上调制卫星导航电文。采用这些伪随机噪声码作为测距码时，即使信号的功率密度不足环境噪声的 1%，仍可将信号检测出来。

为提高效率，减少各军种之间的矛盾，美国国防部于 1973 年成立了由空军、海军、陆军、国防制图局、海岸警卫队、交通部以及北约和澳大利亚等方代表组成的联合工作办公室（Joint Program Office，JPO）负责新的卫星导航定位系统的设计、组建、管理等项工作。同年，JPO 在集 Timation、621 B 等方案优点的基础上提出了一个综合性方案，并将其称为 NAVSTAR/GPS（NAVigation System with Timing And Ranging/Global Positioning System），简称 GPS。该方案于 1973 年 12 月 17 日获美国国防系统采办和评审委员会（DSARC）批准。JPO 在全球定位系统的研制和组建过程中起了极其重要的作用，其具体职责为：

① 负责 GPS 卫星的设计、研制、试验、改进、订购等工作，并负责将它们送入预定轨道。

② 建立地面控制系统，负责整个系统的管理和协调工作，维持系统的正常运行。

③ 为美国及其盟国的军方用户设计、试验、生产 GPS 接收机。

全球定位系统（GPS）是美国继阿波罗登月计划和航天飞机计划之后的又一重大空间计划。整个系统的研制组建工作分方案论证、大规模工程研制和生产作业三个阶段进行，耗资 200 亿美元。经过 20 年的努力，该系统终于建成并投入运行。

1993 年 7 月，进入轨道可正常工作的 Block I 试验卫星和 Block II、Block IIA 型工作卫星的总和已达 24 颗，系统已具备了全球连续导航定位能力，故美国国防部于 1993 年 12 月 8 日正式宣布全球定位系统已具备初步工作能力 IOC（Initial Operational Capability）。这是系统研制组建过程中具有重要意义的事件，它标志着研制组建试验阶段已结束，整个系统已进入了正常运行的阶段。此后，除了非常时期外，美国政府应该以公开承诺的精度向全世界的用户提供连续的导航定位服务，且不能未经通知而擅自修改、变更卫星信号。

1995 年 4 月 27 日，美国空军空间部宣布全球定位系统已具有完全的工作能力 FOC（Full Operational Capability）。因为此前不计试验卫星在内，已进入预定轨道能正常工作的 Block II 和 Block IIA 型工作卫星已达 24 颗。

目前，GPS 作为新一代的卫星导航定位系统，已在军事、交通运输、测绘、高精度时间比对及资源调查等领域中得到了广泛的应用。

1.2　美国政府的 GPS 政策

随着国际和国内形势的变化,美国政府不断对自己的 GPS 政策作出调整,以最大限度地维护其国家利益。

1.2.1　早期的 GPS 政策

20 世纪 80 年代末 90 年代初以前,美国、苏联两个超级大国为争夺世界霸权而展开激烈的争夺,这一时期的美国 GPS 政策主要反映了美国国防部的立场,重点关注维护国家安全,使 GPS 带有很重的军事色彩。其具体措施是实施 SA 政策和 AS 政策。

1.SA(Selective Availability)政策

在全球定位系统的研制组建阶段,大量的试验结果表明,即使利用 C/A 码来进行导航定位,也能获得相当不错的结果,其精度一般可达±15~±40m。上述精度已大大优于美国军方预先估计的精度。考虑到 GPS 在军事上的巨大应用潜力以及 C/A 码是公开向全球所有用户开放的这一基本政策,为防止敌对方利用 GPS 危害美国的国家安全,美国国防部从 1991 年 7 月 1 日起在所有的工作卫星上实施 SA 技术。其主要的技术手段为:

(1)在卫星的广播星历中人为地加入误差,以降低卫星星历的精度,这就是所谓的 ε 技术。采取这种技术后,相当于用户在进行距离交会时,已知点的坐标精度已被大幅度降低,从而降低了交会的精度。据报道,采用这种方法所引入的卫星星历误差在±50~±150m 变化,其周期一般为数小时。

(2)有意识地使卫星钟频产生一种快速的变化。这种变化实际上也是一种伪随机过程,对于未掌握其变化规律的用户来讲,产生的效果相当于降低了钟的稳定度,从而影响导航定位精度,这就是所谓的 δ 技术。实施 δ 技术所产生的测距误差可达±50m 左右,其变化周期一般为数分钟。由于卫星钟的改正参数 a_0、a_1、a_2 等是每 2 小时更新一次的,所以不可能反映出钟频的快速变化。

据美国国防部的规定,采取上述措施后,未经美国政府授权的全世界广大用户使用全球定位系统的精度将被降低为:

平面位置:±100m

高程:±156m

速度:±0.3m/s

时间:±340ns

上述误差的置信度皆为 95%,即为 2 倍中误差。若置信度为 99.99%,则平面位置的误差为±300m,高程的误差为±500m。

当时全球定位系统通常被描述为:全球定位系统是一种军民两用的新一代卫星导航定位系统。美国及其盟国的军方用户以及少数经美国政府授权的非军方用户利用 P(Y)码测距,其定位结果不受 SA 政策的影响,获得精密定位服务(Precise Positioning Service,PPS),其定位精度为±16m(SEP)或更好。未经美国政府授权的广大用户则可使用标准定位服务(Standard Positioning Service,SPS),其定位精度为平面位置±100m,高程±156m(95%的置信度)。

2. AS(Anti-Spoofing)政策

AS政策是美国国防部为防止敌对方对GPS卫星信号进行电子欺骗和电子干扰而采取的一种措施。其具体做法是在P码上加上严格保密的W码,使其模二相加产生完全保密的Y码。该措施从1994年1月31日起实施。

虽然从本意上讲,AS是一种防卫性的措施,但产生的客观效果限制了广大非特许用户使用Y码的可能性。无法获得高精度的测码伪距不但将大大降低导航精度,也将给GPS测量带来许多不便,增加了载波相位测量数据处理的难度。

近年来,经过接收机生产厂家的不懈努力,在美国政府实施AS政策的情况下,未经美国政府授权的一般测量用户只要采用Z跟踪技术就仍然能利用P码来进行测距,从而较好地克服了AS政策所造成的消极影响。

1.2.2 GPS政策的变化

自20世纪末开始,美国政府的GPS政策发生了一些新的变化,究其原因,主要有以下几个方面:

(1)前苏联的解体和东欧国家所发生的变更使国际形势发生了很大的变化。美国政府有必要对其GPS政策作出相应调整。

(2)GPS产业已成为美国经济发展中新的增长点,为美国提供了成千上万个就业机会。美国政府的GPS政策应有助于该产业的发展,而不应阻碍其发展。GPS生产厂商的要求和利益以及以美国运输部为代表的非军方用户的利益应在美国政府的GPS政策中得到更多的反映。

(3)未经美国政府授权的广大用户利用差分GPS等技术已能较好地解决实施SA政策所产生的各种问题。在这种情况下继续实施SA政策已无太大意义,所以美国公共行政学院NAPA和国家科学研究协会于1995年联合建议终止实施SA。况且经数年研究后,美国军方已具备了在局部地区实施SA的能力。

(4)俄罗斯管理的GLONASS卫星导航定位系统早已宣布不实施SA政策,所以其导航定位精度要比实施SA的GPS高得多。如果美国政府不终止SA政策,大量用户必将舍弃GPS而改用GLONASS。这种国际间的竞争也迫使美国政府对GPS政策作出调整。

在上述背景下,1996年3月29日,美国以总统指令的形式公布了新的GPS政策。宣布将在4~10年内取消SA政策;进一步鼓励民间用户为商业、科研等和平用途而广泛使用GPS;国防部(DOD)变反对联邦航空管理局(FAA)实施WAAS计划为支持该计划;成立GPS执行局对系统进行管理,由国防部和运输部代表共同担任主席。显然,为了更好地适应新的形势,美国已对原GPS政策作了大幅度调整。这种变化减少了广大未授权用户在使用GPS时所受到的限制,有利于全球定位系统的普及推广工作。需要说明的是,SA已在2000年5月2日4时左右(UTC)取消。

卫星导航定位系统在军事和民用的各个领域中正发挥着越来越大的作用。其用户数量之多,使用方式之多样,效用之大,都是前所未有的。正因为如此,全世界各发达国家都在积极发展自己的卫星导航定位系统及其增强系统,以最大限度地谋取军事利益、经济利益和政治利益。而另一方面原有的 GPS 系统又存在许多不足,如:①隐蔽地区(室内、树林中等)难以接收到卫星信号。②C/A 码和 P(Y)码的能量集中在中心频率附近,容易受到人为干扰。③L_2载波上未调制民用测距码,普通用户难以进行双频电离层延迟改正,影响了 GPS 的应用范围。④系统过分依赖地面控制系统,战时生存能力差。为了更好地满足军事需要,继续扩展民用市场,确保 GPS 在卫星导航定位领域中的霸主地位,劝说他国放弃建立自己的卫星导航定位系统的计划,美国决定对 GPS 系统实行现代化,其主要内容包括:

(1)在 Block IIR-M 及 Block IIF 卫星及随后的 GPS 卫星的 L_2载波上调制民用码。这种民用码最初计划采用 C/A 码,现改为更为先进的 L_2C 码。在 L_2载波上调制民用码后,非军方用户也能采用双频改正的方法来较好地消除电离层延迟,而且还能采用码相关法来高质量地重建 L_2载波。试验结果表明,重建的 L_2载波的质量与 L_1载波的质量是相当的(邱蕾,2008)。

(2)在 Block IIF 卫星及随后的 GPS 卫星上增设频率为 1176.45MHz 的 L_5信号,这样对非军方用户而言,就形成了三频共存的局面,可组成更多种类的具有优良特性的载波相位线性组合观测值。

(3)在 L_1和 L_2上增设军用码 M 码,实现军用信号和民用信号的分离,以提高军用码的安全性,M 码具有更好的保密性和抗干扰能力。这样,军事用户就有 Y_1、Y_2、M_1、M_2四种码可以使用。军用接收机具有更好的保护装置,特别是抗干扰能力,并具有快速初始化能力。

(4)阻止、干扰敌对方使用全球定位系统。

总的来说,GPS 现代化是为了“保障美方军用,阻止敌对方使用,维护和平的非军事应用”。

目前,有些早期的 GPS 政策(如 SA 等)虽已中止实施,但了解美国政府的 GPS 政策的变化过程对于我们理解卫星导航系统的性质和作用仍是有帮助的。

有关上述信号的具体结构等将在卫星信号中介绍。

1.3 其他卫星导航定位系统概况

1.3.1 全球导航卫星系统(GNSS)

除 GPS 以外,全球导航卫星系统(Global Navigation Satellite System,GNSS)还有俄罗斯的 GLONASS 以及正在组建中的中国的北斗卫星导航系统(BDS)和欧盟的伽利略(Galileo)系统。

1.GLONASS

GLONASS(GLObal NAvigation Satellite System)是前苏联研制、组建的第二代卫星导航定位系统,现由俄罗斯负责管理和维持。该系统和 GPS 一样,也采用距离交会原理进行工作,可为地球上任何地方及近地空间的用户提供连续的、精确的三维坐标、三维速度及时间信息。

图 1-1 为 GLONASS 卫星的外形图。卫星在轨重量为 1.4t。圆柱形星体的两侧配备有太阳能电池帆板,其面积约为 $7m^2$,功率为 1.6kW。卫星体前端安有 12 根 L 波段发射天线,

用以向用户发射导航信号。星载铯原子钟为卫星提供基准频率。

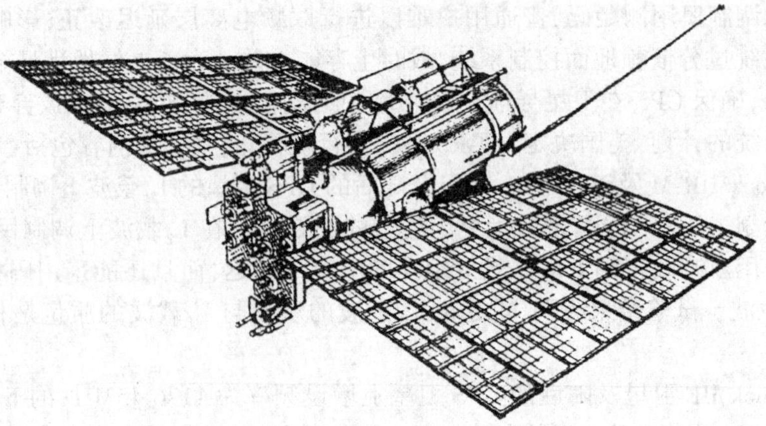

图 1-1　GLONASS 卫星的外形图

GLONASS 采用频分多址技术，第 i 颗卫星的信号频率为：

$$\begin{cases}(f_1)_i = 1602.5625\text{MHz} + (i-1) \times 0.5625\text{MHz} \\ (f_2)_i = 1246.4375\text{MHz} + (i-1) \times 0.4375\text{MHz}\end{cases} \quad (i = 1,2,\cdots,24) \tag{1-4}$$

从 1982 年 10 月 12 日发射第一颗 GLONASS 卫星起至 1995 年 12 月 14 日止，先后共发射了 73 颗 GLONASS 卫星，最终建成了由 24 颗工作卫星组成的卫星星座。这 24 颗卫星均匀分布在三个轨道倾角为 64.8°的轨道上(见图 1-2)。相邻轨道面的升交点赤经之差 $\Delta\Omega$ 为 120°。每个轨道面上均匀分布 8 颗卫星。卫星在几乎为圆形的轨道上飞行($e \leqslant 0.01$)。卫星的平均高度为 19390km，运行周期为 11h 15min44s。

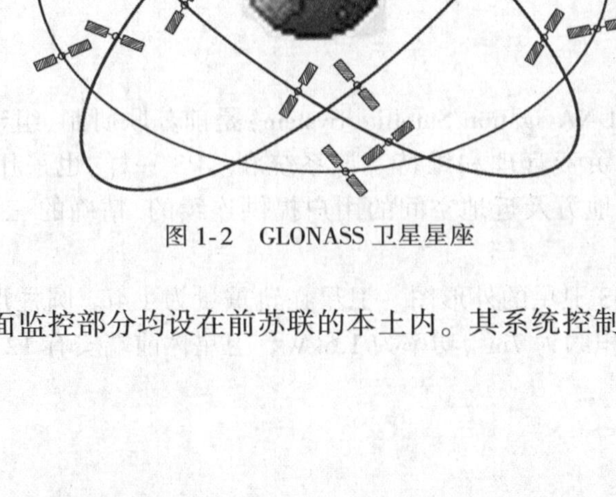

图 1-2　GLONASS 卫星星座

GLONASS 的地面监控部分均设在前苏联的本土内。其系统控制中心位于莫斯科，5 个跟踪站分别位于 Ternopol、st.Peterbury、Eniseisk、Balkash、kom somclsk-cnamur。

GLONASS 系统所采用的时间系统为由俄罗斯组建和维持的协调世界时 UTC(SU)(第三时区)。GLONASS 时与 GPS 时之间的关系为：

$$T_{\text{GLONASS}} = T_{\text{GPS}} + 3\text{ 小时} + n\text{ 秒} + \tau$$

其中 n 是由于 GLONASS 时将随着 UTC 时一起跳秒，而 GPS 时则不跳秒所引起的两种时间系统间相差的整秒数，τ 则为两种时间系统间相差的小数部分，在新型的 GLONASS 导航电文和 GPS 导航电文中都将给出 τ 的数值。

GLONASS 系统采用的坐标系为 PZ90 坐标系。2007 年对坐标系进行了精化后更新为 PZ90.02。据估计 PZ90.02 坐标系与 ITRF 框架之间的差异为分米量级。参考文献中给出 PZ90.02 与 WGS-84 间的坐标转换公式为：

$$\begin{bmatrix} X \\ Y \\ Z \end{bmatrix}_{\text{WGS-84}} = \begin{bmatrix} X \\ Y \\ Z \end{bmatrix}_{\text{PZ90.02}} + \begin{bmatrix} -0\overset{\text{m}}{.}36 \\ 0\overset{\text{m}}{.}08 \\ 0\overset{\text{m}}{.}18 \end{bmatrix}$$

目前，在一般地区 GLONASS 的导航定位精度要略逊于 GPS 系统，但在高纬度地区，利用 GLONASS 系统可能有一定优势。

GLONASS 卫星虽然已于 1996 年初组网成功并正式投入运行，但由于卫星的平均寿命过短，一般仅为 2~3 年，加之俄罗斯的经济状况欠佳，没有足够的资金来及时补发新卫星，所以至 2000 年底卫星数已减少至 6 颗，系统已无法正常工作。此后，随着经济情况的好转，俄罗斯政府制定了“拯救 GLONASS 的补星计划”，并着手对系统进行现代化改造，其主要措施为：

• 在 2003 年前发射 GLONASS-M1 卫星，卫星的工作寿命预计为 5 年，在轨重量为 1480kg。

• 在 2003 年后发射 GLONASS-M2 卫星，设计工作寿命为 7 年，在轨重量为 2000kg，并增设第二民用码(类似于 GPS 中的 L_2C 码)。

• 2009 年开始研制第三代的 GLONASS-K 卫星，设计工作寿命为 10 年，并增设第三个频率(1201.74~1208.51MHz)。2010 年后重新建成由 24 颗 GLONASS-M 卫星和 GLONASS-K 卫星组成的卫星星座。

• 2015 年发射新型的 GLONASS-KM 卫星，改进地面控制系统及坐标系统，使其与 ITRF 框架保持一致，提高卫星钟的稳定度，以进一步改善系统的性能。至 2009 年 12 月 29 日，星座中共有 22 颗卫星，其中 15 颗处于正常工作状态，3 颗卫星处于维修状态，3 颗新发射的卫星处于启动调整状态，另 1 颗卫星从 2009 年 6 月起就停止工作，无法启动。

与 GPS 不同，GLONASS 采用了频分多址技术 FDMA。这种方法的优点是敌对方发出的某一干扰信号只会影响与其频率相仿的卫星信号，对其他卫星信号不会产生显著的影响；不同卫星信号间也不会产生严重的干扰；测距码的结构比码分多址要简单得多。FDMA 的缺点是接收机体积大、价格贵，因为处理不同频率的卫星信号时需配备更多的前端部件。此外，系统占用的频率资源也要大得多，其中有一部分与 VLBI 所用的频谱重叠，所以

GLONASS决定将位于地球两侧的两个卫星共用一个频率，把所占用的频率压缩一半。并增设了负频点，将(1-4)式中的i的取值范围从1~24调整为-7~6。这样f_1和f_2的取值范围将分别变为1598.0625~1605.375MHz和1242.9375~1248.625MHz。此外最近俄罗斯又在GLONASS-K卫星以及部分GLONASS-M卫星上增设了第三民用频率f_3，并在其上用码分多址技术CDMA加载了第三民用测距码L_3OC。今后还准备在新的GLONASS卫星上再增设CDMA信号L_1OC和L_2OC。由于卫星信号频率发生了变化，而且又同时采用频分多址FDMA和码分多址CDMA技术，因而接收机也必须加以改动后才能顺利接收新的卫星信号。

GLONASS与GPS的另一差异是：GPS的地面监测站是较均匀地分布在全球范围内的，而GLONASS的监测站则布设在国内。为弥补国内布站的缺陷，在卫星上配备了后向激光反射棱镜，通过激光测卫观测值(精度优于2cm)来校正无线电测距的结果，以提高测距精度。此外，又将卫星高度降低至19100km，相应的卫星运行周期减少为11h 15min。一天内卫星运行$2\frac{1}{8}$圈，而同一轨道上相邻卫星间的间隔正好为$\frac{1}{8}$圈，也就是说，一天后同一时间，同一方向出现的是一颗相邻卫星，每8天循环一次。这种安排有助于对所有卫星较均匀地进行跟踪观测。此外，俄罗斯也希望能在国外大量增设地面监测站，但实施过程并不顺利，因而转而与国际GNSS服务组织IGS合作，希望通过IGS实现全球监测。由于俄罗斯处于高纬度地区，因此把GLONASS的轨道倾角也提高了大约10°，以便对高纬度地区有更好的覆盖率。

2. 伽利略卫星导航定位系统(Galileo)

2002年3月，欧盟不顾美国政府的阻挠，决定启动伽利略(Galileo)系统的组建计划，以便使欧洲拥有自己的卫星导航定位系统。这是一项具有战略意义的计划，不仅能使欧洲在安全防务和军事方面保持主动，在航天领域内继续充当重要角色，而且可获得很好的社会效益和经济效益。研究结果表明，伽利略计划能为欧洲创造14万个就业岗位，年创经济效益90亿欧元。

伽利略计划预计投资为36亿欧元。整个卫星星座将由30颗卫星组成(27颗工作卫星加3颗在轨的备用卫星)。这些卫星将均匀地分布在三个倾角为56°的轨道面上，每个轨道面上均分布有9颗工作卫星和1颗备用卫星。卫星轨道半径为29600km，运行周期为14h7min，地面跟踪的重复时间为10天，10天中卫星运行17圈。卫星的设计寿命为20年，质量为680kg，功耗为1.6kW。每颗卫星上均配备2台氢原子钟和2台铷原子钟，一台在用，其余备用。

卫星信号将采用4种位于L波段的频率来发射，其频率分别为：

E5a：1176.45MHz

E5b：1207.14MHz(1196.91~1207.14MHz，待定)

Eb：1278.75MHz

E_2-L_1-E_1：1575.42MHz

伽利略系统除具有全球导航定位功能外，还具有全球搜索救援等功能，并向用户提供公开服务、安全服务、商业服务、政府服务等不同模式的服务。其中公开服务和安全服务是供全体用户自由使用的，而其他服务模式则需经过特许，有控制地使用。

伽利略系统具有下列特点：

(1)系统在研制和组建过程中，军方未直接参与。该系统是一个具有商业性质的民用卫星导航定位系统，非军方用户在使用该系统时受到政治因素影响较少。

(2)鉴于 GPS 在可靠性方面存在的缺陷(用户在无任何先兆和预警的情况下，可能面临系统失效、出错的情况)，伽利略系统从系统的结构设计方面进行了改造，以最大限度地保证系统的可靠性，及时向指定用户提供系统的完备性信息。

(3)采取措施进一步提高精度，如在卫星上采用了性能更好的原子钟；地面监测站的数量达 30 个左右，数量更多，分布更好；在接收机中采用了噪声抑制技术等，因而用户能获得更好的导航定位精度，系统的服务面及应用领域也更为宽广。

(4)与 GPS 既保持相互独立，又互相兼容，具有互操作性。相互独立可防止或减少两个系统同时出现故障的可能性。为此，伽利略采用了独立的卫星星座和地面控制系统，采用了不同的信号设计方案和基本独立的信号频率。兼容性意味着两个系统都不会影响对方的独立工作，干扰对方的正常运行。互操作性是指可以方便地用一台接收机来同时使用两个导航系统进行工作，以提高导航定位的精度、可用性和完好性。

为了对系统的设计方案进行检验，一个名为 GSTB-V1(Galileo System Test Bed Version1)的计划于 2002 年开始实施。对数据采集、数据预处理、卫星定轨、时间同步、完好性计算等进行了验证。次年又启动了 GSTB-V2 计划，并分别于 2005 年 12 月 28 日和 2008 年 4 月 27 日成功地发射了两颗试验卫星 Glove-A 和 Glove-B(Galileo In-orbit Validation Elements)。分布于全球的 13 个地面监测站和控制中心，数据处理中心参加了这次试验，以进一步检验卫星定轨和时间同步技术。计划在 2010 年底发射 4 颗工作卫星，完成卫星及地面控制系统的测试。由于系统尚处于研制组建阶段，详细情况不再介绍。伽利略系统的建立对于非军方用户的导航定位起到了积极的推动作用。

1.3.2 区域性卫星导航定位系统

1.我国自行研制组建的北斗卫星导航定位系统

我国第一代北斗卫星导航定位系统是一种区域性的有源导航定位系统，投资小、建成快。该系统是根据陈芳允院士提出的利用两颗地球同步卫星进行导航定位的设想而建立的。单靠双星定位只能确定用户的平面位置，海拔高程则需依靠中心站内的地面高程模型来确定。与 GPS、GLONASS、Galileo 等系统不同，第一代北斗系统的用户并不能独立求得自己的三维坐标，计算工作必须在地面中心站内完成。这种定位方式使用户在战时很难隐蔽自己，定位速度慢，无测速功能，用户数量受到限制。过于依赖地面中心站又会影响整个系统在战时的生存能力，但第一代北斗导航系统也有其优点，如投资少，建设速度快；具有一定的通信功能。

2000 年 10 月 31 日和 2000 年 12 月 21 日，我国自行研制的两颗北斗导航试验卫星相继从西昌卫星发射中心升空并准确进入预定的地球同步轨道(分别位于东经 80°和 140°赤道上空)，组成了我国第一代卫星导航定位系统——北斗导航系统的卫星星座。此后，我国又将另一颗备用卫星准确送入预定轨道(东经 110.5°赤道上空)。

(1)北斗卫星系统的组成

北斗卫星系统由空间部分、地面控制部分和用户终端三个部分组成(见图1-3)。

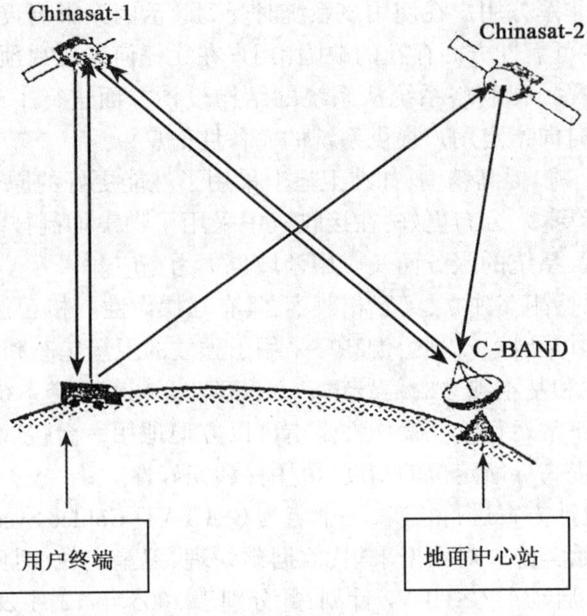

图1-3 北斗卫星系统的组成

① 空间部分:由2~3颗地球同步卫星组成。卫星上配备有无线电信号转发器,以完成地面中心站与用户终端之间双向的无线电信号中转工作。

② 地面中心站:由无线电信号的发射和接收设备,数据的存储、交换、传输、处理设备,时频发生器和电源等部分以及整个系统的监控和管理等设备组成。地面中心站连续发射无线电测距信号,接收用户终端的应答信号,完成所有用户定位的数据处理工作和数据交换工作,并将计算结果分发给各个用户。地面中心站是北斗卫星导航定位系统的中枢。

③ 用户终端部分:用户终端由自动信标转发器(应答器)、信号接收和发射装置、输入输出装置及电源等部件组成。其主要功能是:接收经卫星转发的来自地面中心站的测距信号,注入相关信息后,用上行频率向卫星发出应答信号,该信号经卫星转发后送往地面中心站,以进行信号传播时间的量测和定位导航计算。上述这些具有信号应答功能的仪器设备称为用户终端,或称信号收发机。根据用途和用户的不同,用户终端可分为定位终端、卫星定轨终端、差分校正终端、气压测高标准站终端、授时终端、集团用户管理站终端等。其中数量最多的是定位终端和通信终端。根据设备形式的不同,用户终端可分为便携式终端、车载式终端和船载式终端等。

(2)北斗卫星系统的工作原理及作业流程

① 地面中心站连续向一颗北斗卫星发射信号。这些信号被调制在C波段的载波上,含测距信号、地址电文和时间信息等。这些信号经该导航卫星接收、放大、变频后再播发给用户。

② 用户终端在接收到上述卫星信号后注入必要的测站信息,放大变频后,再将应答信

号播发给两颗北斗导航卫星。

③ 两颗北斗导航卫星收到用户的应答信号后，放大变频，再将信号送往地面中心站。

④ 地面中心站量测出卫星信号的到达时间后，即可求出信号从地面中心站→卫星 1→用户→卫星 1→地面中心站的传播时间，进而求出相应的距离。类似地可求得信号从地面中心站→卫星 1→用户→卫星 2→地面中心站的传播时间及相应的距离。由于地面中心站以及观测瞬间卫星 1 和卫星 2 在空间的位置是已知的，于是从卫星 1 及卫星 2 至用户间的距离也可求得，这样，我们就能根据观测瞬间卫星 1、卫星 2 在空间的位置以及从这两颗卫星至用户的距离，采用距离交会法求得用户的平面位置（用户的高程则是通过地面高程模型或其他渠道获得）。

⑤ 地面控制中心再通过卫星将计算结果告诉用户。由于受到计算机的运行速度、容量及通信速率等因素的限制，北斗卫星系统的用户容量也是有限制的。地面控制中心可以根据用户的重要程度给予不同的优先级别，区别对待。

除了进行导航和定位以外，北斗卫星系统还具有通信和精密授时等功能。

2013 年 12 月 27 日第二代北斗卫星导航系统正式投入运行，向中国及其周边地区提供连续的无源导航，定位，授时及短电文通信等服务。这一区域性的卫星导航系统的空间部分由 14 颗北斗卫星组成（C01～C14）。其中有 5 颗卫星为位于赤道上空的地球静止卫星，有 5 颗卫星为位于倾斜轨道上的地球同步卫星，另外 4 颗卫星为中轨道卫星。

2015 年 3 月 30 日我国从西昌卫星发射中心用长征 3 号丙火箭发射了首个新一代的北斗卫星。第三代的北斗卫星导航系统是一个全球卫星导航系统，其空间部分将由 5 颗地球静止卫星，3 颗位于倾斜轨道上的地球同步卫星及 27 颗地球中轨道卫星组成。该系统预计在 2020 年左右建成投入运行。有关北斗卫星系统的详细情况将在附录 2 中加以介绍。

2.印度区域性导航卫星系统 IRNSS

2006 年印度政府决定研制组建印度区域性导航卫星系统（Indian Regional Navigational Satellite System，缩写为 IRNSS）。该系统由空间部分，地面控制部分和用户部分组成。覆盖印度周边 1500km 内的地区（东经 40°～140°，南纬 40°～北纬 40°）。定位精度优于 20m（95%）。该系统可提供三种服务：标准定位服务（SPS）、精密定位服务（PPS）及政府特许用户服务（RS）。

该系统的空间部分由 7 颗卫星组成。其中有 3 颗卫星为位于赤道上空的地球静止轨道（GEO）卫星，其经度分别为 32.5°E，83°E，131.5°E。其余 4 颗卫星为位于倾斜地球同步轨道上的卫星。其轨道倾角均为 29°，在东经 55°和东经 111°的轨道上各布设 2 颗卫星。7 颗卫星是提供印度次大陆连续导航服务所需的最少卫星数量。IRNSS 卫星的重量为 1425kg，设计寿命为 10 年。卫星使用三种不同波段的信号。

其中 C 波段的信号用于卫星测控（上行信号 3400.3425MHz，下行信号 6700.6725MHz）。S 波段的信号（2492.08MHz）和 L 波段的信号（1176.45MHz）则用于导航定位。IRNSS 卫星所用的卫星平台与印度气象卫星 Kalpana-1 所用的卫星平台相同。卫星太阳能电池的功率为 1600W。卫星上的部件大多从国外采购。例如卫星上所用的铷原子钟便是从瑞士购买的，与伽利略系统所用的原子钟相同。

印度从 2013 年 7 月 1 日发射第一颗 IRNSS 卫星以来共发射了 4 颗 IRNSS 卫星。第 4

颗卫星是2015年3月28日发射的。

IRNSS的地面控制部分由2个导航中心(主导航中心位于班加罗尔市,另一个为备份中心);2个卫星控制中心,9个遥测,跟踪及上行站;2个授时中心,4个CDMA测距站,激光测距站;17个测距及完好性监测站(其中15个位于印度国内,2个位于国外)以及数据通信网络等部分组成的。

IRNSS建成后,印度还将增发卫星,改进地面控制系统、最终将其组建成全球卫星导航系统。

此外,日本也正在研制、组建准天顶卫星系统(Quasi-Zenith Satellite System,缩写为QZSS)。该系统的空间部分为3颗均匀分布在倾角为45°,近圆形的地球同步轨道上。这样就至少有一颗卫星能位于日本国的天顶附近(高度角>60°)。故该系统被称为准天顶卫星系统。QZSS之所以采用IGSO卫星而不采用GEO卫星,是因为日本所处的纬度较高,GEO卫星的高度角不够大。QZSS卫星将播发与GPS卫星相类似的导航信号,以及差分改正信号,用户用GPS接收机即可接收这些信号。

在导航定位的领域QZSS的主要功能是:

①在繁华的城市中,用户通常只能接收到少量GPS卫星的信号,QZSS卫星相当于一个伪GPS卫星,可增加可视卫星的数量。

②播发精度为亚米级的距离改正信息来提升GPS卫星的导航定位精度。

③播发GPS卫星的故障信息及系统的健康状况信息来提升系统的可靠性。

④播发GPS卫星的位置及多普勒频移等相关信息,有助于用户快速捕获卫星信号。

除此以外,QZSS还可用于移动通信及精密授时等领域。

QZSS将分阶段实施:

第1阶段将利用QZS-1卫星来进行技术方案的验证,QZS-1卫星已于2010年9月11日发射入轨。

第2阶段是用3个卫星来验证整个系统的功能;建立高精度定位实验系统及地面跟踪和控制系统。目前QZS-2和QZS-3尚未发射。据报道,日本还将增加一个卫星QZS-4(位于赤道上空的GEO卫星)来改善系统的性能。QZS卫星的设计寿命也为10年。预计整个系统将在2018年建成,投入运行。

QZSS从本质上讲只是一个空基GPS增强系统,而不是一个能独立运行的区域性卫星导航系统。据报道在QZSS正式投入运行后,日本还准备增发一些卫星将其改造成区域性的卫星导航系统。

2020年前后,GPS,GLONASS,BDS及Galileo等具有较好的兼容性和互操作性的四大全球卫星导航定位系统将同时运行,导航卫星的总数将达120个左右。届时对导航定位的精度和可靠性有较高要求的用户就可同时使用多个导航系统并通过数据融合来满足自已的需要。当然由于多系统的接收机价格会更贵。体积、重重及能耗也会增加,数据处理也会更加复杂,因而对精度和可靠性等无特殊要求的广大普通用户多半仍会使用单个卫星导航系统。军事用户主要会从国家安全的角度来选择使用特定的卫星导航系统。而普通的非军方用户则可能会更多地从导航系统性能的好坏及服务的优劣等角度来加以选择。这将有助于各导航系统间的竞争和改进。

第2章　GPS测量中所涉及的时间系统和坐标系统

时间和空间是物质存在的基本形式。时间是基本物理量之一,它反映了物质运动的顺序性和连续性。人们在生产、科学研究和日常生活中都离不开时间。物体在空间的位置、运动速度及运行轨迹等都需要在一定的坐标系中来加以描述。因此,时间系统和坐标系统就成为大地测量学中两个非常重要的基本问题。随着科学技术的不断发展,时间系统和坐标系统所涉及的内容也越来越广泛、越来越复杂。我们在《空间大地测量学》(李征航等,2010)一书中已对它们作了较为全面的介绍,其内容和深度足以满足本课程的需要,但考虑到某些院校或某些专业方向未开设这门课程或课程安排的先后顺序等方面的问题,在本教材中还是专门增设了一章对GPS测量中所涉及的时间系统和坐标系统进行简单介绍。

2.1　有关时间系统的一些基本概念

时间是一个重要的物理量,在GPS测量中对时间提出了很高的要求。如利用GPS卫星发射的测距信号来测定卫星至接收机间的距离时,若要求测距误差小于等于1cm,则测量信号传播时间的误差必须小于等于$3\times10^{-11}\mathrm{s}=0.03\mathrm{ns}$。

1.时间

时间有两种含义:时间间隔和时刻。时间间隔是指事物运动处于两个(瞬间)状态之间所经历的时间过程,它描述了事物运动在时间上的持续状况;而时刻是指发生某一现象的时间。所谓的时刻实际上也是一种特殊的(与某一约定的起始时刻之间的)时间间隔,而时间间隔是指某一事件发生的始末时刻之差。时刻测量也被称为绝对时间测量,而时间间隔测量则被称为相对时间测量。

时间系统规定了时间测量的标准,包括时刻的参考基准(起点)和时间间隔测量的尺度基准。时间系统是由定义和相应的规定从理论上来进行阐述的,而时间系统框架则是通过守时、授时以及时间频率测量和比对技术在全球范围内或某一区域内来实现和维持统一的时间系统。但在实际使用时,有时对这两个不同的概念并不加以严格区分。

2.时间基准

时间测量需要有一个公共的标准尺度,称为时间基准或时间频率基准。一般来说,任何一个能观测到的周期性运动,只要能满足下列条件都可作为时间基准:

(1)能作连续的周期性运动,且运动周期十分稳定;

(2)运动周期具有很好的复现性,即在不同的时期和地点这种周期性的运动都可以通过观测和实验来予以复现。

自然界中具有上述特性的运动有很多种，如早期的燃香和沙漏，后来的钟摆及石英晶体的振荡，以及近代的原子跃迁时发出的电磁波振荡信号和脉冲星的脉冲信号等。迄今为止，实际应用的较为精确的时间基准主要有下列几种：

(1)地球自转周期。它是建立世界时所用的时间基准，其稳定度约为 10^{-8}。

(2)行星绕日的公转周期及月球绕地球的公转周期。它是建立历书时所用的时间基准，其稳定度约为 10^{-10}。

(3)原子中的电子从某一能级跃迁至另一能级时所发出(或吸收)的电磁波信号的振荡频率(周期)。它是建立原子时所用的时间基准，其稳定度约为 10^{-14}。目前最好的铯原子喷泉钟的稳定度已进入 10^{-16}级。

(4)脉冲星的自转周期，最好的毫秒脉冲星的自转周期的稳定度有可能达到 10^{-19}或更好。目前，世界各国的科学家们还在为建立具有更高精度(比原子时)的脉冲星时而努力工作。

3.守时系统(时钟)

守时系统(时钟)被用来建立和/或维持时间频率基准，确定任一时刻的时间。守时系统还可以通过时间频率测量和比对技术来评价该系统内不同时钟的稳定度和准确度，并据此给各时钟以不同的权重，以便用多台钟来共同建立和维持时间系统框架。

4.授时和时间比对

授时系统可以通过电话、电视、计算机网络系统、专用的长波和短波无线电信号、搬运钟以及卫星等设备将时间系统所维持的时间信息和频率信息传递给用户。不同用户之间也可以通过上述设施和方法来实现高精度的时间比对。授时实际上也是一种时间比对，是用户与标准时间之间进行的时间比对。

不同的时间比对方法具有不同的精度，其方便程度和所需费用等也不相同，用户可以根据需要选择合适的方法。

目前，国际上有许多单位和机构在建立和维持各种时间系统，并通过各种方式将有关的时间和频率信息传递给用户，这些工作统称为时间服务。我国国内的时间服务是由国家授时中心(NTSC)提供的。

5.时钟的主要技术指标

时钟是一种重要的守时工具。利用时钟可以连续地向用户提供任一时刻所对应的时间 t_i。由于任何一台时钟都存在误差，所以需要通过定期或不定期地与标准时间进行比对，求出比对时刻的钟差，经数学处理(如简单的线性内插)后估计出任一时刻 t_i 时的钟差来加以改正，以便获得较为准确的时间。

评价时钟性能的主要技术指标为频率准确度、频率漂移和频率稳定度。

(1)频率准确度

一般而言，时钟是由频率标准(频标)、计数器、显示和输出装置等部件所组成的。其中，频标通常用具有稳定周期的振荡器来担任(如晶体振荡器)；计数器则用来记录振荡的次数，然后再经分频后形成高精度的秒脉冲信号输出。所谓频率准确度是指振荡器所产生

的实际振荡频率 f 与其理论值(标准值) f_0 之间的相对偏差,即 $a=\dfrac{f-f_0}{f_0}$,频率稳定度与时间之间具有下列关系式:

$$a=\frac{\mathrm{d}f}{f_0}=-\frac{\mathrm{d}T}{T},\text{即 } \mathrm{d}T=-aT$$

这就表明频率准确度是反映钟速是否正确的一个技术指标。

(2)频率漂移率(频漂)

频率准确度在单位时间内的变化量称为频率漂移率,简称频漂。据单位时间的取值的不同,频漂有日频漂率、周频漂率、月频漂率和年频漂率之分。计算频漂的基本公式为:

$$b=\frac{\sum_{i=1}^{N}(f_i-\bar{f})(t_i-\bar{t})}{f_0\sum_{i=1}^{N}(t_i-\bar{t})^2} \tag{2-1}$$

式中,t_i 为第 i 个采样时刻(单位可以取秒、时、日等);f_i 为第 i 个采样时刻测得的频率值;f_0 为标称频率值(理论值);N 为采样总数;$\bar{t}=\frac{1}{N}\sum_{i=1}^{N}t_i$ 为平均采样时刻;$\bar{f}=\frac{1}{N}\sum_{i=1}^{N}f_i$ 为平均频率。

频漂反映了钟速的变化率,也称老化率。

(3)频率稳定度

频率稳定度反映频标在一定的时间间隔内所输出的平均频率的随机变化程度。在时域测量中,频率稳定度是用采样时间内平均相对频偏 $\bar{y}_k$ 的阿伦方差的平方根 σ_y 来表示的:

$$\sigma_y(\tau)=\sqrt{\left\langle\frac{(\bar{y}_{k+1}-\bar{y}_k)^2}{2}\right\rangle}=\frac{1}{f_0}\sqrt{\left\langle\frac{(\bar{f}_{k+1}-\bar{f}_k)^2}{2}\right\rangle} \tag{2-2}$$

式中,$\langle\cdot\rangle$ 表示无穷多个采样的统计平均值;$\bar{y}_k$ 为时间间隔 $(t_k,t_{k+\tau})$ 内的平均相对频率,即

$$\bar{y}_k=\frac{1}{\tau}\int_{t_k}^{t_{k+\tau}}\left[\frac{f_k-f_0}{f_0}\right]\mathrm{d}t=\frac{1}{f_0}\left[\frac{1}{\tau}\int_{t_k}^{t_{k+\tau}}f(t)\,\mathrm{d}t-f_0\right]$$

令 $\bar{f}_k=\frac{1}{\tau}\int_{t_k}^{t_{k+\tau}}f(t)\,\mathrm{d}t$,则

$$\bar{y}_k=\frac{\bar{f}_k-f_0}{f_0},\quad \bar{y}_{k+1}=\frac{\bar{f}_{k+1}-f_0}{f_0} \tag{2-3}$$

当测量次数有限时,频率稳定度用下式估计:

$$\hat{\sigma}_y=\frac{1}{f_0}\sqrt{\frac{\sum_{i=1}^{m}(\bar{f}_{k+1}-\bar{f}_k)^2}{2(m-1)}} \tag{2-4}$$

式中,m 为采样次数,一般应不小于 100 次。

频率的随机变化是在频标内部的各种噪声的影响下产生的。各类噪声对频率的随机变化的影响程度和影响方式是不同的,因此采样时间不同,所获得的频率稳定度也不同。在给

出频率稳定度时,必须同时给出采样时间,如日稳定度为 10^{-13} 等。频率稳定度是反映时钟质量的最主要的技术指标。频率准确度和频漂反映了钟的系统误差,其数值即使较大,也可通过与标准时间进行比对来予以确定并加以改正;而频率稳定度则反映了钟的随机误差,我们只能从数理统计的角度来估计其大小,而无法进行改正。

2.2　恒星时与太阳时

地球自转是一种连续性的周期性运动。早期由于受观测精度和计时工具的限制,人们认为这种自转是均匀的,所以被选作时间基准。恒星时和太阳时都是以地球自转作为时间基准的,其主要差异在于量测自转时所选取的参考点不同。

1.恒星时

恒星时是以春分点作为参考点的。由于地球自转使春分点连续两次经过地方上子午圈的时间间隔为一恒星日。以恒星日为基础均匀分割,从而获得恒星时系统中的“小时”、“分”和“秒”。恒星时在数值上等于春分点相对于本地子午圈的时角。由于恒星时是以春分点通过本地上子午圈为起始点的,所以它是一种地方时。

由于岁差和章动的影响,地球自转轴在空间的方向是不断变化的,故春分点有真春分点和平春分点之分。相应的恒星时也有真恒星时和平恒星时之分。其中,格林尼治真恒星时 GAST 和格林尼治平恒星时 GMST 在 GPS 中常会出现。GAST 是真春分点与经度零点(格林尼治起始子午线与赤道的交点)间的夹角,GAST 的变化主要取决于地球自转,但也与由于岁差和章动而导致的真春分点本身的移动有关;GMST 则是平春分点与经度零点间的夹角,

$$\mathrm{GAST} - \mathrm{GMST} = \Delta\psi\cos(\varepsilon_0 + \Delta\varepsilon) \tag{2-5}$$

式中, $\Delta\psi$ 为黄经章动; $\Delta\varepsilon$ 为交角章动,以后还将详细介绍。

2.真太阳时

真太阳时是以太阳中心作为参考点的,太阳中心连续两次通过某地的子午圈的时间间隔称为一个真太阳日。以其为基础均匀分割后得到真太阳时系统中的“小时”、“分”和“秒”。因此,真太阳时是以地球自转为基础,以太阳中心作为参考点而建立起来的一个时间系统。真太阳时在数值上等于太阳中心相对于本地子午圈的时角,再加上 12 小时。然而,由于地球围绕太阳的公转轨道为一椭圆,据开普勒行星运动三定律知,其运动角速度是不相同的,在近日点处,运动角速度最大;远日点处,运动角速度最小,再加上地球公转是位于黄道平面,而时角是在赤道平面量度的这一因素,故真太阳时的长度是不相同的。也就是说,真太阳时不具备作为一个时间系统的基本条件。

3.平太阳时

在日常生活中,人们已经习惯用太阳来确定时间,安排工作和休息。为了弥补真太阳时不均匀的缺陷。人们便设想用一个假太阳来代替真太阳。这个假太阳也和真太阳一样在做周年视运动,但有两点不同:第一,其周年视运动轨迹位于赤道平面而不是黄道平面;第二,它在赤道上的运动角速度是恒定的,等于真太阳的平均角速度。我们称这个假太阳为平太阳。以地球自转为基础,以上述的平太阳中心作为参考点而建立起来的时间系统称为平太阳时。即这个假想的平太阳连续两次通过某地子午圈的时间间隔叫做一个平太阳日。以其

为基础均匀分割后,可获得平太阳时系统中的"小时"、"分"和"秒"。平太阳时在数值上就等于平太阳的时角,再加上 12h。

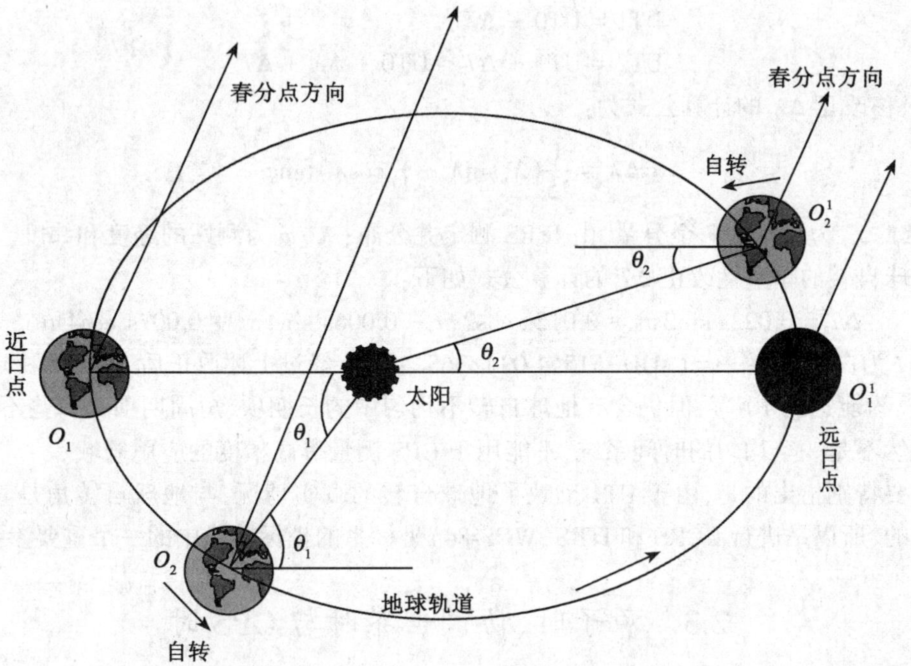

图 2-1 地球公转示意图

由于平太阳是一个假想的看不见的天体,因而平太阳时实际上仍是通过观测恒星或真太阳后再依据不同时间系统之间的数学关系归算而得到的。

4.世界时(Universal Time)和区时(Zone Time)

平太阳时是一种地方时。同一瞬间,位于不同经线上的两地的平太阳时是不同的。为日常生活和工作中使用方便,需要有一个统一的标准时间,1884 年在华盛顿召开的国际子午线会议决定,将全球分为 24 个标准时区。从格林尼治零子午线起,向东西各 7.5°为 0 时区,然后向东每隔 15°为一个时区,分别记为 1,2,…,23 时区。在同一时区,统一采用该时区中央子午线上的平太阳时,称为区时。中国幅员辽阔,从西向东横跨 5 个时区。目前都采用东八区的区时,称为北京时。采用区时后,在一个局部区域内所使用的时间是相对统一的,不同时区间也可以方便地进行换算。

格林尼治起始子午线处的平太阳时称为世界时。世界时是以地球自转周期作为时间基准的,随着科学技术水平的发展及观测精度的提高,人们逐渐发现:

① 地球自转的速度是不均匀的,它不仅有长期减缓的总趋势,而且也有季节性的变化以及短周期的变化,情况较为复杂;

② 地极在地球上的位置不是固定不变的,而是在不断移动,即存在极移现象。

这就意味着世界时已不再严格满足作为一个时间系统的基本条件,因为它实际上已不是一个完全均匀的时间系统。为了使世界时尽可能均匀,从 1956 年起,在世界时中引入了

极移改正 $\Delta\lambda$ 和地球自转速度的季节性改正 ΔT。如果我们把直接根据天文观测测定的世界时称为 UT0，把经过极移改正后的世界时称为 UT1，把再经过地球自转速度季节性改正后的世界时称为 UT2，则有：

$$\begin{aligned} UT1 &= UT0 + \Delta\lambda \\ UT2 &= UT1 + \Delta T = UT0 + \Delta\lambda + \Delta T \end{aligned} \tag{2-6}$$

式中，极移改正 $\Delta\lambda$ 的计算公式为：

$$\Delta\lambda = \frac{1}{15}(X_p \sin\lambda - Y_p \cos\lambda)\tan\varphi \tag{2-7}$$

式中，X_p、Y_p 为极移的两个分量，由 IERS 测定并公布；λ、φ 为测站的经度和纬度。

地球自转的季节性改正 ΔT 的计算公式如下：

$$\Delta T = 0.022\text{s}\ \sin2\pi t - 0.012\text{s}\ \cos2\pi t - 0.006\text{s}\ \sin4\pi t + 0.007\text{s}\ \cos4\pi t \tag{2-8}$$

式中的 t 为白塞尔年。t=(MJD−51544.03)/365.2422。经过上述改正后，UT2 的稳定性有所提高（大约能达到 10^{-8}），但仍含有地球自转不均匀中的长期项、短周期项和一些不规则项，因而仍然不是一个均匀的时间系统，不能用于 GPS 测量等高精度的应用领域。

需要特别指出的是，由于 UT1 反映了地球自转的真实情况，与地球自转角是直接联系在一起的，所以是进行 GCRS 和 ITRS（WGS-84）坐标系的坐标转换中的一个重要参数。

2.3　原子时、协调世界时与 GPS 时

1.原子时

随着生产力的发展和科学技术水平的提高，人们对时间和频率的准确度和稳定度的要求越来越高，以地球自转为基准的恒星时和平太阳时、以行星和月球的公转为基准的历书时已难以满足要求。从 20 世纪 50 年代起，人们逐渐把目光集中到建立以物质内部原子运动为基础的原子时上来。

当原子中的电子从某一能级跃迁至另一能级时，会发出或吸收电磁波。这种电磁波的频率非常稳定，而且上述现象又很容易复现，所以是一种很好的时间基准。1955 年，英国国家物理实验室 NPL 与美国海军天文台 USNO 合作精确地测定了铯原子基态两个超精细能级间在零磁场中跃迁时所发出的电磁波信号的振荡频率为 9192631770Hz。1967 年 10 月，第十三届国际计量大会通过如下决议：位于海平面上的铯 133（Cs^{133}）原子基态两个超精细能级间在零磁场中跃迁辐射振荡 9192631770 周所持续的时间定义为原子时的 1s。而原子时的起点规定为 1958 年 1 月 1 日 0h 整，此时，原子时与世界时对齐，但由于技术方面的原因，事后发现在这一瞬间原子时 AT 与世界时 UT 并未精确对准，两者间存在 0.0039s 的差异，即：

$$(AT - UT)_{1958.0} = -0.0039\text{s} \tag{2-9}$$

据此就能建立原子时。需要说明的是，随后又出现了许多不同类型的原子钟，如铷原子钟、氢原子钟等，并精确测定了它们的跃迁信号频率分别为 6834682605Hz 和1420405757.68Hz，因而原子时的定义也被扩展为以原子跃迁的稳定频率为时间基准的时间系统。

2.国际原子时

原子时是由原子钟来确定和维持的，但由于电子元器件及外部运行环境的差异，同一瞬间，每台原子钟所给出的时间并不严格相同。为了避免混乱，有必要建立一种更为可靠、更为精确、更为权威的能被世界各国所共同接受的统一的时间系统——国际原子时 TAI。TAI 是 1971 年由国际时间局建立的，现改由国际计量局(BIPM)的时间部门在维持。BIPM 是依据全球约 60 个时间实验室中的大约 240 台自由运转的原子钟所给出的数据，经数据统一处理后来给出国际原子时的。

3.协调世界时

稳定性和复现性都很好的原子时能满足高精确度时间间隔测量的要求，因此被很多部门所采用。但有不少领域，如天文导航、大地天文学等又与地球自转有密切关系，离不开世界时。由于原子时是一种均匀的时间系统，而地球自转则存在不断变慢的长期趋势，这就意味着世界时的秒长将变得越来越长，所以原子时和世界时之间的差异将越来越明显，估计到本世纪末，两者之差将达到 2min 左右。为同时兼顾上述用户的要求，国际无线电科学协会于 20 世纪 60 年代建立了协调世界时 UTC。协调世界时的秒长严格等于原子时的秒长，而协调世界时与世界时 UT 间的时刻差规定需要保持在 0.9s 以内，否则将采取闰秒的方式进行调整。增加 1s 称为正闰秒，减少 1s 称为负闰秒。闰秒一般发生在 6 月 30 日及 12 月 31 日。闰秒的具体时间由国际计量局在 2 个月前通知各国的时间服务机构。

为了使用方便、及时，各时间实验室通常都会利用本实验室内的多台原子钟来建立和维持一个局部性的 UTC 系统，供本国或本地区使用。为加以区分，这些区域性的 UTC 系统后要加一个括号，注明是由哪一个时间实验室建立和维持的。例如，由美国海军天文台建立和维持的 UTC 系统，写为 UTC(USNO)。GPS 导航电文中给出了 UT1 与 UTC(USNO)之间的差异。而 BIPM 利用全球各个实验室的资料而建立起来的全球统一的协调世界时，则直接标注为 UTC，后面不加括号。

原子时的秒长是根据 1900.0 时历书时的秒长来定义的，即第 13 届国际计量大会所定义的一个原子时秒的长度与 1900.0 时历书时的 1 秒的长度是相同的。由于地球自转存在长期变慢的趋势，也就是说，世界时的秒长将变得越来越长。经过 100 多年后，目前世界时秒长与原子时秒长间已有了明显的差异，因此跳秒也变得越来越频繁(现在大约每年需调整 1s)，给使用带来许多不便。有人建议重新定义原子时的秒长，以便其与当前世界时的秒长尽量一致，从而减少跳秒的次数，使 UTC 在一个较长的时间段内能保持连续。但“秒”是一个非常重要的基本物理量，它的定义变化后，会引起光速等一系列参数发生变化，所以反对的意见也不少，还需慎重考虑，从长计议。

1979 年 12 月，UTC 已取代世界时作为无线电通信中的标准时间。目前，许多国家都已采用 UTC 来作为自己的时间系统，并按 UTC 时间来播发时号。需要使用世界时的用户可以根据 UTC 以及(UT1-UTC)来间接获取 UT1。表 2-1 是国际地球自转服务 IERS 在地球定向快速服务/预报公报中所给出的地球定向参数，用户内插后即可获得任一时刻 t 的(UT1-UTC)值。

在 GPS 卫星导航电文中给出了 GPS 时与由美国海军天文台所维持的 UTC 时间(即 UTC(USNO))之差，并用多项式进行拟合，直接给出的是多项式的系数。

表 2-1　**极移(X_p,Y_p)及(UT1-UTC)值**

时　间	MJD	极移值/mas				UT1-UTC/ms	
		X_p	误差	Y_p	误差	(UT1-UTC)值	误差
2007-8-24	54336	206.60	0.09	277.35	0.09	-162.636	0.013
2007-8-25	54337	204.70	0.09	274.98	0.10	-162.186	0.012
2007-8-26	54338	202.98	0.09	272.57	0.10	-161.904	0.015
2007-8-27	54339	201.79	0.09	270.40	0.10	-161.906	0.013
2007-8-28	54340	200.91	0.09	268.60	0.10	-162.235	0.013
2007-8-29	54341	200.07	0.09	267.01	0.09	-162.853	0.048
2007-8-30	54342	199.41	0.09	265.48	0.10	-163.724	0.057

注:表中给出的值均为 0h 00m 的数值。

4.GPS 时

GPS 时是全球定位系统 GPS 使用的一种时间系统。它是由 GPS 的地面监控系统和 GPS 卫星中的原子钟建立和维持的一种原子时,其起点为 1980 年 1 月 6 日 0h00m00s。在起始时刻,GPS 时与 UTC 对齐,这两种时间系统所给出的时间是相同的。由于 UTC 存在跳秒,因而经过一段时间后,这两种时间系统中就会相差 n 个整秒,n 是这段时间内 UTC 的积累跳秒数,将随时间的变化而变化。由于在 GPS 时的起始时刻 1980 年 1 月 6 日,UTC 与国际原子时 TAI 已相差 19s,故 GPS 时与国际原子时之间总会有 19s 的差异,即 TAI-GPST=19s。从理论上讲,TAI 和 GPST 都是原子时,且都不跳秒,因而这两种时间系统之间应严格相差 19s 整。但 TAI(UTC)是由 BIPM 据全球的约 240 台原子钟来共同维持的时间系统,而 GPST 是由全球定位系统中的数十台原子钟来维持的一种局部性的原子时,这两种时间系统之间除了相差若干整秒之外,还会有微小的差异 C_0,即 TAI-GPST $=19^s+C_0$;UTC-GPST $=n$ 整秒 $+C_0$。由于 GPS 已被广泛应用于时间比对,用户通过上述关系即可获得高精度的 UTC 或 TAI 时间。国际上有专门单位在测定并公布 C_0 值,其数值一般可保持在 10ns 以内。

表 2-2　**C_0和 C_1值**

时　间	MJD	C_0/ns	C_1/ns
2007-6-28	54279	-5.2	-825.9
2007-6-29	54280	-5.6	-828.6
2007-6-30	54281	-8.2	-836.3
2007-7-1	54282	-7.8	-834.7
2007-7-2	54283	-5.8	-819.1
2007-7-3	54284	-3.4	-826.7
2007-7-4	54285	-3.6	-838.8
2007-7-5	54286	-3.7	-839.0
2007-7-6	54287	-0.9	-837.9
2007-7-7	54288	-2.4	-835.4
2007-7-8	57289	-3.4	-830.1
2007-7-9	54290	-1.9	-811.6
2007-7-10	54291	-1.1	-800.3

注:上述数值均为当天 0h 00m 的值。

5.GLONASS 时

与 GPS 时相类似,GLONASS 为满足导航和定位的需要也建立了自己的时间系统,我们将其称为 GLONASS 时。该系统采用的是莫斯科时(第三时区),与 UTC 间存在 3h 的偏差。GLONASS 时也存在跳秒,且与 UTC 保持一致。同样,由于 GLONASS 时是由该系统自己建立的原子时,故它与由国际计量局 BIPM 建立和维持的 UTC 之间(除时差外)还会存在细微的差别 C_1。它们之间有下列关系:$UTC+3^h=GLONASS+C_1$。用户可据此将 GLONASS 时化算为 UTC,也可以将其与 GPS 时建立联系关系式。同样,C_1 值也由专门机构加以测定并予以公布,其值一般为数百个纳秒,近来可能有所改善。表 2-2 是从 CIRCULAR T235 中摘取的部分 C_0 和 C_1 值。

GPS(GLONASS)已被广泛用于精密授时,需要指出的是,利用 GPS(GLONASS)测得的时间是 GPS 时(GLONASS 时),用户若需要获得精确的 UTC 时,除考虑 n 个整秒(3h)的差异外,还应顾及 C_0 和 C_1 项。

2.4 建立在相对论框架下的时间系统

1984 年前,在计算自然天体和人造天体的位置、编制天文历表和卫星星历时都采用历书时。历书时是建立在经典的牛顿力学基础上的一种时间系统。牛顿力学认为时间 t 是天体运动方程中的一个独立变量,它与天体在空间的位置以及所受的引力位无关,既可用于卫星围绕地球的运动,也可用于行星绕日公转运动。随着观测技术的改进和计时工具的精度的不断提高,这种经典理论与观测结果之间的矛盾就开始显现出来,并越来越明显。迫切需要用一种新的理论和模型来加以解释,进行数据处理。

为此,1976 年,第 16 届 IAU 大会作出决议,正式在天文学领域中引进了相对论时间尺度,给出了地球动力学时 TDT 和太阳系质心动力学时 TDB 的具体定义(但地球动力学时和太阳系质心动力学时这两个名称是在 1979 年的第 17 届 IAU 大会上才正式确定的)。在 1991 年召开的第 21 届 IAU 大会上又决定将地球动力学时 TDT 改称为地球时 TT,并引入了地心坐标时 TCG 和太阳系质心坐标时 TCB。在 GPS 新的导航电文中将涉及 TDT(TT)和 TDB 等概念,故在此作一简单介绍。

1.地球动力学时(TDT)

地球动力学时是用于解算围绕地球质心运动的天体(如人造卫星)的运动方程、编算卫星星历时所用的一种时间系统。TDT 是建立在国际原子时 TAI 的基础上的,其秒长与国际原子时的秒长相等。但起始点间有 32.184s 的差异,即

$$TDT=TAI+32.184\ s \tag{2-10}$$

这是因为 TDT 在起始时刻 1977 年 1 月 1 日 0h 是与历书时 ET 相同的(这样做是为了保持天体位置的连续性),而此时 ET 与 TAI 已相差了 32.184s。而 TAI 与 GPS 时之间有 19s 的差值,所以 TDT 与 GPS 时之间理论上有 51.184s 的差值:

$$TDT=GPST+51.184\ s \tag{2-11}$$

上式中未顾及 TAI 与 GPS 时之间实际上还存在的微小的差异项 C_0,因而只是一个理论值。需要说明的是,某一时间系统建立和开始使用的时间与该时间系统的起点不是一回事,起点往往要早于开始使用的时间。

在第 16 届 IAU 大会的决议中,还将 TDT 的基本单位从原子时中的"秒"改为天文学中的基本时间单位"日",并定义 TDT 的 1 日 = 86400s(SI)。这种变化并无实质性的意义,只

是为了便于天文学计算而已。1991年,第21届IAU大会又决定将TDT改称为地球时TT,以避免使用动力学(Dynamical)这个容易引起争议的名词。

目前,在计算GPS卫星的运动方程、编算其星历时都采用地球时TT。地球时可以被看成是一种在大地水准面上实现的与SI秒一致的一种理想化的原子时。

2.太阳系质心动力学时TDB

太阳系质心动力学时简称为质心动力学时。这是一种用以解算坐标原点位于太阳系质心的运动方程、编制行星星表时所用的一种时间系统。

IAU在引入TDT(TT)和TDB时,为了不让这两种时间系统之间出现很大的差异,人为地规定了这两种时间系统之间不允许存在长期变化项,而只能存在周期项。即TT和TDB之间只存在微小的周期性的变化,但在一个周期内这两种时间系统的"平均钟速"是相同的。在上述规定的约束下,TT和TDB之间存在下列关系:

$$\mathrm{TDB} - \mathrm{TT} = 0.001658\mathrm{s}\ \sin M + 0.000014\mathrm{s}\ \sin 2M + \frac{\boldsymbol{v}_e \cdot (\boldsymbol{x} - \boldsymbol{x}_0)}{c^2} \tag{2-12}$$

式中,M为地球绕日公转中的平近点角;$\boldsymbol{v}_e$为地球质心在太阳系质心坐标系中的公转速度矢量;$\boldsymbol{x}_0$为地心在太阳系质心坐标系中的位置矢量;$\boldsymbol{x}$为地面钟在太阳系质心坐标系中的位置矢量;$(\boldsymbol{x}_0 - \boldsymbol{x})$实际上就是地面钟在地心坐标系中的位置矢量;$c$为真空中的光速。

TT与TDB之间实际上是存在一个尺度比的,也就是说,TT中的1秒的长度与TDB中1秒的长度是不相等的,两者之间有下列关系:

$$\frac{\Delta\mathrm{TDB}}{\Delta\mathrm{TT}} = 1 + L_B \tag{2-13}$$

式中,$L_B = 1.55051976772 \times 10^{-8}$。

这就意味着在地心坐标系和太阳系质心坐标系中,由于坐标系运动速度和所受到的引力位的不同,在相对论的影响下,TT和TDB的时间单位实际上是含有一个系统性的尺度比L_B的,但国际天文协会IAU为了不让这两个时间系统之间存在过大的差异,在定义TDT(TT)和TDB时,人为地规定了它们之间不允许存在系统性的时间尺度比,而只允许存在周期性的变化项(让平均的时间单位相等),为了保持光速c的恒定,因而只能让地心坐标系中的长度单位与太阳系质心坐标系中的长度单位含有一个尺度比,即

$$L_{\mathrm{TDB}} = \frac{L_{\mathrm{TT}}}{1 - L_B} \tag{2-14}$$

也就是说,在太阳系质心坐标系中的1米要比地心坐标系中的1米要长。

3.地心坐标时TCG和太阳系质心坐标时TCB

自从引入TDT(TT)和TDB以后,有不少人提出异议,如:

- 对动力学(Dynamical)一词应如何解释;
- IAU规定TDB与TDT(TT)之间只允许存在小的周期性变化。但当时间段较短时,周期项和长期项难以严格区分,周期项也相当于长期项;
- 为了去掉TDB和TDT之间的长期项,就需要人为地在地心坐标系和太阳系质心坐标系之间引入一个尺度比,从而导致在不同的坐标系中有不同的天文常数,此外也会使某些概念变得含混不清,因而1991年在第21届IAU大会上又决定引入地心坐标时TCG和太阳系

质心坐标时 TCB。

地心坐标时 TCG 是原点位于地心的天球坐标系中所使用的第四维坐标:时间坐标。它是把 TDT 从大地水准面上通过相对论转换到地心时的类时变量。

太阳系质心时 TCB 是太阳系质心天球坐标中的第四维坐标。它是用于计算行星绕日运动的运动方程中的时间变量,也是编制行星星表时的独立变量。

在时间系统中,我们通常把可以直接由标准钟所确定的时间称为原时。原时是可以用精确的计时工具来直接测定的,如原子时等。而把在相对论框架下所导得的时间称为坐标时或类时,如 TDB、TCG、TCB 等。坐标时是不能由量测来实现的,而需要根据由时空度规所给出的数学关系式通过计算来间接求得,而时空度规则可以通过爱因斯坦场方程来获得。下面我们不加推导直接给出 TT 与 TCG 之间的关系式:

$$TCG - TT = L_G(MJD - 43144.0) \times 86400s \tag{2-15}$$

式中,L_G 为一常数,其值等于 $6.969290134\times10^{-10}$。TT 和 TCG 的起点时刻规定为 1977 年 1 月 1 日 0h,用儒略日表示为 2443144.5 日,用简化儒略日 MJD 表示为 43144.0,规定在起点时刻 TCG=TT。

例:求 2007 年 9 月 4 日 0h 时 TCG 与 TT 间的差值。

解:首先求得 2007 年 9 月 4 日 0h 时的儒略日 JD=2454347.5 日,该时刻的简化儒略日 MJD=54347.0 日,代入式(2-15)后得:

$$\begin{aligned} TCG - TT &= 6.969290134 \times 10^{-10} \times (54347.0 - 43144.0) \times 86400s \\ &= 0.6746s \end{aligned}$$

而 TCB 与 TCG 之间有下列关系式:

$$\begin{aligned} TCB - TCG = {} & L_C(MJD - 43144.0) \times 86400s + 0.001658s \times \sin M \\ & + 0.000014s \times \sin 2M + \frac{\boldsymbol{v}_e}{c^2}(\boldsymbol{x} - \boldsymbol{x}_0) \end{aligned} \tag{2-16}$$

式中,$L_C = 1.48082686741 \times 10^{-8}$,其余符号的含义同前。

式(2-16)中第一项为长期项,将随着时间间隔的增加而增加,在 2007 年 9 月 4 日 0h 时,该项已达 14.3335s;第二项为与时间有关的周期项,最大值可达 0.001658s;第三项是与原子钟的空间位置有关的周期项,最大值仅为 2.1μs。

在 GPS 的 L_2C、L_5 上调制的新的导航电文将涉及 TDT(TT)、TDB 等概念,但限于篇幅,本章对建立在相对论框架下的各种时间系统及相互转换关系的推导等未作详细介绍,感兴趣的同学可参阅 IAU 的相关决议及空间大地测量学等参考资料。

2.5　GPS 中涉及的一些长时间计时方法

在 GPS 导航和 GPS 测量中还会碰到一些计量长时间间隔的计时方法和计时单位,如年月日、儒略日和简化儒略日、年积日等,它们有的涉及历法,有的则是天文学中的一些术语。虽然从严格意义上讲,这些内容已超出时间系统的范畴,但由于经常用到,因而也一并作一介绍。

1.历法

历法是规定年、月、日的长度以及它们之间的关系、制定时间序列的一套法则。由于地球绕日公转周期和月球绕地球公转的周期均不为整天数,而历法中规定的年和月的长度则只能为整天数,所以需要有一套合适的方法来加以编排。目前,各国使用的历法主要有阳历、阴阳历和阴历三种。

(1)阳历(Solar Calendar)

阳历也称公历,是以太阳的周年视运动为依据而制定的。太阳中心连续两次通过春分点所经历的时间间隔为一个回归年,其长度为:

$$1\text{ 回归年} = 365.24218968 - 0.00000616 \times t(\text{日}) \tag{2-17}$$

其中,t 为从 J2000.0 起算的儒略世纪数,即

$$t = \frac{\text{JD} - 2451545.0}{36525} \tag{2-18}$$

2009 年 1 月 1 日所对应的回归年的长度为 365.24218913 日。

① 儒略历

儒略历是古罗马皇帝儒略·恺撒在公元前 46 年所制定的一种阳历。该历法规定一年分为 12 个月。其中,1、3、5、7、8、10、12 月为大月,每月 31 日;4、6、9、11 月为小月,每月 30 日;2 月在平年为 28 日,闰年为 29 日。凡年份能被 4 整除的定为闰年,不能被 4 整除的定为平年。按照上述规定,平年的长度为 365 日,闰年为 366 日,其平均长度为 365.25 日。一个儒略世纪则为 36525 日。在天文学和空间大地测量中,在计算一些变化非常缓慢的参数时,经常会采用儒略世纪作为单位。如求回归年的长度时公式(2-17)中的自变量 t 就采用儒略世纪为单位。

② 格里历

格里历为现行的公历,被世界各国广泛采用。为了使每年的平均长度尽可能与回归年的长度一致,1582 年,罗马教皇格里高利对儒略历中设置闰年的规定做了修改,规定对世纪年而言,只有能被 400 整除的世纪年才算闰年。这样,1700 年、1800 年、1900 年等年份在儒略历中均为闰年,但在格里历中却都成为了平年,而 2000 年则成为闰年。这样,公历中每 400 年就要比儒略历中的 400 年少 3 天。即儒略历中 400 年有 $365.25 \times 400 = 146100$ 日,而公历的 400 年中则只有 146097 日。平均每年的长度为 365.2425 日,与回归年的长度更为接近。

(2)阴历(Lunar Calendar)

阴历是根据月相的变化周期(朔望月)制定的一种历法。该历法规定单月为 30 日,双月为 29 日,每月平均为 29.5 日,与朔望月的长度 29.53059…日很接近。以新月始见为月首,12 个月为一年,总共 354 日。而 12 个朔望月的长度为 354.36708…日,比阴历多出 0.36708…日。30 年要多出 11.0124 日。故阴历每 30 年要设置 11 个闰年,规定第 2、5、7、10、13、16、18、21、24、26、29 年的 12 月底各加上一天,即闰年中有 355 日。伊斯兰国家所使用的回历就是一种阴历。

(3)阴阳历(Luni-Solar Calendar)

阴阳历是一种兼顾阳历和阴历特点的历法,阴阳历中的年以回归年为依据,而月则按朔

望月为依据,阴阳历中的月仍采用大月为 30 日,小月为 29 日,平均每月为 29.5 日。为了使得阴阳历中年的平均长度接近回归年的长度,该历法规定每 19 年中有 7 年为闰年。闰年中增加一个月,称为闰月。我国长期使用阴阳历,1912 年后又采用阳历,但阴阳历也未被废止,在民间仍被广泛使用,称为农历。

2.儒略日和简化儒略日

(1)儒略日(Julian Day,JD)

儒略日是一种不涉及年、月等概念的长期连续的记日法,在天文学、空间大地测量和卫星导航定位中经常使用。这种方法是由 J.J.Scaliger 于 1583 年提出的,为纪念他的父亲儒略而命名为儒略日。计算跨越许多年的两个时刻之间的间隔时采用这种方法将显得特别方便。儒略日的起点为公元前 4713 年 1 月 1 日 12h,然后逐日累加。我国天文年历中有本年度内公历××月××日与儒略日的对照表,供用户查取。此外,用户也可用下列公式来进行计算。

① 根据公历的年(Y)、月(M)、日(D)来计算对应的儒略日 JD

公式 1:

$$\mathrm{JD} = 1721013.5 + 367 \times Y - \mathrm{int}\left\{\frac{7}{4}\left[Y + \mathrm{int}\left(\frac{M+9}{12}\right)\right]\right\} + d + \frac{h}{24} + \mathrm{int}\left(\frac{275 \times \mathrm{M}}{9}\right) \tag{2-19}$$

式中,常数 1721013.5 为公元 1 年 1 月 1 日 0 h的儒略日;Y、M、D 分别为公历中的年、月、日数,h 为世界时的小时数,int 为取整符号。

例:求 2007 年 10 月 26 日 9h 30m 所对应的儒略日。

$$\mathrm{JD} = 1721013.5 + 367 \times 2007 - \mathrm{int}\left\{\frac{7}{4}\left[2007 + \mathrm{int}\left(\frac{19}{12}\right)\right]\right\} + 26 + \frac{9.5}{24} + \mathrm{int}\left(\frac{275 \times 10}{9}\right)$$
$$= 1721013.5 + 736569 - 3514 + 26 + 0.396 + 305 = 2454399.896$$

公式 2:

$$\mathrm{JD} = \mathrm{int}(365.25 \times y) + \mathrm{int}[30.6001 \times (m+1)] + D + \frac{h}{24} + 1720981.5 \tag{2-20}$$

当月份数$M > 2$ 时,有 $y = Y, m = M$;

$M \leqslant 2$ 时,有 $y = Y - 1, m = M + 12$。

仍采用上述例子,有:

$$\mathrm{JD} = \mathrm{int}(365.25 \times 2007) + \mathrm{int}[30.6001 \times 11] + 26 + \frac{9.5}{24} + 1720981.5$$
$$= 733056 + 336 + 26 + 0.396 + 1720981.5 = 2454399.896$$

② 根据儒略日反求公历年、月、日

$$a = \mathrm{int}(\mathrm{JD} + 0.5)$$
$$b = a + 1537$$
$$c = \mathrm{int}\left[\frac{b - 122.1}{365.25}\right]$$

$$d = \text{int}(365.25 \times c)$$
$$e = \text{int}\left(\frac{b-d}{30.600}\right)$$
$$D = b - d - \text{int}(30.6001 \times e) + \text{FRAC}(\text{JD} + 0.5)$$
$$M = e - 1 - 12 \times \text{int}\left(\frac{e}{14}\right)$$
$$Y = c - 4715 - \text{int}\left(\frac{7+M}{10}\right) \tag{2-21}$$

式中,符号 FRAC(a) 表示取数值 a 的小数部分。

例:求 JD=2454399.896 所对应的公历年、月、日。

a=2454400
b=2455937
c=6723
d=2455575
e=11
D=2455937−2455575−336+0.396=26.396 日(26 日 9h 30m)
M=10 月
Y=6723−4715−1=2007 年

IAU 决定从 1984 年起在计算岁差、章动,编制天体星表时都采用 J2000.0(即儒略日 2451545.0)作为标准历元。任一时刻 t 离标准历元的时间间隔即为 JD(t)−2451545.0(日)。

(2)简化儒略日(Modified Julian Day,MJD)

儒略日的计时起点距今已超过 67 个世纪,当前的时间用儒略日表示时数值很大,使用不便。为此,1973 年,IAU 又采用了一种更为简便的连续计时法——简化儒略日。它与儒略日之间的关系为:

$$\text{MJD} = \text{JD} - 2400000.5 \tag{2-22}$$

MJD 是采用 1858 年 11 月 17 日平子夜(JD=2400000.5)作为计时起点的一种连续计时法。表示近来的时间时用 MJD 较为简便。

(3)年积日

年积日是仅在一年中使用的连续计时法。每年的 1 月 1 日计为第 1 日,2 月 1 日为第 32 日,依此类推。平年的 12 月 31 日为第 365 日,闰年的 12 月 31 日为第 366 日。用它可方便地求出一年内两个时刻 t_1 和 t_2 间的时间间隔。公历中的××月××日与对应的年积日之间的相互转换可通过查表或编制一个小程序来实现。

2.6　天球坐标系

物体在空间的位置、运动速度和运动轨迹等都需要在一定的坐标系中来加以描述。选择的坐标系统不同,描述上述运动状态的难易程度也会有很大的差别。坐标系统是由一系列的原则、规定,从理论上来加以定义的,其具体的实现则称为坐标框架或参考框架。需要说明的是,当我们讨论的重点不是放在理论上的规定还是具体实现这一问题上时,有时并不对它们加以严格区分。本节主要介绍用以表示自然天体或人造天体在空间的方向或位置的天球坐标系。为了使学生能深入地理解各种天球坐标系,首先需要介绍有关岁差和章动的基本概念。

2.6.1 岁差

由于天球赤道和天球黄道的长期运动而导致的春分点(天球赤道和天球黄道的一个交点)的进动称为岁差。其中由于天球赤道的长期运动而引起的岁差称为赤道岁差;由于天球黄道的长期运动而产生的岁差称为黄道岁差。赤道岁差原来一直被称作日、月岁差,而黄道岁差则一直被称为行星岁差。由于沿用了一百多年的术语"日、月岁差"和"行星岁差"并不准确,容易引起误解,所以第 26 届 IAU 大会决定采用 Fukushima 的建议,将它们分别改称为赤道岁差和黄道岁差。

(1)赤道岁差

由于太阳、月球以及行星对地球上赤道隆起部分的作用力矩而引起天球赤道的进动,最终导致春分点每年在黄道上向西移动约 50.39″的现象称为赤道岁差。牛顿曾从几何上对产生赤道岁差的原因和机制作过解释。限于篇幅不再介绍,感兴趣的同学可参阅相关参考资料。

(2)黄道岁差

由于行星的万有引力而导致地月系质心绕日公转平面(黄道面)发生变化,从而导致春分点在天球赤道上每年向东运动约 0.1″的现象称为黄道岁差。黄道面的变化还将使黄赤交角每年减小约 0.47″。

(3)总岁差和岁差模型

赤道岁差和黄道岁差在黄道上的分量之和称为总岁差。换言之,在赤道岁差和黄道岁差的共同作用下,天体的黄经将发生变化,其变化量 l 可写为:

$$l = \Psi' - \lambda' \cos\varepsilon \tag{2-23}$$

式中, Ψ' 为由于赤道岁差而引起的春分点在黄道上向西移动的量; λ' 为由于黄道岁差而引起的春分点在赤道上向东移动的量; ε 为黄赤交角。

迄今为止,在全球已相继建立了多个岁差模型,如 IAU 1976 年岁差模型(L77 模型)、IAU 2000 岁差模型、IAU 2006 岁差模型(P03)模型,以及由 Bretagnon 等人建立的 B03 模型、由 Fukushima 建立的 F03 模型等。在 2006 年第 26 届 IAU 大会上,决定从 2009 年 1 月 1 日起正式采用 IAU 2006 岁差模型。

(4)岁差改正

如果我们用下列方法来组成一个瞬时的天球坐标系:以天球中心作为坐标原点,X 轴指向瞬时的平春分点,Z 轴指向瞬时的平北天极,Y 轴垂直于 X 轴和 Z 轴形成一个右手直角坐标系,那么由于岁差的原因,这些瞬时天球坐标系的三个坐标轴的指向就会各不相同。空间的某一固定目标,如无自行的某一恒星,在不同的瞬时天球坐标系中的坐标也各不相同,无法相互进行比较。为此,我们要选择一个固定的天球坐标系作为基准,将不同观测时刻 t_i 所测得的天球坐标都归算到该固定的天球坐标系中去进行相互比较,编制天体的星历。这一固定的天球坐标系被称为协议天球坐标系。目前,我们选用 J2000.0 时刻的平天球坐标系作为协议天球坐标系。图 2-2 中的 $O\text{-}\gamma_0 y_0 p_0$ 即为协议天球坐标系,其 X 轴指向 J2000.0 时的平春分点 γ_0, Z 轴指向 J2000.0 时的平北天极 p_0, Y 轴垂直于 X、Z 轴组成右手坐标系(为减少图中的线条未绘出)。

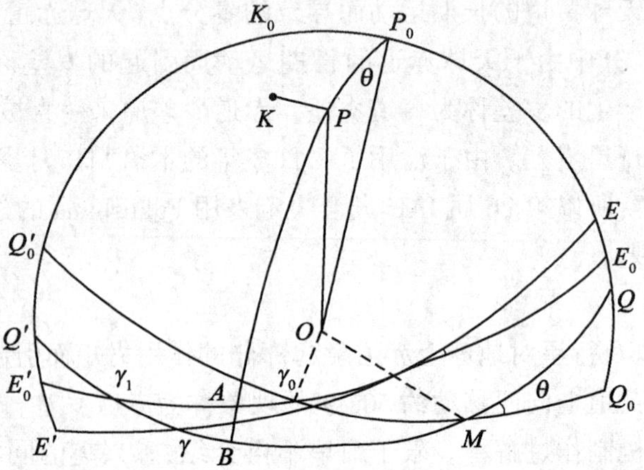

图 2-2 岁差改正示意图

欲将任一时刻 t_i 的观测值归算到协议天球坐标系中去时,可采用多种方法,最简单的方法是采用坐标系旋转的方法。从图 2-2 中可以看出,要把 t_i 时刻的瞬时天球坐标系 $O\text{-}\gamma yp$ 转换到 t_0 时刻的协议天球坐标系 $O\text{-}\gamma_0 y_0 p_0$,只需进行三次坐标旋转即可。首先是绕 Z 轴旋转 ζ 角,使 X 轴从 γ 指向 B;其次是绕 Y 轴旋转 θ 角,使 Z 轴从 Op 转为 Op_0,X 轴从 B 转为指向 A;最后再绕 Z 轴旋转 η_0 角,使 X 轴从 A 转为指向 γ_0($\theta=\overset{\frown}{p_0p}=\overset{\frown}{AB}$; $\zeta=\overset{\frown}{B\gamma}$; $\eta_0=\overset{\frown}{A\gamma_0}$)。于是有:

$$
\begin{aligned}
\begin{pmatrix} X \\ Y \\ Z \end{pmatrix}_{t_0} &= \boldsymbol{R}_Z(\eta_0)\boldsymbol{R}_Y(-\theta)\boldsymbol{R}_Z(\zeta)\begin{pmatrix} X \\ Y \\ Z \end{pmatrix}_{t_i} \\
&= \begin{pmatrix} \cos\eta_0 & \sin\eta_0 & 0 \\ -\sin\eta_0 & \cos\eta_0 & 0 \\ 0 & 0 & 1 \end{pmatrix}\begin{pmatrix} \cos\theta & 0 & \sin\theta \\ 0 & 1 & 0 \\ -\sin\theta & 0 & \cos\theta \end{pmatrix}\begin{pmatrix} \cos\zeta & \sin\zeta & 0 \\ -\sin\zeta & \cos\zeta & 0 \\ 0 & 0 & 1 \end{pmatrix}\begin{pmatrix} X \\ Y \\ Z \end{pmatrix}_{t_i} \\
&= \begin{pmatrix} p_{11} & p_{12} & p_{13} \\ p_{21} & p_{22} & p_{23} \\ p_{31} & p_{32} & p_{33} \end{pmatrix}\begin{pmatrix} X \\ Y \\ Z \end{pmatrix}_{t_i} = [p]\begin{pmatrix} X \\ Y \\ Z \end{pmatrix}_{t_i}
\end{aligned}
\tag{2-24}
$$

式中,$[\boldsymbol{p}]$ 称为岁差矩阵,它的 9 个元素分别为:

$$\begin{cases}p_{11} = \cos\eta_0\cos\theta\cos\zeta - \sin\eta_0\sin\zeta \\ p_{12} = \cos\eta_0\cos\theta\sin\zeta + \sin\eta_0\cos\zeta \\ p_{13} = \cos\eta_0\sin\theta \\ p_{21} = -\sin\eta_0\cos\theta\cos\zeta - \cos\eta_0\sin\zeta \\ p_{22} = -\sin\eta_0\cos\theta\sin\zeta + \cos\eta_0\cos\zeta \\ p_{23} = -\sin\eta_0\sin\theta \\ p_{31} = -\sin\theta\cos\zeta \\ p_{32} = -\sin\theta\sin\zeta \\ p_{33} = \cos\theta\end{cases} \tag{2-25}$$

反之,从协议天球坐标系转换至任意时刻 t_i 的天球坐标系时,有下列关系式:

$$\begin{pmatrix}X\\Y\\Z\end{pmatrix}_{t_i} = [\boldsymbol{p}]^{-1}\begin{pmatrix}X\\Y\\Z\end{pmatrix}_{t_0} \tag{2-26}$$

$$[\boldsymbol{p}]^{-1} = \boldsymbol{R}_Z(-\zeta)\boldsymbol{R}_Y(\theta)\boldsymbol{R}_Z(-\eta_0) = \begin{pmatrix}p'_{11} & p'_{12} & p'_{13}\\ p'_{21} & p'_{22} & p'_{23}\\ p'_{31} & p'_{32} & p'_{33}\end{pmatrix} \tag{2-27}$$

式中,

$$\begin{cases}p'_{11} = \cos\eta_0\cos\theta\cos\zeta - \sin\eta_0\sin\zeta \\ p'_{12} = -\sin\eta_0\cos\theta\cos\zeta - \cos\eta_0\sin\zeta \\ p'_{13} = -\sin\theta\cos\zeta \\ p'_{21} = \cos\eta_0\cos\theta\sin\zeta + \sin\eta_0\cos\zeta \\ p'_{22} = -\sin\eta_0\cos\theta\sin\zeta + \cos\eta_0\cos\zeta \\ p'_{23} = -\sin\theta\sin\zeta \\ p'_{31} = \cos\eta_0\sin\theta \\ p'_{32} = -\sin\eta_0\sin\theta \\ p'_{33} = \cos\theta\end{cases} \tag{2-28}$$

岁差参数 η_0、ζ、θ 可用岁差模型求得。IAU 2006 岁差模型给出计算公式如下:

$$\begin{aligned}\eta_0 &= 2.650545'' + 2306.083227''t + 0.2988499''t^2 + 0.01801828t^3 \\ &\quad - 5.971'' \times 10^{-6}t^4 - 3.173'' \times 10^{-7}t^5 \\ \zeta &= -2.650545'' + 2306.077181''t + 1.0927348t^2 + 0.01826837t^3 \\ &\quad + 2.8596'' \times 10^{-5}t^4 - 2.904'' \times 10^{-7}t^5 \\ \theta &= 2004.191903''t - 0.4294934''t^2 - 0.04182264''t^3 - 7.089'' \times 10^{-6}t^4 \\ &\quad - 1.274'' \times 10^{-7}t^5\end{aligned} \tag{2-29}$$

式中,t 为离参考时刻 J2000.0 的儒略世纪数。从理论上讲,计算岁差时应采用 TDB 时间,但实际上总是使用 TT 时间,因为这两种时间系统之间的最大差异仅为 1.7ms,对岁差的影响只有 2.7″×10^{-9}，可忽略不计。

2.6.2　章动

(1)章动的基本概念

由于月球、太阳和各大行星与地球间的相对位置存在周期性的变化，因此作用在地球赤道隆起部分的力矩也在发生变化，地月系质心绕日公转的轨道面也存在周期性的摄动，因此，在岁差的基础上还存在各种大小和周期各不相同的微小的周期性变化——章动。其中最主要的一项是幅度为 9.2″(交角章动)，周期为 18.6 年的周期项。这是由于月球绕地球的公转轨道面——白道平面与地球赤道平面之间的交角会以 18.6 年的周期在 18°17′至28°35′之间来回变化而引起的。

(2)章动模型

至今已建立了许多章动模型，如 IAU 1980 年章动模型、IAU 2000 年章动模型等。目前被广泛使用的是 IAU 2000 章动模型，该模型是由日、月章动和行星章动两部分组成的，其中日、月章动是由 678 个不同幅度、不同周期的周期项组成的，而行星章动则是由 687 个不同幅度、不同周期的周期项组成的。

① 日、月章动

$$\begin{cases}\Delta\Psi = \sum_{i=1}^{678}\left[(A_i + A'_i t)\sin f_i + (A''_i + A'''_i t)\cos f_i\right] \\ \Delta\varepsilon = \sum_{i=1}^{678}\left[(B_i + B'_i t)\cos f_i + (B''_i + B'''_i t)\sin f_i\right]\end{cases} \tag{2-30}$$

式中，$\Delta\Psi$ 为黄经章动，是由于章动而导致黄经的变化量；$\Delta\varepsilon$ 为交角章动，是由于章动而导致的黄赤交角 ε 的变化量；A_i、A'_i、A''_i、A'''_i 以及 B_i、B'_i、B''_i、B'''_i 由表格给出；t 为离参考时刻 J2000.0 的儒略世纪数。

$$f_i = N_1 I + N_2 I' + N_3 F + N_4 D + N_5 \Omega \tag{2-31}$$

式中，N_1，N_2，N_3，N_4，N_5 的值也是由表格给出；I，I'，F，D，Ω 则是与太阳、月球的位置相关的一些参数，有固定的计算公式进行计算。

② 行星章动

$$\begin{cases}\Delta\Psi = \sum_{i=1}^{687}(A_i\sin f_i + A'_i\cos f_i) \\ \Delta\varepsilon = \sum_{i=1}^{687}(B_i\cos f_i + B'_i\sin f_i)\end{cases} \tag{2-32}$$

式中，$f_j = \sum_{j=1}^{14} N'_j F'_j$。其中，$N'_j(j=1,2,\cdots,14)$ 为固定系数，由表格给出；$F'_j(j=1,2,\cdots,14)$ 是与各大行星的位置相关的参数，有固定公式计算。

上述章动模型的精度优于 0.2mas，对于精度要求仅为 1mas 的用户来说，则可以使用简化后的公式来计算，精确的模型称为 IAU 2000A 章动模型，简化后的模型则称为 IAU 2000B 模型。在 B 模型中，只含 77 个日、月章动项和 1 个行星章动偏差项。对于 GPS 卫星来说，1mas 会引起约 13cm 的卫星位置误差。

(3)章动改正

下面我们不加推导给出章动改正公式,如下:

$$[N] = \boldsymbol{R}_Y(-\varepsilon - \Delta\varepsilon) \cdot \boldsymbol{R}_Z(-\Delta\psi) \cdot \boldsymbol{R}_X(\varepsilon) = \begin{pmatrix} n_{11} & n_{12} & n_{13} \\ n_{21} & n_{22} & n_{23} \\ n_{31} & n_{32} & n_{33} \end{pmatrix} \tag{2-33}$$

式中,

$$\begin{cases} n_{11} = \cos\Delta\psi \\ n_{12} = -\sin\Delta\psi\cos\varepsilon \\ n_{13} = -\sin\Delta\psi\sin\varepsilon \\ n_{21} = \sin\Delta\psi\cos(\varepsilon + \Delta\varepsilon) \\ n_{22} = \cos\Delta\psi\cos\varepsilon\cos(\varepsilon + \Delta\varepsilon) + \sin\varepsilon\sin(\varepsilon + \Delta\varepsilon) \\ n_{23} = \cos\Delta\psi\sin\varepsilon\cos(\varepsilon + \Delta\varepsilon) - \cos\varepsilon\sin(\varepsilon + \Delta\varepsilon) \\ n_{31} = \sin\Delta\psi\sin(\varepsilon + \Delta\varepsilon) \\ n_{32} = \cos\Delta\psi\cos\varepsilon\sin(\varepsilon + \Delta\varepsilon) - \sin\varepsilon\cos(\varepsilon + \Delta\varepsilon) \\ n_{33} = \cos\Delta\psi\sin\varepsilon\sin(\varepsilon + \Delta\varepsilon) + \cos\varepsilon\cos(\varepsilon + \Delta\varepsilon) \end{cases} \tag{2-34}$$

2.6.3 天球坐标系

天球坐标系是用以描述自然天体和人造天体在空间的位置或方向的一种坐标系。依据所选用的坐标原点的不同可分为站心天球坐标系、地心天球坐标系和太阳系质心天球坐标系等。在经典的天文学中,由于至绝大部分的自然天体的距离无法精确测定,而只能精确测定其方向,因而总是将天体投影到天球上,然后再用两个球面角 (θ, λ) 来表示其方向。而对于卫星而言其距离往往能精确测定,因而既可用球面坐标 (θ, λ, r) 来表示其位置,也可用空间直角坐标来 (X, Y, Z) 表示其位置。在 GPS 测量中使用较多的是地心天球赤道坐标系,该坐标系的原点位于地球质心,X 轴指向春分点,Z 轴与地球自转轴重合,指向北天极,Y 轴垂直于 X 轴和 Z 轴,组成右手直角坐标系。由于存在岁差和章动,因而北天极和春分点也有“真”和“平”之分。我们把仅顾及岁差而不顾及章动时的北天极和春分点称为平北天极和平春分点,把同时顾及岁差和章动,能反映其真实位置的北天极和春分点称为真北天极和真春分点。

(1)真地心天球赤道坐标系(瞬时地心天球赤道坐标系)

我们把坐标原点位于地心,X 轴指向真春分点,Z 轴指向真北天极,Y 轴垂直于 X 轴和 Z 轴组成的右手坐标系称为真地心天球赤道坐标系或瞬时地心天球赤道坐标系。天文观测总是在真天球坐标系中进行的,所获得观测值也是属于该坐标系的。然而由于岁差和章动的影响,真天球坐标系中的三个坐标轴的指向在不断变化。在不同时间对空间某一固定天体(例如无自行的恒星)进行观测后所求得的天体坐标 (α, δ) 是不相同的,因而不宜用该坐标系来编制星表,表示天体的位置和方向。

(2)平地心天球赤道坐标系

我们把坐标原点位于地心,X 轴指向平春分点,Z 轴指向平北天极,Y 轴垂直于 X 轴和 Z 轴组成的右手坐标系称为平地心天球赤道坐标系。当然,实际上,岁差和章动是叠加在一起的,我们之所以要人为地把长期的平均运动(岁差)与在此基础上的许多微小的周期性变化(章动)分离开来,是为了使坐标转换的概念和步骤更为清晰。在计算时也可以把它们合并在一起同时计算。

平天球坐标系的三个坐标轴的指向仍然是不固定的,但是其变化规律已很简单,可以方便地进行计算。显然我们也不宜用平天球坐标系来描述天体的位置和方向。

(3)协议地心天球赤道坐标系

天体的位置需要在一个固定不变的坐标系中来加以描述。从理论上讲,这种天固坐标系是可以任意选择的,只要坐标轴的指向不变就行。但是为了避免各国各行其是,实际上总是通过协商最后由国际权威单位规定,统一使用。目前广为使用的协议天球坐标系是由 IAU 规定的国际天球坐标系 GCRS 和 BCRS,前者的坐标原点位于地心,用于计算卫星轨道,编制卫星星历;后者的坐标原点位于太阳系质心,用于计算行星的运行轨道,编制星表。国际天球坐标系的 X 轴指向 J2000.0(JD=2451545.0)时的平春分点,Z 轴指向 J2000.0 时的平北天极,Y 轴垂直于 X 轴和 Z 轴组成右手坐标系。显然,这只是一种理论上的规定和定义,国际天球坐标系的具体实现称为国际天球参考框架。国际天球参考框架是通过国际地球自转及参考系服务 IERS 采用 VLBI 观测所确定的一组河外射电源的方向来实现的。

GCRS 中的三个坐标轴指向空间三个固定方向,虽然坐标原点在绕日公转,但仍然是一个相当好的惯性坐标系,我们通常将它称为准惯性坐标系。GPS 卫星的轨道运动方程通常在 GCRS 中建立和解算,然后再通过坐标转换,换算至 ITRS 中去。

2.7　地球坐标系

地球坐标系也称大地坐标系。由于该坐标系将随着地球一起自转,也被称为地固坐标系。地球坐标系的主要任务是用于描述物体在地球上的位置或在近地空间的位置。

根据坐标原点所处的位置的不同,地球坐标系可分为参心坐标系和地心坐标系。在 GPS 测量中直接求得的坐标一般均为地心坐标,既可采用空间大地坐标 B、L、H 的形式来表示,也可采用空间直角坐标 X、Y、Z 的形式来表示。为了讲清地球坐标系,有必要首先介绍极移的基本概念。

2.7.1　极移

地球自转轴与地面的交点称为地极。由于地球表面的物质运动(如洋流、海潮等)以及地球内部的物质运动(如地幔的运动),会使极点(严格地说应该是天球历书极)的位置产生变化,这种现象称为极移。任一时刻瞬时极的位置可以在一个特定的坐标系中用坐标分量 X_p 和 Y_p 来表示,如图 2-3 所示,该坐标系的原点位于国际协议原点 CIO(严格地讲是 IERS 的参考极),X 轴为起始子午线,Y 轴为经度为 270°的子午线。从理论上讲,该坐标系是一个球面坐标系,但是由于极移的值很小(<1″),因而完全可以把它看成是一个平面坐标系。目

前,极移值(X_p,Y_p)是由 IERS 通过 VLBI、SLR、GPS、DORIS 等空间大地测量方法来精确测定并公布的(见表 2-1)。在新的 L_2C 和 L_5 导航电文中给出了相应的短期预报值,供用户使用。

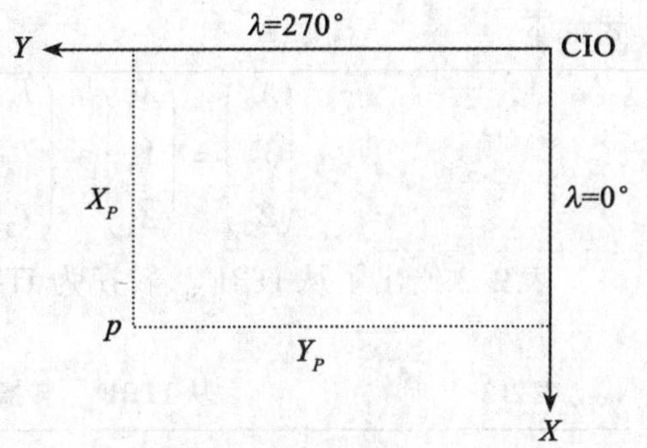

图 2-3 瞬时地极的坐标

2.7.2 瞬时(真)地球坐标系

为了便于应用,在建立地球坐标系时,我们总是要将坐标轴与地球上一些重要的点、线、面重合(或平行)。例如,让 Z 轴与地球自转轴重合(或平行),让 X 轴位于起始子午面与赤道面的交线上(或平行于该线)等。然而由于存在极移,瞬时地球坐标系中的三个坐标轴在地球本体内的指向是在不断变化的,因此地面固定点的坐标也会不断发生变化,显然,瞬时地球坐标系不宜用来表示点的位置。

2.7.3 协议地球坐标系

为了使地面固定点的坐标保持固定不变,就需要建立一个与地球本体完全固联在一起的坐标系。从理论上讲,这种坐标系也有许多种选择方法,同样为防止出现各种坐标系,仍然需要通过协商,由国际上权威机构来统一作出规定,这就是国际地球参考系 ITRS。按照 IUGG 的决议,ITRS 是由 IERS 来负责定义的,其具体规定如下:

(1)坐标原点位于包括海洋和大气层在内的整个地球的质量中心;

(2)尺度为广义相对论意义下的局部地球框架内的尺度;

(3)坐标轴的指向是由 BIH 1984.0 来确定的;

(4)坐标轴指向随时间的变化应满足"地壳无整体旋转"这一条件。

ITRS 是由 IERS 采用 VLBI、SLR、GPS、DORIS 等空间大地测量技术来予以实现和维持的,ITRS 的具体实现称为国际地球参考框架 ITRF。该坐标框架通常采用空间直角坐标系 (X,Y,Z) 的形式来表示。如果需要采用空间大地坐标 (B,L,H) 的形式来表示,建议采用 GRS 80 椭球($a = 6378137.0$m, $e^2 = 0.0069438003$)。ITRF 是由一组 IERS 测站的站坐标 (X,Y,Z)、站坐标的年变化率(ΔX/ 年, ΔY/ 年, ΔZ/ 年)以及相应的地球定向参数 EOP 来实现的,ITRF 是目前国际上公认的精度最高的地球参考框架。IGS 的精密星历就是采用这一框架。

随着测站数量的增加、观测精度的提高及观测资料的累积、数据处理方法的改进,IERS 也在不断对框架进行改进和完善。迄今为止,IERS 共建立公布了 12 个不同的 ITRF 版本。这些版本用 $ITRF_{yy}$ 的形式表示,其中 yy 表示建立该版本所用到的资料的最后年份。例如,$ITRF_{97}$ 表示该版本是 IERS 利用直到 1997 年底为止所获得的各类相关资料建立起来的。当然,公布和使用的时间是在 1997 年以后。这 12 个不同的 ITRF 版本分别是 $ITRF_{88}$、$ITRF_{89}$、$ITRF_{90}$、$ITRF_{91}$、$ITRF_{92}$、$ITRF_{93}$、$ITRF_{94}$、$ITRF_{96}$、$ITRF_{97}$、$ITRF_{2000}$、$ITRF_{2005}$ 和 $ITRF_{2008}$。不难看出,在 1997 年以前,ITRF 几乎是每年更新一次。其后,随着框架精度的提高而渐趋稳定,版本的更新周期在逐渐增长。

不同版本间的坐标转换可采用 7 参数空间相似变化模型(布尔莎模型)来进行,计算公式如下:

$$\begin{pmatrix} X_2 \\ Y_2 \\ Z_2 \end{pmatrix} = \begin{pmatrix} X_1 \\ Y_1 \\ Z_1 \end{pmatrix} + \begin{pmatrix} T_1 \\ T_2 \\ T_3 \end{pmatrix} + \begin{pmatrix} D & -R_3 & R_2 \\ R_3 & D & -R_1 \\ -R_2 & R_1 & D \end{pmatrix} \begin{pmatrix} X_1 \\ Y_1 \\ Z_1 \end{pmatrix} \tag{2-35}$$

表 2-3 给出了从 $ITRF_{2005}$ 转换为 $ITRF_{2000}$ 时的转换参数。

表 2-3　**从 $ITRF_{2005}$ 转换至 $ITRF_{2000}$ 时的 7 个转换参数**

转换参数	T_1/mm	T_2/mm	T_3/mm	$D/10^{-9}$	R_1/mas	R_2/mas	R_3/mas
参数值	0.1	−0.8	−5.8	0.40	0.000	0.000	0.000
参数精度	±0.3	±0.3	±0.3	±0.05	±0.012	±0.012	±0.012
参数的年变化率	−0.2	0.1	−1.8	0.08	0.000	0.000	0.000
年变化率的精度	±0.3	±0.3	±0.3	±0.05	±0.012	±0.012	±0.012

表 2-3 中给出了空间相似变换中的 7 个参数(3 个平移参数 T_1、T_2、T_3;3 个旋转参数 R_1、R_2、R_3以及 1 个尺度比参数 D)以及它们的年变化率,同时还给出了上述 14 个参数的精度。从表中可以看出,三个平移参数的精度为±0.3mm,三个旋转参数的精度为±0.012mas,尺度比的精度则可达 5×10^{-11}。

表 2-4 则给出了从 $ITRF_{2000}$ 转换为其他版本 $ITRF_{yy}$ 时的转换参数。

表 2-4　**由 $ITRF_{2000}$ 转换为其他版本 $ITRF_{yy}$ 时的转换参数**

$ITRF_{yy}$	T_1/cm	T_2/cm	T_3/cm	D/ppb	R_1/mas	R_2/mas	R_3/mas	历元
$ITRF_{97}$	0.67	0.61	−1.85	1.55	0.00	0.00	0.00	1997.0
变化速率	0.00	−0.06	−0.14	0.01	0.00	0.00	0.02	
$ITRF_{96}$	0.67	0.61	−1.85	1.55	0.00	0.00	0.00	1997.0
变化速率	0.00	−0.06	−0.14	0.01	0.00	0.00	0.02	
$ITRF_{94}$	0.67	0.61	−1.85	1.55	0.00	0.00	0.00	1997.0
变化速率	0.00	−0.06	−0.14	0.01	0.00	0.00	0.02	
$ITRF_{93}$	1.27	0.65	−2.09	1.95	−0.39	0.80	−1.14	1988.0
变化速率	−0.29	−0.02	−0.06	0.01	−0.11	−0.19	0.07	
$ITRF_{92}$	1.47	1.35	−1.39	0.75	0.00	0.00	−0.18	1988.0
变化速率	0.00	−0.06	−0.14	0.01	0.00	0.00	0.02	

续表

ITRF$_{yy}$	T_1/cm	T_2/cm	T_3/cm	D/ppb	R_1/mas	R_2/mas	R_3/mas	历元
ITRF$_{91}$	2.67	2.75	−1.99	2.15	0.00	0.00	−0.18	1988.0
变化速率	0.00	−0.06	−0.14	0.01	0.00	0.00	0.02	
ITRF$_{90}$	2.47	2.35	−3.59	2.45	0.00	0.00	−0.18	1988.0
变化速率	0.00	−0.06	−0.14	0.01	0.00	0.00	0.02	
ITRF$_{89}$	2.97	4.75	−7.39	5.85	0.00	0.00	−0.18	1988.0
变化速率	0.00	−0.06	−0.14	0.01	0.00	0.00	0.02	
ITRF$_{88}$	2.47	1.15	−9.79	8.95	0.10	0.00	−0.18	1988.0
变化速率	0.00	−0.06	−0.14	0.01	0.00	0.00	0.02	

注：ppb 表示 10^{-9}，速度单位为每年(/a)。

如果我们要利用表 2-3 和表 2-4 中给出的参数来进行逆转换，如要把 ITRF$_{2000}$ 转换为 ITRF$_{2005}$（已归算至同一历元），则可简单地采用下列公式：

$$\begin{pmatrix} X_1 \\ Y_1 \\ Z_1 \end{pmatrix} = \begin{pmatrix} X_2 \\ Y_2 \\ Z_2 \end{pmatrix} + \begin{pmatrix} -T_1 \\ -T_2 \\ -T_3 \end{pmatrix} - \begin{pmatrix} -D & -(-R_3) & -R_2 \\ -R_3 & -D & -(-R_1) \\ -(-R_2) & -R_1 & -D \end{pmatrix} \begin{pmatrix} X_2 \\ Y_2 \\ Z_2 \end{pmatrix} \tag{2-36}$$

也就是说，进行坐标逆转换时，只需将 7 个转换参数反号即可。上述做法从理论上讲是不够严格的，但由于转换参数的数值很小，式(2-36)足以满足精度要求。

地面测站在某一 ITRF 框架中的坐标可表示为：

$$\boldsymbol{X}(t) = \boldsymbol{X}_0 + \boldsymbol{V}_0(t - t_0) + \sum \Delta \boldsymbol{X}_i(t) \tag{2-37}$$

式中，$\boldsymbol{X}_0$ 和 $\boldsymbol{V}_0$ 分别为地面测站于 t_0 时刻在 ITRF 框架中的位置矢量和速度矢量；$\Delta\boldsymbol{X}_i(t)$ 是随时间而变化的各种改正数，如由于地球固体潮、海潮、大气负荷潮而引起的地面测站的位移改正以及由于冰雪消融所引起的地面回弹改正数等，因为 IERS 给出的测站坐标中并未包含上述各种影响。此外，需要说明的是，IERS 给出的测站坐标 $\boldsymbol{X}_0$ 中也不包含永久性的潮汐形变，属无潮汐系统。

世界大地坐标系是美国建立的全球地心坐标系，曾先后推出过 WGS60、WGS66、WGS72 和 WGS84 等不同版本。其中，WGS 84 于 1987 年取代 WGS 72 而成为全球定位系统广播星历所使用的坐标系，并随着 GPS 导航定位技术的普及推广而被世界各国所广泛使用。

根据讨论问题的角度和场合的不同，WGS 84 有时被视为是一个坐标系统，有时则又被视为是一个参考框架，而不像 ITRS 和 ITRF 那样可清楚地加以区分。作为一个坐标系统时，WGS 84 同样满足 IERS 在建立 ITRS 时所提出的四项规定，也就是说，从理论上讲，WGS 84 应该与 ITRS 是一致的。但是与 ITRF 不同。WGS 84 在很多场合下都采用空间大地坐标 (B,L,H) 的形式来表示点的位置，这是因为 ITRS 和 ITRF 主要用于大地测量和地球动力学研究等领域，而 WGS 84 则较多地用于导航定位等领域，在导航中用户更愿意用 (B,L,H)

来表示点的位置，此时应采用 WGS 84 椭球（$a = 6378137.0\text{m}$，$f = 1/298.257223563$）。

为了提高 WGS 84 框架的精度，美国国防制图局（DMA）利用全球定位系统和美国空军的 GPS 卫星跟踪站的观测资料，以及部分 IGS 站的 GPS 观测资料进行了联合解算。解算时，将 IGS 站在 ITRF 框架中的站坐标当做固定值，重新求得了其余站点的坐标，从而获得了更为精确的 WGS 84 框架。这个改进后的框架称为 WGS 84（G730），其中括号里的 G 表示该框架是用 GPS 资料求定的，730 表示该框架是从 GPS 时间第 730 周开始使用的（即 1994 年 1 月 2 日）。WGS 84（G730）与 ITRF_{92} 的符合程度达 10cm 的水平。此后，美国对 WGS84 框架又进行过两次精化，一次是在 1996 年，精化后的框架称为 WGS 84（G873）。该框架从 GPS 时间第 873 周开始使用（1996 年 9 月 29 日 0h）。1996 年 10 月 1 日美国国防制图局 DMA 并入新成立的美国国家影像制图局 NIMA（National Imagery and Mapping Agency），此后，NIMA 就用 WGS 84（G873）来计算精密星历。该星历与 IGS 的精密星历（用 ITRF_{94} 框架）之间的系统误差小于等于 2cm。2001 年，美国对 WGS 84 进行了第三次精化，获得了 WGS 84（G1150）框架。该框架从 GPS 时间第 1150 周开始使用（2002 年 1 月 20 日 0h），与 ITRF_{2000} 相符得很好，各分量上的平均差异小于 1cm。

2.8 ITRS 与 GCRS 之间的坐标转换

由于地球自转，地球坐标系并不是一个惯性坐标系，而轨道计算是建立在牛顿力学的基础上的，因此定轨工作不能在地球坐标系中进行。如前所述，GCRS 是一个相当不错的准惯性坐标系，定轨工作一般都在该坐标系中进行，但是用户利用卫星导航定位系统最终是为了求得在地球坐标系中的位置和速度，因而还必须把 GCRS 中所求得的卫星轨道（卫星位置和速度）转换到地球坐标系 ITRS（WGS 84）中去。

ITRS 与 GCRS 之间有下列转换关系：

$$\begin{pmatrix} X \\ Y \\ Z \end{pmatrix}_{\text{GCRS}} = [\boldsymbol{P}][\boldsymbol{N}][\boldsymbol{R}][\boldsymbol{W}] \begin{pmatrix} X \\ Y \\ Z \end{pmatrix}_{\text{ITRS}} \tag{2-38}$$

$$\begin{pmatrix} X \\ Y \\ Z \end{pmatrix}_{\text{ITRS}} = [\boldsymbol{W}]^{-1}[\boldsymbol{R}]^{-1}[\boldsymbol{N}]^{-1}[\boldsymbol{P}]^{-1} \begin{pmatrix} X \\ Y \\ Z \end{pmatrix}_{\text{GCRS}} \tag{2-39}$$

式中，$[\boldsymbol{P}]$ 为岁差矩阵；$[\boldsymbol{N}]$ 为章动矩阵；$[\boldsymbol{R}]$ 为地球自转矩阵；$[\boldsymbol{W}]$ 为极移矩阵。

考虑到 IGS 已完成了坐标转换工作，在精密星历中直接给出了卫星质心在 ITRS 中的位置和速度，而广播星历的精度有限，允许采用一些近似的转换方法，因此在下面的坐标转换中，我们仍采用经典的转换方法与术语（与 IS-GPS-200D 及 IS-GPS-705 中给出的方法基本一致）。高精度的严格方法可参阅 IAU 的决议文件和空间大地测量学等参考资料。

1.把 GCRS 转换至观测时刻 t_i 的平天球坐标系

我们知道，GCRS 是参考时刻 t_0 = J2000.0 时的平天球坐标系，要把它转换为观测时刻 t_i 时的平天球坐标系，只要考虑 $[t_0 - t_i]$ 时间段内的岁差改正，即乘上 $[\boldsymbol{P}]^{-1}$ 矩阵即可。

2.把 t_i 时的平天球坐标系转换为同一时刻的真天球坐标系

要把观测时刻 t_i 时的平天球坐标系转换为真天球坐标系，只需顾及该时刻的章动，即只需乘上 $[\boldsymbol{N}]^{-1}$ 矩阵即可。

3.把 t_i 时的真天球坐标系转换为同一时刻的真地球坐标系

我们知道，真天球坐标系 X 轴是指向该时刻的真春分点 γ 的，而真地球坐标系的 X 轴是指向起始子午线与赤道的交点，两者之间的夹角称为格林尼治真恒星时 GAST。其计算公式如下：

$$\begin{aligned}\mathrm{GAST} = \frac{360^\circ}{24^{\mathrm{h}}}(&\mathrm{UT1} + 6\mathrm{h}\ 41\mathrm{m}\ 50.54841\mathrm{s} + 8640184.812866\mathrm{s}\cdot \mathrm{t} + 0.093104\mathrm{s}\cdot t^2 \\ &- 6.2\mathrm{s}\times 10^{-6}\cdot t^3) + \Delta\Psi\cos(\bar{\varepsilon} + \Delta\varepsilon)\end{aligned} \tag{2-40}$$

式中，t 为离 J2000.0 的儒略世纪数；$\bar{\varepsilon}$ 为仅顾及岁差时的黄赤交角，$\bar{\varepsilon} = 23°26'21.448'' - 46.815''\cdot t - 0.00059''\cdot t^2 + 0.001813''\cdot t^3$；$\Delta\Psi$ 为黄经章动；$\Delta\varepsilon$ 为交角章动；UT1 则可据观测时的 UTC 和(UTC−UT1)值求得。

把真天球坐标系绕 Z 轴旋转 GAST 角后就能转换到真地球坐标系，旋转矩阵 $\boldsymbol{R}$ 为：

$$\boldsymbol{R} = \begin{pmatrix} \cos\mathrm{GAST} & \sin\mathrm{GAST} & 0 \\ -\sin\mathrm{GAST} & \cos\mathrm{GAST} & 0 \\ 0 & 0 & 1 \end{pmatrix} \tag{2-41}$$

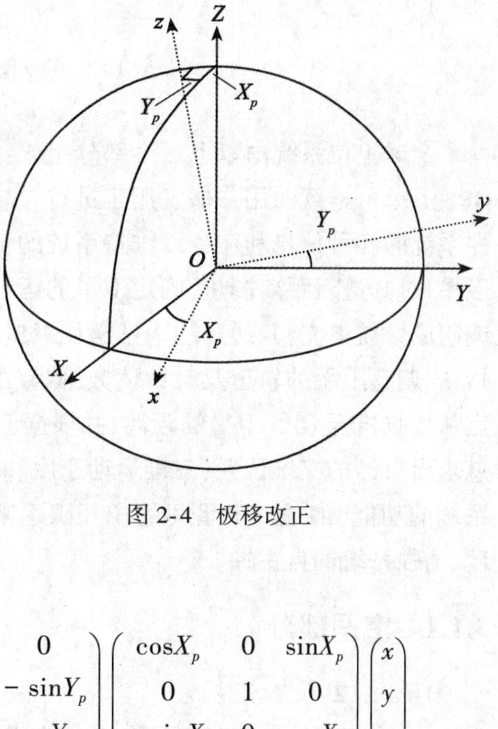

图 2-4 极移改正

4.把 t_i 时的真地球坐标系转换为 ITRS (WGS 84)

从图 2-4 可以看出，只需要将 t_i 时的真地球坐标系绕 y 轴旋转 $(-X_p)$ 角后，然后再绕 x 轴旋转 $(-Y_p)$ 角后，就可以把真地球坐标系 O-xyz 转换为 ITRS(WGS 84)坐标系 O-XYZ。即

$$\begin{pmatrix} X \\ Y \\ Z \end{pmatrix} = \boldsymbol{R}_x(-Y_p)\boldsymbol{R}_y(-X_p)\begin{pmatrix} x \\ y \\ z \end{pmatrix} = \begin{pmatrix} 1 & 0 & 0 \\ 0 & \cos Y_p & -\sin Y_p \\ 0 & \sin Y_p & \cos Y_p \end{pmatrix}\begin{pmatrix} \cos X_p & 0 & \sin X_p \\ 0 & 1 & 0 \\ -\sin X_p & 0 & \cos X_p \end{pmatrix}\begin{pmatrix} x \\ y \\ z \end{pmatrix} \tag{2-42}$$

由于极移值 X_p 和 Y_p 都是小于 0.5″的微小值，所以 $\cos X_p = \cos Y_p = 1$，$\sin X_p = X_p$，$\sin Y_p = Y_p$，于是有：

$$\begin{pmatrix} X \\ Y \\ Z \end{pmatrix} = \begin{pmatrix} 1 & 0 & 0 \\ 0 & 1 & -Y_p \\ 0 & Y_p & 1 \end{pmatrix}\begin{pmatrix} 1 & 0 & X_p \\ 0 & 1 & 0 \\ -X_p & 0 & 1 \end{pmatrix}\begin{pmatrix} x \\ y \\ z \end{pmatrix} = \begin{pmatrix} 1 & 0 & X_p \\ 0 & 1 & -Y_p \\ -X_p & Y_p & 1 \end{pmatrix}\begin{pmatrix} x \\ y \\ z \end{pmatrix} = [\boldsymbol{W}]\begin{pmatrix} x \\ y \\ z \end{pmatrix} \tag{2-43}$$

第3章 全球定位系统的组成及信号结构

本章将对GPS卫星信号的结构、特点、生成方法等情况作较为全面的介绍，尤其是对GPS现代化后新出现的信号以及部分教材中作出错误解读的部分作重点说明，使读者对GPS卫星信号有较为深入的了解，以利于今后的学习和工作，从事本科教学的老师可根据教学大纲和学时数从中选取部分内容讲授，其余部分可供研究生和其他专业人士学习和参考。

3.1 全球定位系统的组成

全球定位系统由以下三个部分组成：空间部分（GPS卫星）、地面监控部分和用户部分。GPS卫星可连续向用户播发用于进行导航定位的测距信号和导航电文，并接收来自地面监控系统的各种信息和命令以维持系统的正常运转。地面监控系统的主要功能是：跟踪GPS卫星，对其进行距离测量，确定卫星的运行轨道及卫星钟改正数，进行预报后，再按规定格式编制成导航电文，并通过注入站送往卫星。地面监控系统还能通过注入站向卫星发布各种指令，调整卫星的轨道及时钟读数，修复故障或启用备用件等。用户则用GPS接收机来测定从接收机至GPS卫星的距离，并根据卫星星历所给出的观测瞬间卫星在空间的位置等信息求出自己的三维位置、三维运动速度和钟差等参数。目前，美国正致力于进一步改善整个系统的功能，如通过卫星间的相互跟踪来确定卫星轨道，以减少对地面监控系统的依赖程度，增强系统的自主性。

3.1.1 空间部分

1.GPS卫星

GPS卫星的主体呈圆柱形，两侧有太阳能帆板，能自动对日定向。太阳能电池为卫星提供工作用电。每颗卫星都配备有多台原子钟，可为卫星提供高精度的时间标准。卫星上带有燃料和喷管，可在地面控制系统的控制下调整自己的运行轨道。GPS卫星的基本功能是：接收并存储来自地面控制系统的导航电文；在原子钟的控制下自动生成测距码和载波；并将测距码和导航电文调制在载波上播发给用户；按照地面控制系统的命令调整轨道，调整卫星钟，修复故障或启用备用件以维护整个系统的正常工作。图3-1为GPS卫星的外形图。不同型号的卫星的外形也各不相同。

GPS卫星可分为试验卫星和工作卫星两类。其中工作卫星又可分为Block II、Block

IIA、Block IIR、Block IIR-M、Block IIF 和 Block III 等类型。各种类型的基本特征如下：

(1)试验卫星(Block I)

试验卫星也称原型卫星。卫星重 774kg(包括 310kg 的燃料)，设计寿命为 5 年。为满足方案论证和整个系统试验、改进的需要，美国于 1978—1985 年间从加利福尼亚州的范登堡空军基地用 AtlasF 火箭先后发射了 11 颗试验卫星。其中第 7 颗卫星发射失败，未进入预定轨道。1995 年底，最后一颗试验卫星停止工作。

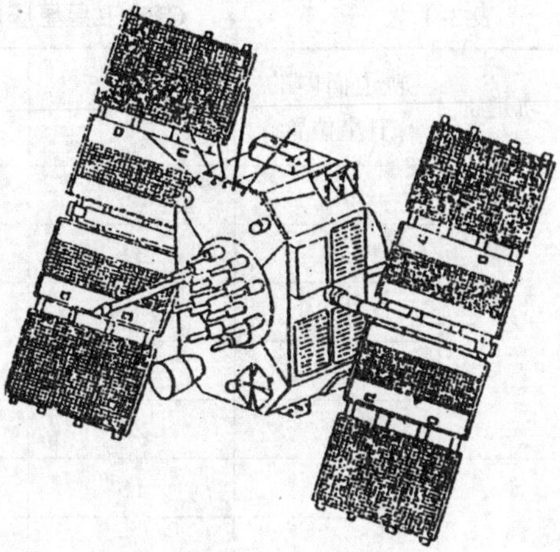

图 3-1　GPS 卫星外形图

(2)工作卫星(Block II、Block IIA、Block IIR、Block IIR-M、Block IIF)

Block II 卫星重约 1.5t，设计寿命为 7.5 年。每颗卫星耗资 4800 万美元。1989 年 2 月至 1990 年 10 月间，从佛罗里达州的肯纳维拉尔空间基地用 Delta II 火箭发射了 9 颗 Block II 卫星。与试验卫星相比，Block II 卫星作了许多改进，卫星可存储 14 天的导航电文，并具有实施 SA 和 AS 的能力。

Block IIA 卫星(A：Advanced)重约 1.7t，卫星设计寿命为 7.5 年，卫星具备互相通信的能力。卫星存储导航电文的能力增加至 180 天。SVN35 和 SVN36 卫星上配备了激光反射棱镜，可以通过激光测距来分析卫星钟和卫星星历的误差，检验 GPS 测距的精度。反射棱镜的大小为 24cm×20cm。SVN35 在卫星坐标系中从卫星质心至反射棱镜中心的矢量为(0.86m，-0.52m，0.66m)。从 1990 年 11 月至 1997 年 11 月，共发射了 19 颗 Block IIA 卫星。

Block IIR 卫星(R：Replacement 或 Replenishment)重约 2.0t，卫星的设计寿命为 10 年。卫星之间能互相跟踪和通信。美国军方已向 GE Astro Space 公司订购了 20 颗 Block IIR 卫星。虽然卫星的性能有所改善，但价格却下降为 2800 万美元一颗。该类卫星已从 1997 年开始发射升空，投入工作。

Block IIR-M 卫星(M：Modernization)。这是第一种“现代化”的 GPS 卫星。卫星增加了第二种民用测距码 L_2C 码和两种新的军用测距码：L_1M 码和 L_2M 码。卫星的设计寿命为7.5 年，据报道由于改进了卫星上的充电控制系统，因而在轨的 Block IIR 和 Block IIR-M 型卫星的实际寿命至少可增加 1~2 年。

Block IIF(F：Follow on)卫星增设了第三种频率为 1176.45MHz 的载波，并在这种载波上调制了性能更为优异的第三种民用测距码 L_5码。卫星的设计寿命为 12 年。

Block III 卫星。计划在这类新型卫星上增设第四种民用测距码 L_1C 码，信号的可靠性、精度及完备性等指标皆有所提升。卫星的设计寿命将达 15 年。其中第一颗 Block III 卫星将于 2016 年发射。

表 3-1 中列出了 2014 年 3 月 18 日 GPS 卫星星座的组成情况。

表 3-1　　　　　**GPS 卫星星座的组成情况(2014 年 3 月 18 日)**

轨道面	轨道面内的卫星位置	PRN 号	卫星类型	发射时间	投入工作的时间	已工作的时间/月
A	1	9	IIA	1993.06.26	1993.07.20	248.1
	2	31	IIR-M	2006.09.25	2006.10.13	89.2
	3	8	IIA	1997.11.06	1997.12.18	195.1
	4	7	IIR-M	2008.03.15	2008.03.24	71.8
	5	24	II-F	2012.10.04	2012.11.14	16.1
B	1	16	II-R	2003.01.29	2003.02.18	133.0
	2	25	II-F	2010.05.28	2010.08.27	42.7
	3	28	II-R	2000.07.16	2000.08.17	163.1
	4	12	IIR-M	2006.11.17	2006.12.13	87.2
C	1	29	IIR-M	2007.12.20	2008.01.02	74.5
	2	3	II-A	1996.03.28	1996.04.09	215.4
	3	19	II-R	2004.03.20	2004.04.05	119.5
	4	17	IIR-M	2005.09.26	2005.11.13	100.2
	5	27	II-F	2013.05.15	2013.06.21	8.9
D	1	2	II-R	2004.11.06	2004.11.22	111.9
	2	1	II-F	2011.07.16	2011.10.14	29.1
	3	21	II-R	2003.03.31	2003.04.12	131.3
	4	4	II-A	1993.10.26	1993.11.22	244.0
	5	11	II-R	1999.10.07	2000.01.03	170.6
E	1	20	II-R	2000.05.11	2000.06.01	165.6
	2	22	II-R	2003.12.21	2004.01.12	122.2
	3	5	IIR-M	2009.08.17	2009.08.27	54.7
	4	18	II-R	2001.01.30	2001.02.15	157.1
	5	32	II-A	1990.11.26	1990.12.10	279.4
	6	10	II-A	1996.07.16	1996.08.15	211.2
F	1	14	II-R	2000.11.10	2000.12.10	159.3
	2	15	IIR-M	2007.10.17	2007.10.31	76.6
	3	13	II-R	1997.07.23	1998.01.31	193.6
	4	23	II-R	2004.06.23	2004.07.09	116.4
	5	26	II-A	1992.07.07	1992.07.23	260.0

2.GPS 卫星星座

发射入轨能正常工作的 GPS 卫星的集合称 GPS 卫星星座。最初的 GPS 卫星星座计划由 24 颗 GPS 卫星组成。这些卫星将分布在三个倾角为 63°几乎为圆形的轨道上。相邻轨道的升交点赤经之差为 120°,每个轨道上将均匀分布 8 颗卫星。轨道的长半径为 26 560km,卫星的运行周期为 12h(恒星时)。这样的卫星星座可以保证任何时间、任何地点的视场中至少有 6 颗卫星。此后,由于美国政府的财政赤字过大而被迫压缩开支,美国国防部将 GPS 卫星的总数削减为 18 颗。卫星星座也作了相应的修改:轨道倾角改为 55°,轨道增至 6 个,每个轨道上均匀分布 3 颗卫星,相邻轨道的升交点赤经之差为 60°,其余参数则保持不变。采用上述卫星星座后,虽然能保证任何地点、任何时间至少能同时观测到 4 颗 GPS 卫星,从理论上讲仍能支持全球的导航定位工作,但有时在局部地区会出现由于卫星与用户间的几何图形太差,从而使定位精度降低至用户无法接受的程度,致使导航定位工作实际中断的现象。这种情况的出现将大大损害整个系统的性能和可靠性,影响全球定位系统在民航等领域内应用的可能性。为解决上述问题,经反复研究和修改后,最终又将卫星总数恢复为 24 颗。这 24 颗卫星分布在 6 个轨道面上,每个轨道面分布 4 颗卫星(见图 3-2)。当截止高度角取 15°时,上述卫星星座能保证位于任一地点的用户在任一时刻能同时观测到 4~8 颗卫星;当截止高度角取 10°时,最多能同时观测到 10 颗 GPS 卫星;当截止高度角取 5°时,最多能同时观测到 12 颗 GPS 卫星。

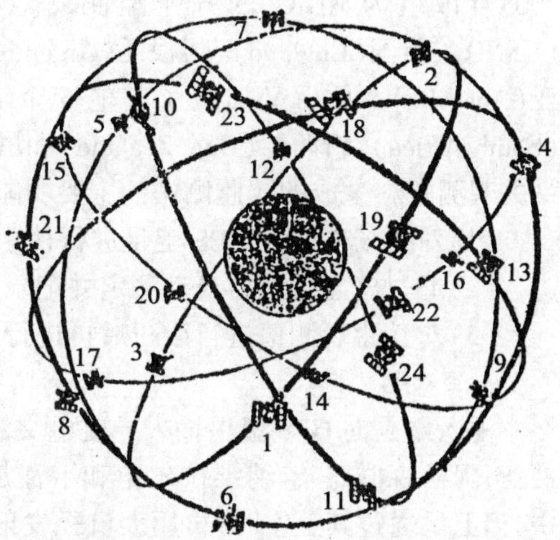

图 3-2　24 颗卫星的 GPS 卫星星座

为了能及时地更换出现故障的卫星,保证整个卫星星座的可靠性,美国还增发了 3 颗已发射入轨能正常工作的卫星作为备用卫星,并将这种 24+3 的星座作为基本星座。近年来 GPS 卫星星座中实际投入工作的卫星数通常已达 30 个左右。表 3-1 中列出的是 2014 年 3 月 18 日的 GPS 卫星星座。由于老卫星会出现故障需要用新卫星去代替,因而星座情况也会不断变化。目前的卫星星座(2015 年 4 月 20 日)是由 3 颗 Block IIA 卫星,12 颗 Block IIR 卫星,7 颗 Block IIR-M 卫星及 9 颗 Block IIF 卫星组成的。GPS 卫星星座可从相关网站随时查取,也可从卫星历书中查取。

3.1.2 地面监控部分

支持整个系统正常运行的地面设施称为地面监控部分,它由主控站、监测站、注入站以及通信和辅助系统组成。

1.主控站

主控站是整个地面监控系统的行政管理中心和技术中心,位于科罗拉多州的联合空间工作中心。其主要作用是:

(1)负责管理、协调地面监控系统中各部分的工作。

(2)根据各监测站送来的资料,计算、预报卫星轨道和卫星钟改正数,并按规定格式编制成导航电文送往地面注入站。

(3)调整卫星轨道和卫星钟读数,当卫星出现故障时,负责修复或启用备用件以维持其正常工作。无法修复时,调用备用卫星去顶替它,维持整个系统正常可靠地工作。

2.监测站

监测站是无人值守的数据自动采集中心。整个全球定位系统共设立了17个监测站。其中有6个站为美国空军的监测站,它们分别位于科罗拉多泉城(Colorado Springs)、卡纳维拉尔角(Cape Canaveral)、夏威夷(Hawaii)、阿松森岛(Ascension Island)、迭戈加西亚(Dieg Carcia)和卡瓦加兰(Kwajalein)。为了进一步提高广播星历的精度,美国从1997年开始实施精度改进计划(Legacy-Accuracy Improvement Initiative,L-AII)。首期加入了国防部所属的国家地球空间信息局NGA(原为国防制图局DMA,后改组并入国家图像和制图局NIMA,2003年改组为NGA)的6个监测站。它们分别位于华盛顿特区的美国海军天文台(USNO)、英国(England)、阿根廷(Argentina)、厄瓜多尔(Ecuador)、巴林(Bahrain)和澳大利亚(Austrilia)。此后又加入了其他5个NGA站:阿拉斯加(Alaska)、韩国(Korea)、南非(South Africa)、新西兰(New Zealand)和塔希提岛(Tahiti)。目前的广播星历是用上述17个站的观测资料生成的。监测站的主要功能是:

(1)对视场中的各GPS卫星进行伪距测量。

(2)通过气象传感器自动测定并记录气温、气压、相对湿度(水汽压)等气象元素。

(3)对伪距观测值进行改正后再进行编辑、平滑和压缩,然后传送给主控站。

3.注入站

注入站是向GPS卫星输入导航电文和其他命令的地面设施。注入站分别位于迭戈加西亚、阿松森群岛、卡纳维拉尔角和卡瓦加兰。注入站能将接收到的导航电文存储在微机中,当卫星通过其上空时,再用大口径发射天线将这些导航电文和其他命令分别“注入”卫星。

4.通信和辅助系统

通信和辅助系统是指地面监控系统中负责数据传输以及提供其他辅助服务的机构和设施。全球定位系统的通信系统是由地面通信线、海底电缆及卫星通信等联合组成。

此外,美国国家地球空间信息局NGA将提供有关极移和地球自转的数据以及监测站的精确地心坐标,美国海军天文台将提供精确的时间信息。

地面监控系统的地理分布见图3-3。

为了能更好地支持各种现代化的GPS卫星(Block IIR-M、IIF、III等)的工作,提高导航、定位、授时精度,美国正在研制组建新一代的地面控制系统。预计可在2016—2020年间陆续投入工作。

显然,按照上述方式运行时,整个GPS系统将过多地依赖地面监控部分。一旦战争发生时,地面监控部分被对方摧毁,全球定位系统将很快失效。对于Block II和Block IIA卫星而言,用10h内的广播星历进行导航定位,用户距离精度URA为6m;而用预报14天的广播星历进行导航定位时,URA将迅速增加至200m;用存储于Block IIA卫星中的第180天的广

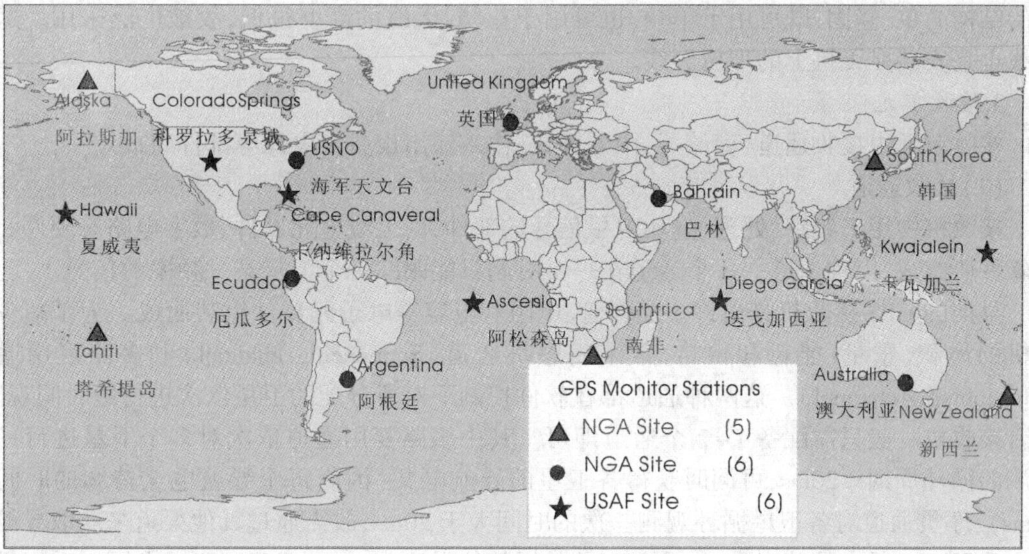

图 3-3 地面监控系统的地理分布

播星历进行导航定位时,URA 将增加至 5000m。这就意味着虽然卫星中存储了 180 天的广播星历,但随着预报时间的增长,星历的精度将迅速下降,致使 GPS 系统无法使用。为了减少对地面监控系统的依赖程度,增强 GPS 系统的自主导航能力,在 Block IIR 卫星中增加了在卫星间进行伪距测量和多普勒测量的能力,以及卫星间进行相互通信的能力。显然,单纯依靠卫星间的距离观测值和多普勒测速观测值是无法确定 GPS 卫星星座的整体旋转和每个 GPS 卫星钟的绝对钟差的。试验表明,以 IGS 的预报星历作为先验值,利用卫星间的距离观测值进行定轨,可以使第 180 天星历的 URA 值仍达到 6m 的水平,从而大大增加 GPS 系统的自主导航能力。

3.1.3 用户部分

用户部分由用户及 GPS 接收机等仪器设备组成。虽然用户设备的含义较广,除 GPS 接收机外,还可包括气象仪器、微机、钢卷尺、指南针等。但由于篇幅的限制,加之读者对其他设备较为熟悉,故在本节中只介绍 GPS 接收机。

1.GPS 接收机

能接收、处理、量测 GPS 卫星信号以进行导航、定位、定轨、授时等项工作的仪器设备叫做 GPS 接收机。GPS 接收机由带前置放大器的接收天线、信号处理设备、输入输出设备、电源和微处理器等部件组成。根据用途的不同,GPS 接收机可分为导航型接收机、测量型接收机、授时型接收机等。按接收的卫星信号频率数可分为单频接收机和双频接收机等。

2.天线单元

天线单元由天线和前置放大器组成。接收天线是把卫星发射的电磁波信号中的能量转换为电流的一种装置。由于卫星信号十分微弱,因而产生的电流通常需通过前置放大器放大后才进入 GPS 接收机。GPS 接收天线可采用单极天线、微带天线、锥形天线等。微带天线的结构简单、坚固，既可用于单频，也可用于双频，天线的高度很低，故被广泛采用。这种天线也是安装在飞机上的理想天线。

3.接收单元

接收单元由接收通道、存储器、微处理器、输入输出设备及电源等部件组成。

(1)接收通道

接收机中用来跟踪、处理、量测卫星信号的部件，由无线电元器件、数字电路等硬件和专用软件所组成，简称通道。一个通道在一个时刻只能跟踪一个卫星某一频率的信号。

早期的 GPS 接收机是由许多晶体管、电阻和电容等电子元器件组装而成。为了减少接收机的体积、重量、能耗和价格，常采用序贯通道(Sequencing channel)和多路复用通道(Multiplexing channel)。这两种通道都在软件控制下对所分配的卫星依次进行短时间观测。一台接收机一般只需配备 1~2 个通道即可。其中多路复用通道依次对多个卫星进行一次观测的循环周期≤20ms，可同时获得各卫星的导航电文(因为每个导航电文持续的时间为 20ms)，序贯通道对各卫星循环观测一次的时间大于 20ms，故需通过其他渠道来获取导航电文。采用上述通道的缺点是：①采集到的数据的信噪比差；②由于观测不是在同一瞬间进行的，因而对接收机钟差的处理较为困难。

随着越大规模集成电路技术的发展，多个接收通道可以方便地集成在一个小芯片上，目前的接收机大多配备多个通道(例如 8~12 个通道，有的多系统兼容的接收机的通道数达 48 个或更多)，以便让一个通道连续观测一个卫星信号。

接收通道的重要功能是进行伪距测量，获取卫星导航电文以及重建载波，进行载波相位测量。长期以来由于美国政府采取一系列措施来限制非特许用户全面使用 GPS，因而接收机生产厂商不得不采取一些特殊的方法和技术(如平方法，互相关技术，Z 跟踪技术等)来加以应对，以获取必要的观测值。有关内容将在“5.2 载波相位测量”一节中加以介绍。此后由于国际形势的变化以及 GLONASS，BDS，Galileo 等卫星导航系统的出现等原因，美国政府对 GPS 政策进行了调整，以便能保持 GPS 的主导地位，最大限度地占领卫星导航定位的市场。在 Block IIR-M 卫星中增发了第二民用测距码 L_2C 码，在 Block IIF 卫星上增设了第三民用测距码 L_5码，并准备在 Block III 卫星上增设第四民用测距码 L_1C 码。这些民用测距码的出现为广泛采用码相关通道铺平了道路。

与平方法，互相关技术和 Z 跟踪技术相比，码相关法具有信噪比好，能获得导航电文及全波长的载波等优点，因而被广泛使用。

我们知道接收机所接收到的是一组既有时间延迟 Δt，又有多普勒频移 Δf 的卫星信号。所谓的捕获卫星信号就是要以一定的步长不断调整由接收机所产生的复制码的时间延迟和频率，并分别与卫星信号进行相关处理，以便依据相关系数将与卫星信号最为接近的这一组时延值和频率挑选出来。由于 GPS 卫星的测距码具有良好的自相关特性和互相关特性，当复制码的时延及频率被调整到与卫星信号大体相同时，其相关系数可突然增大，达到峰值(理论值为 1)，而在其他情况下相关系数则趋近于零(其旁瓣值仅为 0.06 左右)，因而容易加以区分。上述工作就称为捕获卫星信号。然后我们就能将这两组时延和频率大体相同的信号送入码跟踪回路进行伪距测量。

显然用这种方法所求得的时延和频率的精确程度与所取的步长有关。步长小,就有可能获得较为精确的时延和频率,但搜索的工作量(捕获卫星信号所需的时间)也将迅速增大。所以我们需要根据码跟踪回路对输入信号的精度要求以及用户对卫星信号捕获的时间要求等综合进行考虑,选取合适的搜索步长。以 C/A 码为例,一般将时延值的步长取为 0.5 个码,将频率的变化间隔取为 0.5kHz。一个周期中 C/A 码的总数为 1023 个码,GPS 卫星的多普勒频移值为±6kHz,这样我们就将整个搜索区间分成了 24×2046=49104 个子区间。在无任何卫星先验信息的情况下(即接收机冷启动),需依次对这 49104 个二维子区间依次进行搜索,一般需花费数分钟的时间才能捕获卫星信号。在多数情况下用户可利用以前观测时即获得的卫星历书等方法来获取卫星的先验信息(卫星的近似位置及粗略的卫星钟差等),这样搜索的范围就可大幅缩减,从而大大节省捕获卫星的时间。这就是所谓的接收机热启动。

如何用接收机通道来进行伪距测量和载波相位测量等内容在后面的章节中还将分别进行介绍。为节省篇幅,此处不再重复。

(2)存储器

早期的 GPS 接收机曾采用盒式磁带来记录伪距观测值、载波相位观测值及卫星的导航电文等资料和数据(如 WM 101 接收机等),现在大多采用机内的半导体存储器来存储这些资料和数据。1Mbit 的内存,当采样率为 15s,观测 5 颗卫星时,一般能记录 16h 的双频观测资料。接收机的内存可根据用户的要求扩充至 4M, 8M,16M,…存储在内存中的数据可通过专用软件卸载到微机中。

(3)微处理器

微处理器的作用主要有两个:

① 计算观测瞬间用户的三维坐标、三维运动速度、接收机钟改正数以及其他一些导航信息,以满足导航及实时定位的需要。

② 对接收机内的各个部分进行管理、控制及自检核。

(4)输入、输出设备

GPS 接收机中的输入设备大多采用键盘。用户可用它来输入各种命令,设置各种参数(如采用率、截止高度角等),记录必要的资料(如测站名、气象元素、仪器高等)。输出设备大多为显示屏。通过输出设备,用户可了解接收机的工作状态(如正在观测的是哪些卫星,卫星的高度角、方位角及信噪比,余下的内存容量有多少)以及导航定位的结果等。接收机大多设有 RS 232 接口,用户也可通过该接口用微机来进行输入、输出操作。

(5)电源

GPS 接收机一般采用由接收机生产厂商配备的专用电池作为电源。长期连续观测时,可采用交流电经整流器整流后供电,也可采用汽车电瓶等大容量电池供电。除外接电源外,接收机内部一般还配备有机内电池,在关机后,为接收机钟和 RAM 存储器供电。

3.2　载波与测距码

GPS 卫星发射的信号由载波、测距码和导航电文三部分组成。

3.2.1 载波

可运载调制信号的高频振荡波称为载波。GPS 卫星所用的载波有两个,由于它们均位于微波的 L 波段,故分别称为 L_1载波和 L_2载波。其中,L_1载波是由卫星上的原子钟所产生的基准频率f_0(f_0 = 10.23MHz) 倍频 154 倍后形成的,即$f_1 = 154 \times f_0$ = 1575.42MHz, 波长 λ_1 为 19.03cm;L_2载波是由基准频率f_0 倍频 120 倍后形成的,即$f_2 = 120 \times f_0$ = 1227.60MHz, 其波长 λ_2 为 24.42cm。如前所述,随着 GPS 现代化的实施,在 Block IIF 卫星中将增设一个新的载波 L_5,它是由基准频率f_0 倍频 115 倍后形成的,即$f_5 = 115 \times f_0$ = 1176.45MHz, 其波长 λ_5 为 25.48cm。采用多个载波频率的主要目的是为了更好地消除电离层延迟,组成更多的线性组合观测值。卫星导航定位系统通常都采用 L 波段的无线电信号来作为载波,频率过低(f < 1GHz)电离层延迟严重,改正后的残余误差也较大;频率过高,信号受水汽吸收和氧气吸收谐振严重,而 L 波段的信号则较为适中。

在无线电通信中,为了更好地传送信息,我们往往将这些信息调制在高频的载波上,然后再将这些调制波播发出去,而不是直接发射这些信息。在一般的通信中,当调制波到达用户接收机解调出有用信息后,载波的作用便告完成。但在全球定位系统中,情况有所不同,载波除了能更好地传送测距码和导航电文这些有用信息外(担当起传统意义上载波的作用),在载波相位测量中它又被当做一种测距信号来使用。其测距精度比伪距测量的精度高 2~3 个数量级。因此,载波相位测量在高精度定位中得到了广泛的应用。

3.2.2 测距码

测距码是用于测定从卫星至接收机间的距离的二进制码。GPS 卫星中所用的测距码从性质上讲属于伪随机噪声码。它们看似一组杂乱无章的随机噪声码,其实是按照一定规律编排起来的、可以复制的周期性的二进制序列,且具有类似于随机噪声码的自相关特性。测距码是由若干个多级反馈移位寄存器所产生的 m 序列经平移、截短、求模二和等一系列复杂处理后形成的。下面简单加以介绍。

1.基本知识

如果在组成一组二进制码序列时,每一位数到底是取 0 还是 1 完全是随机的(如一个口袋中装有大小、形状、质量等几何、物理特征完全相同的圆球,一个记为 0,另一个记为 1;每次从中任意拿出一个,然后放回,再次抽取),由此所组成的一组二进制码序列称为随机噪声码或随机码。随机码具有良好的自相关特性(这一点对于提高测距精度是十分重要的),但由于是随机生成的,难以复制,故无法实际使用。伪随机噪声码也称伪随机码,具有与随机码十分相似的自相关特性,但却是按照一定规律编排起来的可以复制的周期性序列,故被用于进行测距。码序列中的每一位二进制数称为一个码元或一个比特(bit)。每个码元持续的时间或所对应的距离称为码元的宽度。码发生器(或天线)每秒钟所输出的码元个数称为码速率,用"比特数/秒"或"bps"表示。两组伪随机码进行模二相加时的规则是:对应码元按下列法则相加,不进位:

$$0 \oplus 0 = 0;0 \oplus 1 = 1;1 \oplus 0 = 1;1 \oplus 1 = 0 \tag{3-1}$$

伪随机码序列除了用一组二进制数来表示外,还可以用一组幅度为 1 的矩形波来表示,取值为+1 的矩形波与二进制数 0 对应,取值为-1 的矩形波与二进制数 1 对应(见图 3-4)。矩形波相乘的规则为:

$$1 \times 1 = 1; 1 \times (-1) = -1; (-1) \times 1 = -1; (-1) \times (-1) = 1 \quad (3\text{-}2)$$

比较式(3-1)与式(3-2)可以看出,二进制数的模二相加是与矩形波的相乘对应的。以后我们将根据需要任意选用其中一种方式来表示。

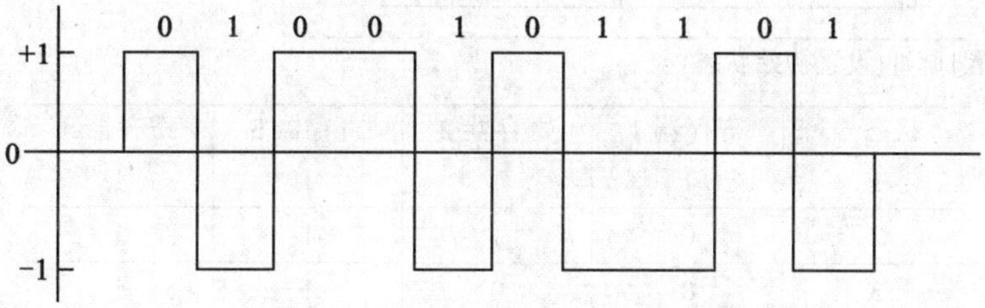

图 3-4 二进制码的信号波形表示法

2.m 序列

m 序列是由一组线性反馈移位寄存器产生的。图 3-5 是一个简单的仅由 4 级移位寄存器组成的 m 序列发生器。每个寄存器只能处于 0 或 1 状态,开始时,先由置 1 脉冲将所有寄存器都设置为状态 1,然后在钟脉冲驱动下,每个寄存器都将自己的状态传递给下一个寄存器,而第三、四两个寄存器的状态还要经过模二相加后反馈给第一级寄存器,所产生的 m 序列从第四级寄存器输出,形成一个周期性的二进制序列。从图中可以看出选择合适的反馈线路后一个周期中的码元个数 $N=2^n-1$,n 为寄存器的个数,对图 3-5 而言,$n=4$,$N=15$。在整个周期中,“1”的个数比“0”的个数多一个。上述规律可推广至级数更多的移位寄存器。显然用上述方法产生的 m 序列的码速率与钟脉冲的频率相同。每一步后各级寄存器的状态及 m 序列产生的过程见图 3-5。

需要说明的是:

① 开始时,并不一定要将所有的寄存器都设置为全 1 的状态,而可以根据需要将其设置为任何一种初始状态,从任何一处开始组成 m 序列,以实现码的平移。

② 在一个周期结束前,可以通过重新设置初始状态来实现 m 序列的截短,控制序列的长度。

③ 信号不一定要从末级寄存器中输出,从原则上讲,可从任意一级输出。

④ 为简便起见,m 序列发生器不一定要采用图 3-5 的形式来表示,而可以用一种更简单的特征多项式来表示。如图 3-5 中的 m 序列发生器可表示为:

$$f(X) = 1 + X^3 + X^4$$

上式表示将第三级寄存器和第四级寄存器的状态进行模二相加,然后反馈给第一级寄存器。

3.C/A 码

(1)C/A 码的产生

C/A 码是由两个周期性的二进制码序列 G1 和 G2 进行模二相加后形成的。G1 和 G2 每个周期中均含有 1023 个码元。它们各由一个 10 级移位寄存器产生,初始状态均置为全 1,

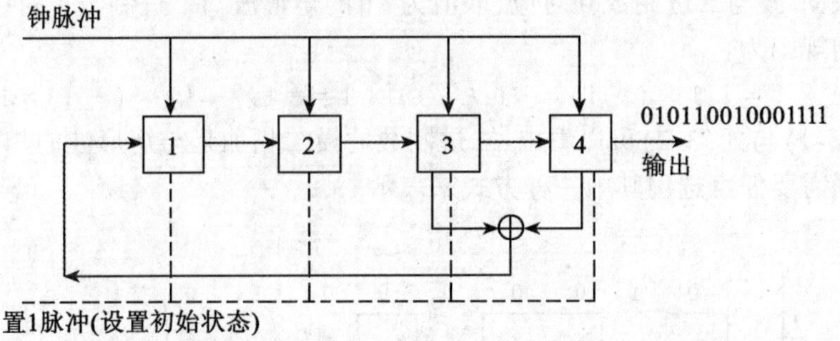

状态号	寄存器 1	寄存器 2	寄存器 3	寄存器 4
1	1	1	1	1
2	0	1	1	1
3	0	0	1	1
4	0	0	0	1
5	1	0	0	0
6	0	1	0	0
7	0	0	1	0
8	1	0	0	1
9	1	1	0	0
10	0	1	1	0
11	1	0	1	1
12	0	1	0	1
13	1	0	1	0
14	1	1	0	1
15	1	1	1	0
16	1	1	1	1

图 3-5　m 序列的产生

然后在频率为 1.023Mbps 的信号驱动下产生码序列。该信号是由原子钟频进行 10 分频后形成的。其中产生 G1 的码信号发生器的特征多项式为 $1+X^3+X^{10}$，即将第 3 级和第 10 级寄存器中的内容进行模二相加后反馈给第一级寄存器。G1 信号最后是由第十级寄存器输出的。产生 G2 的码信号发生器的特征多项式为 $1+X^2+X^3+X^6+X^8+X^9+X^{10}$，即将第 2、3、6、8、9、10 级寄存器中的内容求模二和，然后再将结果反馈给第 1 级寄存器。G2 信号不是从第 10 级寄存器中输出的，而是从中选择两个不同的寄存器（抽头）进行模二相加后输出，以便形成不同的 $G2_i$ 信号，供不同的卫星使用。其中 i 为卫星的 SV 号，也即为卫星的伪随机噪声码的 PRN 号。具体情况见表 3-2。

用上述方法将 G1 和 $G2_i$ 模二相加后生成的 C/A 码也是一个长度为 1023bit 的周期性二进制序列，其码速率仍然是 1.023Mbps。每个周期持续的时间为 1ms。C/A 码也称 Gold 码。每个卫星所使用的 C/A 码皆不相同，且相互正交。

表 3-2　　**C/A 码($G2_i$)的产生**

SV PRN	C/A($G2_i$)的形成	码延迟数	C/A 前 10 个码 *	P 码前 12 个码 **	SV PRN	C/A($G2_i$)的形成	码延迟数	C/A 前 10 个码 *	P 码前 12 个码 **
1	2⊕6	5	1440	4444	20	4⊕7	472	1715	4343
2	3⊕7	6	1620	4000	21	5⊕8	473	1746	4343
3	4⊕8	7	1710	4222	22	6⊕9	474	1763	4343
4	5⊕9	8	1744	4333	23	1⊕3	509	1063	4343
5	1⊕9	17	1133	4377	24	4⊕6	512	1706	4343
6	2⊕10	18	1455	4355	25	5⊕7	513	1743	4343
7	1⊕8	139	1131	4344	26	6⊕8	514	1761	4343
8	2⊕9	140	1454	4340	27	7⊕9	515	1770	4343
9	3⊕10	141	1626	4342	28	8⊕10	516	1774	4343
10	2⊕3	251	1504	4343	29	1⊕6	859	1127	4343
11	3⊕4	252	1642	4343	30	2⊕7	860	1453	4343
12	5⊕6	254	1750	4343	31	3⊕8	861	1625	4343
13	6⊕7	255	1764	4343	32	4⊕9	862	1712	4343
14	7⊕8	256	1772	4343	33	5⊕10	863	1745	4343
15	8⊕9	257	1775	4343	34	4⊕10	950	1713	4343
16	9⊕10	258	1776	4343	35	1⊕7	947	1134	4343
17	1⊕4	469	1156	4343	36	2⊕8	948	1456	4343
18	2⊕5	470	1467	4343	37	4⊕10	950	1713	4343
19	3⊕6	471	1633	4343					

注:① C/A 码的前 10 个码采用一种特殊的表示法,第一位为 1,表示二进制第一位为 1;后三位为八进制数,每位代表三个二进制数,如卫星 1 的 1440 表示二进制序列 1100100000。

② P 码的前 12 个码采用 8 进制表示位,每个数代表三个二进制码。如卫星 1 的 4444 表示 100100100100。

③ 采用表 3-2 中所列的方法,一共可产生 37 种不同的 C/A 码。其中前 32 种分配给 32 个卫星使用。33–37 留做它用(如给地面发射机用)。

④ 第 34 种 C/A 码和第 37 种 C/A 码是相同的。

⑤ 由两个寄存器模二相加后生成的码序列与第 10 级输出的码序列结构是相同的,但平移(延迟)了若干个比特。如从第 10 级输出的二进制序列为 111,111,111,100,101,101,001,010,…,而由第 2 级和第 6 级寄存器模二相加后输出的是 001,101,111,111,111,001,011,010,010,10,…,平移(延迟)了 5 个码元(见表 3-2)。读者有兴趣的话可自行检验。

(2) C/A 码的作用

① 捕获卫星信号:由于 C/A 码的周期仅为 1ms,一个周期中总共只含 1023bit,若以每秒 50bit 的速率进行搜索,最多只需 20.5s 即可捕获 C/A 码,然后通过导航电文快速捕获 P 码,因而 C/A 码也称捕获码。

② 粗略测距:利用 C/A 码也可测定从接收机至卫星间的距离,只是由于 C/A 码的码元宽度较宽,用时间表示为 $T=\frac{1\text{ms}}{1023}=0.977517\mu\text{s}$,所对应的距离为 293.052m。倘若测距的精

度为一个码元宽度的 $\frac{1}{100}$，则测距精度只能达到 2.93m，故 C/A 码也被称为粗码。

4.P 码

(1)P 码的产生

P 码是由 X1 和 $X2_i$ 两个二进制码序列模二相加后产生的。其中 X1 又是由 X1A 和 X1B 两个子序列求模二和后产生的。X1A 和 X1B 都是由 12 级线性反馈移位寄存器产生的，产生 X1A 的移位寄存器的特征多项式为 $1+X^6+X^8+X^{11}+X^{12}$。12 级的移位寄存器原本应产生一个长度为 $2^{12}-1=4095$bit 的周期性序列。但通过提前三个比特来重新设置初始状态将该序列进行了截断（截去了最后三个比特 001），形成了一个长度为 4092bit 的码序列。X1A 序列是在卫星原子钟的钟频驱动下生成的，其码速率为 10.23Mbps。移位寄存器重新设置初始状态一次，就形成一个长度为 4092bit 的周期性序列。我们将 X1A 序列的 3750 个周期定义为 X1 序列的一个周期，也称 X1 序列的计数。显然，X1 序列的周期中含有 4092×3750bit，它所持续的时间为 $\frac{15345000}{10.23\times10^6}=1.5$s。

产生 X1B 子序列的移位寄存器的多项式为 $1+X^1+X^2+X^5+X^8+X^9+X^{10}+X^{11}+X^{12}$。X1B 序列也是在原子钟频驱动下产生的，其码速率也为 10.23Mbps。与 X1A 不同的是，X1B 是提前二个比特通过重新设置初始状态被截断为长度为 4093bit 的周期性序列的。由于 X1B 序列比 X1A 序列多一个比特，X1B 相对于 X1A 每次都可以移动一个比特，这样 X1A 和 X1B 进行模二相加时就能生成一个周期足够长的 X1 码序列。如果 X1B 也为 4092bit，那么模二相加后生成的 X1 序列的周期也为 4092bit。同样，X1A 和 X1B 的周期长度中也不应含公因数，否则生成的 X1 序列的周期也会较短。此外，当 X1 取一个周期（即 X1A 取 3750 个周期）时，X1B 并不取整周期数，因而 X1B 在重复 3749 个周期时，即处于 4093×3749＝15344657bit 时，应保持最后一种状态达 343bit，以便待 X1A 的第 3750 个周期结束后（即 X1 一个完整的周期后）再分别重新设置初始状态，进入下一个循环。

类似地，$X2_i$ 码序列是由 X2A 和 $X2B_i$ 两个子序列模二相加后形成的。X2A 和 X2B 也都是由 12 级线性反馈移位寄存器在原子钟频的驱动下产生的。这两组移位寄存器的特征多项式分别为：

$$X2A:1+X^1+X^3+X^4+X^5+X^7+X^8+X^9+X^{10}+X^{11}+X^{12}$$

$$X2B:1+X^1+X^3+X^4+X^8+X^9+X^{12}$$

产生码序列的方式与 X1 相似，只是在 X2A 和 X2B 的最后一个周期延迟 37 个比特发出重新设置初始状态的指令。这样经模二相加合成的 X2 序列就是比 X1 序列多出 37bit。将 X2 序列分别移动 1～37 位就可生成 37 种不同的 $X2_i$ 序列，前 32 种信号供卫星使用（卫星 SV 号或 PRN 号为 i，X2 就移动 i 位），第 33～37 号留做它用。最后将 X1 与 $X2_i$ 模二相加后就生成了 P 码。每个卫星各用一种 P 码。它们互不相同，且互相正交。

(2)P 码的作用

由于 P 码的码速率为 C/A 码的 10 倍，达 10.23Mbps，其码元宽度仅为 29.3m。如果测距精度仍按码元宽度的百分之一计，则为 0.29m，可以较精确地测定从接收机至卫星的距离，故被称为精码。P 码原为严格保密的只供美国军方及授权用户使用的密码，但后来情况有所变化。非军方用户也能购买和使用 P 码接收机。现已被 Y 码所取代。

5.Y 码

为了防止敌对方对美国军方用户进行电子欺骗和电子干扰，美国从 1994 年 1 月 31 日起实施 AS 技术，将 P 码与完全保密的 W 码进行模二相加形成新的保密的 Y 码以取代原来的 P 码。一般用户若采用 Z 跟踪技术仍可分解出 P 码并用它来测距。但由于积分间隔短，测距精度会比不实施 AS 时直接用 P 码测距的精度低一些。详见“Z 跟踪技术”。

6.L_2C 码

L_2C 码是增设在 Block IIR-M、IIF 型及随后各种类型的 GPS 卫星上的第二民用码。它是由中等长度的 L_2CM 码和周期很长的 L_2CL 码组合而成的。L_2CM 码和 L_2CL 码都是由 27 级的线性反馈移位寄存器在频率为 511.5Kbps 的信号驱动下产生的。它们的特征多项式也相同，均为 $1+X^3+X^4+X^5+X^6+X^9+X^{11}+X^{13}+X^{16}+X^{19}+X^{21}+X^{24}+X^{27}$。生成 L_2CM 码时，在经过 10230 个比特后，就通过重新设置初始状态来进行截断，使其成为长度为 10230bit 的周期性码序列。L_2CM 码的码速率为 511.5Kbps，一个周期持续的时间为 20ms。生成 L_2CL 码时，则是在经过 767250 个比特后才重新设置初始状态，将其截断为长度为 767250bit 的较长的周期性序列。L_2CL 码的码速率也为 511.5Kbps，一个周期持续 1.5s，和 X1 序列相同。L_2CL 码的周期长度是 L_2CM 码的 75 倍。然后再依次从 L_2CM 码和 L_2CL 码中各取一个码来组成 L_2C 码。L_2C 码的码速率为 1.023Mbps。

显然，只要设置不同的初始状态就能从一个很长的码序列中截取不同的子区间生成不同的 L_2CM 码和 L_2CL 码，供不同卫星使用。各 GPS 卫星在生成 L_2CM 码和 L_2CL 码时所设置的初始状态见表 3-3。

导航电文只调制在 L_2CM 码上，L_2CL 码上则不调制导航电文。中等长度的 L_2CM 码可用于捕获卫星信号，不调制导航电文的周期也要长得多的 L_2CL 码可提供更长的积分时间，其相关特性要比 C/A 码更好，有利于在信号受到遮挡的树林等环境中测距。

7.调制在 L_5 载波上的民用测距码（以下简称 L_5 码）

按 GPS 现代化的原定计划，只有在 Block IIF 卫星及其后各种类型的 GPS 卫星上才增设 L_5 信号，而第一颗 Block IIF 型的 GPS 卫星预计要在 2010 年 5 月才发射。但在 2009 年 3 月 24 日发射的 Block IIR-20M（SVN 49，PRN 01）GPS 卫星上已提前开展了 L_5 信号的相关实验工作。2015 年 4 月底在轨工作的 Block IIF 卫星已达 9 颗。

L_5 载波的频率为 1176.45MHz，是由原子钟频 10.23MHz 倍频 115 倍后形成的。L_5 载波由两个相互正交的分量组成：一个是同相（In-phase）分量，另一个是正交（Quadrature-phase）分量，它们的发射功率相同。两个互相同步的、几乎是正交的、但结构不同的测距码被分别调制这两个载波分量上。为方便起见，我们把调制在同相分量上的测距码称为 I_5 码，把调制在正交分量上的测距码称为 Q_5 码。

I_5 码是由 XA 码和 XBI_i 码模二相加后形成的，Q_5 码则是由 XA 和 XBQ_i 码模二相加后形成的。I_5 码和 Q_5 码的速率均为 10.23Mbps，是 C/A 码和 L_2C 码的 10 倍，与 P(Y) 码相同。I_5 码与 Q_5 码均为长度为 10230bit 的周期性二进制序列，每个周期持续 1ms。

表 3-3　　　　　　　　**生成 L_2CM 码和 L_2CL 码时所设置的初始状态**

卫星号 PRN 号	L_2CM	L_2CL	卫星号 PRN 号	L_2CM	L_2CL
1	742417664	624145772	20	120161274	266527765
2	756014035	506610362	21	044023533	006760703
3	002747144	220360016	22	724744327	501474556
4	006265724	710406104	23	045743577	743747443
5	601403471	001143345	24	741201660	615534726
6	703232733	053023326	25	700274134	763621420
7	124510070	652521276	26	010247261	720727474
8	617316361	206124777	27	713433445	700521043
9	047541621	015563374	28	737324162	722567263
10	733031046	561522076	29	311627434	132765304
11	713512145	023163525	30	710452007	746332245
12	024437606	117776450	31	722462133	102300466
13	021264003	606516355	32	050172213	255231716
14	230655351	003037343	33	500653703	437661701
15	001314400	046515565	34	755077436	717047302
16	222021506	671511621	35	136717361	222614207
17	540264026	605402220	36	756675453	561123307
18	205521705	002576027	37	435506112	240713073
19	064022144	525163451			

注：前 32 种 L_2CM 和 L_2CL 码供 32 颗 GPS 卫星使用，后 5 种以备它用（如供地面发射机使用）。

L_2CM 和 L_2CL 码的初始状态都是采用八进制数表示的，每个数都代表 3 位二进制数。初始状态还有多种选择，可供更多的卫星和发射机使用。

XA 码是由一个特征多项式为 $1+X^9+X^{10}+X^{12}+X^{13}$ 的 13 级线性反馈移位寄存器产生的。按理说，13 级移位寄存器应产生一个长度为 $2^{13}-1=8191$bit 的二进制周期性序列，但 XA 码发生器通过提前一个比特重设初始状态（全部置为 1）的方法截去了最后一个比特，使它在产生 8190 个比特后又开始第二个循环直至 1ms 时再次重新设置为 1，形成一个长度为 10230bit、周期为 1ms 的 XA 序列为止。然后再开始生成第二个周期的 XA 码。由此可知，长度为 10230bit 的 XA 码可分为两段，第一段长 8190bit，第二段（8191～10230bit）的 2040 个比特是第一段前 2040bit 的重复。

XBI 码和 XBQ 码也是由 13 级的线性反馈移位寄存器产生的，其特征多项式也相同，均为 $1+X^1+X^3+X^4+X^6+X^7+X^8+X^{12}+X^{13}$。XBI 码和 XBQ 码不进行人为地截断，而是使其“自然地”生成 8191bit 的码序列后再开始第二个循环，直至 1ms 时再通过重新设置初始状态，使其形成一个长度为 10230bit、持续时间为 1ms 的周期性序列。由于 XA 码与 XBI 码和 XBQ 码相比，在第一循环中少了一个比特，所以当它分别与 XBI 码和 XBQ 码模二

相加生成的 I_5 码和 Q_5 码时,从第 8191bit 开始的后 2040 个比特就不会与最前面的 2040 个比特重复,而是一个周期真正为 10230bit 的码序列。如果 XA 序列不进行截断,也为 8191bit,则与 XBI 码和 XBQ 码模二相加后生成的 I_5 码和 Q_5 码也将是周期为 8191bit 的码序列,后面的部分只是前 2039bit 的重复而已。

如前所述,在生成码序列时,可以通过设置不同的初始状态来对码序列进行平移。全球定位系统也是采用这种方法来生成不同的 XBI_i 和 XBQ_i 码,供不同卫星使用。不同的 XBI_i 和 XBQ_i 码所用的初始状态见表 3-4。

表 3-4 **生成不同的 XBI_i 和 XBQ_i 码时所用的初始状态表**

PRN 号	XBI_i	XBQ_i	PRN 号	XBI_i	XBQ_i	PRN 号	XBI_i	XBQ_i
1	05344	11314	14	04047	12077	27	05336	10372
2	14065	04366	15	06532	13617	28	07526	17502
3	04010	17043	16	01711	15137	29	05741	05044
4	13046	03552	17	04617	16310	30	10267	10171
5	16727	03662	18	17036	13344	31	01236	05745
6	06372	05251	19	14437	03133	32	00271	11052
7	12237	17601	20	06555	14161	33	15201	13104
8	13644	06550	21	02010	16620	34	15771	17104
9	17453	13503	22	16757	12616	35	17334	06263
10	07736	02206	23	10376	10575	36	11310	03657
11	00472	01005	24	14264	16763	37	03220	02321
12	16371	05305	25	15155	14233			
13	01634	04645	26	12626	05274			

注:* 初始状态第 1 位表示二进制数 0 或 1,后 4 位八进制数,每位表示 3 个二进制数,如 XBI_i 的初始状态 05344 表示 13 个寄存器的初始状态为 0 101 011 100 100, 11314 表示 13 个寄存器的初始状态为 1 001 011 001 100。

** 前 32 种 XBI_i 和 XBQ_i 分配给 32 个卫星使用,后 5 种留做它用(如地面反射机用),需要时,还能生成许多其他的 XBI 码和 XBQ 码。

如前所述,将 XA 码和 XBI_i 码模二相加就能生成 I_{5_i} 码;将 XA 码和 XBQ_i 模二相加就能生成 Q_{5_i} 码,供第 i 个卫星使用($i=1,\cdots,32$)。I_5 码上还将调制导航电文,Q_5 码上则不调制导航电文。最后再把 I_5 码调制在 L_5 载波的同相分量上,把 Q_5 信号调制在 L_5 载波的正交分量上播发给用户。

由于 L_5 码的码速率为 10.23Mbps,一个码元的宽度只有 29.3m,测距精度将与 P(Y)码相当,可用于"生命安全"等用途。中等长度的 I_5 码可用于捕获卫星信号;无导航电文的 Q_5 码允许进行长时间积分,有利于在树林等隐蔽环境下捕获较弱的卫星信号。

8.军用码(M 码)

M 码是一种供美国军方使用的保密码,其生成方法及码的结构不对外公开。据参考文献介绍，M 码具有下列优点（Pratap Misra and Per Enge，2006）：

- 信号发射功率更大，因而信号捕获更加快捷、稳定；比 P（Y）码具有更好的抗干扰能力；
- 采用新的方法来生成 M 码，在 Block IIF 卫星的 L_1 和 L_2 载波上调制的是两种结构不同的 M 码，抗干扰力更强；
- 调制在 M 码上的导航电文（也称 MNAV）有利于使用基于信息的通信协议，这个协议允许定义新的信息。

从图 3-6 中可以看出民用测距码，调制在 L_1 载波上的 C/A 码和调制在 L_2 载波上的 L2C 码其功率主要集中在 2MHz 宽的频带上。调制在 L_5 载波上的新的民用测距码的功率则主要分布在 20MHz 宽的频带上。M 码的设计则更为安全和灵活，分布在中心频率的两侧。现有军用信号 P（Y）码还可能再使用一段时间。

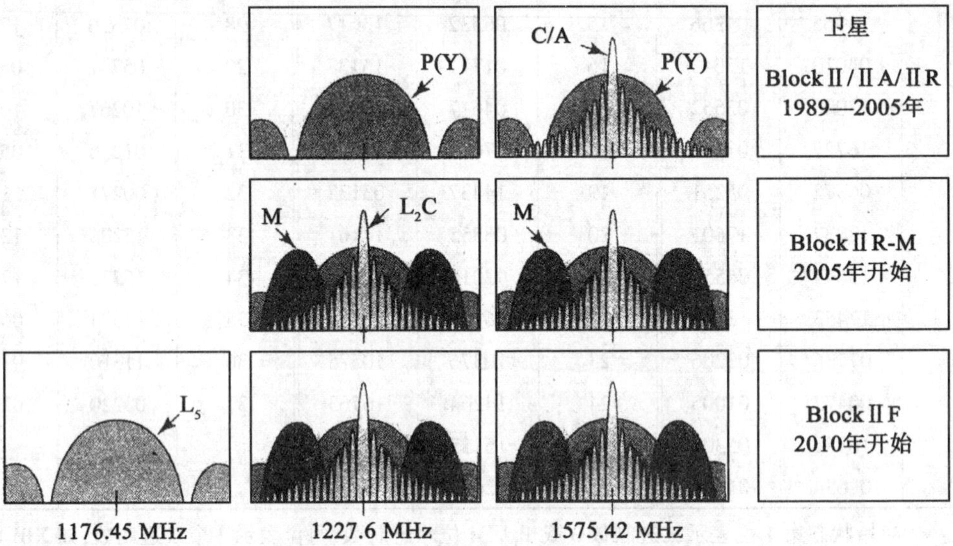

图 3-6　各种测距码的信号功率谱

3.3　导 航 电 文

导航电文是由 GPS 卫星向用户播发的一组反映卫星在空间的运行轨道、卫星钟的改正参数、电离层延迟修正参数及卫星的工作状态等信息的二进制代码，也称数据码（D 码）。它是用户利用全球定位系统进行导航定位时一组十分重要的数据。

3.3.1　导航电文的总体结构

导航电文是以“帧”为单位向外播发的。一个主帧的长度为 1500bit，发送速率为 50bps，播发一帧电文需要 30s。一个主帧包含 5 个子帧，每个子帧均为 300bit，播发时间为 6s。每个子帧都是由 10 个字组成的，每个字均含 30bit，播发时间为 0.6s。其中第 4、5 两个子帧各有 25 个不同的页面。因而用户需花费 750s 才能接收到一组完整的导航电文。每 30s 第 4

子帧和第 5 子帧将翻转 1 页,而前 3 个子帧则重复原来的内容。第 1、2、3 子帧中的内容每小时更换一次,第 4、5 子帧的内容则要等地面站输入新的历书后才更换。导航电文的总体结构见图 3-7。

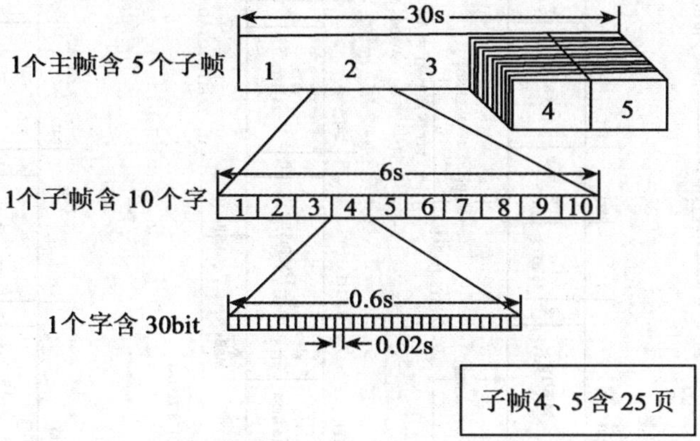

图 3-7　卫星电文的基本构成图

导航电文的具体内容及构造见图 3-8。该图摘自 2004 年 12 月 7 日发布的 IS-GPS-200 D 版(Revision D)。

3.3.2　第 1 子帧(第一数据块)

1.遥测字(Telemetry Word,TLM)

第 1 子帧的第 1 个字是遥测字,作为捕获导航电文的前导。遥测字中前 8bit 10001001 为同步码,为各子帧编码提供了“起始点”。第 9~22 个比特为遥测电文,包括地面监控系统在注入数据时的一些相关信息。第 23、24 个比特空闲备用。最后的 6 个比特用于奇偶检验。

2.交接字(Hand Over Word,HOW)

第 1 子帧中的第 2 个字为交接字。交接字的用途是为了使用户在捕获到 C/A 码解调出导航电文后能尽快捕获 P(Y)码。为了达到上述目的,就需要让用户知道信号的发射时间以及信号的传播时间。注意,此处所说的信号发射时间是指卫星钟给出的时间,而不是标准的 GPS 时,因为信号是在卫星钟的控制下发射的。

GPS 时间可以用长度为 29bit 的 Z 计数来表示,前 10 个比特表示从起始时刻 1980 年 1 月 6 日 $00^h00^m00^s$(UTC)至今的星期数(模为 1024),后 19 个比特则给出了本星期内 X_1码的周期数(X_1码的周期为 1.5s)。因而 Z 计数是一种特殊的计时单位来表示 GPS 时。我们知道,19 个比特可表示的最大值为 $2^{19}-1=524287$,而 X_1码的最大值为 403199,所以 19 个比特完全可以表示一星期内的 X_1码的周期数。然而在交接字中只用了 17 个比特来表示一星期内的时间,将完整的 Z 计数中的后 19 个比特截去了最后 2 个比特,因此这 17 个比特给出的是周期为 6s 的子帧数,将它乘以 4 以后得出的是下一子帧开始时的 X_1码的周期数。

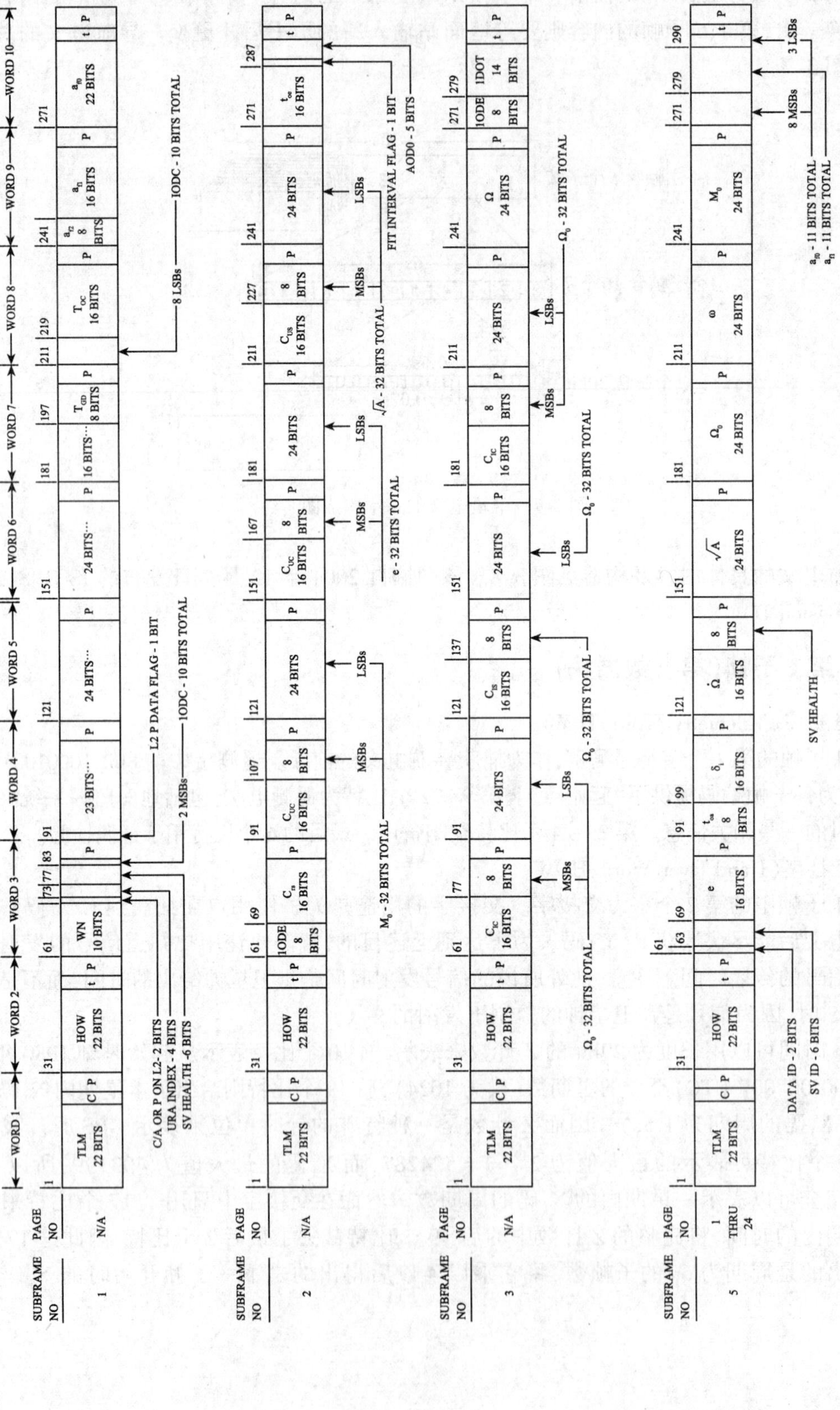

注：*子帧4的第2、3、4、5、7、8、9、10页的结构与此相同(子帧5,1–24页)共32页，可供32个卫星使用

图 3-8A　调制在C/A码和P(Y)码上的导航电文

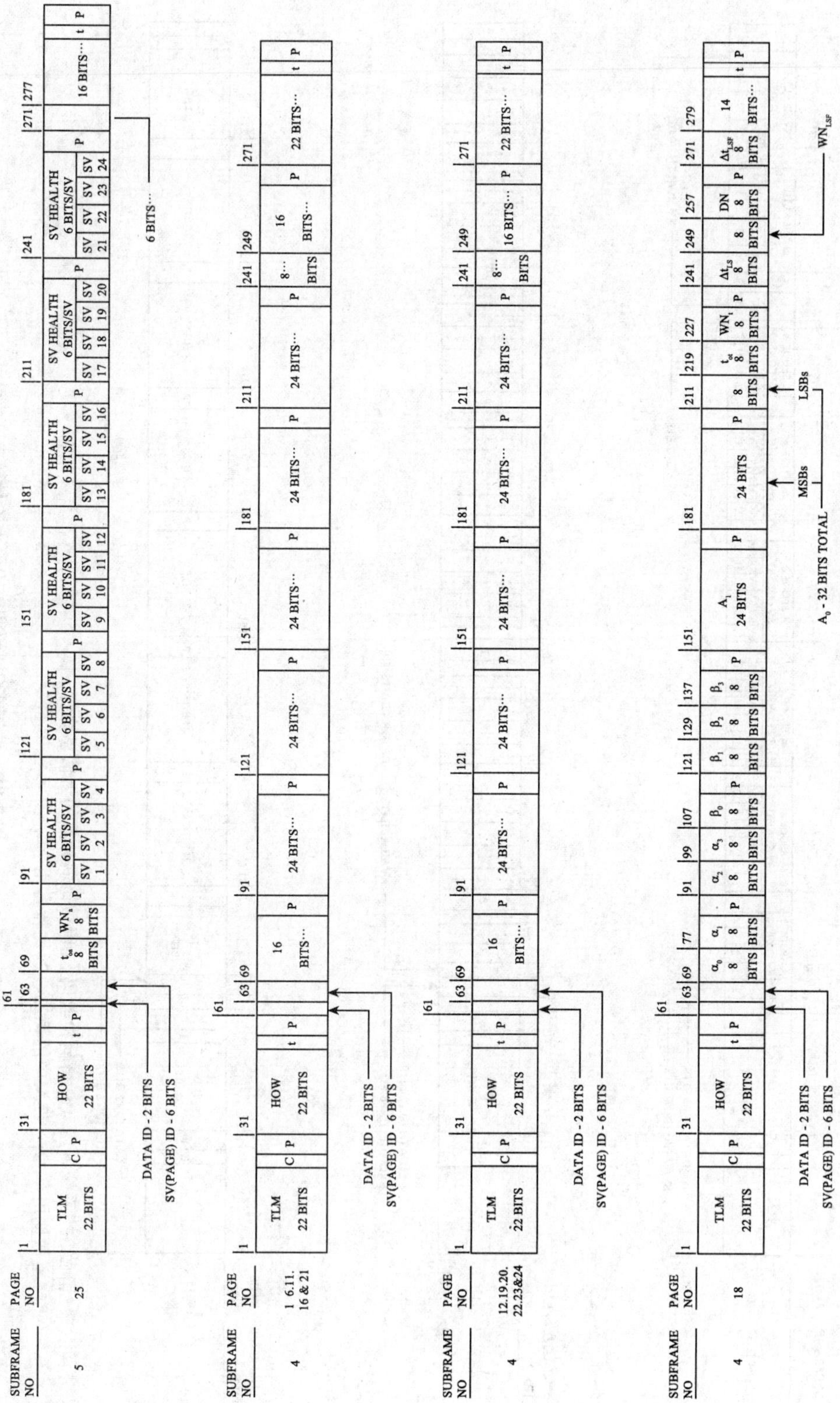

图 3-8B 调制在C/A码和P(Y)码上的导航电文(续)

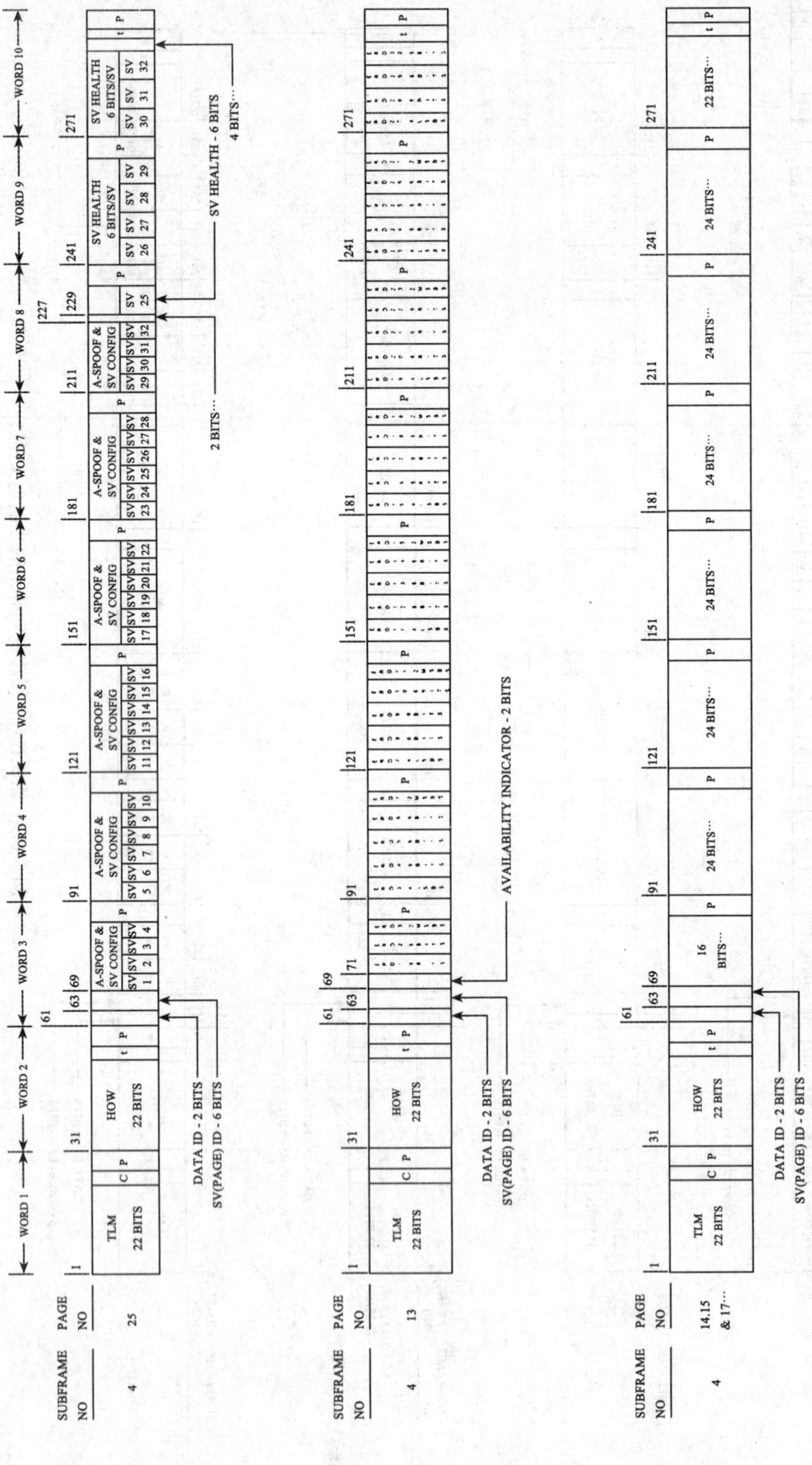

注：**留做GPS系统备用　P：奇偶检验码　t:留做奇偶计算的无信息比特
***留做他用　C：TLM中的第23、24比特备用

图 3-8C　调制在C/A码和P(Y)码上的导航电文(续)

交接字中的第 18 个比特为警告标志，该比特为 1 时，表明该卫星的 URA 可能比导航电文中给出的值更差，用户使用该卫星可能会有风险。第 19 个比特为 1 就表示该卫星在实施 AS 技术。第 20、21、22 比特给出了子帧编号，如这 3 个比特为 011，就表示该子帧为第 3 子帧。第 23、24 比特是在第 29、30 比特为零时用来进行奇偶检验的。最后 6 个比特为奇偶检验码。每个字的最后 6 个比特均为奇偶检验码，以后不再介绍。

3.星期数(Week Number，WN)

如上所述，WN 给出了 GPS 星期数。由于 WN 是用 10 个比特来表示的，模为 1024，也就是说，在离起始时刻 0，1024，2048，…星期时，WN 均为零。此外，由于 GPS 时是连续的，而在日常生活中广泛应用的 UTC 则存在跳秒，两者间可能有数十秒的差异。WN 位于第 3 个字的前 10 个比特。

第 3 个字的 11、12 比特表明，在 L_2 载波上调制的是 C/A 码还是 P 码。01 表示调制的是 P(Y)码，10 表示调制的是 C/A 码，00 留做他用。

4.用户测距精度(User Range Accuracy，URA)的指数

第 3 个字的第 13~16 比特中给出了该卫星的 URA 值的指数。URA 是用户利用该卫星测距时可获得的测距精度，这是一个数理统计指标。由这 4 个比特所给出的 URA 指数与 URA 值之间的对应关系见表 3-5。

表 3-5 **URA 指数与 URA 间的关系**

URA 指数 N	URA/m		
0	0.00	<URA≤	2.40
1	2.40	<URA≤	3.40
2	3.40	<URA≤	4.85
3	4.85	<URA≤	6.85
4	6.85	<URA≤	9.65
5	9.65	<URA≤	13.65
6	13.65	<URA≤	24.00
7	24.00	<URA≤	48.00
8	48.00	<URA≤	96.00
9	96.00	<URA≤	192.00
10	192.00	<URA≤	384.00
11	384.00	<URA≤	768.00
12	768.00	<URA≤	1536.00
13	1536.00	<URA≤	3072.00
14	3072.00	<URA≤	6144.00
15 *	6144.00	<URA	

* 当这 4 个比特全为 1 时(即 URA 指数为 15 时)，也可能是精确的预报值无法获得，用这颗卫星存在风险。

用户也可以用下列公式来计算 URA 的标称值：

当 URA 指数 $N\leqslant 6$ 时，$\text{URA}=2^{\left(1+\frac{N}{2}\right)}$；

当 URA 指数 $15>N>6$ 时，$\text{URA}=2^{(N-2)}$；

当 URA 指数 $N=15$ 时，表示该卫星的星历未加精确预报，使用该卫星有风险。

例如：当 $N=1$ 时，URA=2.8m；
当 $N=3$ 时，URA=5.7m；
当 $N=5$ 时，URA=11.3m。

当 Block IIR-M 卫星和 Block IIF 卫星采用自主导航工作模式时，测距精度定义为不优于 URA。

注意，URA 中包括了由卫星和地面控制部分所产生的各种误差，但不包括由用户设备及传播介质所产生的误差。

5.卫星健康状况(SV Health)

第 3 个字的第 17~22 比特给出了卫星的工作状况是否正常的信息。其

中,第 1 个比特反映导航资料的总体情况。若该比特为 0,表示全部导航资料都正常;若该比特为 1,表示部分导航资料有问题。后 5 个比特则具体给出各信号分量的健康状况(见表 3-6)。

表 3-6　**表示卫星健康状况的后 5 个比特的具体含义**

后 5 个比特	含　义	后 5 个比特	含　义
00000	所有资料均正常	10000	L_1和 L_2上的 P(Y)码都过弱
00001	所有信号过弱,比规定功率低 3~6dB	10001	L_1和 L_2上的 P(Y)码都 Dead
00010	所有信号 Dead	10010	L_1和 L_2上的 P(Y)码上均无导航电文
00011	所有卫星信号上均未调制导航电文	10011	L_1和 L_2上的 C/A 码都过弱
00100	L_1上的 P(Y)码过弱	10100	L_1和 L_2上的 C/A 码都 Dead
00101	L_1上的 P(Y)码 Dead	10101	L_1和 L_2上的 C/A 码上均无导航电文
00110	L_1上的 P 码上未调制导航电文	10110	L_1过弱
00111	L_2上的 P(Y)码过弱	10111	L_1 Dead
01000	L_2上的 P(Y)码 Dead	11000	L_1上无导航电文
01001	L_2上的 P(Y)码上未调制导航电文	11001	L_2过弱
01010	L_1上的 C/A 码过弱	11010	L_2Dead
01011	L_1上的 C/A 码 Dead	11011	L_2上无导航电文
01100	L_1上的 C/A 码上未调制导航电文	11100	SVI 出错,不用这次通过的卫星
01101	L_2C 码过弱	11101	该卫星将暂时关闭,慎用该卫星
01110	L_2C 码 Dead	11110	空缺
01111	L_2C 码上未调制导航电文	11111	同时出现多种错误

注:卫星健康状况是按照卫星的设计功能来评判的,达到了设计功能,即为健康。

子帧 1 第 3 个字的 23 比特、24 比特以及第 8 个字的 1~8 比特合起来组成了长度为 10bit 的参数 IODC(Issue of Data,Clock)。该参数给出了卫星钟资料的发布数。限于篇幅不再介绍,感兴趣的读者可参阅 IS-GPS-200 版本 D 的 20.3.3.3.1.5 和 20.3.4.4 两段。第 4 个字的第 1 比特若为 1,就表示在 L_2载波上的 P(Y)码上不调制导航电文。

6.L_1信号和 L_2信号的群延之差 T_{GD}

这里说所的 L_1信号是指把已调制了导航电文的 P(Y)码再调制到 L_1载波后所形成的信号。L_2信号是指把已调制了导航电文的 P(Y)码再调制到 L_2载波后所形成的信号。L_1信号和 L_2信号都是在卫星的标准频率源(卫星钟)的驱动下生成的。从信号开始生成到最后离开卫星发射天线的相位中心之间的时间称为信号群延。由于 L_1信号和 L_2信号是通过不同的电路产生的,因而它们的群延也不完全相同。其公共部分将被自动吸收到卫星钟差中去,无需另行考虑。L_1信号和 L_2信号的群延之差又可分为两部分:系统误差和随机误差。系统误差是指平均群延差,也就是导航电文中所给出的参数 T_{GD}(其准确的定义以后再加以介绍),其值可正可负,据卫星电路而定,但其绝对值一般不会超过15ns(相当于4.5m);另一部分是围绕在平均群延差附近随机变化的部分,随机误差的绝对值不会超过3ns(2σ)。T_{GD}的值可由卫星生产厂家在卫星发射前测定,但令人遗憾的是,该值并非一成不变,而会随着外界环境及时间的推移而变化。其准确值可由地面站根据长时间的观测定期加以估计并注入卫星。

由于T_{GD}是卫星内部电路中产生的群延差,与信号在电离层中的传播无关。电离层延迟与用户的位置及观测时间有关,由卫星给出一个统一的数值供不同用户使用在理论上也站不住脚。此外,各卫星给出的电离层延迟改正数值可以不等但符号应一致。因此,部分教材中将T_{GD}当作是一个供单频接收机用户进行粗略的电离层延迟改正的值是一种误解。

7.卫星钟参数的数据龄期

卫星钟参数的数据龄期(AODC)为:

$$AODC = T_{oc} - t_L \tag{3-3}$$

式中,T_{oc}为卫星钟参数的参考时刻,由导航电文给出;t_L为计算这些参数时所用到的观测资料中最后一次观测值的观测时间。

所以,AODC实际上表示钟改正参数的外推时间。外推时间越短,改正参数的精度越高。

8.卫星钟误差系数a_{f_0}、a_{f_1}、a_{f_2}

在导航电文的有效时间段内,任一时刻t卫星钟相对于标准GPS时间的误差可用下式来表示:

$$\Delta t = a_{f_0} + a_{f_1}(t - t_{oc}) + a_{f_2}(t - t_{oc})^2 + \Delta t_r \tag{3-4}$$

式中,a_{f_0}为参考时刻t_{oc}时的卫星钟差;a_{f_1}为参考时刻t_{oc}时的卫星钟的钟速,也称频偏;a_{f_2}为参考时刻t_{oc}时的卫星钟的加速度的一半;Δt_r为由于GPS卫星非圆形轨道而引起的相对论效应的修正项,以后将详细介绍;二次多项式的系数a_{f_0}、a_{f_1}、a_{f_2}由导航电文给出。

需要指出的是,用式(3-4)求得的卫星钟误差是相对于卫星天线平均相位中心的。如前所述,由于L_1信号与L_2信号间存在群延差,换言之,这两个信号并不是同时离开卫星发射天线平均相位中心的,因此用L_1信号测定的卫星钟差与L_2信号测定的卫星钟差也是不相同的,而导航电文中给出的卫星钟误差系数则是全球定位系统的地面控制系统利用双频接收机的观测资料求得的,因而双频用户可直接采用这些系数来计算卫星钟差,而单频用户则还需在式(3-7)的基础上再加上一项修正值,以顾及群延差T_{GD}的影响。具体修正方法将在"卫星钟误差"中介绍。

9.子帧1中一些重要参数所占的比特数以及单位

表3-7中列出了子帧1中一些重要参数所占的比特数及其单位。

表3-7 子帧1中一些重要参数所占的比特数及其单位

参数	所占比特数	单位
T_{GD}	8*	2^{-31}s
t_{oc}	16	2^4s
a_{f_0}	22*	2^{-31}s
a_{f_1}	16*	2^{-43}s/s
a_{f_2}	8*	2^{-55}s/s^2

注:*含符号位

3.3.3　第 2、3 子帧(第二数据块)

导航电文中的第 2 子帧和第 3 子帧是用来描述 GPS 卫星轨道的参数的,利用这些参数就可求出导航电文有效时间段内任一时刻 t 卫星在空间的位置 (X,Y,Z) 及运动速度 $(\dot{X},\dot{Y},\dot{Z})$。$\dot{X}=\mathrm{d}X/\mathrm{d}t=V_x$,其余类推。考虑到有些同学对卫星轨道理论还缺乏了解,因此在具体介绍第 2、3 子帧的内容前,先简要介绍一下相关知识。

1.卫星轨道的不同表示方法

(1)按规定的时间间隔直接给出不同历元卫星在空间的位置 (X,Y,Z) 以及运动速度 $(\dot{X},\dot{Y},\dot{Z})$。IGS 的精密星历就采用这种方式。该方法与采用数值计算的方法来确定卫星轨道时所获得的结果形式一致,较为方便,但采用这种方法时,只能给出相应历元上的离散的结果。用户要获得观测瞬间卫星的位置和速度值时,还需采用切比雪夫多项式拟合或拉格朗日多项式拟合等方法来进行拟合和内插。此外,用这种方法给出的卫星轨道几何意义不明确,很不直观。

(2)Collocation 法,这种方法是用一个高阶多项式(如 10 阶)来拟合某一时间段内的卫星轨道(如 1~2h),在进行数值积分时直接求得多项式系数。Bernese 5.0 版软件就采用这种方法,近来也有人将其用于导航卫星的自主定轨。该方法的优点是定轨时的工作量大为节省,计算速度快,能给出连续的轨道;缺点也是几何意义不明确,不直观。

(3)用开普勒轨道根数及其变化率来描述卫星轨道,广播星历就是采用这种方法来描述卫星轨道的。该方法的优点是有明确的几何意义,较为直观;缺点是用数值方法求得离散点上的卫星位置和速度后,还需要再进行最小二乘拟合,以求得上述参数。用户计算时,一般需先根据上述参数求得观测时段内少量离散点上的坐标值,然后再进行多项式拟合,最后再根据拟合出来的系数计算观测瞬间卫星的坐标(采用这种方法比直接根据开普勒轨道根数及其变化率来计算每个观测历元的卫星位置要快),计算较麻烦。

2.人卫轨道理论简介

(1)作用在卫星上的外力

卫星是在多种外力的作用下绕地球运动的。这些外力有地球对卫星的万有引力、日、月对卫星的万有引力、大气阻力、太阳光压力等。为了便于研究,我们通常又人为地把地球万有引力分为两部分:地球万有引力(1)和地球万有引力(2)。设地球的总质量为 M,地球万有引力(1)是质量为 M、密度成球形分布的一个虚拟的圆球所产生的万有引力。所谓密度成球形分布是指球内任何一点的密度 ρ 只与该点至地心的距离有关,而与经纬度等无关,即 $\rho=f(r)$。这种分层结构与地球的实际情况是很相似的。可以证明,密度成球形分布的圆球所产生的万有引力就相当于把全部质量都集中在球心上的一个质点所产生的万有引力,也就是说,地球万有引力(1)就是质量为 M、且位于地心的一个质点所产生的万有引力。但实际上,地球是一个形状十分复杂、质量分布又不规则,从总体上讲,类似于旋转椭球的一个物体,它所产生的万有引力与一个简化的近似的地球万有引力(1)之差,称为地球万有引力(2)。

在上述各种作用力中,地球万有引力(1)的值最大,对卫星的运动起到了决定性的作用。如果把地球万有引力(1)的值看成1,地球万有引力(2)就是一个10^{-3}量级的微小量,而日、月引力、大气阻力、太阳光压力等通常都是小于等于10^{-5}的微小量。在人卫轨道理论中,我们把这些微小量统称为摄动力。

(2)人卫正常轨道与轨道摄动

如果我们暂且不顾及各种摄动力的影响,只考虑卫星在地球万有引力(1)的作用下的运动状况,即把一个复杂的力学问题简化为二体问题,卫星运动方程就能严格求解。此时,人造地球卫星的运行轨道就是一个椭圆,地球质心位于该椭圆轨道的一个焦点上。我们把这些椭圆轨道称为人卫正常轨道。人卫正常轨道是研究人卫真实轨道的基础,在精度要求不高时,也可近似地把它当作人卫真实轨道。

人卫正常轨道虽然可以从数学上严格求解,但毕竟只是在不顾及各种摄动力影响的情况下求得的近似轨道。人造卫星的真实轨道与正常轨道之差称为轨道摄动。为了确定人造卫星的真实轨道,还必须研究在各种摄动力的作用下人卫的真实轨道与正常轨道之间会产生多大的偏移。我们把求解轨道摄动的一整套理论与方法称为人卫轨道摄动理论。

(3)开普勒轨道根数

在人卫轨道理论中,我们通常用六个开普勒轨道根数来描述卫星椭圆轨道的形状、大小及其在空间的指向,来确定任一时刻卫星在轨道上的位置。所谓轨道根数也称轨道参数。下面我们将介绍六个开普勒轨道根数的具体含义。

先以地心A作球心作一个半径无穷大的天球,分别将地球赤道面及轨道面向外延伸与天球相交得天球赤道及卫星轨道在天球上的投影(为一大圆)。

① 升交点赤经Ω

一般来说,卫星轨道与赤道平面有两个交点,当卫星从赤道平面以下(南半球)穿过赤道平面进入北半球时与赤道平面的交点$N_{升}$被称为升交点。反之,当卫星从赤道平面以上(北半球)穿过赤道平面进入南半球时与赤道平面的交点$N_{降}$被称为降交点。升交点$N_{升}$的赤经被称为升交点赤经,用Ω来表示(见图3-9),Ω可在0°～360°范围内变动。

② 轨道倾角i

在升交点处,轨道正方向(卫星运动方向)与赤道正向(赤经增加方向)之间的夹角称为轨道倾角,用i表示。显然,i也即轨道面的法线矢量$\boldsymbol{N}$与Z轴之间的夹角。i的取值范围在0°～180°之间。

用Ω和i两个轨道根数可以描述卫星轨道平面在空间的指向。

③ 长半径(或长半轴)a

从轨道椭圆的中心至远地点的距离,即轨道椭圆长轴的一半,因而也可称为长半轴或半长轴。a的取值范围据实际情况而定。

④ 偏心率e

$$e=\frac{c}{a}=\frac{\sqrt{a^2-b^2}}{a}(0\leqslant e<1) \tag{3-5}$$

长半径a和偏心率e给出了轨道椭圆的形状和大小。当然,描述椭圆形状和大小的参数并非只有a和e两个。从理论上讲,可在长半径a、短半径b、半通径p、偏心率e和扁率

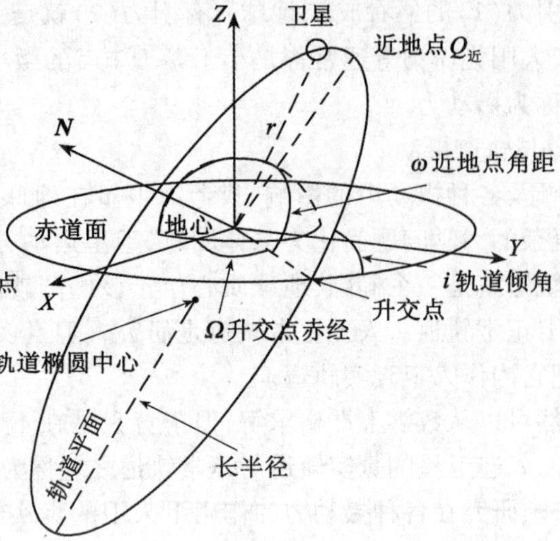

图 3-9　轨道根数的几何意义

$\alpha=\dfrac{a-b}{a}$中任选两个,但其中至少有一个为长度元素。

⑤ 近地点角距 ω

从升交点矢径 $AN_{升}$ 起算逆时针方向(从 $\boldsymbol{N}$ 正方向看)旋转至近地点矢径 $AQ_{近}$ 所经过的角度称为近地点角距。近地点角距是在卫星轨道平面上量测的,用 ω 表示。ω 确定轨道椭圆在轨道平面内的指向。显然 ω 的取值范围也是在 0° ~ 360°。

⑥ 卫星过近地点的时刻 t_0

在实际工作中,也可以用卫星的平近点 M(或真近点角 θ, 或偏近点角 E)去取代参数 t_0。第 6 个轨道根数给出了卫星在椭圆轨道上的位置。

人卫正常轨道的 6 个轨道根数 $(\Omega,i,a,e,\omega,t_0)$ 均为常数(卫星绕地球旋转一圈后,过近地点的时刻 t_0 将增加 T, T 为卫星运行周期,也是一个常数),也就是说,卫星将沿着某一固定不变的椭圆轨道作周期运动。但是在各种摄动力的作用下,上述 6 个轨道根数就会随着时间的变化而缓慢地发生变化,同一卫星在不同时刻的轨道根数并不相同。如果参考时刻 t_0 时的卫星轨道根数为 σ_0, 那么时刻 t 时的轨道根数 σ 就可以写为:

$$\sigma=\sigma_0+\frac{\mathrm{d}\sigma}{\mathrm{d}t}\times(t-t_0) \tag{3-6}$$

为计算方便,上式中略去了高阶导数项,因而 $(t-t_0)$ 的数值就不能过大,也就是说,式(3-6)只是在一定的时间段中才适用,该时间段就是所谓的导航电文的有效时间段。为使用方便,上述轨道根数的具体形式允许稍作变化。

3.子帧 2 和子帧 3 中包含的参数

子帧 2 和子帧 3 以一种较为特殊的方式给出了参考时刻 t_{oe} 时的轨道根数以及它们的变化率,此外,在这两个子帧中还给出了其他几个参数。为了方便,我们将不按这些参数出现的先后顺序来加以介绍,而是分类进行介绍。这些参数在子帧中的具体位置可参阅图 3-8。

(1)星历参考时刻 t_{oe} 时的轨道根数

① t_{oe} 时的平近点角 M_0，该参数占用 32bit，其单位为 $2^{-31}\times180°$。对用户而言，给出卫星的平近点角 M_0 比给出卫星过近地点时刻 t_0 更为方便；

② t_{oe} 时的轨道偏心率 e，该参数也占用 32bit，其单位为 2^{-33}；

③ t_{oe} 时轨道长半径的平方根 $\sqrt{A}$，该参数也占用 32bit，其单位为 $2^{-19}\sqrt{m}$；

④ t_{oe} 时的轨道倾角 i_0，该参数也占用 32bit，单位为 $2^{-31}\times180°$；

⑤ t_{oe} 时的近地点角距 ω，该参数也占用 32bit，单位为 $2^{-31}\times180°$；

⑥ $\Omega_0=\Omega_{t_{oe}}-\mathrm{GAST}(t_0)$，其中，$\Omega_{t_{oe}}$ 为星历参考时刻 t_{oe} 时的升交点赤经，$\mathrm{GAST}(t_0)$ 为本星期起始时刻(即星期日 $0^h00^m00^s$)的格林尼治真恒星时。直接给出这两者之差 Ω_0，对用户而言在计算时更为方便。Ω_0 也占用 32bit，其单位也为 $2^{-31}\times180°$。

综上所述，子帧 2 和子帧 3 给出了星历参考时刻 t_{oe} 时的 5 个轨道根数 i_0、$\sqrt{A}$、e、ω、M_0，但未直接给出 t_{oe} 时的升交点赤经 $\Omega_{t_{oe}}$，而是给出了 $\Omega_{t_{oe}}$ 与 $\mathrm{GAST}(t_0)$ 之差，请将其称为 Ω_0，以方便用户计算。上述 6 个参数均占用 32bit，其中，角参数 i_0、M_0、ω、Ω_0 最后一位的单位均为 $2^{-31}\times180°\approx3''\times10^{-4}$，相当于 GPS 卫星轨道上的 4cm。这些参数中变化较快，需直接顾及在 $(t-t_{oe})$ 期间所产生的变化的一些参数，在 t_{oe} 时的值需加注下标，如 i_0、M_0、Ω_0；而变化较慢，无需直接考虑在 $(t-t_{oe})$ 期间所产生的变化的那些参数，在 t_{oe} 时的值则无需加注下标，如 $\sqrt{A}$、e、ω。

(2)9 个轨道摄动参数

① Δn：平均角速度 n 的改正值，该参数占用 16bit，单位为 $2^{-43}\times180°/\mathrm{s}$；

② 升交点赤经 Ω 的变化率，$\dot{\Omega}=\frac{\mathrm{d}\Omega}{\mathrm{d}t}$，该参数占用 24bit，单位为 $2^{-43}\times180°/\mathrm{s}$；

③ 轨道倾角 i 的变化率，$\dot{i}=\frac{\mathrm{d}i}{\mathrm{d}t}$，该参数占用 14bit，单位为 $2^{-43}\times180°/\mathrm{s}$；

④ C_{uc} 和 C_{us}：升交距角 $u=\omega+f$ 的余弦及正弦调和改正项的振幅，其中 ω 为近地点角距，f 为卫星的真近点角。C_{uc} 和 C_{us} 各占用 16bit，单位为 $2^{-29}\mathrm{rad}$；

⑤ C_{ic} 和 C_{is}：轨道倾角 i 的余弦及正弦调和改正项的振幅，各占用 16bit，单位为 $2^{-29}\mathrm{rad}$；

⑥ C_{rc} 和 C_{rs}：卫星至地心的距离 r 的余弦及正弦调和改正项的振幅，各占用 16bit，单位为 $2^{-5}\mathrm{m}$。

(3)其他参数

子帧 2 和子帧 3 中还给出了其他一些参数，如占用 16bit 的卫星星历的参考时刻 t_{oe}，只占用 1 个比特的拟合间隔标志，该比特若为 0，表示在确定星历参数时地面控制系统是利用 4h 的资料进行曲线拟合求得的；该比特若为 1，表示曲线拟合的时间段超过 4h。其余两个参数 IODE 和 AODE 的含义、单位及用途见 IS-GPS-200D。

3.3.4 第 4、5 子帧(第三数据块)

子帧 4 和子帧 5 各含 25 页，内容较为复杂。其中子帧 4 含有 7 种不同的格式，子帧 5

含有2种不同的格式,详见图3-8。子帧4和子帧5以较少的比特数给出了其他GPS卫星的概略轨道及概略的卫星钟误差参数,以便使用户能了解整个GPS卫星星座的总体情况,这些参数称为卫星历书(almanac),卫星历书还给出了其他GPS卫星的健康状况。此外,子帧4和子帧5也给出了一些其他的参数,如电离层延迟参数、有关UTC的参数等。下面将对一些重要参数进行介绍。

1.卫星历书

第5子帧的第1~24页分别给出了SV1~24号卫星的历书,第4子帧的第2、3、4、5、7、8、9、10页分别给出了SV 25~32号卫星的历书。每页给出一个卫星的历书。由于每颗卫星的历书只占用一个子帧中的一页,所以历书中的参数所占的比特数也将大幅压缩,如M_0、$\sqrt{A}$、ω、Ω_0等均从原来的32bit压缩为24bit,而一些量级较小的参数,如a_{f_2}、C_{uc}、C_{us}、C_{ic}、C_{is}、C_{rc}、C_{rs}等则被略去,从而使精度下降。历书可以使用户了解整个GPS卫星星座中其他卫星的大致情况。卫星历书的主要作用如下:

(1)制订观测计划

用户软件可以依据卫星历书以及测站的近似位置来进行卫星可见性预报,算出不同时间可见的卫星数及反映图形强度的DOP数,从而制订出合适的观测计划。

(2)有利于快速捕获卫星信号

利用卫星历书和测站的近似坐标,可以计算出观测时刻可以观测到哪几颗卫星,并根据这些卫星的近似坐标和钟差求出信号传播时间,从而大大加快了信号的捕获速度。

卫星历书中所含的参数、各参数所占的比特数及各参数的单位见表3-8。

表3-8 **历书中各参数所占比特数及单位**

参 数	占用比特数	单 位
e	16	2^{-21}
t_{oa}	8	2^{12}s
δ_i *	16 **	$2^{-19}\times180°$
$\dot{\Omega}$	16 **	$2^{-38}\times180°/s$
$\sqrt{A}$	24	$2^{-11}\sqrt{m}$
Ω_0	24 **	$2^{-23}\times180°$
ω	24 **	$2^{-23}\times180°$
M_0	24 **	$2^{-23}\times180°$
a_{f_0}	11 **	2^{-20}s
a_{f_1}	11 **	2^{-38}s/s

注:* δ_i是相对于固定常数54°00′00″的一个偏差数,用以取代i_0和$\frac{di}{dt}$两个参数;

** 含符号位。

2.卫星的健康状况

在子帧4和子帧5中以两种不同的形式来提供卫星健康状况:

(1)8bit的卫星健康状况参数

在子帧5的第1~24页和子帧4的第2、3、4、5、7、8、9、10页中都给出了8bit的卫星健康状况参数,反映了历书所描述的那个卫星的健康状况。该参数可分为两部分:前3个比特(第137~139bit)描述了导航电文的健康状况,详见表3-9。

后5个比特主要反映载波、测距码方面的问题,如信号强度过弱、未调制上导航电文等。具体含义见表3-6。

表 3-9 **8bit 卫星健康状况参数中前 3 个比特的含义**

前 3 个比特	含义
000	全部资料均无问题
001	奇偶检验有问题(部分或全部)
010	TLM/HOW 有问题(如前导不正确等),但不含 Z 计数出错
011	HOW 码中的 Z 计数出错
100	子帧 1、2、3 中第 3~10 个字中存在错误
101	子帧 4、5 中第 3~10 个字中存在错误
110	上传资料中有错误(任一子帧第 3~10 个字中存在错误)
111	全部电文(含卫星自己生成的 TLM、HOW 在内)中有一个或多个错误

(2)6bit 的卫星健康状况参数

在子帧 4 和子帧 5 的第 25 页上集中给出了 SV 25~30 以及 SV 1~24 号卫星的健康状况,这些参数只含 6 个比特。其中,第 1 个比特反映导航信号的总体情况,后 5 个比特的含义同表 3-6。含义与卫星星历中的卫星健康状况参数相似,不再介绍。

地面控制部分在正常情况下至少每 6 天应上传一次卫星历书和卫星健康状况,如因故不能及时更新,则上述信息的精度和可靠性会下降。

此外,由于卫星历书要 6 天才能更新一次,资料较老,所以在某些情况下,由历书所获得的卫星健康状况可能与从卫星星历中所获得的卫星健康状况不一致。星历中的资料更新快,更为可靠。

3.AS 标识及卫星类型标识

在子帧 4 的第 25 页上还给出了 32 个 GPS 卫星的 AS 标识和卫星类型标识,每个卫星 4bit,第 1 个比特为 AS 标识,该比特若为 1,就表示这个卫星在实施 AS;为 0,表示不实施 AS。后 3 个比特表示卫星类型,001 表示该卫星为 Block II、IIA 或 IIR 卫星;010 表示该卫星为 Block IIR-M 卫星;011 表示该卫星为 Block IIF 卫星,其余待用。

4.表示 GPS 时与 UTC 之间的关系的参数

子帧 4 的第 6~9 个字中的前 24 个比特和第 10 个字的前 8 个比特中给出了描述 GPS 时和 UTC 之间关系的一些参数。GPS 时与 UTC 均采用原子时秒长作为时间基准,但它们之间存在两个差异:①UTC 采用跳秒的方式来尽量与 UT1 保持一致($|UTC - UT1| < 0.9s$),所以是一个不连续的时间系统,而 GPS 时则不跳秒,是一个连续的时间系统,因而这两种时间系统间会存在 n 个整秒的差别;②GPS 时和 UTC 是由两个不同的单位用两组不同的原子钟来建立和维持的,由于原子钟的误差、数据处理方法的不同等原因,这两种时间系统间还存在细微差别,这些细微差别通常可以用一个一阶多项式来拟合 $A_0 + A_1 \cdot \Delta t$,系数 A_0、A_1 由导航电文给出。

表 3-10 给出了表示 GPS 时和 UTC 之差的参数的名称、占用的比特数及单位。

表 3-10　**表示 GPS 时和 UTC 之差的参数的相关情况**

参数	占用比特数	单位
A_0	32*	2^{-30}s
A_1	24*	2^{-50}s/s
Δt_{LS}	8*	1s
t_{ot}	8	2^{12}s
WN_t	8	1 星期
WN_{LSF}	8	1 星期
DN	8	1 天
Δt_{LSF}	8*	1s

注：* 含符号位。

表 3-10 中的参数，由地面控制系统至少每 6 天应更新一次，如不及时更新，参数的精度将降低。上述这些参数主要有两个用途：

① 用户可据此求得任一时刻的 GPS 时 t_{GPS} 与该时刻的 UTC 时 t_{UTC} 之差 $t_{GPS}-t_{UTC}$；

② 告诉用户目前的跳秒数值以及跳秒发生的时间。

根据当前时刻的不同，计算 $t_{GPS}-t_{UTC}$ 时可采用下列三种公式：

(1) 跳秒还未发生，且离跳秒时间大于 6h

跳秒发生的时间是由参数 WN_{LSF} 和 DN 给出的：WN_{LSF} 给出了跳秒发生的星期数，DN 给出了该星期的第几天。跳秒将在这一天结束时($23^h59^m60^s$)发生。

计算公式如下：

$$\begin{aligned} t_{GPS}-t_{UTC} &= \Delta t_{UTC} \\ &= \Delta t_{LS}+A_0+A_1[t_{GPS}-t_{ot}+604800\times(WN-WN_t)]s \end{aligned} \tag{3-7}$$

式中，t_{GPS} 为相应的 GPS 时，可据式(3-4)求得；Δt_{LS} 为跳秒数；A_0、A_1 为多项式系数；t_{ot} 为 UTC 资料的参考时刻，一般为 2^{12}s=4096s 的整倍数，在正常情况下，大约在资料开始时刻后 70h。因为 UTC 资料 6 天更新一次，参考时刻一般位于资料段的中间时刻；WN 为 GPS 星期数，WN_t 为 UTC 参考星期数。

(2) t 位于跳秒前后 6h 的时间段内

此时，计算公式为：

$$\begin{aligned} t_{UTC} &= W \quad (\text{模为 } 86400+\Delta t_{LSF}-\Delta t_{LS}) \\ W &= (t_{GPS}-\Delta t_{UTC}-43200)(\text{模为 } 86400\text{s})+43200(\text{s}) \end{aligned} \tag{3-8}$$

Δt_{UTC} 的含义同前。

(3) t 位于跳秒 6h 以后

此时计算公式同式(3-7)，但 Δt_{LSF} 要减去 Δt_{LS}。

5. 电离层改正参数

为了让单频接收机用户进行电离层延迟改正，第 4 子帧第 18 页中还给出了电离层延迟改正参数 $\alpha_0,\alpha_1,\alpha_2,\alpha_3,\beta_0,\beta_1,\beta_2,\beta_3$。这些参数是根据该天是一年中哪一天以及前 5 天太阳活动水平，由地面控制系统确定并提供的。这是一种经验公式，改正效果并不是太好，准确程度估计约为 60%~70%。具体计算方法将在“电离层延迟”一节中加以介绍。这些参数的具体情况见表 3-11。

表 3-11 **电离层延迟改正参数**

参 数	单 位	参 数	单 位
α_0	2^{-30}s	β_0	2^{11}s
α_1	2^{-27}s/180°	β_1	2^{14}s/180°
α_2	2^{-24}(s/180°)^2	β_2	2^{16}s/(180°)^2
α_3	2^{-24}(s/180°)^3	β_3	2^{16}s/(180°)^3

上述参数均占 8bit,含符号位。

子帧 4 和子帧 5 中还有一些部分是留做其他用途的,未作说明;另外还有一些参数则限于篇幅不再一一介绍,感兴趣的读者可参阅 IS-GPS-200D。

以上介绍的是调制 P(Y)码和 C/A 码的导航电文的内容和结构。调制在 L_2C 码和 L_5M 码上的导航电文的内容更加丰富,结构更为合理,精度更高,计算方法也更为严密。此外,各类电文也不再以固定的顺序依次播发,反映了 GPS 卫星导航电文的发展方向。调制在 L_2C 码和 L_5码上的导航电文 CNAV 已从 2014 年 4 月 28 日开始播发。考虑到美国尚未宣布 CNAV 正式投入使用,故仍然将其列于附录之中。根据教育要面向未来的原则,建议教师将其列入教学内容中。

3.4 卫星信号调制

调制前的载波一般可用下列公式表示:

$$A\cos(\omega t+\varphi_0) \tag{3-9}$$

式中,A 为振幅;ω 为角频率;φ_0 为初相。

信号调制一般可采用下列几种方式:

① 调幅:让载波的振幅 A 随着调制信号的变化而相应变化;

② 调频:让载波的频率 f(角频率 ω)随着调制信号的变化而变化;

③ 调相:让载波的相位 $(\omega t+\varphi_0)$ 随着调制信号的变化而变化。

GPS 卫星信号采用的是二进制相位调制法。用模二相加的方法先将导航电文调制在测距码上,然后再将组合码调制在载波上。由于调制信号是二进制码,只有两种状态——“0”和“1”,故相位调制十分简单,只要有两种状态与之对应即可。在 GPS 卫星中,具体做法如下:

当调制信号为“0”时,载波相位不变化,即载波仍为 $A\cos(\omega t+\varphi_0)$;

当调制信号为“1”时,载波相位变化 180°(或称倒相),此时的载波表达式为 $A\cos[(\omega t+\varphi_0)\pm180°]=-A\cos(\omega t+\varphi_0)$,这样,调制后的调制波可表示为:

$$\pm A\cos(\omega t+\varphi_0)=\begin{cases}\text{当调制信号为 0 时,取正号,或称码状态为 }+1\\ \text{当调制信号为 1 时,取正号,或称码状态为 }-1\end{cases}$$

因此,二进制相位调制也可表示为码状态和载波相乘。图 3-10 为二进制相位调制示意图。

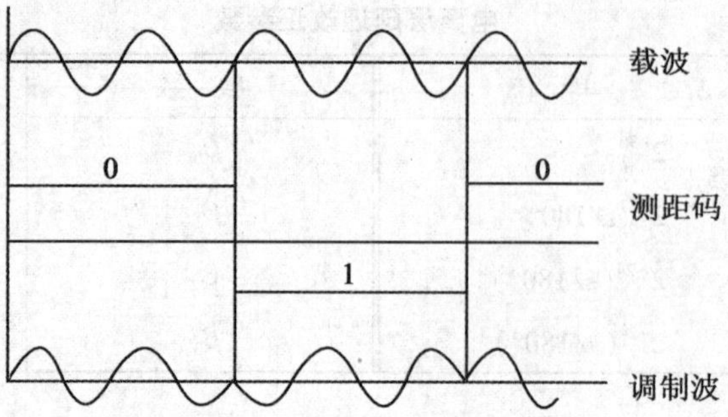

图 3-10　二进制相位调制示意图

若以 $S_{L_1}(t)$ 和 $S_{L_2}(t)$ 分别表示载波 L_1 和 L_2 经测距码和数据码进行二进制相位调制后所得到的调制波,则 GPS 卫星发射的信号可分别表示为:

$$\begin{cases} S_{L_1}(t) = A_p P_i(t) \cdot D_i(t) \cdot \cos(\omega_1 t + \varphi_1) + A_c \cdot C_i(t) \cdot D_i(t) \cdot \sin(\omega_1 t + \varphi_1) \\ S_{L_2}(t) = B_p P_i(t) \cdot D_i(t) \cdot \cos(\omega_2 t + \varphi_2) \end{cases} \tag{3-10}$$

式中, A_p 为调制在 L_1 载波上的 P 码的振幅; $P_i(t)$ 为第 i 颗卫星的 P 码; $D_i(t)$ 为第 i 颗卫星的数据码; $C_i(t)$ 为第 i 颗卫星的 C/A 码; A_c 为调制在 L_1 载波上的 C/A 码的振幅; B_p 为调制在 L_2 载波上的 P 码的振幅; ω_1 为 L_1 载波的角频率; ω_2 为 L_2 载波的角频率;下标 i 表示卫星编号。

图 3-11 为 GPS 卫星信号的构成示意图。图中说明卫星发射的所有信号分量都是根据同一基准频率 F 经倍频或分频后产生的。这些信号分量包括 L_1 载波、L_2 载波、C/A 码、P 码和数据码。经卫星天线发射出去的信号包括 C/A 码信号、L_1-P 码信号和 L_2-P 码信号。实

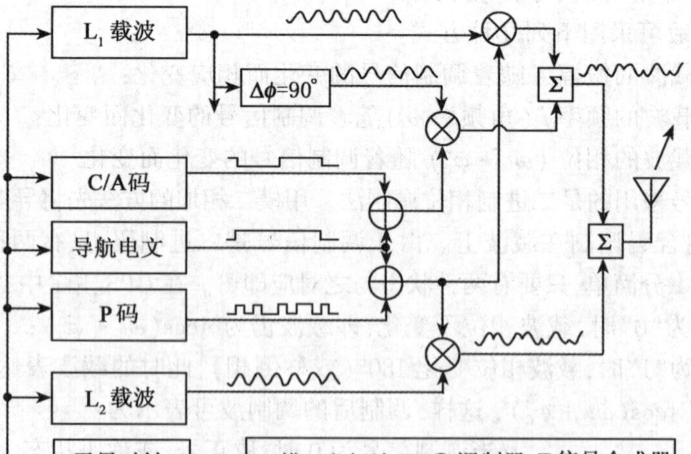

图 3-11　GPS 卫星信号构成示意图

施 SA 政策时，基准频率 F 将加入快速抖动 δ 信号。实施 AS 政策时，P 码将和 W 码进行模二相加，形成保密的 Y 码。

与调制 C/A 码、P(Y)码和 L_2C 码等测距码时所用的二进制相位调制方法（称为二进制相移键控 BPSK 方法）不同，调制军用码 M 码时采用了双向偏置载波信号 BDC(10,5)。此时调制信号的能量并不集中在中心频率附近，而是分布在中心频率两侧，因而具有更好的抗干扰性能（见图 3-6）。详细情况可参阅相关参考文献。

3.5 GPS 卫星位置的计算

3.5.1 用广播星历计算卫星位置

1.计算卫星运动的平均角速度 n

首先根据广播星历中给出的参数 $\sqrt{A}$ 计算参考时刻 t_{oe} 的平均角速度 n_0：

$$n_0 = \frac{\sqrt{GM}}{(\sqrt{A})^3} \tag{3-11}$$

式中，GM 为万有引力常数 G 与地球总质量 M 之乘积，其值为 $GM = 3.986005 \times 10^{14} \text{m}^3/\text{s}^2$。

然后根据广播星历中给定的摄动参数 Δn 计算观测时刻卫星的平均角速度 n：

$$n = n_0 + \Delta n \tag{3-12}$$

2.计算观测瞬间卫星的平近点角 M

$$M = M_0 + n(t - t_{oe}) \tag{3-13}$$

式中，M_0 为参考时刻 t_{oe} 时的平近点角，由广播星历给出。

为什么要用参考时刻 t_{oe} 来替代卫星过近地点时刻 t_0 来计算呢？原因很简单，因为广播星历每 2h 更新一次，将参考时刻设在中央时刻时，外推间隔小于等于 1h。而卫星的运行周期为 12h 左右，采用卫星过近地点时刻 t_0 来计算时，外推间隔最大有可能达 6h。用 t_{oe} 来取代卫星过近地点时刻 t_0 后，外推间隔将大大减小，用较简单的模型也能获得精度较高的结果。

3.计算偏近点角

用弧度表示的开普勒方程为：

$$E = M + e\sin E \tag{3-14}$$

用角度表示的开普勒方程为：

$$E^\circ = M^\circ + \rho^\circ \cdot e\sin E^\circ \tag{3-15}$$

解上述方程可用迭代法或微分改正法。

4.计算真近点角 f

$$\begin{cases} \cos f = \dfrac{\cos E - e}{1 - e\cos E} \\ \sin f = \dfrac{\sqrt{1 - e^2}\sin E}{1 - e\cos E} \end{cases} \tag{3-16}$$

式中，e 为卫星轨道的偏心率，由广播星历给出。

所以，

$$f = \arctan \frac{\sqrt{1 - e^2}\sin E}{\cos E - e} \tag{3-17}$$

5.计算升交角距 u'

$$u' = \omega + f$$

式中，ω 为近地点角距，由广播星历给出。

6.计算摄动改正项 δ_u、δ_r、δ_i

广播星历中给出了下列 6 个摄动参数：C_{uc}，C_{us}，C_{rc}，C_{rs}，C_{ic}，C_{is}，据此可求出由于 J_2 项而引起的升交角距 u 的改正项 δ_u、卫星矢径 r 的改正项 δ_r 和卫星轨道倾角 i 的摄动改正项 δ_i。计算公式如下：

$$\begin{cases} \delta_u = C_{uc}\cos 2u' + C_{us}\sin 2u' \\ \delta_r = C_{rc}\cos 2u' + C_{rs}\sin 2u' \\ \delta_i = C_{ic}\cos 2u' + C_{is}\sin 2u' \end{cases} \tag{3-18}$$

7.对 u'、r'、i_0 进行摄动改正

$$\begin{cases} u = u' + \delta_u \\ r = r' + \delta_r = a(1 - e\cos E) + \delta_r \\ i = i_0 + \delta_i + \dfrac{\mathrm{d}i}{\mathrm{d}t}(t - t_{oe}) \end{cases} \tag{3-19}$$

式中，a 为卫星轨道的长半径，$a = (\sqrt{A})^2$，$\sqrt{A}$ 由广播星历给出；i_0 为 t_{oe} 时刻的轨道倾角，由广播星历中的开普勒六参数给出；$\dfrac{\mathrm{d}i}{\mathrm{d}t}$ 为 i 的变化率，由广播星历中的摄动九参数给出。

8.计算卫星在轨道面坐标系中的位置

在轨道平面直角坐标系中（坐标原点位于地心，X 轴指向升交点）卫星的平面直角坐标为：

$$\begin{cases} x = r\cos u \\ y = r\sin u \end{cases} \tag{3-20}$$

9.计算观测瞬间升交点的经度 L

若参考时刻 t_{oe} 时升交点的赤经为 $\Omega_{t_{oe}}$，升交点对时间的变化率为 $\dot{\Omega}$，那么观测瞬间 t 的升交点赤经 Ω 应为：

$$\Omega = \Omega_{t_{oe}} + \dot{\Omega}(t - t_{oe}) \tag{3-21}$$

$\dot{\Omega}$ 可从广播星历的摄动参数中给出。

设本周开始时刻（星期日 0 时）格林尼治恒星时为 $\mathrm{GAST_{week}}$，则观测瞬间的格林尼治恒星时为：

$$\mathrm{GAST} = \mathrm{GAST_{week}} + \omega_e t \tag{3-22}$$

式中，ω_e 为地球自转角速度，其值为 $\omega_e = 7.292115 \times 10^{-5}\,\mathrm{rad/s}$。

t 为本周内的时间(s)。显然,上述算法中把地球自转看成是完全匀速的,未顾及地球自转的不均匀性。这样就可求得观测瞬间升交点的经度值为:

$$L = \Omega - \text{GAST} = \Omega_{t_{oe}} - \text{GAST}_{\text{week}} + \dot{\Omega}(t - t_{oe}) - \omega_e t$$

令

$$\Omega_0 = \Omega_{t_{oe}} - \text{GAST}_{\text{week}}$$

则有:

$$L = \Omega_0 + \dot{\Omega}(t - t_{oe}) - \omega_e t = \Omega_0 + (\dot{\Omega} - \omega_e)t - \dot{\Omega} \cdot t_{oe} \tag{3-23}$$

注意:广播星历中给出的并不是参考时刻 t_{oe} 的升交点赤经 $\Omega_{t_{oe}}$,而是该值与本周起始时刻的格林尼治恒星时 $\text{GAST}_{\text{week}}$ 之差。

10.计算卫星在瞬时地球坐标系中的位置

已知升交点的大地经度 L 以及轨道平面的倾角 i 后,就可通过两次旋转方便地求得卫星在地固坐标系中的位置:

$$\begin{pmatrix} X \\ Y \\ Z \end{pmatrix} = \boldsymbol{R}_Z(-L)\boldsymbol{R}_X(-i)\begin{pmatrix} x \\ y \\ 0 \end{pmatrix} = \begin{pmatrix} x\cos L - y\cos i\sin L \\ x\sin L + y\cos i\cos L \\ y\sin i \end{pmatrix} \tag{3-24}$$

11.计算卫星在协议地球坐标系中的位置

观测瞬间卫星在协议地球坐标系中的位置为:

$$\begin{aligned} \begin{pmatrix} x \\ y \\ z \end{pmatrix}_{\text{CTS}} &= \boldsymbol{R}_Y(-x_p)\boldsymbol{R}_X(-y_p) \cdot \begin{pmatrix} X \\ Y \\ Z \end{pmatrix} \\ &= \begin{pmatrix} 1 & 0 & x_p \\ 0 & 1 & -y_p \\ -x_p & y_p & 1 \end{pmatrix} \cdot \begin{pmatrix} X \\ Y \\ Z \end{pmatrix} \end{aligned} \tag{3-25}$$

在 GPS 定位中,常常需要多次计算卫星的位置和速度,如用上述方法计算需占用较多的内存和计算时间。为此,常将卫星星历用一个时间多项式来表示,在内存中仅保存该多项式的系数,供计算时调用。在各种多项式中,切比雪夫多项式的拟合效果最佳,即使在该时间段的两端近似性也很好。用 n 阶切比雪夫多项式来逼近时间段 $[t_0, t_0 + \Delta t]$ 中的卫星星历时,先将变量 $t \in [t_0, t_0 + \Delta t]$ 变换为变量 $\tau \in [-1, 1]$:

$$\tau = \frac{2}{\Delta t}(t - t_0) - 1 \tag{3-26}$$

于是卫星坐标可表示为:

$$X(t) = \sum_{i=0}^{n} C_{x_i} T_i(t) \tag{3-27}$$

式中,n 为多项式的阶数;C_{x_i} 为切比雪夫多项式的系数。根据已知的卫星坐标,用最小二乘法拟合出多项式系数 C_{x_i},就可用式(3-27)计算出该时段中任一时刻的卫星位置。切比雪夫多项式 T_i 的递推公式如下:

$$T_0(\tau) = 1$$

$$T_1(\tau)=\tau$$
$$T_n(\tau)=2\tau T_{n-1}(\tau)-T_{n-2}(\tau),\ |\tau|\leqslant 1, n\geqslant 2 \tag{3-28}$$

3.5.2 用精密星历计算卫星位置

精密星历是按一定的时间间隔(通常为15min)来给出卫星在空间的三维坐标、三维运动速度及卫星钟改正数等信息。著名的IGS综合精密星历需1~2周后才能获得。由NGS提出的格式被广泛采用,其中ASCII格式的SP1和二进制格式的ECF1格式不仅给出了卫星的三维位置信息(km),也给出了卫星的三维运动速度信息(km/s)。而SP2(ASCII格式)和ECF2(二进制格式)则仅给出了卫星三维位置信息。速度信息需通过位置信息用数值微分的方法来求出。采用这种格式时存储量可减少一半左右。在SP3(ASCII格式)和ECF3(二进制格式)中增加了卫星钟的改正数信息。

观测瞬间的卫星位置及运动速度可采用内插法求得。其中拉格朗日(Lagrange)多项式内插法被广泛采用,因为这种内插法速度快且易于编程。拉格朗日插值公式十分简单:已知函数$y=f(x)$的$n+1$个节点$x_0,x_1,x_2,\cdots,x_n$及其对应的函数值$y_0,y_1,y_2,\cdots,y_n$,对插值区间内任一点x,可用下面的拉格朗日插值多项式来计算函数值:

$$f(x)=\sum_{k=0}^{n}\prod_{i=0,i\neq k}^{n}\left(\frac{x-x_i}{x_k-x_i}\right)y_k \tag{3-29}$$

Remondi的研究表明,对GPS卫星而言,如果要精确至10^{-8},用30min的历元间隔和9阶内插已足够保证精度。

第 4 章 GPS 定位中的误差源

本章将对影响 GPS 定位的主要误差源进行讨论和分析,研究它们的性质、大小及其对定位所产生的影响,介绍消除和削弱这些误差影响的方法和措施。

4.1 概 述

GPS 定位中出现的各种误差,按性质可分为系统误差(偏差)和随机误差两大类。其中,系统误差无论从误差的大小还是对定位结果的危害性来讲,都比随机误差大得多,而且它们又是有规律可循的,可以采取一定的方法和措施来加以消除,因而是本章研究的主要对象。

4.1.1 误差分类

GPS 定位中出现的各种误差从误差源来讲大体可以分为下列三类:

1.与卫星有关的误差

(1)卫星星历误差

由卫星星历所给出的卫星位置和速度与卫星的实际位置和速度之差称为卫星星历误差。星历误差的大小主要取决于卫星定轨系统的质量,如定轨站的数量及其地理分布、观测值的数量及精度、定轨时所用的数学力学模型和定轨软件的完善程度等。此外,与星历的外推时间间隔(实测星历的外推时间间隔可视为零)也有直接关系。

(2)卫星钟的钟误差

卫星上虽然使用了高精度的原子钟,但它们也不可避免地存在误差,这种误差既包含着系统性的误差(如钟差、钟速、频漂等偏差),也包含着随机误差。系统误差远较随机误差的值大,而且可以通过检验和比对来确定并通过模型来加以改正;而随机误差只能通过钟的稳定度来描述其统计特性,无法确定其符号和大小。

(3)相对论效应

相对论效应是指由于卫星钟和接收机钟所处的状态(运动速度和重力位)不同而引起两台钟之间产生相对钟误差的现象,所以,将它归入与卫星有关的误差类中并不准确。但是由于相对论效应主要取决于卫星的运动速度和所处位置的重力位,而且是以卫星钟的钟误差的形式出现的,所以暂时将其归入与卫星有关的误差类中。上述误差对测码伪距观测值和载波相位观测值的影响是相同的。

(4)信号在卫星内的时延

GPS 距离测量测定的是从卫星发射天线的相位中心至接收机接收天线相位中心之间的距离。我们通常把在卫星钟驱动下开始生成测距信号至信号生成并离开发射天线相位中心间的时间称为信号在卫星内部的时延。如果所有测距信号的内部时延都相同,问题将变得十分简单。因为此时信号内部时延将自动地被吸收到卫星钟差中去。但实际上不同的测距信号是通过不同的电子元器件和电子线路生成的,它们在卫星内部时延并不相同。不同测距信号间的内部时延之差通常由导航系统加以测定并通过卫星星历予以公布,供用户使用。

(5)卫星天线相位中心偏差

如前所述,GPS 测量测定的是卫星发射天线的相位中心至接收机接收天线的相位中心之间的距离,而 IGS 精密星历给出的是卫星质心的三维坐标。卫星天线相位中心与卫星质心间的差异称为卫星天线相位中心偏差,其具体数值已由 IGS 测定并予以公布,用户可据此进行改正。

2.与信号传播有关的误差

(1)电离层延迟

电离层(含平流层)是高度在 60~1000km 间的大气层。在太阳紫外线、X 射线、γ 射线和高能粒子的作用下,该区域内的气体分子和原子将产生电离,形成自由电子和正离子。带电粒子的存在将影响无线电信号的传播,使传播速度发生变化,传播路径产生弯曲,从而使得信号传播时间 Δt 与真空中光速 c 的乘积 $\rho = \Delta t \cdot c$ 不等于卫星至接收机间的几何距离,产生所谓的电离层延迟。电离层延迟取决于信号传播路径上的总电子含量 TEC 和信号的频率 f,而 TEC 又与时间、地点、太阳黑子数等多种因素有关。在仅顾及 f^2 项的情况下,测码伪距观测值和载波相位观测值所受到的电离层延迟大小相同,但符号相反。

(2)对流层延迟

对流层是高度在 50km 以下的大气层。整个大气层中的绝大部分质量集中在对流层中。GPS 卫星信号在对流层中的传播速度 $V = \frac{c}{n}$, c 为真空中的光速, n 为大气折射率,其值取决于气温、气压和相对湿度等因子。此外,信号的传播路径也会产生弯曲。由于上述原因使距离测量值产生的系统性偏差称为对流层延迟。对流层延迟对测码伪距和载波相位观测值的影响是相同的。

(3)多路径效应

经某些物体表面反射后到达接收机的信号如果与直接来自卫星的信号叠加干扰后进入接收机,就将使测量值产生系统误差,这就是所谓的多路径误差。多路径误差对测码伪距观测值的影响比对载波相位观测值的影响大得多。多路径误差取决于测站周围的环境、接收机的性能以及观测时间的长短。

3.与接收机有关的误差

(1)接收机钟的钟误差

与卫星钟一样,接收机钟也有误差。而且由于接收机中大多采用石英钟,因而其钟误差较卫星钟更为显著。该项误差主要取决于钟的质量,与使用时的环境也有一定关系。它对测码伪距观测值和载波相位观测值的影响是相同的。

(2)接收机的位置误差

在进行授时和定轨时,接收机的位置通常被认为是已知的,其误差将使授时和定轨的结果产生系统误差。该项误差对测码伪距观测值和载波相位观测值的影响是相同的。进行

GPS 基线解算时,需已知其中一个端点在 WGS 84 坐标系中的近似坐标,近似坐标的误差过大也会对解算结果产生影响。

(3)接收机的测量噪声

这是指用接收机进行 GPS 测量时,由于仪器设备及外界环境影响而引起的随机测量误差,其值取决于仪器性能及作业环境的优劣。一般而言,测量噪声的值远小于上述各种偏差值。观测足够长的时间后,测量噪声的影响通常可以忽略不计。

(4)接收机天线相位中心偏差

接收机天线在对中及量取天线高时都是以天线参考点 ARP 作为基准的。对中时一般直接使 ARP 与标石中心位于同一铅垂线上,使两者的平面位置相同(否则就需进行归心改正);天线高即从标石中心至 ARP 间的垂直距离,据此可将 ARP 的高程归算至标石中心。但 GPS 测量测定的是天线相位中心的位置。接收机天线相位中心与 ARP 间的差异称为接收机天线相位中心偏差。目前 IGS 等组织已测定并公布了各种常用的接收机的天线相位中心偏差值。用户可据此进行改正。

(5)信号在接收机内的时延

卫星测距信号在到达接收机天线的相位中心后还需花费一段时间 Δt_1 来进行信号的放大、滤波及各种处理后才能进入码相关器与来自接收机的复制码进行相关处理以获得测码伪距观测值(或进入载波跟踪回路以获取载波相位观测值)。同样从在接收机钟信号的驱动下开始生成复制码至复制码生成并最终进入相关器进行相关处理(或生成载波进入载波跟踪回路进行载波相位测量)也需花费一段时间 Δt_2。Δt_1 和 Δt_2 一般并不相等,两者之差称为信号在接收机内的时延。信号在接收机内的时延的存在使距离观测和接收机钟差无法实现无缝对接,也需进行改正。

4.1.2 消除或削弱上述误差影响的方法和措施

上述各项误差对测距的影响可达数十米,有时甚至可超过百米,比观测噪声大几个数量级。因此,必须设法加以消除,否则将会对定位精度造成极大的损害。消除或大幅度削弱这些误差所造成的影响的主要方法有:

1.建立误差改正模型

这些误差改正模型既可以是通过对误差的特性、机制以及产生的原因进行研究分析、推导而建立起来的理论公式,也可以是通过对大量观测数据的分析、拟合而建立起来的经验公式,有时则是同时采用两种方法建立的综合模型。

利用电离层折射的大小与信号频率有关这一特性(即所谓的“电离层色散效应”)而建立起来的双频电离层折射改正模型基本属于理论公式;而各种对流层折射模型大体上属于综合模型。

如果每个误差改正模型都是十分完善且严密的,模型中所需的数据都是准确无误的,在这种理想的情况下,经各误差模型改正后,包含在观测值中的系统误差将被消除干净,而只留下偶然误差。然而,由于改正模型本身的误差以及所获取的改正模型中所需的各参数的误差,仍会有一部分偏差无法消除而残留在观测值中。这些残留的偏差一般仍比偶然误差要大,从而严重影响 GPS 定位的精度。

误差改正模型的精度好坏不等。有的误差改正模型效果好，如双频电离层折射改正模型的残余误差约为总量的 1%或更小；有的效果一般，如多数对流层折射改正公式的残余误差为总量的 1%~5%；有的改正模型效果较差，如由广播星历所提供的单频电离层折射改正模型，残余误差高达 30%~40%。

2.求差法

仔细分析误差对观测值或平差结果的影响，安排适当的观测纲要和数据处理方法（如同步观测、相对定位等），利用误差在观测值之间的相关性或在定位结果之间的相关性，通过求差来消除或大幅度地削弱其影响的方法称为求差法。

例如，当两站对同一卫星进行同步观测时，观测值中都包含了共同的卫星钟误差，将观测值在接收机间求差后即可消除此项误差。同样，一台接收机对多颗卫星进行同步观测时，将观测值在卫星间求差即可消除接收机钟误差的影响。

又如，目前广播星历的误差约为 5m，这种误差属于起算数据误差，并不影响观测值。利用相距不太远的两个测站上的同步观测值进行相对定位时，由于两站至卫星的几何图形十分相似，因而星历误差对两站坐标的影响也很相似，利用这种相关性在求坐标差时就能把共同的误差影响消除掉。其残余误差（星历误差对相对定位的影响）一般可用下列公式估算：

$$\Delta b = \left(\frac{1}{4} - \frac{1}{10}\right) b \cdot \frac{\Delta s}{\rho}$$

当基线长度 $b = 50\text{km}$，测站至卫星的距离 $\rho = 23000\text{km}$，卫星星历误差 $\Delta s = 5\text{m}$ 时，它对基线的影响 Δb 只有 1.1~2.7mm。

3.选择较好的硬件和较好的观测条件

有的误差，如多路径误差，既不能采用求差的方法来抵消，也难以建立改正模型。削弱该项误差简单而有效的方法是选用较好的天线，仔细选择测站，使之远离反射物和干扰源。

4.2　相对论效应

GPS 测量中的相对论效应是由卫星钟和接收机钟在惯性空间中的运动速度不同以及这两台钟所在处的地球引力位的不同而引起的。本节将介绍相对论效应的产生及其改正方法。

4.2.1　近似公式

1.狭义相对论效应

若某卫星钟在惯性空间中处于静止状态时的钟频为 f，那么当它被安置在以 V_s 的速度运动的卫星上时，根据狭义相对论效应，其钟频将变为：

$$f_s = f\left[1 - \left(\frac{V_s}{c}\right)^2\right]^{\frac{1}{2}} \approx f\left(1 - \frac{V_s^2}{2c^2}\right) \tag{4-1}$$

也就是说，由狭义相对论效应引起的钟频变化 Δf_1：

$$\Delta f_1 = f_s - f = -\frac{V_s^2}{2c^2} \cdot f \tag{4-2}$$

2.广义相对论效应

广义相对论效应告诉我们，若卫星所在处的地球引力位为 W_S，地面测站处的地球引力

位为 W_T，那么同一台钟放在地面上和放在卫星上其频率将相差 Δf_2：

$$\Delta f_2 = \frac{W_S - W_T}{c^2} \cdot f \tag{4-3}$$

由于广义相对论效应的值很小，因而在计算时可以把地球引力位当做质点位。于是有：

$$\begin{cases} W_S = -\dfrac{\mu}{r} \\ W_T = -\dfrac{\mu}{R} \end{cases} \tag{4-4}$$

式中，μ 为万有引力常数 G 和地球总质量 M 的乘积，其值为 $398600.5\text{km}^3/\text{s}^2$；$r$ 为卫星至地心的距离；R 为地面测站至地心的距离。将式(4-4)代入式(4-3)后得：

$$\Delta f_2 = \frac{\mu}{c^2}\left(\frac{1}{R} - \frac{1}{r}\right) \cdot f \tag{4-5}$$

3.综合影响

在狭义相对论效应和广义相对论效应的综合影响下，卫星钟和地面钟的频率将相差 Δf（地面钟的狭义相对论效应随后另作讨论）：

$$\Delta f = \Delta f_1 + \Delta f_2 = \frac{f}{c^2}\left(\frac{\mu}{R} - \frac{\mu}{r} - \frac{V_s^2}{2}\right) \tag{4-6}$$

根据人造卫星正常轨道理论有：

$$\frac{V_s^2}{2} = \frac{\mu}{r} - \frac{\mu}{2a} \tag{4-7}$$

$$r = \frac{(1 - e^2)a}{1 + e\cos f} \tag{4-8}$$

$$\cos f = \frac{\cos E - e}{1 - e\cos E} \tag{4-9}$$

式中，a 为卫星轨道的长半径；e 为卫星轨道的偏心率；f 为卫星的真近点角；E 为卫星的偏近点角。将式(4-7)、(4-8)、(4-9)代入(4-6)，经整理、推导和简化，最后可得：

$$\Delta f = \Delta f_1 + \Delta f_2 = \frac{\mu}{c^2}\left(\frac{1}{R} - \frac{3}{2a}\right) \cdot f - \frac{2f\sqrt{a\mu}}{tc^2} e\sin E \tag{4-10}$$

如果我们将地球看成是一个圆球，把卫星轨道近似看成是半径为 a 的圆轨道，此时 $e = 0$，式(4-10)将变为：

$$\Delta f = \frac{\mu}{c^2}\left(\frac{1}{R} - \frac{3}{2a}\right) \cdot f \tag{4-11}$$

将 $R = 6378\text{km}$，$a = 26560\text{km}$，$\mu = 398600.5\text{km}^3/\text{s}^2$，$c = 299792.458\text{km/s}$ 代入式(4-11)后可得 $\Delta f = 4.443 \times 10^{-10} \cdot f$。这就表明把地球当做是半径为 R 的圆球，把卫星轨道当做是半径为 a 的圆轨道时，相对论相应的综合影响为常数 $\Delta f = 4.443 \times 10^{-10} \cdot f$。解决此问题最为简单而有效的方法是在地面上生产原子钟时将钟的频率降低 $4.443 \times 10^{-10} \cdot f$。卫星钟的标称频率为 10.23MHz，因此在生产时，应将其频率调整为：

$$f' = (1 - 4.443 \times 10^{-10}) \times 10.23\text{MHz} = 10.22999999545\text{MHz} \tag{4-12}$$

把这台钟放到 GPS 卫星上后，由于相对论效应的影响，其频率自然会变成 10.23MHz，无需用户另作改正。

4.2.2　严格公式

如前所述，$\Delta f = 4.443\times10^{-10}\cdot f = 0.00455\text{Hz}$ 是在把卫星轨道近似地当做半径为 a 的圆轨道的情况下导得的。GPS 卫星轨道的偏心率 e 虽然很小，但毕竟不严格等于零。也就是说，GPS 卫星仍然是在一个椭圆轨道上运行，因此其运行速度 V_s 和卫星至地心的距离 r 都不是常数，都将随着时间的变化而变化。为了求得相对论效应的精确值，在生产厂家有意将卫星钟的频率调低 $4.443\times10^{-10}\cdot f$ 的基础上，用户还需加上式(4-10)中的第二项改正：

$$\Delta f' = -\frac{2f\sqrt{a\mu}}{tc^2}e\sin E \tag{4-13}$$

由于卫星钟的频率误差 $\Delta f'$ 而引起的卫星信号传播时间的误差为：

$$\Delta t_r = -\frac{2\sqrt{a\mu}}{c^2}e\sin E \tag{4-14}$$

引起的测距误差为：

$$\Delta \rho = -\frac{2\sqrt{a\mu}}{c}e\sin E \tag{4-15}$$

将 $a = 26560\text{km}$，$\mu = 398600.5\text{km}^3/\text{s}^2$，$c = 299792.458\text{km/s}$ 代入式(4-14)和式(4-15)后可得：

$$\begin{cases}\Delta t = 2290e\sin E(\text{ns})\\ \Delta\rho = 686.42e\sin E(\text{m})\end{cases} \tag{4-16}$$

当卫星轨道的偏心率 $e = 0.01$ 时，Δt 最大可达 22.9ns，$\Delta\rho$ 最大可达 6.864m。故在单点定位中，上述周期项必须予以考虑。在采用双差观测值进行相对定位时，该项误差可自行消去，用户无需再加考虑；利用广播星历进行单点定位时，式(4-14)、式(4-15)、式(4-16)中的 $e\sin E$ 在计算观测瞬间卫星位置时(求解开普勒方程 $M = E - e\sin E$ 时)已被求出，无需另行计算。式(4-15)还可写成另一种形式：

$$\Delta\rho = -\frac{2}{c}X\cdot\dot{X} \tag{4-17}$$

式中，X 为卫星的位置矢量；$\dot{X}$ 为卫星的速度矢量。利用精密星历进行计算时常采用此公式，因为在精密星历中观测瞬间的卫星位置和运动速度不是根据轨道根数及其变化率计算出来的，而是根据精密星历中所给出的卫星位置 X 和速度 $\dot{X}$，采用拉格朗日多项式或切比雪夫多项式内插而得，此时用式(4-17)更为方便。

4.2.3　需要说明的几个问题

1.地面钟的狭义相对论效应

地面钟随地球一起以速度 V_R 自转时，也会产生狭义相对论效应。此时，其钟频变化为：

$$\Delta f_R = -\frac{V_R^2}{2c^2}\cdot f \tag{4-18}$$

由于 Δf_R 的量非常小,所以计算 V_R 时,可以把地球看成是半径为 R 的圆球:

$$V_R = V_0 \cdot \cos\varphi \tag{4-19}$$

式中,V_0 为地球赤道处的自转速度,其值为 464m/s。表 4-1 中给出了不同纬度处地面钟受狭义相对论效应影响所产生的钟频变化。在 GPS 测量中,我们测定的是卫星信号的传播时间 $(t_2 - t_1)$。其中,t_1 是用卫星钟测定的信号离开卫星的时刻,t_2 是用接收机钟测定的信号到达接收机的时刻。在讨论狭义相对论效应对测距的影响时,理应同时考虑对卫星钟的影响以及对接收机钟的影响,但由于接收机钟所受到的狭义相对论效应的影响很小,在我国,其平均值约为卫星钟的 1%,而且其值也难以与真正的接收机钟误差分离开来,也就是说,在 GPS 测量中,狭义相对论效应对接收机钟的影响会自动地被吸收到接收机钟的钟差项中去,故在式(4-2)中未加考虑。

表 4-1 **地面钟的狭义相对论效应**

φ	V_R(m/s)	$\Delta f_R(f \cdot 10^{-10})$
0°	464	0.012
30°	402	0.009
45°	328	0.006
60°	232	0.003
90°	0	0

2.将 R 作为常数处理所引起的误差

R 是地面站至地心的距离,其实际值将随着测站的不同而变化。但在前面的计算过程中,我们把它当做一个常数来处理,由此产生的误差同样也能自动地被吸收到接收机钟差项中去,故把 R 当做一个常数来处理是允许的。

4.3 钟 误 差

4.3.1 卫星钟误差

如前所述,在 GPS 测量中,我们是依据卫星信号的传播时间 $\Delta t = t_2 - t_1$ 来确定从卫星至接收机的距离的。其中,t_1 为卫星钟所测定的信号离开卫星的时刻,t_2 为接收机钟所测定的信号到达接收机的时刻。若信号离开卫星时,卫星钟相对于标准的 GPS 时的钟差为 δT_S,信号到达接收机时接收机钟相对于标准的 GPS 时的钟差 δT_R,那么上述钟误差对测距所造成的影响为 $\delta\rho = (\delta T_R - \delta T_S) \cdot c$。由于信号的传播速度 c 的值很大,因此在 GPS 测量中,必须十分仔细地消除钟误差。

在 GPS 测量中,卫星钟和接收机钟均采用 GPS 时。GPS 时和协调世界时 UTC 相似,均为原子时。但为了使 UTC 尽量和 UT1 保持一致(两者之差小于 0.9s),需要不断地跳秒,因而 UTC 是不连续的。而 GPS 时则不跳秒,故是一个连续的时间系统。在 GPS 时间系统的起点,1980 年 1 月 6 日 0 时,其时间与 UTC 是保持一致的。此后,由于 UTC 不断地跳秒,这两种时间系统之间的差值不断增加、变化。2012 年 6 月 30 日,GPS 时和 UTC 相差 16s(即 GPS 时−UTC=16s)。

卫星钟在时刻 t 的钟误差一般可表示为:

$$\Delta t = a_0 + a_1(t_1 - t_0) + a_2(t - t_0)^2 + \int_{t_0}^{t} y(t)\mathrm{d}t \tag{4-20}$$

式中，a_0 为 t_0 时刻该钟的钟差；a_1 为 t_0 时刻该钟的钟速(频偏)；a_2 为 t_0 时刻该钟的加速度的一半(也称钟的老化率或频漂项)。a_i 的数值可由地面控制系统依据前一段时间的跟踪资料(将卫星钟的钟面时与标准的 GPS 时进行比对)得到，然后根据该钟的特性来加以预报，并编入卫星导航电文播发给用户。$\int_{t_0}^{t} y(t)\mathrm{d}t$ 是一项随机项。我们不能确切地知道其数值，而只能采用钟的稳定度来描述其统计特性。目前，钟的稳定度通常用阿伦方差来衡量。高质量石英钟的频率分稳定度接近 1×10^{-11}，时稳定度为 1×10^{-10}，日稳定度优于 10^{-9}。价格较为低廉的铷原子钟的频率分稳定度约为 5×10^{-12}，时稳定度和日稳定度均优于 10^{-11}。铯原子钟的短期稳定度和长期稳定度都优于铷原子钟。以 9 号卫星和 23 号卫星的铯原子钟为例，其频率日稳定度均优于 2×10^{-13}，10 日的频率稳定度优于 0.7×10^{-14}。

由 GPS 卫星上的卫星钟所直接给出的时间与标准的 GPS 时之差称为卫星钟的物理同步误差。由于物理同步误差中含有 a_0、a_1、a_2 项的影响，所以其数值可能很大。地面控制系统将每颗 GPS 卫星的物理同步误差均限制在 1ms 以内。当某卫星的钟误差接近 1ms 时，地面控制系统便会通过遥控手段对其进行调整。但 1ms 对测距的影响将达 300km，因而即使在精度较低的卫星导航中，也不能直接使用由卫星钟所给出的时间。

此外，公式(4-20)中尚未顾及由于 GPS 卫星轨道不是严格的圆轨道而引起的卫星钟的相对论效应 Δt_r，因此卫星钟误差 Δt_{SV} 可写为：

$$\Delta t_{SV} = a_0 + a_1(t - t_0) + a_2(t - t_0)^2 + \Delta t_r \tag{4-21}$$

式中，Δt_r 的计算方法见公式(4-14)。

4.3.2　由于信号在卫星内的群延差而引起的卫星钟改正

我们把在卫星钟脉冲驱动下开始生成测距信号至该信号生成并最终离开卫星发射天线相位中心之间所花费的时间称为信号在卫星内部的时延。虽然不同的测距信号(如 L_1(P)、L_2(P)、L_1C/A、L_2C 等)都是在同一台卫星钟的驱动下生成的，但由于所采用的方法不同，采用的电子元器件和电子线路不同，因而所花费的时间也各不相同。信号内部时延的存在使距离观测值与卫星钟差间无法实现无缝对接。

如果在 t^S 时刻(卫星钟给出的时间)开始生成的测距信号是在 GPS 标准时间 T 到达接收机的，那么该卫星钟的钟差应该为：

$$\Delta t = (t^S + \Delta t_{\text{内部时延}} + \Delta t_{\text{传播时间}}) - T \tag{4-22}$$

式中，$\Delta t_{\text{传播时间}}$ 是指测距信号从卫星发射天线相位中心传播至接收机天线相位中心所花费的时间。$\Delta t_{\text{传播时间}} = \dfrac{\rho}{c} + \Delta t_{\text{ion}} + \Delta t_{\text{trop}}$，其中 ρ 为卫星发射天线相位中心至接收机天线相位中心间的几何距离，c 为真空中的光速，Δt_{ion} 为电离层延迟，Δt_{trop} 为对流层延迟。为了使问题简化，此处未顾及信号在接收机内部的时延等问题。

但是要精确测定每个测距信号在卫星内部的信号时延的绝对数值是一件十分困难的事情，而测定不同测距信号的内部时延之间的差值(即不同测距信号离开发射天线相位中心的时间差）就较为容易。因而我们常选择一种经常使用的测距信号（包括组合观测值）按照下述方法来测定卫星钟差 $\Delta t'$

$$\Delta t' = \Delta t - \Delta t_{内部时延} = (t^S + \Delta t_{传播时间}) - T \tag{4-23}$$

并将这种已吸收了信号内部时延的卫星钟差 $\Delta t'$ 通过卫星导航电文播发给用户使用。采用这种方法的优点是：①确定卫星钟差时简单，只需顾及信号传播时间，而无需顾及信号在卫星内部的时延，从而避开了内部时延难以精确测定的问题。②用户使用这种常用的测距信号来进行导航定位时也无需考虑信号在卫星内部的时延问题，因为利用这种测距信号测得的距离观测值与卫星钟差 $\Delta t'$ 间可实现无缝对接，或者说距离观测值与卫星钟差 $\Delta t'$ 间是互洽的。

在全球定位系统 GPS 中，在导航电文中播发给用户的卫星钟差参数是用由 P_1（调制在 L_1 载波上的 P 码）和 P_2（调制在 L_2 载波上的 P 码）所组成的无电离层延迟组合观测值 P_{IF} 来测定及预报的。

$$P_{IF} = \frac{f_1^2}{f_1^2 - f_2^2} P_1 - \frac{f_2^2}{f_1^2 - f_2^2} P_2 \tag{4-24}$$

式中，$f_1 = 1575.42$ MHz，为 L_1 载波的频率，$f_1 = 1227.60$ MHz，为 L_2 载波的频率。用户若用 P_{IF} 组合观测值来进行导航定位时可直接使用导航电文中播发的卫星钟差，且无需再考虑信号在卫星内部的时延问题。为方便起见，我们将这种卫星钟差用符号 Δt_{SV} 来表示。由于不同的测距信号在卫星内部的时延各不相同，所以当用户在使用其他测距信号（如单独采用 P_1 码或 P_2 码，采用 C/A 码，L_2C 码，L_5 码等）来测距时就不能直接使用由导航电文中所播发的卫星钟差 Δt_{SV}，而必须根据不同测距信号间的时延差对卫星钟差加以修正以获得与测距信号相对应的卫星钟差（即已吸收了相应的信号内部时延的钟差），下面分别介绍使用不同测距信号时钟差的修正方法。

（1）只用 P_1 码测距的用户的修正方法

下面我们来讨论当用户使用单频接收机，只用 P_1 码来测距时，在导航电文中应使用何种卫星钟差？如何对播发的卫星钟差 Δt_{SV} 加以修正以获得所需的卫星钟差。

我们知道导航电文所播发的卫星钟差中已吸收了与无电离层延迟组合观测值 P_{IF} 相对应的信号时延。若测距信号 P_1 在卫星内部的时延值为 B_{P_1}，测距信号 P_2 在卫星内部的时延值为 B_{P_2}，则 P_{IF} 信号在卫星内部的时延 $B_{P_{IF}}$ 为：

$$\begin{aligned} B_{P_{IF}} &= \frac{f_1^2}{f_1^2 - f_2^2} B_{P_1} - \frac{f_2^2}{f_1^2 - f_2^2} B_{P_2} = \frac{f_2^2}{f_1^2 - f_2^2} \left(\frac{f_1^2}{f_2^2} B_{P_1} - B_{P_2} \right) \\ &= \frac{\dfrac{f_1^2}{f_2^2} B_{P_1} - B_{P_2}}{\dfrac{f_1^2}{f_2^2} - 1} = \frac{B_{P_2} - \gamma B_{P_1}}{1 - \gamma} \end{aligned} \tag{4-25}$$

式中，$\gamma = \dfrac{f_1^2}{f_2^2} = 1.64694$。

而单独使用 P_1 码测距时所用的卫星钟差应为：

$$\Delta t_{P_1}=\Delta t-B_{P_1}$$

它与播发的卫星钟差之差为：

$$\delta_{P_1}=\Delta t_{P_1}-\Delta t_{SV}=(\Delta t-B_{P_1})-(\Delta t-B_{P_{IF}})=B_{P_{IF}}-B_{P_1}$$
$$=\frac{B_{P_2}-\gamma B_{P_1}}{1-\gamma}-B_{P_1}=-\frac{B_{P_1}-B_{P_2}}{1-\gamma}=-T_{GD}$$

式中，$T_{GD}=\dfrac{B_{P_1}-B_{P_2}}{1-\gamma}$，称为群延迟，该参数由 GPS 系统测定，并在卫星导航电文中给出。因而用户即可依据导航电文中给出的卫星钟差 Δt_{SV} 及参数 T_{GD} 求得 Δt_{P_1}。利用导航电文中给出的卫星钟差 Δt_{SV} 及参数 T_{GD} 来计算 Δt_{P_1}，公式如下：

$$\Delta t_{P_1}=\Delta t_{SV}-T_{GD} \tag{4-26}$$

(2) 只用 P_2 码测距的用户的修正方法

利用同样的方法可得：

$$\Delta t_{P_2}-\Delta t_{SV}=B_{P_{IF}}-B_{P_2}=\frac{B_{P_2}-\gamma B_{P_1}}{1-\gamma}-B_{P_2}$$
$$=-\gamma\frac{B_{P_1}-B_{P_2}}{1-\gamma}=-\gamma T_{GD}$$

所以，

$$\Delta t_{P_2}=\Delta t_{SV}-\gamma T_{GD} \tag{4-27}$$

从上面的讨论可以看出，由于无电离层延迟组合 P_{IF} 是一种用数学方法组合而成的虚拟观测值，我们无法实际测定该观测值与 P_1 及 P_2 观测值间的信号内部时延之差，因而只能据 P_1 与 P_2 信号内部时延之差 $(B_{P_1}-B_{P_2})$ 来进行计算，间接推算 $(B_{P_{IF}}-B_{P_1})$ 及 $(B_{P_{IF}}-B_{P_2})$ 的值。至于将参数 T_{GD} 定义为 $\dfrac{B_{P_1}-B_{P_2}}{1-\gamma}$，而不直接定义为 $(B_{P_1}-B_{P_2})$ 则是为了使钟差修正公式显得较为简洁。

(3) 使用 C/A 码、L_2C 码、L_5I 码、L_5Q 码测距的用户的修正方法

上述各种测距信号与 P_1 测距信号在卫星内部的时延之差可精确加以测定，称为 ISC 参数，并通过导航电文播发给用户。参数的具体定义如下：

$$\begin{cases}ISC_{C/A}=\Delta t_{C/A}-\Delta t_{P_1}=B_{P_1}-B_{C/A}\\ ISC_{L_2C}=\Delta t_{L_2C}-\Delta t_{P_1}=B_{P_1}-B_{L_2C}\\ ISC_{L_5I}=\Delta t_{L_5I}-\Delta t_{P_1}=B_{P_1}-B_{L_5I}\\ ISC_{L_5Q}=\Delta t_{L_5Q}-\Delta t_{P_1}=B_{P_1}-B_{L_5Q}\end{cases}$$

顾及(4-26)式不难得到：

$$\begin{cases}\Delta t_{C/A}=\Delta t_{SV}-T_{GD}+ISC_{C/A}\\ \Delta t_{L_2C}=\Delta t_{SV}-T_{GD}+ISC_{L_2C}\\ \Delta t_{L_5I}=\Delta t_{SV}-T_{GD}+ISC_{L_5I}\\ \Delta t_{L_5Q}=\Delta t_{SV}-T_{GD}+ISC_{L_5Q}\end{cases} \tag{4-28}$$

经过卫星钟差改正后的 t 与标准的 GPS 时之间的差数称为卫星钟的数学同步误差。它反映了卫星钟差改正的精度，主要取决于卫星钟差参数 a_0、a_1、a_2 的测定精度和预报精度，以及被略去的随机项 $\int_{t_0}^{t} y(t)\,\mathrm{d}t$ 的大小，此外，也与时延差参数的精度有关。目前，广播星历所给出的卫星钟的数学同步误差估计在 2~5ns，对测距的影响为 0.6~1.5m。表 4-2 中给出的是 2000 年 12 月 26 日 2 时各 GPS 卫星导航电文所给出的卫星钟差与 IGS 所给出的卫星钟差之间的差异。由于 IGS 的精密钟差的精度达 0.1ns，故可视为真值。据此求得卫星钟数学同步误差的中误差为±2.0ns。

表 4-2 **GPS 卫星导航电文所给出的卫星钟差与 IGS 所给出的卫星钟差之差(ns)**

卫星号	Δt	卫星号	Δt	卫星号	Δt	卫星号	Δt
1	−0.3	8	−3.0	17	0.3	25	−0.1
2	1.0	9	0.3	19	−1.8	26	−5.5
3	−0.6	10	−0.1	20	0.1	27	−0.2
4	−2.8	11	0	21	0	28	−0.4
5	−0.3	13	0	22	−2.7	29	−4.5
6	0	14	−0.6	23	−0.1	30	0.3
7	−5.1	15	−0.8	24	−0.5	31	−0.3

4.3.3 接收机钟误差

接收机钟一般为石英钟，其质量较原子钟差。石英钟不但钟差的数值大，变化快，且变化的规律性也更差。用三次多项式甚至四次多项式来拟合接收机钟差，有时仍无法获得令人满意的结果。所以一般都是把每个观测历元的接收机钟差当作未知参数，利用测码伪距观测值通过单点定位的方法来求得，精度可以达到 0.1 ~ 0.2μs，可以满足计算卫星位置及计算其他各种改正数时的要求。有的接收机在观测过程中当钟差的绝对值达 1ms 时会自动调整 1ms，以便使给出的钟差保持在 1ms 以内，从而使钟差序列不再保持连续。使用这类资料时须十分小心，注意加以改正。

4.3.4 在 GPS 测量中处理钟差的几种方法

(1)忽略卫星钟的数学同步误差

在导航和低精度单点定位中，由于测码伪距观测值的精度本来就低，对卫星导航定位结果的精度要求也不高，因而在进行数据处理时通常就不顾及卫星钟的数学同步误差，根据卫星导航电文中给出的钟参数 a_0, a_1, a_2 用(4-21)~(4-27)求得卫星钟差，然后用式(4-28)求得正确的 GPS 时间 t。在这种情况下，观测方程中只含有 4 个未知参数：观测瞬间用户的三维坐标及接收机钟的钟差。

(2)通过其他渠道获取精确的卫星钟差

在某些应用中,如利用载波相位观测值进行精密单点定位(Precise Point Positioning, PPP)时,观测值的精度很高,对定位结果的精度要求也很高,自然对卫星钟差也会提出很高的要求。此时,根据卫星导航电文中给出的钟参数求得的卫星钟差已不能满足要求,故需通过其他渠道来获取精确的卫星钟差值,如通过国际 GNSS 服务 IGS 来获取精确的卫星钟差。IGS 的综合星历中所给出的卫星钟差的精度可达 0.1ns。

(3)通过观测值相减来消除公共的钟差项

利用载波相位观测值进行相对定位时,观测值和定位结果的精度都很高。根据卫星导航电文所给出的钟参数而求得卫星钟差同样不能视为是最后的精确值,在建立观测方程时,必须将其视为未知参数。由于进行同步观测时,不同的观测值中会含有相同的钟差影响。例如,某接收机在 t_i 时刻同时对视场中的 n 个 GPS 卫星进行了观测,那么所获得的 n 个载波相位观测值就都会受到 t_i 时刻接收机钟差的影响。换言之,在建立的 n 个载波相位观测方程中,均含有 t_i 时刻接收机钟的钟参数。若选择其中一个卫星作为基准星,并将其余$(n-1)$个观测方程分别与基准星观测方程相减,那么在这$(n-1)$个求了差以后的新观测方程中,t_i 时刻接收机钟差参数将被消除。显然,在这种方法中,我们并未对接收机钟差做任何约束(如进行多项式拟合),而是把不同时刻的接收机钟差均视为一个独立的未知参数,然后通过观测方程相减来消去这些钟差参数,最后再组成法方程式。再例如,两台接收机同时对某一卫星进行了载波相位测量,那么在这两个载波相位观测方程中就都会含有同一卫星钟差参数,将这两个观测方程相减就可消去该参数。严格地讲,在 t_i 时刻,A 站观测的是 $\left(t_i-\dfrac{\rho_A}{c}\right)$ 时刻的卫星信号,B 站观测的是 $\left(t_i-\dfrac{\rho_B}{c}\right)$ 时刻的卫星信号,两者之间相差 $\dfrac{|\rho_A-\rho_B|}{c}$,而在这段时间内,卫星钟的钟差是会发生变化的。但由于卫星上的原子钟的短期稳定度均优于 10^{-11},而 $\dfrac{|\rho_A-\rho_B|}{c}$ 值又很小(如当 A、B 两站相距 3000km 时,$\dfrac{|\rho_A-\rho_B|}{c}$ 最大才为 0.01s),在这么短的时间内,卫星钟差变化的影响一般可忽略不计。实施 SA 政策时,卫星钟频会产生快速抖动,其值可达 2 周/s。在 0.01s 内,对载波相位测量的影响可达 0.02周,相当于 4mm,在高精度测量中应予以顾及(如设法测定 SA 的频率抖动,然后对载波相位观测值进行改正)。

4.4　卫星星历误差

由卫星星历所给出的卫星轨道与卫星的实际轨道之差称为卫星星历误差。从人造卫星轨道理论知,知道了卫星轨道就知道了卫星在空间的位置及运动速度;反之,知道了卫星的位置和运动速度也就知道了卫星的轨道。因此,上述定义也可表述为:由卫星星历所给出的卫星在空间的位置及运动速度与卫星的实际位置及运动速度之差称为卫星星历误差。其中有的星历(如 GPS 卫星的广播星历)用参考时刻 t_0 时的轨道根数及其变化率(相当于给出了任一时刻卫星的轨道参数)来描述卫星轨道,然后再由用户来计算观测瞬间 t_i 卫星在空间的位置及运动速度;而另一些星历(如 IGS 的精密星历)则以一定的时间间隔直接给出了卫星在空间的三维坐标及三维运动速度，用户进行内插(如采用拉格朗日多项式)后即可求得观测瞬间 t_i 时卫星在空间的位置和运动速度。在数小时的一个时段内，对某一卫星而言，其星历误差主要呈系统误差特性；但对视场中的 n 颗卫星而言，其星历误差一般是互不相关的，可以看成是一组随机误差(实施 SA 政策时这一特性可能被破坏)。卫星星历误差将严重损害单点定位的精度，对相对定位也有一定的影响。本节将介绍卫星星历的分类，对定位所产生的影响以及消除、削弱这些影响的方法和措施。

4.4.1 GPS 卫星的广播星历和精密星历

1.广播星历

GPS 卫星的广播星历是由全球定位系统的地面控制部分所确定和提供的，经 GPS 卫星向全球所有用户公开播发的一种预报星历。实施 SA 政策时，广播星历的精度被人为地降低至 50~100m。SA 政策取消以后，广播星历所给出的卫星的三维点位中误差约为 5~7m。早期，广播星历是由分布在全球的 5 个监测站对卫星进行跟踪观测，然后将观测数据送到主控站；主控站利用采集到的数据中的 P 码观测值根据卡尔曼滤波方法估计卫星位置、速度、太阳光压系数、钟差、钟漂和漂移速度等参数，再利用这些参数推估后续时刻的卫星位置和钟差，并对这些结果进行拟合得到相应的轨道参数，最后生成导航电文进行播发。

自从 GPS 卫星正式运行以来，广播星历的轨道精度一直在改进提高，这一方面得益于工作性能更好的新型卫星(比如 Block IIR、Block IIR-M)的发射；另一方面得益于相关机构在提高广播星历轨道精度方面所采取的一系列措施，如：①降低导航电文的数据龄期；②加强卫星钟的管理；③地面跟踪站本身的位置精度的提高；④对卡尔曼滤波方法的改进。

2002 年以来，为进一步提高广播星历的精度，在地球空间情报局 NGA 和 GPS 的联合工作办公室 JPO 的支持下成功地实施了精度改进计划 L-AII(Legacy Accuracy Improvement Initiative)。其主要内容为：

(1)把 NGA 所属的 6~11 个 GPS 卫星跟踪站的观测资料逐步添加到广播星历的定轨资料中去，使所有的 GPS 卫星在任意时刻至少有一个地面站对其进行跟踪观测。

(2)对卫星定轨/预报中所使用的动力学模型进行改进。

我们以 IGS 的精密星历作为依据，对 2002—2006 年共 5 年的广播星历的精度进行了检验，证实了实施 L-AII 计划后广播星历的精度已有了明显的提高。轨道径向误差已从 2002 年的 0.8m 降至 2006 年的 0.6m；沿迹误差已从 2002 年的 4m 降至 2006 年的 1.5m；法向误差也从 2002 年的 2.5m 降至 2006 年的 0.9m。到 2006 年年底，几乎所有卫星的三维点误差的 RMS 值都降至 2m 左右，其具体情况见图 4-1，更详细的情况可参阅参考文献[152]。

在不顾及卫星钟误差 CLK 的情况下，反映卫星星历对导航定位影响的参数 SISRE (Signal-in-Space Range Error)也从 2002 年的 1m 降至 2006 年的 0.7m(在参考文献[152]中未计算卫星钟的误差 CLK)。

$$\mathrm{SISRE} = \sqrt{(R - \mathrm{CLR})^2 + \frac{1}{49}(A^2 + C^2)} \tag{4-29}$$

式中，R、A、C 分别为卫星的径向误差、沿迹误差和法向误差；CLR 为卫星钟的数学同步误差。式(4-29)反映出不同的轨道误差分量对导航定位的影响程度。也有人把 SISRE 称为

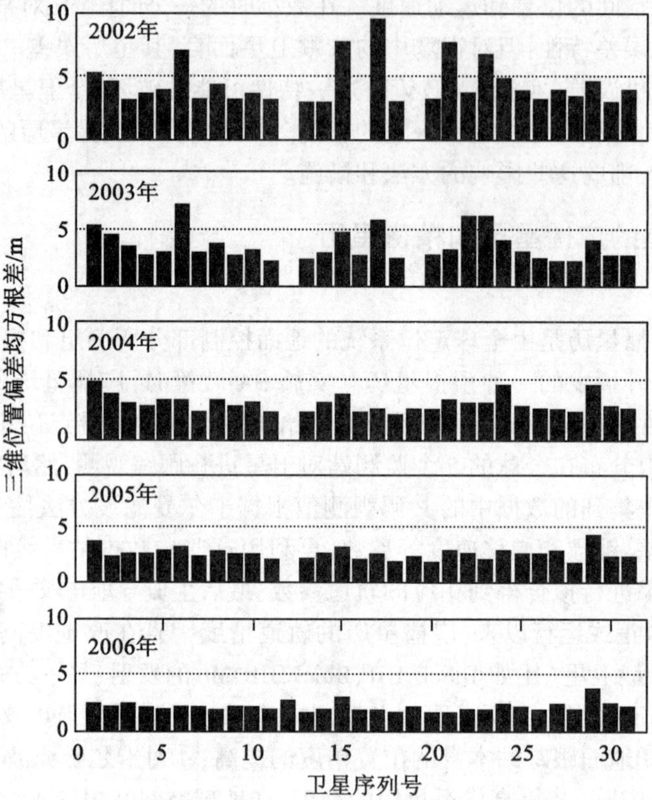

图 4-1　2002—2006 年不同卫星的三维偏差年均方根差

URE(User Range Error)。

2.精密星历

全球定位系统是美国国防部研制、组建、管理的一个卫星导航定位系统。系统的导航定位精度(含相应的广播星历精度)是根据军方用户的需要来确定的,并非以追求最高的精度为目的。精密星历则是为满足大地测量、地球动力学研究等精密应用领域的需要而研制、生产的一种高精度的事后星历(目前,IGS 也开始提供精密预报星历,以满足高精度实时定位用户的需要)。

目前精度最高、使用最为广泛、最为方便的精密星历是由国际 GNSS 服务组织 IGS 提供的精密星历,该星历可免费从网上获得。

4.4.2　国际 GNSS 服务

1.一般性介绍

国际 GPS 服务(International GPS Service,IGS)是国际大地测量协会 IAG 为支持大地测量和地球动力学研究于 1993 年组建的一个国际协作组织,1994 年 1 月 1 日正式开始工作。1992 年 6 月至 9 月的全球 GPS 会战等试验为 IGS 的建立奠定了基础。此后,随着

GLONASS 等其他全球卫星导航定位系统的建成及投入工作，国际 GPS 服务也扩大了工作范围，并改称为国际 GNSS 服务(International GNSS Service)，但缩写仍为 IGS。

(1)IGS 的主要功能

提供各跟踪站的 GNSS 观测资料和 IGS 的各种产品，为大地测量和地球动力学研究服务；广泛支持各国政府和各单位组织的相关活动；研究制定必要的标准和细则。

(2)目前，IGS 所提供的主要产品包括：

GPS 和 GLONASS 卫星的星历；地球自转参数：极移和日长变化；IGS 跟踪站的坐标及其变化率；各跟踪站天顶方向的对流层延迟；全球电离层延迟信息(总电子含量 VTEC 图)。

由于 IGS 的产品在不断增加，服务范围在不断扩展，已超出了大地测量和地球动力学研究的范围，故其名称也已从原来的 International GPS Service for Geodynamics 变为 International GNSS Service。

2.IGS 的组成

IGS 由卫星跟踪网、资料中心、分析中心、综合分析中心、中央局和管理委员会组成。

(1)卫星跟踪网

2000 年年底，IGS 的 GPS 卫星跟踪网中共有 248 个跟踪站，其中有 92 个站为“全球级跟踪站”，至少有 3 个数据分析中心对它们的观测资料进行长期连续的分析计算。2003 年 7 月，跟踪站的数量已增至 361 个。中国有武汉、北京、乌鲁木齐(2 站)、拉萨(2 站)、长春、昆明、西安、上海、新竹(台湾)(2 站)、桃园(台湾)等 13 个台站参加。2009 年 4 月，IGS 的跟踪站数量已达 422 个。各 GPS 卫星跟踪站均需用双频 GPS 接收机对视场中的 GPS 卫星进行连续的载波相位测量，然后通过互联网、电话线、海事卫星 Inmarsat、V-sat 等通信方式将观测资料送往工作资料中心。

(2)资料中心

资料中心分工作资料中心、区域资料中心和全球资料中心三个层次。

工作资料中心：负责收集若干个 GPS 跟踪站的观测资料，包括通过遥控方式收集一些遥远的无人值守的跟踪站上的资料，并对观测的数量、观测的卫星数、观测的起始时刻和结束时刻等指标进行检验。将接收到的原始的接收机格式转换为标准的 RINEX 格式。最后将合格的观测资料传送给区域资料中心。

区域资料中心：负责收集规定区域内的 GPS 观测资料，然后传送给全球资料中心。进行局部区域研究工作的用户可从区域资料中心获取自己所需的资料。

全球资料中心：负责收集全球各 GPS 跟踪站的观测资料以及分析中心所产生的 GPS 产品。IGS 的分析中心可从全球资料中心获取所需的全球观测资料。用户不但可从全球资料中心获取自己所需的 GPS 观测资料，还可获取自己所需的 IGS 产品。IGS 有多个全球资料中心，以增强整个系统的可靠性，减少用户数据传输的路径长度。近来武汉大学 GPS 工程技术研究中心也成为 IGS 的全球资料中心。

(3)分析中心

分析中心从全球资料中心获取全球的观测资料，独立地进行计算以生成 GPS 卫星星历、地球自转参数、卫星钟差、跟踪站的站坐标、站坐标的变率以及接收机钟差等 IGS 产品。IGS 的分析中心有：

CODE：位于瑞士伯尔尼大学的欧洲定轨中心；

NRCan:加拿大自然资源部的大地资源部;

GFZ:德国地球科学研究所;

ESA:欧洲空间工作中心;

NGS:位于马里兰州的美国国家大地测量局;

JPL:位于美国加州的喷气推进实验室;

SIO:位于美国加州的斯克里普斯海洋研究所;

WHIU:武汉大学 GPS 工程技术研究中心。

(4)综合分析中心

根据 8 个分析中心独立给出的结果取加权平均值,求得最终的 IGS 产品。最后再将这些产品传送给全球资料中心和中央局的信息中心,免费地、公开地供用户使用。

(5)中央局和管理委员会

中央局(Central Bureau)负责协调整个系统的工作。此外,中央局还设有一个信息系统(CBIS),用户也可从 CBIS 获取所需的资料。管理委员会(International Governing Board)负责监督管理 IGS 的各项工作,确定 IGS 的发展方向。

经过多年的努力,武汉大学已成为 IGS 的全球资料中心和分析中心。

4.4.3 IGS 的产品及其精度

1.卫星星历

IGS 给出的各类 GPS 精密星历的情况见表 4-3,为进行比较,表中也列出了广播星历的相关数据。

表 4-3 **IGS 所提供的 GPS 卫星星历及其精度**

卫星星历	精度/cm	滞后时间	更新率	数据的时间间隔/min
广播星历	100	实时		
超快星历(预报部分)	5	实时	1 次/6h,UTC 3^h,9^h,15^h,21^h	15
超快星历(实测部分)	3	3~9h	1 次/6h,UTC 3^h,9^h,15^h,21^h	15
快速星历	2.5	17~41h	1 次/天,UTC 17^h	15
最终星历	2.5	12~18 天	1 次/星期,每星期四发布	15

注:① 超快星历每天发布 4 次,分别在 UTC 3^h、9^h、15^h和 21^h发布。该星历包括 48h 的卫星轨道,其中前 24h 是根据观测值计算出来的,后 24h 为预报轨道;

② 表中给出的精度是三个坐标分量 X,Y,Z 上的平均 RMS 值,是通过与独立的 SLR 结果进行比较后求得的。内符合精度比上述数值更好。

表 4-4 列出了由 IGS 所提供的 GLONASS 卫星精密星历的相关数据。

表 4-4 **IGS 所提供的 GLONASS 卫星星历及其精度**

卫星星历	精度/cm	滞后时间/d	更新率	数据的时间间隔/min
最终星历	5*	12~18	1 次/星期,每星期四发布	15

* 最近精度又有所改进。

2.卫星钟差及跟踪站的接收机钟差

IGS 还提供了高精度的卫星钟差,表 4-5 给出了钟差产品的相关情况。

表 4-5 **GPS 卫星钟差及其精度**

卫星星历	精度	滞后时间	更新率	数据的时间间隔
广播星历中的卫星钟差	5ns(RMS) 2.5ns(SDev)	实时		
超快星历(预报部分)的卫星钟差	3ns(RMS) 1.5ns(SDev)	实时	1 次/6h,每天 UTC 3^h,9^h,15^h,21^h发布	15min
超快星历(实测部分)的卫星钟差	150ps(RMS) 50ps(SDev)	3~9h	1 次/6h,每天 UTC 3^h,9^h,15^h,21^h发布	15min
快速星历中的卫星钟差及跟踪站钟差	75ps(RMS) 25ps(SDev)	17~41h	1 次/天,UTC 17^h	5min
最终星历中的卫星钟差及跟踪站钟差	75ps(RMS) 20ps(SDev)	12~18 天	1 次/星期,每周四发布	卫星钟差:30s 跟踪站钟差:5min

注:① 表中给出的精度未顾及设备内部时延的影响,内部时延也必须分别进行检测和校正,上述精度都是相对于 IGS 时间基准的;

② 计算标准偏差(Standard Deviation,SDev)时消除了每台钟的偏差值,而计算 RMS 时则不消除每台钟的偏差值。

③为满足高精度实时应用的需要,IGS 从 2013 年 4 月 1 日起播发实时产品,其精度目标为卫步轨道 5cm,卫星偏差 0.3ns。

3.IGS 跟踪站的三维地心坐标以及其年变化率(见表 4-6)

表 4-6 **GPS 跟踪站的站坐标、变化率以及它们的精度**

类 别	精 度	滞后时间/d	更新率	数据的时间间隔
最终站坐标	平面位置 3mm 高程 6mm	11~17	1 次/星期,每周三发布	一星期
最终变化率	平面位置 2mm/a 高程 3mm/a	11~17	1 次/星期,每周三发布	一星期

4.地球自转参数

IGS 所提供的地球自转参数(极移、极移变化率、日长)的详细情况见表 4-7。

表 4-7　　**IGS 所提供的地球自转参数及其精度**

结果类别	参数	精度	滞后时间	更新率	数据的时间间隔
超快速结果（预报部分）	极移 极移变化率 日长	200μas 300μas/d 50μs	实时	1 次/6h，每天 UTC 3^h、9^h、15^h、21^h 发布	6h 给出每天 UTC 0^h、6^h、12^h、18^h 的值
超快速结果（实测部分）	极移 极移变化率 日长	50μas 250μas/d 10μs	3~9h	1 次/6h，每天 UTC 3^h、9^h、15^h、21^h 发布	6h 给出每天 UTC 0^h、6^h、12^h、18^h 的值
快速结果	极移 极移变化率 日长	40μas 200μas/d 10μs	17~41h	1 次/天 每天 UTC 17^h 发布	1 天 给出每天 UTC 12^h 的值
最终结果	极移 极移变化率 日长	30μas 150μas/d 10μs	11~17 天	1 次/星期 每周三发布	1 天 给出每天 UTC 12^h 的值

注：① 100μas 相当于赤道上 3.1mm 的位移；10μs 相当于赤道上 4.6mm 的位移；

② IGS 利用 IERS 公报 A 上给出的 VLBI 结果在 21 天的滑动窗口中对日长偏差进行局部校正，但仍保留与时间相关的残余的日长误差。

5. 大气参数

具体数据见表 4-8。

表 4-8　　**IGS 所提供的大气参数及其精度**

大气参数	精　度	滞后的时间	更新率	数据的时间间隔
最终的对流层延迟	4mm（天顶方向）	<4 星期	1 次/星期	2h
超快速对流层延迟	6mm（天顶方向）	2~3h	1 次/3h	1h
最终的电离层 VTEC 格网值	2~8TECU	11 天	1 次/星期	2h 经差 5°×纬差 2.5°
快速电离层 VTEC 格网值	2~9TECU	<24h	1 次/天	2h 经差 5°×纬差 2.5°

4.4.4　星历误差对定位的影响

在 GPS 定位中，一般都把由卫星星历所给出的卫星在空间的位置视为已知值，此时星历误差将成为一种起算数据误差。这种误差对单点定位和相对定位有不同的影响，下面分别予以介绍。

1.对单点定位的影响

单点定位的误差方程可写为：

$$V_i = l_i V_X + m_i V_Y + n_i V_Z + cV_{TR} - L_i \quad (i \geqslant 4) \tag{4-30}$$

式中，V_i 为第 i 个距离观测值的改正数；V_X、V_Y、V_Z 为接收机近似坐标（X_0, Y_0, Z_0）的改正数；V_{TR} 为观测瞬间接收机钟的钟差改正数；常数项 L_i 为：

$$L_i = \rho_c^i - (\rho_0^i + V_{\mathrm{ion}}^i + V_{\mathrm{trop}}^i) + cV_{t_i} \tag{4-31}$$

式中，ρ_c^i 为根据卫星星历所给出的第 i 颗卫星的坐标（x_{s_i}、y_{s_i}、z_{s_i}）以及接收机的近似坐标（X_0, Y_0, Z_0）所求得的距离计算值；ρ_0^i 为接收机所测得的至第 i 颗卫星的距离观测值；V_{ion}^i、V_{trop}^i 为相应的电离层延迟改正和对流层延迟改正；V_{t_i} 为第 i 颗卫星的卫星钟改正数。显然，当卫星星历有误差时，就会影响 $\rho_c^i = \sqrt{(x_{s_i} - X_0)^2 + (y_{s_i} - Y_0)^2 + (z_{s_i} - Z_0)^2}$ 的值，使常数项产生误差 $\mathrm{d}L_i$。$\mathrm{d}L_i$ 即卫星星历误差在接收机至该卫星方向上的投影。SA 政策取消后，其值约为 1m。此外，卫星星历误差也会使观测方程的系数（l_i, m_i, n_i）产生误差。$\mathrm{d}L_i$ 最终将以某种形式“分配”到未知参数（$V_X, V_Y, V_Z, V_{\mathrm{TR}}$）中去，其分配方式取决于接收机与卫星间的几何图形，即误差方程中的系数（l_i, m_i, n_i）。一般说来，卫星单点定位误差的量级大体上与卫星星历误差的量级相同，因而广播星历通常只能满足导航和低精度单点定位的需要。进行厘米级精度的精密单点定位时，必须使用高精度的精密星历。由于未顾及其他各种误差的影响以及观测时间的长短等因素，因而上面给出的并不是一个严格的结论。我们只是想对卫星星历误差与单点定位精度之间的关系做一个粗略的了解，以便与卫星星历误差对相对定位的影响作一比较。

2.对相对定位的影响

在测站 i，j 上对卫星 k 进行同步观测后，将两个误差方程相减得相对定位的误差方程如下：

$$V_{ij}^k = l_j^k V_{\Delta X} + m_j^k V_{\Delta Y} + n_j^k V_{\Delta Z} + cV_{\Delta T_{ij}} - L_{ij}^k \tag{4-32}$$

式中，（l_j^k, m_j^k, n_j^k）为测站 j 至卫星 k 方向上的方向余弦，可据测站 j 的近似坐标（x_j^0, y_j^0, z_j^0）及卫星星历求得；（$V_{\Delta X}, V_{\Delta Y}, V_{\Delta Z}$）为测站 i、j 间三维坐标差的改正数；$V_{\Delta T_{ij}}$ 为接收机 i 和接收机 j 的相对钟差改正数；常数项 L_{ij}^k 为：

$$\begin{aligned} L_{ij}^k &= (\rho_{ij}^k)_c - [(\rho_{ij}^k)_0 + (V_{\mathrm{ion}})_{ij}^k + (V_{\mathrm{trop}}^k)] \\ (\rho_{ij}^k)_c &= (\rho_j^k)_c - (\rho_i^k)_c \\ (\rho_{ij}^k)_0 &= (\rho_j^k)_0 - (\rho_i^k)_0 \end{aligned} \tag{4-33}$$

式中，$(\rho_i^k)_0$、$(\rho_j^k)_0$ 为接收机 i 和接收机 j 至卫星 k 的距离观测值。采用测距码测距时，可直接获得，采用载波相位测量时，

$$\rho = \lambda\varphi + \lambda N$$

$$(\rho_{ij}^k)_c = (\rho_j^k)_c - (\rho_i^k)_c$$

当卫星星历有误差 SS' 时，对计算值的影响为：

$$\begin{aligned} \mathrm{d}(\rho_{ij}^k)_c &= \mathrm{d}(\rho_j^k)_c - \mathrm{d}(\rho_i^k)_c \\ &= SS' \cdot \cos\alpha_j - SS' \cdot \cos\alpha_i \\ &= SS' \cdot (\cos\alpha_j - \cos\alpha_i) \\ &= -2SS' \cdot \sin\frac{\alpha_j + \alpha_i}{2} \cdot \sin\frac{\alpha_j - \alpha_i}{2} \end{aligned}$$

式中，$\frac{\alpha_j - \alpha_i}{2}$ 是一个微小量，如当测站 i、j 之间的间距为 100km 时，$\frac{\alpha_j - \alpha_i}{2} \leqslant 8.5'$，故有 $\sin\frac{\alpha_j - \alpha_i}{2} \approx \frac{\alpha_j - \alpha_i}{2}$。从图 4-2 可以看出，$\frac{\alpha_j - \alpha_i}{2} \approx \frac{b \cdot \sin\theta}{-2\rho}$。其中，$b$ 为基线长，ρ 为接收机至卫星的距离，θ 的含义见图 4-2。于是有：

$$\mathrm{d}L_{ij}^k = \mathrm{d}(\rho_{ij}^k)_c = -SS' \cdot \sin\frac{\alpha_j + \alpha_i}{2} \cdot \sin\theta \cdot \frac{b}{\rho} \tag{4-34}$$

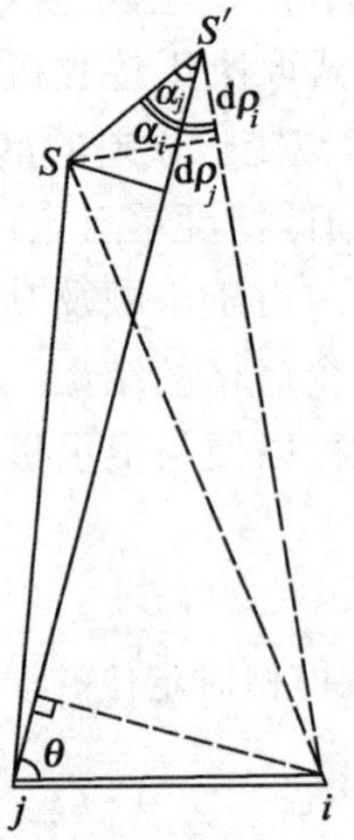

图 4-2　卫星星历误差对相对定位的影响

式(4-34)告诉我们，卫星星历误差对相对定位的影响比单点定位要小得多。当 $b = 10$km，$\rho = 2.3 \times 10^4$km，卫星星历误差 SS' 在垂直于 $\angle jS'i$ 角平分线上投影 $\left(\text{即}\, SS' \cdot \sin\frac{\alpha_j + \alpha_i}{2}\right)$ 为1.0m时，$\mathrm{d}L_{ij}^k \leqslant 0.4$mm。大量的试验结果表明，在 GPS 静态定位中，卫星星历误差对相对定位结果的影响一般可用下式来估计：

$$\frac{\Delta b}{b} = \left(\frac{1}{4} \sim \frac{1}{10}\right) \times \frac{SS'}{\rho} \tag{4-35}$$

式中，Δb 为卫星星历误差所引起的基线误差。目前广播星历的精度为 2m 左右。星历误差对相对定位的影响一般小于 10^{-7}。IGS 最终星历的精度已达 2.5cm，由此引起的基线相对误差 $\frac{\Delta b}{b}$ 为 0.30～0.12ppb（1ppb＝10^{-9}），足以满足地球动力学研究和大地测量的需要。即使在实施 SA 政策，广播星历精度人为地降低至±100m时，$\frac{\Delta b}{b}$ 仍可达 1.2～0.5 ppm（1ppm＝10^{-6}），仍可满足一般控制测量和工程测量的要求。至于式(4-35)中的系数 $\left(\frac{1}{4} \sim \frac{1}{10}\right)$ 的具体取值则取决于基线向量的位置和方向、观测时段的长短、观测卫星的数量及其几何分布等因素。

4.4.5　消除和削弱星历误差影响的方法和措施

1.采用精密星历

在高精度的应用领域中，可使用精密星历。IGS 的成立为我们提供了方便。

2.采用相对定位模式

卫星星历误差对单点定位和相对定位的影响方式是不一样的。目前利用广播星历进行卫星导航和单点定位时,精度一般只能达到数米;而利用相对定位模式时即使基线长度达56km时,广播星历误差的影响仍保持在1cm以内。采用这种方法布设的GPS网具有很高的相对精度。当网中具有高精度的起始坐标时,各网点还可获得精确的绝对坐标。而获得高精度的起始坐标并不困难,因为我国已布设了高精度的GPS网,具有比较密集的高精度起算点。此外,用户通过与周围的IGS站联测或者与我国的现代地壳运动观测网络中的基准站联测,也很容易获得高精度的起始点坐标。

4.5 电离层延迟

4.5.1 电离层的概况

1.电离层延迟的基本概念

电离层是高度在60~1000km间的大气层。在太阳紫外线、X射线、γ射线和高能粒子等的作用下,电离层中的中性气体分子部分被电离,产生了大量的电子和正离子,从而形成了一个电离区域。电磁波信号(如GPS卫星所发射的信号)在穿过电离层时,其传播速度会发生变化,变化程度主要取决于电离层中的电子密度和信号频率;其传播路径也会略微弯曲(但对测距结果所产生的影响不大,在一般情况下可不予考虑),从而使得信号的传播时间$\Delta t'$乘上真空中的光速c后所得到的距离ρ'不等于从信号源至接收机的几何距离ρ。对GPS测量来讲,这种误差在天顶方向可达十几米,在高度角为5°时可超过50m,因而必须仔细地加以改正。电磁波在电离层中传播的相速度(单一频率的电磁波的相位的传播速度)V_P与电离层中的相折射率n_P之间有下列关系:

$$V_P = \frac{c}{n_P} \tag{4-36}$$

式中,c为真空中的光速;而相折射率n_P可表示为:

$$n_P = 1 - K_1 Nef^{-2} - K_2 Ne(H_0\cos\theta)f^{-3} - K_3 Ne^3 f^{-4} \tag{4-37}$$

$$\begin{cases} K_1 = \dfrac{e^2}{8\pi^2\varepsilon_0 m} \\ K_2 = \dfrac{\mu_0 e^3}{16\pi^3\varepsilon_0 m^2} \\ K_3 = \dfrac{e^4}{128\pi^4\varepsilon_0^3 m^2} \end{cases} \tag{4-38}$$

式中,H_0为地磁场的场强;Ne为电子密度,即单位体积中所含的电子数,常用电子数/m^{3}或电子数/cm^{3}来表示;m为电子的质量,$m = 9.1096 \times 10^{-31}$kg;$e$为电子所带的电荷值,$e = 1.6021 \times 10^{-19}$C;$\varepsilon_0$为真空中的介电系数,$\varepsilon_0 = 8.8542 \times 10^{-12}$F/m;$\mu_0$为真空中的磁导率,$\mu_0 = 12.57 \times 10^{-7}$H/m;$\theta$为地磁场的方向与电磁波信号传播方向间的夹角;$f$为电磁波信号

的频率。

将上述各值代入式(4-38)和式(4-37)后可知,式(4-37)中等号右边第三项(f^{-3} 项)的值小于等于 10^{-9},第四项(f^{-4} 项)的值小于等于 10^{-10},一般均可忽略不计。于是有下列近似公式:

$$n_P = 1 - K_1 \frac{Ne}{f^2} = 1 - 40.3 \frac{Ne}{f^2} \tag{4-39}$$

对 GPS 卫星信号而言,式中第二项(f^{-2} 项)的值一般为 $10^{-6} \sim 10^{-7}$,故有:

$$V_P = \frac{c}{n_P} = \frac{c}{1 - 40.3 \frac{Ne}{f^2}} = c\left(1 + 40.3 \frac{Ne}{f^2}\right) \tag{4-40}$$

需要说明的是,式中的 V_P 并不是物质传播速度,而是电磁波的相位在电离层中的传播速度。在载波相位测量中,载波的相位就是以相速度 V_P 在电离层中传播的。类似地,不同频率的一组电磁波信号作为一个整体在电离层中的传播速度 V_G 称为群速度。V_G 与电离层中的群折射率 n_G 之间有下列关系:

$$V_G = \frac{c}{n_G} \tag{4-41}$$

在忽略 f^{-3} 项和 f^{-4} 项的情况下有:

$$N_G = 1 + 40.3 \frac{Ne}{f^2} \tag{4-42}$$

于是有:

$$V_G = \frac{c}{n_G} = c\left(1 - 40.3 \frac{Ne}{f^2}\right) \tag{4-43}$$

利用 GPS 卫星所发射的测距码进行距离测量时,测距码就是以群速度 V_G 在电离层中传播的。在电离层以外,由于电子密度 Ne 为零,故信号仍以真空中的光速 c 传播(不顾及对流层延迟)。若测距码从卫星至接收机的传播时间为 $\Delta t'$,则从卫星至接收机的几何距离 ρ 为:

$$\begin{aligned}\rho &= \int_{\Delta t'} V_G \mathrm{d}t = \int_{\Delta t'} \left(c - c \cdot 40.3 \frac{Ne}{f^2}\right) \mathrm{d}t \\ &= c \cdot \Delta t' - \frac{40.3}{f^2} \int_{\Delta t'} c \cdot Ne \mathrm{d}t\end{aligned}$$

令 $c \cdot \Delta t' = \rho'$,并将上式中第二项的积分变量变换为 $\mathrm{d}s = c\mathrm{d}t$,于是积分间隔 $\Delta t'$ 也将相应地变化为信号传播路径 s。最后可得:

$$\rho = \rho' - \frac{40.3}{f^2} \int_s Ne \mathrm{d}s \tag{4-44}$$

式中的第二项即为利用测距码进行距离测量时应加的电离层延迟改正:

$$(V_{\mathrm{ion}})_G = -\frac{40.3}{f^2} \int_s Ne \mathrm{d}s \tag{4-45}$$

类似地,利用载波相位测量来确定卫星至接收机的距离时有:

$$\rho = \rho' + \frac{40.3}{f^2}\int_s Ne\mathrm{d}s \tag{4-46}$$

$$(V_{\mathrm{ion}})_P = + \frac{40.3}{f^2}\int_s Ne\mathrm{d}s \tag{4-47}$$

式(4-46)中，$\rho' = (\tilde{\varphi} + N)\lambda$，其中，$\tilde{\varphi}$ 为载波相位测量中的观测值，由整周计数 $\mathrm{int}(\varphi)$ 和不足一周的部分 $\mathrm{Fr}(\varphi)$ 组成；N 为整周模糊度；λ 为依据真空中的光速 c 求得的载波波长。从式(4-45)和式(4-47)可知，在仅顾及 f^2 项的情况下，测码伪距观测值和载波相位观测值的电离层延迟改正大小相同，符号相反。

2. 电子密度 Ne 与总电子含量 TEC

从上面的讨论可知，求电离层延迟的关键在于求电子密度 Ne。下面我们来看一下电子密度 Ne 究竟和哪些因素有关。

(1)电子密度 Ne 与高程 H 间的关系

① 随着高程 H 的增加，大气将变得越来越稀薄，单位体积中所含的气体分子数将变得越来越少，也就是说，可供电离的“原料”将随着高程 H 的增加而减少，从而产生一种趋势：电子密度 Ne 将随着高程 H 的增加而减少。

② 太阳光在穿越电离层的过程中，其能量将不断地被大气层所吸收(紫外线、X 射线和高能粒子的能量在促使气体分子电离的过程中逐步被损耗)而变得越来越弱，最终将不足以使气体分子电离。这种现象将呈现出另一种规律：电子密度 Ne 将随着高程 H 的减小而减小。在这两种相反的因素的作用下，电子密度 Ne 一般在高度为 300~400km 取得最大值。图 4-3 为根据实测资料绘出的 H 和 Ne 间的关系图。Ne 的单位为电子数/m^3。

(2)总电子含量 TEC 及其与地方时 t 的关系

由于电子密度 Ne 是高程 H 的函数，所以要进一步讨论电子密度 Ne 和地方时 t 的关系时就需采用二元函数 $Ne = f(H,t)$，这将使问题变得较为复杂，用图形表示也较为困难。为此，我们引入一个新的概念——总电子含量 TEC(Total Electron Content)。

$$\mathrm{TEC} = \int_s Ne\mathrm{d}s \tag{4-48}$$

上式表明，总电子含量 TEC 即为沿卫星信号传播路径 s 对电子密度 Ne 进行积分所获得的结果，也即底面积为一个单位面积沿信号传播路径贯穿整个电离层的一个柱体中所含的电子数，通常以电子数/m^2 或电子数/cm^2 为单位。此外，我们还经常以 10^{16} 个电子/m^2 来作为 TEC 的单位，并将它称为 1TECU。

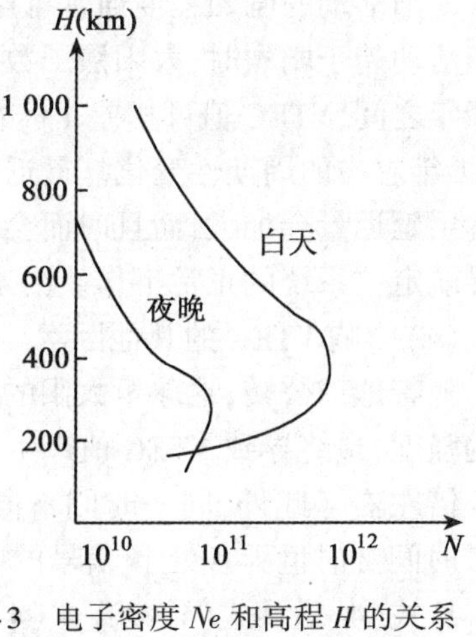

图 4-3 电子密度 Ne 和高程 H 的关系

对同一电离层而言，从某一测站至各卫星的方向上的 TEC 值是不相同的。卫星的高度角 h 越小，卫星信号在电离层中的传播路径就越长，TEC 的值就越大。在该站所有的 TEC

值中有一个最小值，即天顶方向（$h=90°$）的总电子含量 VTEC（Vertical Total Electron Content）。VTEC 与高程和卫星高度角均脱离了关系，可以反映测站上空电离层的总体特征，所以被广泛应用。

图 4-4 是 VTEC 与地方时 t 之间的关系图。该图是根据夏威夷太阳观测站上的实测资料绘制而成的。其中实线为 1986 年 5 月 22 日 VTEC 的日变化图；虚线为 1986 年 5 月 23 日 VTEC 的日变化图。从图 4-3 可以看出，白天在太阳光的照射下，电离层中的中性气体分子逐渐电离，因而电子数量不断增加，至地方时 14 时左右 VTEC 取最大值。此后，由于太阳光强度的减弱，电子生成率小于电子消失率（自由电子和正离子结合恢复为中性气体分子的速率），因而 VTEC 值将逐渐减小，到夜晚达到最小值。

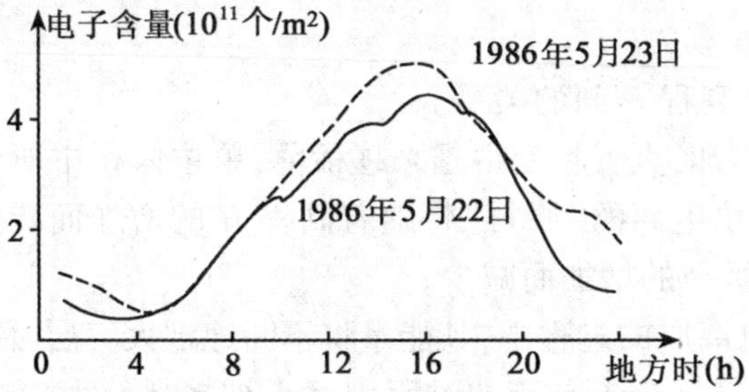

图 4-4　VTEC 与地方时 t 之间的关系

(3) VTEC 与太阳活动程度的关系

如前所述，中性气体是在太阳光的照射下电离的；故 VTEC 与太阳活动剧烈程度密切相关。太阳活动的剧烈程度通常可用太阳黑子数或 10.7cm 波长的太阳辐射流量来表示。当太阳活动趋于剧烈时，太阳黑子数会增加，VTEC 值也会相应地增大。在太阳活动高峰年与低峰年之间，VTEC 值可相差 4 倍左右。太阳活动的周期约为 11 年，故 VTEC 也呈现出周期为 11 年左右的周期性变化。最近一次太阳活动高峰出现在 2001 年前后。在此期间，不但电离层延迟量会加大，而且时而会出现电离层暴等异常情况，严重时会影响无线电通信和卫星导航定位系统的正常工作。图 4-5 是 1901—1989 年间太阳黑子数的变化情况。

(4) 影响 VTEC 的其他因素

随着地球公转，地球至太阳的距离以及太阳光的入射方向均会发生变化，从而影响太阳光的强度，最终导致 VTEC 值产生季节性变化。在一年中，VTEC 的最大值和最小值也可相差 4 倍左右。此外，同一时间不同地点的 VTEC 值也不相同。图 4-6 给出了 1990 年 3 月 UTC 时间 2 时世界各处 L_1 信号的电离层时间延迟 T_g（ns）。

从式(4-45)、式(4-47)、式(4-48)知，电离层距离延迟改正 V_{ion} 与总电子含量 TEC 间有下列关系：

$$-(V_{ion})_G=+(V_{ion})_P=\frac{40.3}{f^2}\text{TEC} \tag{4-49}$$

电离层时延改正数 V_T 与总电子含量 TEC 间有下列关系：

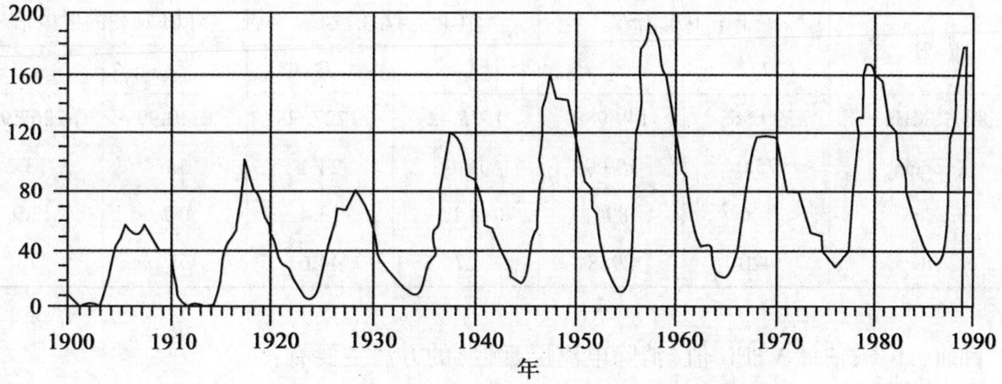

图 4-5 1901—1989 年间太阳黑子数的变化图

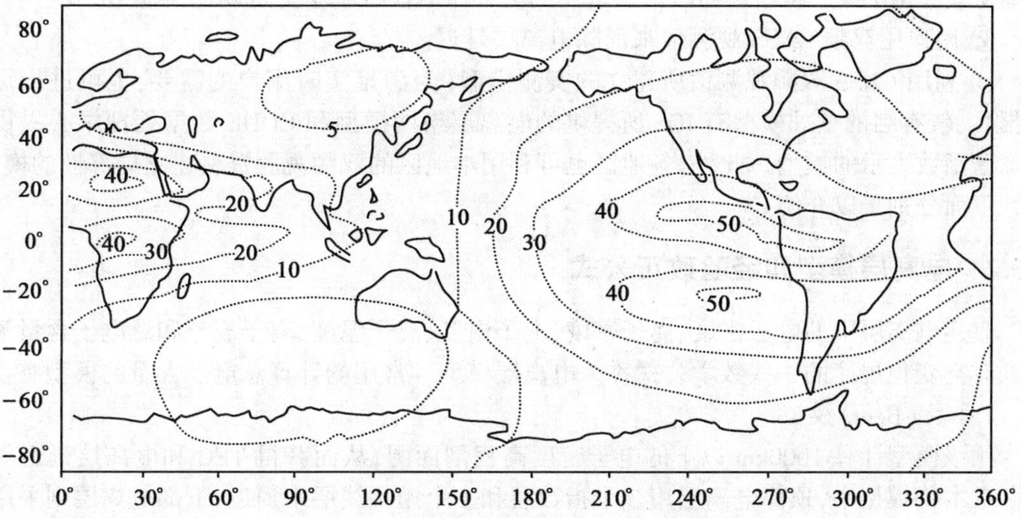

图 4-6 全球电离层时间延迟图(单位:ns)

$$-V_{T_G} = +V_{T_P} = \frac{40.3}{f^2 \cdot c}\text{TEC} \tag{4-50}$$

表 4-9 给出了当电子总量 TEC=$5\times10^{17}/\text{m}^2$时,子午卫星信号、GPS 卫星信号和 VLBI 观测的部分信号的电离层延迟改正的大小。

在激光测卫(SLR)中,由于所用信号的波长极短,因而电离层延迟可视为零。

从上面的讨论可知,如果我们求得了总电子含量 TEC,就可求出卫星信号的电离层延迟改正。实际观测表明,TEC 与时间(一年中的哪一天以及一天中的具体时间)、地点(φ,λ)以及太阳活动的程度等因素有关。遗憾的是,到目前为止,我们仍然无法从理论上彻底搞清楚 TEC 与上述各因素之间的准确关系,因而无法建立计算 TEC 值的严格公式。

表 4-9　**TEC = 5×10¹⁷/m² 时电离层延迟改正**

类别	子午卫星信号		GPS 卫星信号		VLBI 观测的射电信号	
	f_1	f_2	f_1	f_2	f_1	f_2
频率/MHz	399.968	149.988	1575.42	1227.60	8310.99	2267.99
波长/cm	75.0	199.9	19.0	24.4	3.6	13.2
V_{ion}/m	126	896	8.1	13.4	0.3	3.9
V_T/ns	420	2988	27	44.6	1	13

目前，计算、估计 VTEC 值（消除电离层延迟）的方法主要有：

① 根据全球各电离层观测站长期积累的观测资料建立全球性的经验公式，用户可利用这些模型来计算任一时刻任一地点的电离层参数。较为有名的模型有本特模型、国际参考电离层模型 IRI 等。GPS 广播星历所采用的克罗布歇模型基本上也属此类模型。

② 用户用双频 GNSS 观测值来消除电离层延迟。

③ 利用 GNSS 双频观测值所建立的实测模型（为满足实时用户的需要，也可进行短期预报）。较有名的全球模型有 IGS 所提供的电离层格网模型和 CODE 数据处理中心提供的用球谐函数表示的模型。此外，各地区也可利用本地区的双频观测资料建立局部性的模型。

下面分别予以介绍。

4.5.2　电离层模型和经验改正公式

表述电离层中的电子密度、离子密度、电子温度、离子温度、离子成分和总电子含量等参数的时空变化规律的一些数学公式称为电离层模型。常用的计算总电子含量的模型有：

1. 本特（Bent）模型

用该模型计算 1000km 以下的电子密度高程剖面图，从而获得 TEC 和电离层延迟等参数。在本特模型中，顶部电离层用 3 个指数层和 1 个抛物线层来逼近，下部电离层则采用双抛物线层来近似。该模型着眼于使总电子含量尽可能正确，以便获得较准确电离层延迟量。输入参数为日期、时间、测站位置、太阳辐射流量和太阳黑子数。

2. 国际参考电离层（International Reference Ionosphere）模型

1978 年，国际无线电科学联盟（URSI）和空间研究委员会（COSPAR）建立并公布了一个电离层模型——国际参考电离层（IRI 1978）。该模型给出了 1000km 以下电离层的电子密度、离子密度、电子温度、离子温度和主要正离子成分等参数时空分布的数学表达式及计算程序。此后，由于观测资料的不断积累，对该模型又进行了改进和完善，推出了 IRI 1980、IRI 1986、IRI 1990 等，目前最新的为 IRI 2007。输入日期、时间、地点和太阳黑子等参数后可给出电子密度的月均剖面图，从而求出 TEC 和电离层延迟。

上述模型和改正公式都是根据全球各电离层观测站长期积累的大量观测资料拟合出来的模型和经验公式，被电离层研究和无线电通信领域的用户广泛使用。可能是由于用户还需从其他渠道来获得太阳黑子数或 10.7cm 波长的太阳辐射流量等数据，以及模型的精度也不高等原因，GPS 卫星导航用户一般很少使用这些模型。

3.克罗布歇(Klobuchar)模型

(1)改正公式

这是一个被单频GPS用户广为采用的电离层延迟改正模型,如图4-7所示,该模型将晚间的电离层时延视为常数,取值为5ns,把白天的时延看成是余弦函数中正的部分。于是天顶方向调制在L_1载波($f=1575.42$MHz)上的测距码的电离层改正时延T_g可表示为:

$$T_g = 5\times 10^{-9} + A\cos\frac{2\pi}{P}(t - 14^{h}) \tag{4-51}$$

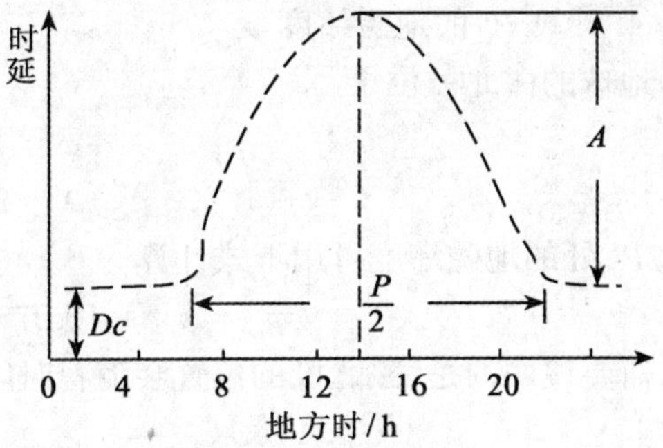

图4-7　Klobuchar模型

振幅A和周期P分别为:

$$A = \sum_{i=0}^{3}\alpha_i\,(\varphi_m)^i$$

$$P = \sum_{i=0}^{3}\beta_i\,(\varphi_m)^i \tag{4-52}$$

全球定位系统向单频接收机用户提供电离层延迟改正时就采用上述模型。其中,α_i和β_i是地面控制系统根据该天为一年中的第几天(将一年分成37个区间)以及前5天太阳的平均辐射流量(共分为10档)从370组常数中选取的,然后编入GPS卫星的导航电文播发给用户。

(2)计算方法

下面简单介绍一下式(4-51)中参数t以及式(4-52)中参数φ_m的准确含义及计算方法。在介绍之前,有必要先引入中心电离层的概念。我们知道,电离层分布在离地面60~1000km的区域内。当卫星不在测站的天顶时,信号传播路径上每点的地方时和纬度均不相同,于是我们就需要对每个微分线段ds分别进行计算,然后积分求得总的电离层延迟量。但这么做会使计算变得十分复杂,所以在计算时,我们通常采用下列方法:将整个电离层压缩为一个单层,将整个电离层中的自由电子都集中在该单层上,用它来代替整个电离层。这个单层就称为中心电离层。中心电离层离地面的高度通常取350km。式(4-51)中的参数t和式(4-52)中的参数φ_m分别为卫星信号传播路径与中心电离层的交点P'的时角和地磁纬度,因为只有P'才能反映卫星信号所受电离层延迟的总的情况,某点的地磁纬度为过该点的法线与地磁场的赤道平面之间的交角。t和φ_m的计算方法如下:

① 计算测站点P和交点P'在地心的夹角EA

$$EA = \left(\frac{445^\circ}{el + 20^\circ}\right) - 4^\circ \tag{4-53}$$

这是一个近似公式,精度已能满足要求。式中,el为卫星在测站P处的高度角。

② 计算交点P'的地心纬度$\varphi_{P'}$和经度$\lambda_{P'}$

$$\begin{cases}\varphi_{P'} = \varphi_P + EA\cdot\cos\alpha \\ \lambda_{P'} = \lambda_P + EA\cdot\dfrac{\sin\alpha}{\cos\varphi_P}\end{cases} \tag{4-54}$$

式中，λ_P、φ_P 为测站的地心经度、纬度；α 为卫星的方位角；$\lambda_{P'}$ 的单位为度。

③ 计算观测瞬间交点 P' 处的地方时 t

若观测时刻的世界时为 UT，则有：

$$t = \mathrm{UT} + \frac{\lambda_{P'}}{15} \tag{4-55}$$

t 的单位为小时。

④ 计算 P' 的地磁纬度 φ_m

地球的磁北极位于

$$\varphi = 79.93°$$
$$\lambda = 288.04°$$

因此 P' 处的地磁纬度可用下式计算：

$$\varphi_m = \varphi_{P'} + 10.07°\cos(\lambda_{P'} - 288.04°) \tag{4-56}$$

需要说明的是，磁北极的位置会随着时间的变化而缓慢变化，隔一段时间后应重新查取一次。

利用式(4-51)至式(4-56)以及卫星导航电文中给出的 α_i 和 β_i 就能求出观测时刻天顶方向的电离层延迟 T_g。根据每颗卫星的天顶距 Z 就能计算出该时刻每颗卫星信号的电离层时延 T'_g：

$$T'_g = T_g \cdot \sec Z \tag{4-57}$$

注意，Z 不是卫星在测站 P 处的天顶距，而是在交点 P' 处的天顶距。计算 $\sec Z$ 的近似公式为：

$$\sec Z = 1 + 2\left(\frac{96° - el}{90°}\right)^3 \tag{4-58}$$

上述几种电离层延迟模型都是反映长时期内全球平均状况的经验模型。利用这些模型来估计某一时刻某一地点电离层延迟的精度均不够理想，其误差为实际延迟量的 20%～40%。使用上述模型的优点是单频用户无需其他支持系统即可获得近似的电离层延迟改正数。

4.5.3　双频改正模型

1. 确定两个信号的电离层延迟改正

从式(4-45)和式(4-47)知，卫星信号所受到的电离层延迟与信号频率 f 的平方成反比。如果卫星能同时用两种频率来发射信号，那么这两种不同频率的信号就将沿着同一路径①传播到达接收机。如果我们能精确确定这两种不同频率的信号到达接收机的时间差 Δt，就能分别反推出它们各自所受到的电离层延迟。我们把这种方法称为双频改正法。GPS 卫星之所以要用两种不同的频率来发射信号，其主要目的也在于此。如果信号在某一介质中的

① 由于信号在电离层中传播时其路径也会产生弯曲，弯曲的程度与信号频率有关，所以严格地讲，这两种不同频率的信号在电离层中的传播路径是不严格相同的。但是这两种差异的影响十分微小，故一般可忽略不计。

传播速度与它们的频率有关,我们就说这种介质对该信号具有色散效应。“色散”是从太阳光通过三棱镜时的分色现象中借用引申而来的。电离层延迟的双频改正法就是建立在色散效应的基础之上。

GPS 卫星采用 L_1 和 L_2 两种载波。其中 L_1 载波的频率 $f_1 = 154 \times 10.23\text{MHz} = 1575.42\text{MHz}$;$L_2$载波的频率 $f_2 = 120 \times 10.23\text{MHz} = 1227.60\text{MHz}$。令 $-40.3\int_s Ne ds = A$,虽然我们对信号传播路径各处的电子密度 Ne 了解不多,因而不能通过积分的方法来求得 A 的准确数值,但由于两种不同频率的信号是沿同一路径传播的,因此它们具有相同的 A 值。于是式(4-44)可写为:

$$\begin{cases} \rho = \rho'_1 + \dfrac{A}{f_1^2} \\ \rho = \rho'_2 + \dfrac{A}{f_2^2} \end{cases} \tag{4-59}$$

将两式相减有:

$$\begin{aligned} \Delta\rho = \rho'_1 - \rho'_2 = c\Delta t &= \frac{A}{f_2^2} - \frac{A}{f_1^2} = \frac{A}{f_1^2}\left(\frac{f_1^2 - f_2^2}{f_2^2}\right) \\ &= (V_{\text{ion}})_1 \left[\frac{f_1^2}{f_2^2} - 1\right] \\ &= 0.6469\,(V_{\text{ion}})_1 \end{aligned}$$

所以,

$$\begin{aligned} (V_{\text{ion}})_1 &= \frac{f_2^2}{f_1^2 - f_2^2}(\rho'_1 - \rho'_2) = 1.54573(\rho'_1 - \rho'_2) = 1.54573 \cdot c \cdot \Delta t \\ (V_{\text{ion}})_2 &= \frac{f_1^2}{f_1^2 - f_2^2}(\rho'_1 - \rho'_2) = 2.54573(\rho'_1 - \rho'_2) = 2.54573 \cdot c \cdot \Delta t \end{aligned} \tag{4-60}$$

式(4-60)表明,只要精确测定两种不同频率的信号到达接收机的时间差 Δt,或用这两种不同频率的测距信号分别测定了从卫星至接收机间的伪距 ρ'_1 和 ρ'_2 后,就能精确计算出这两种信号的电离层延迟改正 $(V_{\text{ion}})_1$ 和 $(V_{\text{ion}})_2$。

将式(4-60)代入式(4-59)得:

$$\rho = \frac{f_1^2}{f_1^2 - f_2^2}\rho'_1 - \frac{f_2^2}{f_1^2 - f_2^2}\rho'_2 = 2.54573\rho'_1 - 1.54573\rho'_2 \tag{4-61}$$

设测码伪距观测值 ρ'_1 和 ρ'_2 的测量噪声分别为 m_1 和 m_2,则经双频电离层改正后的距离 ρ 的噪声将扩大为:

$$m = \sqrt{(2.54573m_1)^2 + (1.54573m_2)^2} = \sqrt{6.48m_1^2 + 2.39m_2^2} \tag{4-62}$$

若 $m_1 \approx m_2$,则有 $m \approx 3m_1$。

2.线性组合法

将式(4-59)中的观测值 ρ'_1 乘上系数 m,将观测值 ρ'_2 乘上系数 n,然后相加以组成一个

新的虚拟的线性组合观测值,即

$$\rho_{m,n} = m\rho_1' + n\rho_2' = (m+n)\rho - m\frac{A}{f_1^2} - n\frac{A}{f_2^2} \tag{4-63}$$

显然,当 $m\frac{A}{f_1^2} + n\frac{A}{f_2^2} = \left(\frac{mf_2^2 + nf_1^2}{f_1^2 f_2^2}\right)A = 0$ 时,即 $n = -\frac{f_2^2}{f_1^2}m$ 时,组合观测值 $\rho_{m,n}$ 不受电离层延迟的影响。此外,为了使 $\rho_{m,n}$ 的值与 ρ 相同,还需使 $m + n = 1$。据此可解得:

$$m = \frac{f_1^2}{f_1^2 - f_2^2},\quad n = \frac{-f_2^2}{f_1^2 - f_2^2} \tag{4-64}$$

即

$$\rho_{m,n} = \frac{f_1^2}{f_1^2 - f_2^2}\rho_1' - \frac{f_2^2}{f_1^2 - f_2^2}\rho_2' = 2.54573\rho_1' - 1.54573\rho_2' \tag{4-65}$$

为无电离层延迟的线性组合观测值。式(4-65)即式(4-61),所以上述两种方法实际上是一致的,可导得同样的结果。

3.载波相位观测值的电离层延迟改正

对于载波相位测量观测值有 $\rho' = (\varphi + N)\lambda$。代入式(4-59),并考虑到载波相位观测值所受到的电离层延迟与测码伪距观测值的电离层延迟大小相同、符号相反这一事实后有:

$$\begin{cases}\rho = (\varphi_1 + N_1)\lambda_1 - \dfrac{A}{f_1^2}\\[2ex] \rho = (\varphi_2 + N_2)\lambda_2 - \dfrac{A}{f_2^2}\end{cases} \tag{4-66}$$

采用类似的方法后可导得不受电离层延迟影响的载波相位线性组合观测值 φ_c 为:

$$\varphi_{m,n} = \varphi_c = \frac{f_1^2}{f_1^2 - f_2^2}\varphi_1 - \frac{f_1 f_2}{f_1^2 - f_2^2}\varphi_2 \tag{4-67}$$

无电离层延迟组合观测值 φ_c 的整周模糊度 N_c 为:

$$N_c = \frac{f_1^2}{f_1^2 - f_2^2}N_1 - \frac{f_1 f_2}{f_1^2 - f_2^2}N_2 \tag{4-68}$$

虽然 N_1 和 N_2 理论上皆为整数,但由于系数 $\frac{f_1^2}{f_1^2 - f_2^2}$ 和 $\frac{f_1 f_2}{f_1^2 - f_2^2}$ 都不是整数,所以 N_c 的理论值已不再为整数,或者说 N_c 已不具有整数特性。为解决上述问题,可将式(4-68)进行下列变换:

$$\begin{aligned}N_c &= \frac{f_1^2}{f_1^2 - f_2^2}N_1 - \frac{f_1 f_2}{f_1^2 - f_2^2}N_2 = \frac{f_1^2}{f_1^2 - f_2^2}N_1 - \frac{f_1 f_2}{f_1^2 - f_2^2}N_1 + \frac{f_1 f_2}{f_1^2 - f_2^2}N_1 - \frac{f_1 f_2}{f_1^2 - f_2^2}N_2\\ &= \frac{f_1(f_1 - f_2)}{f_1^2 - f_2^2}N_1 + \frac{f_1 f_2}{f_1^2 - f_2^2}(N_1 - N_2) = \frac{f_1}{f_1 + f_2}N_1 + \frac{f_1 f_2}{f_1^2 - f_2^2}N_\Delta\end{aligned} \tag{4-69}$$

式(4-69)中的 $N_\Delta = N_1 - N_2$,即为宽巷观测值 φ_Δ 的整周模糊度。由于宽巷观测值的波长达86cm,故 N_Δ 较易确定。一旦 N_Δ 确定后,确定 N_c 就转化为确定 N_1,而 N_1 是具有整数特性的。用这种方法可较准确地确定无电离层延迟组合观测值的整周模糊度。

利用两个频率来进行电离层延迟改正时,可获得较好的精度。采用载波相位观测值时,其误差一般不会超过几个厘米。为满足高精度 GPS 测量的需要,Frity K. Brunner 等人又提出了一个改进公式。该公式顾及了式(4-37)中的 K_2 项和 K_3 项的影响,并且是沿弯曲的信号传播路径而不是沿直线来进行积分的。这种顾及高阶项的影响以及路径弯曲影响后的电离层延迟改正模型的误差无论在何种情况下均小于 2mm。但由于该模型在计算时需用到电离层模型和地磁场模型等资料,故未被广泛采用。

4.顾及信号在卫星内的时延差后的电离层延迟改正公式

从电离层延迟公式(4-59)式和第 5 章中导得的伪距观测方程(5-11)式不难得到用频率分别为 f_{I} 和 f_{II} 的两个测距信号所测得的伪距观测值 ρ'_{I} 和 ρ'_{II} 可表示为:

$$\begin{cases}\rho'_{\mathrm{I}}=\sqrt{(X^S-X)^2+(Y^S-Y)^2+(Z^S-Z)^2}-cV_{t_R}+cV_{t_{\mathrm{I}}^S}-V_{\mathrm{trop}}-\dfrac{A}{f_{\mathrm{I}}^2}\\[2ex] \rho'_{\mathrm{II}}=\sqrt{(X^S-X)^2+(Y^S-Y)^2+(Z^S-Z)^2}-cV_{t_R}+cV_{t_{\mathrm{II}}^S}-V_{\mathrm{trop}}-\dfrac{A}{f_{\mathrm{II}}^2}\end{cases} \tag{4-70}$$

为了使公式更为简洁,令

$$\begin{cases}\sqrt{(X^S-X)^2+(Y^S-Y)^2+(Z^S-Z)^2}=R\\ \rho'_{\mathrm{I}}+cV_{t_R}-cV_{t_{\mathrm{I}}^S}+V_{\mathrm{trop}}=R'_{\mathrm{I}}\\ \rho'_{\mathrm{II}}+cV_{t_R}-cV_{t_{\mathrm{II}}^S}+V_{\mathrm{trop}}=R'_{\mathrm{II}}\end{cases}$$

其中,R 为卫星与接收机间的几何距离;R'_{I} 和 R'_{II} 分别为进行了接收机钟差改正、卫星钟差改正和对流层延迟改正后的伪距观测值。公式中的下标 I 和 II 分别表示第一种频率的测距信号和第二种频率的测距信号,可为调制在 L_1 载波、L_2 载波和 L_5 载波上的任意一种测距信号。这样(4-70)式就可简化为:

$$\begin{cases}R'_{\mathrm{I}}=R-\dfrac{A}{f_{\mathrm{I}}^2}\\[2ex] R'_{\mathrm{II}}=R-\dfrac{A}{f_{\mathrm{II}}^2}\end{cases}$$

据此不难求得消除电离层延迟后的距离 R 为:

$$R=\frac{f_{\mathrm{I}}^2}{f_{\mathrm{I}}^2-f_{\mathrm{II}}^2}R'_{\mathrm{I}}-\frac{f_{\mathrm{II}}^2}{f_{\mathrm{I}}^2-f_{\mathrm{II}}^2}R'_{\mathrm{II}}=\frac{R'_{\mathrm{II}}-\gamma R'_{\mathrm{I}}}{1-\gamma} \tag{4-71}$$

式中,$\gamma=\dfrac{f_{\mathrm{I}}^2}{f_{\mathrm{II}}^2}$。顾及信号内部时延 B 的第一种双频改正方法是将信号内部时延 B 吸收到卫星钟差中去,即 $V_{t_{\mathrm{I}}^S}=V_{t_0^S}+B_{\mathrm{I}}$,$V_{t_{\mathrm{II}}^S}=V_{t_0^S}+B_{\mathrm{II}}$。然后分别用 $V_{t_{\mathrm{I}}^S}$ 和 $V_{t_{\mathrm{II}}^S}$ 对相应的伪距观测值进行卫星钟差改正。此时双频改正公式(4-71)式的形式与未顾及内部时延(采用统一的卫星钟差)时的改正公式(4-61)式保持一致。采用这种方法时,用户需先求得两种不同频率的测距信号所对应的卫星钟差 $V_{t_{\mathrm{I}}^S}$ 和 $V_{t_{\mathrm{II}}^S}$。如前所述,GPS 导航电文中实际上并不播发不含信号内部时延的卫星钟差改正数 $V_{t_0^S}$,也不播发信号内部时延 B 的绝对数值,而只播发由 P_1 码和 P_2 码所组成的无电离层延迟组合观测值相对应的卫星钟差及不同测距信号与 P_1 码间的内部时延差 ISC,故用户需按照 4.3.2 节中所介绍的方法来计算各种测距信号相对应的卫星钟差。

第二种方法，也是现在被广泛采用的方法，是统一采用由导航电文中所播发的卫星钟差，然后再顾及不同测距信号所对应的卫星钟差与导航电文所播发的卫星钟差之间的差异所造成的影响，对双频改正公式进行修正，具体方法如下：

（1）用双 P 码测距时的双频改正公式

用调制在 L_1 载波上的 P_1 码和调制在 L_2 载波上的 P_2 码测距时有 $V_{t_{\mathrm{I}}^S}=V_{t_0^S}+B_{P_1}$，$V_{t_{\mathrm{II}}^S}=V_{t_0^S}+B_{P_2}$，$B_{P_1}$ 和 B_{P_2} 分别为 P_1 码和 P_2 码在卫星内部的时延，如果令

$$\begin{cases}R'_{\mathrm{I}}=\rho'_{\mathrm{I}}+cV_{t_R}+V_{\mathrm{trop}}-cV_{t_{P_1}^S}=R''_{\mathrm{I}}-cV_{t_{P_1}^S}\\ R'_{\mathrm{II}}=\rho'_{\mathrm{II}}+cV_{t_R}+V_{\mathrm{trop}}-cV_{t_{P_2}^S}=R''_{\mathrm{II}}-cV_{t_{P_2}^S}\end{cases}$$

则（4-71）式可表示为：

$$\begin{aligned}R&=\frac{R''_{\mathrm{II}}-\gamma_{12}R''_{\mathrm{I}}}{1-\gamma_{12}}-c\,\frac{(V_{t_0^S}+B_{P_2})-\gamma_{12}(V_{t_0^S}+B_{P_1})}{1-\gamma_{12}}\\&=\frac{R''_{\mathrm{II}}-\gamma_{12}R''_{\mathrm{I}}}{1-\gamma_{12}}-c\left(V_{t_0^S}+\frac{B_{P_2}-\gamma_{12}B_{P_1}}{1-\gamma_{12}}\right)\\&=\frac{R''_{\mathrm{II}}-\gamma_{12}R''_{\mathrm{I}}}{1-\gamma_{12}}-c(V_{t_0^S}+B_{P_{\mathrm{IF}}})=\frac{R''_{\mathrm{II}}-\gamma_{12}R''_{\mathrm{I}}}{1-\gamma_{12}}-cV_{t_{\mathrm{IF}}^S}\end{aligned}\tag{4-72}$$

上式中的第二项即为 GPS 导航电文中所给出的卫星钟差改正（由 P_1 和 P_2 码所组成的无电离层延迟组合观测值所对应的卫星钟差改正）。如果令

$$\begin{cases}R_{\mathrm{I}}=R''_{\mathrm{I}}-cV_{t_{\mathrm{IF}}^S}\\ R_{\mathrm{II}}=R''_{\mathrm{II}}-cV_{t_{\mathrm{IF}}^S}\end{cases}$$

即统一采用卫星导航电文中所播发的卫星钟差对双频观测值进行卫星钟差改正，则双频改正公式为：

$$R=\frac{R_{\mathrm{II}}-\gamma_{12}R_{\mathrm{I}}}{1-\gamma_{12}}$$

也就是说，用双 P 码测距时，若统一采用导航电文播发的卫星钟差，则双频改正公式的形式仍与（4-61）式保持一致。需要说明的是导航电文中直接给出的是卫星钟差，将其反号后才为改正数。

（2）其他测距信号的双频改正公式

用其他测距信号测距时，可以以双 P 码测距作为基础，来推导其双频改正公式。为此将 $V_{t_{\mathrm{I}}^S}$ 和 $V_{t_{\mathrm{II}}^S}$ 表示成下列形式：$V_{t_{\mathrm{I}}^S}=V_{t_{P_1}^S}+(V_{t_{\mathrm{I}}^S}-V_{t_{P_1}^S})$，$V_{t_{\mathrm{II}}^S}=V_{t_{P_2}^S}+(V_{t_{\mathrm{II}}^S}-V_{t_{P_2}^S})$，且统一采用由导航电文播发的卫星钟差时，可导得：

$$R=\frac{R_{\mathrm{II}}-\gamma R_{\mathrm{I}}}{1-\gamma}-c\,\frac{(V_{t_{\mathrm{II}}^S}-V_{t_{P_2}^S})-\gamma(V_{t_{\mathrm{I}}^S}-V_{t_{P_1}^S})}{1-\gamma}\tag{4-73}$$

①用 C/A 码和 L_2C 码测距时的双频改正公式

用调制在 L_1 载波上的 C/A 码和调制在 L_2 载波上的新民用测距码 L_2C 码测距时，有 $V_{t_{\mathrm{I}}^S}-V_{t_{P_1}^S}=V_{t_{\mathrm{C/A}}^S}-V_{t_{P_1}^S}=B_{\mathrm{C/A}}-B_{P_1}=-\mathrm{ISC}_{\mathrm{L_1C/A}}$，$V_{t_{\mathrm{II}}^S}-V_{t_{P_2}^S}=V_{t_{\mathrm{L_2C}}^S}-V_{t_{P_2}^S}=B_{\mathrm{L_2C}}-B_{P_2}=B_{\mathrm{L_2C}}-$

$[B_{P_1}-(1-\gamma_{12})T_{GD}]=-ISC_{L_2C}+(1-\gamma_{12})T_{GD}$，代入(4-73)式后可得：

$$R=\frac{(R_{L_2C}-\gamma_{12}R_{L_1C/A})+c(ISC_{L_2C}-\gamma_{12}ISC_{L_1C/A})}{1-\gamma_{12}}-cT_{GD} \tag{4-74}$$

双 P 码的改正公式及上式中的 $\gamma_{12}=\frac{f_1^2}{f_2^2}=1.64694$。

同样的方法还可导得：

②用 C/A 码和 L_5I_5码测距时的双频改正公式

$$R=\frac{(R_{L_5I_5}-\gamma_{15}R_{L_1C/A})+c(ISC_{L_5I_5}-\gamma_{15}ISC_{L_1C/A})}{1-\gamma_{15}}-cT_{GD} \tag{4-75-a}$$

式中，$\gamma_{15}=\frac{f_1^2}{f_5^2}=1.79327$。

③用 C/A 码和 L_5Q_5码测距时的双频改正公式

$$R=\frac{(R_{L_5Q_5}-\gamma_{15}R_{L_1C/A})+c(ISC_{L_5Q_5}-\gamma_{15}ISC_{L_1C/A})}{1-\gamma_{15}}-cT_{GD} \tag{4-75-b}$$

④用 L_2C 码和 L_5I_5码测距时的双频改正公式

$$R=\frac{(R_{L_5I_5}-\gamma_{25}R_{L_2C})+c(ISC_{L_5I_5}-\gamma_{25}ISC_{L_2C})}{1-\gamma_{25}}-cT_{GD} \tag{4-75-c}$$

式中，$\gamma_{25}=\frac{f_2^2}{f_5^2}=1.08885$。

⑤用 L_2C 码和 L_5Q_5码测距时的双频改正公式

$$R=\frac{(R_{L_5Q_5}-\gamma_{25}R_{L_2C})+c(ISC_{L_5Q_5}-\gamma_{25}ISC_{L_2C})}{1-\gamma_{25}}-cT_{GD} \tag{4-75-d}$$

时延差参数 T_{GD}、$ISC_{L_1C/A}$、ISC_{L_2C}、$ISC_{L_5I_5}$、$ISC_{L_5Q_5}$ 等均由导航电文给出。

4.5.4 利用 GNSS 双频观测资料建立 VTEC 模型

双频改正法对于配备了双频接收机的高精度定位用户是一种较为理想的消除电离层延迟的方法，但对于广大的单频接收机用户并不适用。前面已介绍过的几种经验公式效果并不是很好，其准确程度一般只有 60%~70%，在很多情况下无法满足用户的要求。用 GNSS 双频观测资料来建立实测的 VTEC 模型（必要时也可进行短期预报）是解决上述问题的一种较好的途径。

1.基本原理

利用双频观测值不但可确定不同频率的观测值所受到的电离层延迟进而消除其影响，而且可测定穿刺点（卫星信号传播路径与中心电离层的交点）上的 VTEC 值。据式(4-44)和式(4-48)有：

$$\begin{cases}\rho=\rho_1'-\dfrac{40.3}{f_1^2}\mathrm{TEC}\\[2mm]\rho=\rho_2'-\dfrac{40.3}{f_2^2}\mathrm{TEC}\end{cases} \tag{4-76}$$

将 f_1 和 f_2 的具体数值代入后可求得：

$$TEC = 9.52437(\rho_1' - \rho_2') \tag{4-77}$$

式中，TEC 以 10^{16} 个电子/m^2 为单位(即以 TECU 为单位)；ρ_1' 和 ρ_2' 以 m 为单位。

采用载波相位观测值时，用同样方法可推得：

$$TEC = 9.52437(\lambda_1\varphi_1 - \lambda_2\varphi_2) + 9.52437(\lambda_1 N_1 - \lambda_2 N_2) \tag{4-78}$$

式中，N_1 和 N_2 分别为 φ_1 和 φ_2 观测值的整周模糊度。然后用下式求得穿刺点上的 VTEC 值：

$$VTEC = TEC \cdot \cos Z \tag{4-79}$$

式中，Z 为穿刺点上卫星的天顶距。

假设某时段中共有 L 个观测历元，每个历元均从 m 个监测站上对 n 颗 GPS 卫星进行了双频观测，那么我们就能获得 $L \times m \times n$ 个穿刺点上的 VTEC 值。然后再选择一个合适的数学模型 VTEC $=f(B,L,t)$ 来拟合这些 VTEC 值，从而建立该时段该区域(m 个监测站的观测值的覆盖区域)的 VTEC 模型。时段长度一般为 2~4h，有必要时也可根据该模型进行短期外推(预报)20~30min，供导航和实时定位用户使用。用这种方法建立的模型可以是全球性的，也可以是区域性的。建立全球模型时，常采用球谐函数或格网法等较复杂的模型，建立区域性模型时则常采用 2~4 阶的曲面拟合等较为简单的模型。

由于上述模型是依据某一时段中某个区域内实际测定的 VTEC 值，采用一定的数学模型拟合出来的，因而并不要求我们对电离层延迟的变化规律和原因有透彻的了解。影响模型精度的主要因素为监测站的数量及其地理分布、观测值的精度、所采用的数学模型是否合适、电离层中是否含有短时间、小尺度无法用模型表示的不规则变化等(长时间、大尺度的变化可以被观测到并反映到模型中去)。由于利用双频观测值已能较精确地测定电离层延迟，目前 GNSS 卫星的数量较多，分布也大体均匀，监测站的数量及地理分布等问题也不难解决，所以采用这种方法时通常都可以取得较为理想的结果。

2.观测值

(1)测码伪距观测值

如果我们能同时用调制在 L_1 和 L_2 载波上的测距码来确定从卫星至接收机的距离 ρ_1' 和 ρ_2'，就可用式(4-77)求得信号传播路径上的 TEC 值，然后根据式(4-79)求得穿刺点上的 VTEC 值。目前，美国政府虽然实施 AS 政策，但未经授权的普通用户仍然可以采用 Z 跟踪技术来获得双频 P 码观测值，也可以用调制在 L_1 载波上的 C/A 码和调制在 L_2 载波上的民用码来获得双频伪距观测值。Block IIF 升空后，非特许用户还能用 L_5I_5 码和 L_5Q_5 码来测定伪距，能获得的观测资料将更加丰富。其他卫星导航定位系统(如 Galileo、Compass 等)建成并投入运行后，导航卫星的数量将超过 100 个，利用双频或多个频率的测码伪距观测值来建立 VTEC 模型的精度和分辨率还可有望大幅度提高。

(2)载波相位观测值

用双频接收机进行载波相位测量后，将观测值 φ_1 和 φ_2 代入式(4-78)和式(4-79)就能设法求得穿刺点上的 VTEC 值。载波相位观测值的精度要比测码伪距观测值的精度高 2~3 个数量级，故可求得更为精确的 VTEC 模型。但进行数据处理时，会碰到在单站上进行周跳的探测及修复、整周模糊度的确定等一系列棘手的问题，难度较大，而且整周模糊度与硬件延迟(卫星及接收机内的时延差)的分离也较困难。此外，最终的模型精度还会受到电离层延迟中不规则变化及数学模型误差等因素的影响。所以与用测距伪码建立的模型相比,效果可能不是十分明显。

除此之外,还有一种介于这两者之间的观测值,即用载波相位进行平滑后的伪距观测值,具体方位以后会进行介绍。在周跳不多的情况下,采用这种观测值可显著降低观测值中的噪声水平,提高模型的精度。但周跳较多时,相位平滑伪距的优点就不明显了。

3.地面站

一般说来地面站应满足下列要求:

(1)已知近似的测站坐标;

(2)配备双频接收机,可进行长期连续的观测;

(3)能按规定及时传输观测资料。

我国现代地壳运动观测网络的25个基准站均符合上述要求。利用其双频观测资料即可建立我国的VTEC模型并进行预报。此外,不少省、市和部门还建立了连续运行的卫星导航定位服务系统CORS和差分GPS网,其基准站也可满足要求,以建立局部性的(省、市)VTEC模型。

4.几种VTEC模型

(1)全球性的VTEC的模型

① IGS所提供的VTEC格网图

1995年以来,IGS加强了利用GNSS观测资料来提取电离层相关信息的工作力度,成立了专门的工作组和数据处理分析中心,制定、公布了电离层信息的数据交换格式IONEX。从1998年开始,提供时段长度为2h、经差为5°和纬差为2.5°的VTEC格网图。用户在时间、经度和纬度间进行内插后,即可获得某时某地的VTEC值。此外,IGS还展开了对不同的测距码在卫星内部的时延差的研究和测定工作。

② CODE的球谐函数模型

IGS的数据处理中心CODE利用地面跟踪站上的GNSS观测资料,采用了15阶15次的球谐函数的形式建立了全球性的VTEC模型。具体形式如下:

$$\mathrm{VTEC}=\sum_{n=0}^{n_{\max}}\sum_{m=0}^{n}\bar{P}_{nm}(\sin\varphi)(\bar{C}_{nm}\cos ms+\bar{S}_{nm}\sin ms) \tag{4-80}$$

式中,φ为穿刺点的地理纬度;s为穿刺点的日固经度,$s=\lambda-\lambda_0$,λ为穿刺点的地理经度,λ_0为太阳的地理经度;计算时,中心电离层的高度取450km;CODE用两种不同的方式来提供球谐函数的系数:

第一种,以COD.ION_U文件来提供实测及预报的球谐函数系数

该文件提供的系数是根据约120个地面跟踪站的GNSS观测资料求得的。一次提供三天的系数,其中前31h的系数是据实测资料求得的,后41h的系数为预报值,供导航及实时定位用户使用。

第二种,以COD×××××.ION文件来提供实测的球谐函数系数

文件中的前四个叉号表示GPS周数,第五个叉号表示星期几。例如,COD 14602.ION给出的就是GPS 1460周星期三的球谐函数系数。这些系数是根据全球约250个站的资料经事后数据处理后求得的,其精度比前一个文件的精度好。该文件供事后处理用户使用。

其他情况可参阅有关参考资料。

(2)区域性 VTEC 模型

区域性的 VTEC 模型较多地采用曲面拟合模型。该模型是将 VTEC 看作纬差 $(\varphi-\varphi_0)$ 和太阳时角差 $(S-S_0)$ 的函数。其具体表达式为：

$$\mathrm{VTEC}=\sum_{i=0}^{n}\sum_{j=0}^{m}E_{ij}(\varphi-\varphi_0)^i(S-S_0)^j \tag{4-81}$$

式中，φ_0 为测区中心点的地理纬度；S_0 为测区中心点 (φ_0,λ_0) 在该时段中央时刻 t_0 时的太阳时角，时角差 $(S-S_0)=(\lambda-\lambda_0)+(t-t_0)$，$\lambda$ 为穿刺点的地理纬度，t 为观测时刻。当时段长度为 4h，测区范围不超过一个洲(如欧洲、北美洲等)时，式(4-81)中的最佳阶数为：$(\varphi-\varphi_0)$ 取 1~2 阶；$(S-S_0)$ 取 2~4 阶。

如果某区域中具有 8 个地面监测站，当时段长度为 2h，采样间隔为 10s，每站平均观测的卫星数为 6 个时，在一个时段中共有 VTEC 观测值 720×8×6＝34560 个。根据这些实际测定的 VTEC 值，采用最小二乘拟合的方法即可求得式(4-81)中的多项式系数 E_{ij}，建立起区域性的 VTEC 模型。

如前所述，在实际计算时还应顾及时延差的影响。利用测码伪距观测值建模时，卫星时延差可利用导航电文中给出的资料；利用载波相位观测值建模时，通常是把卫星内部时延和接收机内的时延合并为一个待定参数，并称为固件延迟，通过平差将它们估计出来。

除曲面拟合法外，还可利用距离加权法来建立格网模型，也可采用多面函数来建立 VTEC 模型，建模的精度大体相同。详细情况参见参考文献。

4.5.5　利用三频观测值进行电离层延迟改正

此前用户只能获得两个频率的 GPS 观测值，加之电离层延迟中高阶项(f^3、f^4 项)的影响也不是很大，因此在进行电离层延迟改正时，我们总是略去高阶项而只顾及 f^2 项。然而研究结果表明，当电子含量较大时，高阶项的影响不应被忽略。如当 TEC＝$1.38\times10^{18}/\mathrm{m}^2$ 时，对 L_1 载波而言，高阶项的影响可达 24.8mm；对 L_2 载波而言，高阶项的影响可达 52.4mm。随着观测精度的提高，这些误差应予以考虑。GPS 现代化计划实施后，在 BLOCK IIF 及随后的各类卫星中将增设第三个民用频率信号 L_5，此后，用户就能同时用三个频率的信号来进行测距，从而为消除电离层延迟中 f^3 项的影响提供了可能。

1.直接改正法

在电离层延迟的高阶项中，f^3 项的影响要比 f^4 项大一个数量级。因此所谓的顾及电离层延迟的高阶项影响，在目前主要指的是顾及 f^3 项的影响。顾及 f^3 项后，经电离层延迟改正后的距离 S 与距离观测值 ρ 之间的关系式可写为：

$$S=\rho+\frac{A}{f_i^2}+\frac{B}{f_i^3} \tag{4-82}$$

对载波相位观测值而言：

$$A=-K_1\cdot\mathrm{TEC},\ B=-K_2\cdot\int_s NeH\cos\theta\mathrm{d}s,\ \rho=\lambda(\mathrm{Fr}(\phi)+\mathrm{int}(\phi)+N)$$

对伪距观测值而言：

$$A = + K_1 \cdot \text{TEC}, B = + 2K_2 \cdot \int_s NeH\cos\theta \mathrm{d}s$$

式中，Ne 为电子密度；H 为地磁场场强矢量 $\boldsymbol{H}$ 的模；θ 为场强矢量 $\boldsymbol{H}$ 与信号传播方向间的夹角。

为计算方便，参考文献[205]建议：由于 $H\cos\theta$ 的变化较为平缓，故可先将它们取平均，然后再将平均值 $\overline{H\cos\theta}$ 从积分号中提取出来得：

$$\int_s NeH\cos\theta \mathrm{d}s \approx \int_s Ne\,\overline{H\cos\theta}\mathrm{d}s = \overline{H\cos\theta}\int_s Ne\mathrm{d}s = \overline{H\cos\theta} \cdot \text{TEC}$$

具体计算时，可先将整个电离层中的信号传播路径分为 n 个等份，从数学上讲，n 应足够多，这样就能把每个等份中的 $H\cos\theta$ 看成是一个常数，然后再用国际地磁场模型，计算出每等份中的地磁场场强矢量 $\boldsymbol{H}$，进而求得 $H\cos\theta$，最后将各等份的 $H\cos\theta$ 取平均求得 $\overline{H\cos\theta}$。显然用这种方法进行计算是较麻烦的。

为简化计算，参考文献[206]在进行分析比较后指出，若电子密度 Ne 在 $h_{\max}$ 处取最大值，那么高度为 $h = h_{\max} - 20\text{km}$ 处的 $H\cos\theta$ 就可以与平均值 $\overline{H\cos\theta}$ 很好地相符。用它来代替 $\overline{H\cos\theta}$ 计算电离层延迟所引起的误差一般在 0.3mm 以内，不会超过 0.5mm。这样就能把原来需计算 n 个 $H\cos\theta$ 简化为计算一处的 $H\cos\theta$。国际地磁场模型是用球谐函数的形式来表示的，计算起来仍较麻烦。为此参考文献[206]又进一步提出：对于一个局部区域来讲，用一个较为简单的二次曲面模型或三次曲面模型来进行拟合也能取得很好的效果。例如，在一个经差为 40°、纬差为 30°的区域中，可先用国际地磁场模型求出高度为 $h = h_{\max} - 20\text{km}$、$2° \times 2°$ 的格网点上的场强矢量 $\boldsymbol{H}$，然后再用一个三次曲面来进行拟合，拟合误差仍可保持在0.5mm以内。每台接收机分别用三个频率对卫星进行测距时，需进行大量的电离层延迟改正计算。用三次曲面函数来进行计算，可大大减少计算工作量。

2.线性组合法

和双频观测值的线性组合法一样，我们也能用三频观测值的线性组合来消除包括 f^2 项和 f^3 项在内的电离层延迟。

设线性组合观测值 $\rho_{l,m,n}$ 为：

$$\rho_{l,m,n} = l\rho_1 + m\rho_2 + n\rho_3 = (l + m + n)S + \left(\frac{l}{f_1^2} + \frac{m}{f_2^2} + \frac{n}{f_3^2}\right)A + \left(\frac{l}{f_1^3} + \frac{m}{f_2^3} + \frac{n}{f_3^3}\right)B \tag{4-83}$$

显然，为了使 $\rho_{l,m,n}$ 不受电离层延迟影响，即为了使 $\rho_{l,m,n} = S$，就必须满足下列条件：

$$\begin{cases} l + m + n = 1 \\ \dfrac{l}{f_1^2} + \dfrac{m}{f_2^2} + \dfrac{n}{f_3^2} = 0 \\ \dfrac{l}{f_1^3} + \dfrac{m}{f_2^3} + \dfrac{n}{f_3^3} = 0 \end{cases} \tag{4-84}$$

顾及 GPS 卫星的三个民用频率后，可求得：

$$l = 7.0806, m = -26.1303, n = 20.0498$$

也就是说，将三频距离观测值 ρ_1、ρ_2、ρ_3 按下列方式组合后，就可消除电离层延迟：

$$\rho_{l,m,n} = 7.0806\rho_1 - 26.1303\rho_2 + 20.0498\rho_3 \tag{4-85}$$

虽然从理论上讲，用线性组合法也可以消除电离层延迟，但由于原始观测值前所乘的系数过大，故测量噪声也将放大几十倍。设载波相位观测值的测量噪声为波长的百分之一，即 $\sigma_{L_1} = \pm 1.90\text{mm}$，$\sigma_{L_2} = \pm 2.44\text{mm}$，$\sigma_{L_3} = \pm 2.55\text{mm}$，则无电离层延迟的组合观测值的测量噪声将达到±82.8mm，也就是说，采用线性组合法将严重污染观测值。实际应用时必须注意。

4.6　对流层延迟

卫星导航定位中的对流层延迟通常是泛指电磁波信号在通过高度为 50km 以下的未被电离的中性大气层时所产生的信号延迟。在研究信号延迟的过程中，我们不再将该大气层细分为对流层和平流层（如大气科学中那样），也不再顾及两者之间性质上的差别。由于 80%的延迟发生在对流层，所以我们将发生在该中性大气层中的信号延迟通称为对流层延迟。对流层中的大气成分比较复杂，主要由氮（78.03%）和氧（20.99%）组成，此外还包含少量的水蒸气及氩、二氧化碳、氢等气体。大气中还含有某些不定量的混合物，如硫化物、煤烟和粉尘等。

4.6.1　基本原理

真空中的折射系数 n 为 1，电磁波信号在真空中的传播速度为 $c = 299792.458\text{km/s}$，若对流层中某处的大气折射系数为 n，则电磁波信号在该处的传播速度为 $V = \dfrac{c}{n}$。所以当电磁波信号在对流层中的传播时间为 $\Delta t''$ 时，其真正的路径长度 ρ'' 为：

$$\begin{aligned}\rho'' &= \int_{\Delta t''} V\mathrm{d}t = \int_{\Delta t''} \frac{c}{n}\mathrm{d}t = \int_{\Delta t''} \frac{c}{1 + (n-1)}\mathrm{d}t \\ &= \int_{\Delta t''} c[1 - (n-1) + (n-1)^2 - (n-1)^3 + \cdots]\mathrm{d}t\end{aligned}$$

式中的 $(n-1)$ 是一个微小量，故高阶项可忽略不计。可得：

$$\begin{aligned}\rho'' &= \int_{\Delta t''} c[1 - (n-1)]\mathrm{d}t = c\Delta t'' - \int_{\Delta t''} (n-1)c\mathrm{d}t \\ &= c\Delta t'' - \int_s (n-1)\mathrm{d}s\end{aligned} \tag{4-86}$$

式中，$\int_s (n-1)\mathrm{d}s$ 即为对流层延迟；而 $V_{\text{trop}} = -\int_s (n-1)\mathrm{d}s$ 即为对流层延迟改正。

式(4-86)告诉我们，由于测距信号在对流层中的传播速度 V 小于真空中的光速 c（$n > 1$），因此在根据信号传播时间及真空中的光速 c 所求得的距离 $c \cdot \Delta t''$ 上还需加上对流层延迟改正 $V_{\text{trop}} = -\int_s (n-1)\mathrm{d}s$ 后，才能求得从信号源至观测者的几何距离。

在标准大气状态下，大气折射系数 n 与信号的波长 λ 之间有下列关系：

$$(n-1) \times 10^6 = 287.604 + 4.8864\lambda^{-2} + 0.068\lambda^{-4} \tag{4-87}$$

式中,波长 λ 以 μm 为单位。对于波长很短的光波来讲,对流层有色散效应。如红光的波长为 $\lambda = 0.72\mu m$, $n = 1.0002973$; 紫光的波长为 $\lambda = 0.40\mu m$, $n = 1.0003208$。因而利用双频激光测距仪是有可能来消除对流层延迟的。然而对于微波信号来讲,由于其波长太长,所以对流层基本不存在色散效应。例如,对于 GPS 的 L_1 和 L_2 信号而言,其 n 皆为 1.000287604,这就意味着对于无线电信号而言,不可能采用双频改正的方法来消除对流层延迟,而只能求出信号传播路径上各处的大气折射系数 n, 然后通过式(4-86)来消除对流层延迟的影响。

由于 $(n-1)$ 的数值很小,为方便计,常令 $N = (n-1) \times 10^6$,并将 N 称为大气折射指数。大气折射指数 N 与气温、气压及水汽压等因素有关。史密斯(Smith)和韦特兰勃(Weintranb)通过大量的试验后于 1953 年建立了下列模型:

$$N = N_d + N_w = 77.6\frac{P}{T} + 3.73 \times 10^5 \frac{e}{T^2} \tag{4-88}$$

上式说明,大气折射指数 N 可分为干气部分 N_d 和湿气部分 N_w。其中干气部分与总的大气压 P 及气温 T 有关;湿气部分则与水汽压 e 及气温 T 有关。式中的 P 及 e 均以毫巴(mbar)为单位;而气温 T 用绝对温度表示,单位为"度"。严格来讲,干气部分应称为"流体静力学部分";因为式中的 P 不是干气压而是总的大气压(干气压和水汽压之和),但是为了与湿气部分对应,习惯上我们都把式(4-88)右边的第一部分称为干气部分,文中也沿用这一称谓。

卫星导航定位中的对流层延迟改正和电磁波测距中的气象改正一样,都是电磁波信号在中性大气层中传播时的信号延迟改正。但在电磁波测距中,信号一般是沿着大气稠密的地面传播的。测线上各处的气象元素可视为基本相同,并用测站上所测定的气象元素或测线两端所测定的气象元素的平均值来替代;而卫星导航定位中的信号则来自太空,信号传播路径上各处的气象元素有明显的差别。从式(4-86)知,要求得对流层延迟改正就需知道信号传播路径上各处的大气折射系数 n。而从式(4-88)知,要知道信号传播路径上各处的大气折射系数 n,实际上就是要知道各处的气象元素。然而一般来说,信号传播路径上各处的气象元素是难以实际量测的,我们能量测的只是测站上的气温 T_s, 气压 P_s 和水汽压 e_s。所以首先必须建立一个依据测站上的气象元素 T_s, P_s, e_s 来计算空中各点的气象元素 T, P, e 的数学模型,然后再代入式(4-88)和式(4-86)求出对流层延迟改正。

4.6.2 普通 GPS 测量中常用的几种对流层延迟模型

1.霍普菲尔德(Hopfield)模型

众所周知,气温 T、气压 P 和水汽压 e 将随着高度的增加而逐渐降低。在建立霍普菲尔德模型的过程中,采用下列公式来描述气象元素 T, P, e 与高程 h 之间的关系:

$$\begin{cases} \dfrac{dT}{dh} = -6.8°/\text{km} \\ \dfrac{dP}{dh} = -\rho g \\ \dfrac{de}{dh} = -\rho g \end{cases} \tag{4-89}$$

式(4-89)告诉我们,在整个对流层中,高程每增加 1km,气温 T 就下降 6.8℃,直至对流层的外边缘气温等于绝对温度 0°时为止;气压 P 和水汽压 e 也将随着高度 h 的增加而降低,其变化率与大气密度 ρ 及重力加速度 g 有关。顾及气态方程 $PV = RT$, 根据式(4-88)、式

(4-87)、式(4-86),最后可导得霍普菲尔德模型如下(由于推导过程较为复杂,此处不再进行详细介绍,需要时读者可以阅读有关参考文献):

$$\begin{cases}\Delta S=\Delta S_d+\Delta S_w=\dfrac{K_d}{\sin\,(E^2+6.25)^{\frac{1}{2}}}+\dfrac{K_w}{\sin\,(E^2+2.25)^{\frac{1}{2}}}\\ K_d=155.2\times10^{-7}\cdot\dfrac{P_s}{T_s}(h_d-h_s)\\ K_w=155.2\times10^{-7}\cdot\dfrac{4810}{T^2}e_s(h_w-h_s)\\ h_d=40136+148.72(T-273.16)\\ h_w=11000\end{cases}\tag{4-90}$$

式中,温度均采用绝对温度,以度为单位;气压 P 和水汽压 e 均以毫巴(mbar)为单位;高度角 E 以度为单位;ΔS, ΔS_d, ΔS_w 均以 m 为单位。当高度角 $E\geqslant10°$ 时,对投影函数所做的近似处理所造成的误差小于 5cm。

2.萨斯塔莫宁(Saastamoinen)模型

$$\Delta S=\frac{0.002277}{\sin E}\left[P_s+\left(\frac{1255}{T_s}+0.05\right)e_s-\frac{B}{\tan^2E}\right]W(\varphi\cdot H)+\delta R\tag{4-91}$$

式中,$W(\varphi\cdot H)=1+0.0026\cos2\varphi+0.00028h_s$,其中 φ 为测站的纬度,h_s 为测站高程(以 km 为单位)。B 是 h_s 的列表函数,δR 是 E 和 h_s 的列表函数。

经数值拟合后上述公式可表示为:

$$\begin{cases}\Delta S=\dfrac{0.002277}{\sin E'}\left[P_s+\left(\dfrac{1255}{T_s}+0.05\right)e_s-\dfrac{a}{\tan^2E'}\right]\\ E'=E+\Delta E\\ \Delta E=\dfrac{16''}{T_s}\left(P_s+\dfrac{4810}{T_s}e_s\right)\cot E\\ a=1.16-0.15\times10^{-3}h+0.716\times10^{-3}h^2\end{cases}\tag{4-92}$$

其余符号的含义与霍普菲尔德模型中符号的含义相同。

除了上述两种模型外,较为著名的还有勃兰克(Black)模型等,限于篇幅不再详细介绍。研究结果表明:

① 在一般情况下,利用不同的对流层延迟模型所求得的天顶方向的对流层延迟模型能很好地相符,其差异仅为几毫米。

② 由于上述模型所采用的投影函数不同,在卫星高度角 E 较小时(如 $E<30°$ 时),不同模型间的差异会变得较为明显。但即使当 $E=15°$ 时,用不同模型所求得的信号传播路径上的对流层延迟间的互差也只有几厘米。

③ 在高山地区(如拉萨站),用不同模型求得的天顶方向对流层延迟可能相差数十厘米。建议采用萨斯塔莫宁模型。

3.气象元素的测定

在上述对流层延迟改正模型中都要用到测站上的气象元素:气温 T_s、气压 P_s 以及水汽

压 e_s，这些气象元素可以用气象仪器测定。

测站上的气温 T_s 和气压 P_s 可以用温度计和气压计直接测定。量测应在接收天线的相位中心附近进行；而另一气象元素水汽压 e_s，则通常用下列方法间接求得：

(1)根据测站上的相对湿度 RH 来计算 e_s

用毛发湿度计或其他气象元素传感器直接测定相对湿度 RH，然后用下式计算水汽压 e_s：

$$e_s = \mathrm{RH} \cdot \exp(-37.2465 + 0.213166T_s - 0.000256908T_s^2) \tag{4-93}$$

(2)用干湿温度计测定测站上的干温 T_s 和湿温 T_w，然后按下列公式计算 e_s：

① 计算饱和水汽压 e_w

$$e_w = 1013.246\mathrm{mbar}\left(\frac{373.16\mathrm{K}}{T_w}\right)^{5.02808} \cdot \mathrm{e}^{-g(T_w)} \tag{4-94}$$

式中，

$$\begin{cases} g(T_w) = g_1(T_w) + g_2(T_w) + g_3(T_w) \\ g_1(T_w) = 18.19728\left(\dfrac{373.16\mathrm{K}}{T_w} - 1\right) \\ g_2(T_w) = 0.0187265\left\{1 - \exp\left[-8.03945\left(\dfrac{373.16\mathrm{K}}{T_w} - 1\right)\right]\right\} \\ g_3(T_w) = 3.1813 \times 10^{-7}\left\{\exp\left[26.1205\left(\dfrac{373.16\mathrm{K}}{T_w}\right)\right] - 1\right\} \end{cases} \tag{4-95}$$

式中，373.16K 为用绝对温度表示的水的沸点。

② 根据干温 T_s、湿温 T_w、气压 P_s 和饱和水汽压 e_w 计算测站上的水汽压 e_s：

$$e_s = e_w - 4.5 \times 10^{-4}(1 + 1.68 \times 10^{-3}T_w)(T_s - T_w)P_s \tag{4-96}$$

式中，T_s，T_w 以度(K)为单位；P_s、e_w、e_s 以毫巴(mbar)为单位。

同样，RH 及 T_s，T_w 也应在接收天线的相位中心或仪器中心附近量测，不应在地面上量测。

4.气象元素误差

气象元素误差主要来自以下三个方面：

(1)地面测站气象元素的量测误差

它反映了量测的气象元素与实际的地面气象元素之间的不一致程度。产生量测误差的原因是：

① 气象仪器误差；

② 由于观测人员分辨能力的限制或观测人员某些不良习惯及操作不当所造成的观测误差。如在寒冷的夜晚读取温度时，观测员离温度计过近且读数又过慢，由于人体温度及灯光照射等元素的影响致使读得的气温偏高等。

(2)测站气象元素的代表性误差

采用对流层延迟模型进行计算时，根据测站上的气象元素来推求信号传播路径上各处的气象元素。由于天线距地面不远，所以测站气象元素很容易受到一些局部性的自然因素和人为因素的影响，但这些局部因素却不足以使整个信号传播区域(当最低高度角规定为15°时，大体上是高度为 40km、半径为 150km 的圆锥形区域)中的大气状态都产生相应的变化。于是便出现了测站元素不能很好地反映整个信号传播区域中的大气状况的现象，产生所谓的气象元素的代表性误差。

试验结果表明，相距很近的被草等植被所覆盖的区域上空的气温与水泥、沙石等区域上空的气温有时可相差几度。因此，在大面积裸露的岩石沙土区域观测时，不应将测站选择在孤立的小绿洲上；反之，在有植被覆盖的地区观测时，也不宜将测站选在一个孤立的、裸露的小山上。因为在测站附近小范围的情况与周围的大环境有明显差别时，可能引起较大的代表性误差。实验结果还表明，在一座高为一二百米的小山的山顶，南北坡、山谷等处的气温、相对湿度等可能相差甚远。这就意味着若测站的位置选择不当，由于局部地形的影响也可能产生很大的代表性误差。此外，一些人为因素也可能对测站的气象元素产生影响，如冬季在屋内有暖气的屋顶进行观测时或野外作业人员在测站附近生火做饭时，气温和湿度等都会产生变化，引起代表性误差。测站气象元素的代表性误差有可能远远大于量测误差，所以必须引起足够的重视。为此，GPS 测量规范中规定，当测站附近的小环境与周围的大环境有明显差别时，应在与周围大环境一致的地方量测气象元素，然后根据量测地点与测站间的高差，经高差改正将其归算为测站上的气象元素。

(3)实际大气状态与大气模型间的差异

计算对流层延迟时，所用的大气模型不可能与实际的大气状态完全相同。第一，为了计算方便，在对流层延迟模型中一般采用对称球形大气模型。它与实际大气状态还略有差别，是实际大气层的一种近似，这项误差有时被归入模型误差内。第二，大气模型是对全球大气的平均状况的一种模拟，它描述了在正常情况下大气的标准分布状态或者说大气的理想分布状态。当气候条件良好、大气分布十分规则、稳定时，一般与大气模型相符甚好；但是在气候剧变，如寒潮、台风、雷阵雨等来临时，大气的实际分布将变得不规则，很不稳定，与大气模型之间会有很大的差异。此时根据测站上的气象元素推算出来的信号传播路径上的气象元素就可能与实际数值相差甚远，从而产生另一种"代表性误差"。

5.提高对流层延迟改正精度的方法

对式(4-90)中的第 2、3 两个式子求偏微分后，就可求得气象元素误差对天顶方向对流层延迟的影响程度。表 4-10 中给出了在不同温度和不同相对湿度的情况下，当气温有 1℃ 的误差时或气压有 1mbar 的误差时或相对湿度有 1%的误差时所引起的测站天顶方向的对流层延迟的误差 ΔK。表中数据系据霍普菲尔德公式导得。其中相对湿度系从毛发湿度计中读得，也为直接观测值。

表 4-10　**气象元素误差对测站天顶方向对流层延迟的影响 ΔK(单位：mm)**

气象条件及气象误差 / 温度/(℃)	标准大气压，相对湿度为 50%			标准大气压，相对湿度为 95%		
	ΔP=1mbar	ΔT = 1℃	Δh = 1%	ΔP = 1mbar	ΔT = 1℃	Δh=1%
0	2.3	2.3	0.7	2.3	4.3	0.7
10	2.3	3.9	1.3	2.3	7.4	1.3
20	2.3	6.4	2.3	2.3	12.1	2.3
30	2.3	9.3	3.9	2.3	18.7	3.9
37	2.3	13.0	5.4	2.3	24.6	5.4

目前可观测的 GPS 卫星数较多，分布也较为均匀，在此情况下进行单点定位时，天顶方向对流层延迟误差将主要影响测站的高程，对平面位置的影响很小。

在相对定位时情况就较为复杂。设基线向量两端的测站分别为站 1 和站 2。站 1 为起算点，该点天顶方向的对流层延迟误差为 ΔK_1；站 2 为待定点，其天顶方向对流层延迟误差为 ΔK_2。参考文献[10]指出：ΔK_1（称为绝对延迟误差）将影响基线向量的尺度比，而（$\Delta K_2 - \Delta K_1$）（称为相对延迟误差）则影响基线向量的垂直分量。在卫星均匀分布，截止高度角取 15°的情况下，1mm 的绝对延迟误差会使基线向量产生 0.9×10^{-9} 的尺度误差，1mm 的相对延迟误差则会使基线向量的垂直分量产生 3.2mm 的误差。

6.标准气象元素法

利用上述方法进行对流层延迟改正时，用户都需要携带气象仪器来实际测定测站上的气象元素。这会给在一个局部区域中从事精度要求不高的一般的 GPS 相对定位的用户造成许多不便，尤其是对采用快速定位方式的用户。标准气象元素法就是为了满足这些用户的需要而提出的。采用标准气象元素法时各站都是依据海平面上一组标准的气象元素值（通常规定为 $t_0 = 20℃$，$P_0 = 1013.25\text{mbar}$，$RH_0 = 50\%$）和测站高程 h 采用下列公式进行高程修正而求得各站的气象元素值：

$$\begin{cases} t = t_0 - 0.0065 \cdot h \\ P = P_0\left(1 - 0.0000266 \cdot h\right)^{5.225} \\ RH = RH_0 \cdot \exp\{-0.0006396 \cdot h\} \end{cases} \tag{4-97}$$

这样，作业人员无需通过实际观测就能获得测站上的气象元素，进而进行对流层延迟改正。显然，一年四季都采用上述同一组气象元素所求得测站气象元素会与实际情况相去甚远。如高程为 100m 的某测站，冬天的气温为-4℃，夏天的温度高达 40℃，而用式(4-97)求得的测站温度 t 则均为 19.35℃，误差超过 20℃。那么这种方法究竟有何意义呢？原来标准气象元素法的要点就在于：不怕测区中进行同步观测的各站都含有系统的气象误差，而只要保证它们之间的差值不出问题即可。因为系统的气象误差将会使各站产生大体相同的天顶方向对流层延迟误差。从前面的讨论知，这种情况就相当于出现了数值较大的绝对延迟误差 ΔK_1。其误差即使达到 600mm（总的天顶方向对流层延迟约为 2.3m），所引起的尺度误差也只有 5.4×10^{-7}。对于进行低等级控制测量和工程测量的用户来讲，上述尺度误差还是允许的。关键是相对延迟误差（$\Delta K_2 - \Delta K_1$）的值不能太大，因为 1mm 的相对延迟误差会使基线两端的高差产生 3.2mm 的误差，而系统性的气象元素误差一般不会引起大的相对延迟误差。式(4-97)是根据大量气象资料拟合出来的公式，可以较好地反映气象元素与测站高程间的关系。

需要说明的是：

① 公式(4-97)只考虑了气象元素与高程间的函数关系，没有考虑气象元素的水平梯度，因而标准气象元素法只适用于较小的测区。

② 当两站的高差相差很大时，同样的气象元素误差所引起的天顶方向对流层延迟也会有较大误差，从而产生相对延迟误差（$\Delta K_2 - \Delta K_1$），因而本方法在高山地区也不适用。感兴趣的读者可参阅参考文献[44,45]。

4.6.3 高精度 GPS 测量时所用的对流层延迟改正方法

由于受到模型误差、气象元素的测定误差,尤其是气象元素的代表性误差的影响,直接建立对流层延迟模型难以取得理想的效果。将模型求得的值作为近似值,通过较严格的平差计算来估计它们的精确值是一种较好的方法。

(1)将对流层延迟当做待定参数

采用这种方法时,我们把利用上述各种改正模型所求得的对流层延迟改正仅仅视为一种初始近似值,在数据处理过程中,仍把它们当做未知参数,通过平差计算来估计其精确值。根据时段的长度、观测时的气候状况等因素可对这些待定参数作下列不同处理:

① 每个测站整个时段中只引入一个天顶方向对流层延迟参数。这种方法的优点是引入的未知参数少,适用于时段长度较短、气候稳定的场合。

② 将整个时段分为若干个子区间,每个区间各引入一个参数。该方法适用于时段长、天气变化不太规则的场合,但引入的参数个数较多。

③ 用线性函数 $a_0 + a_1(t - t_0)$ 来拟合整个时段中的天顶方向对流层延迟。该方法适用于时段较长、气候变化较规则的场合。这个方法引入的参数个数也不多。

(2)采用随机模型

用随机模型来描述天顶方向对流层湿延迟随时间的变化规律能取得很好的效果,因而是一种较为理想的方法。在随机过程噪声模型中,对流层延迟的湿分量的变化过程可以用相关时间为 τ_p、方差为 σ_W 的一阶高斯-马尔可夫过程来描述:

$$\frac{\mathrm{d}K_W(t)}{\mathrm{d}t} = -\frac{K_W(t)}{\tau} + W(t) \tag{4-98}$$

式中, $W(t)$ 是均值为零的高斯白噪声:

$$\begin{cases} E[W(t)] = 0 \\ E[W(t)W(t')] = \sigma_W^2 \delta(t - t') \end{cases} \tag{4-99}$$

式(4-98)的离散形式为:

$$(K_W)_{j+1} = \mathrm{e}^{-\frac{\Delta t}{\tau_p}} (K_W)_j + \overline{W}_j \tag{4-100}$$

$$\begin{cases} \overline{W}_j = \int_{t_j}^{t_{j+1}} \mathrm{e}^{\frac{t_{j+1}-\tau}{\tau_p}} W(\tau)\,\mathrm{d}\tau \\ E(\overline{W}_j\ \overline{W}_{j+1}) = \sigma_{\overline{W}}^2 \delta(K) = \dfrac{1}{2}\tau_p \sigma_W^2 (1 - \mathrm{e}^{\frac{2\Delta t}{\tau_p}})\,\delta(K) \end{cases} \tag{4-101}$$

当 $\tau_p \to \infty$,一阶高斯-马尔可夫过程变为随机游走过程;当 $\tau_p \to 0$ 时,一阶高斯-马尔可夫过程变为白噪声。具体计算过程请参阅有关参考文献。

4.6.4 投影函数

信号传播路径上的对流层延迟 STD 与测站天顶方向的对流层延迟 ZTD 间有下列关系:

$$\mathrm{STD} = m \times \mathrm{ZTD} \tag{4-102}$$

m 称为投影函数,它是卫星高度角 E 以及其他一些因素的函数。投影函数的好坏也将直接影响对流层延迟改正的效果。在式(4-90)和式(4-91)中只对投影函数作了较简单粗略的处理,效果不够好。为满足高精度 GPS 定位的需要,不少学者对此问题进行了深入研究,相继提出了不少对流层延迟改正中的投影函数模型,如 Marini 模型、Chao 模型、Ifadis 模型、Davis 模型、Herring 模型、NMF 模型、UNBabc 模型、VMF1 模型、GMF 模型等。上述投影函数大体可分为两类:一类是利用以前的观测资料建立起来的经验模型;另一类是需要实际气象资料的模型。前一类模型的典型代表是 NMF 模型和 GMF 模型;后一类模型的代表是 VMF1 模型。这三个模型都采用了连分式的形式来表示投影函数。其差别就在于计算系数 a、b、c 时所用的方法不同。

现将这三种模型简要介绍如下:

1.NMF 模型

这是 Neill 利用全球的 26 个探空气球站的资料所建立的一个全球模型。该模型中的投影函数包括干分量投影函数 m_d 和湿分量投影函数 m_w 两部分。其中干分量投影函数 m_d 的表达式为:

$$m_d(E)=\frac{\dfrac{1}{1+\dfrac{a_d}{1+\dfrac{b_d}{1+c_d}}}}{\dfrac{1}{\sin E+\dfrac{a_d}{\sin E+\dfrac{b_d}{\sin E+c_d}}}}+\left[\frac{1}{\sin E}-\frac{\dfrac{1}{1+\dfrac{a_{ht}}{1+\dfrac{b_{ht}}{1+c_{ht}}}}}{\dfrac{1}{\sin E+\dfrac{a_{ht}}{\sin E+\dfrac{b_{ht}}{\sin E+c_{ht}}}}}\right]\times\frac{H}{1000} \tag{4-103}$$

式中,E 为高度角;$a_{ht}=2.53\times10^{-5}$;$b_{ht}=5.49\times10^{-3}$;$c_{ht}=1.14\times10^{-3}$;H 为正高。当测站纬度在 15° ~ 75° 之间时,系数 a_d、b_d、c_d 可用下式内插后求得:

$$\begin{aligned}p(\phi,t)=&p_{\text{avg}}(\phi_i)+[p_{\text{avg}}(\phi_{i+1})-p_{\text{avg}}(\phi_i)]\times\frac{\phi-\phi_i}{\phi_{i+1}-\phi_i}\\&+\left\{p_{\text{amp}}(\phi_i)+[p_{\text{amp}}(\phi_{i+1})-p_{\text{amp}}(\phi_i)]\times\frac{\phi-\phi_i}{\phi_{i+1}-\phi_i}\times\cos\left(2\pi\frac{t-t_0}{365.25}\right)\right\}\end{aligned} \tag{4-104}$$

式中,p 表示要内插的系数 a_d、b_d、c_d;t 为年积日;$t_0=28$ 为参考时刻的年积日;ϕ_i 和 ϕ_{i+1} 时的系数平均值 p_{avg} 和波动的幅度 p_{amp} 值见表 4-11。

表 4-11 **干分量投影函数系数表**

纬度	a_d(average)/10^{-3}	b_d(average)/10^{-3}	c_d(average)/10^{-3}
15	1.2769934	2.9153695	62.620505
30	1.2683230	2.9152299	62.837393
45	1.2465397	2.9288445	63.721774
60	1.2196049	2.9022565	63.824265
75	1.2045996	2.9024912	64.258455

续表

纬度	a_d(amp)/10^{-5}	b_d(amp)/10^{-5}	c_d(amp)/10^{-5}
15	0.0	0.0	0.0
30	1.2709626	2.1414979	9.0128400
45	2.6523662	3.0160779	4.3497037
60	3.4000452	7.2562722	84.795348
75	4.1202191	11.723375	170.37206

当测站纬度小于 15°时，a_d、b_d、c_d 等系数的计算公式为：

$$p(\phi,t)=p_{\text{avg}}(15°)+p_{\text{avg}}(15°)\times\cos\left(2\pi\frac{t-t_0}{365.25}\right) \tag{4-105}$$

当测站纬度大于 75°时，a_d、b_d、c_d 等系数的计算公式为：

$$p(\phi,t)=p_{\text{avg}}(75°)+p_{\text{avg}}(75°)\times\cos\left(2\pi\frac{t-t_0}{365.25}\right) \tag{4-106}$$

湿分量的投影函数 m_w 的计算公式如下：

$$m_w(E)=\frac{\dfrac{1}{1+\dfrac{a_w}{1+\dfrac{b_w}{1+c_w}}}}{\dfrac{1}{\sin E+\dfrac{a_w}{\sin E+\dfrac{b_w}{\sin E+c_w}}}} \tag{4-107}$$

当测站纬度在 15° ~ 75°之间时，湿分量的系数 a_w、b_w、c_w 仍需内插后求得。但由于对流层延迟中的湿分量，仅占整个对流层延迟的 1 成左右，数值较小，因此只考虑平均项，不考虑波动项，所以公式被简化为：

$$p(\phi,t)=p_{\text{avg}}(\phi_i)+[p_{\text{avg}}(\phi_{i+1})-p_{\text{avg}}(\phi_i)]\times\frac{\phi-\phi_i}{\phi_{i+1}-\phi_i} \tag{4-108}$$

系数表被简化为表 4-12。

表 4-12　**湿分量投影函数系数表**

纬度/(°)	a_w(average)/10^{-4}	b_w(average)/10^{-3}	c_w(average)/10^{-2}
15	5.8021879	1.4275268	4.3472961
30	5.6794847	1.5138625	4.6729510
45	5.8118019	1.4572572	4.3908931
60	5.9727542	1.5007428	4.4626982
75	6.1641693	1.7599082	5.4736039

当测站纬度小于15°时,就取15°时的值 p_{avg};当测站纬度大于75°时,就取75°时的值 p_{avg}。

NMF 模型曾经被广泛使用,并且在中纬度地区效果也很好。但该模型在高纬度地区及赤道地区的效果欠佳,在高程方向上会引起偏差。

2.VMF1 模型

这是由奥地利维也纳理工大学建立的模型,具有与 NMF 相似的形式。但其中的系数 a_d 和 a_w 是该大学的大地测量研究所依据实测气象资料而生成的经差为2.5°、纬差为2°、时间间隔为6h的格网图来提供的。用户可以从 http://www.hg.tuwien.ac.at/ecmwf1/#chapter1 中下载,内插后使用,而系数 b_d、c_d 则是根据欧洲中尺度天气预报中心(ECMWF)40年的观测资料求得的。其中 b_d 为常数,取0.0029;c_d 则用下式计算:

$$c_d = c_0 + \left[\left(\cos\left(\frac{\mathrm{DOY}-28}{365}\cdot 2\pi + \Psi\right) + 1\right)\cdot\frac{c_{11}}{2} + c_{10}\right]\cdot(1-\cos\varphi) \tag{4-109}$$

式中,c_0、c_{11}、c_{10} 为常数,其值见表4-13;b_w 和 c_w 取常数,其中 $b_w = 0.00146$,$c_w = 0.04391$。

表4-13 **VMF1 投影函数的常系数**

	南/北半球	c_0	c_{11}	c_{10}	Ψ
干分量的	北半球	0.062	0.000	0.006	0
常系数	南半球	0.062	0.001	0.006	π

VMF1 被认为是目前精度最好、可靠性最强的模型。计算结果表明,用该模型所求得的基线向量比 NMF 模型具有更好的重复精度。精密单点定位使用该模型所求得的测站高程的精度也有所提高。但该模型的系数是据实测气象资料导得的,大约有34h的延迟,实时性较差。

3.GMF 模型

为了解决 VMF1 模型中系数 a_d 和 a_w 需根据实测气象资料导得而引起的时延问题,Boehm 等人又借鉴了 NMF 模型中的做法,将系数 a_d 和 a_w 表示为年积日 DOY、测站的经纬度 (φ,λ) 和高程 H 的函数。其中的一些系数则是根据 ECMWF 的气象资料而导出的。据报道,全球投影函数 GMF 的精度大致与 VMF1 相仿,但无时延问题。由于篇幅所限,不再给出 GMF 模型的具体形式和相应表格,感兴趣的读者可参阅参考文献[203]。

在高精度的 GPS 测量中可采用前面所说的方法来求得精确的天顶方向的对流层延迟,然后再用高精度的投影函数求得信号传播路径上的对流层延迟,加以改正。

4.7 多路径误差

在 GPS 测量中,被测站附近的反射物所反射的卫星信号(反射波)如果进入接收机天线,就将和直接来自卫星的信号(直射波)产生干涉,从而使观测值偏离真值,产生所谓的"多路径误差"。这种由于多个路径的信号传播所引起的干涉时延效应被称作多路径效应。

多路径效应将严重损害 GPS 测量的精度,严重时还将引起信号的失锁,是 GPS 测量中一个重要的误差源。本节将简要介绍产生多路径效应的原因,以及在实际工作中如何来避免或削弱这些误差。

1.反射波

实际测量中,GPS 天线接收到的信号是直射波和反射波发生干涉后的组合信号。反射物可以是地面、山坡和测站附近的建筑物等。现以地面为例来加以说明。若接收天线同时收到了来自卫星的信号 S 和经地面反射后的反射信号 S', 显然,这两种信号所经过的路径长度是不同的,反射信号多经过的路径长度称为程差,用 Δ 表示。从图 4-8 可以看出:

$$\Delta = GA - OA = GA(1 - \cos 2z) = \frac{H}{\sin z}(1 - \cos 2z) = 2H\sin z \tag{4-110}$$

式中, H 为天线离地面的高度。由于存在着波程差 Δ, 所以反射波和直射波间存在一个相位延迟 θ (以 rad 为单位),即

$$\theta = \Delta \cdot \frac{2\pi}{\lambda} = 4\pi H\sin z/\lambda \tag{4-111}$$

式中, λ 为载波的波长。

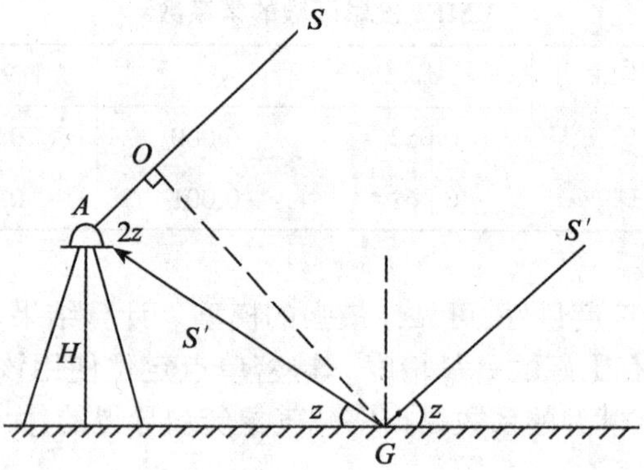

图 4-8　地面反射波

反射波被 GPS 接收机接收时除了存在相位延迟外,信号强度一般也会减小。其原因是:

(1)一部分能量被反射面所吸收;

(2)GPS 信号是右旋圆极化波,反射会改变波的极化特性。接收天线为右旋圆极化天线,对反射波存在抑制作用。

反射物反射信号的能力可用反射系数 α 来表示。$\alpha = 0$ 表示信号完全被吸收,不反射; $\alpha = 1$ 表示信号完全被反射,不吸收。表 4-14 给出了不同反射物对频率为 2GHz 的微波信号的反射系数 α。

表 4-14　**反射系数表**

水面		稻田		野地		森林山地	
α	损耗(分贝)	α	损耗(分贝)	α	损耗(分贝)	α	损耗(分贝)
1.0	0	0.8	2	0.6	4	0.3	10

2.载波相位测量中的多路径误差

图 4-9 所示为斜坡上的多路径效应。设直射信号表达式为:

$$S_d = U\cos\omega t \tag{4-112}$$

式中,U 为信号电压;ω 为载波的角频率。

反射信号的数学表达式为:

$$S_r = \alpha U\cos(\omega t + \theta) \tag{4-113}$$

反射信号和直射信号"叠加"(求矢量和)后被接收机所接收。所以接收机天线实际接收到的信号为:

$$S_r = \beta U\cos(\omega t + \varphi) \tag{4-114}$$

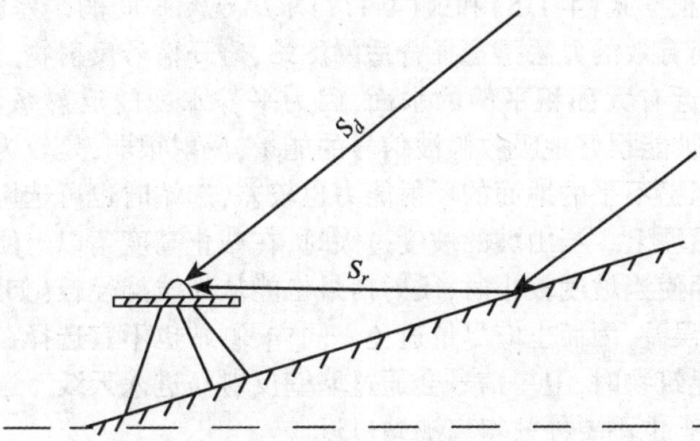

图 4-9 斜坡上的多路径效应

其中,

$$\begin{cases} \beta = (1 + 2\alpha\cos\theta + \alpha^2)^{\frac{1}{2}} \\ \varphi = \arctan\dfrac{\alpha\sin\theta}{1 + \alpha\cos\theta} \end{cases} \tag{4-115}$$

φ 即为载波相位测量中的多路径误差。对式(4-115)中的第二式求导并令其等于零:

$$\frac{\mathrm{d}\varphi}{\mathrm{d}\theta} = \frac{1}{1 + \left(\dfrac{\alpha\sin\theta}{1 + \alpha\cos\theta}\right)^2} \cdot \frac{(1 + \alpha\cos\theta) \cdot \alpha\cos\theta + \alpha^2\sin^2\theta}{(1 + \alpha\cos\theta)^2}$$

$$= \frac{\alpha\cos\theta + \alpha^2}{(1 + \alpha\cos\theta)(1 + \alpha\cos\theta + \alpha\sin\theta)} = 0$$

于是得 $\theta = \pm\arccos(-\alpha)$ 时,多路径误差 φ 将取得极大值:

$$\varphi_{\max} = \pm\arcsin\alpha \tag{4-116}$$

由式(4-113)可看出,载波相位测量中 L_1 的多路径误差的最大值为 4.8cm,对 L_2 载波则为 6.1cm。

实际上可能有多个反射信号同时进入接收机天线,此时的多路径误差为:

$$\varphi = \arctan \frac{\sum_{i=1}^{n} \alpha_i \sin\theta_i}{1 + \sum_{i=1}^{n} \alpha_i \cos\theta_i} \tag{4-117}$$

情况就更为复杂了。

多路径效应对伪距测量的影响要严重得多。观测资料表明,对 P 码来讲,多路径误差最多可达 10m 以上。

3.消除和削弱多路径误差的方法和措施

(1)选择合适的站址

多路径误差的大小与反射物离测站的距离、卫星信号的传播方向以及反射物的反射系数 α 等因素有关,很难根据式(4-115)和式(4-117)求出观测瞬间的误差值。消除和削弱多路径误差的一个简单而有效的方法是选择合适的测站,避开信号反射物。具体做法如下:

选站时,应避免附近有大面积平静的水面,因为平静水面的反射系数几乎为 1。灌木丛、草地和其他地面植被能很好地吸收微波信号的能量,反射很弱,是较为理想的设站地址。翻耕后的土地和其他粗糙不平的地面的反射能力也较差,选站时也可选用。

测站不宜选择在山坡上。当山坡的坡度过大时,在截止高度角以上便会出现障碍物,影响卫星信号的接收。即使当坡度较小时,反射信号也能从天线抑径板(如图 4-10 所示)上方进入天线,产生多路径误差,因而也应尽量避免。同样,测站也不宜选择在山谷和盆地中。

测站附近有高层建筑物时,卫星信号会通过墙壁反射而进入天线。选站时,应注意避开这些建筑物,观测时汽车也不要停放得离测站过近。

(2)选择合适的 GPS 接收机

① 在天线下设置抑径板或抑径圈。

为了防止地面反射的卫星信号进入天线产生多路径误差,进行精密定位的接收机天线下应配置抑径板或抑径圈。如图 4-10 所示,若观测时截止高度角为 $Z_{限}$,显然抑径板的半径至少为:

$$r = \frac{h}{\tan Z_{限}} \tag{4-118}$$

若某一接收机天线相位中心至抑径板的高度 $h = 40\text{mm}$,截止高度角 $Z_{限} = 10°$(即当卫星的高度角小于 10°时便不观测或不使用),则抑径板半径 r 必须大于或等于 40mm/tan10° = 25.3cm。

据报道,采用抑径板后多路径误差可减少 27%;使用 NASA 研制的抑径圈后多路径误差可减少 50%。

② 接收机天线对极化方向相反的反射信号应有较强的抑制能力。

③ 改进接收机的软、硬件。

据报道,加拿大诺瓦泰公司研制的多路径误差消除技术 MET(Multipath Elimination Technology)可使多路径误差减少 60%。而随后开发的消除多路径延迟锁相环路 MEDLL(Multipath Elimination Delay Lock Loop)技术可使接收机减少 90%的多路径误差。

(3)适当延长观测时间

多路径误差可视为一种周期性误差,其周期一般为数分钟至数十分钟。进行工业建筑

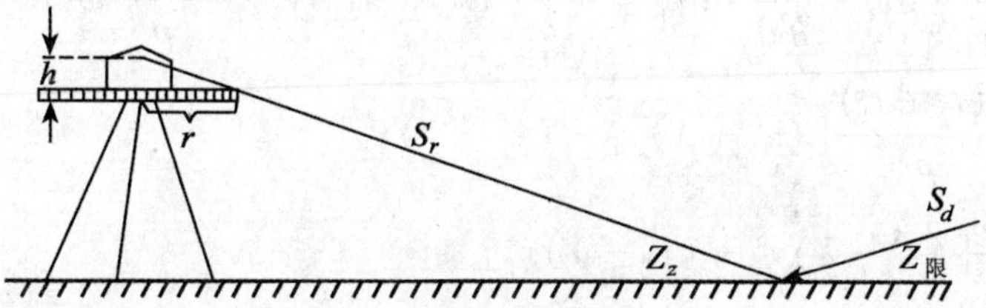

图 4-10　天线抑径板

物(如大桥、大坝、工业厂房等)的变形监测时,变形监测点的位置往往是由业主方指定的。此时外界观测环境可能较差,存在明显的多路径误差。在这种情况下,适当延长观测时间对消除或削弱多路径误差是十分必要的。

除此之外,有不少学者还在进一步研究消除和减弱多路径效应的方法和措施,如夏林元教授提出的用小波理论来判断观测资料中的多路径误差并加以剔除的方法等,读者可参阅有关文献。

4.8　其他误差改正

4.8.1　地球自转改正

GPS 数据处理一般都在协议地球坐标系中进行,即地面测站和卫星均用地固坐标来表示。卫星在空间的位置如果是根据信号的发射时刻 t_1 来计算的,那么求得的是卫星在 t_1 时刻的协议地球坐标系中的位置 $(x_1^S, y_1^S, z_1^S)^{\mathrm{T}}$。当信号于 t_2 时刻到达接收机时,协议地球坐标系将围绕地球自转轴(z 轴)旋转一个角度 $\Delta\alpha$:

$$\Delta\alpha = \omega(t_2 - t_1) \tag{4-119}$$

式中,ω 为地球自转角速度,此时卫星坐标将产生下列变化:

$$\begin{pmatrix}\delta x_S\\ \delta y_S\\ \delta z_S\end{pmatrix} = \begin{pmatrix}0 & \sin\Delta\alpha & 0\\ -\sin\Delta\alpha & 0 & 0\\ 0 & 0 & 0\end{pmatrix}\begin{pmatrix}x_1^S\\ y_1^S\\ z_1^S\end{pmatrix} \approx \begin{pmatrix}0 & \Delta\alpha & 0\\ -\Delta\alpha & 0 & 0\\ 0 & 0 & 0\end{pmatrix}\begin{pmatrix}x_1^S\\ y_1^S\\ z_1^S\end{pmatrix}$$

$$= \begin{pmatrix}\omega(t_2 - t_1)\cdot y_1^S\\ -\omega(t_2 - t_1)\cdot x_1^S\\ 0\end{pmatrix} \tag{4-120}$$

将上述改正加到 $(x_1^S, y_1^S, z_1^S)^{\mathrm{T}}$ 上后即可求得卫星在 t_2 时刻的协议坐标系中的坐标,因为所有的计算都是在 t_2 时刻的协议坐标系中进行的。$(\delta x_S, \delta y_S, \delta z_S)$ 即为卫星位置的地球自转改正。

卫星位置有了变化 $(\delta x_1^S, \delta y_1^S, \delta z_1^S)$ 后,会使卫星至接收机的距离 $\rho = [(x_1^S - X)^2 + (y_1^S - Y)^2 + (z_1^S - Z)^2]^{\frac{1}{2}}$ 产生相应的变化 $\delta\rho$:

$$\delta\rho = \frac{\partial\rho}{\partial x_1^S}\cdot\delta x_1^S + \frac{\partial\rho}{\partial y_1^S}\cdot\delta y_1^S = \frac{x_1^S - X}{\rho}\omega(t_2 - t_1)y_1^S - \frac{y_1^S - Y}{\rho}\omega(t_2 - t_1)x_1^S$$

$$= \frac{\omega(t_2 - t_1)}{\rho}[(x_1^S - X)y_1^S - (y_1^S - Y)x_1^S]$$

$$= \frac{\omega}{c}[(x_1^S - X)y_1^S - (y_1^S - Y)x_1^S] \tag{4-121}$$

上式直接给出了地球自转对卫地距 ρ 的影响。

当卫星的截止高度角取 15°时，对于位于赤道上的测站而言，$\delta\rho$ 值可达 36m。当两站的间距为 10km 时，地球自转改正对基线分量的影响可大于 1cm，因而在 GPS 测量中一般应予以考虑。

4.8.2　天线相位缠绕

GPS 卫星信号采用右旋极化波，当卫星发射天线或接收机天线绕自己的纵轴旋转时，载波相位观测值会发生变化，其值最大可达 1 周。也就是说，当发射天线与接收机天线间存在相对旋转时，会使载波相位观测值产生误差，我们把这种误差称为天线相位缠绕（Phase Wind Up）误差。

在静态定位中，接收机天线的指向是固定不变的。在动态定位中，接收机天线的指向虽然可能发生变化，从而导致天线相位缠绕误差，但这种误差可以自动地被吸收到接收机钟差中去，因而也无需另行考虑。所以这里所说的天线相位缠绕误差主要指的是由于卫星发射天线旋转而引起的相位误差。由于卫星上的太阳能帆板需要始终对准太阳方向，因而卫星在运动过程中发射天线的方向也会随之慢慢旋转，尤其是当卫星进入地影后（日蚀），为了能将太阳能帆板对准太阳，卫星会加快旋转，从而引起载波相位观测值的误差。但这种误差对于相距不太远的两个测站而言大体上是相同的，所以并不会对短基线向量的成果产生明显的影响。研究结果表明，当两站相距 4300km 时，相位缠绕误差对基线向量的影响最大可达 4cm。在长距离高精度相对定位中应顾及此项误差。相位缠绕误差对单点定位的影响则十分明显，其值可达分米级，所以在高精度单点定位中必须顾及此项误差。

下面不加推导直接给出相位缠绕误差的改正公式：

$$\Delta\varphi = \mathrm{sign}(\zeta)\ \arccos\left[\frac{\boldsymbol{D}'\cdot\boldsymbol{D}}{|\boldsymbol{D}'|\cdot|\boldsymbol{D}|}\right] \tag{4-122}$$

式中，

$$\begin{cases}\zeta = \hat{k}\times(\boldsymbol{D}'\times\boldsymbol{D})\\ \boldsymbol{D}' = \hat{x} - \hat{k}(\hat{k}\cdot\hat{x}') - \hat{k}\times\hat{y}'\\ \boldsymbol{D} = \hat{x} - \hat{k}(\hat{k}\cdot\hat{x}) + \hat{k}\times\hat{y}\end{cases}$$

其中，$\hat{k}$ 是卫星到接收机的单位向量；$\boldsymbol{D}'$ 是由星固坐标系下的单位向量 $(\hat{x}',\hat{y}',\hat{z}')$ 计算得到的卫星有效的偶极向量；$\boldsymbol{D}$ 是由地方坐标系下的单位向量 $(\hat{x},\hat{y},\hat{z})$ 计算得到的接收机有效的偶极向量。详见参考文献[204]。

4.8.3 天线相位中心的误差

GPS 测量测定的是从卫星发射天线的相位中心至接收机天线相位中心间的距离。而 IGS 精密星历给出的是卫星质心的坐标,这两者之间并不一致,因而需要进行卫星天线相位中心改正。同样,接收机的天线相位中心与天线的参考点(Antenna Reference Point,ARP)间往往也不一致,而接收机天线在对中、量天线高时是以天线参考点为准的,因而也需要进行天线相位中心改正。

天线相位中心的误差通常可分为两个部分:一是天线的平均相位中心(天线瞬时相位中心的平均值)与天线参考点 ARP 之间的偏差,称为天线相位中心偏差(Phase Center Offset,PCO),二是天线的瞬时相位中心与平均相位中心的差值,称为天线的相位中心变化(Phase Center Variation,PCV)。对于某一天线而言,天线相位中心偏差 PCO 可以看成是一个固定的偏差向量,而天线的相位中心变化 PCV 则与信号方向有关,会随着信号的方位角及天顶距(天底角)的变化而变化。

1.接收机天线相位中心的误差

在 2006 年 11 月以前,IGS 一直采用相对天线相位中心改正模型,该模型是以 AOAD/MT 型天线作为参考标准的,并假定该天线的相位中心改正为零。通过将其他各类天线与参考天线在短基线上进行相对定位后来测定其他各天线的相位中心改正,并予以公布供用户使用,用户可从 ftp://igscb.jpl.nasa.gov/pub/station/general 中下载所需资料。普通测量人员在野外短基线上与参考天线进行相对定位后,即可确定所用的接收机天线的相位中心改正,方法简便可行。

利用上述方法所求得的相位中心误差实际上并不是各类接收机天线真正的相位中心误差,而是相对于参考天线 AOAD/MT 的相位中心误差。因为参考天线的相位中心误差实际上并不是严格为零。随着科学技术的发展,IGS 决定从 2006 年 11 月起用绝对相位中心模型来取代原来的相对天线相位中心模型。

绝对相位中心模型中的天线相位中心偏差和相位中心变化通常可采用下列两种方法来进行测定:第一种方法是在微波暗室中用微波信号发生器所产生的模拟 GPS 信号来对接收机天线进行检测;第二种方法是在室外利用真正的 GPS 信号,通过自动机器人将接收机天线倾斜、旋转,从而来测定接收机天线的相位中心偏差和相位中心变化。表 4-15 摘录了由 IGS 公布的部分接收机天线的相位中心偏差 PCO。

表 4-15　**部分接收机天线的相位中心偏差 PCO**

天线类型	序列号	日期	频率	PCO/mm		
				North	East	Up
LEIAT503	LEIC	10-AUG-05	G01	1.30	−0.56	59.94
			G02	1.60	−0.42	82.96
TRM41249.00	SCIT	21-FEB-06	G01	1.40	1.24	57.04
			G02	0.40	0.58	59.16

续表

天线类型	序列号	日期	频率	PCO/mm		
				North	East	Up
TRM55971.00	NONE	06-NOV-06	G01	1.07	−0.19	67.17
			G02	0.14	0.42	57.65
LEIAT504	NONE	27-JAN-03	G01	0.07	−0.32	91.22
			G02	−0.06	0.08	117.31
TRM4800	NONE	10-AUG-05	G01	0.40	1.04	157.14
			G02	−0.70	0.68	170.96

接收机相位中心变化 PCV 采用两种形式给出。一种是只顾及卫星信号的天顶距而不考虑信号方位角变化时的天线相位中心变化（PCV NOAZI），见表 4-16；另一种是同时顾及卫星信号的天顶距以及方位角时的天线相位中心变化（PCV AZEL），见表 4-17。

表 4-16　**接收机天线相位中心变化（PCV，NOAZI）**

天线类型	Zen / Freq	PCV/mm																
		0.0	5.0	10.0	15.0	20.0	25.0	30.0	35.0	40.0	45.0	50.0	55.0	60.0	65.0	70.0	75.0	80.0
LEIAT503	G01	0.00	0.76	0.98	0.73	0.02	−0.89	−1.85	−2.79	−3.37	−3.70	−3.64	−3.26	−2.37	−1.24	0.50	2.67	5.59
	G02	0.00	0.07	−0.02	−0.20	−0.52	−0.82	−1.33	−1.71	−2.15	−2.43	−2.45	−2.23	−1.78	−1.05	−0.23	0.79	2.16
TRM41249.00	G01	0.00	−0.34	−0.62	−0.97	−1.48	−2.09	−2.65	−3.19	−3.57	−3.80	−3.94	−3.86	−3.67	−3.24	−2.60	−1.43	0.39
	G02	0.00	−0.53	−0.92	−1.40	−1.82	−2.32	−2.83	−3.41	−3.85	−4.23	−4.45	−4.23	−3.78	−2.95	−1.83	−0.41	1.66
TRM4800	G01	0.00	0.46	0.98	1.43	1.62	1.71	1.65	1.41	1.13	0.80	0.56	0.34	0.33	0.66	1.40	2.97	5.69
	G02	0.00	−0.43	−0.52	−0.50	−0.42	−0.42	−0.43	−0.71	−1.15	−1.53	−1.85	−2.03	−1.98	−1.65	−1.03	0.09	2.06

表 4-17　**接收机天线相位中心变化（PCV AZEL）LEIAT504 天线，L_1（单位：mm）**

天顶距 / 方位角	0	5	10	15	20	25	30	35	40	45	50	55	60	65	70	75	80	85	90
NOAZI	0.00	−0.24	−0.93	−2.02	−3.38	−4.87	−6.29	−7.48	−8.29	−8.63	−8.48	−7.85	−6.73	−5.08	−2.77	0.34	4.35	9.15	14.36
0.0	0.00	−0.24	−0.96	−2.10	−3.54	−5.11	−6.61	−7.82	−8.60	−8.88	−8.66	−7.99	−6.89	−5.31	−3.07	0.03	4.09	8.95	14.05
5.0	0.00	−0.24	−0.95	−2.09	−3.53	−5.10	−6.61	−7.83	−8.62	−8.90	−8.68	−8.01	−6.91	−5.32	−3.08	0.00	4.04	8.90	14.02
10.0	0.00	−0.23	−0.95	−2.08	−3.51	−5.09	−6.60	−7.83	−8.63	−8.90	−8.71	−8.03	−6.92	−5.32	−3.09	−0.02	4.00	8.85	14.02
15.0	0.00	−0.23	−0.94	−2.06	−3.50	−5.07	−6.58	−7.83	−8.65	−8.95	−8.74	−8.06	−6.93	−5.32	−3.08	−0.02	3.98	8.83	14.04
20.0	0.00	−0.23	−0.93	−2.05	−3.47	−5.04	−6.56	−7.82	−8.66	−8.98	−8.78	−8.09	−6.94	−5.31	−3.06	0.00	3.99	8.83	14.07
25.0	0.00	−0.22	−0.92	−2.03	−3.45	−5.02	−6.53	−7.80	−8.66	−9.00	−8.81	−8.12	−6.96	−5.30	−3.02	0.04	4.02	8.86	14.12
30.0	0.00	−0.22	−0.91	−2.01	−3.42	−4.98	−6.50	−7.78	−8.65	−9.02	−8.84	−8.15	−6.97	−5.28	−2.98	0.10	4.08	8.91	14.19
35.0	0.00	−0.21	−0.90	−1.99	−3.40	−4.95	−6.46	−7.75	−8.64	−9.02	−8.86	−8.17	−6.98	−5.26	−2.93	0.17	4.16	8.98	14.26
40.0	0.00	−0.21	−0.89	−1.98	−3.37	−4.91	−6.42	−7.71	−8.61	−9.01	−8.87	−8.19	−6.98	−5.24	−2.87	0.26	4.26	9.08	14.35
45.0	0.00	−0.21	−0.88	−1.96	−3.34	−4.87	−6.37	−7.66	−8.57	−8.99	−8.86	−8.18	−6.97	−5.21	−2.81	0.36	4.37	9.18	14.44
50.0	0.00	−0.20	−0.87	−1.94	−3.31	−4.83	−6.32	−7.60	−8.51	−8.94	−8.83	−8.16	−6.95	−5.17	−2.74	0.45	4.48	9.29	14.54

表 4-17 中给出的是 LEIAT 504 天线 L_1 载波的相位中心变化 PCV。天顶距及方位角的表列间隔皆为 5°。用户采用双线性内插法即可求得任一方向的卫星信号的天线相位中心变化值。由于表格过长,仅从中截取了一部分(方位角 0° ~ 50° 的部分)。表中第一行还给出了不顾及方位角时的 PCV(NOAZI)值。该值实际上就是方位角从 0° ~ 360° 时的 PCV AZEL 值的平均值。

如上所述,在 GPS 测量中求得的是接收机天线相位中心的位置。用户可用下式求得天线参考点的位置[207]:

天线参考点的位置=天线相位中心的位置-天线相位中心偏差 PCO

注意:在 IGS 文件中给出的是 PCO 在测站地平坐标系中的三个分量(North,East,Up),用户可以方便地将它们转换为($\delta B,\delta L,\delta H$)。如果采用空间直角坐标系时,则需要采用下式进行坐标转换:

$$\begin{pmatrix}\delta X\\ \delta Y\\ \delta Z\end{pmatrix}_{\text{PCO}}=\begin{pmatrix}-\cos L\sin B & -\sin L & \cos L\cos B\\ -\sin L\sin B & \cos L & \sin L\cos B\\ \cos B & 0 & \sin B\end{pmatrix}\cdot\begin{pmatrix}\text{North}\\ \text{East}\\ \text{Up}\end{pmatrix}_{\text{PCO}} \tag{4-123}$$

$$\begin{pmatrix}X\\ Y\\ Z\end{pmatrix}_{\text{天线参考点}}=\begin{pmatrix}X\\ Y\\ Z\end{pmatrix}_{\text{天线相位中心}}-\begin{pmatrix}\delta X\\ \delta Y\\ \delta Z\end{pmatrix}_{\text{PCO}} \tag{4-124}$$

求得天线参考点的位置后,就不难根据天线对中的数据(是否有偏心)及仪器高等数据求得标石中心的位置。

天线相位中心变化 PCV 通常是用来改正距离观测值的。具体公式如下[207]:

几何距离=观测的距离-PCV+其他改正项

2.卫星发射天线相位中心误差

采用相对模型时只能给出卫星天线相位中心偏差 PCO,2006 年采用绝对模型后,不但能给出卫星天线的相位中心偏差 PCO,同时也能给出卫星天线的相位中心变化 PCV。

表 4-18 给出了部分 GPS 卫星和 GLONASS 卫星的天线相位中心偏差 PCO 值。PCO 的三个分量是星固坐标系中的三个分量。Z 轴为卫星至地心方向;Y 轴为太阳能帆板的旋转轴方向,设从卫星至太阳的矢量为 $\boldsymbol{S}$,则 Y 轴的指向与 $\boldsymbol{Z}\times\boldsymbol{S}$ 的方向一致;X 轴组成右手空间坐标系。

表 4-19 为只顾及天底角而不考虑方位角时的卫星天线相位中心变化 PCV(NOAZI)。从图 4-11 可知,对地面用户而言,卫星天线的最大天底角 $\theta=\sin\dfrac{R}{r}$,将地球长半径 6378km 和 GPS 卫星轨道半径 26560km 代入后可得 $\theta=13.89°$。因此表 4-19 中只给出了 0° ~ 14° 的天底角。同样,IGS 也给出了同时顾及天底角以及方位角的卫星天线相位中心变化 PCV 值,限于篇幅不再给出。用户可从 ftp://igscb.

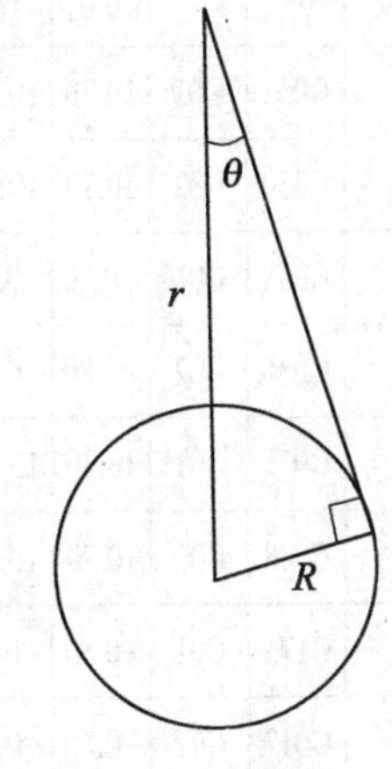

图 4-11 卫星最大天底角

jpl.nasa.gov/pub/station/general 中下载所需的各种资料。

同样对卫星而言有：

卫星质心的位置＝卫星天线相位中心的位置－PCO

卫星至接收机间的几何距离＝观测距离－PCV＋其他改正

其他一些改正项，如地球固体潮、海洋负荷潮、大气负荷潮改正以及引力延迟改正等一些并非是 GPS 测量所特有的改正项，由于篇幅所限不再介绍。感兴趣的读者可参阅相关参考资料。

表 4-18　**卫星天线相位中心偏差（PCO）**

Antenna Type	Serial No		Valid From	Valid End	SINEX Code	Freq	PCO/mm		
	PRN	SV					North	East	Up
BLOCK IIR-M	G05	G050	17-AUG-09 00-00-00.00	–	IGS05_1575	G01	0.00	0.00	700.00
						G02	0.00	0.00	700.00
BLOCK IIA	G06	G036	10-MAR-94 00-00-00.00	–	IGS05_1575	G01	279.00	0.00	2676.00
						G02	279.00	0.00	2676.00
BLOCK IIR-M	G07	G048	15-MAR-08 00-00-00.00	–	IGS05_1575	G01	0.00	0.00	700.00
						G02	0.00	0.00	700.00
BLOCK IIA	G24	G024	04-JULY-91 00-00-00.00	–	IGS05_1575	G01	279.00	0.00	2455.00
						G02	279.00	0.00	2455.00
GLONASS-M	R24	R735	01-MAR-10 00-00-00.00	–	IGS05_1575	R01	−545.00	0.00	2300.00
						R02	−545.00	0.00	2300.00

表 4-19　**卫星天线相位中心变化（PCV，NOAZI）**

Antenna Type	PRN\SV	Freq	PCV/mm														
			0.0	1.0	2.0	3.0	4.0	5.0	6.0	7.0	8.0	9.0	10.0	11.0	12.0	13.0	14.0
BLOCK	G05\	G01	10.70	10.10	8.00	4.60	0.50	-3.80	-7.50	-9.70	-10.30	-9.50	-7.40	-4.10	0.30	6.00	12.10
IIR-M	G050	G02	10.70	10.10	8.00	4.60	0.50	-3.80	-7.50	-9.70	-10.30	-9.50	-7.40	-4.10	0.30	6.00	12.10
BLOCK	G06\	G01	-0.80	-0.90	-0.90	-0.80	-0.40	0.20	0.80	1.30	1.40	1.20	0.70	0.00	-0.40	-0.70	-0.90
IIA	G036	G02	-0.80	-0.90	-0.90	-0.80	-0.40	0.20	0.80	1.30	1.40	1.20	0.70	0.00	-0.40	-0.70	-0.90
BLOCK	G07\	G01	10.70	10.10	8.00	4.60	0.50	-3.80	-7.50	-9.70	-10.30	-9.50	-7.40	-4.10	0.30	6.00	12.10
IIR-M	G048	G02	10.70	10.10	8.00	4.60	0.50	-3.80	-7.50	-9.70	-10.30	-9.50	-7.40	-4.10	0.30	6.00	12.10
BLOCK	G17\	G01	-0.80	-0.90	-0.90	-0.80	-0.40	0.20	0.80	1.30	1.40	1.20	0.70	0.00	-0.40	-0.70	-0.90
II	G017	G02	-0.80	-0.90	-0.90	-0.80	-0.40	0.20	0.80	1.30	1.40	1.20	0.70	0.00	-0.40	-0.70	-0.90

续表

Antenna Type	PRN\SV	Freq	PCV/mm														
			0.0	1.0	2.0	3.0	4.0	5.0	6.0	7.0	8.0	9.0	10.0	11.0	12.0	13.0	14.0
BLOCK	G24\	G01	-0.80	-0.90	-0.90	-0.80	-0.40	0.20	0.80	1.30	1.40	1.20	0.70	0.00	-0.40	-0.70	-0.90
IIA	G024	G02	-0.80	-0.90	-0.90	-0.80	-0.40	0.20	0.80	1.30	1.40	1.20	0.70	0.00	-0.40	-0.70	-0.90
GLONASS	R24\	R01	2.70	0.30	-0.10	-0.50	-0.80	-0.80	-0.50	-0.20	-0.30	-0.20	-0.20	0.10	-0.10	-0.10	0.70
	R788	R02	2.70	0.30	-0.10	-0.50	-0.80	-0.80	-0.50	-0.20	-0.30	-0.20	-0.20	0.10	-0.10	-0.10	0.70
GLONASS	R24\	R01	2.70	0.30	-0.10	-0.50	-0.80	-0.80	-0.50	-0.20	-0.30	-0.20	-0.20	0.10	-0.10	-0.10	0.70
-M	R735	R02	2.70	0.30	-0.10	-0.50	-0.80	-0.80	-0.50	-0.20	-0.30	-0.20	-0.20	0.10	-0.10	-0.10	0.70

第 5 章　距离测量与定位方法

本章主要介绍下列内容：

(1) 如何用测距码、L_1, L_2载波相位观测值测定从卫星至接收机间的距离。为获得完整的、正确的载波相位观测值，还必须解决整周跳变的探测及修复，整周模糊度的确定等相关问题。

(2) GPS 定位的方法及原理，包括单点定位、相对定位以及差分 GPS 等。

5.1　利用测距码测定卫地距

1. 用测距码测定卫地距的方法

如前所述，测距码是用以测定从卫星至地面站(接收机)间的距离的一种二进制码序列。为方便计算，我们将从卫星至地面测站的距离简称为卫地距。利用测距码测定卫地间的伪距的基本原理如下：首先假设卫星钟和接收机钟均无误差，都能与标准的 GPS 时间保持严格同步。在某一时刻 t，卫星在卫星钟的控制下发出某一结构的测距码，与此同时，接收机则在接收机钟的控制下产生或者说复制出相同的测距码(以下简称复制码)。由卫星所产生的测距码经 Δt 时间的传播后到达接收机并被接收机所接收。由接收机所产生的复制码则经过一个时间延迟器延迟时间 τ 后与接收到的卫星信号进行比对。如果这两个信号尚未对齐，就调整延迟时间 τ，直至这两个信号对齐为止。此时，复制码的延迟时间 τ 就等于卫星信号的传播时间 Δt，将其乘以真空中的光速 c 后即可得卫地间的伪距 ρ：

$$\rho = \tau \cdot c = \Delta t \cdot c \tag{5-1}$$

由于卫星钟和接收机钟实际上均不可避免地存在误差，故用上述方法求得的距离 ρ 将受到这两台钟不同步的误差影响。此外，卫星信号还需穿过电离层和对流层后才能到达地面测站，在电离层和对流层中信号的传播速度 $V \neq c$，所以据式(5-1)求得的距离 ρ 并不等于卫星至地面测站的真正距离，我们将其称为伪距。

那么接收机又是如何来判断两组信号是否对齐了呢？接收机是根据这两组信号的相关系数 R 是否为 1 来加以判断的。设比对时刻为 t，某一结构的测距码用 $u(t)$ 来表示，于是接收到的来自卫星的测距码可写为 $u(t-\Delta t)$，其中 Δt 为信号传播时间。经延迟器延迟后的复制码可写为 $u(t-\tau)$，其中 τ 为延迟时间。我们把这两组信号的乘积在积分间隔 T 中的积分平均值 R 称为这两组信号的相关系数，即

$$R = \frac{1}{T}\int_T u(t-\Delta t) \cdot u(t-\tau) \cdot \mathrm{d}t \tag{5-2}$$

在介绍式(5-2)的具体含义前，我们先来回顾一下测距码的另一种表示法——信号波

形表示法。即用一组振幅为 1 的矩形码来表示二进制序列：用+1 表示二进制码的“0”，用−1表示二进制码的“1”。于是一组二进制序列 0100 101101…就可以用信号波形表示，见图 3-4。也就是说，我们是用一个由“+1”和“−1”组成的矩形波来表示测距码的。

在接收机中用下列方法来实现积分运算：首先将积分间隔 T 平均分成 n 等份。n 的取值须足够大，以至 $\mathrm{d}t=\dfrac{T}{n}$ 可视为无穷小。在每一等份中都将 $u(t-\Delta t)$ 的波形值与 $u(t-\tau)$ 的波形值相乘，并将乘积再乘以 $\mathrm{d}t=\dfrac{T}{n}$，得 $\mathrm{d}R=u(t-\Delta t)\cdot u(t-\tau)\cdot \mathrm{d}t$，然后将 n 等份中的 $\mathrm{d}R$ 相加，即可求得积分值 $\int_T u(t-\Delta t)\cdot u(t-\tau)\cdot \mathrm{d}t$。将该值除以积分间隔 T 后，即可求得这两组信号的相关系数 R。显然，当这两信号的结构相同又相互对齐时，积分间隔中的任一等份均能保证做到 $u(t-\Delta t)\cdot u(t-\tau)\equiv 1$，因为此时当 $u(t-\Delta t)$ 的取值为+1 时，$u(t-\tau)$ 的值也必为+1；当 $u(t-\Delta t)$ 的取值为−1 时，$u(t-\tau)$ 的值也必为−1。故 $\mathrm{d}R=u(t-\Delta t)\cdot u(t-\tau)\cdot \mathrm{d}t=\mathrm{d}t=\dfrac{T}{n}$。将 n 等份中的 $\mathrm{d}R$ 值相加后得 $\int_T u(t-\Delta t)u(t-\tau)\mathrm{d}t=T$。显然，在这种情况下，相关系数 $R=1$。反之，当结构相同的两组信号未对齐时，有的等份 $u(t-\Delta t)$ 的值与 $u(t-\tau)$ 的值相反，其乘积 $u(t-\Delta t)u(t-\tau)$ 的值为−1。在这种情况下，$\int_T u(t-\Delta t)u(t-\tau)\mathrm{d}t<T$，$R<1$（见图 5-1 和图 5-2）。

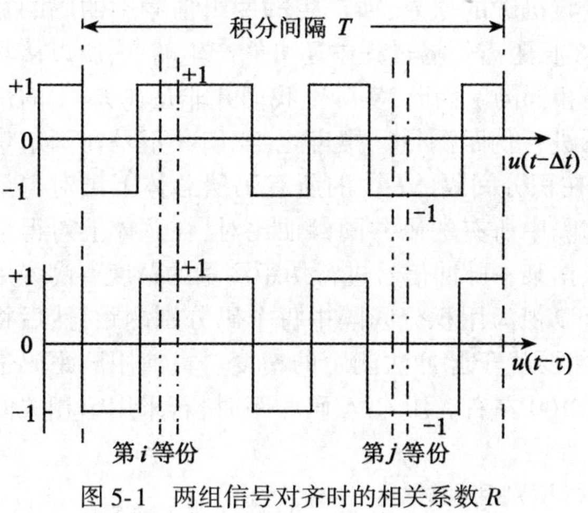

图 5-1 两组信号对齐时的相关系数 R

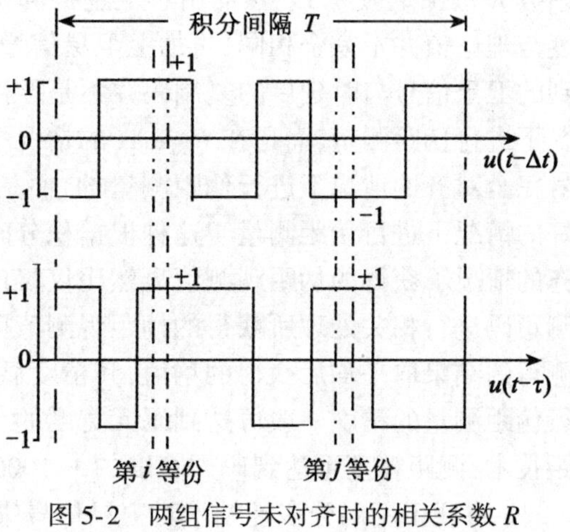

图 5-2 两组信号未对齐时的相关系数 R

从上面的讨论可以看出，如果我们想用测距码来测定伪距，其先决条件是接收机必须能产生相同结构的测距码（复制码）。然后不断变动延迟时间 τ（这一过程称为搜索卫星信号），直至相关系数 $R=1$ 时为止（此时称为卫星信号已锁定）。上述过程一般在数分钟内能完成。由于卫星在不断运动，卫地距在不断变化，故卫星信号的传播时间 Δt 也在不断变化。但只要卫星信号一旦被锁定，接收机中的码跟踪环路便能不断调整时延 τ，以便使相关系数 R 恒为 1。由于 GPS 接收机具有连续跟踪卫星信号的能力，所以伪距测量的过程变得十分简单：按照用户设定的采样间隔，在观测历元 t_i 读取时延值 τ_i，将它与真空中的光速 c 相乘，即可得到该时刻的伪距观测值 $\rho_i = \tau_i \cdot c$。上述工作可在极短的时间内完成，因而伪距观测值 ρ_i 可视为一个瞬时观测值。显然，如果用户接收机不能产生相同结构的测距码，如由于 Y 码的结构是严格保密的，非特许用户的接收机不能产生出 Y 码来，即使接收机接收到卫星发出的 Y 码，也无法利用它来进行伪距测量。

2. 用测距码来测定伪距的原因

全球定位系统为何要用测距码来进行伪距测量，而不是采用其他手段，比如说激光测卫中所用的脉冲信号来进行伪距测量呢？这是因为用测距码来测定伪距具有下列优点：

（1）易于将微弱的卫星信号提取出来

由于 GPS 卫星所用的能量来自太阳能电池，故卫星信号的发射功率有限，只有 20W 左右。而卫星离用户的距离却超过 2×10^4km。相比之下，一些干扰信号，如频率相仿的地面无线电台、电视台、移动电话台、微波中继站等，其发射功率均以 kW 计，而离用户的距离却只有数千米至数百千米。所以卫星信号被深深淹没在噪声中，卫星信号的强度一般只有噪声强度的万分之一或更低。只有依据测距码的独特结构，我们才能将它从噪声的汪洋大海中提取出来。如果采用脉冲信号来测距，接收机就很难将测距信号与噪声区分开来，因为汽车、摩托车点火，打开电器时均会产生脉冲型的干扰信号。

（2）可提高测距精度

利用测距码进行伪距测量时，我们并不是根据某一个码（如脉冲信号测距时那样）来测定距离的，而是根据积分间隔中所有的码来测距的。如前所述，当两组信号对齐时，其相关系数 R 理论上应为 1。然而由于卫星钟和接收机钟的误差，所产生的两组信号中的码的宽度与理论值并不完全相同，再加上卫星信号在长距离传播过程中还可能产生畸变，所以接收到的卫星信号与时延后的复制码并不是严格相同的。因此，实际上我们并非是在 $R=1$ 的情况下进行伪距测量，而是在 $R=\max$ 的情况下进行伪距测量。换言之，我们并不是在两组信号完全对齐的情况下进行伪距测量的，而是在积分间隔 ΔT 中的所有码从总体上讲对得最好的情况下进行伪距测量。这种根据积分间隔中所有的码共同参加比对，在总体上对得最齐的情况下获得的伪距观测值显然比仅仅依据某一脉冲信号进行伪距测量的精度要高。用测距码进行相关处理所获得的伪距观测值可以视为用积分间隔中每个码分别测距，然后将测得的结果取平均后获得的均值，其精度显然要优于脉冲法测距的精度。目前用测距码进行伪距测量的精度一般可达到码元宽度的 1/100 左右。用 C/A 码测距时，若采用窄相关间距技术，测距精度可达到码元宽度的 1/1000 左右。

（3）便于用码分多址技术对卫星信号进行识别和处理

如前所述，所有 GPS 卫星都是以相同的频率来发射卫星信号的，而 GPS 接收机一般都采用全向型天线，可接收来自不同方向的卫星信号，这些信号经前置放大器放大后连同各种噪声一起将同时进入每个接收通道。例如接收机已指定第一个通道观测 3 号卫星，但它又无法将接收到卫星信号及噪声分离开来，仅允许 3 号卫星的信号进入该通道。也就是说，实际上接收到的所有卫星信号连同噪声一起都进入第一通道。但该通道只产生 3 号卫星的测距码（复制码），而其他卫星的测距码与该复制码可视为是相互正交的，所以在进行相关处理的过程中，无论延迟时间 τ 如何变化，其余卫星信号和该复制码的相关系数皆趋于零，只有3号卫星的测距码能起作用,使R趋于1。而噪声由于其随机性,最终对相关系数的影响也趋于零。这样,我们就能从数学上将其他卫星信号及噪声分离开来,使其不影响相关处理的结果。因此,如果视场中有n颗卫星需要进行观测,接收机只需要拿出n个通道并分配每个通道观测一颗卫星,让每个通道皆产生出与需要观测的卫星相同的测距码,就能同时对视场中的n颗卫星进行伪距测量,从而方便地实现对卫星信号的识别和处理。

(4)便于对系统进行控制和管理

采用测距码后,美国国防部可以通过公开某种码的结构或对某种码结构进行保密来对用户使用该系统的程度加以控制。例如,可以通过公开C/A码的结构来允许全球用户使用全球定位系统(用C/A码来测距并进行定位,即享受标准定位服务);可以通过对Y码进行保密来达到只允许美国及其盟国的军方用户及少数经美国政府特许的用户享受精密定位服务。如果用脉冲信号就很难实现"内外有别"的政策。在全球定位系统的方案论证阶段,有的大地测量学家曾提出建议,让GPS卫星用10种频率发射信号,每个频率都相差一个数量级,这样就能用类似于测距仪中已采用的方法,分别让每个频率来测定卫星至接收机的距离中的某一位数。这个建议未被采用,因为全球定位系统不是用于大地测量的民用系统,而是为满足军事用途建立起来的一个军用系统。采用上述方法后就无法对系统进行控制了,敌我双方都享受同一待遇,这显然不符合美国国防部的原则。

3.观测方程

在伪距测量中,直接量测值是信号到达接收机的时刻t_R(由接收机钟量测)与信号离开卫星的时刻t^S(由卫星钟量测)之差($t_R - t^S$),此差值与真空中的光速c的乘积即为伪距观测值$\tilde{\rho}$,即:

$$\tilde{\rho} = c \cdot (t_R - t^S) \tag{5-3}$$

当卫星钟与接收机钟严格同步时,($t_R - t^S$)即为卫星信号的传播时间,但实际上卫星钟和接收机钟都是有误差的,它们之间无法保持严格的同步。现假设卫星信号离开卫星的真正时刻为τ_a,但由于卫星钟有误差,所以由卫星钟给出的信号离开卫星的时刻为t^S。t^S和τ_a之间有下列关系:

$$t^S + V_{t^S} = \tau_a \tag{5-4}$$

同样,假设卫星信号到达接收机的真正时间为τ_b,由于接收机钟有误差,故给出的信号到达时刻为t_R。τ_b和t_R之间有下列关系:

$$t_R + V_{t_R} = \tau_b \tag{5-5}$$

将式(5-4)和式(5-5)代入式(5-3)得:

$$\begin{aligned}\tilde{\rho} &= c \cdot (t_R - t^S) = c \cdot (\tau_b - V_{t_R}) - c \cdot (\tau_a - V_{t^S}) \\ &= c \cdot (\tau_b - \tau_a) + cV_{t^S} - cV_{t_R}\end{aligned} \tag{5-6}$$

式中,($\tau_b - \tau_a$)为卫星信号真正的传播时间,它与真空中的光速c的乘积仍不等于卫星与接收机间的真正距离ρ,因为信号在穿过电离层和对流层时并不是以光速c在传播的。所以必须要加上电离层延迟改正V_{ion}以及对流层延迟改正V_{trop}后,才能得到真正的几何距离ρ,即

$$\rho = c \cdot (\tau_b - \tau_a) + V_{\text{ion}} + V_{\text{trop}} \tag{5-7}$$

将式(5-7)代入式(5-6)得：

$$\tilde{\rho} = \rho - V_{\text{ion}} - V_{\text{trop}} + cV_{t^S} - cV_{t_R} \tag{5-8}$$

设第 i 颗卫星观测瞬间在空间的位置为 $(X^{i'}, Y^{i'}, Z^{i'})^{\mathrm{T}}$，接收机观测瞬间在空间的位置为 $(X,Y,Z)^{\mathrm{T}}$。从卫星至接收机的几何距离 ρ_i' 可写为：

$$\rho_i' = \sqrt{(X^{i'} - X)^2 + (Y^{i'} - Y)^2 + (Z^{i'} - Z)^2} \tag{5-9}$$

然而，我们并不知道观测瞬间卫星 i 在空间的真实位置 $(X^{i'}, Y^{i'}, Z^{i'})^{\mathrm{T}}$，知道的仅是根据卫星星历所求得的卫星在空间的位置 $(X^i, Y^i, Z^i)^{\mathrm{T}}$。设卫星星历误差 $[(X^{i'} - X^i), (Y^{i'} - Y^i), (Z^{i'} - Z^i)]^{\mathrm{T}}$ 在信号传播路径上的投影为 $\delta\rho$，距离测量时，所受到的多路径误差为 $\delta\rho_{\text{mul}}$，测量噪声为 ε，于是式(5-8)可写为：

$$\begin{aligned}\tilde{\rho}_i = &\sqrt{(X^i - X)^2 + (Y^i - Y)^2 + (Z^i - Z)^2} - cV_{t_R} + \\ &cV_{t_i^S} - (V_{\text{ion}})_i - (V_{\text{trop}})_i + \delta\rho_i + (\delta\rho_{\text{mul}})_i + \varepsilon_i\end{aligned} \tag{5-10}$$

式(5-10)即为伪距测量的观测方程。但计算时，卫星星历误差对测距的影响 $\delta\rho$ 是未知量，通常是通过选择足够精确的卫星星历，以便使其影响可忽略不计的方法来加以解决。多路径误差的影响 $\delta\rho_{\text{mul}}$ 一般也难以模型化，其具体数值未知，所以也只有通过选择合适的测站、合适的接收机等方法来限制其值，以便可略而不计。测量噪声一般被当作随机误差，我们只能从数理统计的角度来描述其特点，如均方差、数学期望等，其具体数值并不知道。因而在真正进行计算时，伪距测量的观测方程为：

$$\tilde{\rho}_i = \sqrt{(X^i - X)^2 + (Y^i - Y)^2 + (Z^i - Z)^2} - cV_{t_R} + cV_{t_i^S} - (V_{\text{ion}})_i - (V_{\text{trop}})_i$$
$$(i = 1,2,3,4,\cdots) \tag{5-11}$$

4.Z 跟踪技术

AS 政策是从 1994 年 1 月 31 日开始实施的。所谓的 AS 政策是将 P 码与保密的 W 码进行模二相加以形成保密的 Y 码。实施 AS 政策后，未经美国政府授权的广大用户就不能用精码来测距，从而给高精度导航和 GPS 测量的数据处理带来不少麻烦。为克服 AS 政策所造成的负面影响，GPS 接收机生产厂家和卫星大地测量学家们做了大量的工作，Z 跟踪技术就是解决上述问题的一个有效方法。Z 跟踪技术的核心是打破 Y 码，将其重新“分解”为 P 码和 W 码，然后再利用 P 码来测距。下面我们来看一下 Z 跟踪技术是如何来实现这一点的。

P 码的码速率为 10.23×10^6bps，W 码的码速率则为 512×10^3bps。也就是说，一个 W 码大约要和 20 个 P 码相对应。换言之，在进行模二相加时，大约有 20 个 P 码是与同一个 W 码相加的。

根据模二相加的法则有：

$$\text{P 码} + \text{W 码} \rightarrow \text{Y 码}$$

$$\begin{cases} 1 + 0 \rightarrow 1 \\ 0 + 0 \rightarrow 0 \\ 1 + 1 \rightarrow 0 \\ 0 + 1 \rightarrow 1 \end{cases} \tag{5-12}$$

如果我们把积分间隔限制在W码的一个码元内,此时会出现两种情况:

(1)当W码为"0"时,积分间隔内的Y码即为P码,接收机只需要产生P码就能与它进行相关处理或者说用P码测距了。

(2)当W码为"1"时,积分间隔中的Y码即为–P码(或者说倒相了),序列中的"0"变成"1","1"变成"0"。此时如果与接收机产生的P码进行相关处理,"对齐"时其相关系数$R \to -1$。采用上述方法就可以"估计"出W码,并用P码来进行测距。但由于积分间隔小,参加比对的码元数少,所以采用Z跟踪技术后我们虽然仍可用P码来测距,但测距精度比实施AS政策前有所降低。

5.2 载波相位测量

5.2.1 概论

1.进行载波相位测量的原因

伪距测量是以测距码作为量测信号的。采用码相关法时,其测量精度一般为码元宽度的百分之一。由于测距码的码元宽度较大,因而测量精度不高。对精码而言约为±0.3m,对C/A码而言,则为±3m左右,只能满足卫星导航和低精度定位的要求。载波的波长要短得多,$\lambda_1=19.0\text{cm}$,$\lambda_2=24.4\text{cm}$,$\lambda_5=25.5\text{cm}$。因而如果把载波当作测距信号来使用(如电磁波测距中的调制信号那样),对载波进行相位测量,就能达到很高的精度。早期测量型接收机的载波相位测量精度一般为2~3mm,目前测量型接收机的载波相位测量的精度为0.2~0.3mm,其测距精度比测码伪距的精度要高2~3个数量级。

但载波是一种没有任何标记的余弦波,而用接收机中的鉴相器来量测载波相位时能测定的只是不足一周的部分,因而会产生整周数不确定的问题。此外,整周计数部分还可能产生跳变的问题,故在进行数据处理前,还需进行整周跳变的探测和修复工作,使得载波相位测量的数据处理工作变得较为复杂、麻烦,这是为获得高精度定位结果必须付出的代价。

2.重建载波

由于在GPS信号中已用二进制相位调制的方法在载波上调制了测距码和导航电文,因此接收到的卫星信号(调制波)的相位已经不再连续。凡是调制信号从0变为1,或从1变为0时,调制波的相位均要变化180°。所以在进行载波相位测量前,首先要进行解调工作,设法将调制在载波上的测距码和导航电文去掉,重新恢复载波,这一工作称为重建载波。

重建载波可采用下列方法:

(1)码相关法

接收机产生复制码,其结构应与欲观测卫星的测距码的结构完全相同。通过相关处理(不断变动复制码的延迟时间使之与接收到的测距码对齐)即可获得伪距观测值。当这两组信号对齐后,若用复制码再对卫星信号进行一次二进制相位调制,即可将测距码去掉,仅留下载波和导航电文。由于载波与导航电文的频率相差悬殊,故很容易用滤波器将它们分离开来。这种方法的优点是:

① 可同时获得伪距观测值和导航电文,以便进行导航和实时定位;

② 可获得全波长的载波；

③ 由于是用信号强度很强的复制码去乘卫星信号，故结果的信噪比较好。

但采用这种方法时，用户必须知道测距码的结构。C/A 码的结构是公开的，故可采用码相关法来恢复 L_1 载波，但由于 L_2 载波上未调制 C/A 码，只调制了 Y 码，而广大未经授权的用户又不知道 Y 码的结构，故不能用码相关法来恢复 L_2 载波，这是该方法的缺点。

GPS 现代化后，在 L_2 载波上调制了民用码 L_2C 码，在 L_5 上调制了 L_5I_5 和 L_5Q_5 码，这些码的结构都是公开的，这就为用码相关法来恢复 L_2 和 L_5 载波提供了可能性。

(2)平方法

如前所述，载波为 $A\cos(\omega t+\varphi)$，采用二进制相位调制后的调制波为 $\pm A\cos(\omega t+\varphi)$。所谓重建载波实际上就是设法去掉负号。去掉负号最简单的方法是将接收到的卫星信号平方，即

$$[\pm A\cos(\omega t+\varphi)]^2=\frac{A^2}{2}+\frac{A^2}{2}\cos(2\omega t+2\varphi) \tag{5-13}$$

由上可见，只要将接收到的卫星信号自乘，即可去掉负号，使载波的相位保持连续。但用这种方法恢复出来的已不是载波本身，而是载波的二次谐波，波长为原来的一半。

采用平方法的优点是，用户无需知道测距码的结构就能恢复出载波，如用此法可方便地恢复 L_2 载波而无需知道 Y 码的结构。

平方法的缺点是：

① 在平方的过程中同时去掉了测距码和导航电文，故采用这种方法无法获得伪距观测值及卫星星历；

② 恢复的是半波长的载波，其整周模糊度更加难以确定；

③ 由于是用很微弱的卫星信号去乘卫星信号，故所获结果的信噪比较差；

④ 由于失去了导航电文中提供的时间信息，为了保证接收机间的时间同步，在每时段观测前后，均需将接收机集中在一起进行时间比对，增加了不少麻烦。

早期采用码相关法的 C/A 码接收机有 WM101、Trimble 4000SX、4000SX、4000SL 等。完全采用平方法的无码接收机有 Macrometer V-1000、Macrometer II 等。全球定位系统中的 C/A码是向全世界所有用户开放的，平方型的接收机白白浪费了这一宝贵的空间资源，其总体思路不够明智，从而给外业观测和数据处理带来了许多麻烦，因而不久后即被市场淘汰。此后，不少接收机综合利用了上述两种方法：对 C/A 码采用码相关法，在恢复全波长的 L_1 载波的同时可获得 C/A 码伪距及导航电文；采用平方法来恢复 L_2 载波，以便进行双频载波相位测量。Trimble 4000SD、4000SST 及 Mini-Mac2816、2816AT 等接收机就是同时采用上述两种方法的混合型接收机。

(3)互相关技术

对 C/A 码仍采用码相关法，在恢复全波长的 L_1 载波的同时获得 C/A 码伪距以及卫星导航电文，而且一般都采用窄相关间隔技术以获得分米级精度的 C/A 码伪距。尽管一般用户的接收机无法产生保密的 Y 码来与接收到的 Y 码进行相关处理，然而调制在 L_1 载波上的 Y 码和调制在 L_2 载波上的 Y 码的结构是完全相同的，只是因为载波频率不同，两者所受到的电离层延迟不同，所以这两组 Y 码才一先一后到达接收机。如果将先到达接收机的 Y_1 码

延迟时间 τ' 后再与后到达接收机的 Y_2码进行相关处理,那么当相关系数取极大值时的 τ' 与 c 的乘积,即为 $(R_1 - R_2)$。其中 R_1 为用 Y_1码测得的伪距,R_2 为用 Y_2码测得的伪距。有人将 $(R_1 - R_2)$ 称为第 6 观测量。根据第 6 观测量即可精确地求出伪距观测值中的电离层延迟改正,然后即可用码相关技术,用 Y_1码去掉调制在 L_2载波上的 Y_2码,恢复出全波长的 L_2载波。本方法的优点是:

① 可获得双频伪距观测值:用调制在 L_1载波上的 C/A 码测定伪距 $R_{C/A}$,并间接推算出 R_2:$R_2 = R_{C/A} - (R_1 - R_2)$。有的接收机上将 $R_{C/A}$ 称为 R_{P_1},将 R_2 称为 R_{P_2}。

② 可获得全波长的 L_1载波和 L_2载波。

③ 可获得卫星的导航电文。

该方法的缺点是:由于本方法是用十分微弱的卫星信号 Y_1与 Y_2相乘来去掉 Y_2的,故所恢复的 L_2载波信噪比较差。此外还需顾及不同信号的群延差。

采用这种方法的接收机有 Turbo Rogue 系列接收机及 Trimble 4000SSE 等接收机。

(4)Z 跟踪技术

如前所述,采用这种方法时可以将 Y 码重新分解为 W 码和 P 码,故接收机只需产生出 P 码,即可获得双频伪距观测值 R_{P_1} 和 R_{P_2}。然后用码相关法去掉 P 码,获得全波长的 L_1载波和 L_2载波,具体做法见参考文献。该方法的优点是:

① 可以获得用 P 码测定的双频伪距观测值 R_{P_1} 和 R_{P_2},且能获得卫星的导航电文;

② 重建的 L_1载波和 L_2载波都是全波长的;

③ 由于是用接收机产生的很强的复制码去和卫星信号相乘,故信噪比较好。

采用这种方法的接收机有 Ashtech Z-12 及 Leica 公司的 SR399Geodetic 等接收机。

平方法、互相关技术和 Z 跟踪技术都是在美国政府实施 AS 等技术限制非特许用户全面使用 GPS 的情况下出现的一些应对措施。GPS 现代化后,这些用户有可能通过 L_2C 码、L_5I_5和 L_5Q_5码来获得多个频率的伪距观测值,并用码相关法来重建 L_2、L_5载波,上述方法的作用就会受到较大的影响。

5.2.2 载波相位测量原理

若某卫星 S 发出一载波信号(此处将载波当作测距信号来使用),该信号向各处传播。在某一瞬间,该信号在接收机 R 处的相位为 φ_R,在卫星 S 处的相位为 φ_S。注意,此处所说的 φ_R 和 φ_S 为从同一起点开始计算的包括整周数在内的完整的载波相位。为方便计算,相位一般均以“周”为单位,而不以弧度或角度为单位。则卫地距 ρ 为:

$$\rho = \lambda(\varphi_S - \varphi_R) \tag{5-14}$$

式中,λ 为载波的波长。注意,相位差 $(\varphi_S - \varphi_R)$ 中既包含着不足一周的小数部分,也包含着整周波段数。所以载波相位测量实际上就是以波长 λ 作为长度单位,以载波作为一把“尺子”来量测卫星至接收机间的距离。载波相位测量原理如图 5-3 所示。

但上述方法实际上无法实施,因为 GPS 卫星并不量测载波相位 φ_S。如果接收机中的振荡器能产生一组与卫星载波的频率及初相完全相同的基准信号(即用接收机来复制载波),问题便迎刃而解,也就是说,只要接收机钟与卫星钟能保持严格同步,且选用同一起算时刻,那么我们就能用接收机所产生的基准振荡信号(复制的载波)去取代卫星所产生的载

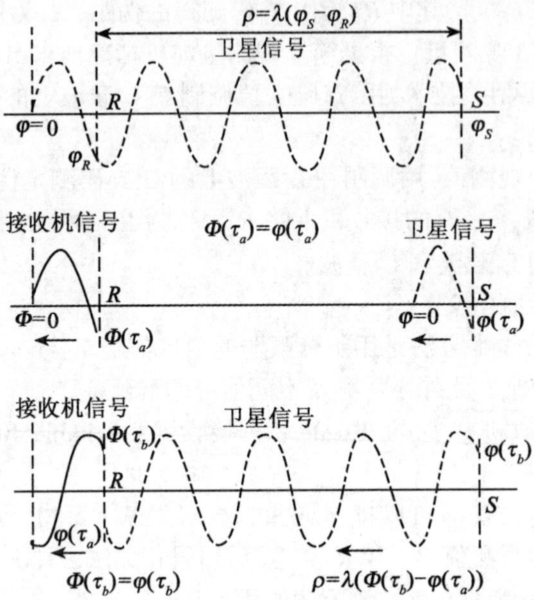

图 5-3　载波相位测量原理

波,因为在这种情况下,任一时刻在接收机处的基准振荡信号的相位 Φ_R 都等于卫星处的载波相位 φ_S,于是有 $\varphi_S-\varphi_R=\Phi_R-\varphi_R$。某一瞬间的载波相位观测值指的是该瞬间由接收机所产生的基准信号的相位 Φ_R 与接收到的来自卫星的载波的相位 φ_R 之差（$\Phi_R-\varphi_R$）。如果我们能求得完整的相位差（$\Phi_R-\varphi_R$）,就可据此求得卫星至接收机间的精确距离 ρ：

$$\rho=\lambda(\varphi_S-\varphi_R)=\lambda(\Phi_R-\varphi_R) \tag{5-15}$$

5.2.3　载波相位测量的实际观测值

进行载波相位观测时,GPS 接收机实际上能量测、提供给用户的是如下观测值。

1.跟踪到卫星信号后的首次量测值

假设接收机已跟踪上卫星信号并在 t_0 时刻进行首次载波相位测量,若此时由接收机所产生的基准振荡信号的相位为 Φ_R^0,接收到的来自卫星的载波信号的相位为 Φ_S^0。假设这两个相位之差是由 N 个整周以及不足一整周的部分 $\mathrm{Fr}(\varphi)$ 所组成：

$$\Phi_R^0-\Phi_S^0=\varphi_S-\varphi_R=N+\mathrm{Fr}(\varphi) \tag{5-16}$$

在进行载波相位测量时,GPS 接收机中的鉴相器实际能量测的是不足一整周的部分 $\mathrm{Fr}(\varphi)$。由于载波是不带任何识别标记的一种纯余弦波,所以用户无法知道正在量测的是第几周的信号,故在载波相位测量中会出现整周未知数(整周数模糊)的问题。用户需设法解出整周未知数 N 后,才能求得从卫星至接收机间的距离 ρ。

2.其余各次观测值

随着卫星的运动,卫星至接收机的距离也在不断变化,相应地,上述两个信号的相位之差也在不断变化(见图 5-4)。具有多普勒频移的卫星载波与接收机所产生的稳定的基准振荡信号之间的相位差的变化量实际上就是这两个信号的拍频信号的相位。接收机锁定卫星信号并进行首次载波相位测量后,就可用多普勒计数器记录下拍频信号相位变化过程中的整波段数。每当拍频信号的相位从 360°变为 0°(即相位变化一周)时,计数器的计数加 1。该计数器中的记录的整波段数称为整周计数。所以从第二个载波相位观测值开始,其实际量测值中不仅有不足一整周的部分 $\mathrm{Fr}(\varphi)$,而且还有整周计数 $\mathrm{int}(\varphi)$。令接收机所提供的实际观测值为 $\tilde{\varphi}$,则有:

$$\tilde{\varphi} = \mathrm{int}(\varphi) + \mathrm{Fr}(\varphi) \tag{5-17}$$

N、$\mathrm{int}(\varphi)$ 和 $\mathrm{Fr}(\varphi)$ 的几何意义见图 5-4。

综合 1 和 2 后可以看出,载波相位测量的实际观测值 $\tilde{\varphi}$ 是不足一整周的部分 $\mathrm{Fr}(\varphi)$ 和整周计数 $\mathrm{int}(\varphi)$ 这两部分组成的。首次观测时整周计数 $\mathrm{int}(\varphi)$ 一般为零,随后的各次观测值中,$\mathrm{int}(\varphi)$ 的值可以是正整数,也可以是负整数。完整的载波相位观测值应该由三个部分组成:

$$\tilde{\Phi} = \tilde{\varphi} + N = \mathrm{int}(\varphi) + \mathrm{Fr}(\varphi) + N \tag{5-18}$$

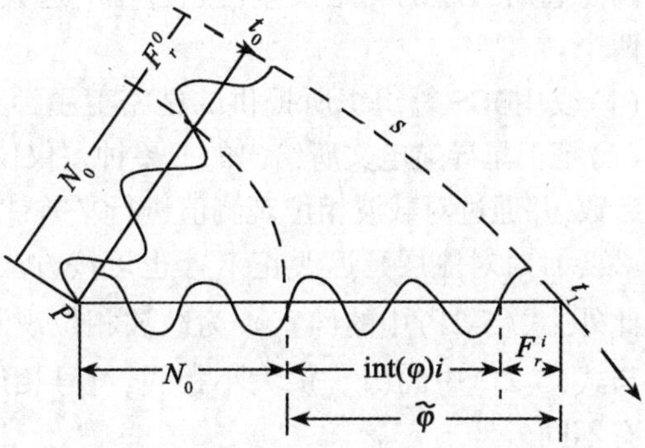

图 5-4 载波相位测量的实际观测值

但接收机无法给出 N 值,N 值需要通过其他途径求出。只要接收机能保持对卫星信号的连续跟踪而不失锁,那么对同一卫星信号所进行的连续的载波相位观测值中都含有同一整周未知数。如某卫星信号的失锁时间较长,且无法用周跳的修复技术将失锁前后的载波相位观测值连接起来,那么失锁后的一段观测值需重设一个整周未知数。需要说明的另一个问题是,多数接收机在关机后计数器将归零,故开机进行下一时段的观测时,首次观测值的整周计数 $\mathrm{int}(\varphi) = 0$。另有部分接收机则不然,关机后计数器不归零,因而下一时段的首次载波相位观测值中的整周计数不为零。设首次观测时的 $\mathrm{int}(\varphi) = A$,那么随后该卫星的所有 $\mathrm{int}(\varphi)$ 值将在此基础上记录增加的周数,也就是说,该卫星信号的所有 $\mathrm{int}(\varphi)$ 值将比正确值(指首次观测时 $\mathrm{int}(\varphi) = 0$)大 A。在这种情况下,通过平差计算所估计出来的整周未知数自然会比原有值小 A,以保持 $\tilde{\Phi} = \tilde{\varphi} + N$ 的值不变。所以,即使首次观测值中的整周计数 $\mathrm{int}(\varphi) \neq 0$,也不会影响最后的定位结果。

5.2.4 载波相位测量的观测方程

载波相位测量的实际观测值 $\tilde{\varphi}$ 与卫地距 ρ 之间存在下列关系:

$$\rho_i = (\tilde{\varphi}_i + N_i) \cdot \lambda \tag{5-19}$$

将上式代入伪距测量的观测方程得:

$$\tilde{\varphi}_i\lambda = \sqrt{(X^i - X)^2 + (Y^i - Y)^2 + (Z^i - Z)^2} - cV_{t_R} + cV_{t_i^S} - N_i\lambda - (V_{\text{ion}})_i - (V_{\text{trop}})_i + \delta\rho_i + (\delta\rho_{\text{mul}})_i + \varepsilon_i \tag{5-20}$$

同样,由于 $\delta\rho_i$、$(\delta\rho_{\text{mul}})_i$、$\varepsilon_i$ 的具体数值往往是不知道的,我们只能采取必要的措施来限制其取值的范围,使其可忽略不计。所以实际计算时的观测方程为:

$$\tilde{\varphi}_i\lambda = \sqrt{(X^i - X)^2 + (Y^i - Y)^2 + (Z^i - Z)^2} - cV_{t_R} + cV_{t_i^S} - N_i\lambda - (V_{\text{ion}})_i - (V_{\text{trop}})_i \tag{5-21}$$

与测码伪距的观测方程相比,载波相位测量的观测方程中不但新增了一个未知参数——整周模糊度 N,而且根据广播星历所求得的卫星钟差改正数 $V_{t_i^S}$ 也不再被视为已知值了。因为它所引起的测距误差可超过 1m,远大于载波相位测量的误差。解决上述问题的方法有两个:

(1)改用 IGS 等组织所提供的精密卫星钟差,并采用适当方法进行内插;

(2)把卫星导航电文所给出的卫星钟差仅仅当作初始近似值。在此基础上重新引入新的钟差参数,并通过对载波相位观测值进行平差计算来估计其正确值,或通过求差法将其消除。

必要时对对流层延迟改正 V_{trop} 也可按方法(2)作类似的处理。

此外,式(5-21)中的$(V_{\text{ion}})_i$ 为载波相位观测值的电离层延迟,在只顾及 f^2 项的情况下,其值与式(5-11)中的$(V_{\text{ion}})_i$ 大小相同,符号相反。在顾及 f^3 项的情况下,符号相反,其大小也略有不同。

5.3　单差、双差、三差观测值

在 GPS 测量中,除直接采用原始的伪距观测值 P_1、P_2 和载波相位观测值 $\tilde{\varphi}_1$、$\tilde{\varphi}_2$ 外,还大量采用经线性组合后形成的各种虚拟观测值。单差、双差、三差观测值就是被广泛采用的线性组合观测值。其主要目的是为了消除卫星钟差、接收机钟差及整周模糊度等未知参数,简化平差计算工作。

1.GPS 测量中的未知参数及处理方法

(1)必要参数和多余参数

伪距测量和载波相位测量的观测方程中均含有两种不同类型的未知数。一种是用户感兴趣的想要得到的参数,如单点定位中的待定点的坐标 (X,Y,Z),以及相对定位中的基线向量 $(\Delta X,\Delta Y,\Delta Z)$ 等。用户进行 GPS 测量的目的就是为了获取这些参数,我们将其称为必要参数。另一种是用户不感兴趣,但为了保持模型的精度而不得不引入的一些参数,如观测瞬间接收机钟差、卫星钟差等,我们将其称为多余参数。必要参数和多余参数是相对的。例如,接收机钟差对测量用户来说是多余参数,但是对于进行精密授时的用户而言是必要参数。虽然用户对多余参数本身不感兴趣,但在建立观测方程时必须顾及这些参数,以精化模型。否则,这些参数所对应的数值就将以某种方式“分配”给必要参数,影响必要参数的精度。在 GPS 测量中,多余参数的数量往往是十分惊人的。例如,用两台 GPS 接收机进行载波相位测量来测定一条基线向量时,若时段长度为 2h,采样间隔为 15s,观测卫星数为 7 个时,仅卫星钟差参数就有3360个,接收机的相对钟差参数也达480个。解算数千个未知参数时,不仅数据处理的工作量非常庞大,而且对计算机及作业人员的素质也会提出较高的要求。此外,未知参数过多对解的稳定性也会产生不利影响。

(2)解决方法

① 给多余参数以一定的约束条件。

假设各历元的钟差均满足下列函数关系式:

$$V_{t_i} = a_0 + a_1(t_i - t_0) + a_2(t_i - t_0)^2$$

那么每台钟原有的480个历元的钟差参数就可减少为3个未知数:a_0、a_1和a_2。但是如果钟的质量不够好(尤其是接收机的石英钟),各观测历元的钟差并不完全满足上述关系式时,采用本方法就会降低必要参数的精度。此外,上述函数关系式也不可能反映钟差中的随机误差,因而是不够严格的。

② 通过观测值相减来消除多余参数。

不同的观测方程中会含有同一多余参数,将这些观测方程两两相减即可消除共同的多余参数。例如,某接收机在t_i时刻同时对n颗卫星进行了观测,这n个观测值就会同时受到该时刻接收机钟的钟差影响。若选择某卫星作为基准星,并将其余各卫星的观测方程与基准星的观测方程相减,就可消除观测方程中的接收机钟差参数。这种方法就是解代数方程时常用的消去法。采用消去法时,我们并未对钟差参数做任何约束,因而本方法与每台钟在每一观测历元均设一个独立的钟差参数的做法是一致的。只是因为这些钟差参数的数量十分惊人,用户又对它们不感兴趣,因而可采用消去法来消除这些参数而不再将它们一一解出。这样做从数学上讲是完全允许的,在实际工作中已被广泛采用。本方法也适用于测码伪距观测值。

GPS载波相位测量值可以在卫星间求差,在接收机间求差,也可以在不同历元间求差。设测站i和测站j分别在t_1和t_2时刻对卫星p和卫星q进行了观测(见图5-5)。若用$\varphi_A^B(C)$表示在时刻C测站A对卫星B的载波相位测量值,上述三种求差可表示为:

在接收机间求差	在卫星间求差	在历元间求差
$\varphi_i^p(t_1) - \varphi_j^p(t_1)$	$\varphi_i^p(t_1) - \varphi_i^q(t_1)$	$\varphi_i^p(t_2) - \varphi_i^p(t_1)$
$\varphi_i^q(t_1) - \varphi_j^q(t_1)$	$\varphi_i^p(t_2) - \varphi_i^q(t_2)$	$\varphi_i^q(t_2) - \varphi_i^q(t_1)$
$\varphi_i^p(t_2) - \varphi_j^p(t_2)$	$\varphi_j^p(t_1) - \varphi_j^q(t_1)$	$\varphi_j^p(t_2) - \varphi_j^p(t_1)$
$\varphi_i^q(t_2) - \varphi_j^q(t_2)$	$\varphi_j^p(t_2) - \varphi_j^q(t_2)$	$\varphi_j^q(t_2) - \varphi_j^q(t_1)$

这种直接将观测值(即载波相位测量的基本观测量)相减的过程称为求一次差,所获得的结果被当作虚拟观测值,称为载波相位观测值的一次差或单差。在卫星间求一次差、在接收机间求一次差以及在不同历元间求一次差是三种常见的求一次差的方法。

载波相位测量的一次差还可以继续求差,称为求二次差,所获的结果仍可被当作虚拟观测值,称为载波相位观测值的二次差或双差。例如,在接收机之间求一次差后,再在卫星间求二次差,所得的结果和求差的顺序无关。所以常见的求二次差方法也有三种,即在接收机和卫星间求二次差;在接收机和历元间求二次差;在卫星和历元间求二次差。

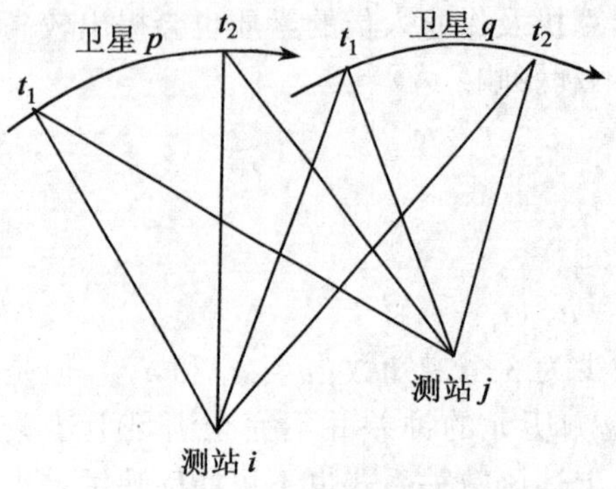

图 5-5　求差法说明图

二次差仍可继续求差,称为求三次差,所获得的结果和求差顺序无关。但是只有一种求三次差的方法,即在接收机、卫星和历元间求三次差。

考虑到 GPS 定位时的误差源,实际上广为采用的求差法有三种:接收机间求一次差,在接收机和卫星间求二次差,在接收机、卫星和历元间求三次差。下面分别予以介绍。

2.在接收机之间求一次差

如图 5-5 所示,若在 t_1 时刻,接收机 i、j 同时对卫星 p 进行了载波相位测量,顾及 $\lambda = \dfrac{c}{f}$ 后,据式(5-21)可得:

$$\begin{cases} \tilde{\varphi}_i^p(t_1) = \dfrac{f}{c}\rho_i^p(t_1) - fV_{t_i}(t_1) + fV_{t^p}(t_1) - N_i^p - \dfrac{f}{c}(V_{\text{ion}}^{t_1})_i^p - \dfrac{f}{c}(V_{\text{trop}}^{t_1})_i^p \\ \tilde{\varphi}_j^p(t_1) = \dfrac{f}{c}\rho_j^p(t_1) - fV_{t_j}(t_1) + fV_{t^p}(t_1) - N_j^p - \dfrac{f}{c}(V_{\text{ion}}^{t_1})_j^p - \dfrac{f}{c}(V_{\text{trop}}^{t_1})_j^p \end{cases} \tag{5-22}$$

如前所述,式中的 $\rho_i^p(t_1) = \sqrt{(X^p - X_i)^2 + (Y^p - Y_i)^2 + (Z^p - Z_i)^2}$,其中,$(X^p, Y^p, Z^p)$ 为卫星星历给出的信号发射时刻 t'_1 卫星 p 在空间的三维坐标;(X_i, Y_i, Z_i) 为信号到达时刻 t_1 接收机在空间的三维坐标。t_1是由接收机钟给出的,信号发射时刻 t'_1 可用下式计算:

$$t'_1 = t_1 + V_{t_i}(t_1) - \frac{\rho_i^p(t_1)}{c} \tag{5-23}$$

式中,接收机钟的改正数 $V_{t_i}(t_1)$ 可用 t_1时的伪距观测值采用单点定位的方式求得;$\rho_i^p(t_1)$ 则需要反复迭代求得。由于标称时刻 t_1往往是一整数,而发射时刻 t'_1则有一长串小数,使用不便,因而有人仍采用标称时间 t_1来计算卫星位置,然后在求得的卫地距中加入距离改正数 $\Delta\rho$:

$$\Delta\rho_i^p(t_1) = \dot{\rho}_i^p(t_1) \cdot \left[V_{t_i}(t_1) - \frac{\rho_i^p(t_1)}{c} \right] \tag{5-24}$$

$\dot{\rho}_i^p(t_i)$ 为 t_1时刻测站 i 至卫星 p 的距离变化率,可用多普勒测量的方法求定,一般的测量型 GPS 接收机均可给出此值。式(5-22)中的 $\rho_j^p(t_1)$ 也可作同样处理。将式(5-22)中的两式相减后可得:

$$\begin{aligned} \tilde{\varphi}_j^p(t_1) - \tilde{\varphi}_i^p(t_1) = & \frac{f}{c}[\rho_j^p(t_1) - \rho_i^p(t_1)] - f[V_{t_j}(t_1) - V_{t_i}(t_1)] - [N_j^p - N_i^p] \\ & - \frac{f}{c}[(V_{\text{ion}}^{t_1})_j^p - (V_{\text{ion}}^{t_1})_i^p] - \frac{f}{c}[(V_{\text{trop}}^{t_1})_j^p - (V_{\text{trop}}^{t_1})_i^p] \end{aligned} \tag{5-25}$$

为方便起见,令

$$\Delta\varphi_{ij}^{p}(t_1)=\tilde{\varphi}_{j}^{p}(t_1)-\tilde{\varphi}_{i}^{p}(t_1);\Delta\rho_{ij}^{p}(t_1)=\rho_{j}^{p}(t_1)-\rho_{j}^{p}(t_1);V_{t_{ij}}(t_1)=V_{t_j}(t_1)-V_{t_i}(t_1);$$

$$\Delta N_{ij}^{p}=N_j^p-N_i^p;\quad (V_{\text{ion}}^{t_1})_{ij}^{p}=(V_{\text{ion}}^{t_1})_{j}^{p}-(V_{\text{ion}}^{t_1})_{i}^{p};\quad (V_{\text{trop}}^{t_1})_{ij}^{p}=(V_{\text{trop}}^{t_1})_{j}^{p}-(V_{\text{trop}}^{t_1})_{i}^{p}$$

于是式(5-25)可简化为：

$$\Delta\varphi_{ij}^{p}(t_1)=\frac{f}{c}\Delta\rho_{ij}^{p}(t_1)-fV_{t_{ij}}(t_1)-\Delta N_{ij}^{p}-\frac{f}{c}(V_{\text{ion}}^{t_1})_{ij}^{p}-\frac{f}{c}(V_{\text{trop}}^{t_1})_{ij}^{p}\tag{5-26}$$

$\Delta\varphi_{ij}^{p}(t_1)$ 是在接收机间求差后组成的虚拟观测值，称为一次差观测值或单差观测值。从式(5-26)中可以看出，原来包含在式(5-22)两个观测方程中的卫星钟差参数 $V_{t^p}(t_1)$ 已被消去。在本节所举的例子中，两台接收机共有原始的载波相位观测值 480×7×2＝6720 个，采用上述方法在接收机间求差后，两个观测方程将变为一个，观测方程的总数将减少 3360 个，但与此同时，原有的 3360 个卫星钟差参数也已被消去。至于式(5-22)中原有的 960 个接收机钟差参数变为式(5-26)中的 480 个相对钟差参数则有本质上的区别，因为在接收机间求差并不能消去接收机钟差。式(5-26)中接收机钟差参数的数量之所以减少，是由于我们对钟差参数做了新的定义所致。当我们用两台接收机钟的相对钟差去取代这两台钟的绝对钟差时，数量自然可以减半。式中整周模糊度参数的数量减半也属于这种情况。在相对定位的情况下，允许我们对上述参数作新的处理。此外，在接收机间求一次差后卫星星历误差、电离层延迟、对流层延迟等误差的影响也可得以削弱，在短基线定位中尤为明显。

3.在接收机和卫星间求二次差

设测站 i、j 同时对 n 颗卫星进行了观测，仿照式(5-26)可写出卫星 q 的单差观测方程：

$$\Delta\varphi_{ij}^{q}(t_1)=\frac{f}{c}\Delta\rho_{ij}^{q}(t_1)-fV_{t_{ij}}(t_1)-\Delta N_{ij}^{q}-\frac{f}{c}(V_{\text{ion}}^{t_1})_{ij}^{q}-\frac{f}{c}(V_{\text{trop}}^{t_1})_{ij}^{q}\tag{5-27}$$

将式(5-27)减去式(5-26)，即单差观测方程进一步在卫星间求差后可得：

$$\begin{aligned}\Delta\varphi_{ij}^{q}(t_1)-\Delta\varphi_{ij}^{p}(t_1)=&\frac{f}{c}[\Delta\rho_{ij}^{q}(t_1)-\Delta\rho_{ij}^{p}(t_1)]-[\Delta N_{ij}^{q}-\Delta N_{ij}^{p}]\\&-\frac{f}{c}[(V_{\text{ion}}^{t_1})_{ij}^{q}-(V_{\text{ion}}^{t_1})_{ij}^{p}]-\frac{f}{c}[(V_{\text{trop}}^{t_1})_{ij}^{q}-(V_{\text{trop}}^{t_1})_{ij}^{p}]\end{aligned}\tag{5-28}$$

令

$$\Delta\varphi_{ij}^{pq}(t_1)=\Delta\varphi_{ij}^{q}(t_1)-\Delta\varphi_{ij}^{p}(t_1);\Delta\rho_{ij}^{pq}(t_1)=\Delta\rho_{ij}^{q}(t_1)-\Delta\rho_{ij}^{p}(t_1);\Delta N_{ij}^{pq}=\Delta N_{ij}^{q}-\Delta N_{ij}^{p};$$

$$(V_{\text{ion}}^{t_1})_{ij}^{pq}=(V_{\text{ion}}^{t_1})_{ij}^{q}-(V_{\text{ion}}^{t_1})_{ij}^{p};\qquad (V_{\text{trop}}^{t_1})_{ij}^{pq}=(V_{\text{trop}}^{t_1})_{ij}^{q}-(V_{\text{trop}}^{t_1})_{ij}^{p};$$

则式(5-28)可简化为：

$$\Delta\varphi_{ij}^{pq}(t_1)=\frac{f}{c}\Delta\rho_{ij}^{pq}(t_1)-\Delta N_{ij}^{pq}-\frac{f}{c}(V_{\text{ion}}^{t_1})_{ij}^{pq}-\frac{f}{c}(V_{\text{trop}}^{t_1})_{ij}^{pq}\tag{5-29}$$

$\Delta\varphi_{ij}^{pq}(t_1)$ 称为 t_1 时刻在接收机和卫星间求二次差后所得到的双差观测值。注意，在双差观测方程式(5-29)中，接收机钟的相对钟差 $V_{t_{ij}}(t_1)$ 也已被消去。

在实际工作中，进一步在卫星间求双差往往是采用下列方式进行的：选择视场中可观测时间较长、高度角又较大的一颗卫星作为基准星，然后将其余各卫星的单差观测方程分别与基准星的单差观测方程相减，组成双差观测方程。在每个观测历元中，双差观测方程的数量均比单差观测方程数少一个，但与此同时，该历元接收机相对钟差参数也已被消去。

在进行一般的 GPS 测量时(如布设城市控制网和工程测量等)，由于边长较短，精度要求也不是特别高,因而在观测方程中通常只需引入基线向量、整周模糊度、接收机钟差和卫星钟差等参数即可。采用双差观测值进行单基线解算时,未知参数一般只有10个左右(基线向量3个分量以及4~8个整周模糊度参数),多基线解算时也只有数十个未知参数,用一般的计算机就可胜任数据处理工作。求双差解的另一个优点是信号在卫星内部的时延及在接收机内部的时延可完全得以消除,使定位结果免受信号内部时延的影响。我们知道在载波相位测量中,信号内部时延一般并不正好为载波波长的整数倍,因而将信号时延吸收到整周模糊度参数N中去后,会破坏N的整数特性,从而使用户在求非差解和单差解时只能求实数解(浮点解),而双差解则仍能求得整数解(固定解)。因而各接收机厂家所提供的数据处理软件中广泛采用了双差观测值。

在讲到求差法的优点时,本书强调的是在保持原有精度的情况下,可大大减少未知数个数,从而大幅度减少数据处理工作量。这种观点的前提是在建立观测方程时已引入了卫星钟差、接收机钟差等参数,然后以非差法作为参照对象,说明求差可在基本保持解的严格性的基础上显著减少工作量。而另一些书中则强调通过求差可消除多种误差的影响,提高解的精度。这种观点的前提是建立观测方程时未顾及上述误差(未引入相应的参数)或引入的误差模型不够精确,故不通过求差直接解算时精度较低,而通过求差则可消除或削弱上述误差的影响,从而提高解的精度。上述求差方法除了可用于载波相位观测值外,从原则上讲也可以用于伪距观测值。

4.在接收机、卫星和观测历元间求三次差

测站i,j在历元t_2对卫星p,q进行同步观测后,也可仿照式(5-29)写出双差观测方程:

$$\Delta\varphi_{ij}^{pq}(t_2)=\frac{f}{c}\Delta\rho_{ij}^{pq}(t_2)-\Delta N_{ij}^{pq}-\frac{f}{c}(V_{\text{ion}}^{t_2})_{ij}^{pq}-\frac{f}{c}(V_{\text{trop}}^{t_2})_{ij}^{pq} \tag{5-30}$$

将两个历元的双差观测方程相减可得:

$$\begin{aligned}\Delta\varphi_{ij}^{pq}(t_2)-\Delta\varphi_{ij}^{pq}(t_1)=&\frac{f}{c}[\Delta\rho_{ij}^{pq}(t_2)-\Delta\rho_{ij}^{pq}(t_1)]-\frac{f}{c}[(V_{\text{ion}}^{t_2})_{ij}^{pq}-(V_{\text{ion}}^{t_1})_{ij}^{pq}]\\&-\frac{f}{c}[(V_{\text{trop}}^{t_2})_{ij}^{pq}-(V_{\text{trop}}^{t_1})_{ij}^{pq}]\end{aligned} \tag{5-31}$$

令

$$\Delta\varphi_{ij}^{pq}(t_1,t_2)=\Delta\varphi_{ij}^{pq}(t_2)-\Delta\varphi_{ij}^{pq}(t_1);\qquad \Delta\rho_{ij}^{pq}(t_1,t_2)=\Delta\rho_{ij}^{pq}(t_2)-\Delta\rho_{ij}^{pq}(t_1);$$
$$(V_{\text{ion}})_{ij}^{pq}(t_1,t_2)=(V_{\text{ion}}^{t_2})_{ij}^{pq}-(V_{\text{ion}}^{t_1})_{ij}^{pq};\quad (V_{\text{trop}})_{ij}^{pq}(t_1,t_2)=(V_{\text{trop}}^{t_2})_{ij}^{pq}-(V_{\text{trop}}^{t_1})_{ij}^{pq};$$

式(5-31)可写为:

$$\Delta\varphi_{ij}^{pq}(t_1,t_2)=\frac{f}{c}[\Delta\rho_{ij}^{pq}(t_1,t_2)-(V_{\text{ion}})_{ij}^{pq}(t_1,t_2)-(V_{\text{trop}})_{ij}^{pq}(t_1,t_2)] \tag{5-32}$$

$\Delta\varphi_{ij}^{pq}(t_1,t_2)$即为虚拟的三差观测值。在三差观测方程(5-32)中,整周模糊度参数ΔN_{ij}^{pq}已被消去,因而只含3个未知数($\Delta X,\Delta Y,\Delta Z$)。由于下列两个原因:

(1)虽然在三差解中未知参数的数量被进一步减少为3个,但对计算机而言,解3个未知数和10个未知数所节省的时间是微不足道的,何况组成三差观测值也需要花费一定的时间,因而三差解和双差解的工作量是基本相当的。

(2)三差解实际上是一种浮点解(实数解)。因为如果将ΔN_{ij}^{pq}解出,由于各种误差的影响,其值一般为实数。在三差解中,我们只是通过将t_1、t_2两个时刻的双差观测方程相减将其消去而已。由于根本未做取整和回代等项工作，故三差解是与浮点解对应的。此外，三差方程的几何强度也较差。

在 GPS 测量中广泛采用双差固定解而不采用三差解。三差解通常仅被当作较好的初始值，或用于解决整周跳变的探测与修复、整周模糊度的确定等问题。当基线较长、整周模糊度参数无法固定为整数时，也可采用三差解。

5. 求差法的缺点

事物都是一分为二的，与非差法相比，求差法也存在一些缺点，例如：

(1)数据的利用率较低。一些好的观测值会因为与之配对的数据出了问题而无法使用。求差的次数越多，数据利用率越低。例如，一个双差观测值是由 4 个原始观测值组成的，只要丢失一个观测值，其余 3 个观测值就无法使用。

(2)若在两个测站 i、j 上同时对 5 颗卫星进行同步观测，在接收机间求一次差后，可组成 5 个一次差观测方程。如认为两个测站上的 10 个观测值是相互独立的，则在接收机间求差后产生的 5 个一次差观测值也可视为独立观测值。如果我们选择其中一个卫星作为基准星(如卫星 1)，将其余卫星的单差观测值皆与卫星 1 的单差观测值相减而产生 4 个双差观测值(卫星 2-1、3-1、4-1、5-1)，由于每个双差观测值中皆含有卫星 1 的单差观测值，所以这些双差观测值为相关观测值。若不顾及观测值之间的相关性，仍将它们当作独立观测值，从理论上讲就不够严密；若顾及观测值间的相关性，又会增加平差计算的工作量(通常不采用这种方法)。

(3)解的通用性差。由于与某类用户无直接关联的一些参数已被作为多余参数在求差的过程中被消去，所以数据处理结果就难以直接被其他类型的用户所利用。非差法虽然数据处理的工作量较大，但由于保留了所有的参数并均已解出，其结果的利用价值较高，可供不同类型的用户使用。

5.4　其他一些常用的线性组合观测值

单差、双差、三差观测值属于同一频率，同一类型的观测值(指载波相位观测值或伪距观测值)之间的线性组合，其主要目的是为了通过求差来消除卫星钟差、接收机钟差、整周模糊度等参数。除此以外，在 GPS 测量中被广泛应用的线性组合观测值还有在同一类型不同频率的观测值以及不同类型的双频观测值间进行线性组合所求得的各种虚拟观测值。

5.4.1　同类型不同频率观测值的线性组合

1. 组合标准

L_1的载波相位观测值 $\tilde{\varphi}_1$ 和 L_2的载波相位观测值 $\tilde{\varphi}_2$ 间的线性组合的一般形式为：

$$\varphi_{n,m} = n\tilde{\varphi}_1 + m\tilde{\varphi}_2 \tag{5-33}$$

下面不加证明给出线性组合观测值 $\varphi_{n,m}$ 的相应频率 $f_{n,m}$、波长 $\lambda_{n,m}$、整周模糊度 $N_{n,m}$、电离层延迟改正 $(V_{\text{ion}})_{n,m}$，以及观测噪声 $\sigma_{n,m}$ 等与 L_1 和 L_2 中的相应值之间的关系式：

$$f_{n,m} = nf_1 + mf_2 \tag{5-34}$$

$$\lambda_{n,m} = c/f_{n,m} \tag{5-35}$$

$$N_{n,m} = nN_1 + mN_2 \tag{5-36}$$

$$(V_{ion})_{n,m} = -\frac{Ac}{f_1 \cdot f_2} \cdot \frac{nf_2 + mf_1}{nf_1 + mf_2} \tag{5-37}$$

式中，$A = -40.3\int_s Neds$；c 为真空中的光速。

$$\sigma_{n,m} = \sqrt{(n\sigma_{\varphi_1})^2 + (m\sigma_{\varphi_2})^2} \quad （以相位为单位） \tag{5-38}$$

若我们希望新组成的观测值 $\varphi_{n,m}$ 的模糊度仍能保持整数特性，那么 n 和 m 均应为整数。

显然，若不加任何限制，可组成无穷多种不同的线性组合观测值，而我们关心的仅仅是那些对 GPS 测量有实际价值和实际意义的线性组合观测值，这些观测值至少应符合下列标准之一：

① 线性组合后构成的新“观测值”应能保持模糊度的整数特性，以利于正确确定整周模糊度；

② 线性组合后构成的新“观测值”应具有适当的波长；

③ 线性组合后构成的新“观测值”应不受或基本不受电离层延迟的影响；

④ 线性组合后构成的新“观测值”应具有较小的测量噪声。

根据这些标准，我们组合成一些常用的线性组合，现分别予以介绍。

2.常用的线性组合

（1）宽巷（Wide Lane）观测值 φ_Δ

宽巷观测值 φ_Δ 为 φ_1 与 φ_2 之差（$n=+1, m=-1$）：

$$\varphi_\Delta = \varphi_1 - \varphi_2 \tag{5-39}$$

其对应的频率 $f_\Delta = f_1 - f_2 = 347.82\text{MHz}$，对应的波长 $\lambda_\Delta = 86.19\text{cm}$，对应的模糊度 $N_\Delta = N_1 - N_2$。当 $\sigma_{\varphi_1} = \sigma_{\varphi_2} = 0.01$ 周时，$\sigma_{\varphi_\Delta} = 0.01 \cdot \sqrt{2}$ 周，其相应的距离测量噪声 $\sigma_{\varphi_\Delta} = 1.22\text{cm}$。

由于宽巷观测值的波长达 86cm，因而很容易准确确定其整周模糊度。据国外资料报道，只需用几十秒钟的双频 P 码观测值即可准确确定宽巷观测值的整周模糊度 N_Δ。一旦 N_Δ 被正确确定，我们就能以 1.22cm 的测量噪声来测定从卫星至接收机的距离，进而准确确定 N_1 和 N_2。由于测量噪声较大，所以宽巷观测值一般并不用于最终的定位，而是将其作为一种中间过程来确定 L_1 和 L_2 的整周模糊度。具体计算方法和技巧见参考文献。

（2）无电离层延迟观测值 LC

从 4.5 节可知，凡满足下列方程的线性组合皆为无电离层延迟的观测值：

$$nf_1 + mf_2 = 0$$

常用的 LC 观测值有：

$$\varphi_{n,m} = \frac{f_1^2}{f_1^2 - f_2^2}\varphi_1 - \frac{f_1 f_2}{f_1^2 - f_2^2}\varphi_2$$

5.4.2　不同类型观测值的线性组合

测码伪距观测值和载波相位观测值是两种不同类型的观测值，本节将介绍它们间的线性组合。

1.不同类型的双频观测值间的线性组合

伪距测量观测方程和载波相位观测方程可简化为下列形式：

$$\begin{cases} P_1 = \rho - \dfrac{A}{f_1^2} \\ P_2 = \rho - \dfrac{A}{f_2^2} \\ \varphi_1 = \dfrac{\rho}{\lambda_1} + \dfrac{A}{cf_1} - N_1 \\ \varphi_2 = \dfrac{\rho}{\lambda_2} + \dfrac{A}{cf_2} - N_2 \end{cases} \tag{5-40}$$

式中，ρ 为卫星至接收机的距离与所有和频率无关的偏差改正项之和，其余符号的含义同前。将式(5-40)的第 3 项减去式(5-40)的第 4 项后可得：

$$\varphi_1 - \varphi_2 - \rho\left(\frac{1}{\lambda_1} - \frac{1}{\lambda_2}\right) - \frac{A}{c}\left(\frac{1}{f_1} - \frac{1}{f_2}\right) = N_2 - N_1 \tag{5-41}$$

将式(5-40)的第 1 项减去式(5-40)的第 2 项后可得：

$$P_1 - P_2 = + A\frac{f_1^2 - f_2^2}{f_1^2 f_2^2}$$

即

$$A = \frac{f_1^2 f_2^2}{f_1^2 - f_2^2}(P_1 - P_2) \tag{5-42}$$

另据式(4-65)有：

$$\rho = \frac{f_1^2}{f_1^2 - f_2^2}P_1 - \frac{f_2^2}{f_1^2 - f_2^2}P_2$$

将式(4-65)和式(5-42)代入式(5-41)后得：

$$\varphi_1 - \varphi_2 - \frac{f_1 - f_2}{f_1 + f_2}\left(\frac{P_1}{\lambda_1} + \frac{P_2}{\lambda_2}\right) = N_2 - N_1$$

$\varphi_1 - \varphi_2$ 即为宽巷观测值 φ_Δ。将 $\lambda_\Delta = \dfrac{c}{f_\Delta} = \dfrac{c}{f_1 - f_2}$ 代入上式后可得：

$$\varphi_\Delta \lambda_\Delta - \frac{f_1 P_1 + f_2 P_2}{f_1 + f_2} + N_\Delta \lambda_\Delta = 0 \tag{5-43}$$

上述线性组合不仅消除了电离层延迟，也消除了卫星钟差、接收机钟差和卫星至接收机之间的几何距离，仅受测量噪声和多路径误差的影响，这些误差可通过多历元的观测来平滑、削弱。在存在轨道误差、站坐标误差和大气延迟误差的情况下，仍可正确确定宽巷观测值的整周模糊度 $N_\Delta = N_1 - N_2$，此公式是 1985 年由 Melbourne 和 Wubbena 分别提出的，被称为 Melbourne-Wubbena 公式，简称 M-W 公式。

此外，将式(5-40)的第 3 式与(5-40)的第 4 式作如下变换：

$$\varphi_1\lambda_1 - \varphi_2\lambda_2 = -A\frac{f_1^2 - f_2^2}{f_1^2 f_2^2} + N_2\lambda_2 - N_1\lambda_1$$
$$= -(P_1 - P_2) + N_2\lambda_2 - N_1\lambda_1$$

令 $L_I = \varphi_1\lambda_1 - \varphi_2\lambda_2$，并将其称为电离层残差组合，最后有：

$$L_I + (P_1 - P_2) - N_2\lambda_2 + N_1\lambda_1 = 0 \tag{5-44}$$

上式也消除了电离层延迟、卫星至接收机的几何距离、卫星钟差和接收机钟差的影响，也可用于确定 N_1 和 N_2。由于式(5-43)和式(5-44)中只留下模糊度参数 N_1 和 N_2，周跳的结果会使 $(N_1 - N_2)$ 或者 $(N_1\lambda_1 - N_2\lambda_2)$ 发生变化。故上述两式不仅可用于进行模糊度分解，也可用于进行周跳的探测和修复。

2.不同类型的单频观测值间的线性组合

由于测码伪距观测值和载波相位观测值所受到的电离层延迟大小相同、符号相反，故利用单频伪距观测值 ρ 和载波相位观测值 φ 也能消除电离层延迟(为方便起见，在最后的公式中不再加注下标"1")。将式(5-40)的第 1 项与第 3 项作如下变换：

$$\frac{\varphi_1\lambda_1 + P_1}{2} = \frac{\left(\dfrac{\rho}{\lambda_1} - \dfrac{A}{cf_1} - N_1\right)\lambda_1 + \rho + \dfrac{A}{f_1^2}}{2}$$

整理后得：

$$\frac{P + \varphi\lambda}{2} = \rho - \frac{N\lambda}{2} \tag{5-45}$$

单点定位时，采用上述线性组合观测值可显著改善解的精度。上述"观测值"的噪声主要来源于伪距测量的噪声，为保证精度，通常进行较长时间的观测。

5.5　周跳的探测及修复

整周跳变和整周未知数 N 的确定是载波相位测量中特有的问题。完整的载波相位是由 N、$\mathrm{int}(\varphi)$ 和 $\mathrm{Fr}(\varphi)$ 三部分组成的。虽然 $\mathrm{Fr}(\varphi)$ 能以极高的精度测定，但这只有在正确无误地确定 N 和 $\mathrm{int}(\varphi)$ 的情况下才有意义。整周跳变的探测及修复、整周未知数的确定给载波相位测量的数据处理工作增加了不少麻烦和困难，这是为了获得高精度的结果所必须付出的代价。本节将介绍整周跳变的探测及修复，整周未知数的确定将在 5.6 节中进行介绍。

5.5.1　产生整周跳变的原因

我们知道，载波相位测量的实际观测值 $\tilde{\varphi}$ 是由 $\mathrm{Fr}(\varphi)$ 和 $\mathrm{int}(\varphi)$ 两个部分组成的。不足一整周的部分 $\mathrm{Fr}(\varphi)$ 是在观测时刻 t_i 时的一个瞬时量测值，是由卫星的载波信号和接收机的基准振荡信号所生成的差频信号中的小于一周的部分，可由接收机载波跟踪回路中的鉴相器测定。只要在观测时刻 t_i 上述两种信号能正常地生成差频信号，就能获得正确的观测值 $\mathrm{Fr}(\varphi)$。而整周计数 $\mathrm{int}(\varphi)$ 则不然，它是从首次观测时刻 t_0 开始至当前观测时刻 t_i 为止用计数器逐个累积下来的差频信号中的整波段数。如果由于某种原因在两个观测历元

$[t_{i-1},t_i]$间的某一段时间计数器中止了正常的累积工作,从而使整周计数较应有值少了n周,那么当计数器恢复正常工作后,所有的载波相位观测值中的整周计数$\text{int}(\varphi)$便会含有同一偏差值——较正常值少n值(见图5-6)。这种整周计数$\text{int}(\varphi)$出现系统偏差而不足一整周的部分$\text{Fr}(\varphi)$仍然保持正确的现象称为整周跳变,简称周跳。

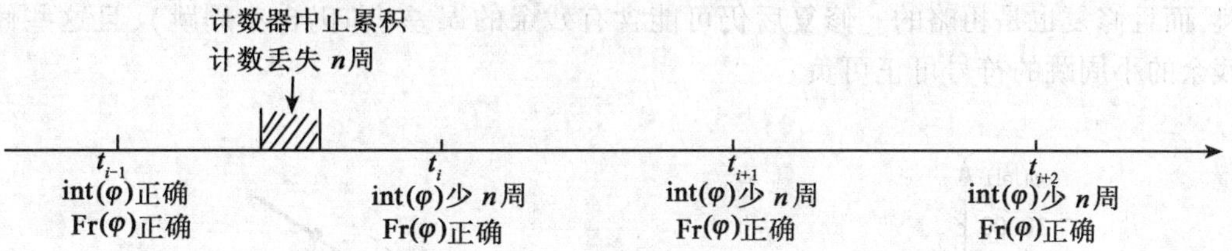

图5-6 整周跳变示意图

引起整周计数暂时中断的原因很多,例如,卫星信号被某障碍物阻挡而无法到达接收机;由于外界干扰或接收机所处的动态条件恶劣而引起卫星信号的暂时失锁等。上述现象都将使接收机在一段时间内无法接收到卫星信号(当然也就无法生成差频信号),从而引起计数的暂时中止。只要在下一个观测历元t_i已恢复对卫星信号的跟踪(能生成差频信号),则不足一整周的部分$\text{Fr}(\varphi)$就可量测并获得正确的观测值。若信号丢失的时间很长,下一观测历元t_i仍不能恢复对卫星信号的跟踪,则该历元的$\text{Fr}(\varphi)$也无法获得。如果能探测出何时何处产生了周跳,并求出丢失的整周数n的准确数值,我们就能对随后的观测值一一加以改正,把它们恢复为正确的观测值,这一工作称为整周跳变的探测与修复。事实上,在一个观测时间段中难免要产生整周跳变,而且往往不止一处,因而发现并修复整周跳变是处理载波相位测量资料时必然会碰到的问题。

值得指出的是,如果由于电源的故障或振荡器本身的故障而使信号暂时中断,那么信号本身便失去了连续性,这种情况不属于整周跳变。此时必须将资料分为前、后两段,每段各设一个整周模糊度分别进行处理。此外,当周跳持续时间过长,现有技术无法准确确定在此期间丢失的整周数n时,也需要进行分段处理。

5.5.2 周跳的探测及修复

周跳探测与修复的方法有很多,大体上分为下列3种类型:①根据载波相位观测值及其线性组合的时间序列是否符合变化规律加以判断;②用其他观测值(如伪距观测值)加以检验;③用平差计算后的观测值残差来加以检验。此外为了更好地探测及修复周跳还可采取一些辅助措施。下面分别加以介绍。

1.用观测值及其线性组合的时间序列是否符合变化规律来进行探测和修复

(1)屏幕扫描法

这是一种最简单、最直接的方法,对于理解周跳探测与修复的原理很有帮助。该方法的要点如下:在计算机屏幕上以时间或观测历元作为横轴,以相位观测值φ作为纵轴,作出观测值φ的曲线图。由于卫星在空间的运行轨迹是一条连续平滑的曲线,因此从接收机至卫星间的距离或载波相位观测值的变化也应该是平滑而有规律的。周跳将破坏这种规律性,使观测值变得不连续。据此即可探测和修复周跳。

无周跳时的观测值曲线本身是一条光滑的连续的曲线。如果在历元 t_{i-1} 与历元 t_i 之间发生了周跳,致使从 t_i 历元开始的后续各历元上整周数减少了 n 周,曲线就会变得不连续不规则(见图 5-7)。用户只需将后半段有周跳的曲线平行上移,使其与前半段无周跳的曲线保持平滑连续就能完成周跳的修复。但由于分辨率的限制,这种方法只能探测数值很大的周跳,而且修复也是粗略的。修复后仍可能含有残余的误差(即仍含小周跳),且这些修正后残余的小周跳的符号可正可负。

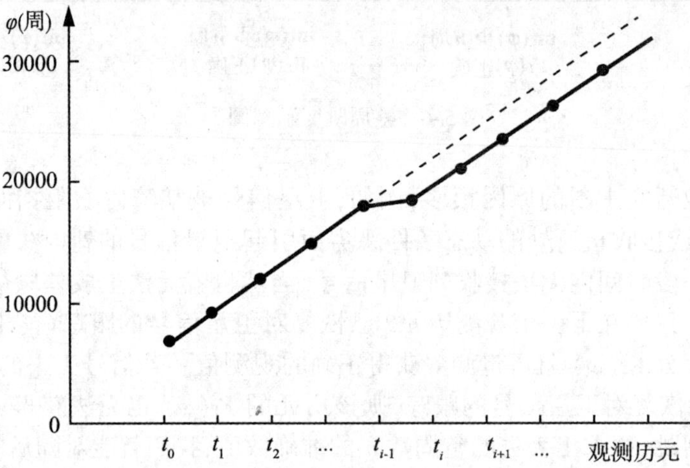

图 5-7　周跳对观测值曲线的影响

(2)高次差法

表 5-1 中给出了一组实测数据,不含整周跳变。由于 GPS 卫星的径向速度最大可达 0.9km/s左右,因而整周计数每秒钟可变化数千周。如果每 15s 输出一个观测值,相邻观测值间差值可达数万周,即使观测值中含有几十周的跳变也不易发现。如果在相邻的两个观测值间依次求差而求得表 5-1 中的一次差,它们变化就会小很多。因为一次差实际上就是相邻两个观测历元卫星至接收机的距离之差(以载波的波长 λ 为长度单位),也等于这两个历元间的卫星的径向速度 $\mathrm{d}\rho/\mathrm{d}t$ 的平均值与采样间隔(t_i-t_{i-1})的乘积,而径向速度 $\mathrm{d}\rho/\mathrm{d}t$ 的变化就要平缓得多。同样,在两个相邻的一次差间继续求差就可求得二次差。二次差为卫星的径向加速度 $\mathrm{d}^2\rho/\mathrm{d}t^2$ 的平均值与采样间隔之乘积,变化更加平缓。采用同样的方法求至四次差时,其值已趋于零,其残余误差已经呈偶然误差特性。因为对于 GPS 卫星而言,$\dfrac{\mathrm{d}^4\rho}{\mathrm{d}t^4}$ 一般已趋于零。残留的四次差主要是由接收机的钟误差等因素引起的。

如果从第 35 个观测值开始有 100 周的周跳,就将使各次差产生相应的误差(见表 5-2 中有“*”号的项),而且误差的量会逐次放大,这对于探测和修复周跳无疑是十分有利的。根据表 5-2 中周跳对高次差的影响方式,不难确定周跳发生的地点及其大小,然后加以修复。

表 5-1　　　　　　　　　　**相位观测值的高次差**

序号 i	int(φ)+Fr(φ)	一次差	二次差	三次差	四次差
30	464623.1581				
		11210.0672			
31	475833.2251		398.6859		
		11608.7531		1.1281	
32	487441.8784		399.8140		1.3791
		12008.5671		2.5072	
33	499450.5455		402.3212		−0.5796
		12410.8883		1.9277	
34	511861.4338		404.2489		0.9639
		12815.1372		2.8916	
35	524676.5710		407.1405		−0.2721
		13222.2777		2.6195	
36	537898.8487		409.7600		−0.4219
		13632.0377		2.1976	
37	551530.8864		411.9576		
		14043.9951			
38	565574.8817				

表 5-2　　　　　　　　　　**有周跳时的高次差**

序号 i	int(φ)+Fr(φ)	一次差	二次差	三次差	四次差	五次差
30	464623.1581					
		11210.0672				
31	475833.2253		398.6859			
		11608.7531		1.1281		
32	487441.9784		399.8140		1.3791	
		12008.5671		2.5072		−101.9586*
33	499450.5455		402.3212		−100.5795*	
		12410.8883		−98.0723*		401.5435*
34	511861.4338		304.2489*		300.9639*	
		12715.1372*		202.8916*		−601.236*
35	524576.5710*		507.1405*		−300.2721*	
		13222.2777		−97.3805*		399.8502*
36	537798.8487*		409.7600		99.5781*	
		13632.0377		2.1976		(−100)*
37	551430.8864*		411.9576			
		14043.9951				
38	565474.8817*					

GPS 接收机一般均采用石英钟，其稳定度较差。假设某接收机钟的短期稳定度为 5×10^{-10}，采样间隔为 15s，考虑到 L_1 载波的频率 $f_1=1.57542\times10^9$ Hz，那么接收机钟的随机误差给相邻的 L_1 载波相位所造成的影响将达 $15\text{s}\times5\times10^{-10}\times1.5754\times10^9\text{Hz}=11.8$ 周。在这种情况下，即使我们发现相位观测值中存在数周的不规则变化，也很难判断是否存在周跳。只有当钟差、大气延迟误差等各种误差对观测值的影响被削弱至远小于 1 周的水平时，我们才能方便地用本节中介绍的各种方法来探测和修复小至 1 周的小周跳。双差观测值可较为完善地消除接收机钟差、卫星钟差、电离层延迟、对流层延迟等各种误差的影响，周跳的探测及修复、整周模糊度的确定都较为容易，因而被广泛采用。

(3)多项式拟合法

高次差法虽然较为直观，易于理解，但不太适合在计算机上运算。多项式拟合法从本质上讲与高次差法是一致的,其算法适合于计算机运算,故被广泛采用。多项式拟合的做法如下:将 m 个无整周跳变的载波相位观测值 $\tilde{\varphi}_i$ 代入下式,进行多项式拟合:

$$\tilde{\varphi}_i = a_0 + a_1(t_i - t_0) + a_2(t_i - t_0)^2 + \cdots + a_n(t_i - t_0)^n \quad (i = 1,2,\cdots,m; m \geqslant n+1) \tag{5-46}$$

用最小二乘法求得式中的多项式系数 $a_0, a_1, \cdots, a_n$,并根据拟合后的残差 V_i 计算出中误差 $\sigma = \sqrt{\dfrac{[V_iV_i]}{m-(n+1)}}$。用求得的多项式系数来外推下一历元的载波相位观测值并与实际观测值进行比较,当两者之差小于 3σ 时,认为该观测值无周跳。去掉最早的一个观测值,加入上述无周跳的实际观测值后,继续上述多项式拟合过程。当外推值与实际观测值之差 大于等于 3σ 时,认为实际观测值有周跳。此时应采用外推的整周计数去取代有周跳的实际观测值中的整周计数,但不足一周的部分 $\mathrm{Fr}(\varphi)$ 仍采用实际观测值。然后继续上述过程,直至最后一个观测值为止。需要说明的是:

① 由于卫地距对时间的四阶导数 $\dfrac{\mathrm{d}^4\rho}{\mathrm{d}t^4}$ 或五阶导数 $\dfrac{\mathrm{d}^5\rho}{\mathrm{d}t^5}$ 一般已趋近于零,表 5-1 中的四次或五次差已呈现随机特性,无法再用多项式来加以拟合。故多项式拟合中的阶数 n 一般取 3~4 阶即可。也可根据拟合后的中误差 σ 来进行判断。

② 上面所说的载波相位“观测值”,既可以是真正的(非差)相位观测值,也可以是经线性组合后形成的虚拟观测值:单差观测值和双差观测值。

(4)电离层残差组合

从(5-40)式及与 TEC 的关系式不难导得电离层残差组合为

$$\varphi_{nm} = \varphi_1 - \frac{f_1}{f_2}\varphi_2 = -\left(N_1 - \frac{f_1}{f_2}N_2\right) - \left(\frac{1}{f_1} - \frac{f_1}{f_2^2}\right)\frac{A}{c} = \left(\frac{f_1^2 - f_2^2}{cf_1f_2^2}\right) \times 40.3\mathrm{TEC} - \left(N_1 - \frac{f_1}{f_2}N_2\right)$$

将相邻两历元的电离层残差组合观测值相减,若无周跳时这两个历元中的整周模糊度均保持不变,即有

$$(\varphi_{nm})_{i+1} - (\varphi_{nm})_i = \left(\frac{f_1^2 - f_2^2}{cf_1f_2^2}\right) \times 40.3(\mathrm{TEC}_{i+1} - \mathrm{TEC}_i)$$

由于 TEC 的变化十分平缓,因此用上式求得的两历元间的 TEC 之差将是一个微小量,变化也很有规律。用这种方法可以探测出 L_1 载波或 L_2 载波上发生的小周跳。但两个载波上的相位观测值同时发生周跳,且 L_1 载波上的周跳数 $\Delta\,\mathrm{int}\,(\varphi)_1$ 与 L_2 载波上的周跳数 $\Delta\,\mathrm{int}\,(\varphi)_2$ 满足下列关系式时,

$$\Delta\,\mathrm{int}\,(\varphi)_1 = \frac{f_1}{f_2}\Delta\,\mathrm{int}\,(\varphi)_2$$

本方法将失效。

这类方法的特点是:先选择一些变化平缓而十分有规律的事物作为判断标准,如卫地距(载波相位观测值)、电离层的总电子含量 TEC 等。一旦发生周跳,上述规律将被破坏,据此来完成周跳的探测及修复工作。

2.用双频 P 码伪距观测值来探测、修复周跳

从式(5-43)可知,根据任一历元的双频 P 码伪距观测值 P_1、P_2 及载波相位观测值 φ_1、φ_2 即可求得宽巷观测值的整周模糊度 N_Δ:

$$N_\Delta = \frac{f_1 P_1 + f_2 P_2}{f_1 + f_2} - (\varphi_1 - \varphi_2)\lambda_\Delta \tag{5-47}$$

从第 1 个历元至第 i 个历元所求得的 i 个 N_Δ 值的均值 $\overline{N}_\Delta^i$ 及其方差 σ_i^2 可用下列递推公式计算:

$$\overline{N}_\Delta^i = \overline{N}_\Delta^{i-1} + \frac{1}{i}(N_\Delta^i - \overline{N}_\Delta^{i-1}) \tag{5-48}$$

$$\sigma_i^2 = \sigma_{i-1}^2 + \frac{1}{i}[(N_\Delta^i - \overline{N}_\Delta^{i-1})^2 - \sigma_{i-1}^2] \tag{5-49}$$

若根据第 i+1 个历元的双频观测资料求得的 N_Δ^{i+1} 与 $\overline{N}_\Delta^i$ 之差的绝对值 $|N_\Delta^{i+1} - \overline{N}_\Delta^i|$ 满足下列方程:

$$|N_\Delta^{i+1} - \overline{N}_\Delta^i| < 4\sigma_i \tag{5-50}$$

就认为第 i+1 个历元的载波相位观测值中无周跳。用式(5-48)和式(5-49)求得 $\overline{N}_\Delta^{i+1}$ 和 σ_{i+1} 后,重复上述过程继续对第 $i+2$ 个历元的观测值进行检核。若 $|N_\Delta^{i+1} - \overline{N}_\Delta^i|$ 不满足式(5-50),就表明第 i+1 个历元的观测值中出现了周跳或粗差。究竟是出现周跳还是出现粗差,则需根据第 i+2 个历元的 N_Δ^{i+2} 来予以判断。若 N_Δ^{i+2} 与 $\overline{N}_\Delta^i$ 之差的绝对值也大于或等于 $4\sigma_i$,且 N_Δ^{i+2} 与 N_Δ^{i+1} 相符很好,就表明第 i 个历元与第 i+1 个历元间确实出现了周跳。此时应将出现的周跳前的 i 个历元划分为第一小段;将出现周跳后的第 i+1 历元划分为第二小段,并按式(5-48)和式(5-49)重新开始进行计算。反之,若 N_Δ^{i+2} 与 $\overline{N}_\Delta^i$ 相符很好,但 N_Δ^{i+1} 和 N_Δ^{i+2} 之间的差值却很大,这表明第 i+1 历元的观测值出现了粗差。给该观测值做上标记,以便在数据处理时予以剔除或进行降权处理。采用上述方法,即可以把周跳作为分界线将整个时段划分为若干个小段,相邻两个小段的整周模糊度的均值之差经四舍五入后就被视为这两个小段间的周跳数。由于宽巷观测值的波长达 86cm,所以其周跳的探测与修复较为容易。经验表明,用 10min 的双频观测值求得的 $\overline{N}_\Delta$ 就可精确到 0.1 周左右,求得宽巷观测值的整周跳变后,还需用其他方法(如多项式拟合法)来进一步探明上述周跳究竟是由 L_1 观测值中的周跳还是 L_2 观测值中的周跳引起的。当 L_1 观测值与 L_2 观测值中产生同样大小的周跳时,可采用何种方法来探测和修复等技术性的问题,限于篇幅无法一一介绍,需要时请参阅参考文献。

采用本方法时无需提供卫星轨道、测站坐标等信息,也不需要在测站和卫星间求差,适用与任意长度的基线。与此同时,还可完成粗差的探测和剔除工作,是一种较为理想的方法。该方法在自动化数据编辑中得到了广泛的应用。

3.用观测值残差进行检验

载波相位观测值的精度很高,用无周跳的相位观测值(周跳已被探测和正确修复)进行基线向量解算时,其残差通常都可控制在 0.1~0.2 周以内。如果相位观测值中还有未探测

出来的小周跳或修复错误时,有周跳的那部分观测值就会与其余观测值不相容,此时就会出现数值很大的残差。据此就可判断观测值中是否还含有周跳。一般说来,只有能通过此项检验的观测值才能被确认是一组无周跳的干净的载波相位观测值。需要指出的是,由于基线解算过程中误差传播的复杂性,有时大残差的位置及数值与周跳的位置及数值并非直接对应,如何根据大残差来探测和修复周跳还是一个十分复杂的问题。

4.辅助性的措施

此外,我们还可采取一些辅助措施以便使周跳的探测及修复工作更为容易,更为有效。

(1)采用双差观测值或星间单差观测值

为了使接收机更为轻便、廉价,目前 GPS 接收机中往往只采用一些普通的石英振荡器来作为频率源,其频率稳定度较差。非差观测值或站间单差观测值由于受接收机钟差的影响,往往难以发现及修复数值较小的周跳。双差观测值或星间单差观测值可消除接收机钟差,从而使探测、修复小周跳的能力大大增强。

表 5-3 中给出了 SV6、SV8 和 SV11 三颗卫星的相位测量观测值的四次差。其中 SV6 从第 106 个观测值起均丢失了 1 周,结果使第 105、106 的四次差差了 3 周,104、107 的四次差各差了 1 周。但由于接收机振荡器的噪声水平也达到几周,因而难以发现。在卫星间求差后由于消除了接收机钟的随机误差的影响,残留下来的值很小(表 5-3 中均小于 0.5 周),就有可能发现小的周跳。

表 5-3　**同一时刻卫星的四次差之差**

四次差 / 序号	SV6	SV8	SV11	SV6-SV8	SV6-SV11	SV8-SV11
100	−2.65	−2.87	−2.54	0.22	−0.11	−0.33
101	−0.12	0.08	0.02	−0.20	−0.14	+0.06
102	1.13	1.24	1.01	−0.09	+0.12	+0.23
103	−1.00	−1.25	−0.92	+0.25	−0.08	−0.33
104	−0.05*	1.20	0.79	−1.25*	−0.84*	+0.41
105	+0.54*	−2.31	−2.63	−2.85*	−3.19*	+0.32
106*	+0.63*	+3.71	+3.56	−3.08*	−2.93*	+0.15
107	0.62*	−1.46	−1.71	+0.84*	+1.09*	+0.25
108	2.14	1.85	+2.08	+0.29	+0.06	−0.23
109	0.14	0.01	−0.05	+0.13	0.19	+0.06

(2)采用三差观测值

用三差观测来探测、修复周跳一般可采用下列两种方法:

① 根据三差观测方程中的常数项来探测和修复周跳

从双差观测值和三差观测值的组成(求差)过程可知,若在历元 i 与历元 $i+1$ 之间某载波相位观测值出现了周跳,丢失了 δN 周,则第 $i+1$ 个历元的双差观测值就会错 δN 周,从而使这两个历元的三差观测值 $\varphi_{ij}^{pq}(t_i,t_{i+1})$ 也相应地错 δN 。但由于整周跳变的继承性,下一个三差观测值 $\varphi_{ij}^{pq}(t_{i+1},t_{i+2})$ 及随后的三差观测值却不受其影响而保持正确。也就是说,双差观测值中的一个周跳只能使一个三差观测值产生相应的错误。三差观测值已消除了卫星钟差和接收机钟差的影响,卫星星历误差和大气传播误差(电离层延迟、对流层延迟、多路径误差等)的影响也得到大幅度的削弱,观测方程中的常数项仅含相邻历元间大气传播误差的变化项及测量噪声的影响,其值一般均小于 0.1 周。若某三差观测值 $\varphi_{ij}^{pq}(t_i,t_{i+1})$ 的观测方程中常数项的绝对值接近 1 周或大于 1 周,则第 i 个历元与第 $i+1$ 个历元间必有周跳,该常数项经四舍五入取整后的值即为双差观测值的周跳数,据此即可对第 $i+1$ 个历元及随后的双差观测值进行修复。

② 根据三差观测值的残差来探测、修复周跳

由于一个周跳仅影响一个三差观测值,故数量有限的周跳只会使三差观测值中出现为数不多的少量粗差观测值。利用这些三差观测值来进行单基线解算时,正常三差观测值的残差将远小于 1 周,含有粗差的三差观测值通常会出现很大的残差。为了使有粗差的观测值尽可能不影响正常观测值的残差,可对它们进行降权处理,然后重新进行迭代计算,直至收敛为止。这样,我们就能根据残差的位置和数量对双差观测值进行周跳的修复。采用此方法还可同时获得精度较好的测站近似坐标,供双差观测值的平差计算使用。

探测、修复周跳的方法还有不少,如卡尔曼滤波法、线性拟合法等。双差观测值还可根据求得的电离层延迟来探测、修复周跳,利用小波理论也可探测、修复周跳,此处不再一一介绍。一般说来,每种方法都有其优点,也有其局限性,所以只有综合利用不同的方法,取长补短,才能形成一个较为完善有效的方案。只有在完成周跳的探测、修复及粗差观测值的剔除工作,获得一组"干净"的观测值后,才能进行最后的平差计算工作。需要说明的是,上述工作是否进行的完全、彻底,最终还是要用正式平差计算中的观测值残差来加以检核。观测值中出现数值很大的、反常的残差,通常就意味着观测值中还含有周跳或粗差,此时应重新进行周跳的探测、修复及粗差的剔除工作。

整周跳变与接收机的质量及观测条件有密切关系,因而必须从选择机型、选点、组织观测时就加以注意,以便能获得一组质量较好的观测值,这是解决周跳问题的根本途径。一组包含了大量周跳、质量很差的观测值,想单纯依靠内业处理的方法来加以修补以获得高精度的结果几乎是不可能的,而且将大大增加工作量,因而决不能因为存在着用内业方法修复周跳的可能性而放松了对外业观测的要求。

5.6 整周模糊度的确定

5.6.1 模糊度问题的重要性及解决方法

正确快速地确定整周模糊度是载波相位测量中的一个关键性问题。这是因为:

①完整的载波相位测量观测值 Φ 是由从载波跟踪回路的鉴相器中所测量出来的不足一整周的部分 $\mathrm{Fr}(\varphi)$,整周计数 $\mathrm{int}(\varphi)$ 和整周模糊度 N 三个部分组成的。经周跳探测及

修复后所获得的一组"干净的"观测值 $\tilde{\varphi}=\mathrm{Fr}(\varphi)+\mathrm{int}(\varphi)$,只有与正确的整周模糊度 N 配合使用才有意义。模糊度参数 N 一旦出错(假设为 δN 周),就会使相应的距离观测值产生系统性的粗差 $\lambda\cdot\delta N$,从而严重损害结果的精度和可靠性。因而正确确定整周模糊度是获得高精度定位(定轨、定时等)结果的必要条件。

②将 GPS 定位技术用于低等级控制测量、普通工程测量及地形测量等领域时,测量所需的时间实际上就是确定整周模糊度 N 所需的时间。快速而准确地确定整周模糊度对于提高上述领域的作业效率具有决定性作用。将 GPS 用于短距离(一般为数百米至数千米,有时也可至数万米)厘米级精度的相对定位时,除了全天候全天时,测站间无需保持通视等优点外,高作业效率也是一个十分重要的因素。

解决模糊度问题一般可采用下列三种方法:

(1)用伪距观测值来确定

目前测量型的 GPS 接收机在给出载波相位测量观测值的同时一般还可同时给出测码伪距观测值。这样我们就有可能用测距码所测定的卫地距来推算出载波相位测量中的整周模糊度,这是一种在观测值域中解决问题的方法,与同步观测的卫星数量及几何图形强度无关,但需要较精确的伪距观测值和电离层延迟修正方法。

(2)用较精确的卫星星历和先验站坐标来确定

在某些特定的场合中,是可以获得较为精确的先验测站坐标的,如网络 RTK 中的基准站坐标,在基线检定场中进行 GPS 接收机的检定时的基线点坐标,进行混凝土大坝变形监测时的基准点及变形点的坐标等。依据这些较为精确的先验站坐标以及高精度的卫星星历,我们就有可能确定载波相位测量中的整周模糊度。采用这种方法时对同步观测的卫星数量及几何图形强度也无要求,但要求有较为精确的卫星星历和先验站坐标,以确保整周模糊度的正确确定,例如确保据卫星星历及先验站坐标反算出来的距离的误差不超过 $\frac{1}{3}$ 或 $\frac{1}{4}$ 个载波波长。

(3)通过平差计算来加以确定

第三种方法是把载波相位测量中的整周模糊度当做一组待定未知参数,通过平差计算与基线向量参数等一起来进行估计。采用这种方法时,并不需要精确的伪距观测值及精确的先验站坐标等附加信息(至少从理论上讲是如此),因而被广泛采用。依据模糊度参数最终是否被固定成整数,该方法还可分为固定解(整数解)和浮点解(实数解或称小数解)。

下面分别对这三种方法加以介绍。

5.6.2 用伪距观测值来确定整周模糊度

在测站 i 用测量型 GPS 接收机对卫星 j 进行观测,在历元 k 接收机可同时提供伪距观测值 R_k 及载波相位观测值 $\tilde{\varphi}_k=\mathrm{Fr}(\varphi)_k+\mathrm{int}(\varphi)_k$,其中 R_k 是用测距码测定的历元 k 时从卫星至接收机间的距离,无模糊度问题。而 $\tilde{\varphi}_k$ 则存在整周模糊度问题。在不考虑各种观测误差的情况下有:

$R_k=\lambda(\tilde{\varphi}_k+N)$,即

$$N=\frac{R_K}{\lambda}-\tilde{\varphi}_K \tag{5-51}$$

由于伪距观测值的精度较低，仅用一个历元的伪距观测值一般难以准确确定整周模糊度 N，好在在不存在周跳的情况下（已进行周跳探测及修复后的干净的载波相位观测值中），连续观测的各历元的载波相位观测值所含的整周模糊度 N 是相同的，因而我们可根据 n 个历元所求得的整周模糊度的平均值来作为最终值，即

$$N=\frac{1}{n}\sum_{k=1}^{n}\left(\frac{R_k}{\lambda}-\tilde{\varphi}_k\right) \tag{5-52}$$

利用这种方法来确定整周模糊度时，方法的成功与否以及所需的时间与伪距测量的精度密切相关。如果我们认为当平均值的精度达到±6cm 时（约为 L_1 载波波长的 $\frac{1}{3}$，L_2 载波波长的 $\frac{1}{4}$）就能较有把握地确定整周模糊度 N，那么当伪距测量的精度为±0.30m 时，就需要 25 个历元的伪距观测值才能准确确定整周模糊度。目前，当采样间隔为 1 秒时，有些 GPS 接收机给出的伪距观测值的精度可达±5cm（实际上这些接收机在 1 秒钟内能进行数十次伪距测量，然后将这些观测值进行平滑和压缩，继而输出一个"伪距观测值"），为利用伪距观测值来确定整周模糊度创造极为有利的条件。

显然采用上述方法时，一些会对伪距观测值及载波相位观测值产生相同影响的误差（如对流层延迟、相对论延迟等）在用(5-51)式求模糊度时并不会对结果产生影响，因而可不予考虑；而一些会对伪距观测值及载波相位观测值产生不同影响的误差（例如电离层延迟）则会影响模糊度的正确确定，因而必须消除。

由于现有的各种电离层延迟模型（如 GPS 广播星历中所用的 Klobuchar 模型，IGS 提供的电离层格网图 GIM 及 CODE 提供的用 15 阶 15 次球谐函数表示的全球电离层延迟模型等）尚无法满足准确确定整周模糊度的需要，因而最好的方法仍是采用双频改正模型，公式如下：

$$\begin{cases} R=\dfrac{f_1^2}{f_1^2-f_2^2}R_1-\dfrac{f_2^2}{f_1^2-f_2^2}R_2 \\ R=\lambda_{\mathrm{IF}}(\tilde{\varphi}_{\mathrm{IF}}+N_{\mathrm{IF}}) \\ \tilde{\varphi}_{\mathrm{IF}}=\dfrac{f_1^2}{f_1^2-f_2^2}\tilde{\varphi}_1-\dfrac{f_1f_2}{f_1^2-f_2^2}\tilde{\varphi}_2 \\ N_{\mathrm{IF}}=\dfrac{f_1^2}{f_1^2-f_2^2}N_1-\dfrac{f_1f_2}{f_1^2-f_2^2}N_2 \end{cases} \tag{5-53}$$

式中，R 为消除电离层延迟后的卫地距，f_1 和 f_2 为两种不同的载波频率（例如 GPS 中的 L_1 和 L_2 载波频率，或 L_1 和 L_5 载波频率），R_1 和 R_2 为用调制在这两种载波上的测距码（如 P_1 码和 P_2 码，C/A 码和 L_2C 码，C/A 码和 L_5 码等）所测得的伪距，λ_{IF}、$\tilde{\varphi}_{\mathrm{IF}}$ 和 N_{IF} 分别为消除电离层延迟组合观测值的波长、载波相位组合观测值及相应的整周模糊度，$\tilde{\varphi}_1$、$\tilde{\varphi}_2$ 和 N_1、

N_2 分别为上述两种载波的相位观测值及整周模糊度。根据每个历元的双频伪距观测值及载波相位观测值不难求得：

$$N_{\mathrm{IF}}=\frac{R}{\lambda_{\mathrm{IF}}}-\tilde{\varphi}_{\mathrm{IF}}=\frac{1}{\lambda_{\mathrm{IF}}}\left(\frac{f_1^2}{f_1^2-f_2^2}R_1-\frac{f_2^2}{f_1^2-f_2^2}R_2\right)-\left(\frac{f_1^2}{f_1^2-f_2^2}\tilde{\varphi}_1-\frac{f_1f_2}{f_1^2-f_2^2}\tilde{\varphi}_2\right) \tag{5-54}$$

利用足够多的历元所求得的 N_{IF} 取中数后，即可求得最终的 N_{IF} 值。

由于(5-53)式中最后一式的系数 $\frac{f_1^2}{f_1^2-f_2^2}$ 及 $\frac{f_1f_2}{f_1^2-f_2^2}$ 不为整数，因而消除电离层延迟观测值的模糊度 N_{IF} 从理论上讲也不为整数，或者说 N_{IF} 已失去整数特性。我们知道在各种误差的影响下，平差计算中所估计出来的模糊度一般并不为整数。当模糊度参数具有整数特性时，我们可以通过求整数解的方法来消除上述各种误差对模糊度的影响而将其恢复成或者固定为正确的整数值，然后再将它们代入方程求得模糊度参数为正确值情况下的坐标参数(或基线向量)，以提高解的精度。但是由于 N_{IF} 已失去了整数特性，从而也就失去了通过上述方法来获得整数解的可能性。为了解决上述问题，求得正确的 N_{IF} 值，可以将 N_{IF} 表示成宽巷观测值的模糊度 N_Δ 及窄巷观测值的模糊度 N_Σ 的函数，或 N_Δ 及 N_1 的函数。我们知道宽巷观测值 $\tilde{\varphi}_\Delta=\tilde{\varphi}_1-\tilde{\varphi}_2$，其模糊度 $N_\Delta=N_1-N_2$，窄巷观测值 $\tilde{\varphi}_\Sigma=\tilde{\varphi}_1+\tilde{\varphi}_2$，其模糊度 $N_\Delta=N_1+N_2$。由此不难推导得 $N_1=\frac{1}{2}(N_\Delta+N_\Sigma)$，$N_2=\frac{1}{2}(N_\Sigma-N_\Delta)$，将它们代入(5-53)式中最后一个公式后可得

$$N_{\mathrm{IF}}=\frac{1}{2}\left(\frac{f_1}{f_1-f_2}N_\Delta-\frac{f_1}{f_1+f_2}N_\Sigma\right)=\frac{f_1^2}{f_1^2-f_2^2}N_\Delta-\frac{f_1}{f_1+f_2}N_1 \tag{5-55}$$

上式即为用 N_Δ 和 N_Σ 来表示 N_{IF} 的公式。用上式求得的 N_{IF} 虽然其数值并不为整数，但由于 N_Δ 和 N_Σ 具有整数特性，可以通过四舍五入等方法将它们固定为正确值，然后通过(5-55)式求得 N_{IF} 的正确值。限于篇幅，具体计算 N_Δ 和 N_Σ 的方法不再介绍，感兴趣的同学可参阅相关参考文献。

除此之外，多路径误差也会对伪距观测值及载波相位观测值产生不同的影响。但由于难以建立起严格的数学模型来加以改正，所以一般只能通过在选站时避开建筑物、山坡、大面积水域等方法来加以解决。

本方法不仅可用于一般静态定位也能用于动态定位，不仅可用于事后处理，也可用于实时处理。高精度的伪距观测值不仅对导航具有重要意义，对高精度定位也有重要意义。

5.6.3　依据较为精确的先验站坐标及卫星星历来确定整周模糊度

如前所述在某些情况下用户是可能获得较为精确的先验站坐标的，此时用户就能依据这些先验站坐标及由卫星星历所给出的卫星位置反求出较为精确的(指误差小于半个波长，为保险起见最好小于$\frac{1}{3}$或者$\frac{1}{4}$个波长)卫地距，进而推算出载波相位测量中的整周模糊度。需要说明的是精密星历给出的是卫星质心在空间的位置，而站坐标一般是指测站标石中心的位置，据此求得的距离是从卫星质心至测站标石中心的距离。需要通过卫星天线相

位中心偏差改正，接收机相位中心偏差改正及相应的归心改正等转换为卫星天线相位中心至接收机天线相位中心间的几何距离 S_0。而与此同时也需对载波相位观测值进行电离层延迟，对流层延迟等改正将其归算为真空中的几何观测量 $\tilde{\varphi}_0$。最后有：

$$N_0 = \frac{S_0}{\lambda} - \tilde{\varphi}_0 \tag{5-56}$$

用上式求得的 N_0 一般为一实数，将其四舍五入后即可求得正确的模糊度 N。

采用本方法的另一个优点是无需进行周跳的探测及修复工作。因为随着卫星的运动，其位置也在不断地变化，因而计算卫地距并进而用(5-56)式计算模糊度 N_0 的工作也是逐历元进行的。此时即便载波相位观测值发生了周跳，由(5-56)式求出的模糊度也会产生相同的变化，也就是说 N_0 与 $\tilde{\varphi}_0$ 间是自洽的，从而保证求得的卫地距 S_0 不受影响。这种情况与用载波相位观测值进行逐历元解算时无需进行周跳的探测与修复是一样的。其实一个更简单的办法是直接根据卫地距 S_0 求出从卫星天线相位中心至接收机天线相位中心间的总波段数 M。M 为整周模糊度 N 与载波相位观测值中的整周计数 $\mathrm{int}(\varphi)$ 之和，即 $M = N + \mathrm{int}(\varphi)$。这样用户就可直接用载波相位观测值中不足一整周的部分 $\mathrm{Fr}(\varphi)$ 及总波段数 M 来进行数据处理了。

直接用 L_1 和 L_2 的载波相位观测值 $\tilde{\varphi}_1$ 和 $\tilde{\varphi}_2$ 来进行定位时，由于它们的波长很短（$\lambda_1 = 19\text{cm}$，$\lambda_2 = 24\text{cm}$），就会对先验站坐标的精度提出较高的要求。若按误差不超过 $\left(\frac{1}{3}\sim\frac{1}{4}\right)$ 个波长来计算，先验站坐标的误差应在(5~6cm)内，有时可能难以达到。此时可根据需要将 $\tilde{\varphi}_1$ 和 $\tilde{\varphi}_2$ 组成波长较长的组合观测值，如波长为163cm的组合观测值（$4\tilde{\varphi}_2 - 3\tilde{\varphi}_1$），波长为86cm的组合观测值（$\tilde{\varphi}_1 - \tilde{\varphi}_2$）等，并用这些组合观测值的定位结果来改善站坐标的精度，为最终用 $\tilde{\varphi}_1$ 和 $\tilde{\varphi}_2$ 定位提供精度较好的先验站坐标。

由于现有的各种对流层延迟改正公式还无法完全满足正确确定整周模糊度的要求，因而目前该方法主要用于短、中距离的相对定位。此时基线两端测站上的对流层延迟可望基本上互相抵消，其残余误差不会影响模糊度的正确确定。

将本方法用于相对定位的另一个优点是对卫星星历的要求大为降低，一般用广播星历就能满足需要。目前GPS卫星的广播星历的精度约为±2m，当基线长为200km时广播星历误差对单差距离观测值 ΔS_{ij}^k 的影响还不足1cm，不会影响模糊度的正确确定。

在参考文献[49,62,214]中，作者将这种方法用于高精度变形监测。在基准站与变形监测点间组成双差观测值，并导出了直接用不足一整周的部分来解算变形量的公式。短基线测试结果表明用上述方法（采用广播星历，不引入对流层参数）求得的结果的精度与用Bernese软件解算的结果的精度大体相当，但计算时间只有Bernese软件的 $\frac{1}{3}\sim\frac{1}{4}$。参考文献[62,215]的作者则将这种方法用于基线向量解算。首先用双P码进行相对定位，将求得的结果作为先验坐标，用波长为163cm的特宽巷组合观测值 $4\tilde{\varphi}_2 - 3\tilde{\varphi}_1$ 以及宽巷组合观测值 $\tilde{\varphi}_1 - \tilde{\varphi}_2$（波长为86cm）作为中间过渡（满足先验站坐标的精度要求并逐步改进先验站坐标的精度)，最终仍用 φ_1 和 φ_2 来进行定位。并对 18 条短基线向量(边长小于 5km)进行了解算，其结果与用 Bernese 软件解算结果之差为平面位置 1~2mm，高程为±5mm。

这些结果表明：在有可能获得精度较好的先验站坐标的情况下，可以利用这些信息来解决周跳的探测与修复，整周模糊度的确定等问题，从而大幅度提高 GPS 定位中数据处理的速度。本方法既可用于事后处理也可用于实时处理。主要用于静态定位，用于动态定位时需设法解决好先验站坐标的问题，如采用较好的预报值或以伪距及宽巷组合观测值作为过渡来进行定位。

模糊度函数法也是一种利用先验站坐标来进行定位的方法。当先验站坐标的精度较差时(误差大于载波的半个波长)，有两种不同的解决方法。一种是前面所介绍的设法用双频观测值来构建波长较长的宽巷观测值，使先验站坐标的误差能小于组合观测值的半个波长，并用组合观测值来进行定位以改善站坐标的精度，为下一轮定位提供精度较好的先验站坐标。通过一次或数次这样的中间过渡来最终完成定位工作。另一种方法是依据先验站坐标及其精度，以预先设定的置信度(如 99.9%)来构建一个置信区间，然后在该区间内以一定的步长逐个进行探测，从中搜寻出正确的解。模糊度函数法便采用后一种方法，下面我们来介绍在模糊函数法中是依据什么标准来寻找正确解的。

我们知道，求解整周模糊度参数的目的是为了把载波相位观测值换算为精确的距离观测值，从而解算基线向量(待定点坐标)。解算基线向量时，必须(以一定的精度)已知其中一个端点的坐标，因此解算基线向量也相当于求解另一个端点(待定点)的坐标。模糊函数法虽然并不显式求解模糊度参数，但可通过搜索算法来直接获得基线向量(待定点坐标)的最优解。其基本原理如下：

模糊函数 F 的定义如下：

$$F(X,Y,Z)=\sum_{i=1}^{n}\sum_{j=1}^{n_i}\sum_{l=1}^{n_f}\cos\{2\pi[\Delta\varphi_c^{ijl}(X,Y,Z)-\Delta\varphi_0^{ijl}]\} \tag{5-57}$$

式中，n 为一个时段中的历元数，当时段长为 2 小时，采样间隔为 15 秒时，在数据无丢失的情况下 $n=480$；在动态定位逐历元进行定位时 $n=1$；n_i 为第 i 个历元中双差观测值的个数，当两站同步观测 7 个卫星时，在数据无丢失的情况下，每个频率均可构成 6 个双差观测值；n_f 为观测时的频率数，进行双频观测时，$n_f=2$；$\Delta\varphi_0^{ijl}$ 为双差观测值中不足一周的部分，不含整周计数和整周模糊度；$\Delta\varphi_c^{ijl}(X,Y,Z)$ 为依据卫星星历所求得的两个卫星的位置以及已知的基准站坐标和待定点坐标 (X,Y,Z) 计算出来的完整的双差相位观测值(含整周计数及整周模糊度)，其中 (X,Y,Z) 即为在置信区间内按所设定的步长逐次试探时所取的坐标。设待定点的坐标的真值为 (X_0,Y_0,Z_0)，在没有测量噪声和其他任何误差的情况下，$[\Delta\varphi_c^{ijl}(X,Y,Z)-\Delta\varphi_0^{ijl}]$ 等于若干个整周数 N_{ijl}，所以 $\cos\{2\pi[\Delta\varphi_c^{ijl}(X,Y,Z)-\Delta\varphi_0^{ijl}]\}=1$。此时模糊函数 F 的取值为 $m=\sum_{i=1}^{n}\sum_{j=1}^{n_i}\sum_{l=1}^{n_f}1$，即该时段中所有不同频率的双差观测值的总数 $(n\times n_i\times n_f)$。

将双差观测值的最小二乘解中所求得的待定点坐标 $(\hat{X},\hat{Y},\hat{Z})$ 代入计算时，$[\Delta\varphi_c^{ijl}(X,Y,Z)-\Delta\varphi_0^{ijl}]=N_{ijl}+V_{ijl}$，$V_{ijl}$ 为双差观测值 $\Delta\varphi_0^{ijl}$ 的改正数。由于改正数 V_{ijl} 的值很小，故用

级数展开后可得 $\cos 2\pi(N_{ijl}+V_{ijl})=1-2\pi^2 V_{ijl}^2$，于是有：

$$F(\hat{X},\hat{Y},\hat{Z})=m-2\pi^2\sum V^2 \tag{5-58}$$

式中，$\sum V^2=\sum_{i=1}^{n}\sum_{j=1}^{n_i}\sum_{l=1}^{n_f}V_{ijl}^2$。

由于最小二乘解能保证 $\sum V^2=\min$，故 $F(\hat{X},\hat{Y},\hat{Z})=\max$。反之亦然，能使模糊函数 F 取极大值的一组站坐标，就是用最小二乘法所求得的站坐标。

根据上述原理，如果我们已经用某种方法求得了先验站坐标值 (X',Y',Z') 及它们的中误差 m_X，m_Y 和 m_Z，就能以先验站坐标为中心构建一个搜索区间，如取 $X'\pm 3m_X$、$Y'\pm 3m_Y$ 和 $Z'\pm 3m_Z$ 为搜索范围，然后以一定的步长逐个搜索，找出能使模糊函数 F 取极大值的站坐标，这组站坐标也就是我们用最小二乘法所求得的站坐标。需要说明的是：

(1)采用本方法时，其作业(内业数据处理)的效率在很大程度上取决于先验站坐标的精度。当先验站坐标的精度较高时，搜索区间小，搜索时间短，即便只有少量观测值时也能获得不错的结果；反之当先验站坐标的精度较差时，搜索区间会变得很大，搜索时间长，有时可能会把局部区域的最大值误以为是整个区间的最大值而求得错误的结果。因而该方法特别适合用于基线向量的复测；在检定场中检验 GPS 接收机，进行变形量很小的变形监测等场合，因为在这些场合，均很容易获得精度较好的先验站坐标。在进行一般的 GPS 测量时，通常和三差法配合使用，即首先用三差解来获得精度较好的先验站坐标。

(2)从上面的讨论可知，整周数的变化并不影响模糊函数 F 的取值。这就意味着采用本方法进行数据处理时，无需进行周跳的探测与修复工作，也不必确定整周模糊度，只需用载波相位观测值中不足一整周的部分 $\mathrm{Fr}(\varphi)$ 来进行计算即可。这是该方法的优点，特别适合于处理周跳较多的观测资料。

(3)为加快搜索速度，开始时，可将整个搜索区域划分为若干较大的区域，通过搜索确定待定点位于哪一个较大的区域内，然后再将该区域细分为若干小区域，再通过搜索来确定待定点的精确位置。例如，当先验站坐标的中误差为 $m_X=\pm 20\text{cm}$，$m_Y=\pm 25\text{cm}$，$m_Z=\pm 30\text{cm}$ 时，若仍以±3 倍中误差来构建搜索区域的话，该搜索区域就是一个以先验站坐标为中心，大小为 120cm×150cm×180cm 的长方体。如果我们先以 10cm 作为步长，将整个搜索区域划分为 12×15×18=3240 个大子区间，找出正确点位于哪一个大子区间，然后再以 1cm 为步长将该大子区间细分为 1000 个小子区间进行搜索的话，就能较为迅速地搜索到正确解，这比一开始就将整个搜索区间划分为 3240000 个 1cm^3 的小区间直接进行搜索来得快。当然如果有必要还可继续对 1cm^3 的小区间再加以划分，以求得更准确的解。但这种划分也不应过度小，只需与定位精度或实际需要相适应即可。

从某种程度上讲，5.6.3 中所介绍的模糊函数法和依据较为精确的先验站坐标来确定模糊度法也可以看成是一种绕过整周模糊度的确定而直接求解基线向量(站坐标)的最小二乘解的方法。同样，模糊函数法既可用于静态定位也可用于动态定位，既可用于事后处理也可用于实时处理。

5.6.4 将模糊度作为待定参数通过平差计算来进行估计

将模糊度作为待定参数与坐标参数等一起通过平差计算来进行估算是确定模糊度的一

种常用方法。

1.基线解算中的整数解和实数解

当整周模糊度参数取整数时所求得的基线向量解称为整数解，也称为固定解；反之当模糊度参数取实数时所求得的基线向量解称为实数解，也称为浮点解。求整数解的步骤如下：

(1)求初始解

用修复周跳、剔除粗差后的“干净”的载波相位观测值进行基线向量的解算，求得基线向量及整周模糊度参数，这种解称为初始解。如前所述，由于各种误差的影响，初始解中的模糊度参数一般为实数。

(2)将整周模糊度固定为整数

采用适当的方法，将上述初始解中求得的实数模糊度一一固定为正确的整数。必要时可先固定其中部分模糊度，然后将其代入方程，以改善方程组的状态(减少未知数的个数，改善图形强度)，然后再设法求解和固定其余的模糊度。

(3)求固定解

将上述固定为整数的模糊度参数作为已知值代回法方程式，重新求解坐标参数及其他参数，从而获得固定解。

反之，求得初始解后，若无法十分有把握地将实数模糊度固定为某一整数，因而只能将初始解当作最终解时，其解就称为实数解。整数解是在模糊度参数已被恢复为真值的基础上求得的，或者说是与一组不受误差影响的、正确的模糊度参数相对应的解，所以精度较高。

在短基线测量中，由于两站所受到的误差间的相关性好，误差能较完善地得以消除，因而通常都能获得固定解。在中长基线测量中，误差的相关性减弱，初始解的误差将随之增大，从而使模糊度参数很难固定，因而一般只能求实数解。

2.固定模糊度的基本方法及其原理

我们知道非差、单差、宽巷、窄巷等载波相位观测值的模糊度(均指不含卫星端及接收机端的硬件延迟)及双差观测值的模糊度从理论上讲均应为某一整数。但是由于观测误差，模型误差及计算误差等的影响，从初始解中求得的模糊度参数一般并不为整数。此时从最小二乘解的角度讲模糊度参数已被求得，但从模糊度参数应为某一整数，而现在解得的却并非为一组整数的角度讲，模糊度参数尚未被准确确定。接下去我们还应采用适当的方法，依据初始解所提供的信息将初始解中求得的实数模糊度一一固定为正确的整数(真值)。这项工作被称为固定模糊度，由于初始解中求得的实数模糊度参数的误差可能大于 0.5 周(尤其是在快速定位中)，因而简单的四舍五入无法保证获得正确解。固定模糊度的基本方法是：

(1)确定一个合适的置信区间

①计算单位权中误差 μ

根据初始解中各载波相位观测值的改正数 v 计算单位权中误差 μ：

$$\mu = \sqrt{\frac{\sum_{i=1}^{n} v_i^2}{n-r}} \tag{5-59}$$

其中 n 为观测值的个数，r 为待定参数的个数。

②计算模糊度 N_i 的中误差 m_{N_i}：

$$m_{N_i}=\mu\sqrt{q_{N_{ii}}}$$

式中的 $q_{N_{ii}}$ 为初始解中与参数 N_i 对应的协因数阵中对角线上的元素。

③构置模糊度 N_i 的置信区间

选择一个合适的置信度 $(1-\alpha)$，根据数理统计理论用置信度 $(1-\alpha)$ 及自由度 $f=n-r$ 查取系数 β，并构建 N_i 的置信区间 $(N_i-\beta m_{N_i},N_i+\beta m_{N_i})$。例如当自由度 $f=2500$ 时，若选择置信度 $(1-\alpha)$ 为95%，则可查到 $\beta=1.98$；若选取置信度为99.7%时，$\beta=3.00$，若选取置信度为99.9%，则 $\beta=3.28$。也就是说如果我们以初始解中所求得的实数模糊度 N_i 为中心，来构建一个置信区间 $(N_i-3.28m_{N_i},N_i+3.28m_{N_i})$，那么正确的模糊度位于该区间的概率就能高达99.9%，正确解位于该区间以外的可能性极小(0.1%)，一般不会发生。于是搜寻正确解的工作就可以在置信区间内进行。显然置信度取得越大(越接近100%)，置信区间也越大，在该区间内成功地寻找到正确解的可能性也越大，但与此同时，搜寻的工作量也会急剧增大。因而需要选择一个合适的置信度(置信区间)，以便在绝大多数情况下既可以成功地搜寻到正确的模糊度，又不致使工作量过大，例如将置信度选为99.7%，相应的 β 值为3.0。

在观测精度好并对这些观测值进行了精确的误差修正，而且观测时间又足够长的情况下，就有可能获得足够精确的初始解。此时初始解所求得的实数模糊度参数的中误差 m_{N_i} 以及据此所构成的置信区间都很小，只有一个整数能落在置信区间内。显然从数理统计的观点说，该整数就是我们所要寻找的正确的模糊度。反之，如果初始解的精度不好，所求得的实数模糊度参数的中误差以及据此所构建的置信区间的范围很大，就会有多个整数位于该区间内。如前所述，由于实数模糊度的中误差很大(例如大于1周)，因而离它最近的整数不一定就是正确解。从数理统计的角度讲，我们只能相当有把握地说："正确解应该是位于置信区间中的这些整数中的某一个"。为了方便起见，我们不妨将这些整数称为"正确解的备选组"。接下去的任务就是要将正确解从备选组中挑选出来。

(2)从备选组中寻找正确解

假设初始解中共有 m 个模糊度参数，其中第 i 个实数模糊度 N_i 的备选组中含有 n_i 个整数($i=1,2,\cdots,n_i$)。将这 m 个备选组一一排列组合起来形成一切可能的组合状态。显然这种排列组合最多有 $N=n_1\times n_2\times\cdots\times n_m$ 种不同的组合方式。在这 N 种不同的组合方式中只有一种组合是完全由正确解组成的(每个模糊度都是正确的)，其余的组合中至少有一个模糊度是错误的，当然也有两个或多个模糊度出错的情况，甚至所有模糊度均不正确的情况。现在的任务就是要把完全由正确解组成的这组组合寻找出来作为最终的模糊度参数。

我们知道载波相位观测值的精度较高，在观测值没有出现粗差的情况下，观测值残差及单位权中误差一般仅为数毫米至数厘米。把完全由正确解所组成模糊度组合代入方程时就是这种情况。当我们把其余 $N-1$ 组模糊度组合代入方程时，由于至少有一个模糊度参数是错误的，相当于与该模糊度相应的一大批从卫星至接收机间的距离中都出现了粗差，此时定位精度将急剧下降，观测值残差及单位权中误差迅速增大(通常会增大几倍，几十倍甚至几百倍)。

这就意味着我们只需将N组不同的模糊度组合当作已知值依次一一代入法方程式进行求解,进而求得各载波相位观测值的残差及单位权中误差μ,那么能使单位权中误差μ显著小的那组模糊度组合就是我们所要寻找的完全正确的组合,相应的这组解就是我们所要的整数解(固定解)。

采用上述方法我们就能把从初始解中所求得的实数模糊度参数全部固定为正确的整数。但由于N值往往会很大,如果将它们一一代入法方程求解,其计算工作量也会极其巨大,因而在实际应用时往往还需加以改进,下面介绍几种典型的实际计算方法。

3.快速静态定位中的FARA法

(1)快速静态定位

为了开拓新的应用领域,将GPS定位技术应用于低等级控制测量、普通工程测量(如一般的管线测量、输电线路测量、道路测量等)以及地籍测量(图根控制、界址点坐标的测定等)领域,通常会要求GPS定位能在很短的时间内完成。这是因为采用全站仪等地面测量方法来完成上述任务时,在一个测站上通常只需观测数分钟至一二十分钟即可。GPS定位技术若想在这些领域中得以应用,必须在定位精度和作业效率方面都具有足够的竞争力。再加上测站间无需保持通视,观测不受气候条件的限制,可同时获得点的三维坐标等优点,用户才乐意在这些领域中使用GPS定位技术。上述要求也是完全可以实现的,因为在这些应用领域中,基线向量的长度都很短,一般都不超过数公里。基线两端测站上的误差具有很好的相关性。即使只观测几个历元,各种误差也可通过相对定位很好地得以消除。而且载波相位测量的测量噪声一般仅为2~3mm,因而只要能准确确定整周模糊度,即使只用几个历元的观测值也能获得毫米级至厘米级的相对定位精度,满足上述领域的精度要求。所以快速而准确地确定整周模糊度便成为快速静态定位中的关键问题。快速定位所需的时间实际上就是准确确定整周模糊度所需的时间。

(2)快速静态定位存在的问题

我们知道,在存在观测误差、模型误差、计算误差的情况下,即使观测方程的个数远大于未知数的个数,但如果方程组是病态的,仍然无法精确的估计出这些未知参数。快速静态定位就属这种情况。由于观测时间短,在这段时间内卫星位置变化有限,从接收机至卫星的方向变化很小,因而观测方程组中各方程的系数及常数项的变化也极其微小。所有方程几乎都是线性相关的。此时从几何上讲图形强度很差,从代数学的角度讲观测方程的状态很差,方程是病态的,因而初始解的精度也很差。这就是在快速静态定位中我们不能通过提高采样率,增加观测值的数量来明显改善解的精度的根本原因。由于初始解中所求得的实数模糊度参数的精度很差(中误差很大),因而相应的置信区间中会含有多个整数。由它们排列组合起来的全部可能解的数量将十分惊人。例如当两站同步观测7个卫星时,可组成6个双差模糊度。如果这6个模糊度的备选组中有3个备选组各含6个整数,有3个备选组各含5个整数,则组成的排列组合总数$N=6\times6\times6\times5\times5\times5=27000$。如果要将它们一一代入法方程式求解,进而计算出各观测值的残差v_i和单位权中误差μ,其计算工作量也将是十分惊人的。

(3)FARA法

为此,E.Frei和G.Beutler于1992年提出了快速模糊度解算法FARA(Fast Ambiguity

Resolution Approach)。FARA 法的实质在于：在将模糊度组合代入法方程进行解算前先对其进行数理统计检验。把大量的不合理的组合(无法通过数理统计检验的组合)先进行剔除。由于进行数理统计检验的工作量要远远小于代入方程进行解算然后再计算单位权中误差的工作量，因而这种方法可大幅度提高计算速度。

FARA 法中进行数理统计检验的基本做法及原理如下：设 N_i 和 N_j 为初始解中所求得的两个实数模糊度参数，据误差传播定律这两个互相关的参数之差 $\Delta N_{ij}=N_i-N_j$ 的中误差：

$$m_{\Delta N_{ij}}=(m_{N_i}^2-2m_{N_{ij}}+m_{N_j}^2)^{\frac{1}{2}}=\mu\,(q_{N_{ii}}-2q_{N_{ij}}+q_{N_{jj}})^{\frac{1}{2}} \tag{5-60}$$

其中 $q_{N_{ii}}$ 和 $q_{N_{jj}}$ 分别为参数 N_i 和 N_j 的协因数，位于初始解的协因数矩阵的对角线上，$q_{N_{ij}}$ 为参数 N_i 和 N_j 的互协因数，位于协因数矩阵的非对角线上。求得实数模糊度之差 ΔN_{ij} 及其中误差 $m_{\Delta N_{ij}}$ 后，同样也能以 ΔN_{ij} 为中心，依据所规定的置信度 $(1-\alpha)$ 及自由度 $f=n-r$ 来构建一个置信区间 $(\Delta N_{ij}-\beta m_{\Delta N_{ij}},\Delta N_{ij}+\beta m_{\Delta N_{ij}})$，如果有两个整数模糊度 N_i^0 和 N_j^0，其差值 $\Delta N_{ij}^0=N_i^0-N_j^0$ 已位于该置信区间以外，那么所有同时含有 N_i^0 和 N_j^0 的组合就都不是我们要寻找的正确组合，都可以加以剔除而无需再将它们一一代入方程进行解算了。由于检验工作量不大，而且一旦不能通过检验就能剔除一大批同时含 N_i^0 和 N_j^0 的组合，所以效率很高。

(4)解的确认

由于 FARA 法是建立在概率论的基础上的，因此通常还需要进行下列三项统计检验，来确认用上述方法搜索出来的整数模糊度组合的正确性。

第一项：整数解和初始解所求得的基线向量的一致性检验。设整数解所求得的基线向量为 X，初始解所求得的基线向量为 $\hat{X}$，相应的协因数阵为 $Q_{\hat{X}}$。如果下式成立，则 $\hat{X}$ 和 X 从统计检验的角度讲是一致的、相容的：

$$(\hat{X}-X)^{\mathrm{T}}Q_{\hat{X}}^{-1}(\hat{X}-X)\leqslant\beta r\mu^2 \tag{5-61}$$

式中，$\beta=\xi_F(\mu,f,1-\alpha)$ 是置信度为 $1-\alpha$、自由度为 f 和 r 的 fisher 分布的单尾分位置；r 为未知参数的个数；f 为参数估计中的自由度；μ 为初始解中的单位权中误差。

由于模糊度参数已位于相应的置信区间内，故只要基线向量也是一致的，就意味着整数解和初始解的解向量都是一致的。

第二项：整数解和初始解的单位权中误差的一致性检验。设整数解的单位权中误差为 μ_A，初始解的单位权中误差为 μ，如下式成立，则表示两者从统计检验的角度讲是一致的：

$$\xi_{\chi^2\left(f,\frac{\alpha}{2}\right)}\leqslant\frac{\mu_A^2}{\mu^2}\leqslant\xi_{\chi^2\left(f,1-\frac{\alpha}{2}\right)} \tag{5-62}$$

上式检验也称方差因子的 χ^2 检验。式(5-62)中的符号的含义与式(5-61)中的相同。

第三项：整数解中最小单位权中误差 $\mu_{\min}$ 与次最小单位权中误差 $\mu_{次最小}$ 间的显著性检验。如前所述，如果用上述方法搜索出来的一组整数模糊度参数就是我们所寻找的正确参数，那么它所对应的单位权中误差 $\mu_{\min}$ 就应显著地小于 $\mu_{次最小}$。因为与 $\mu_{次最小}$ 所对应的那组解中至少有一个整数模糊度是不正确的，这就会使相应的卫地距出现粗差，从而使单位权中误差迅速增大。反之，如果很不巧，某一卫星正确的整数模糊度一开始就没有位于置信区间内(虽然出现这种情况的概率很小，但很不幸，这种小概率事件出现了)。此时由各备选组所构成的排列组合中根本就不含完全正确的解。我们只能在错误解之间进行比较。例如错误排列组合 A 所对应的单位权中误差最小，错误排列组合 B 所对应的单位权中误差次最小，但由于这两组组合中均含有粗差（至少有一个模糊度是错误的），因而其比值 $\frac{\mu^2_{次最小}}{\mu^2_{\min}}$ 一般不如一个组合是全正确的，另一个组合是错误的来得大，也就是说 $\mu_{次最小}$ 和 $\mu_{\min}$ 之间的差异一般不那么显著。此项检验也称为 ratio 值检验，检验公式如下：

$$\text{ratio 值} = \frac{\mu^2_{次最小}}{\mu^2_{最小}} \geqslant \xi_{F(\mu,f,1-\frac{\alpha}{2})} \tag{5-63}$$

在实际作业中通常给定一个固定的误差，如 ratio 值大于等于 3。上述三项检验中只要有一项检验不通过就意味着搜索失败，需返工重测或采取其他措施（如扩大置信区间的范围，将正确值包含进来，但这样会使计算工作量急剧增大）。

快速静态定位技术一般都用于短基线上的厘米级定位。由于载波相位测量的测量噪声一般仅为 2~3mm，进行相对定位时基线两端测站上的各种误差又能较好地得以消除，因而只要能准确地确定整周模糊度，一般只需用少数几个历元的观测值即可获得所需的定位精度，从而极大地提高了外业观测的作业效率。但与此同时，由于观测时间短，方程状态差，初始解的精度将迅速下降，从而使模糊度搜索的工作量急剧增加。FARA 法充分利用了初始解中协因数阵中非对角线元素所提供的不同模糊度之间的互相关信息，通过数理统计检验来剔除大量不合理的模糊度组合，从而大大减少了数据处理的工作量。

4.LAMBDA 法

1993 年荷兰 Deft 大学的 Teunissen 教授提出了最小二乘模糊度降相关平差法（Least-square AMBiguity Decorrelation Adjustment-LAMBDA）。该方法主要由两部分内容组成：①为降低模糊度参数之间的相关性而进行的多维整数变换。②在转换后的空间内进行模糊度搜索，然后再将结果转换回模糊度空间去，进而求得整数解。

LAMBDA 法理论严密，搜索速度快，效果好，是一种被广泛采用的模糊度固定方法。

(1)整数最小二乘理论

线性化后的载波相位观测方程为：

$$y = AN + Bb + V \qquad Q_y \tag{5-64}$$

式中 y 为载波相位观测值向量，N 为模糊度参数向量，A 为相应的系数矩阵。b 为坐标参数，天顶方向的对流层延迟参数等参数向量，B 为相应的系数矩阵。V 为观测值残差向量，Q_y 为观测值的方差-协方差阵。

按最小二乘理论。我们应在

$$V^2 = \| y - AN - Bb \|^2_{Q_y} = \min \tag{5-65}$$

的条件下来估计未知参数 N 和 b 。

我们知道，在卫星端的硬件延迟及接收机端的硬件延迟已被消除或已被分别进行修正而不再叠加至模糊度参数上去的情况下，模糊度参数理论上应为某一整数，即 $N \in Z^n$ ，n 为模糊度参数的个数。目前保持模糊度参数整数特性的最常用最简单的方法是通过组成双差观测值来消除卫星端及接收机端的硬件延迟。

部分未知数被限定为整数时的最小二乘理论称为整数最小二乘理论。在整数最小二乘法中,(5-65)式无法直接求解。整个求解过程仍然要像前面所讲的那样分三步来进行。

第一步:不对模糊度参数加以约束,求得实数解(即初始解)。

第二步:在下列条件下来搜索整数模糊度 N^0:

$$\| N - N^0 \|_{Q_N}^2 = (N - N^0)^{\mathrm{T}} Q_N^{-1} (N - N^0) = \min, \ N^0 \in Z^n \tag{5-66}$$

其中 Q_N 为初始解中求得的实数模糊度 N 的方差-协方差阵。

第三步:将搜索出来的整数模糊度代入法方程重新求解 b^0(求固定解)。

其中第一步与第三步与前述过程相同,不再介绍。LAMBDA 法主要对第二步整数模糊度 N^0 的搜索过程进行了改进。

(2)通过整数变化进行降相关

①为什么要进行降相关处理

我们知道,当模糊度参数间强相关时,会出现牵一发而动全身的现象。对某一模糊度做出微小调整后,其余模糊度也会互相响应,此起彼伏,难以快速收敛。若第 i 个模糊度参数的备选组中含 n_i 个整数,需进行搜索的模糊度组合总数可达 $N = n_1 \times n_2 \times \cdots \times n_n$。其数量十分惊人,搜索工作量大。反之,如果各模糊度参数间是完全不相关的,任何一个模糊度参数的变化都不会影响其他参数的取值。那么我们就能在 $[PVV] = \min$ 的条件下分别对每个模糊度进行搜索,找出其最优的整数取值,然后组成正确的模糊度组合。这样总的搜索次数 $N = n_1 + n_2 + \cdots + n_n$,其数量将大大减少。当然实际上各模糊度参数间是函数相关的,彼此间并不完全独立。但如果我们能设法降低模糊度参数间的相关程度,使得某一模糊度的变化对其它模糊度取值的影响尽可能小,就能大大加快模糊度的搜索过程。

降相关的优点也可以从几何上加以解释。满足公式(5-66)的整数模糊度将分布在一个以实数模糊度 $(N_1, N_2, \cdots, N_n)$ 为中心的 n 维椭球内,n 为模糊度参数的个数。如前所述,搜索正确的模糊度的工作将在一个 n 维的长方体内进行,该长方体中第 i 条边的长度即为第 i 个实数模糊度 N_i 的置信区间 $(N_i - \beta m_{N_i}, N_i + \beta m_{N_i})$ 的长度,或者说是该区间内整数的个数(备选组中整数的数量)。当模糊度参数间强相关时,该椭球的形状为细长形(见图 5-8(a)),其搜索区域会很大。当模糊度参数间的相关性减弱时,n 维超椭球将趋于球形。虽然其体积保持不变,但需要搜索的区域却能减少(见图 5-8(b))。需要说明的是图 5-8 中只能画出三维的情况,但实际上模糊度参数的个数会大得多,因而搜索区域的减少将十分显著。

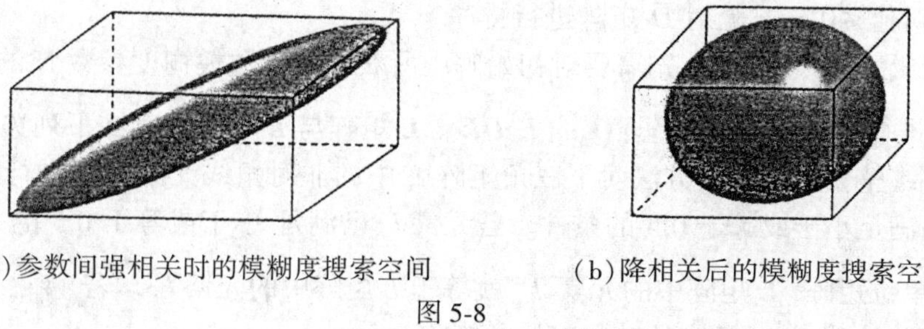

(a)参数间强相关时的模糊度搜索空间　　(b)降相关后的模糊度搜索空间

图 5-8

②如何进行降相关

LAMBDA 法是通过对模糊度参数及其方差-协方差阵进行整数高斯变换(也称 z 变换),将它们从原空间变换到新的空间中去:

$$\begin{cases} \boldsymbol{Q}_{\bar{N}} = \boldsymbol{z}^{\mathrm{T}}\boldsymbol{Q}_N\boldsymbol{z} \\ \bar{\boldsymbol{N}} = \boldsymbol{z}^{\mathrm{T}}N \\ \bar{\boldsymbol{N}}^0 = \boldsymbol{z}^{\mathrm{T}}N^0 \end{cases} \tag{5-67}$$

式中, N 、N^0、Q_N 为原空间中的实数模糊度、整数模糊度及方差-协方差阵, $\bar{N}$ 、$\bar{N}^0$、$Q_{\bar{N}}$ 为新空间中的实数模糊度、整数模糊度及方差-协方差阵。

然后在新空间中进行模糊度搜索,由于在新空间中模糊度参数间的相关性已大为减小,因而可迅速搜索到正确的模糊度组合(或称最佳模糊度组合)。最后再将搜索到的正确模糊度组合通过逆变换($N^0 = \boldsymbol{z}^{-\mathrm{T}}\bar{N}^0$)再变回原空间中去。

为了达到上述目的,对整数变换矩阵(z 矩阵)提出下列要求:

(a) $\boldsymbol{z}$ 矩阵中所有元素均为整数。其行列式的绝对值为 1,即 $|\det \boldsymbol{z}| = 1$。以确保其逆矩阵 $\boldsymbol{z}^{-1}$ 的所有元素也皆为整数。所有在新空间中搜索出来的正确整数模糊度组合经逆变换转换回原空间后仍为整数。

(b)为计算方便,通常会对经过整数变换后的方差-协方差阵 $\boldsymbol{Q}_{\bar{N}}$ 进行 Cholesky 分解,即 $\boldsymbol{Q}_{\bar{N}} = \bar{\boldsymbol{L}}^{\mathrm{T}}\bar{\boldsymbol{D}}\bar{\boldsymbol{L}}$ 。其中 $\bar{\boldsymbol{L}}$ 为下三角矩阵,其对角线上的元素均为 1。要求 $\bar{\boldsymbol{L}}$ 矩阵尽可能对角线化,其任意一个非对角线上的元素 $l_{ij}(i > j)$ 的绝对值均不大于 0.5,即 $|l_{ij}| \leqslant 0.5$。这就意味着经整数变换后,模糊度参数之间的相关性已减小。

(c) 经 $\boldsymbol{Q}_{\bar{N}} = \bar{\boldsymbol{L}}^{\mathrm{T}}\bar{\boldsymbol{D}}\bar{\boldsymbol{L}}$ 分解后的对角线矩阵 $\bar{\boldsymbol{D}}$ 中的元素 $\bar{d}_i$ 应尽可能成降序排列,即 $\bar{d}_1 \geqslant \bar{d}_2 \geqslant \cdots \geqslant \bar{d}_n$,以加快搜索速度。当然我们也可以对 $\boldsymbol{Q}_{\bar{N}}$ 矩阵进行上三角矩阵分解,即 $\boldsymbol{Q}_{\bar{N}} = \bar{\boldsymbol{L}}\bar{\boldsymbol{D}}\bar{\boldsymbol{L}}^{\mathrm{T}}$($\bar{\boldsymbol{L}}$ 为上三角矩阵)。此时对角线矩阵 $\bar{\boldsymbol{D}}$ 中的元素应成升序排列,即 $\bar{d}_1 \leqslant \bar{d}_2 \leqslant \cdots \leqslant \bar{d}_n$ 。从理论上讲这两种分解方法是相当的,但对某一组具体数据而言,不同分解方法的计算速度可能不完全相同。本文采用下三角分解 $\boldsymbol{Q}_{\bar{N}} = \bar{\boldsymbol{L}}^{\mathrm{T}}\bar{\boldsymbol{D}}\bar{\boldsymbol{L}}$ 。

概括起来说,在降相关阶段主要需完成的任务有两项:一是使 $\bar{\boldsymbol{L}}$ 矩阵中的非对角线元素 $\bar{l}_{ij}$ 的绝对值≤0.5,二是对 $\bar{\boldsymbol{D}}$ 矩阵进行排序。

为了完成第一项任务,首先需要对初始解中所获得的实数模糊度参数 N 的方差-协方差矩阵 $\boldsymbol{Q}_N$ 也进行 Choleshy 分解,即 $\boldsymbol{Q}_N = \boldsymbol{L}^{\mathrm{T}}\boldsymbol{D}\boldsymbol{L}$ 。$\boldsymbol{L}$ 矩阵与 $\bar{\boldsymbol{L}}$ 矩阵间存在下列关系: $\bar{L} = LZ$ 。然后采用多维整数高斯变换方法对下三角矩阵 $\boldsymbol{L}$ 中的非对角线元素依次进行检核,看其绝对值是否已满足小于或等于 0.5 的条件。若元素 l_{ij} 已满足 小于或等于 0.5 的条件,则 $\boldsymbol{Z}_{ij} = \boldsymbol{I}_n$, $\boldsymbol{I}_n$ 为一单位矩阵, $\bar{\boldsymbol{L}}$ 矩阵中的元素 $\bar{l}_{ij}$ 就等于 L 矩阵中的元素 l_{ij} 。若 $|l_{ij}| > 0.5$,就需对其进行降相关处理,此时相应的整数变换子矩阵 $\boldsymbol{Z}_{ij}$ 为:

$$Z_{ij} = I_n - (l_{ij}) \cdot e_i \cdot e_j^{\mathrm{T}} \tag{5-68a}$$

其中，I_n 是 n 行 n 列的单位矩阵；(l_{ij}) 表示将 l_{ij} 四舍五入凑整为某一整数，如(4.2)=4，(4.8)=5；e_i 是一个 $(n\times1)$ 的列向量，第 i 行的元素为1，其余元素皆为0；e_j^{T} 是一个 $(1\times n)$ 的行向量，第 j 列的元素为1，其余元素皆为0。

于是(5-68a)式可进一步写为：

$$\underset{n\times n}{\boldsymbol{Z}_{ij}}=\begin{pmatrix}1&&&\\&1&&\\&&\ddots&\\&&&1\end{pmatrix}_{n\times n}-\begin{pmatrix}0&\cdots&0&\cdots&0\\ \cdots&\cdots&\cdots&\cdots&\cdots\\ 0&\cdots&(l_{ij})&\cdots&0\\ \cdots&\cdots&\cdots&\cdots&\cdots\\ 0&\cdots&\underset{\text{第}j\text{列}}{0}&\cdots&0\end{pmatrix}_{n\times n}\text{第}\,i\,\text{行}=\begin{pmatrix}1&&&\\&\ddots&&\\&-(l_{ij})&&\\&&\ddots&\\&&&1\end{pmatrix}_{n\times n}\tag{5-68b}$$

也就是说整数变换子矩阵 $\boldsymbol{Z}_{ij}$ 是一个 $(n\times n)$ 的方阵，其主对角线上的元素均为1，第 i 行第 j 列的元素为经四舍五入后的整数 $-(l_{ij})$，其余元素均为0。

为了达到降相关的目的，可将原下三角矩阵 $\boldsymbol{L}$ 乘以 $\boldsymbol{Z}_{ij}$ 矩阵，即

$$\boldsymbol{L}'=L\cdot Z_{ij}=\begin{pmatrix}1&&&&&&&\\ l_{21}&1&&&&&&\\ \vdots&\vdots&\ddots&&&&&\\ \vdots&\vdots&\cdots&1&&&&\\ \vdots&\vdots&\cdots&\vdots&\ddots&&&\\ l_{i1}&l_{i2}&\cdots&l_{ij}&\cdots&1&&\\ \vdots&\vdots&\cdots&\vdots&\cdots&\vdots&\ddots&\\ l_{n1}&l_{n2}&\cdots&l_{nj}&\cdots&\cdots&\cdots&1\end{pmatrix}_{(n\times n)}\cdot\begin{pmatrix}1&&&\\&\ddots&&\\&1&&\\&-(l_{ij})&\ddots&\\&&&1\end{pmatrix}\tag{5-69}$$

从(5-69)式可知，经整数变换后(乘上子矩阵 $\boldsymbol{Z}_{ij}$ 后)，$\boldsymbol{L}'$ 矩阵中的元素 $\boldsymbol{l}_{ij}$ 为：

$$l'_{ij}=l_{ij}-(l_{ij})\tag{5-70}$$

其绝对值 $|l'_{ij}|\leqslant0.5$。

按照矩阵运算的法则，将 L 矩阵乘上 Z_{ij} 矩阵后，不仅 l_{ij} 的值会发生变化，该列中下面的元素值也会发生变化，即

$$l'_{k,j}=l_{k,j}-(l_{ij})\cdot l_{k,i}\quad(k=i+1,i+2,\cdots,n)\tag{5-71}$$

需要说明的是，对 l_{ij} 进行的降相关运算(乘上 Z_{ij} 矩阵)，只能保证 $|l'_{ij}|\leqslant0.5$，但不能保证 $|l'_{k,j}|\leqslant0.5(k=i+1,i+2,\cdots,n)$，因而随后还需对它们一一进行降相关。此外，从 $\boldsymbol{Z}_{ij}$ 矩阵的结构不难看出降相关矩阵的行列式的绝对值为1，即 $|\det Z_{ij}|=1$。

为了完成第二项任务，需对 D 矩阵的对角线元素依次进行检验，并对不满足检验条件的对角线元素进行调序。对 d_i 及 d_{i+1} 进行检验时 $(i=1,2,\cdots,n-1)$，检验条件为：

$$d_i+l'^2_{i+1,i}\cdot d_{i+1}>d_{i+1}\text{，即 }d_i>(1-l'^2_{i+1,i})\cdot d_{i+1}\tag{5-72}$$

当上述条件不满足时，就需对 d_i 及 d_{i+1} 进行调序变换。需要指出的是调序变换并不是简单地将 d_i 和 d_{i+1} 的位置互换，它们的数值及 L 矩阵中相应元素的值也均会发生变化。调

序变换的具体方法如下：

首先不加推导，直接给出变换矩阵 $\boldsymbol{P}_{i,i+1}$：

$$\boldsymbol{P}_{i,i+1}=\left(\begin{array}{ccc|cc|ccc}1&&&&&&&\\&\ddots&&&&&&\\&&1&&&&&\\\hline&&&0&1&&&\\&&&1&0&&&\\\hline&&&&&1&&\\&&&&&&\ddots&\\&&&&&&&1\end{array}\right)\begin{array}{l}\left.\vphantom{\begin{array}{c}1\\ \ddots\\1\end{array}}\right\}(i-1)\text{行}\\\left.\vphantom{\begin{array}{c}0\\1\end{array}}\right\}2\text{行}\\\left.\vphantom{\begin{array}{c}1\\ \ddots\\1\end{array}}\right\}n-(i+1)\text{行}\end{array}=\begin{pmatrix}I_{i-1}&&\\&P&\\&&I_{n-(i+1)}\end{pmatrix}\tag{5-73}$$

$$(i-1)\text{列}\qquad 2\text{列}\qquad n-(i+1)\text{列}$$

即调序矩阵 $\boldsymbol{P}_{i,i+1}$ 由三个部分组成，第一部分是 $(i-1)$ 维的单位矩阵，第二部分是 $\boldsymbol{P}=\begin{pmatrix}0&1\\1&0\end{pmatrix}$，第三部分为 $n-(i+1)$ 维的单位矩阵。

将 $\boldsymbol{Q}_N$ 矩阵进行调序变换 $\bar{\boldsymbol{Q}}_N=\boldsymbol{P}_{i,i+1}^{\mathrm{T}}\boldsymbol{Q}'_N\boldsymbol{P}_{i,i+1}$，并将 $\bar{\boldsymbol{Q}}_N$ 重新进行 $\bar{\boldsymbol{L}}^{\mathrm{T}}\bar{\boldsymbol{D}}\bar{\boldsymbol{L}}$ 分解，其结果如下：

$$\boldsymbol{P}_{i,i+1}^{\mathrm{T}}\cdot Q'_N\cdot P_{i,i+1}=\bar{\boldsymbol{L}}^{\mathrm{T}}\bar{\boldsymbol{D}}\bar{\boldsymbol{L}}=\begin{bmatrix}L_{11}^{\mathrm{T}}&\bar{L}_{21}^{\mathrm{T}}&L_{31}^{\mathrm{T}}\\&\bar{L}_{22}^{\mathrm{T}}&\bar{L}_{23}^{\mathrm{T}}\\&&L_{33}^{\mathrm{T}}\end{bmatrix}\begin{bmatrix}D_{11}&&\\&\bar{D}_{22}&\\&&D_{33}\end{bmatrix}\begin{bmatrix}L_{11}&&\\\bar{L}_{21}&\bar{L}_{22}&\\L_{31}&\bar{L}_{32}&L_{33}\end{bmatrix}\tag{5-74}$$

上式表明经调序变换并重新进行 $\boldsymbol{L}^{\mathrm{T}}\boldsymbol{D}\boldsymbol{L}$ 分解后，有的分块矩阵发生了变化，如 $\bar{\boldsymbol{L}}$ 矩阵中的 $\bar{L}_{21}$、$\bar{L}_{22}$、$\bar{L}_{32}$ 及 $\bar{\boldsymbol{D}}$ 矩阵中的 $\bar{D}_{22}$ 分块，有的分块则未发生变化如 $\bar{\boldsymbol{L}}$ 矩阵中的 L_{11}、L_{31}、L_{33} 及 $\bar{\boldsymbol{D}}$ 矩阵中的 D_{11}、D_{33} 分块。为明显起见，书中在发生变化的分块上均加上了一个横杠。下面不加证明直接给出发生变化的各分块的计算公式：

$$\left.\begin{array}{l}\bar{\boldsymbol{L}}_{21}=\begin{pmatrix}l'_{i+1,i}&1\\\dfrac{d_i}{d_{i+1}}&l'_{i+1,i}\end{pmatrix}\cdot L_{21},\quad\bar{\boldsymbol{L}}_{22}=\begin{pmatrix}1&\\\bar{l}_{i+1,i}&1\end{pmatrix},\quad\bar{\boldsymbol{L}}_{32}=l_{32}P\\[2ex]\bar{d}_{i+1}=d_i+(l'_{i+1,i})^2d_{i+1},\quad\bar{d}_i=d_i\dfrac{d_{i+1}}{\bar{d}_{i+1}},\quad\bar{l}_{i+1,i}=\dfrac{l'_{i+1,i}d_{i+1}}{\bar{d}_{i+1}}\end{array}\right\}\tag{5-75}$$

从(5-75)式不难看出调序变换矩阵 $\boldsymbol{P}_{i,i+1}$ 的行列式的绝对值也为1。

需要说明的是，①降相关一般是从非对角线元素 $l_{n,n-1}$ 开始进行的。此项工作完成后就开始对 D 矩阵中相应的对角线元素 d_{n-1} 和 d_n 进行检验及调序。然后再对相邻的 $l_{n-1,n-2}$ 列进行降相关，对 d_{n-2} 和 d_{n-1} 进行检验及调序。依次进行直至对下三角矩阵中所有的非对角线元素进行降相关，对 D 矩阵中所有的对角线元素进行排序为止。②最初的方差-协方差阵 $\boldsymbol{Q}_N(\boldsymbol{L}^{\mathrm{T}}\boldsymbol{D}\boldsymbol{L})$ 为初始解中所获得的实数模糊度 N 的方差-协方差阵。此后每次变换时所用的方差-协方差阵 $\boldsymbol{Q}(\boldsymbol{L}^{\mathrm{T}}\boldsymbol{D}\boldsymbol{L})$ 均为上次降相关变换或调序变换后所得到的新结果。最后一次变换所得的 $\boldsymbol{L}$ 矩阵及 $\boldsymbol{D}$ 矩阵即为最终结果。最终的整数变换矩阵 $\boldsymbol{Z}$ 即为所有的降相关子矩阵及所有的调序变换子矩阵的乘积。由于每个降相关子矩阵及调序子矩阵的行列式的绝对值均为 1，因而整数变换矩阵 $\boldsymbol{Z}$ 的行列式绝对值也为 1。

(3)在新空间中进行模糊度搜索

整数变换后原整数模糊度搜索条件(5-66)式将变为：

$$(\bar{\boldsymbol{N}}-\bar{\boldsymbol{N}}^0)^{\mathrm{T}}\boldsymbol{Q}_{\bar{N}}^{-1}(\bar{\boldsymbol{N}}-\bar{\boldsymbol{N}}^0)=\min \tag{5-76}$$

将 $\boldsymbol{Q}_{\bar{N}}=\bar{\boldsymbol{L}}^{\mathrm{T}}\bar{\boldsymbol{D}}\bar{\boldsymbol{L}}$ 代入后目标函数 f 可表示成：

$$\begin{aligned} f&=(\bar{\boldsymbol{N}}-\bar{\boldsymbol{N}}^0)^{\mathrm{T}}(\bar{\boldsymbol{L}}^{\mathrm{T}}\bar{\boldsymbol{D}}\bar{\boldsymbol{L}})^{-1}(\bar{\boldsymbol{N}}-\bar{\boldsymbol{N}}^0)=(\bar{\boldsymbol{N}}-\bar{\boldsymbol{N}}^0)^{\mathrm{T}}\bar{\boldsymbol{L}}^{-1}\boldsymbol{D}^{-1}(\bar{\boldsymbol{L}}^{\mathrm{T}})^{-1}(\bar{\boldsymbol{N}}-\bar{\boldsymbol{N}}^0)\\ &=[(\bar{\boldsymbol{L}}^{\mathrm{T}})^{-1}(\bar{\boldsymbol{N}}-\bar{\boldsymbol{N}}^0)]^{\mathrm{T}}\cdot\boldsymbol{D}^{-1}\cdot[(\bar{\boldsymbol{L}}^{\mathrm{T}})^{-1}(\bar{\boldsymbol{N}}-\bar{\boldsymbol{N}}^0)]=\min \end{aligned} \tag{5-77}$$

如前所述，$\bar{\boldsymbol{L}}$ 为一下三角矩阵，故 $\bar{\boldsymbol{L}}^{\mathrm{T}}$ 为上三角矩阵且其对角线元素均为 1，据矩阵求逆的运算法则可知 $(\bar{\boldsymbol{L}}^{\mathrm{T}})^{-1}$ 也为一个上三角矩阵，而且它的对角线元素也均为 1，我们不妨将其写为：

$$(\boldsymbol{L}^{\mathrm{T}})^{-1}=\boldsymbol{H}=\begin{pmatrix} 1 & h_{12} & h_{13} & \cdots & h_{1,n-1} & h_{1,n}\\ & 1 & h_{23} & \cdots & h_{2,n-1} & h_{2,n}\\ & & \ddots & & \vdots & \vdots\\ & & & \ddots & \vdots & \vdots\\ & & & & 1 & h_{n-1,n}\\ & & & & & 1 \end{pmatrix} \tag{5-78}$$

于是 $(\boldsymbol{L}^{\mathrm{T}})^{-1}(\bar{\boldsymbol{N}}-\bar{\boldsymbol{N}}^0)$ 可写为：

$$\boldsymbol{H}(\bar{\boldsymbol{N}}-\bar{\boldsymbol{N}}^0)=\begin{pmatrix} \bar{N}_1-\bar{N}_1^0+\sum\limits_{j=2}^{n}h_{1j}(\bar{N}_j-\bar{N}_j^0)\\ \bar{N}_2-\bar{N}_2^0+\sum\limits_{j=3}^{n}h_{2j}(\bar{N}_j-\bar{N}_j^0)\\ \vdots\\ \bar{N}_{n-1}-\bar{N}_{n-1}^0+h_{n-1n}(\bar{N}_n-\bar{N}_n^0)\\ \bar{N}_n-\bar{N}_n^0 \end{pmatrix} \tag{5-79}$$

为方便起见，将列向量 $\bar{\boldsymbol{N}}^0$ 单独取出，而将其余部分记为列向量 $\boldsymbol{Z}$，即

$$
\bar{\boldsymbol{N}}^0=\begin{pmatrix}\bar{N}_1^0\\ \bar{N}_2^0\\ \vdots\\ \bar{N}_n^0\end{pmatrix},\quad \boldsymbol{Z}=\begin{pmatrix}\bar{N}_1+\sum\limits_{j=2}^{n}h_{1j}(\bar{N}_j-\bar{N}_j^0)\\ \bar{N}_2+\sum\limits_{j=3}^{n}h_{2j}(\bar{N}_j-\bar{N}_j^0)\\ \vdots\\ \bar{N}_{n-1}+h_{n-1,n}(\bar{N}_{n-1}-\bar{N}_{n-1}^0)\\ \bar{N}_n\end{pmatrix} \tag{5-80}
$$

于是目标函数(5-77)式可表示为：

$$
f=(\boldsymbol{Z}-\bar{\boldsymbol{N}}^0)^{\mathrm{T}}\bar{\boldsymbol{D}}^{-1}(\boldsymbol{Z}-\bar{\boldsymbol{N}}^0)=\min \tag{5-81}
$$

从上面的讨论可知经整数变换后的 $\bar{\boldsymbol{D}}=\begin{pmatrix}\bar{d}_1 & & & \\ & \bar{d}_2 & 0 & \\ & 0 & \ddots & \\ & & & \bar{d}_n\end{pmatrix}$，其对角线元素成降序排列，即 $\bar{d}_1\geqslant\bar{d}_2\geqslant\cdots\geqslant\bar{d}_n$。据矩阵运算规则可知，其逆矩阵 $\bar{\boldsymbol{D}}^{-1}=\begin{pmatrix}\frac{1}{\bar{d}_1} & & & \\ & \frac{1}{\bar{d}_2} & 0 & \\ & 0 & \ddots & \\ & & & \frac{1}{\bar{d}_n}\end{pmatrix}$。

将其代入(5-81)式后，目标函数 f 最终可表示为：

$$
f=\frac{(Z_1-\bar{N}_1^0)^2}{\bar{d}_1}+\frac{(Z_2-\bar{N}_2^0)^2}{\bar{d}_2}+\cdots+\frac{(Z_n-\bar{N}_n^0)^2}{\bar{d}_n}=\min \tag{5-82}
$$

设目标函数 f 的最大值为 r^2 ①，即

---

① 先前通常将 $\bar{\boldsymbol{Q}}_N^{-1}$ 矩阵进行上三角矩阵的 Cholesky 分解，即 $\bar{\boldsymbol{Q}}_N^{-1}=hh^{\mathrm{T}}$，而不再将对角线元素单独分解为 D 矩阵(当然在这种情况下上三角矩阵 h 中的对角线元素不再为 1)。此时生成的目标函数 f 具有下列形式 $f=(Z_1-\bar{N}_1^0)^2+(Z_2-\bar{N}_2^0)^2+\cdots+(Z_n-\bar{N}_n^0)^2=\min$，且 $f\leqslant r^2$。这就意味着整数模糊度向量 $\bar{\boldsymbol{N}}^0=(\bar{N}_1^0,\bar{N}_2^0,\cdots,\bar{N}_n^0)^{\mathrm{T}}$ 应位于以 $\boldsymbol{Z}=(Z_1,Z_2,\cdots,Z_n)^{\mathrm{T}}$ 为中心以 r 为半径的 n 维球体内(或球面上)。其几何意义较为明确。现在为了更便于计算，一般将 Q_N 分解为 $\boldsymbol{L}^{\mathrm{T}}\boldsymbol{DL}$ 三个矩阵之乘积。于是在(5-82)和(5-83)式中，在坐标差的平方 $(Z_i-\bar{N}_i^0)^2$ 下面会出现分母 d_i，以致使其几何意义不再那么明确也不太容易表白。只能看成整个 f 值不会超出球体 r^2 以外。

$$f=\frac{(Z_1-\bar{N}_1^0)^2}{\bar{d}_1}+\frac{(Z_2-\bar{N}_2^0)^2}{\bar{d}_2}+\cdots+\frac{(Z_n-\bar{N}_n^0)^2}{\bar{d}_n}\leqslant r^2 \tag{5-83}$$

(5-82)式和(5-83)式表明,所谓的整数模糊度搜索,就是要在以 r 为半径的球体内寻找到一组使目标函数 f 取极小值的整数模糊度参数 $\bar{N}^0=(\bar{N}_1^0,\bar{N}_2^0,\cdots,\bar{N}_n^0)$ 。

由于 H 是一个上三角矩阵,因而可采用序贯解算的方法。从最后一个模糊度参数 $\bar{N}_n^0$ 开始解算,逐次反解,最后解算出 $\bar{N}_1^0$。具体计算方法如下:

据(5-83)式可知:

$\frac{(Z_n-\bar{N}_n^0)^2}{\bar{d}_n}\leqslant r^2$ 即 $|Z_n-\bar{N}_n^0|\leqslant\sqrt{\bar{d}_n}\,r$,上式也可写为 $Z_n-\sqrt{\bar{d}_n}\,r\leqslant\bar{N}_n^0\leqslant Z_n+\sqrt{\bar{d}_n}\,r$。

令 $A_n=Z_n-\sqrt{\bar{d}_n}\,r$,$B_n=Z_n+\sqrt{\bar{d}_n}\,r$,区间 (A_n,B_n) 内的所有整数就构成整数模糊度参数 $\bar{N}_n^0$ 的备选组。然后再将备选组的值依次代入下式,就能求得参数 $\bar{N}_{n-1}^0$ 的备选组:

$$\frac{(Z_{n-1}-\bar{N}_{n-1}^0)^2}{\bar{d}_{n-1}}+\frac{(Z_n-\bar{N}_n^0)^2}{\bar{d}_n}\leqslant r^2$$

类似地,可求得,

$$A_{n-1}=Z_{n-1}-\sqrt{\bar{d}_{n-1}r^2-\frac{(Z_n-\bar{N}_n^0)^2}{\bar{d}_n}\bar{d}_{n-1}},\quad B_{n-1}=Z_{n-1}+\sqrt{\bar{d}_{n-1}r^2-\frac{(Z_n-\bar{N}_n^0)^2}{\bar{d}_n}\bar{d}_{n-1}},$$

(A_{n-1},B_{n-1}) 区间内的所有整数便构成了参数 $\bar{N}_{n-1}^0$ 的备选组。采用同样的方法便可依次反求得上一个模糊度参数的备选组,直至求得 $\bar{N}_1^0$ 参数的备选组为止。其一般计算公式为:

$$\begin{cases} A_i=Z_i-\sqrt{\bar{d}_ir^2-\sum\limits_{k=i+1}^{n}\frac{(Z_k-\bar{N}_k^0)^2}{\bar{d}_k}\bar{d}_i} \\ B_i=Z_i+\sqrt{\bar{d}_ir^2-\sum\limits_{k=i+1}^{n}\frac{(Z_k-\bar{N}_k^0)^2}{\bar{d}_k}\bar{d}_i} \end{cases} \tag{5-84}$$

区间 (A_i,B_i) 内的所有整数即为模糊度参数 $\bar{N}_i^0$ 的备选组。

一旦在计算过程中出现了不合理的中间结果,如 $\sum\limits_{k=i+1}^{n}\frac{(Z_k-\bar{N}_k^0)^2}{\bar{d}_k}>r^2$,便可中止计算,剔除结果。因为此时该模糊度组合已位于以 r 为半径的搜索球体以外。

求得各模糊度参数的备选组合后,将各备选组中的整数一一进行组合,并将各组组合分别代入(5-82)式,能使目标函数 f 取最小值的组合就是我们所要寻找的最佳模糊度组合。

从上面的讨论可以看出整数模糊度搜索成功与否以及搜索工作量在很大程度上取决于

搜索球体的半径 r 的取值是否合理。若 r 的取值过小以致正确的模糊度组合没有被包含在搜索区域内，就将导致模糊度搜索的失败。若搜索球的半径 r 取值过大，又将使各备选组内所含的整数数量大增，从而导致搜索工作量的急剧增加。

为此有学者提出了一种不断缩小 r 值的迭代算法。即一旦获得一组模糊度组合解后，就将其代入(5-83)式，计算目标函数 f，当 $f < r^2$ 时就用 f 来取代 r^2，并在新的区间内重新进行计算。采用这种迭代算法就能逐步缩小搜索范围，减少备选组中的整数数量，直至找到能使目标函数 f 取最小值的一组最佳整数模糊度组合为止。Vierbo-Bigheri 法就采用了这种算法(简称 VB 算法)。

(5-84)式告诉我们，任一模糊度 $\bar{N}_i^0$ 的备选组在数轴上是以 Z_i 为中心，加上或减去 $\sqrt{\bar{d}_i r^2 - \sum_{k=i+1}^{n} \frac{(Z_k - \bar{N}_k^0)^2}{\bar{d}_k} \bar{d}_i}$ 后构成的。以往在备选组中进行整数搜索时是从小到大依次进行的。但误差分布理论及计算实践均告诉我们：在观测值未遭受系统误差严重污染的情况下，正确的模糊度位于搜索区间中部的概率较大，位于搜索区域两端的概率较小，因而从中央到两端搜索能较快地搜索到正确结果，提高搜索效率。具体方法如下：搜索理应从备选组的中点 Z_i 开始。但由于进行的是整数模糊度搜索，因而首先需要把 Z_i 四舍五入凑整为整数，并将其记为 S_i。当 $S_i > Z_i$，即 Z_i 是通过五入的方法向上凑整为整数时，搜索顺序如下：$S_i, S_{i-1}, S_{i+1}, S_{i-2}, S_{i+2}, \cdots$。例如当 $Z_i = 5.7, S_i = 6$ 时，搜索顺序如下：6,5,7,4,8,…。当 $S_i < Z_i$，即 Z_i 是通过四舍的方法向下凑整为整数时，搜索顺序如下：$S_i, S_{i+1}, S_{i-1}, S_{i+2}, S_{i-2}, \cdots$。例如当 $Z_i = 5.3, S_i = 5$ 时，搜索顺序如下：5,6,4,7,3,8,… 。上述搜索方法被称为 Schnorr-Euchner 算法(简称 SE 算法)。综合利用 VB 算法及 SE 算法，可大幅提高搜索速度。

在新空间内搜索到的最佳模糊度组合 $\bar{N}^0 = (\bar{N}_1^0, \bar{N}_2^0, \cdots, \bar{N}_n^0)^{\mathrm{T}}$ 还需经过整数逆变换变换回原空间去，即 $N^0 = (N_1^0, N_2^0, \cdots, N_n^0) = Z^{-1}\bar{N}^0 = Z^{-1}(\bar{N}_1^0, \bar{N}_2^0, \cdots, \bar{N}_n^0)$ 。

此外还有不少学者对搜索区域 r^2 的选取方法以及模糊度搜索方法进行了研究，提出了许多新的方法，如用序贯取整法来确定 r^2，以及 Bootstrap 法及 K-Bootstrap 法等，限于篇幅不再介绍。

(4)模糊度确认

与快速静态定位中的 FARA 法一样，在搜索到最佳模糊度组合后，还需通过三项检验来确认其正确性。这三项检验分别是：

①整数解与实数解中所求得的基线向量的一致性检验。

②整数解与实数解的单位权中误差的一致性检验。

③整数解中最小单位权中误差 $\sigma_{最小}$ 与次最小单位权中误差 $\sigma_{次最小}$ 之间的显著性检验。此项检验方法常被称为 ratio 值检验。

由于检验方法及内容与 FARA 法相同，不再重复介绍。

在 LAMBDA 法中，降相关，对角线 D 的排序，搜索区域 r^2 的合理选取，以及合理的模糊度搜索方法等都将对提高计算效率作出贡献。但是对于在这些因素中哪种因素起了决定性的作用？各种因素所作的贡献分别有多大等问题还有待深入研究。

通常采用LAMBDA法时,从快速搜索模糊度处所获得的利益(减少的计算工作量)要远大于整数变换及逆变换的计算工作量,因而计算效率较高。

(5)算例

由于LAMBDA法是当前确定整周模糊度时所采用的主流方法,而且其计算过程又较为复杂,为帮助学生理解及掌握,特附加了一个算例。

算例:给定三维模糊度方差-协方差阵 $\boldsymbol{Q}_{\hat{a}\hat{a}} = \begin{bmatrix} 6.29 & 5.97 & 0.544 \\ 5.97 & 6.292 & 2.34 \\ 0.544 & 2.34 & 6.28 \end{bmatrix}$,浮点解 $\boldsymbol{N} = \begin{bmatrix} 5.45 \\ 3.1 \\ 2.97 \end{bmatrix}$,经过 $\boldsymbol{L}^{\mathrm{T}}\boldsymbol{D}\boldsymbol{L}$ 分解后的下三角矩阵 $\boldsymbol{L} = \begin{bmatrix} 1 & 0 & 0 \\ 1.06537 & 1 & 0 \\ 0.08651 & 0.37214 & 1 \end{bmatrix}$,对角阵 $\boldsymbol{D} = \begin{bmatrix} 0.08986 & & \\ & 5.4212 & \\ & & 6.288 \end{bmatrix}$,采用LAMBDA算法解算出模糊度向量。

解:

A.整数变换

① $|l_{3,2}| = 0.37214 < 0.5$,不对其进行整数高斯变换;$d_2 + l_{3,2}^2 \times d_3 = 5.4212 + 0.37214^2 \times 6.288 = 6.292 > d_3$ 不满足交换条件,无需进行调序变换。

② $|l_{2,1}| = 1.06537 > 0.5$,对其进行整数高斯变换,第一次整数变换矩阵 $\boldsymbol{Z}_1 = \begin{bmatrix} 1 & 0 & 0 \\ -1 & 1 & 0 \\ 0 & 0 & 1 \end{bmatrix}$,算例中的整数变换子矩阵 $\boldsymbol{Z}_1$ 表示第一次整数变换形成的子矩阵。并按照(5-71)式进行元素更新,可得消去后的 $\boldsymbol{L}_1 = \boldsymbol{L}\boldsymbol{Z}_1 = \begin{bmatrix} 1 & 0 & 0 \\ 0.06537 & 1 & 0 \\ -0.28562 & 0.37214 & 1 \end{bmatrix}$;$d_1 + l_{2,1}^2 d_2 = 0.11302 < d_2$,满足交换条件,需进行对角线元素的交换,即第二次整数变换矩阵 $\boldsymbol{Z}_2 = \begin{bmatrix} 0 & 1 & 0 \\ 1 & 0 & 0 \\ 0 & 0 & 1 \end{bmatrix}$,按照(5-75)式求得整数变换后下三角矩阵 $\boldsymbol{L}_2 = \begin{bmatrix} 1 & 0 & 0 \\ 3.13535 & 1 & 0 \\ 0.37214 & -0.28562 & 1 \end{bmatrix}$,对角线 $\boldsymbol{D}_2 = \begin{bmatrix} 4.31016 & & \\ & 0.11302 & \\ & & 6.288 \end{bmatrix}$。

③ $|l_{3,2}| = 0.28562 < 0.5$,不对其进行整数高斯变换;$d_2 + l_{3,2}^2 d_3 = 0.626 < 6.288$,满足交换条件,需进行对角线元素的交换,整数变换矩阵 $\boldsymbol{Z}_3 = \begin{bmatrix} 1 & 0 & 0 \\ 0 & 0 & 1 \\ 0 & 1 & 0 \end{bmatrix}$,按照(5-75)式求得整数变换后下三角矩阵 $\boldsymbol{L}_3 = \begin{bmatrix} 1 & 0 & 0 \\ 1.26767 & 1 & 0 \\ -0.50160 & -2.86901 & 1 \end{bmatrix}$,对角阵 $\boldsymbol{D}_3 =$

$\begin{bmatrix} 4.31016 & & \\ & 1.13526 & \\ & & 0.626 \end{bmatrix}$。

④ $|l_{3,2}| = 2.86901 > 0.5$，对其进行整数高斯变换，第四次整数变换矩阵 $\boldsymbol{Z}_4 = \begin{bmatrix} 1 & 0 & 0 \\ 0 & 1 & 0 \\ 0 & 3 & 1 \end{bmatrix}$，可得变换后的 $\boldsymbol{L}_4 = \begin{bmatrix} 1 & 0 & 0 \\ 1.26767 & 1 & 0 \\ -0.50160 & 0.13099 & 1 \end{bmatrix}$；$d_2 + l_{3,2}^2 d_3 = 1.146 > d_3$，不满足交换条件。

⑤ $|l_{2,1}| = 1.26767 > 0.5$，对其进行高斯变换，第五次整数变换矩阵 $\boldsymbol{Z}_5 = \begin{bmatrix} 1 & 0 & 0 \\ -1 & 1 & 0 \\ 0 & 0 & 1 \end{bmatrix}$，并按照(5-71)式进行元素更新，可得消去后的 $\boldsymbol{L}_5 = \begin{bmatrix} 1 & 0 & 0 \\ 0.2676 & 1 & 0 \\ -0.63259 & 0.13099 & 1 \end{bmatrix}$；$d_1 + l_{2,1}^2 d_2 = 4.3915 > d_2$，不满足交换条件；$|l_{3,1}| = 0.63259 > 0.5$，对其进行高斯消去，第六次整数变换矩阵 $\boldsymbol{Z}_6 = \begin{bmatrix} 1 & 0 & 0 \\ 0 & 1 & 0 \\ 1 & 0 & 1 \end{bmatrix}$，可得消去后的 $\boldsymbol{L}_6 = \begin{bmatrix} 1 & 0 & 0 \\ 0.2676 & 1 & 0 \\ 0.36741 & 0.13099 & 1 \end{bmatrix}$。

⑥ 最终的整数变换矩阵 $\boldsymbol{Z} = Z_1 \times Z_2 \times Z_3 \times Z_4 \times Z_5 \times Z_6 = \begin{bmatrix} -2 & 3 & 1 \\ 3 & -3 & -1 \\ -1 & 1 & 0 \end{bmatrix}$，整数变换后的实数模糊度向量 $\bar{\boldsymbol{N}} = \boldsymbol{Z}^{\mathrm{T}}\boldsymbol{N} = \begin{bmatrix} -4.57 \\ 10.02 \\ 2.35 \end{bmatrix}$，整数变换后的方差-协方差矩阵成为 $\boldsymbol{Q}_{\bar{N}} = \boldsymbol{Z}^{\mathrm{T}}\boldsymbol{Q}_N\boldsymbol{Z} = \begin{bmatrix} 4.476 & 0.334 & 0.23 \\ 0.334 & 1.146 & 0.082 \\ 0.23 & 0.082 & 0.626 \end{bmatrix}$，下三角矩阵 $\bar{\boldsymbol{L}} = \begin{bmatrix} 1 & 0 & 0 \\ 0.2676 & 1 & 0 \\ 0.36741 & 0.13099 & 1 \end{bmatrix}$，对角线矩阵 $\bar{\boldsymbol{D}} = \begin{bmatrix} 4.31016 & & \\ & 1.13526 & \\ & & 0.626 \end{bmatrix}$。

按序贯取整法求得的初始搜索空间为 $r^2 = 0.2183$。由于篇幅有限，初始搜索空间的计算方法不再介绍，感兴趣的同学可参考相关资料。

B.模糊度搜索

首先求得 $\bar{\boldsymbol{L}}^{\mathrm{T}}$ 矩阵的逆矩阵 $\boldsymbol{H}$ 矩阵。$\boldsymbol{H} = (\bar{\boldsymbol{L}}^{\mathrm{T}})^{-1} = \begin{pmatrix} 1 & -0.26760 & -0.33236 \\ & 1 & -0.13099 \\ & & 1 \end{pmatrix}$，然后采用 SE 算法，将 $\bar{N}_i$ 四舍五入求得 S_i，并决定搜索顺序：

$\bar{N}_1 = -4.57 \quad S_1 = -5$,搜索顺序:-5,-4,-6,-3,-7,…

$\bar{N}_2 = 10.02 \quad S_2 = 10$,搜索顺序:10,11,9,12,8,…

$\bar{N}_3 = 2.35 \quad S_3 = 2$,搜索顺序:2,3,1,4,0,…

按(5-84)式计算 $\bar{Z}_3^0$ 所位于的区间 (A_3,B_3):

$$A_3 = Z_3 - \sqrt{\bar{d}_3 r} = 2.35 - \sqrt{0.626 \times 0.2183} = 2.35 - 0.3697 = 1.9803$$

$$B_3 = Z_3 + \sqrt{\bar{d}_3 r} = 2.35 + \sqrt{0.626 \times 0.2183} = 2.35 + 0.3697 = 2.7197$$

在 (A_3,B_3) 区间内只有一个整数,无需搜索即可得 $\bar{N}_3^0 = 2$。类似地,据(5-80)式可得:

$$Z_2 = \bar{N}_2 + h_{23}(\bar{N}_3 - \bar{N}_3^0) = 10.02 + (-0.13099 \times 0.35) = 9.9742$$

按(5-84)式计算 $\bar{N}_2^0$ 所在的区间 (A_2,B_2):

$$A_2 = Z_2 - \sqrt{\bar{d}_2 r^2 - \frac{(Z_3 - \bar{N}_3^0)^2}{\bar{d}_3}\bar{d}_2} = 9.9742 - \sqrt{1.13526 - \frac{0.53^2}{0.626} \times 1.13526}$$

$$= 9.9742 - 0.1610 = 9.8132$$

$$B_2 = 9.9742 + 0.1610 = 10.1352$$

在 (A_2,B_2) 区间内也只有一个整数,无需搜索即可得 $\bar{N}_2^0 = 10$。

采用同样的方法可得 $A_1 = -5.0001, B_1 = -4.3833$。同样无需搜索即可得 $\bar{N}_1^0 = -5$。这样我们就在新的空间内快速求得整数模糊度 $\bar{N}^0 = \begin{pmatrix} -5 \\ 10 \\ 2 \end{pmatrix}$。

最后通过逆变换将 $\bar{N}^0$ 变换回原空间去:

$$\boldsymbol{N}^0 = (Z^{\mathrm{T}})^{-1}\bar{\boldsymbol{N}}^0 = \begin{pmatrix} 1 & 1 & 0 \\ 1 & 1 & -1 \\ 0 & 1 & -3 \end{pmatrix} \cdot \begin{pmatrix} -5 \\ 10 \\ 2 \end{pmatrix} = \begin{pmatrix} 5 \\ 3 \\ 4 \end{pmatrix}。$$

当然进行实际的数据处理时,可利用现成的软件进行计算。LAMBDA 算法自提出以来已有许多学者对其进行了研究和改进。目前 LAMBDA 软件已有了 3.0 版。该软件可从 http://gnss.curtin.edu.au/research/lambda.cfm 网络下载。本书对计算过程进行了分步介绍,是为了使学生对该算法有较为深入的了解,以利于今后的研究、改进及应用。但对一般同学来讲目前并不需要了解、掌握这些细节问题,教师在上课时只需简单加以介绍。

比较整数变换前模糊度的方差-协方差矩阵 $\boldsymbol{Q}_N = \begin{pmatrix} 6.29 & 5.97 & 0.544 \\ 5.97 & 6.29 & 2.34 \\ 0.544 & 2.34 & 6.28 \end{pmatrix}$ 及整数变换后的方差-协方差阵 $\boldsymbol{Q}_{\bar{N}} = \begin{pmatrix} 4.476 & 0.334 & 0.230 \\ 0.334 & 1.146 & 0.082 \\ 0.230 & 0.082 & 0.626 \end{pmatrix}$,可以看出:

a.整数变换后矩阵中的非对角线元素(协方差)明显变小,表明各模糊度参数之间的相关程度已大大减弱(算例中的平均值已减少一个数量级以上)。经 $\boldsymbol{L}^{\mathrm{T}}\boldsymbol{DL}$ 分解后的 $\boldsymbol{L}$ 矩阵及其逆矩阵 $\boldsymbol{H}$ 矩阵的情况均相仿。从公式(5-80)可知,非对角线元素 h_{ij} 变小意味着 Z_i 更多地取决于实数模糊度 $\bar{N}_i$,减小了对其他模糊度参数的依赖程度,对其他模糊度参数的变化将不太敏感,从而有利于 Z_i 的加速收敛。

b.整数变换后的方差-协方差阵中的对角线元素(方差)也比以前有所减小$\left(\text{算例中的平均值约为原来的}\dfrac{1}{3}\right)$。经 $\boldsymbol{L}^{\mathrm{T}}\boldsymbol{DL}$ 分解后的 $\boldsymbol{D}$ 矩阵也与此相仿。从(5-83)式,(5-84)式可知, $\bar{d}_i$ 值的减少可缩小搜索范围,有利于快速确定模糊度。

c.整数变换后的方差-协方差阵及经 $\boldsymbol{L}^{\mathrm{T}}\boldsymbol{DL}$ 分解后的 $\bar{\boldsymbol{D}}$ 矩阵中的对角线元素 $\bar{d}_i$ 成降序排列。从序贯搜索确定模糊度的过程可知,这种排序方式有利于模糊度的搜索和确定。因为一开始我们是根据 $(Z_n - \bar{N}_n^0)^2 \leqslant \bar{d}_n r^2$ 来搜索确定 $\bar{N}_n^0$ 的, $\bar{d}_n$ 的数值最小,可以使搜索区间最小,接着我们是在 $(Z_{n-1} - \bar{N}_{n-1}^0)^2 \leqslant \bar{d}_{n-1}\left(r^2 - \dfrac{(Z_n - \bar{N}_n^0)^2}{\bar{d}_n}\right)$ 的条件下来搜索确定 $\bar{N}_{n-1}^0$ 的,虽然 $\bar{d}_{n-1}$ 的值会略微增大,但括弧内的 $r^2 - \dfrac{(Z_n - \bar{N}_n^0)^2}{\bar{d}_n}$ 会变小,从而使搜索区间仍然保持较小。随着搜索的进展,括弧内的值会越来越小,括弧外的 $\bar{d}_i$ 值会逐渐变大,但整个搜索区间不会逐渐增大,有利于模糊度的搜索和确定。

上述算例及分步算法由博士生卢立果提供。

5.6.5　其他方法

FARA 法、LAMBDA 法等方法都能在少数几个历元间确定整周模糊度。利用这些方法来进行动态定位时,即使发生信号失锁,用户也能在重新锁定信号后迅速地重新确定整数模糊度,恢复高精度定位。由于上述工作能在载体运动期间快速完成,因而这些确定模糊度的方法常被称为在线确定(On The Fly,ORF)模糊度方法。

确定模糊度的另一类方法是首先通过一些特殊的方法来确定整周模糊度,然后接收机再开始流动,而且接收机在流动期间必须保持对卫星信号的连续跟踪,以保持模糊度不变。这样当接收机到达一个新的测站后,就无需重新确定模糊度,从而实现快速定位的目的。这种走走停停的方法称为 Go and Stop 法。下面我们来介绍 Go and Stop 法中常采用的两种初始化的方法。

1. 已知基线法

用双差观测值解算基线向量的方程中包含着基线向量和整周模糊度两类参数。要同时准确确定这两类参数较为困难,需要有长时间的观测资料。已知其中的某一类参数后,方程的状态就会大为改善,此时只需要数分钟的载波相位观测资料就能准确确定另一类参数。已知基线法就是依据上述原理来快速确定模糊度的,如果在测区中有一条已知基线向量

AB,其精度优于5cm,那么只要在A、B两站上各安置一台GPS接收机,同步观测数分钟后就可确定各卫星的模糊度参数$\Delta\nabla N_{AB}$。其具体做法如下:首先将已修复周跳、剔除粗差后的双差载波相位观测值组成法方程式,然后将已知的基线向量$AB=[\Delta X_{AB},\Delta Y_{AB},\Delta Z_{AB}]$代入法方程式并求解模糊度参数,最后再用取整法或置信区间法将求得的实数模糊度固定为整数。

2. 交换天线法

如果测区中没有符合条件的已知基线向量,而只有一个已知点时,可采用交换天线的方法来确定整周模糊度,从而完成初始化工作。其具体做法如下:首先将一台接收机安置在已知点上,另一台接收机则安置在距已知点5~10m的任意一个点上,然后开机同步观测2~8个历元,接着将两台接收机的天线从三脚架上取下互换位置,再采集2~8个历元的观测资料,最后再将天线互换,放回原位置继续观测2~8个历元。注意,取天线时别碰动三脚架,互换天线时,需保持对卫星信号的连续跟踪。

交换天线确定整周模糊度的基本原理如下:由于已知点i和任意点j之间的距离仅为5~10m,故双差观测方程式(5-29)中的$(V_{\text{ion}})_{ij}^{pq}$及$(V_{\text{trop}})_{ij}^{pq}$皆可视为零。于是(5-29)式可简化为:

$$\Delta\nabla\varphi_{ij}^{pq}(t_1)=\frac{f}{c}\Delta\nabla\rho_{ij}^{pq}(t_1)-\Delta\nabla N_{1,2}^{pq} \tag{5-85}$$

由于整周模糊度只和接收机天线及卫星有关,与测站无关,故我们把上式中的双差模糊度记为$\Delta\nabla N_{1,2}^{pq}$,而不记为$\Delta\nabla N_{ij}^{pq}$(见图5-9)。其中1、2分别指接收机天线1和接收机天线2。交换天线后的观测方程可写为:

$$\Delta\nabla\varphi_{ij}^{pq}(t_2)=\frac{f}{c}\Delta\nabla\rho_{ij}^{pq}(t_2)-\Delta\nabla N_{2,1}^{pq} \tag{5-86}$$

由于$\Delta\nabla N_{1,2}^{pq}=\Delta\nabla N_2^{pq}-\Delta\nabla N_1^{pq}=-(\Delta\nabla N_1^{pq}-\Delta\nabla N_2^{pq})$,所以式(5-85)和式(5-86)相加后得:

$$\Delta\nabla\varphi_{ij}^{pq}(t_1)+\Delta\nabla\varphi_{ij}^{pq}(t_2)=\frac{f}{c}(\Delta\nabla\rho_{ij}^{pq}(t_1)+\Delta\nabla\rho_{ij}^{pq}(t_2)) \tag{5-87}$$

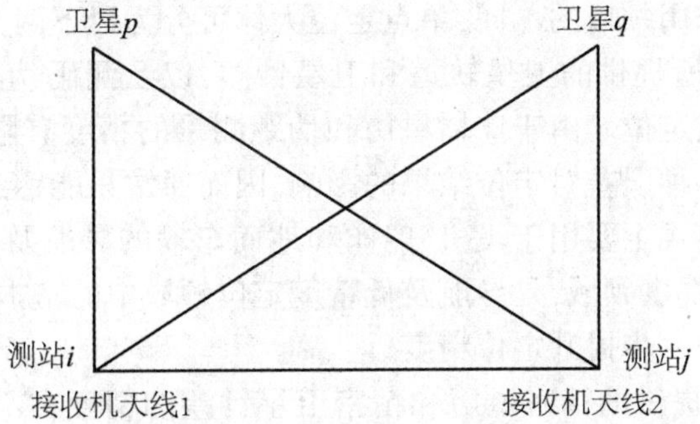

图5-9 交换天线法示意图

(5-87)式和三差观测方程有些类似,但三差观测方程是通过两个历元的双差观测方程相减得到的,而式(5-56)是通过两个历元的双差观测方程相加得到的(双差模糊度参数是通过交换天线来消除的)。(5-87)式中也仅含有基线向量,且方程的状态远优于三差方程,因而用几分钟的观测值就能求得相当好的基线向量 ij。ij 一旦被准确确定,就可以用已知基线法来确定整周模糊度了。

确定整周模糊度的方法很多。不同的方法适用于不同的场合。在短基线静态定位中,由于观测时段长达数十分钟至数小时,而且基线向量两端测站的误差具有很好的相关性,在相对定位过程中这些误差能较完善地得以消除,因而只需把模糊度作为待定参数与基线向量一起加以估计,一般就能正确地确定模糊度参数获得高精度的固定解。但在长基线静态定位中,虽然观测时段可能更长,但基线两端测站上的误差相关性减弱,许多误差难以完善地得以消除,因而在很多情况下,仍无法正确确定整周模糊度参数,而只能获得浮点解。采用 RTK 及 go and stop 等方法进行短距离厘米级精度的地面测量时,经常会采用先进行初始化,然后再开始进行定位的方法,以简化数据处理。一旦信号失锁,重新进行初始化也较为方便。反之,在飞机、船舶、汽车等运动载体的高精度动态定位中,用户通常不愿采用先进行初始化然后再开始运动并进行动态定位的方法。这是因为对这些用户而言,一旦信号失锁,重新进行初始化将十分困难,此外当现场中有新的卫星升起时,由于未在初始化过程中确定其整周模糊度而无法使用。因而用户更喜欢采用在运动过程中在线确定模糊度参数的 OTF 方法(如 FARA 法、LAMBDA 法、模糊函数法等)。当然上面讨论的是利用载波相位观测值进行高精度动态定位时的情况,使用测距码进行普通精度的导航定位时不存在这些问题。

5.7　单点定位

根据卫星星历所给出的观测瞬间卫星在空间的位置和卫星钟差,以及由一台 GPS 接收机所测定的从卫星至接收机间的距离,通过距离交会的方法来独立测定该接收机在地球坐标系中的三维坐标(及接收机钟差)的定位方法称为单点定位,也称绝对定位。该方法的优点是只需用一台接收机就能独立确定自己在空间的位置,外业观测(数据采集)的组织和实施也较为方便、自由。

根据定位精度及应用领域的不同,单点定位大体可分为以下两类:

(1)利用广播星历所提供的卫星轨道和卫星钟差,以及测码伪距观测值所进行的标准单点定位或称传统单点定位。由于广播星历和伪距测量的精度有限,标准单点定位的数学模式又难以完全消除各种误差对定位结果的影响,因而通常只能达到米级至 10 米级的定位精度。标准单点定位模式主要用于飞机、船舶和地面车辆的导航及资源调查、地质勘探、环境监测,农、林、渔业和军事领域,是导航及低精度定位领域中的基本作业模式。必要时可通过差分定位的方式来进一步提升定位精度。

(2)近来由 IGS 所提供的精密星历和精密卫星钟差的精度在不断提高,从而为精密单点定位(Precise Point Positioning, PPP)的诞生奠定了基础。精密单点定位是以高精度的卫星星历和卫星钟差为起算数据,采用载波相位观测值和严密的数学模型进行高精度定位的一种方法。PPP 技术主要用于已知点稀少区域的精密定位,也可用于低轨卫星的定轨等工作。

5.7.1 坐标系

单点定位实际上是一种距离交会的方法。已知点采用哪种坐标系,所求得的待定点坐标也应属该坐标系。也就是说单点定位所求得的待定点坐标应与卫星星历所采用的坐标系相同。IGS 的精密星历采用国际地球参考系 ITRS(International Terrestrial Reference System)。该坐标系统由国际地球自转与参考系服务 IERS 来负责定义,并采用 VLBI、SLR、GPS、DORIS 等空间大地测量技术来予以实现和维持的,IERS 的具体实现称为国际地球参考框架 ITRF。

随着测站数量及观测资料的增加和不断累积,观测精度的提高以及数据处理方法的改进,IERS 也在不断对框架进行改进和完善。迄今为止 IERS 共建立、公布了 12 个版本的 ITRF 框架。目前正在使用的是最新的 2008 年版本 ITRF2008。ITRF 是国际上精度最高并被广泛使用的地球参考框架。采用 IGS 的精密星历进行 GPS 单点定位时,求得的站坐标也属该坐标框架。

广播星历采用的是 1984 年世界大地坐标系(World Geodetic System 1984,WGS-84)。随着 GPS 导航定位技术普及推广,该坐标系也被各国广泛使用。美国曾采用将 GPS 系统中的卫星跟踪站与部分 IGS 站上获得的 GPS 观测资料进行联合平差并将 IGS 站在 ITRF 框架中的站坐标作为已知值固定下来,来重新解算 GPS 卫星跟踪站的站坐标等方法对 WGS-84 进行了三次精化,求得了三个版本的 WGS-84 框架:WGS-84(G730)、WGS-84(G873)和 WGS-84(G1150)。目前使用的是 WGS-84(G1150)。其中 G 表示该框架是用 GPS 资料求得的,1150 表示该版本是从 GPS 时间第 1150 周开始使用的(即 2002 年 1 月 20 日 0 时)。WGS-84(G1150)与 ITRF2000 相符很好,坐标分量的平均差异约为 1cm,在一般情况下可不加区分。

5.7.2 标准单点定位

由于传统的单点定位是利用广播星历所给出的卫星轨道和卫星钟差以及伪距观测值来进行的,因而定位精度不是很好,一般为米级至 10 米级的精度,也有人将其称为标准单点定位。伪距观测的观测方程的实用形式如下:

$$\tilde{\rho}_i = \sqrt{(X^i - X)^2 + (Y^i - Y)^2 + (Z^i - Z)^2} - cV_{t_R} + cV_{t_i^S} - (V_{\text{ion}})_i - (V_{\text{trop}})_i \tag{5-88}$$

若测站的近似坐标为(X^0, Y^0, Z^0),将上式在(X^0, Y^0, Z^0)处用泰勒级数展开后可得线性化的观测方程如下:

$$\tilde{\rho}_i = \rho_i^0 - \frac{(X^i - X^0)}{\rho_i^0} V_X - \frac{(Y^i - Y^0)}{\rho_i^0} V_Y - \frac{(Z^i - Z^0)}{\rho_i^0} V_Z - cV_{t_R} + cV_{t_i^S} - (V_{\text{ion}})_i - (V_{\text{trop}})_i \tag{5-89}$$

式中,$\frac{(X^i - X^0)}{\rho_i^0} = l_i$,$\frac{(Y^i - Y^0)}{\rho_i^0} = m_i$,$\frac{(Z^i - Z^0)}{\rho_i^0} = n_i$ 为从测站近似位置至卫星 i 方向上的

方向余弦；ρ_i^0 为从测站的近似位置至第 i 颗卫星间的距离。于是误差方程可表示为下列形式：

$$V_i = -l_i V_X - m_i V_Y - n_i V_Z - cV_{t_R} + L_i \tag{5-90}$$

式中，常数项为：

$$L_i = \rho_i^0 - \tilde{\rho}_i + cV_{t_i^S} - (V_{\text{ion}})_i - (V_{\text{trop}})_i \tag{5-91}$$

ρ_i^0 的准确含义为信号发射时刻卫星 i 的位置与信号到达时刻接收机的近似位置之间的距离。计算 ρ_i^0 有两种方法：

方法一是根据接收机所给出的观测时刻 t_K 计算出信号的发射时刻 t'_K：

$$t'_K = t_K + V_{t_R} - \Delta t_i \tag{5-92}$$

式中，V_{t_R} 为观测时刻接收机钟的钟差改正数；Δt_i 为信号从卫星 i 传播至接收机所需的时间，

$$\Delta t_i = \frac{\rho_i}{c} \tag{5-93}$$

由于计算卫星位置时需用到卫星信号的发射时刻 t'_K，而计算 t'_K 时又需用到卫星位置（ρ_i 需根据卫星位置求得），因而需进行迭代计算。

方法二是直接用观测时刻 t_K 来计算卫星位置，然后直接对卫星与接收机间的距离进行改正：

$$\rho_i^0 = (\rho_i^0)' + V_{t_R} \cdot \dot{\rho} - \Delta t_i \cdot \dot{\rho} \tag{5-94}$$

$\dot{\rho} = \dfrac{\mathrm{d}\rho}{\mathrm{d}t}$ 是卫地距的变化率。测量型的 GPS 接收机一般皆可通过多普勒测量来给出此值。式(5-90)和式(5-91)中的 $\tilde{\rho}_i$ 为伪距观测值；$V_{t_i^S}$ 是第 i 颗卫星的卫星钟在观测时刻的钟差改正，可根据导航电文中的钟差改正参数 a_0、a_1、a_2 求得；$(V_{\text{ion}})_i$ 和 $(V_{\text{trop}})_i$ 可用前面所介绍的改正模型求得。因此当 $i \geqslant 4$，即接收机同时对 4 颗或 4 颗以上的卫星进行伪距观测时，即可求得站坐标 $X = X^0 + V_X$，$Y = Y^0 + V_Y$，$Z = Z^0 + V_Z$。

GPS 定位的精度取决于观测值的精度以及用户与 GPS 卫星间的几何图形的强度。在单点定位中常用精度衰减因子 DOP（Dilution of Precision）来定量地反映几何图形强度，观测精度则用单位权中误差 m_0 来表示（将伪距观测值的权定为 1）。于是未知参数及其函数的中误差 m 就可表示为：

$$m = m_0 \times \text{DOP} \tag{5-95}$$

用待定点的空间直角坐标 X, Y, Z 和接收机钟差改正 V_{t_R} 作为待定参数时，单点定位后所获得的协因数阵 Q 为：

$$Q = \begin{bmatrix} q_{XX} & q_{XY} & q_{XZ} & q_{XT} \\ q_{YX} & q_{YY} & q_{YZ} & q_{YT} \\ q_{ZX} & q_{ZY} & q_{ZZ} & q_{ZT} \\ q_{TX} & q_{TY} & q_{TZ} & q_{TT} \end{bmatrix} \tag{5-96}$$

这样单点定位中常用到的 DOP 值就可表示为：

① 三维点位精度衰减因子

$$\mathrm{PDOP} = \sqrt{q_{XX} + q_{YY} + q_{ZZ}} \tag{5-97}$$

三维点位误差 $m_P = m_0 \times \mathrm{PDOP}$ 。

② 时间精度衰减因子

$$\mathrm{TDOP} = \sqrt{q_{TT}} \tag{5-98}$$

时间(接收机钟差)误差 $m_T = m_0 \times \mathrm{TDOP}$ 。

③ 几何精度衰减因子

$$\mathrm{GDOP} = \sqrt{q_{XX} + q_{YY} + q_{ZZ} + q_{TT}} \tag{5-99}$$

相应的中误差(同时考虑三维点位误差及接收机钟差的误差) $m_G = m_0 \times \mathrm{GDOP}$ 。

有时用户还想估计平面位置的中误差及高程中误差,此时应将用直角坐标 (X,Y,Z) 表示的站坐标改用大地坐标 (B,L,H) 来表示。我们知道这两种坐标系的参数间有下列微分关系式:

$$\begin{bmatrix} M\mathrm{d}B \\ N\cos B\mathrm{d}L \\ \mathrm{d}H \end{bmatrix} = \begin{bmatrix} -\sin B\cos L & -\sin B\sin L & \cos B \\ -\sin L & \cos L & 0 \\ \cos B\cos L & \cos B\sin L & \sin B \end{bmatrix} \cdot \begin{bmatrix} \mathrm{d}X \\ \mathrm{d}Y \\ \mathrm{d}Z \end{bmatrix} = H \cdot \begin{bmatrix} \mathrm{d}X \\ \mathrm{d}Y \\ \mathrm{d}Z \end{bmatrix} \tag{5-100}$$

式中公式左边的部分即为测站在站心坐标系中北向、东向和高程方向上的三个误差分量。北向分量和东向分量误差也可以看成是以长度为单位的纬度方向的误差和经度方向的误差。

根据方差、协方差传播定律有

$$Q' = \begin{bmatrix} q_{BB} & q_{BL} & q_{BH} \\ q_{LB} & q_{LL} & q_{LH} \\ q_{HB} & q_{HL} & q_{HH} \end{bmatrix} = HQH^{\mathrm{T}} \tag{5-101}$$

于是有:

④ 二维平面位置精度衰减因子

$$\mathrm{HDOP} = \sqrt{q_{BB} + q_{LL}} \tag{5-102}$$

平面位置中误差 $m_H = m_0 \times \mathrm{HDOP}$。

⑤ 高程精度衰减因子

$$\mathrm{VDOP} = \sqrt{q_{HH}} \tag{5-103}$$

高程中误差 $m_V = m_0 \times \mathrm{VDOP}$ 。

用户在确定某参数时,为获得好的精度,应在相应的 DOP 数较小时进行观测。各种精度衰减因子可在事先根据测站的近似坐标以及由卫星历书所给出的卫星近似轨道计算求得。

早期由于 GPS 卫星的数量较少,通常需通过计算精度衰减因子来挑选有利的时间段来进行导航和定位。此外,由于接收机中的通道数也较少,不能观测视场中的所有可见卫星,也需要通过计算精度衰减因子来挑选最有利的卫星进行观测。目前正常工作的 GPS 卫星已达 32 个。接收机的通道数也大为增加,通常能观测视场中所有的可见卫星。在这种情况下精度衰减因子不但数值较小而且在一天中的变化也不太显著。通常在任意时段进行观测都能满足要求。计算 DOP 值的重要性相对而言有所下降。

利用单点定位的方法进行动态定位时,由于每个载体位置只能进行一次观测,故精度较低,但可以通过平滑和滤波等方法来消除、削弱噪音,提高定位精度。利用单点定位方法进行静态定位时,由于点位可反复测定,当观测时间较长时可获得米级精度的定位结果。

5.7.3　精密单点定位

精密单点定位指的是利用载波相位观测值以及由 IGS 等组织提供的高精度的卫星星历及卫星钟差来进行高精度单点定位的方法。目前,根据一天的观测值所求得的点位的平面位置精度可达 1~3cm,高程精度可达 2~4cm,实时定位的精度可达分米级。

精密单点定位中使用的是载波相位观测值,其观测方程可写为:

$$\varphi\lambda = \sqrt{(X_S^i - X)^2 + (Y_S^i - Y)^2 + (Z_S^i - Z)^2} + cV_{t^S} - cV_{t_R} - N\lambda - (V_{\text{ion}})_i - (V_{\text{trop}})_i + b_R - b^S + \sum V \tag{5-104}$$

上式是一种非线性的表达式,其主要目的是为了使观测方程显得较为简洁,实际使用时还需用泰勒级数展开为线性化的形式。下面对精密单点定位中的几个关键问题作简要介绍。

1.卫星坐标及卫星钟差

国际 GNSS 服务组织 IGS 可免费公开提供高精度的卫星坐标及卫星钟差等信息。其中最终星历、快速星历及超快速星历中实测部分所给出的卫星坐标及卫星钟差的精度皆可满足精密单点定位的要求,因而在事后处理的 PPP 中通常都采用由 IGS 提供的精密星历。但由 IGS 超快速星历中的预报部分所给出的卫星钟差的精度只有±3ns,无法满足精密单点定位中 0.2~0.3ns 的要求。先前实时精密单点定位中所需的卫星钟差通常需由一个专门机构利用部分基准站上的实测资料来进行实时计算及短期预报后再播发给用户。为了更好地满足实时定位用户的需要,IGS 成立了实时工作组(Real-time Working Grap),利用全球实时跟踪站的数据,生产实时产品,并以 2013 年 4 月 1 日起实时播发卫星轨道和卫星钟差。其精度目标是:卫星轨道±5cm,卫星钟差±0.3ns。目前已总体实现了上述目标。利用实时产品进行静态定位时(1 天的资料),南北方向的坐标精度可达 2~3cm,东西方向和高程的精度可达 3~4cm。进行动态定位时的精度可以比利用超快速星历(预报部分)时提高一倍左右。实时卫星轨道和卫星钟是每 10 秒钟提供一次。用户可从 ftp://cddis.nasa.gov/gps/prodacts/rtpp 中下载。

2.电离层延迟 V_{ion}

式(5-104)中的电离层延迟 V_{ion} 是指载波相位观测值所受到的电离层延迟改正。在仅顾及 f^2 项的情况下,与测距码所受到的群延迟改正大小相同,符号相反。

3.信号内部时延

与载波相位观测方程(5-21)式相比,在(5-104)式中增加了信号在卫星内部的时延项 b^S 及信号在接收机内部的时延项 b_R 。b^S 是指从卫星钟驱动下开始生成载波到该载波离开卫星发射天线的相位中心之间所花费的时延值。b_R 是指信号到达接收机天线相位中心至进行载波相位测量间所花费的时间延迟。也有人将上述时延统称为硬件延迟,或初始相位偏差。

在精密单点定位的数据处理过程中，无法将硬件延迟与整周模糊度参数有效地加以分离，而硬件延迟的时间并不正好为若干个载波相位周期。其中硬件延迟中完整的周期数会自动地被吸收到整周模糊度参数中去，而小数部分则将破坏整周模糊度参数的整周特性。也就是说叠加了硬件延迟后的“模糊度参数”已经不为整数了。在双差观测值中我们可以通过在星间求差来消除接收机端的硬件延迟，可以通过在接收机间求差来消除卫星端的硬件延迟，从而使双差模糊度参数继续保持整数特性。但在单点定位中却无法做到这一点。而只能采用同时含 b_R 和 b^S 的非差观测值或仅含 b^S 项的星间单差观测值。此时精密单点定位要么只求浮点解（但这样做会影响到定位的精度和收敛时间），要么利用周边若干基准站上的观测资料来设法估计硬件延迟并加以消除，从而来保持模糊度参数的整数特性。先前的单点定位只是从离不开卫星星历和卫星钟差的角度隐形地依赖于基准站（卫星跟踪站），而现在精密单点定位中正确估计硬件延迟和实时估计卫星钟差等项工作则更为明显地离不开基准站（卫星跟踪站）的支持。

4.需施加的各项改正

在精密单点定位中对于可能影响最终结果的各种误差项都必须仔细加以处理，消除其影响。有的误差可以通过选择合适的站址和作业环境，选择合适的接收机等措施来予以解决（消除或削弱），如多路径误差、接收机测量噪声等；而星历误差和卫星钟误差等则可通过选用高精度的 IGS 精密星历和卫星钟差等方法来加以解决。通过这些措施后可将上述误差限制在一个可以接受的范围内，在数据处理中不再加以考虑。有些误差，如电离层延迟，则可以通过观测值的线性组合等方法来解决。还有一些误差，如接收机钟差、对流层延迟等，其最终的精确数值可当作待定参数，通过平差来加以估计，以便求得一组与站坐标相容的精确值。而还有一些误差则必须建立各自的误差模型来加以修正，这些误差在公式（5-104）中用 $\sum V$ 来表示，下面简单加以介绍。

（1）固体潮改正

地球并非是一个刚体，在太阳、月球等天体的万有引力作用下具有一定弹性的地球也会产生潮汐现象，这种潮汐现象称为固体潮。固体潮中含长期偏移项和周期为一日和半日的周期项，其中长期项与纬度有关，在中纬度地区其值为 12cm 左右。按 IERS 的规定，站坐标中也不应含长期项的影响，因而在固体潮改正中也应包含长期项修正。

固体潮对站坐标的影响的公式为：

$$\Delta r = \sum_{j=2}^{3} \frac{\mathrm{GM}_j}{\mathrm{GM}} \cdot \frac{r^3}{R_j^3} \left\{ [3l_2(\hat{R}_j \cdot \hat{r})]\hat{R}_j + \left[3 \cdot \left(\frac{h_2}{2} - l_2\right) \cdot (\hat{R}_j \cdot \hat{r})^2 - \frac{h_2}{2}\right]\hat{r} \right\} + [-0.025\mathrm{m} \cdot \sin\phi\cos\phi\sin(\theta_G + \lambda)] \cdot \hat{r} \tag{5-105}$$

式中，Δr 是固体潮对测站至地心间的距离 r 的影响；GM_j 为月球 $(j=2)$ 和太阳 $(j=3)$ 的引力常数；GM 为地球的引力常数；$\hat{r}$ 为地心至测站方向上的单位矢量；$\hat{R}_j$ 为地心至月球或太阳方向上的单位矢量；R_j 为月球或太阳至地心的距离；l_2、h_2 分别为二阶 Love 数和 Shida 数（$l_2 = 0.6090$，$h_2 = 0.0852$）；λ，ϕ 为测站的经、纬度；θ_G 为格林尼治平恒星时。

固体潮对 r 的影响可达±30cm，对平面位置的影响较小，可达 5cm 左右。

(2)海洋负荷潮汐改正

由于海水质量周期性地迁移(海潮)而引起的固体地球的潮汐运动称为海洋负荷潮。它主要也是由周日项和半日周期项组成,但不含长期项。其数值大约比固体潮要小一个数量级。由它所导致的测站高程变化约为 2~3cm。随着离海岸线距离的增加,海洋负荷潮的影响也会逐步减小。海洋负荷潮对站坐标的影响可由下列公式来计算:

$$\begin{bmatrix} \Delta N \\ \Delta E \\ \Delta U \end{bmatrix} = \sum_{j=1}^{11} \begin{bmatrix} A_j^N \cos(\omega_j t + \varphi_j - \Phi_j^N) \\ A_j^E \cos(\omega_j t + \varphi_j - \Phi_j^E) \\ A_j^U \cos(\omega_j t + \varphi_j - \Phi_j^U) \end{bmatrix} \tag{5-106}$$

式中的 A_j 和 φ_j 为第 j 个分潮波在测站 (φ,λ) 处的振幅和相位滞后角。A_j 和 φ_j 的值可据海潮模型进行计算。详细情况可参阅参考资料。

(3)地球自转改正

地球坐标系的坐标轴指向将随着地球自转而不断变化。卫星信号发射时刻和信号到达接收机时的地球坐标系是不相同的。在地球坐标系中计算卫星到接收机间的几何距离时应顾及坐标系转动的影响。由地球自转而引起的距离改正为:

$$\Delta\rho = \frac{\omega_e}{c}[(X - X^S)Y^S - (Y - Y^S)X^S] \tag{5-107}$$

式中 ω_e 为地球自转角速度;c 为真空中的光速;(X,Y,Z) 为测站坐标;(X^S,Y^S,Z^S) 为卫星坐标。

同样坐标系旋转也会影响卫星坐标。把信号发射时刻的地球坐标系转换到信号到达接收机时刻的地球坐标系时需加下列改正:

$$\begin{bmatrix} V_{X^S} \\ V_{Y^S} \\ V_{Z^S} \end{bmatrix} = \begin{bmatrix} \omega_e(t_2 - t_1) \cdot Y_1^S \\ \omega_e(t_2 - t_1) \cdot X_1^S \\ 0 \end{bmatrix} \tag{5-108}$$

式中,t_1 为信号离开卫星的时刻;t_2 为信号到达接收机的时刻;$(t_2 - t_1)$ 为信号传播时间;(X_1^S,Y_1^S) 为 t_1 时刻的卫星坐标。

(4)天线相位中心偏差改正

A.接收机天线相位中心偏差

GPS 测量测定的是从卫星发射天线的瞬时相位中心至接收机接收天线的瞬时相位中心间的距离。单点定位确定的是接收机天线相位中心的位置。而接收机天线在对中及量仪器高时都是以天线参考点(Antenna Reference Point,ARP)为准的。天线相位中心与参考点 ARP 之间的偏差称为接收机天线相位中心偏差。这种偏差一般可分为两部分:一是天线瞬时相位中心与其平均值——天线平均相位中心之间的差异(为方便起见,平均两字常被省略),称为天线相位中心的变化(Phase Center Variation,PCV),其值与信号的高度角及方位角有关,会随着时间的变化而变化。PCV 的数值较小,一般仅为数毫米,其平均值将趋于零。二是天线平均相位中心与天线参考点之间的偏差,称为天线相位中心偏差(Antenna Center Offset,PCO)。对某一类型的接收机天线而言,PCO 是一固定的偏差向量。其垂直分量有时可超过 100mm。目前 IGS 已测定并公布了各种常用接收机的 PCV 及 PCO 值。由于 PCO 与观测的卫星方向无关,为一固定偏差向量,故常用下式对测定的站坐标进行改正:

$$\text{天线参考点的位置}=\text{天线相位中心位置(单点定位结果)}-\text{PCO} \tag{5-109}$$

而 PCV 则随着卫星方向的不同而不同,因而只能分别对测定的距离进行改正,公式如下:

$$\text{几何距离}=\text{观测距离}-\text{PCV}+\text{其他改正} \tag{5-110}$$

B. 卫星发射天线相位中心偏差改正

IGS 精密星历给出的是卫星质心的坐标,而卫星信号是从发射天线的相位中心发出的。这两者之间的偏差称为卫星天线相位中心偏差。该偏差也由 PCO 和 PCV 两部分组成。PCO 只与卫星有关,而 PCV 则还与用户的位置(信号方向)有关。IGS 也测定并公布了卫星相位中心偏差的相关参数 PCO 和 PCV。用户可从 ftp://igscb.jpl.nasa.gov/pub/station/general 中下载相关资料。

$$\begin{gathered}\text{卫星质心的位置}=\text{卫星天线相位中心位置}-\text{PCO}\\ \text{几何距离}=\text{观测距离}-\text{PCV}+\text{其他改正}\end{gathered} \tag{5-111}$$

(5)天线相位缠绕

GPS 卫星信号为右旋极化波,当卫星天线或接收机天线绕纵轴旋转时载波相位观测值会发生变化,其值最大达一周。接收机天线的旋转(动态定位)所产生的影响可自动地吸收到接收机钟差中去,因而这里所说的天线相位缠绕主要是指由于卫星天线旋转而引起的相位误差。由于卫星上的太阳能板始终要指向太阳,因而在卫星运行时天线方向会缓慢旋转。尤其是卫星进入地影后(日蚀),为了寻找太阳方向,天线会加速旋转。在精密单点定位中必须顾及此项改正。改正公式如下:

$$\Delta\varphi = \mathrm{sign}(\xi)\ \arccos\left[\frac{D'\cdot D}{|D'|\cdot|D|}\right] \tag{5-112}$$

式中,

$$\begin{cases}\xi = \hat{k}\cdot(D'\cdot D)\\ D' = \hat{x}' - \hat{k}(\hat{k}\cdot\hat{x}') - \hat{k}\times\hat{y}'\\ D = \hat{x} - \hat{k}(\hat{k}\cdot\hat{x}) - \hat{k}\times\hat{y}\end{cases}$$

其中,$\hat{k}$ 是卫星到接收机的单位向量;D' 是由星固坐标系下的单位向量 $(\hat{x}',\hat{y}',\hat{z}')$ 计算得到的卫星有效的偶极向量;D 是由地方坐标系下的单位向量 $(\hat{x},\hat{y},\hat{z})$ 计算得到的接收机有效的偶极向量。

(6)卫星钟的相对论效应改正

此项改正是由卫星的运动速度及卫星与接收机处的地球引力位之差而引起的。如果把卫星轨道近似看成圆轨道,则此项误差为一常数。可以简单地通过将卫星钟频下降 $4.443\times10^{-10}\cdot f$ 的方法来解决,即将卫星钟频从 10.23MHz 下调为 10.229 999 995 45MHz。但实际上 GPS 卫星的轨道并不严格为圆轨道,因此在椭圆轨道上运动的卫星所受到的相对论效应还会在上述平均值附近作周期性的变化。对此变化量应另行进行计算并加以改正,计算公式如下:

$$\Delta\rho = -\frac{2}{c}X \cdot \dot{X} \tag{5-113}$$

式中，X 为卫星的位置矢量，$\dot{X}$ 为卫星的速度矢量，均可从 IGS 精密星历中获取。

随着 PPP 技术和网络技术的发展，基于互联网的在线 PPP 服务系统应运而生。这些服务系统面向全球用户免费开放。一般用户只需将接收机的原始观测数据转换成 RINEX 格式后上传给指定的服务器，服务器就会在较短的时间内完成计算工作并将结果反馈给用户。目前可提供上述服务工作的机构有：

- 加拿大自然资源部的 CSRS—PPP
- 加拿大 UNB(University of New Brunswick)的 GAPS
- 美国喷气推进实验室 JPL 的 APPS
- 西班牙 GMV 公司的 magic GNSS

Ebner 等人将 46 个 GPS 站上数天的观测资料上传给加拿大的 CSRS—PPP，并将计算结果与用 Berness 5.0 的计算结果进行了比较。两者的符合精度为：E 方向±3.3mm，N 方向±4.8mm，U 方向±11.8mm。

5.7.4　广域实时精密定位技术

广域实时精密定位系统是利用基准站上实时传送过来的载波相位观测资料来及时确定精密卫星钟差、精密卫星轨道及精确的对流层延迟模型等，并立即播发给服务区内的用户，使其能利用精密单点定位技术来获得厘米级至分米级的实时定位精度的一个服务系统。该系统涉及的问题较多，限于篇幅，本节主要介绍卫星钟差和对流层延迟模型，其他相关问题可参阅参考文献[216]。

现有的各种对流层延迟模型的精度难于满足精确确定卫星钟差和卫星轨道的要求。所以在确定卫星钟差及卫星轨道时还必须同时引入天顶方向的对流层延迟参数以便对由对流层延迟模型所求得的估值进行修正。试验结果表明，利用全球站的资料来解算卫星钟差和卫星轨道时，直接利用现有的模型来进行对流层延迟改正时所求得的卫星钟差的平均误差为±0.74ns，最大值达到 1.72ns，无法满足 PPP 对卫星钟差的精度要求，引入对流层延迟参数后所确定的卫星钟差大部分优于 0.1ns，最大误差为 0.25ns。因此在估计卫星钟差和卫星轨道时必须同时引入对流层延迟参数。这样做不但有助于提高卫星钟差和卫星轨道的精度，而且将这些对流层延迟参数播发给用户后也可大大提高 PPP 的定位精度。

由于观测资料的传输、数据处理及计算结果的播发等都需花费一定的时间，因而用户所接收到的卫星钟差等产品并不是真正的实时的资料，使用时还需进行短期外推。试验结果表明，当网络情况良好时，全球 99%以上的实时基准站资料能在 6 秒钟内传送至数据处理中心，而在网络情况不好时，在 20 秒钟内数据处理中心所接收到的资料还不足 50%。但好在短期外推后的卫星钟差能保持较好的精度。对前 5 分钟的卫星钟差进行二次多项式拟合，然后外推 46 秒钟时，全部卫星钟差的误差都小于 0.3ns；外推 60 秒时，仍有 95%的卫星钟差的误差在 0.3ns 以内。这就意味着服务系统是能够满足实时 PPP 的要求的。

5.8 相对定位

5.8.1 GPS定位中的几个基本术语

1.相对定位

确定同步跟踪相同的GPS卫星信号的若干台接收机之间的相对位置(坐标差)的定位方法称为相对定位。两点间的相对位置可以用一条基线向量来表示,故相对定位有时也称为测定基线向量或简称为基线测量。由于用同步观测资料进行相对定位时,两站所受到的许多误差是相同的或大体相同的(如卫星钟差、卫星星历误差、电离层延迟、对流层延迟等),在相对定位的过程中,这些误差可得以消除或大幅度削弱,故可获得很高精度的相对位置,从而使这种方法成为精密定位中的主要作业方式。但进行相对定位时,至少需用2台接收机进行同步观测,外业观测的组织实施及数据处理均较为麻烦,实时定位的用户还必须配备数据通信设备。

2.静态定位

如果待定点在地固坐标系中的位置没有可觉察到的变化,或虽有可觉察到的变化,但由于这种变化是如此缓慢,以至在一个时段内(一般为数小时至数天)可略而不计,只有在第二次复测时(间隔一般为数月至数年)其变化才能反映出来,因而在进行数据处理时,整个时段内的待定点坐标都可以认为是固定不变的一组常数。确定这些待定点的位置称为静态定位。在相对定位中,则可用"基线向量"去取代上述定义中的"待定点坐标"。根据上述定义,测定板块运动和监测地壳形变等一般都属于静态定位的范畴。

3.动态定位

如果在一个时段内,待定点在地固坐标系中的位置有显著变化,每个观测瞬间待定点的位置各不相同,则在进行数据处理时,每个历元的待定点坐标均需作为一组未知参数,确定这些载体在不同时刻的瞬时位置的工作称为动态定位。

因此严格地说,静态定位和动态定位的根本区别在于一个时段中待定点位置的变化与允许的定位误差相比是否显著,能否忽略不计,在数据处理的过程中,各历元的待定点坐标是否可当作一组不变的未知数。在静态定位中,我们可以通过大量的重复观测来提高待定点的定位精度,因而在大地测量、精密工程测量、地学研究等领域得到了广泛的应用;而动态定位则主要用于交通运输、军事等领域,如飞机、船舶和地面车辆的导航和管理、卫星定轨及导弹的制导等。动态定位技术还可用于航空摄影测量、航空重力测量、机载激光扫描等测量领域。

4.准动态定位

1986年,B. Remondi提出了"走走停停"法(Go and Stop)。由于在迁站过程中,接收机需像动态测量中一样保持对卫星的连续观测,故有人将其称为准动态定位。这种方法从本质上讲应属于一种快速静态定位方法。在迁站过程中之所以要开机观测,并不是为了测定接收机在迁站过程中各观测历元的位置与速度,而只是为了能将在初始化阶段中所测定的整周模糊度保持并传递至下一个待定点,以实现快速定位。

5.8.2　静态相对定位

静态相对定位中所应用的观测值可以是载波相位观测值，也可以是测码伪距观测值。考虑到修复周跳并确定了整周模糊度后的载波相位观测值就“相当于”高精度的测码伪距观测值（除电离层延迟项反号外，其余数学模型皆相同），故在本节中不再对测码伪距观测值作单独介绍。

1.观测方程及未知数的重组

在测站 i、j 上对卫星 p 进行同步观测后，可分别列出线性化的实用观测方程如下：

$$\begin{cases}\lambda\varphi_i^p = (\rho_i^p)_0 - l_i^p \mathrm{d}X_i - m_i^p \mathrm{d}Y_i - n_i^p \mathrm{d}Z_i - cV_{T_i} - \lambda N_i^p + cV_{t^p} - (V_{\mathrm{ion}})_i^p - (V_{\mathrm{trop}})_i^p \\ \lambda\varphi_j^p = (\rho_j^p)_0 - l_j^p \mathrm{d}Y_j - m_j^p \mathrm{d}Y_j - n_j^p \mathrm{d}Z_j - cV_{T_j} - \lambda N_j^p + cV_{t^p} - (V_{\mathrm{ion}})_j^p - (V_{\mathrm{trop}})_j^p\end{cases} \tag{5-114}$$

两式相减得：

$$\begin{aligned}\lambda(\varphi_j^p - \varphi_i^p) =& [(\rho_j^p)_0 - (\rho_i^p)_0] - (l_j^p \mathrm{d}X_j - l_i^p \mathrm{d}X_i) - (m_j^p \mathrm{d}Y_j - m_i^p \mathrm{d}Y_i) \\ &- (n_j^p \mathrm{d}Z_j - n_i^p \mathrm{d}Z_i) - \lambda(N_j^p - N_i^p) - c(V_{T_j} - V_{T_i}) \\ &- [(V_{\mathrm{ion}})_j^p - (V_{\mathrm{ion}})_i^p] - [(V_{\mathrm{trop}})_j^p - (V_{\mathrm{trop}})_i^p]\end{aligned} \tag{5-115}$$

为计算方便，在相对定位中，我们通常对参数进行重组，将两个未知参数之差当作一个独立的待定参数求解，而不再分别求解两个未知参数。如令 $\Delta N_{ij}^p = N_j^p - N_i^p$，$V_{T_{ij}} = V_{T_j} - V_{T_i}$，然后就将 ΔN_{ij}^p 和 $V_{T_{ij}}$ 当做相对定位中的未知参数求解。采用这种方法并不影响必要参数的求解，简便易行，因而被广泛采用。

然而对坐标差就不能简单采用参数重组的方法。因为在式（5-115）中，测站 i 和测站 j 的坐标改正数前所乘的系数并不相同，因此无法简单地将（$\mathrm{d}X_j$-$\mathrm{d}X_i$）组合为 $\mathrm{d}X_{ij}$。在相对定位中，通常需已知基线向量中某一端点的坐标（X_i，Y_i，Z_i）后，才能求解出另一端点（X_j，Y_j，Z_j）值。

此外，从式（5-115）还可以看出，如果我们让基线向量中的已知端点 i 沿 X 轴方向移动 m，即在 $\mathrm{d}X_i$ 中加上 m，那么在 $\mathrm{d}X_j$ 中必须加上 $\dfrac{l_i^p}{l_j^p}m$ 后才能使得式（5-115）仍然成立。这就意味着在 GPS 相对定位中，基线向量的一端移动 m 后，另一端并不会相应地平移 m（对 Y、Z 轴而言也一样），基线向量本身会发生变化。变化的大小取决于 m 的大小以及基线向量的长短（一般来说，基线越长，两端的方向余弦 l_i^p 和 l_j^p 的差异就会越大）。因此在 GPS 测量规范中，会根据基线测量的精度要求及基线的平均长度（基线向量的等级）对已知端点的坐标精度作出相应的

表 5-5　**GPS 相对定位对起算点坐标的精度要求**

等级	基线向量的精度	起算点的坐标误差
AA	3mm±0.01×10^{-6} · D	≤0.2m
A	5mm±0.1×10^{-6} · D	≤1m
B	8mm±1×10^{-6} · D	≤3m
C	10mm±5×10^{-6} · D	≤20m
D	10mm±10×10^{-6} · D	≤20m
E	10mm±20×10^{-6} · D	≤20m

规定(见表 5-5)。该表摘自国家 GPS 测量规范。

测定起算点坐标的方法很多,建议按以下顺序进行选择:

① 与测区周围的 IGS 站联测,这些站的站坐标及观测资料可方便地从互联网下载;

② 与 CGCS 2000 点联测,或与加密的低等级 GPS 点联测;

③ 采用较长时间的 GPS 单点定位结果;

④ 与附近的大地点(1980 年国家坐标系、1954 年国家坐标系)联测,然后通过坐标转换将其转换至 WGS-84 坐标系。

当然进行低等级的 GPS 测量时,也可首选后面的方法,以减少工作量。

2.观测方程

设 i 为基线的已知端,其坐标已知,该点的观测方程,即式(5-114)中的第一式可改写为:

$$\lambda\varphi_i^p = \rho_i^p - cV_{T_i} - \lambda N_i^p + cV_{t^p} - (V_{\text{ion}})_i^p - (V_{\text{trop}})_i^p \tag{5-116}$$

式中,ρ_i^p 可根据 i 点的坐标及由卫星星历给出的卫星坐标求得,为已知值。将点 j 的观测方程式(5-114)中的第 2 式减去上式并进行参数重组后可得:

$$\begin{aligned}\lambda(\varphi_j^p - \varphi_i^p) = &- l_j^p \mathrm{d}X_j - m_j^p \mathrm{d}Y_j - n_j^p \mathrm{d}Z_j - \lambda\Delta N_{ij}^p - c\Delta V_{T_{ij}} \\ &- [(V_{\text{ion}})_j^p - (V_{\text{ion}})_i^p] - [(V_{\text{trop}})_j^p - (V_{\text{trop}})_i^p] + (\rho_j^p)_0 - \rho_i^p\end{aligned} \tag{5-117}$$

为方便起见,令 $\Delta\varphi_{ij}^p = \varphi_j^p - \varphi_i^p$, $(V_{\text{ion}})_{ij}^p = (V_{\text{ion}})_j^p - (V_{\text{ion}})_i^p$, $L_{ij}^p = (\rho_j^p)_0 - \rho_i^p$, $(V_{\text{trop}})_{ij}^p = (V_{\text{trop}})_j^p - (V_{\text{trop}})_i^p$,于是我们可得用单差观测值 $\Delta\varphi_{ij}^p$ 表示的相对定位的观测方程为:

$$\begin{aligned}\lambda\Delta\varphi_{ij}^p = &- l_j^p \mathrm{d}X_j - m_j^p \mathrm{d}Y_j - n_j^p \mathrm{d}Z_j - \lambda\Delta N_{ij}^p - c\Delta V_{T_{ij}} \\ &- (V_{\text{ion}})_{ij}^p - (V_{\text{trop}})_{ij}^p + L_{ij}^p\end{aligned} \tag{5-118}$$

注意,用上述观测方程求得的站坐标改正数 $\mathrm{d}X_j$、$\mathrm{d}Y_j$、$\mathrm{d}Z_j$ 是根据常数项 $L_{ij}^p = (\rho_j^p)_0 - \rho_i^p$ 解算出来的,或者说是在 i 点的坐标取某组值的情况下求得的,因而从本质上讲,用上述方法求得的 j 点的位置是相对于 i 点的位置,其绝对坐标本身并无很大的意义。

如果在测站 i、j 上还对卫星 q 进行了同步观测,则可继续组成用双差观测值表示的相对定位观测方程:

$$\begin{aligned}\lambda\varphi_{ij}^{pq} = &-(l_j^q - l_j^p)\mathrm{d}X_j - (m_j^q - m_j^p)\mathrm{d}Y_j - (n_j^q - n_j^p)\mathrm{d}Z_j \\ &- \lambda\Delta N_{ij}^{pq} - (V_{\text{ion}})_{ij}^{pq} - (V_{\text{trop}})_{ij}^{pq} + L_{ij}^{pq}\end{aligned} \tag{5-119}$$

式中,常数项 $L_{ij}^{pq} = L_{ij}^q - L_{ij}^p = (\rho_j^q)_0 - \rho_i^q - (\rho_j^p)_0 + \rho_i^p$,其余符号的含义同前。由于式(5-119)中仅含 3 个坐标未知数及(n−1)个双差模糊度参数(n 为观测的卫星数),用一般的微机即可方便地求解,而且模糊度参数仍保留整数特征,故在一般的静态相对定位中被广泛采用。

3.用坐标差形式表示的观测方程

根据式(5-118)和式(5-119)解得的虽然是待定点 j 的坐标,但该坐标实际上是相对于起算点 i 的。从前面的讨论可知,在 GPS 相对定位中对起算点坐标的要求并不高,有时误差可超过 10m,而相对位置(基线向量)的精度通常能达到厘米级甚至毫米级,所以在 GPS 相对定位中求得的绝对位置并无太大的实际意义(因为起算点坐标带有一定的随意性),而真正有意义的是测站间的相对位置。从这种意义上讲,用 GPS 静态相对定位技术布设的控制网往往会更多地具有一种“独立网”的性质。若 GPS 网 A 和网 B 的起算点都是用单点定位来测定的，虽然它们从理论上讲同属 WGS-84 坐标系，但这两个 GPS 网往往不能相互拼接。

如果我们取待定点 j 的近似坐标 (X_j^0, Y_j^0, Z_j^0) 与起算点 i 的已知坐标 (X_i, Y_i, Z_i) 之差来作为基线向量 $\overrightarrow{ij}$ 的近似值 $\overrightarrow{ij}_0$，即

$$\overrightarrow{ij}_0 = \begin{pmatrix} \Delta X_{ij}^0 \\ \Delta Y_{ij}^0 \\ \Delta Z_{ij}^0 \end{pmatrix} = \begin{pmatrix} X_j^0 - X_i \\ Y_j^0 - Y_i \\ Z_j^0 - Z_i \end{pmatrix} \tag{5-120}$$

那么 j 点的坐标就既可表示为近似坐标 (X_j^0, Y_j^0, Z_j^0) 与坐标改正数 $(\mathrm{d}X_j, \mathrm{d}Y_j, \mathrm{d}Z_j)$ 之和，也可表示为起算点坐标 (X_i, Y_i, Z_i) 与基线向量 $(\Delta X_{ij}, \Delta Y_{ij}, \Delta Z_{ij})$ 之和，即

$$\begin{pmatrix} X_j \\ Y_j \\ Z_j \end{pmatrix} = \begin{pmatrix} X_j^0 + \mathrm{d}X_j \\ Y_j^0 + \mathrm{d}Y_j \\ Z_j^0 + \mathrm{d}Z_j \end{pmatrix} = \begin{pmatrix} X_i + \Delta X_{ij} \\ Y_i + \Delta Y_{ij} \\ Z_i + \Delta Z_{ij} \end{pmatrix} = \begin{pmatrix} X_i + \Delta X_{ij}^0 + \mathrm{d}\Delta X_{ij} \\ Y_i + \Delta Y_{ij}^0 + \mathrm{d}\Delta Y_{ij} \\ Z_i + \Delta Z_{ij}^0 + \mathrm{d}\Delta Z_{ij} \end{pmatrix} = \begin{pmatrix} X_j^0 + \mathrm{d}\Delta X_{ij} \\ Y_j^0 + \mathrm{d}\Delta Y_{ij} \\ Z_j^0 + \mathrm{d}\Delta Z_{ij} \end{pmatrix} \tag{5-121}$$

也就是说，在这种情况下，待定点 j 的坐标改正数 $(\mathrm{d}X_j, \mathrm{d}Y_j, \mathrm{d}Z_j)$ 就等于基线向量近似值的改正数 $(\mathrm{d}\Delta X_{ij}, \mathrm{d}\Delta Y_{ij}, \mathrm{d}\Delta Z_{ij})$。于是用坐标改正数表示的观测方程式(5-118)和式(5-119)也可写为：

$$\begin{aligned} \lambda \Delta\varphi_{ij}^p = &- l_j^p \mathrm{d}\Delta X_{ij} - m_j^p \mathrm{d}\Delta Y_{ij} - n_j^p \mathrm{d}\Delta Z_{ij} - \lambda \Delta N_{ij}^p - c\Delta V_{T_{ij}} \\ &- (V_{\mathrm{ion}})_{ij}^p - (V_{\mathrm{trop}})_{ij}^p + L_{ij}^p \end{aligned} \tag{5-122}$$

$$\begin{aligned} \lambda \varphi_{ij}^{pq} = &- (l_j^q - l_j^p)\mathrm{d}\Delta X_{ij} - (m_j^q - m_j^p)\mathrm{d}\Delta Y_{ij} - (n_j^q - n_j^p)\mathrm{d}\Delta Z_{ij} \\ &- \lambda N_{ij}^{pq} - (V_{\mathrm{ion}})_{ij}^{pq} - (V_{\mathrm{trop}})_{ij}^{pq} + L_{ij}^{pq} \end{aligned} \tag{5-123}$$

上述两式分别为用单差观测值和双差观测值表示的以坐标差作为未知参数的静态定位的观测方程。

4.数据处理

静态相对定位的数据处理过程大体如下：

① 收集测区资料，如起始点的坐标等。从各接收机中下载卫星星历、观测值、气象记录等资料，如有必要，还需进行数据格式转换(如统一转换为 RINEX 格式)。精度要求较高时，还需另行收集 IGS 精密星历、精密卫星钟差等资料。

② 探测修复周跳，剔除粗差观测值，以获得一组“干净的”观测值。

③ 用单基线法或多基线法求解基线向量。求整数解时，还需设法将初始解中求得的实数模糊度参数固定为正确的整数模糊度，然后代回法方程式求基线向量的整数解。

④ 根据解得的基线向量及其协方差阵进行网平差，求得各待定点的坐标。当然也可将③和④合并直接求解。

有关数据处理的详细内容以后将专门介绍，此处从略。

5.特点及应用

静态相对定位由于观测时间长，各种误差消除得比较充分，因而定位精度高。目前，长

距离高精度 GPS 静态相对定位的精度已达 $10^{-8}\sim10^{-9}$级。这种定位方式被广泛用于建立和维持各种参考框架,测定极移、日长变化,测定板块运动、地壳形变,布设各级控制网及进行高精度的工程测量。

5.8.3 动态相对定位

1.观测方程

利用安置在飞机、船舶、地面车辆以及导弹、卫星和其他空间飞行器上的 GPS 接收机来测定运动载体的瞬时位置及运动轨迹的工作称为动态定位。利用安置在基准点和运动载体上的 GPS 接收机所进行的同步观测的资料来确定运动载体相对于基准点的位置(即两者之间的基线向量)的工作称为动态相对定位。基准点通常是坐标已被精确确定的地面固定点。在某些情况下,基准点也可处于运动状态下,此时人们关心的主要是两者间的相对位置,而不是它们的绝对位置。例如,舰载机在航空母舰上着陆、舰艇的编队航行(以旗舰为基准点)、飞机的空中加油、航天器的对接等就属于这种情况。我们不妨将其称为动-动相对定位,相应地将前者称为动-静相对定位。

动态相对定位的观测方程与静态相对定位是相同的。用单差形式表示的动态相对定位观测方程为式(5-118);用双差形式表示的为式(5-119)。

2. 方程的求解

如前所述,由于待定点处于运动状态,其坐标将随着时间的变化而变化,因此必须按历元逐个进行解算。设 i、j 两站对 m 颗卫星进行了同步观测,则可列出 m 个如式(5-118)的单差观测方程,式中含 3 个坐标未知数和 m 个单差整周未知参数;也可列出$(m-1)$个如式(5-119)的双差观测方程,式中含 3 个坐标未知数和$(m-1)$个双差整周未知数。也就是说,动态相对定位按历元逐个进行解算时,未知数的个数总是多于方程的个数,故方程总是秩亏的。解决上述问题的关键在于确定整周模糊度,使其成为已知值。确定整周模糊度的方法前面已作过介绍,现简单归纳如下:

(1)初始化法

先在静态环境中通过已知基线法、交换天线法或快速静态定位等方法来确定基准点和流动点间进行相对定位时的(双差)整周模糊度,然后流动站再开始运动并始终保持对卫星的连续跟踪。在这种情况下,随后任一观测历元的整周模糊度均无需重新确定。当观测的卫星数 $m\geqslant4$ 时,即可按历元解得观测时刻流动用户的瞬时位置。

本方法的缺点是:在整个动态定位过程中,基准点和用户需始终保持对卫星的连续跟踪,而在动态条件下这一点往往不易做到。另外,当视场中出现新的卫星时也无法利用,因为其整周模糊度在初始化时未加确定。一旦信号失锁或出现新的卫星时,只有停止运动,重新进行初始化才能解决问题。

(2)模糊度在航解算法

模糊度在航解算法是在用户处于运动状态下完成的,一般只需利用一个或少数几个历元的观测资料即可通过搜索过程寻找出正确的整周模糊度组合。其基本做法如下:首先根据初始解来确定搜索区域,将位于搜索区域中的整周模糊度组合起来构成备选组,然后根据一定的判断标准(如方差最小)找出最佳模糊度组合,最后通过 ratio 值检验等予以确认。模糊度在航解算的方法很多,关键在于如何利用附加信息和好的算法,在保持置信度不变的情况下尽量减小搜索区域和搜索时间,尽快确定整周模糊度参数。

模糊度在航解算法的优点是:一旦卫星信号失锁,在恢复对卫星信号的跟踪后,在一个或少数几个历元内就能重新确定整周模糊度,几乎不会由于重新确定整周模糊度而丢失资料。观测期间视场中有新卫星升起时,也可立即确定其整周模糊度,迅速用于动态定位。

一旦模糊度参数被正确确定,卫星至接收机的距离便为已知。从数学模型上讲,载波相位测量便等价于伪距测量,只是观测值的精度要高得多而已。因而在任一历元,只要基准站和流动站同步观测的卫星数不少于 4 颗,即可解出流动站在该历元的瞬时坐标。

3.特点及应用

动态相对定位通常是按历元解算的。由于观测时间短,误差消除不够充分,故定位精度一般比静态定位差,其典型的定位精度为厘米级或分米级。考虑到载体的运动一般是有规律的,所以在动态定位中虽然不能通过重复观测来提高定位精度,但通常可通过平滑和滤波等技术来消除或削弱噪声,提取信号,从而提高动态定位的精度。

5.8.4　RTK

1.基本概念

RTK(Real Time Kinematic)是一种利用 GPS 载波相位观测值进行实时动态相对定位的技术。进行 RTK 测量时,位于基准站(具有良好 GPS 观测条件的已知站)上的 GPS 接收机通过数据通信链实时地把载波相位观测值以及已知的站坐标等信息播发给在附近工作的流动用户。这些用户就能根据基准站及自己所采集的载波相位观测值利用 RTK 数据处理软件进行实时相对定位,进而根据基准站的坐标求得自己的三维坐标,并估计其精度,如有必要,还可将求得的 WGS-84 坐标转换为用户所需的坐标系中的站坐标。

2.进行 RTK 测量时需配备的仪器设备

GPS 接收机:进行 RTK 测量时,至少需配备两台 GPS 接收机。一台接收机安装在基准站上,观测视场中所有可见卫星;另一台或多台接收机在基准站附近进行观测和定位。这些站常被称为流动站。

数据通信链:数据通信链的作用是把基准站上采集的载波相位观测值及站坐标等信息实时地传递给流动用户。由调制解调器、无线电台等组成,通常可与接收机一起成套地购买。

RTK 软件:RTK 测量成果的精度和可靠性在很大程度上取决于数据处理软件的质量和性能。RTK 软件一般应具有下列功能:

- 快速而准确地确定整周模糊度;
- 基线向量解算;
- 解算结果的质量分析与精度评定;

• 坐标转换,即可根据已知的坐标转换参数进行转换,也可根据公共点的两套坐标,自行求解坐标转换参数。

3. RTK 的特点和用途

利用 RTK 技术用户可以在很短的时间内获得厘米级精度的定位结果,并能对所获得的结果进行精度评定,减少了由于成果不合格而导致的返工的几率,因而被广泛地用于图根控制测量、施工放样、工程测量及地形测量等应用领域,是 GPS 定位技术的重大突破。但 RTK 也存在一些不足之处,主要是:

(1)随着流动站与基准站之间的距离的增加,各种误差的空间相关性将迅速下降,导致观测时间的增加,甚至无法固定整周模糊度而只能获得浮点解,因此在 RTK 测量中流动站和基准站之间的距离一般只能在 15km 以内。

(2)由于流动站的坐标只是根据一个基准站来确定的,因此可靠性较差。

PPK(Post Processed Kinematic)技术是一种与 RTK 相对应的定位技术,这是一种利用载波相位观测值进行事后处理的动态相对定位技术。由于是进行事后处理,因此用户无需配备数据通信链,自然也无需考虑流动站能否接收到基准站播发的无线电信号等问题,观测更为方便、自由,适合于无需实时获取定位结果的应用领域。由于在集中教学实习中将安排 PPK 和 RTK 测量,因而对工作流程、观测方法及数据处理等问题不再作详细的介绍,其他读者可参阅参考文献[208]。

5.9 网络 RTK 及连续运行参考系统 CORS

5.9.1 网络 RTK

1.基本概念

如前所述,RTK 是一种利用载波相位观测值在流动站和基准站之间进行的一种实时动态相对定位技术。其基本的双差观测方程可写为:

$$\nabla\Delta\varphi \cdot \lambda = \nabla\Delta\rho - \nabla\Delta N \cdot \lambda + \nabla\Delta d_{\text{orb}} + \nabla\Delta d_{\text{ion}} + \nabla\Delta d_{\text{trop}} + \sum \delta_i \tag{5-124}$$

式中, $\nabla\Delta$ 为双差算子; λ 为载波的波长; $\nabla\Delta\varphi$ 为流动站和基准站之间的双差载波相位观测值; $\nabla\Delta N$ 为相应的双差整周模糊度参数; $\nabla\Delta d_{\text{orb}}$、$\nabla\Delta d_{\text{ion}}$、$\nabla\Delta d_{\text{trop}}$ 分别为在流动站和基准站之间求双差后仍未消除干净的残余的轨道误差、残余的电离层延迟和残余的对流层延迟,这些误差都与流动站和基准站之间的距离有关; $\sum \delta_i$ 则为多路径误差、测量噪声等误差之和。在常规的 RTK 测量中,我们需对流动站和基准站之间的距离加以限制(如小于等于 15km),以便使基准站和流动站之间能保持较好的误差相关性,从而把残余误差 $\nabla\Delta d_{\text{orb}}$、$\nabla\Delta d_{\text{ion}}$、$\nabla\Delta d_{\text{trop}}$ 控制在允许的范围内,以确保定位精度。

采用网络 RTK 技术时,需要在一个较大的区域内大体均匀地布设若干个基准站,基准站间的距离可扩大至 50~100km。显然在这种情况下,流动站至最近的基准站间的距离有可能远远超过 15km,因而即使与最近的基准站组成双差观测方程,方程中的残余误差项 $\nabla\Delta d_{\text{orb}}$、$\nabla\Delta d_{\text{ion}}$、$\nabla\Delta d_{\text{trop}}$ 等也不能达到可略而不计的水平,这就意味着只依靠一个基准站是无法满足精度要求的。在网络RTK技术中,我们首先利用在流动站周围的几个(一般为3个)基准站的观测值及已知的站坐标来反解出基准站间的残余误差项 $\nabla\Delta d_{orb}$、$\nabla\Delta d_{ion}$、$\nabla\Delta d_{trop}$ 等,然后用户就能根据自己的粗略位置内插出或者说估计出自己与基准站之间的残余误差项(或者在用户附近形成一组虚拟的观测值),而不是像常规RTK测量中那样将它们视为零。这样,当基准站间的距离达50~100km时,用户仍有可能获得厘米级的定位精度。需要说明的是,目前IGS已能提供精度很好的预报星历,从而较好地解决了轨道误差的问题。在这种情况下,公式(5-124)中的 $\nabla\Delta d_{orb}$ 就可视为零,无需另行考虑。至于式(5-124)中的 $\sum\delta_i$ 项(多路径误差、测量噪声等),由于与距离无关,因而难以根据基准站的值来进行内插,而必须采用选择良好的观测环境、选择性能较好的接收机等方法将它们的影响限制在允许的范围之内。

2.系统的组成

网络RTK通常是由基准站网、数据处理及数据播发中心、数据通信链路及用户等部分组成的。

(1)基准站网

基准站的数量是由覆盖范围的大小、要求的定位精度以及所在区域的外部环境等(如电离层延迟的空间相关性等)来决定,但至少应有3个基准站,基准站上应配备全波长的双频GPS接收机、数据传输设备及气象仪器等。基准站的精确坐标应已知,且具有良好的GPS观测环境。

(2)数据处理中心及数据播发中心

数据处理中心的主要任务是对来自各基准站的观测资料进行预处理和质量分析,并进行统一解算,实时估计出网内各种系统性的残余误差,建立相应的误差模型,然后通过数据播发中心将这些信息传输给用户。

(3)数据通信链路

网络RTK中的数据通信分为两类:一类是基准站、数据处理中心以及数据播发中心等固定台站间的数据通信。这类通信可以通过光纤、光缆、数据通信线等方式来实现,当然也可以通过无线通信的方式来实现,可根据现场的具体情况来确定。第二类是数据播发中心与流动用户之间的移动通信,可采用GSM、GPRS、CDMA等方式来实现。

(4)用户

用户除了需配备GPS接收机外,还应配备数据通信设备及相应的数据处理软件。

3.几种常用的方法

(1)虚拟参考站(Virtual Reference Station,VRS)技术

这是一种被广泛采用的网络RTK技术。由Herbert Landan主持研发的Trimble公司的GPSnet软件就采用这种技术。由于该软件的市场占有率很高,因而VRS也就成为网络RTK中的一种主流技术。其基本作业过程如下:

① 数据处理中心利用各相关基准站的观测资料来估计残余的系统误差,并生成相应的误差模型;

② 用户用测码伪距观测值进行单点定位,并将求得的坐标传送给数据处理中心;

③ 数据处理中心随即就将该点作为虚拟基准站,估计出相应的残余系统误差,并进而根据该点的坐标及基准站的坐标来生成一组虚拟的载波相位观测值,并通过数据播发中心播发给用户;

④ 用户利用虚拟基准站上的虚拟的载波相位观测值及其坐标(即单点定位的结果)按照常规 RTK 的方法来确定自己的最终位置。

由于在生成虚拟观测值时已顾及了虚拟基准站处的残余系统误差的影响($\nabla\Delta d_{ion}$ 和 $\nabla\Delta d_{trop}$ 等),而且虚拟基准站离用户的距离又很近,所以用户只需采用常规 RTK 的仪器设备及计算软件即可获得高精度的定位结果(当然数据通信的方式可能发生变化),这是该方法的优点。该方法的缺点是用户与数据处理中心之间需要进行双向的数据通信,系统中可容纳的用户数受网络带宽、数据处理中心的服务器的荷载能力等因素的限制。

(2)主辅站技术(MAX)

瑞士徕卡公司推出的参考站网软件 SPIDER 就采用了这种技术。这种方法把某一基准站设为主站,其余基准站为辅站。数据处理中心根据各基准站的观测资料来确定主站的系统误差改正数,以及各辅站相对于主站的系统误差改正数(即辅站和主站的改正数之差),并通过数据播发中心播发给用户,由用户内插出自己所在处的系统误差改正数。采用这种工作模式时,只需进行单向的数据通信。用户也可将自己的粗略位置播发给数据处理中心,由中心来进行内插,再将结果播发给用户,以减少用户的计算工作量,但此时需进行双向数据通信。

(3)区域改正数法(FKP)

区域改正数法 FKP 是由德国的 Geo+GmbH 公司最早提出的一种方法。在这种方法中,数据处理中心要根据各基准站的观测资料来估计残余的系统误差 $\nabla\Delta d_{ion}$ 和 $\nabla\Delta d_{trop}$ 等,并用南北方向和东西方向的误差系数来描述这些误差,然后通过数据播发中心把它们播发给用户,由用户来计算自己所在处的残余系统误差。采用这种方法时,只需进行单向的数据通信,用户数量不受限制,但用户需配备专用的数据处理软件。

由于篇幅所限,具体方法不再介绍。有兴趣的读者可参阅参考文献。

5.9.2 连续运行参考系统

连续运行参考系统(Continuously Operating Reference System, CORS)是一种以提供卫星导航定位服务为主的多功能服务系统,是建立数字地球(国家、城市……)时必不可少的基础设施。也称连续运行参考站网(Continuously Operating Reference Stations, CORS),实际上是一种多功能的连续运行的综合服务系统。与网络 RTK 相比,CORS 更多地强调了所提供服务的多样性,以及运行的长期性。

1. CORS 的功能

CORS 系统是由一些用数据通信网络联结起来的、配备了 GPS 接收机等设备及数据处理软件的永久性的台站(参考站、数据处理中心、数据播发中心等)所组成的。不同部门和应用领域的用户可以利用 CORS 所提供的改正信息、站坐标及观测资料来满足不同的用途。一般来说 CORS 具有下列功能:

(1)CORS 系统可以向系统覆盖范围内的地面车辆、船舶和飞机等交通运输部门的用户提供差分 GPS 服务及车辆的调度、管理等服务。典型的导航定位精度为 2~3m。

(2)CORS 系统可以向工程测量、数字测图、地籍测量、GIS 数据采集及更新的用户提供网络 RTK 服务,使这些用户能快速地获得厘米级精度的定位结果,从而成为获取空间地理信息的一种有效手段。

(3)大地测量用户即使只用一台接收机进行观测,也可通过下载周围的参考站上的载波相位观测值和站坐标的方法来实现高精度的静态相对定位,进而获得精确的大地坐标(当然也可以将观测值传输给 CORS 系统,由数据处理中心来完成计算工作,这种做法可能更为简便)。在建立了 CORS 的地区,这种方法有可能成为最常用的大地定位方法。

(4)利用各参考站上所进行的长期连续的 GPS 观测值,不难求得这些站在不同时间的站坐标序列(如每星期求一次解),从而为系统覆盖区域提供一组动态的大地测量参考框架。将(3)、(4)两种方法结合在一起,我们就能用动态的四维大地测量技术来取代以天文大地测量方法为代表的静态的三维大地测量技术。

此外,地质部门、地震监测部门、地球物理学研究部门也可以根据参考站的站坐标的时间序列来研究所属区域的地质构造运动。

(5)由于在求解参考站的站坐标(基线向量)的同时还能精确地确定参考站钟的钟差(相对钟差),因而时间服务部门也可以利用 CORS 系统来进行高精度的授时或时间比对工作。

(6)GPS 气象学研究:在数据处理过程中,还可以较准确地估计出不同时间参考站天顶方向的总的对流层延迟量。根据参考站上的气象观测数据,并利用对流层延迟模型也可求得对流层延迟中的流体静力学延迟(对流层延迟中的干分量),将总延迟减去流体静力学延迟后即可求得对流层延迟中的湿分量,进而可解出测站上空的水汽含量及可降水分,用于大气预报及气象学研究。

(7)建立电离层延迟模型:利用参考站上的双频观测值还可确定 GPS 信号传播路径上的总电子含量 TEC,进而建立电离层延迟模型。

由于组建的单位和部门不同,因而 CORS 的功能也会有所侧重,甚至只具有其中部分功能。

2.现状与发展趋势

至今为止,国内外已建立了许多 CORS 系统,较为著名的有:

(1)美国的 CORS 系统

美国的 CORS 系统是由美国国家大地测量局 NGS 牵头组建的,由近 400 个站组成,平均间距为 100~200km。该系统由国家网络和合作网络两部分组成,前者由 NGS 建立,要求长期连续观测;后者由联邦政府的其他部门、科研机构、商业团体等共同组建,要求每周工作 5 天,每天观测 8h(见文献[211])。由于美国的 CORS 是由国家大地测量局牵头组建的,所以系统的首要目标是建立和维持美国的国家参考框架,还可以提供参考站的原始观测数据,提供卫星轨道计算服务及部分地区的差分 GPS 服务,也可用于气象预报和研究、地震监测、地球动力学研究等应用领域。

(2)德国的 CORS 系统(SAPOS)

SAPOS 是德国测量管理部门联合运输、建筑、房产管理、国防等部门共同组建的连续运行卫星导航定位服务系统。由250多个永久性的参考站组成,平均站间间距为40km。该系统可以为全国提供一个动态的大地参考框架,能提供四个不同级别、不同精度的定位服务:实时定位服务(EPS)、高精度实时定位服务(HEPS)、精密大地定位服务(GPPS)和高精度大地定位服务(GHPS)。

(3)日本的CORS系统(COSMOS)

日本的连续应变监测系统(COSMOS)是由日本国家地理院组建的,测站数已超过1200个,平均站间间距为30km,在关东、东京、京都等地区平均间距只有10~15km。COSMOS构成一个格网式的GPS永久站阵列,是日本重要的基础性设施。其主要功能为:

- 构成超高精度的地壳运动监测网络;
- 组成全国范围内的现代"电子大地控制网点";
- 向测量用户提供原始观测值,供用户进行高精度的事后大地定位;
- 具有RTK功能;
- 用于天气预报和气象监测。

(4)国内的CORS系统

国内先后在北京、上海、深圳、武汉等数十个城市建立了城市CORS系统,在江苏、广东、四川等省建立了省级的CORS系统。运行情况良好,在国民经济建设中发挥了巨大作用。

需要说明的是,目前对CORS系统存在两种不同的理解和定义。一种是从字面上来理解和定义的,即把所有的能连续运行的参考站网都称为CORS系统。按这种定义,单一用途的差分GPS网也可称为CORS系统。另一种理解则是本教材中采用的长期连续运行的多功能卫星导航定位服务系统。按照这种理解,我们仍然把单功能的GPS网络称为"差分GPS网"、"网络RTK"等,而没有把它们归到CORS的范畴。

目前,国内CORS系统的建设方兴未艾,研究的热点问题为:

- 如何提高CORS系统(数据采集、数据处理、数据存储及分发以及系统管理)的自动化水平;
- 更好地挖掘CORS系统的潜力,使其能为更多领域的用户提供服务,使其成为一个名符其实的多功能服务系统;
- 对CORS系统的运行体制进行探讨和试验。将其定义为一个由政府出资的免费向用户开放的公益性质的基础设施,还是向用户收取服务费用的商业性质的设施,或者是两者结合的体系,才更有利于系统的正常运行,需要根据现阶段各地的经济发展水平作出正确的选择。

5.10 差分 GPS

5.10.1 概况

根据观测瞬间卫星在空间的位置以及接收机所测得的至这些卫星的距离并加上大气延迟和钟差等各项改正后,即可采用距离交会的方法求得该瞬间接收机的位置。对导航与实时动态定位用户来讲,卫星在空间的位置通常是由GPS卫星所广播的卫星星历提供。实施 L-AII 计划后,GPS 广播星历及卫星钟差的精度又有了明显的提高,未经授权的一般用户利用 GPS 也能获得精度为 10m 左右的实时导航定位结果,比实施 SA 政策时的精度提高了约一个数量级,但这种精度仍然无法满足某些领域中对精度有较高要求的用户的需求。

差分 GPS 是大幅度提高导航定位精度的有效手段,已成为 GPS 领域中的研究热点之一,并已得到了广泛的应用。目前,市场上出售的 GPS 接收机大多已具备实时差分的功能,不少接收机的生产销售厂商已将差分 GPS 的数据通信设备作为接收机的附件或选购件一并出售,商业性的差分 GPS 服务系统也纷纷建立。这些都标志着差分 GPS 已进入实用阶段。

差分 GPS 技术的发展十分迅速,从初期仅能提供坐标改正数或距离改正数发展为目前能将各种误差影响分离出来,向用户提供卫星星历改正(高精度卫星星历)、卫星钟差改正和大气延迟模型等各种改正信息。数据通信也从利用一般的无线电台发展为利用广播电视部门的信号中的空闲部分来发送改正信息或利用卫星通信手段来发送改正信息,从而大幅度增加了信号的覆盖面。差分改正信号的结构、格式和标准几经修改,也日趋完善。差分 GPS 系统从最初的单基准站差分系统发展到具有多个基准站的区域性差分系统和广域差分 GPS 系统,最近又出现了广域增强系统和地基伪卫星站等,可以更好地满足不同用户的要求。

5.10.2　差分 GPS 原理

影响 GPS 实时单点定位精度的因素很多,其中主要的因素有卫星星历误差、大气延迟(电离层延迟、对流层延迟)误差和卫星的钟差等。误差的估算见表 5-6。上述误差从总体上讲有较好的空间相关性,因而相距不太远的两个测站在同一时间分别进行单点定位时,上述误差对两站的影响就大体相同。如果我们能在已知点上配备一台 GPS 接收机并和用户一起进行 GPS 观测,就能求得每个观测时刻由于上述误差而造成的影响(如将 GPS 单点定位所求得的结果与已知站坐标比较,就能求得上述误差对站坐标的影响)。假如该已知点还能通过数据通信链将求得的误差改正数及时发送给在附近工作的用户,那么这些用户在施加上述改正数后,其定位精度就能大幅度提高,这就是差分 GPS 的基本工作原理。该已知点称为基准站。从表 5-6 可以看出,采用差分 GPS 技术后,用户实时导航定位的精度可从原来的±14m 提高至 4~6m(用户离基准站的距离从 100~500km 时)。

根据基准站所提供的改正数的类型的不同,差分 GPS 可分为位置差分和距离差分两种形式。

图 5-10(a)为位置差分示意图。S_1'、S_2'、S_3'、S_4'表示由广播星历所给出的卫星位置,由 GPS 单点定位所求得的基准点位置为 P',基准点的已知位置为 P。由于各种误差的影响,P' 一般不会和 P 重合。$\overrightarrow{P'P}$ 即为位置差分中的改正矢量。采用空间直角坐标时,$\overrightarrow{P'P}=(\Delta X,\Delta Y,\Delta Z)$;采用大地坐标时,$\overrightarrow{P'P}=(\Delta B,\Delta L,\Delta H)$。基准站将 $\overrightarrow{P'P}$ 播发给用户时,称为位置差分,也可称为坐标差分。

表 5-6 **单点定位和差分定位时的误差估值(单位:m)**

误差类型	GPS	DGPS 间距/km			
		0	100	200	500
卫星钟误差	2.4	0	0	0	0
卫星星历误差	2.4	0	0.04	0.13	0.22
大气延迟误差:电离层延迟	3.0	0	0.73	1.25	1.60
大气延迟误差:对流层延迟	0.4	0	0.40	0.40	0.40
基准站接收机误差噪声和多路径误差		0.50	0.50	0.50	0.50
基准站接收机误差:测量误差		0.20	0.20	0.20	0.20
DGPS 误差(RMS)		0.54	0.99	1.42	1.75
用户接收机误差	1.0	1.0	1.0	1.0	1.0
用户等效距离误差(RMS)	4.66	1.14	1.40	1.74	2.01
导航精度(2D RMS)HDOP=1.5	14.0	3.4	4.2	5.2	6.0

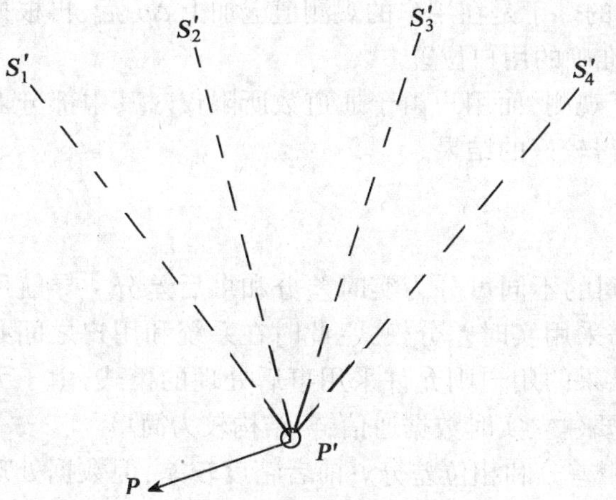

(a)位置差分示意图

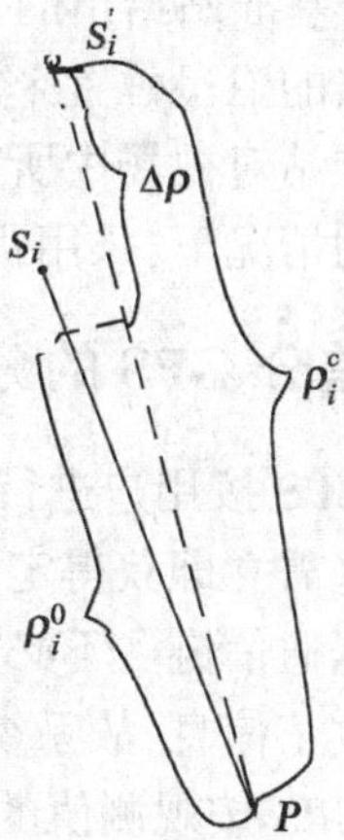

(b)距离差分示意图
(图中仅画出其中一颗卫星距 P 点的距离,其余均类似)

图 5-10 差分 GPS 示意图

采用位置差分时计算较为简单,数据传输量也较少。但位置差分存在下列缺点:基准站上一般都配备通道数较多、能同时跟踪视场中所有 GPS 卫星的接收机,而用户则大多配备通道数较少的导航型接收机,当视场中的 GPS 卫星较多时,基准站根据所有可见卫星所求得的坐标改正数与用户仅根据其中部分卫星(由于通道数所限)所求得的结果之间往往会不太匹配,相关性较差,从而影响其精度,使得这种方法的效果不如距离差分好。但是由于接收机制造技术的进步,目前导航型接收机往往也有较多的接收通道,这种状况正在得到改善。

图 5-10(b)为距离差分示意图。图中,S_i 为卫星 i 在空间的真正位置,ρ_i^0 为伪距观测值。由于卫星钟钟差、接收机钟钟差、大气延迟误差及测量噪声等因素的影响,ρ_i^0 并不等于测站至卫星的真正距离。用户既不知道卫星在空间的准确位置(存在卫星星历误差),又无法测出至卫星的真正距离,所以无法用单点定位的方法来准确确定自己的位置。

下面我们来看一下加入基准站之后的情况。图 5-9(b)中,ρ_i^c 为根据卫星星历所给出的卫星的空间位置 S'_i 和基准站 P 的已知坐标反算得出的从测站至卫星 i 的距离。由于存在卫星星历误差,故 S'_i 和 S_i 一般不会重合,两者之差一般可达数米。显然,ρ_i^c 也不等于卫星 i 与基准站 P 之间的真正距离,而是 S'_i 和 P 之间的距离,但是根据 S'_i 的位置和 ρ_i^c 却能求得基准站的真正位置 $P(i=1,2,3,4,\cdots)$。根据基准站上测得的站星距离 ρ_i^0 及计算出来的站星距离 ρ_i^c,可以求得两者之间的差值 $\Delta\rho_i=\rho_i^c-\rho_i^0$。从上面的讨论可以看出,$\Delta\rho_i$ 是由卫星星历误差、卫星钟和接收机钟的误差、大气延迟误差以及测量噪声等因素引起的,若同一时刻用户也在进行 GPS 测量,那么卫星钟的钟差对两站来讲就是相同的(暂不考虑差分改正数的时间延迟问题),由于具有良好的空间相关性,因而两站所收到的卫星星历误差和大气延迟误差的影响也大体相同,而两站的接收机钟钟差可作为未知参数在单点定位过程中分别解出。只有观测噪声才是不相关的,但其量级很小。所以当用户离基准站不太远时,用户的 $\Delta'\rho_i$ 应该与基准站给出的 $\Delta\rho_i$ 是大体相同的。于是在用户的观测值上加上 $\Delta\rho_i$ 后,再根据卫星星历给出的卫星位置 S'_i 就能求得相当准确的用户位置。

在基准站对视场中所有卫星均进行了观测,而用户由于通道数所限仅对其中部分卫星进行观测的情况下,采用距离差分仍可获得较好的结果。

5.10.3　差分 GPS 的分类

差分 GPS 按用户进行数据处理的时间的不同可分为实时差分和事后差分。导航用户和其他一些需立即获得定位结果的用户需采用实时差分模式,此时在系统和用户之间必须建立起数据通信链。不必立即获得定位结果的用户则允许采用事后处理的模式,由于无需实时传送改正信息,故系统和用户间不需要建立实时数据通信链,结构较为简单。

差分 GPS 按观测值的类型可分为伪距差分和相位差分。前者精度较差,但数据处理比较方便,被广泛使用;后者精度较高,但存在周跳的探测和修复以及整周模糊度的确定等问题,故数据处理较为复杂,只有在某些精度要求较高的领域中才被采用。此外,尚有一种介于两者之间的方法:相位平滑伪距差分,但该方法使用不很广泛。本文主要介绍采用伪距观测值的实时差分技术。

差分 GPS 按其工作原理及数学模型大体可分为三种类型:单基准站差分 GPS(SRDGPS)、具有多个基准站的局部区域差分 GPS(LADGPS)和广域差分 GPS(WADGPS)。由于分类时所依据的标准的不同和理解上的差异,目前在不同的参考资料上所使用的名称还较为混乱,常常出现同名异义或异名同义的情况,给阅读和理解带来不少困难。本文是从差分 GPS 技术这一角度来对差分 GPS 进行分类的,而不是按照基准站的数量或系统的覆盖面积来进行分类。这种分类方法较为明确,不易混淆。下面对这三种类型的差分 GPS 分别加以介绍。

1.单基准站差分 GPS

(1)定义

仅仅根据一个基准站所提供的差分改正信息进行改正的差分 GPS 技术(系统),称为单基准站差分 GPS 技术(系统),简称单站差分 GPS(Single Reference-station Differential GPS, SRDGPS)。

(2)单站差分 GPS 系统的构成

单站差分 GPS 系统是由基准站、数据通信链及用户等部分组成的。

① 基准站。基准站应满足下列条件:

- 站坐标已准确测定,测站位于地质条件良好、点位稳定的地方;
- 视野开阔,周围无高度角超过 10°的障碍物,以保证 GPS 观测能顺利进行;
- 周围无信号反射物(如大面积水域、大型建筑物等),以消除或削弱多路径误差;
- 能方便地播发或传送差分改正信号。

基准站上一般需配备能同时跟踪视场中所有 GPS 卫星的接收机,以保证播发的距离改正数能满足所有用户的需要。当然,基准站上还应配备能计算差分改正数并将改正数进行编码的硬件和软件。单站差分 GPS 基准站上大多使用单频接收机,也有部分基准站使用双频接收机。不少专家认为,由于导航用户大多使用单频接收机,因而基准站使用双频接收机后反而会降低基准站和用户间的误差相关性,而单站差分 GPS 就是建立在误差相关这一基础上的,因而他们认为单站差分 GPS 的基准站上还是使用与用户接收机一致的单频接收机为好。

② 数据通信链。将差分改正信号传送给用户的通信设备以及相应软件称为数据通信链。它是由信号调制器、信号发射机及发射天线、用户差分信号接收机及信号解调器等部件和相应软件组成的。根据用途的不同,单站差分 GPS 又分为两类:第一类是为了满足局部区域中某些测量项目(如进行水库容量测量、航道测量等)而临时建立起来的差分 GPS 系统。这类系统的覆盖面积较小,基准点就设立在测区中或测区附近的已知点上,可随着测量工作的进展而不断移动,所以通信距离较短。如前所述,这类差分系统的数据通信链可以与 GPS 接收机一并购买,或自行配置。第二类差分 GPS 系统则是为了满足某一城市或地区的多种用途而建立的永久性差分 GPS 系统。这类系统的覆盖面积一般为数千平方千米或更大。为发射差分改正信号而专门建立信号发射系统从经济上、人力上及技术方面上讲都有困难而且也不合理,所以这类系统通常都利用现有广播电视台中的空闲信号部分来发射差分改正信号,例如,将差分改正信号调制在调频台的副载波上。如有可能,基准站应尽量布设在广播电视台站附近(当然以不影响正常的 GPS 观测为原则),以利于改正信号的传送,否则需通过市内电话线或专用数据传输线将改正信号送往广播电视台往外播发。

为多种用户服务的公用差分 GPS 系统所播发的差分改正信号内容、结构和格式应具有公用性,最好采用 RTCM-SC-104 格式。这是由海事服务无线电技术委员会(RTCM)第 104 专门委员会(SC-104)所制定的差分 GPS 数据通信格式,几经修改,不断完善,现已被世界各国所采用。为某一工程项目而建立的专用差分 GPS 系统,如有必要,也可自行制定数据传输格式,但一般也以采用统一格式为好,这样使该系统具有较大的兼容性。

③ 用户。用户可根据各自需要配备不同类型的 GPS 接收机。为了接收和处理差分改正信号,用户还需要配备差分改正信号接收装置、信号解调器、计算软件及相应的接口。用户在安装 GPS 接收机时,应特别注意避免多路径误差的影响。

(3)数学模型

单站差分 GPS 的数学模型非常简单。用户只需按通常方法进行单点定位,然后在定位结果上加上坐标改正数(位置差分),或在伪距观测值上加上距离改正数(距离差分),然后按通常方法进行单点定位即可。

(4)应用及优缺点

单站差分 GPS 的结构和算法都十分简单,技术上也较为成熟,特别适于小范围内的差分定位工作,因而在一些需要进行差分 GPS 定位的工程测量项目中得到了广泛的应用。此外,由于技术难度较小,经济效益又十分明显,所以国内有不少城市和地区正在积极筹备或组建长期性的公用差分 GPS 系统。此项工作目前大多是与建立 CORS 系统结合起来进行的。

采用单站差分 GPS 时用户只能收到一个基准站的改正信号,所以系统的可靠性较差。当基准站或信号发射系统出现故障时,该系统中的所有用户便无法开展工作;当改正信号出现错误时(如在数据传输过程中出现误码时),用户的定位结果就会出错。为解决上述问题,长期工作的公用差分 GPS 服务系统中应设立热备份,并应在系统内设立监测站,一旦改正信号出错,能及时向用户发出警告。

单站差分 GPS 建立在用户的位置或距离误差与基准站的误差完全相同这一基础之上。然而当用户与基准站之间的距离不断增加时,这种误差相关性将变得越来越弱,从而使用户的定位精度迅速下降。当用户离基准站较近时(如 $S<20$km 时),这种方法的定位精度有可能达到亚米级;当间距增加至 200km 时,定位精度将下降为 5m 左右(2σ)。

2.具有多个基准站的局部区域的差分 GPS

(1)定义

在某一局部区域中布设若干个基准站,用户根据多个基准站所提供的改正信息经平差计算后求得自己的改正数,这种差分 GPS 定位技术(系统)称为具有多个基准站的局部区域的差分 GPS 技术(系统),简称局域差分 GPS(Local Area DGPS with Multi-reference Station, LADGPS)。

(2)系统的构成

局域差分 GPS 由多个基准站构成。各基准站独立进行观测,分别计算差分改正数并向外播发,但应对改正数的类型,信号的内容、结构、格式及各站的标识符等作统一规定。各站的信号应具有足够大的覆盖区域,以保证系统中的用户能同时收到多个基准站的改正信息。局域差分 GPS 系统中一般也应设立监测站。由于需要有较大的信号覆盖区域,局域差分 GPS 中较多地采用长波和中波无线电通信。其他方面与单站差分 GPS 相似,不再重复。

(3)数学模型

如前所述,在 LADGPS 中,用户需按照某种算法对来自多个基准站的改正信息(坐标改正数或距离改正数)进行平差计算,以求得自己的改正数。这些算法主要有:

①一般的加权平均法。采用这种方法时,用户将来自各基准站的改正数的加权平均值

作为自己的改正数。常用的也是最简单的定权方法，是按照改正数的权 P_j 与用户离基准站的间距 D_j 成反比的规则来定权：

$$P_j = u/D_j \tag{5-125}$$

用户改正数 V_u 为：

$$V_u = [P_j V_j]/[P_j] \tag{5-126}$$

我们知道，严格地讲，差分改正数应是位置的函数，所以不同基准站所求得的差分改正数应该是有差别的。通过加权平均可以在一定程度上顾及位置对差分改正数的影响。

② 偏导数法。采用这种方法时，首先需要根据基准站的站坐标(L,B)和差分改正数 V 求得改正数在 L 方向和 B 方向的变化率 $\partial V/\partial L$ 及 $\partial V/\partial B$：

$$\begin{cases} V_2 = V_1 + \dfrac{\partial V}{\partial L}(L_2 - L_1) + \dfrac{\partial V}{\partial B}(B_2 - B_1) \\ V_3 = V_1 + \dfrac{\partial V}{\partial L}(L_3 - L_1) + \dfrac{\partial V}{\partial B}(B_3 - B_1) \\ \cdots \end{cases} \tag{5-127}$$

式中，L_j、B_j 分别表示第 j 个基准站的经度和纬度。显然，采用偏导数法进行二维定位时，局域差分 GPS 系统中至少需要 3 个基准站。求得偏导数值 $\partial V/\partial L$ 和 $\partial V/\partial B$ 后，即可根据用户的近似坐标(L_u,B_u)计算用户处的改正数 V_u：

$$V_u = V_1 + \frac{\partial V}{\partial L}(L_u - L_1) + \frac{\partial V}{\partial B}(B_u - B_1) \tag{5-128}$$

L_u、B_u 可取不加差分改正的单点定位结果。当覆盖区域较大时，也可将上述公式扩充至二阶偏导数，当然基准站个数也需相应增加。由于在模型中已顾及了位置变化对差分改正数的影响，因而用户的定位精度较单站差分有明显提高。但是当用户位于由基准站所连成的多边形以外时(即需要进行外推时)，其效果就不太理想。沿着凸出的海岸线布设基准站时，海上用户经常会位于多边形以外，此时应争取在海岛上增设基准站。

(4)应用及优缺点

由于具有多个基准站而且顾及了位置对差分改正数的影响，所以整个系统的可靠性和用户的精度都有较大的提高。一般而言，当个别基准站出现故障时，整个系统仍能维持运行。用户通过对来自不同的基准站的改正信息进行相互比较，通常可以识别并剔除个别站的错误信息(如误码等)。该系统的作用距离可增加至 600km，定位精度(2σ)提高到 3~5m。局域差分 GPS 可用于较大范围内的导航定位，如船舶的导航定位。

然而无论是单站差分 GPS 还是局域差分 GPS，在处理过程中，都是把各种误差源所造成的影响合并在一起来加以考虑的。而实际上，不同的误差源对差分定位的影响方式是不同的。例如，卫星星历误差对差分定位的影响可视为是与用户至基准站的距离成正比的，而卫星钟钟差对差分定位的影响则与用户至基准站的距离无关(见表 5-6)。因此，如果不把各种误差源分离开来，用一个统一的模式对各种误差源所造成的综合影响统一进行处理，就必然会产生矛盾，影响最终的精度。随着用户至基准站距离的增大，各种误差源的影响将变得越来越大，从而使上述矛盾变得越来越显著，导致差分定位精度的迅速下降。

3.广域差分GPS

如上所述,当差分GPS需覆盖很大的区域时(如需覆盖我国大陆和邻近海域时),采用前面两种方法就会碰到许多困难;首先是需建立大量的基准站。例如,当用户至基准站的最大距离规定为200km时,覆盖我国大陆及领海的差分GPS系统中就需建立约500个基准站。这种系统使得我们在人力、物力、财力上均难以承受;其次,由于地理条件和自然条件的限制,在很多地方无法建立永久性的基准站和信号发射站,从而产生大片空白地区。广域差分GPS(Wide Area Differential GPS)就是在这种情况下发展起来的。

(1)定义

在一个相当大的区域中,较为均匀地布设少量的基准站组成一个稀疏的差分GPS网,各基准站独立进行观测并将观测值传送给数据处理中心,由数据处理中心进行统一处理,以便将各种误差分离开来,然后再将卫星星历改正数、卫星钟钟差改正数以及大气延迟模型等播发给用户,这种差分系统统称为广域差分GPS系统。全球差分GPS(World-wide DGPS)可视为广域差分GPS中的一种特例。

(2)系统的构成

广域差分GPS系统由基准站、数据处理中心、数据通信链、监测站及用户等部分构成。基准站的数量视覆盖面积及用途而定,如美国联邦航空局(FAA)布设的覆盖全美国的广域增强型差分GPS系统(WAAS)中将包含35个基准站。为了建立区域性的电离层延迟模型,各基准站上应配备双频接收机;为确定卫星钟的钟差,最好能在部分基准站上配备原子钟。广域差分GPS数据通信链将包括两个部分:一是基准站、监测站、数据处理中心等固定站间的数据通信链;二是系统与用户之间的数据通信链。固定站之间的数据通信一般可通过计算机网络和其他公用通信网(如电话网、VSAT等)进行。WADGPS与用户间的数据通信则可采取卫星通信、短波广播、长波广播和电视广播等方式进行。其余部分限于篇幅不再介绍。

(3)数学模型

广域差分、单站差分与局域差分间的基本区别在于:单站差分和局域差分只是把各种误差对基准站定位的综合影响(坐标改正)或对基准站上的伪距计算值ρ^c与伪距观测值ρ_0之差的综合影响$\Delta\rho$(距离改正)播发给用户,而广域差分却要把这些误差分别估算出来播发给用户,使用户能利用正确的卫星星历、大气延迟模型和卫星钟差进行单点定位。

(4)应用和优缺点

由于对各种误差进行了分离和估计,使用户能利用较准确的卫星星历、卫星钟差改正和大气延迟模型进行单点定位,从而不但提高了定位精度,而且使定位误差基本上与用户至基准站的距离无关。广域差分GPS只需利用稀疏分布的少量基准站,就能建立起覆盖面很大、能同时为多种用户服务的差分GPS系统,是一种技术先进、经济效益显著的方案,是建立大范围的差分GPS服务体系的一种首选方案。

5.10.4 差分GPS的新进展

在广域差分GPS中,数据通信始终是一个瓶颈问题。困难主要来自两个方面:一是改正信号必须具有足够大的覆盖面；二是用户的接收设备又需十分轻便、廉价。广域差分增强系统（Wide Area Augmentation System，WASS）就是为解决上述问题而被提出的。在 WASS 中，数据处理中心将差分改正信息送往地球同步卫星。该同步卫星也采用 L_1 作为载波，在载波上也同样调制 C/A 码，并将自己的卫星星历和差分改正信息当作导航电文转发给用户。该系统具有下列优点：第一，由于同步卫星所发射的卫星信号与 GPS 卫星的信号相同，故用户只需用 GPS 接收机即可接收到差分改正信息，无需配备其他装置，而且同步卫星所发射的信号具有很大的覆盖面，从而较好地解决了数据通信问题；第二，同步卫星也可作为 GPS 卫星来使用，提高了 GPS 导航的精度和可靠性，这就是所谓的空基伪卫星技术。

WADGPS 和 WASS 虽然能使大范围内的用户获得较高的实时定位精度，但这一精度尚无法满足精度要求很高的一些特殊用户的要求，例如，在能见度很差的情况下，依靠仪表指引进行飞机的盲着陆。局域增强系统（Local Area Augmentation System，LAAS）的出现能较好地解决上述问题。LAAS 的基本概念如下：在需要进行高精度 GPS 定位的局部区域周围建立若干个基准站，这些站也和 WAAS 中的同步卫星一样发射 GPS 卫星信号和差分改正信号。同样，用户只需利用 GPS 接收机就能接收上述信号，从而极大地改善了定位精度和可靠性。这些基准站被称为地基伪卫星。为更好地解决飞机的进场和着陆问题，美国联邦航空局准备签订一个为期 7 年、总价值为 5.7 亿美元的合同，以建立局域增强系统。这些系统建成后，将取代 150 个（或更多的）经常使用的机场上的仪表着陆系统，使飞机仅利用 GPS 就具有第一、二、三类精密进场和着陆的能力。

WAAS 和 LAAS 技术的出现进一步补充、完善了广域差分 GPS 技术，使其能更好地满足各类用户的需要，使用起来也更为方便，因此代表了广域差分技术的发展方向。

第 6 章　全球定位系统的应用

由于 GPS 卫星信号具有全天候、连续性、全球覆盖等特点，用户利用不同的观测值（测码伪距观测值、载波相位观测值、相位平滑伪距观测值等）以及不同的定位方式（单点定位、相对定位、静态定位、动态定位以及衍生出来的广域差分 GPS、网络 RTK 等定位方式）可获得从亚毫米级至 10 米级的定位精度，以满足不同用户的要求。除位置信息外，GPS 还能向用户提供时间和速度等信息，因而在测量、军事、交通运输、大气研究等领域得到了广泛的应用，与计算机技术、互联网技术一样正在深刻地影响着人类的生产、科研和日常生活。全面介绍全球定位系统在各个领域中的应用是一件非常困难的事情，本章将以举例的方式介绍 GPS 在与我们关系较为密切的几个领域中的应用状况。

6.1　GPS 在测量领域中的应用

6.1.1　GPS 在大地测量与地球动力学中的应用

（1）建立和维持国际地球参考框架、测定地球自转参数

由国际 GNSS 服务 IGS 所提供的间隔为一星期的时间序列已成为 IERS 在建立和维持国际地球参考框架 ITRF 及确定地球自转参数（极移值 X_p、Y_p 及日长变化 UT1-UTC）中的一种重要的数据源。目前，GPS 的测量精度已接近 VLBI、SLR 的精度。IGS 站的数量将远远超过 VLBI 站及 SLR 站的数量。利用这种"加密"了的 GPS 站的资料，我们不仅能测定各主要板块间的运动，还能测定板块内的运动，更为详细地了解地质构造运动的"细节"。

目前由 IGS 所给出的最终解中站坐标的平面位置精度为±3mm，高程精度为±6mm；站坐标的变化率的精度为：平面位置为±2mm/年，高程为±3mm/年。测定地球自转参数的精度为（最终解）：极移 30μas，极移变化率 150μas/天，日长的精度 ±10μs。

（2）建立和维持区域性的动态参考框架

如果说在（1）中，GPS 仅仅是作为一种资料来源与 VLBI、SLR、DORIS 等空间大地测量技术一起来建立和维持全球的地球参考框架，那么在建立和维持国家、省市等区域性的动态参考基准时，GPS 就将发挥更重要的作用或主导作用（甚至是唯一的技术手段）。这是由于 VLBI、SLR 的仪器价格昂贵、体积大、设备笨重，因而数量少而导致的。

如前所述，长期连续运行的 CORS 系统可以通过定期地与周围的 IGS 站进行联合解算来不断地更新自己的站坐标（如每周解算一次或每月解算一次）来建立区域性的动态参考框架，以取代原来的以天文大地网为代表的静态参考框架，利用这种方法所测定的 CORS 站的瞬时坐标（以周围的 IGS 站作为参考点）的精度一般可达 mm 级至 cm 级，CORS 站间的相

对精度一般可达 10^{-7} 至 10^{-8} 级，远比天文大地网的精度要好。

(3)大地定位

由于GPS定位技术具有全天候、测站间无需保持通视、精度高、速度快、费用省等优点，因而现在已基本取代用经纬仪、测距仪(全站仪)布设导线网、三角网等传统的布设平面控制网的方法。随着高精度的区域(似)大地水准面的建立，GPS测量中的高程信息也得到了广泛的应用，以替代传统的精度要求不是太高的水准测量工作以及三角高程测量工作。

6.1.2 GPS在工程测量中的应用

(1)布设各种类型的工程测量控制网

GPS定位技术基本上可满足各种类型的工程测量控制网的精度要求。由于可进行全天候观测，定位时测站间也无需保持通视等特点，因而与常规方法相比具有一定的优越性。下面举例加以说明。

从山的两侧同时开挖隧道时，隧道是否能成功地贯通，在很大程度上取决于隧道口外的控制网的精度，采用常规的导线测量、三角(边)测量等方法来布设控制网时，由于两个洞口间无法保持通视，因而通常需要在中间增设许多过渡点以便将两个洞口的控制点联系在一起，这些中间过渡点本身往往并无其他用处，其主要作用仅在于传递坐标。中间过渡点的数量取决于地形、地貌等条件，有时其数量将大大超过有用的洞口控制点的数量。这样做不但会大幅度增加控制测量的工作量(作业时间、作业费用等)，而且过长的传递线路也会降低两个洞口的控制点之间相对位置的精确程度。采用GPS定位技术来布设控制网时，由于测站间不需要保持通视，可以较好地解决上述问题。

在进行铁路、公路、输电线路、管线等线路工程测量时，其控制网将沿着一个狭长的带状区域来布设。这个带状区域的长度可达数十公里，甚至数百公里，而宽度通常只有几公里，甚至数百米。用常规方法(一条导线或狭长的三角锁)来布设控制网时，其图形强度不好，往往会导致较大的误差。利用GPS定位技术来布设控制网时，其定位精度与控制网的形状之间的关系不像常规方法中那么密切，而且布网也更为灵活方便，能较好地克服上述困难。

(2)变形监测

变形监测主要包括：

① 对桥梁、水库大坝、海上钻井平台、高层建筑等建筑物的变形监测；

② 对地震、滑坡、崩塌、泥石流、地面沉降等地质灾害的变形监测。这些变形有的是由于自然原因引起的，有的与人类活动有关，如破坏植被、过度采矿、抽取地下水等。其中地震监测一般并不属于工程测量的范围，而是由专门的地震监测预报部门负责实施，此处为了方便一并列入。

变形监测既可以采用专用的仪器设备如应变计、倾斜仪、流体静力水准仪等来直接测定地应力的变化、岩石的倾斜及垂直位移等，也可以采用精密大地测量的方法来测定被监测物体表面的水平位移和垂直位移，利用GPS进行变形监测属于后一类方法。利用GPS进行变形监测可达到亚毫米级的精度水平，能满足多数变形监测的要求。其突出的优点是：

① 观测不受气候条件的限制，可实现全天候观测。这一特性对于在防汛抗洪期间进行大坝、滑坡、泥石流等监测是十分有利的。

② 基准站与变形监测点之间无需保持通视，布设变形监测网时更为灵活、自由。

③ 既可采用人工方式进行定期监测（如每月复测一次），也可进行长期连续的监测。采用后一种监测方式时，容易实现从数据采集，数据处理、分析，资料入库，报警等全程自动化。

④ 与常规的精密大地测量方法相比，具有精度高、速度快、费用省等优点。

（3）一般的工程测量

在公路测量、输电线路测量、管线测量及施工放样等工作中，大多只需要厘米级的精度，采用 RTK 技术可以快速地完成上述任务，因而已在工程实践中得到了广泛的应用。GPS RTK 技术与全站仪测量已成为一般工程测量中两种常用的技术。

目前，RTK（或差分 GPS）加上测深仪已成为进行水下地形测量（断面测量）、水库容量测量中使用较为广泛、技术含量较高的一种方法。其中，GPS RTK（或差分 GPS）主要负责测定接收机天线的平面位置和高程；测深仪则负责测定从仪器至水底的垂直距离。采用这种方法后，工作效率比传统方法有大幅度的提高。

（4）在一些特殊的工程测量中的应用

GPS 还可用于一些特殊的工程测量项目，如海上钻井平台的变形监测。用于石油和天然气开采的海上钻井平台会随着开采工作的持续进行而逐渐下沉，下沉的速率有可能超过 10cm/年。由于有些海上钻井平台离陆地的距离达数十公里，甚至数百公里，因此难以用常规的精密大地测量的方法来进行变形监测。利用 GPS 静态相对定位等方法可以很好地完成变形监测的工作。

6.1.3　GPS 在航测和遥感中的应用

（1）布设测区内的大地控制点

进行传统的摄影测量工作时，需要在测区内布设一定数量的大地控制点，以便把空中三角测量纳入到大地坐标系中来。由于 GPS 定位技术具有测站间无需保持通视，观测不受天气条件限制，可同时测定点的三维坐标等优点，因而经常被用来布设测区内的大地控制点。这是 GPS 定位技术在航测和遥感中的初级应用方式。

（2）GPS 辅助空中三角测量

方法（1）并没有改变航空摄影测量原有的体系和工作流程，只不过是在布测大地控制点的方法上作了改进而已，并不会对航空摄影测量本身产生重大影响。利用安置在航测飞机上的 GPS 接收机来测定航空摄影仪的光学中心在曝光瞬间的三维坐标，并将其作为附加观测值来参加空中三角测量的联合平差，就可大量减少甚至不需要地面的大地控制点，从而引发了航空摄影测量的一场重大技术变革。表 6-1 列出了空中三角测量对 GPS 定位的精度要求。

采用载波相位观测值按动态相对定位的模式或精密单点定位模式都不难达到上述精度要求。

（3）遥感卫星定轨

利用卫星遥感技术可以更为快速、方便地获取所需地区的相关地面信息，且不受国界的限制。但采用这种方法时，也需要知道观测历元卫星在空间的位置和姿态等信息，在卫星上安装 GPS 接收机后，就能利用 GPS 定位的方法相当准确地确定卫星的轨道。一般说来，利

表 6-1　　**空中三角测量对 GPS 定位的精度要求(单位:m)**

地形图比例尺	航片比例尺	空中三角测量所需的精度		等高距	GPS 定位精度	
		$\mu_{x,y}$	μ_z		$\sigma_{x,y}$	σ_z
1 : 100000	1 : 100000	5	<4	20	30	16
1 : 50000	1 : 70000	2.5	2	10	15	8
1 : 25000	1 : 50000	1.2	1.2	5	5	4
1 : 10000	1 : 30000	0.5	0.4	2	1.6	0.7
1 : 5000	1 : 15000	0.25	0.2	1	0.8	0.35
1 : 1000	1 : 8000	0.05	0.01	0.5	0.4	0.15

用测码伪距观测值可获得米级的定轨精度,利用载波相位观测值则能获得分米级,甚至厘米级的定轨精度,完全可满足遥感卫星定轨的精度要求。倘若在卫星上设置三个 GPS 接收天线,也能提供卫星的姿态信息。

6.1.4　GPS 在地籍测量及地形测量中的应用

地籍测量是调查和测定土地(宗地或地块)及其附着物的界线、位置、权属和利用现状等基本情况及其几何形状的测绘工作。我们不但可以利用静态 GPS 测量的模式来进行高等级的地籍控制测量,还可以利用 RTK 等模式来进行低等级的控制测量(如图根控制测量)以及界址点坐标的测定工作。

同样,GPS 也被广泛地用于地形测量。

6.2　GPS 在军事中的应用

军事需求是推动科学技术发展的一种重要的原动力。卫星导航系统最初就是为了满足军事用途而研制组建的,GPS 几乎可以被所有军事部门所使用。

GPS 可为导弹和智能炸弹进行精确的制导,使其能准确命中目标,以摧毁对方的指挥中心、通信系统、防空系统、机场、油库、弹药库等重要军事目标,并大量杀伤对方的有生力量。在 JPO 的办公室里有一张标语:“让 5 个导弹(炸弹)从同一个弹孔中打进去。”据报道,在 2003 年的伊拉克战争中,美英联军所使用的精确制导武器已占总数的 70%。与地形匹配技术和激光制导技术相比,GPS 卫星导航定位技术具有准备工作简单快速,制导不受雾、烟等外界条件的影响和干扰等优点,因而被广泛采用。据报道,武器的摧毁力与 TNT 当量的平方根成正比,也与武器命中精度的 3/2 次方成正比,也就是说,如果武器的命中误差能减少一半,就相当于 TNT 当量增加为原来的 8 倍,提高武器的命中率远比增加武器的当量来得有效。GPS 已成为武器效率的倍增器,以 GPS 导航定位技术为主的武器精密制导技术的发展,促使战争的形态和方式都发生了巨大变化。美国已从朝鲜战争和越南战争时期的地毯式轰炸、席卷式打击的战争模式发展为现在的远距离非接触式的精确打击的模式(有人将其称为外科手术式的战争方式)。这种变化所产生的影响是极其深远的。远距离非接触式精确打击不仅可以大大减少己方作战人员的伤亡,而且可避免大量误伤平民、大量误炸非军事目标等悲剧的发生。

军事侦察卫星在现代化的战争中具有重要作用,已成为获取各种军事信息的一种重要手段。为了提高分辨率,这些卫星一般都在较低的轨道上飞行,受到的大气阻力摄动较为严重,而且将长时间在敌对国上空飞行,因此很难用地面定轨的方式来确定卫星轨道。在侦察卫星上安装 GPS 接收机后就能很好地解决上述问题,提供任一时间卫星的位置和速度等信息。

此外,GPS 在多兵种的协同作战中可提供统一的时空基准,在定点轰炸、火力支援、空中加油、空投后勤补给、营救被击落飞机的飞行员等方面也都得到了广泛的应用。在 1991 年的海湾战争中,以美国为首的多国部队共配备了 17000 台 GPS 接收机。GPS 成为武器效率的倍增器,是以美国为首的多国部队赢得海湾战争胜利的重要技术条件之一。

6.3 GPS 在交通运输业中的应用

军事和交通运输一直是 GPS 最重要的两个应用领域。正因为如此,1996 年,美国以总统决定指令 PDD 的形式发布美国政府的 GPS 政策后,全球定位系统就交由跨部门的 GPS 执行局 IGEB 来进行管理,而 IGEB 是由美国国防部 DOD 和交通部 DOT 委派的代表来共同担任主席的。2004 年 12 月,PDD 被美国的天基定位、导航、授时政策(US PNT Policy)所取代。新政策确认 GPS 是“美国关键基础设施”的一个组成部分,以便在国家预算中获得优先地位。美国 PNT 政策决定成立级别更高的国家 PNT 执行委员会来取代 IGEB 管理全球定位系统,该执行委员会仍由国防部 DOD 和交通部 DOT 的代表担任共同主席。这些决定充分体现了交通运输在 GPS 应用中的突出重要地位。

1.GPS 在航空领域中的应用

在飞越大洋的民航飞机上安置了 GPS 接收机后,飞机就能沿着最短的航线飞行,而不必根据地面导航设施的分布情况作曲线飞行。据估计,仅此一项即可缩短 8%~10%的飞行距离,燃料消耗、飞行时间、飞机的利用效率等也都产生了相应的变化,从而产生巨大的经济效益。

1990 年,乘坐美国国内航班的旅客数为 5 亿人次,全球为 11 亿人次,到 2000 年,上述数量翻了一番。旅客人数的不断增加将会使空中交通管制的难度越来越大。目前,每架飞越大洋的民航飞机所占用的空间为:上下 2000ft(1ft = 0.3048m),前后左右各为 60mi(1mi = 1.609344km)。而配备了 GPS 接收机后,由于用户可随时精确地确定自己的三维位置和三维速度,故分配给每架飞机的空间可缩小为:上下 1000ft,前后左右各为 20mi。这就意味着原来一架飞机所占用的空间现在可同时容纳 18 架飞机安全地飞行,从而大大缓解了空中交通管制的压力。

此外,在飞机上配备了 GPS 接收机后,就能更好地完成飞机的进场、着陆、起飞等工作,有可能取代或减少对复杂而昂贵的机场着陆系统的依赖程度,提高导航的可靠性。在战争时期或抗震救灾等特殊场合,配备 GPS 接收机的军用飞机还有可能在不好的天气条件下(在机场导航系统的辅助下)完成进场、着陆、起飞等任务。

2.GPS在车辆导航和管理方面的应用

地面车辆导航管理系统将成为GPS的最大用户群，目前约占总用户数的2/3。在地面车辆上配备车载GPS后可实现：

(1)车辆导航

配备了车载GPS导航仪的地面车辆可实时确定自己的精确位置，并在电子地图上显示出来。对道路和周边环境不熟悉的司机可以依赖于车载导航系统方便地到达目的地，免除了到处问路和来回寻找之苦。若驾驶人员还能同时获得路况、交通堵塞等相关信息，并用专用软件求出最佳线路，就可构成智能交通系统的基本框架。由于城市中存在大量的高层建筑、立交桥和树木等卫星信号的障碍物，因此进行GPS导航时，通常还需辅之以电罗经、里程计等设备。

(2)车辆管理监控

各车辆在实时确定自己的位置后，立即通过VHF、UHF等无线电台将这些信息转发给控制中心，并显示在控制中心的大屏幕上，以便中心能对这些车辆进行实时监控和合理调度。一旦发生突发事件时，中心就能及时采取适当的应对措施。我国已要求所求的特种车辆(如外宾车队、首长车队、各种警车、运钞车、消防车、救护车等)上均配备GPS接收机及无线电通信设备。在此基础上逐步向出租汽车、公共汽车和其他地面车辆推广。ERTICO公布的资料表明，目前北美地区的汽车导航产品的总数已达1000万台左右；欧洲则已超过1000万台。我国正在运行的汽车总数已达7500万辆，汽车导航产品正在迅速得以推广，很多城市中的出租车、公共汽车也配备了GPS导航设备，私人汽车配备GPS导航设备的也不在少数。如按汽车总量的12%~15%来估算，汽车导航设备的总量也将在1000万台左右。

3.GPS在水上运输中的应用

GPS还可用于船舶的进港、途中导航及内河航行等。据报道，配备了GPS接收机后，10万吨级的油轮横渡大西洋一次即可节省1万美元的运输费用。GPS导航定位系统的出现还为解决雾天船舶航行问题创造了条件。

为保证海上导航定位的精度，满足海图测量、航道测量、港口测量、海岸线地形修测等工作需要，交通部沿我国海岸线布设了“中国沿海无线电信标/差分GPS系统”(RBN/DGPS)。整个系统由20个站组成，形成从鸭绿江口到南沙群岛，覆盖我国沿海港口、重要水域和狭窄水道的差分GPS导航服务网。各基准站在ITRF坐标框架中的地心坐标精度为：平面位置优于15cm，高程优于25cm。在几十千米的距离内，定位精度将达±1m；在200n mile(1n mile=1.852km)的范围内，利用该系统进行定位可获得优于±5m的定位结果。据悉，我国已有10多万条渔船装备了GPS接收机，约占中国全部渔船的1/3以上。

6.4 GPS在大气科学中的应用

1.GPS气象学

GPS气象学由地基GPS气象学和空基GPS气象学组成。在地基GPS气象学中，我们是依据地面GPS观测站的观测值，通过平差计算来估计出测站天顶方向上总对流层延迟量。总对流层延迟又是由流体静力学延迟和湿延迟两部分组成。其中流体静力学延迟的变化较为规律，可以建立较为准确的模型，利用地面测站上的气象元素（温度 T、气压 P）准确求出。湿延迟的变化不太有规律，难以根据地面测站上的气象元素准确确定，但可以通过将天顶方向上的总对流层延迟减去天顶方向的流体静力学延迟的方法而准确求定。求得测站天顶方向的对流层湿延迟后，可进一步求定大气中的水汽含量和可降水分。目前，利用地基 GPS 求得的可降水分的精度可达 1~2mm，时间分辨率为 30min。

在常规的气象探测方法中，我们是采用定时释放携带了气象仪器和数据传输设备的探空气球的方法来实际测定气象台站上空不同高度处的气温、气压、湿度等气象元素。由于探空气球一般不能回收再利用，因而通常一天只放 2~3 次。采用这种方法所收集到的气象资料的时间分辨率较差。我们难以了解在两次探测期间气象元素是如何变化的。采用地基 GPS 气象学的方法可以大幅度地改善气象资料的时间分辨率，做到每 30~60min 就能采集到一组气象资料。目前，各国各地区已布设了许多 CORS 系统，利用这些系统所提供的长期连续的观测资料就能从事地基 GPS 气象学的工作。从局部地区来讲，地基 GPS 也具有很好的空间分辨率，但从全球的范围来讲，地基 GPS 的空间分辨率并不好，因为占地球表面积达 70%的海洋地区仍严重缺乏地基 GPS 观测资料。

空基 GPS 则是利用低轨卫星上的无线电掩星事件来确定气温或水汽含量。进行空基 GPS 气象学测量的低轨卫星上配备有高质量的 GPS 接收机，其采样率高达 50Hz。GPS 卫星的信号路径从对流层的上边缘（H=85km 左右）横切对流层，然后随着低轨卫星和 GPS 卫星的运动，该信号路径逐渐穿过对流层，离地面的高度也越来越低，直至最终被地面所阻挡的整个过程称为一个掩星事件，历时大约 1min。随着信号传播路径高度的下降，该信号所受到的对流层折射会越来越大，信号横切地面时达到最大值。根据 GPS 接收机中的多普勒频移观测值，可求得信号路径的折射角 ε，折射角 ε 又是大气折射率 n 的函数，而 n 则与气象参数 T（气温）、P（气压）和 e（水汽压）有关，这样，我们就有可能通过低轨卫星上的 GPS 观测值反推出掩星地区的气象元素。在上述过程中，卫星信号是从上往下移动的，称为下降掩星；反之，若卫星信号从下往上移动，则称为上升掩星过程。当 $H \geqslant 5$km 时，水汽的含量几乎可忽略不计，利用空基 GPS 测定不同高度处气温的精度可达±2°；当 $H<5$km 时，我们就无法同时确定气温和水汽含量，用其他方法确定其中的一个参数后，就可通过空基 GPS 确定另一个参数。一颗低轨卫星一天中大约有 500 次掩星事件，确定世界各处 500 个地点的气温廓线。若发射 20 颗低轨卫星，则每天可测定全球 1 万处的气象参数，这些地点基本上在全球均匀分布，时间分辨率和空间分辨率都不错，这对提高天气预报的精度、研究全球气候变化的规律将发挥巨大作用。

目前，IGS 根据各跟踪站的观测数据所求得的全球对流层延迟模型的精度为±4mm（天顶方向），时间长度为 1h，每 3h 更新一次（超快速模型）。

2.测定电离层延迟，建立电离层延迟模型

如前所述，由于电离层对于 GPS 信号具有色散效应，所以利用双频（或多频）的伪距观测值或载波相位观测值即可测定观测时刻信号传播路径上的电离层延迟量（由于电离层延迟与信号频率有关，因而通常是将其转换为电子含量 TEC 值），然后再利用投影函数将它们归算为穿刺点（信号传播路径与中心电离层的交点）上的天顶方向的电离层延迟（或天顶方向的电子含量 VTEC）。若某时段内共含 n 个观测历元，每历元平均观测 m 个卫星，那么在该时段中就能实际测定 $m \times n$ 个穿刺点上的 VTEC 值。这些 VTEC 值是时间和空间位置的函数,用一个适当的数学模型(如曲面函数、球谐函数等)来拟合这组实际测定的 VTEC 值,就能建立起电离层延迟模型并能进行短时间的预报。

目前,IGS 已利用各 GPS 跟踪站的观测资料建立了全球的 VTEC 格网模型。其中快速电离层服务的精度为 2~9TECU(1 TECU = 10^{16} 个电子/m^2,将导致 L_1 信号产生 0.162m 的距离延迟),时间长度为 2h,格网值为经差 5°×纬差 2.5°,每天更新一次。各国各地区若能利用当地的 CORS 观测资料来建立本国或本地区的电离层延迟模型而不是全球模型,则精度还可能会有大幅度提高,估计能达到 1~2TECU。

6.5 GPS 在其他领域中的应用

1.在精细农业和林业中的应用

GPS 在精细农业中已得到应用。如自动插秧机可以在 GPS 的控制下按规定方向和间距完成插秧工作。利用飞机进行播种、施肥、除草、灭虫时,合理布设航线,准确引导飞行可大大节省费用,减少重叠或空白带,而且可以在夜间进行作业,因为夜间蒸发小,且农作物和杂草的气孔是张开的,所以更容易吸收肥料和除草剂等,提高施肥和除草的效果。据国外资料报道,利用差分 GPS 后,飞机施肥、除草等的总费用可节省 50%左右。

GPS 定位技术在测定森林面积、估算木材储量、测定道路位置、测定森林火灾地区的位置和边界线、测定病虫害区域的位置和边界线、寻找水源等方面均有独特而重要的作用。而利用常规方法进行上述工作时,由于通视条件等原因,一般说来是相当困难的。

2.在资源调查、环境监测中的应用

在石油勘探、地质调查、水土流失监测、确定沙漠化的区域、沙尘暴监测等工作中,作业人员只需携带 GPS 接收机即可方便地解决定位问题。而采用常规方法时,由于难以寻找高级控制点或测站间不通视等原因,定位工作将相当困难。

3.GPS 在移动位置服务中的应用

长时间以来,钟表等计时工具一直在为人们提供高精度的时间服务,包括在移动状况下的时间服务,人们坐在车、船、飞机等各类交通工具内,随时都能知道当前的准确时间。随着科学技术的发展、信息化时代的到来,人们对位置服务的需求也将越来越迫切,特别是移动状态下的位置服务,也就是说,人们不仅需要知道当前的准确时间,而且也需要知道当前的准确位置及运动速度等信息。互联网、移动通信和 GPS 是当前三大信息产业。GPS 技术与移动通信技术相结合就能提供一种相当好的移动定位服务。

随着超大规模集成电路技术的迅速发展,GPS 导航仪可以做得越来越小,价格也越来越便宜,出现所谓的手表式的 GPS 导航仪。利用这些导航仪,用户就能方便地确定当前自己所处的位置和运动速度等相关信息。在电子地图的帮助下,就能准确确定至目的地的方向、路径等信息,从而成为我们在旅游、探险时的好帮手,等等。

动物保护工作者在将熊猫等稀有动物放归大自然前,若能在动物所佩戴的项圈上安装上 GPS 导航仪及信号发射装置,就能随时了解动物当前的位置及动物的习性,就能更好地开展保护工作和研究工作。

当遇到匪警、交通事故、意外伤害等突发事件，通过110、120、119等电话向有关单位报告和求助时，在很多场合下当事人是难以说清事故发生的准确位置的，这样就会给救助工作带来许多不便，从而延误了宝贵的救助时间。如果在移动电话中配备GPS接收芯片，在报警过程中，移动电话可以自动地将准确的定位结果同时播发给相关单位，就能较好地解决上述问题。采用移动通信辅助GPS技术（AGPS）后，用户即使在室内也可确定自己的位置，使上述方法更为方便实用。

GPS导航技术与移动通信技术相结合后，用户除了能从GPS导航仪中获取当前的位置信息外，还能借助于移动通信技术来获取何处发生了交通事故，何处的道路拥堵等交通信息，从而可合理地选择、规划自己的行车路线，使自己具有智能交通的基本功能。

目前，我国的移动通信正在迅猛发展，全国的手机数量已达7.5亿部，所需的移动位置服务的市场潜力是十分巨大的，在未来一段时间内移动位置服务也可能得到飞速的发展。

上面我们简要介绍了GPS在测量、军事、交通运输、大气探测等方面的应用状况。其实GPS的应用还不止这些。我们只是从中选取了一些常用的领域为例来加以介绍，而且介绍也只是点到为止，没有对具体的数学模型和工作流程等进行说明，有兴趣的读者可参阅参考文献以获得更为详细的资料。

第二篇　GPS 测量与数据处理

第 7 章　GPS 网及其建立

测绘是较早广泛采用 GPS 技术的领域之一。早期,GPS 主要应用于高精度大地测量、控制测量和形变监测,具体应用方法是采用静态测量方法建立各种类型和精度等级的测量控制网或形变监测网。近一二十年来,随着动态测量技术的发展和完善,GPS 逐渐在诸如测图、施工放样、航空摄影测量、海洋测绘和地理信息数据采集等方面得到充分的应用。虽然目前在测量中动态测量方式应用得越来越多,但静态测量方式作为一种经典的测量方式,仍然活跃在测绘领域的各个方面。从本章开始,本书将围绕采用 GPS 静态测量方法,全面介绍建立 GPS 网的过程和方法。

7.1　GPS 网

7.1.1　GPS 静态测量的特点

采用 GPS 定位技术建立各种类型和精度等级的测量控制网是 GPS 在测量中最早、最广的应用之一。在这一方面,GPS 测量定位技术已基本上取代了常规的测量方法,成为主要的技术手段。较之于常规测量方法,GPS 在建网方面具有以下优点:

(1)测量精度高。

GPS 测量的精度要明显高于一般的地面常规测量方法,而且随着距离的增加,这种优势更为明显。GPS 测量的相对精度一般在 10^{-5} ~ 10^{-9},当距离达到数千米以上时,GPS 测量的相对精度通常可以达到 10^{-6} 以上,这是地面常规测量方法很难达到的。

(2)选点灵活,无需造标,布网成本低。

由于 GPS 测量自身不要求测站间相互通视,因而不需要建造觇标,大大降低了布网成本。另外,GPS 网的整体质量与点位分布没有直接关系,因而选点时只用考虑应用需要和观测条件,大大提高了选点的灵活性。

(3)可全天候作业。

理论上,GPS 测量可在任何时间和任何气候条件下进行。这一特点大大方便了观测作业,有利于按时、高效地完成控制网的建立。

(4)观测时间短,作业效率高。

采用 GPS 建立一般等级(C 级以下)的控制网时,在每个测站上的观测时间一般在 1~4h。另外,由于点位通常选择在交通较为便利、人员易于到达的地方,所以迁站所需时间也不长。

(5)观测、处理自动化。

采用 GPS 定位技术建立控制网,观测作业和数据处理的自动化程度高。特别是外业观测,作业人员所需要做的工作通常仅是在测站上按要求架设仪器、进行一些简单的量测(如量测天线高)和仪器操作以及必要的记录,剩下的观测工作由接收机自动完成,作业人员劳动强度低。

(6)可获得三维坐标。

GPS 测量可以直接得到点的三维坐标(大地经纬度和大地高),若有准确的大地水准面模型或似大地水准面模型,还可以将大地高转换为工程应用所需的正高或正常高。而采用常规测量方法,平面位置和高程通常分别确定。需要指出的是,GPS 测量所确定的高程属于大地高,即相对于参考椭球面的高度,而不是实际应用中通常需要的正高或正常高。

当然,GPS 测量也有其局限。由于进行 GPS 观测要求对空通视,因而不能在地下、桥下、隧道内等无法对空通视或树木茂盛及测站周围高层建筑密集等对空通视条件差的区域进行测量。另外,对于测站间距离短(数百米以内)但绝对精度要求高(1~2mm)的测量应用,如某些精密工程或工业测量,GPS 测量方法在效率和可靠性方面还不及高精度的地面测量方法。

7.1.2　GPS 网

GPS 网是采用 GPS 定位技术建立的测量控制网,由 GPS 点和基线向量所构成,如图 7-1 所示。

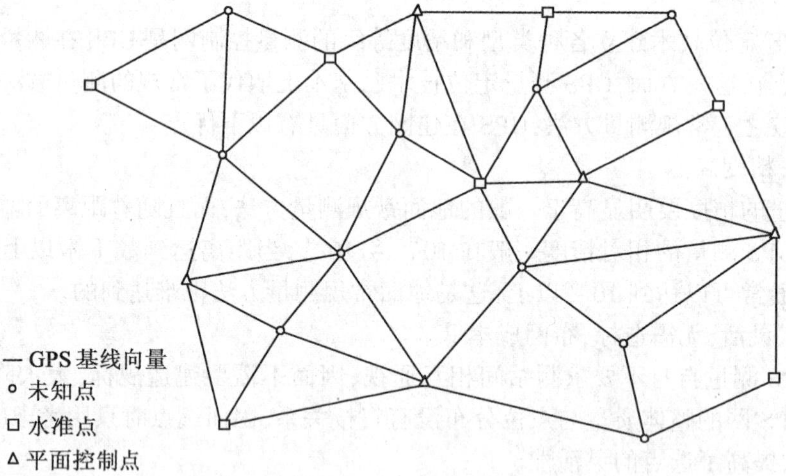

图 7-1　GPS 网

建立 GPS 网的直接目的是为了确定网中各点在指定坐标参照系下的坐标,这些点既可以用于测量控制,也可以用于形变监测,还可以用于环境科学和地球科学的研究。虽然在采用 GPS 技术确定点的坐标时,理论上并不一定要布网(如可以采用以坐标已知的点为起点、坐标待定的点为终点的单基线方式,但是这种方式无法对基线向量中可能存在的误差或粗差以及起算点误差进行有效处理,因而结果可靠性差),但构成网络后可利用 GPS 网中点与点、基线向量与基线向量以及点与基线向量间的各种几何关系,通过参数估计的方法,可以消除由观测值和(或)起算数据中所存在的误差所引起的网在几何上的不一致(这些不一致包括环闭合差不为0、复测基线不相等和由一个已知点沿某 GPS 基线导线推算出的另一已知点的坐标与其已知值不相等等),从而获得更为精确可靠的测量成果。

为了达到上述目的,在进行 GPS 网施测时,至少需要在每个点上进行1次以上的设站观测。实际上,为了能够形成闭合的几何图形,并确保测量成果的精度和可靠性,整网的平均设站观测次数往往要大于1。在相应的测量规范中,对于在进行不同等级或质量的网的施测时,所要达到的最低平均设站观测次数(或称观测时段数)均有具体的规定(参见表9-1)。

GPS 网施测的基本外业观测单元是一个由多台 GPS 接收机进行同步观测的时段。每进行一个时段的同步观测,就生成一个由同步观测基线所组成的同步图形。在进行 GPS 网的施测时,由于待测点的数量往往要远多于用来进行观测的 GPS 接收机数量,而且每个点通常也不仅只设站观测一次,因而需要采用逐步推进的作业方法,通过多个时段的同步观测来完成对网中所有点的测量,最终的 GPS 网由所有这些同步图形所构成。图 7-2 给出了一个利用 3 台 GPS 接收机完成某个 GPS 网整个外业观测的过程。

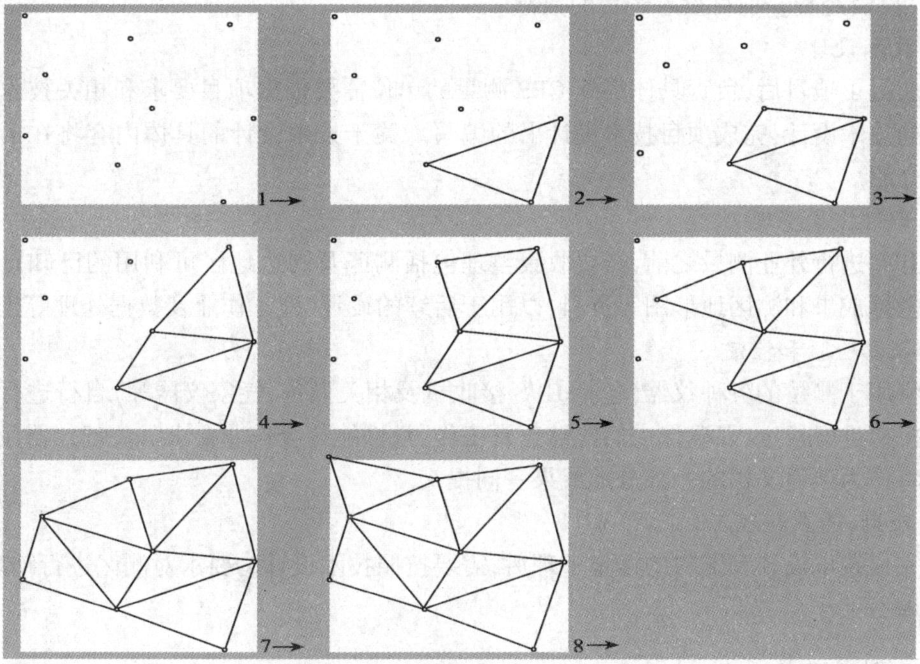

图 7-2 采用逐步推进方式进行 GPS 网建立

7.2 GPS 网的建立过程

GPS 网的建立过程分为3个阶段:设计准备、施工作业和数据处理。本节将介绍在各阶段中所进行的主要工作。

7.2.1 设计准备

GPS 网设计准备阶段主要进行的工作有项目规划、方案设计、施工设计、测绘资料收集、选点埋石和仪器检测等。

1. 项目规划

GPS 工程项目往往由业主(工程发包方)或上级主管部门负责规划,由 GPS 测量队伍负责具体实施。在通常情况下,GPS 工程项目的规划包括如下内容:

(1)位置及范围。测区的地理位置、覆盖范围及控制网的控制面积。

(2)用途及精度等级。控制网的具体用途、所要求达到的精度或等级。

(3)点位分布及数量。控制网点的分布、数量及密度要求,对点位分布有特殊要求的区域。

(4)成果形式及内容。需要提交成果的内容,提交成果所采用的坐标参照系,是否需要提交高程数据,所提交高程成果所属的高程系统,是否需要提交原始数据或中间数据等。

(5)时限要求。提交成果时间期限。

(6)投资经费。项目投入经费的数额。

2. 技术设计

在获得了项目后,负责具体实施 GPS 测量的单位需要根据项目要求和相关技术规范进行项目的技术设计,完成项目技术设计书的编写。关于技术设计的具体内容将在第 8 章中作详细介绍。

3. 资料搜集整理

在开始进行外业测量之前,需要收集整理包括测区及周边地区可利用的已知点的点之记及其坐标成果和测区地形图等资料,以用于后续的设计、施工作业及数据处理等工作。

4. 仪器检验和检定

对将用于测量的各种仪器(包括 GPS 接收机及相关设备、气象仪器等)自行进行检验或送指定机构进行检定,以确保它们能够正常工作,且性能符合作业要求。关键仪器设备的检定报告将作为项目文档的一部分随成果一同提交。

5. 踏勘、选点和埋石

在完成技术设计和资料的搜集整理后,需要按照技术设计的要求对测区进行踏勘,并进行选点埋石工作。

7.2.2 测量实施

1. 实地了解测区情况

在很多情况下,选点埋石和测量是分别由两个不同队伍或两批不同人员来进行的。因此,当负责 GPS 测量作业的队伍到达测区后,作业指挥人员需要先对测区的情况作一个详细的了解。需要了解的内容主要包括点位情况(点的位置、上点的难度等)、测区内的经济发展状况、民风民俗、交通状况、作业人员生活安排等。这些对于后续测量工作的开展是非常重要的。

2. 卫星状况预报

根据测区的地理位置及最新的卫星历书数据,对卫星状况进行预报,作为选择合适观测时间段的依据。所需预报的卫星状况包括卫星的可见性、观测期间卫星方位角及高度角随时间的变化以及 PDOP 值随时间的变化等。对于个别有较多或较大障碍物的测站,需要单独评估障碍物对 GPS 观测可能产生的不良影响。

3. 确定作业方案

根据卫星状况、测量作业的进展情况以及测区的实际情况,确定出具体的作业方案,以作业指令的形式下达给各个作业小组。根据情况,作业指令可逐天下达,也可一次下达多天的指令。作业方案的内容包括作业小组的分组情况、GPS 观测的时间段以及测站等。

4. 外业观测

各 GPS 观测小组在得到作业指挥员所下达的调度指令后,应严格按照调度指令的要求进行外业观测。在进行外业观测时,外业观测人员除了严格按照作业规范、调度指令进行操作外,还需要灵活采取措施应对一些特殊情况,如不能按时到点开机观测、仪器故障和电源故障等。

5. 数据传输备份

在一段外业观测结束后,应及时地将观测数据传输到计算机中,并根据要求进行备份,在传输数据时,需要对照外业观测记录手簿,检查所输入的记录项(如点号、天线高、天线类型、量高方式等)是否正确。

6. 基线解算及其质量控制

对所获得的外业数据及时地进行处理,解算出基线向量,并进行解算结果的质量控制。需要说明一点的是,从逻辑上讲,基线解算及其质量控制应属于数据处理阶段的工作,但在实际工作中,该项工作往往与外业观测交替进行,作业指挥员还需要根据基线解算情况作下一步 GPS 观测作业的安排,因而这里将其放在测量实施这一阶段。

重复确定作业方案、外业观测、数据传输备份与基线解算及质量评估等步骤,直至按设计要求完成所有 GPS 点的观测工作。

7.2.3 数据处理

1. 网平差及其质量控制

对外业观测所得到的基线向量进行质量检验,并对由合格的基线向量所构建成的 GPS 网进行平差,得出网中各点的坐标成果。如果需要利用 GPS 成果确定网中各点的正高或正常高,还要采用 GPS 水准方法进行相关数据处理(参见 12.5 节)。

2. 技术总结

根据 GPS 网的建立及数据处理情况进行全面的技术总结,内容包括在完成项目开展过程中所采用的手段和方法的介绍,以及对最终成果的分析。

3. 成果验收

由甲方组织对乙方所提交的测量成果进行验收,验收的内容包括对所提交成果资料按技术设计和技术规范进行检查和对观测基线进行抽查检验等。

7.3　GPS 测量中的几个基本概念

为了叙述方便,在这里先对 GPS 测量中一些常用的概念加以介绍。

7.3.1　观测时段

从测站上开始接收卫星信号起至停止观测间的连续工作时间段称为观测时段,简称时段。时段持续的时间称为时段长度。时段是 GPS 测量观测工作的基本单元,不同精度等级的 GPS 测量对每点观测的时段数及时段长度均有不同的要求。

7.3.2　同步观测

同步观测是指两台或两台以上的 GPS 接收机同时对同一组卫星信号进行观测。只有进行同步观测,才有可能通过在接收机间求差的方式来消除或大幅度削弱卫星星历误差、卫星钟钟差、电离层延迟等这些具有强空间相关性的因素对相对定位结果的影响。因此,同步观测是进行相对定位时必须遵循的一条原则。

7.3.3　基线向量

基线向量是利用进行同步观测的 GPS 接收机所采集的观测数据计算出的接收机间的三维坐标差,简称基线,其与计算时所采用的卫星轨道数据同属一个坐标参照系。基线向量是 GPS 相对定位的结果,在建立 GPS 网的过程中,它是网平差时的观测量。

7.3.4　复测基线及其长度较差

在某两个测站间,由多个时段的同步观测数据所获得的多个基线向量解结果称为复测基线。两条复测基线的分量较差的平方和开方称为复测基线的长度较差。

7.3.5　闭合环及环闭合差

闭合环是由多条基线向量首尾相连所构成的闭合图形,如图 7-3 所示。环闭合差是组成闭合环的基线向量按同一方向(顺时针或逆时针)的矢量和(见图 7-4)。环闭合差又分为分量闭合差和全长闭合差。组成闭合环的基线向量按同一方向(顺时针或逆时针)矢量的各个分量的和称为分量闭合差(W_X, W_Y, W_Z)(见式(7-1))。分量闭合差的平方和开方称为全长闭合差(W_S)(见式(7-2))。

$$\begin{cases} W_X = \sum \Delta X \\ W_Y = \sum \Delta Y \\ W_Z = \sum \Delta Z \end{cases} \tag{7-1}$$

$$W_S = \sqrt{W_X^2 + W_Y^2 + W_Z^2} \tag{7-2}$$

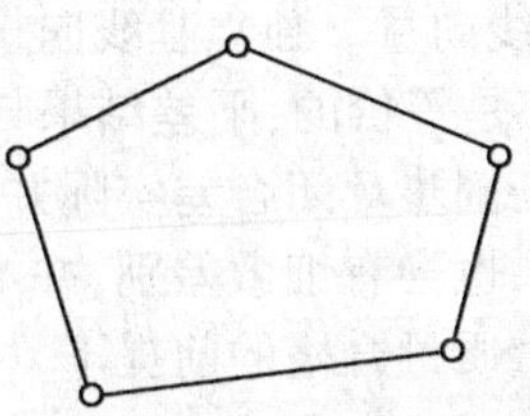

图 7-3　由 5 条基线向量所构成的闭合环

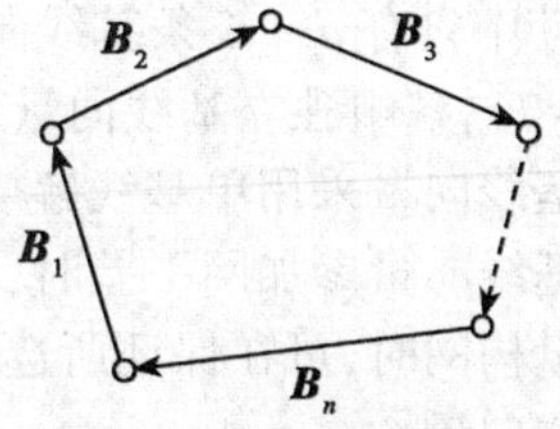

图 7-4　环闭合差

7.3.6　同步观测环和同步环检验

同步观测环是三台或三台以上的 GPS 接收机进行同步观测所获得的基线向量构成的闭合环,简称同步环(见图 7-5)。同步环闭合差从理论上讲应等于零,若基线向量采用单基线解模式求解,由于解算环中各基线向量时所用的观测数据不完全同步,处理方式也不完全相同,数据处理软件不够完善,以及计算过程中舍入误差等原因,同步环闭合差实际上往往并不为零。同步环闭合差可以从某一侧面反映 GPS 测量的质量,故有些规范中规定要进行同步环闭合差的检验。但是由于许多误差(如对中误差、天线高量测误差等)无法在同步环闭合差中得以反映,因此,即使同步环闭合差很小,也并不意味着 GPS 测量的质量一定很好,故有些规范中不作此项检验。

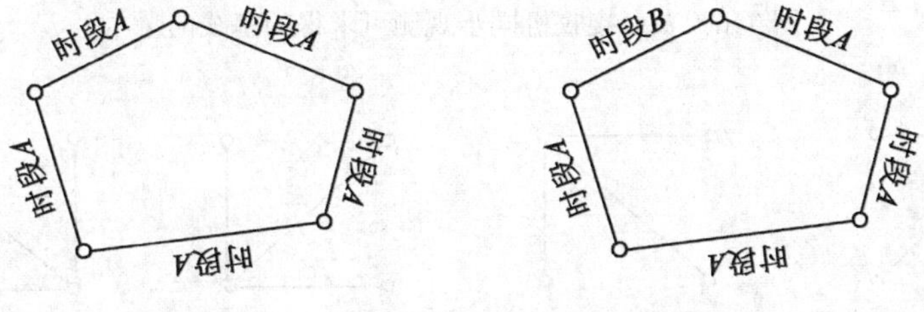

(a)　　(b)

图 7-5　同步环(a)与非同步环(b)

7.3.7　独立基线向量

若一组基线向量中的任何一条基线向量皆无法用该组中其他基线向量的线性组合来表示,则该组基线向量就是一组独立的基线向量。满足以下条件之一的一组基线向量为独立基线向量:

(1)一组未构成任何闭合环的基线向量;

(2)一组虽然构成了若干闭合环的基线向量,但所构成的环均为非同步环。

理论上,一个 GPS 网应由独立基线向量所构成。但在实际工程项目中,由于数据处理软件的限制以及操作上的难度,普通的 GPS 网并未对此进行严格要求。

用 n 台 GPS 接收机进行同步观测时,可求得 $\frac{n}{2}(n-1)$ 条基线向量(见图 7-6)(如当 $n=3$ 时,可求得 3 条基线向量;当 $n=4$ 时,可求得 6 条基线向量;当 $n=5$ 时,可求得 10 条基线向量),但其中只有 $n-1$ 条基线向量是独立基线向量。独立基线向量可以有许多不同的取法(见图 7-7),各组独立基线向量从理论上讲都是等价的,平差结果与独立基线向量的取法无关。若基线向量采用单基线解模式求解,由于同步环闭合差实际并不严格为零,因而取不同的独立基线向量参加网平差时,其最终的结果也会有细微差别,并不完全相同。在选取独立基线向量构网时,可在保证所选取的基线向量质量合格的前提下,尽可能选取使图形结构良好的基线向量。

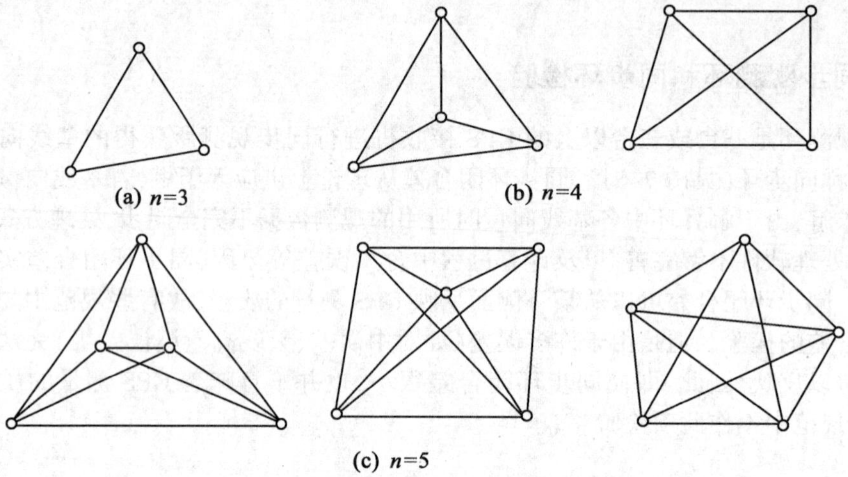

图 7-6　n 台接收机同步观测可求得的基线向量

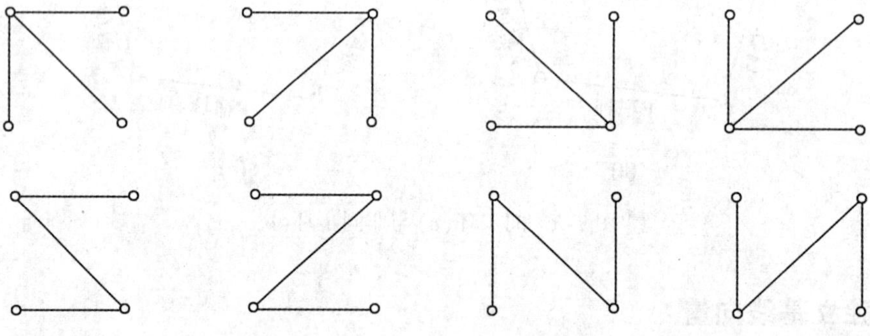

图 7-7　独立基线向量的选取方式($n=4$)

7.3.8 独立观测环和独立环检验

独立观测环是指由独立基线所构成的闭合环，即前面的非同步观测环，也被称为异步环。我们可以根据 GPS 测量的精度要求，为独立环闭合差制定一个合适的限差（GPS 测量规范中已作了相应的规定）。这样，用户就能通过此项检验较为科学地评定 GPS 测量的质量。与同步环检验相比，独立环检验能更加充分地暴露出基线向量中存在的问题，更客观地反映 GPS 测量的质量。

7.4 GPS 网的质量及质量控制

7.4.1 GPS 网的质量

质量是产品或工作的优劣程度，对于某项产品来说，其质量是指有关法规、标准或合同所规定的对产品特性的要求。作为测绘产品之一的 GPS 网成果同样存在质量要求，GPS 网的质量包含精度、可靠性和成果适用性等方面的内容。GPS 网的精度可以通过一系列的精度指标来加以评价，如相邻点的分量中误差、距离中误差和网无约束平差的基线向量残差等。GPS 网的可靠性反映了 GPS 网应对观测值和起算数据中可能存在的粗差的能力的高低，分为内可靠性和外可靠性。所建立出的网发现粗差的能力称为网的内可靠性，能发现的粗差越小，内可靠性越高。所建立出的网抵御粗差的能力称为网的外可靠性，受可能存在的粗差影响越小，外可靠性越高。GPS 网成果的适用性指的是点的数量、分布以及点位设施是否符合项目的要求，是否满足后续应用的需求。

本书将重点关注 GPS 网的精度和可靠性。

7.4.2 GPS 网的质量控制

质量控制是用来确保生产出的产品达到规定质量水平所采取的作业技术和管理措施。质量控制是通过对产品的生产过程进行监控，采用各种作业技术和管理措施，消除生产环节中引起产品质量不合格的因素，以使其达到质量要求。对于 GPS 网来说，质量控制包括两个层面的内容，即质量检验和质量改善。质量检验是对 GPS 网的中间产品及最终成果的质量进行评估，确定其是否符合质量要求，通常通过一系列量化的指标来加以判定。质量改善是通过采取适当的措施提高 GPS 网的中间产品及最终成果的质量。

GPS 网的质量控制工作应贯穿于建网过程的始终，本书将在后续章节中详细介绍各个环节中的质量控制。

7.4.3 GPS 网质量的影响因素

影响 GPS 网质量的主要因素包括 GPS 基线的质量、常规地面观测值的质量、起算数据的精度、数量和分布、GPS 网的结构以及数据处理方法的完善程度等。

1. GPS 基线向量的质量

GPS 网的基本元素是 GPS 基线向量，因而基线向量质量的好坏对 GPS 网的质量有着直接的影响。在测量和数据处理中,必须采取相应的质量控制措施,以确保其质量能满足项目的要求。GPS 基线的质量依赖于 GPS 观测数据的质量和基线处理方法。

2. 常规地面观测值的质量

有些 GPS 网,除了含有 GPS 基线向量外,还含有常规地面观测值,如距离、角度、方向、高差等,这些观测值的质量也对网的质量有影响。常规地面观测值的质量依赖于这些观测值的观测方法。

3. 起算数据的精度、数量和分布

起算数据的质量包括起算数据的精度、数量和分布。起算数据的精度、数量和分布依赖于网的设计及所搜集到的已知成果的质量。

4.GPS 网的结构

GPS 网的结构指的是构成 GPS 网的独立基线及常规地面观测值的数量和分布以及起算数据与网中其他点和观测值的关系。通常,对于一个特定的网来说,观测值(包括 GPS 基线向量和常规地面观测值)的数量越多,网的整体质量越高;而对于网中的各个点来说,与其相连接的基线数量越多,其内在质量越高。起算数据与网结构之间的关系则相对复杂一些,其与起算数据的类型、精度以及 GPS 网的用途有关。GPS 网的结构取决于 GPS 网的设计和外业观测方案等。

5. 数据处理方法

GPS 数据处理方法包括数据处理软件及数据处理方案两方面的内容。由于采用数学模型的差异以及数据处理的具体策略及算法的不同,由不同的数据处理软件所获得的结果并不相同。另外,由于 GPS 数据处理的特殊性,即使采用相同的数据处理软件,当解算方案(处理时的相关参数设置)不同时,所获得的结果也会不同。为了保证处理结果的质量,不可能采用某种统一的方案对所有的数据进行处理,必须针对所处理数据的特性对处理方案加以调整,而且处理方案的调整通常是通过一个不断往复的过程实现的。

第 8 章　GPS 测量的技术设计

8.1　概　述

8.1.1　技术设计及其作用

技术设计是依据 GPS 网的用途及项目的要求，按照国家及行业主管部门颁布的 GPS 测量规范（规程），对基准、精度、密度、网形及作业纲要（如观测的时段数、每个时段的长度、采样间隔、截止高度角、接收机的类型及数量、数据处理的方案）等所作出的具体规定和要求。技术设计是建立 GPS 网的首要工作，它提供了建立 GPS 网的技术准则，是项目实施过程中以及成果检查验收时的技术依据。精心的计划可以最大限度地确保项目按时保质地完成。

8.1.2　技术设计的依据

技术设计必须依据相关标准、技术规章或要求来进行，常用的依据有 GPS 测量规范及规程、测量任务书或测量合同书。

1.GPS 测量规范及规程

GPS 测量规范及规程是由国家质检主管部门或行业主管部门所制定发布的技术标准。主要的 GPS 测量规范及规程有：

（1）2009 年国家质量监督检验检疫总局和国家标准化管理委员会发布的《全球定位系统（GPS）测量规范》GB/T 18314—2009。

（2）2001 年国家质量技术监督局发布的国家标准《全球定位系统（GPS）测量规范》GB/T 18314—2001。（已废止）

（3）1992 年国家测绘局发布的测绘行业标准《全球定位系统（GPS）测量规范》CH2001—1992。（已废止）

（4）2012 年国家质量监督检验检疫总局和国家标准管理委员会发布的国家标准《全球导航卫星系统连续运行参考站网建设规范》GB/T 28588—2012。

（5）2005 年国家测绘局所发布的行业标准《全球导航卫星系统连续运行参考站网建设规范》CH/T 2008—2005。（已废止）

（6）2012 年国家测绘地理信息局发布的测绘行业标准《全球导航卫星系统连续运行基准站网运行维护技术规范》CH/T 2011—2012。

（7）1995 年国家测绘局发布的测绘行业标准《全球定位系统（GPS）测量型接收机检定规程》CH 8016—1995。

(8)2010 年住房和城乡建设部发布的行业标准《卫星定位城市测量规范》CJJ/T73—2010。

(9)1997 年建设部发布的行业标准《全球定位系统城市测量技术规程》CJJ 73—97。(已废止)

(10)各部委根据本部门 GPS 测量的实际情况所制定的其他 GPS 测量规程及细则。

在上述 GPS 测量规范或规程中,CH2001—92 是我国第一个 GPS 测量规范,由国家测绘局负责起草;GB/T 18314—2001 是我国第一个有关 GPS 测量的国家标准,与 CH2001—92 一样,GB/T 18314—2001 也是由国家测绘局负责起草,但与 CH2001—92 不同的是,它已不是一个由行业主管部门所发布的行业技术规范,而是一项测绘行业的国家技术标准;GB/T 18314—2009 是根据 GPS 测量技术的发展和测绘行业对 GPS 测量的新要求,对 GB/T 18314—2001 的修订和补充,用于代替 GB/T 18314—2001。本书将主要介绍 GB/T18314—2009 和 CJJ/T73—2010。

2. 测量任务书或测量合同书

测量任务书是测量单位的上级事业性单位主管部门下达的具有强制约束力的文件。任务书常用于下达计划指令性任务。测量合同书则是由业主方(或上级主管部门)与测量实施单位所签订的合同,该合同书经双方协商同意并签订后便具有法律效力。测量合同书是在市场经济条件下广泛采用的一种形式。测量单位必须按照测量任务书或测量合同书中所规定的测量任务的目的、用途、范围、精度、密度等进行施测,在规定时间内提交合格的成果及相关资料。上级主管部门及业主方也应按测量任务书或测量合同书中的规定及时拨(支)付作业费用,在资料、场地、生活方面给予必要的协助和照顾。技术设计必须保证测量任务书和测量合同书中所提出的各项技术指标均能得以满足,并在时间和进度安排上适当留有余地。

8.2　GPS 网的精度和密度设计

8.2.1　GPS 测量的等级及其用途

在 GB/T 18314—2009 中,将 GPS 测量划分为 5 个等级,它们分别是 A 级、B 级、C 级、D 级和 E 级,表 8-1 中给出了各等级 GPS 测量的主要用途。需要说明的是,GPS 测量所属的等级并不是由用途来确定的,而是以其实际的质量要求来确定的。表 8-1 中所列各等级 GPS 测量的用途仅是参考,具体等级应以测量任务书或测量合同书的要求为准。

表 8-1　**各等级 GPS 测量的主要用途(GB/T 18314—2009)**

级　别	用　　途
A	国家一等大地控制网,全球性地球动力学研究,地壳形变测量和精密定轨等
B	国家二等大地控制网,地方或城市坐标基准框架,区域性地球动力学研究,地壳形变测量,局部形变监测和各种精密工程测量等

续表

级 别	用 途
C	三等大地控制网,区域、城市及工程测量的基本控制网等
D	四等大地控制网
E	中小城市、城镇及测图、地籍、土地信息、房产、物探、勘测、建筑施工等的控制测量等

在 CJJ 73—2010 中,城市控制网、城市地籍控制网和工程控制网划分为二、三、四等和一、二级(参见表 8-4)。

8.2.2 GPS 测量的精度及密度指标

1. 精度指标

根据 GB/T 18314—2009,A 级 GPS 网由卫星定位连续运行基准站构成,其精度应不低于表 8-2 的要求;B、C、D、E 级 GPS 网的精度应不低于表 8-3 的要求。另外,用于建立国家二等大地控制网和三、四等大地控制网的 GPS 测量,在满足表 8-3 所规定的 B、C 和 D 级精度要求的基础上,其相邻点距离的相对精度应分别不低于 1×10^{-7}、1×10^{-6} 和 1×10^{-5}。

表 8-2　**A 级 GPS 网的精度指标(GB/T 18314—2009)**

级别	坐标年变化率中误差		相对精度	地心坐标各分量年平均中误差/mm
	水平分量/(mm/a)	垂直分量/(mm/a)		
A	2	3	1×10^{-8}	0.5

表 8-3　**B、C、D、E 级 GPS 网的精度指标(GB/T 18314—2009)**

级别	相邻点基线分量中误差		相邻点平均距离/km
	水平分量/mm	垂直分量/mm	
B	5	10	50
C	10	20	20
D	20	40	5
E	20	40	3

根据 CJJ 73—2010,各等级城市 GPS 测量的相邻点间基线长度的精度用式(8-1)表示,其具体要求见表 8-4。

$$\sigma = \sqrt{a^2 + (bd)^2} \tag{8-1}$$

式中,σ 为基线向量的弦长中误差,单位为 mm;a 为固定误差,单位为 mm;b 为比例误差系数,单位为 1×10^{-6};d 为相邻点的距离,单位为 km。

表 8-4　　城市 GPS 测量精度指标(CJJ 73—2010)

等级	平均距离/km	a/mm	$b/10^{-6}$	最弱边相对中误差
二等	9	≤10	≤2	1/12 万
三等	5	≤10	≤5	1/8 万
四等	2	≤10	≤10	1/4.5 万
一级	1	≤10	≤10	1/2 万
二级	<1	≤15	≤20	1/1 万

注:当边长小于 200m 时,边长中误差应小于 20mm。

2. 密度指标

根据 GB/T 18314—2009,各级 GPS 网中相邻点间的距离最大不宜超过该等级网平均距离(见表 8-3)的 2 倍。根据 CJJ 73—2010,二、三、四等网相邻点最小边长不宜小于平均边长的 1/2,最大边长不宜超过平均边长的 2 倍。一、二级网最大边长可在平均边长的基础上放宽 1 倍。

8.2.3　GPS 网的精度和密度设计

GPS 测量规范及规程中一般都对 GPS 测量的等级进行了划分,不同等级的 GPS 测量有不同的精度和密度指标,适于不同的用途。因而在一般情况下,测量单位只需依据项目的目的、用途和具体要求就能对号入座,确定相应的等级,然后按规范及规程规定的精度、密度、施测纲要及数据处理方法来加以执行即可,而无需专门进行技术设计。当用户的上述要求介于两个等级之间时,在无需大量增加工作量的情况下,一般可直接上靠到较高的等级上去;否则应专门为该项目进行技术设计。

GPS 测量规范及规程中的各项规定和指标通常都是针对一般情况而制定的,并不适合所有场合。所以在特殊情况下,测量单位仍需按照测量任务书或测量合同书中提出的技术要求单独进行技术设计,而不可一概套用 GPS 测量规范及规程中的相关规定。如在混凝土大坝外观变形监测中,平面位移和垂直位移的监测精度均要求优于 1mm(精度要求优于 B 级 GPS 测量),而边长则通常仅为数百米至数千米(基本相当于 E 级 GPS 测量),故不宜直接套用规范和规程,应另行进行技术设计。如前所述,当某工程项目的精度要求介于两个等级之间,而上靠一级又会大幅度增加工作量时,也应另行进行技术设计,对时段数、时段长度、图形结构等作出适当规定,以便使成果既能满足要求,又不致付出过高的代价。

8.3　GPS 网的基准设计

8.3.1　GPS 网的基准设计

1. 基准设计的内容

GPS 网的基准是确定网的几何属性的依据,包括位置基准、尺度基准和方位基准三类。

指定 GPS 网所采用的坐标参照系(基准),并确定所采用的起算数据的工作称为 GPS 网的基准设计。

2. 坐标参照系设计

GPS 网所采用的坐标参照系可根据布网的目的用途而定。利用 GPS 定位技术来建立(加密、扩充、检核、加强)城市控制网或工矿企业的独立控制网时,起算点的坐标可采用上述坐标系中的坐标。利用 GPS 定位技术来进行全球性的或区域性的地球动力学研究时,通常采用 ITRF 坐标。用户可通过互联网方便地获得精密星历以及测区周围的 IGS 基准站的站坐标和观测值,通过高精度联测来求得起始点在 ITRF 坐标框架中的起始坐标,也可通过与测站附近的高等级 GPS 点(2000 国家大地坐标系统的点)联测来获得起始坐标。

3. 位置基准设计

GPS 网的位置基准取决于网中"起算点"的坐标和平差方法。确定网的位置基准一般可采用下列方法:

(1)选取网中一个点的坐标,并加以固定或给以适当的先验精度。

(2)网中各点坐标均不固定,通过自由网伪逆平差或拟稳平差来确定网的位置基准。

(3)在网中选取若干个点的坐标,并加以固定或给以适当的先验精度。

采用前两种方法进行 GPS 网平差时,由于在网平差中仅引入了位置基准,而没有给出多余的约束条件,因而对网的定向和尺度都没有影响,我们称此类网为独立网。采用第三种方法进行平差时,由于给出的起算数据多于必要的起算数据数,因而在确定网位置基准的同时也会对网的方向和尺度产生影响,我们称此类网为附合网。

4. 尺度基准设计

尺度基准是由 GPS 网中的基线来提供的,这些基线可以是地面测距边或已知点间的固定边,也可以是 GPS 网中的基线向量。对于新建控制网,可直接由 GPS 基线向量提供尺度基准,即建成独立网或固定一点一方位进行平差的方法,这样可以充分利用 GPS 技术的高精度特性。对于旧控制网加密或改造,可将旧网中的若干个控制点作为已知点对 GPS 网进行附合网平差,这些已知点间的边长就将成为尺度基准。对于一些涉及特殊投影面(投影面非参考椭球面)的网,若在指定投影面上没有足够数量的控制点,则可以引入地面高精度测距边作为尺度基准。

5. 方位基准设计

方位基准一般由网中的起始方位角来提供,也可由 GPS 网中的各基线向量共同来提供。利用旧网中的若干控制点作为 GPS 网中的已知点进行约束平差时,方位基准将由这些已知点间的方位角提供。

8.3.2　起算数据的选取与分布

1. 起算点的选取与分布

在建立 GPS 网时,起算点的选取和分布应按如下要求求进行:

(1)若要求所建立的 GPS 网的成果与旧成果吻合最好,则起算点数量越多越好;若不要求所建立的 GPS 网的成果完全与旧成果吻合,则一般可选 3~5 个起算点,用于实现基准的转换和必要检核。这样既可以保证新老坐标成果的一致性,也可以保持 GPS 网的原有精度。

(2)为保证整网的点位精度均匀,起算点一般应均匀地分布在 GPS 网的周围。要避免所有的起算点分布在网中一侧的情况。

2. 起算边长的选取与分布

若需要将所建立的 GPS 网成果投影到某一指定的高程面上,可以采用高精度激光测距边(已归算到指定高程面上)作为起算边长,其数量可为 3~5 条,可设置在 GPS 网中的任意位置,但激光测距边两端点的高差不应过分悬殊。

3. 起算方位的选取与分布

在采用 GPS 技术建立独立坐标系下的控制网时,可以引入起算方位,但起算方位不宜太多,起算方位可设置在 GPS 网中的任意位置。

8.4　GPS 网的布网形式

GPS 网的布网形式是指在建立 GPS 网时观测作业的方式,包括网的点数与参与观测的接收机数的比例关系、观测时段的长短、观测时段数以及在观测作业期间接收机所处的地位等特征。现有的布网形式有跟踪站式、会战式、多基准站式(枢纽式)、同步图形扩展式和单基准站式。

8.4.1　跟踪站式

1. 布网形式

在跟踪站式的布网形式中,所采用的接收机数量通常与网的点数相同,即每个点上设置一台接收机。这些接收机长期固定安放在测站上,进行常年、不间断的观测,即一年观测 365 天,一天观测 24h,如同跟踪站或连续运行基准站一样。在这一布网形式中,所有接收机的地位是对等的,没有主次之分。

2. 特点

由于在采用跟踪站式的布网形式进行观测作业时,接收机在各个测站上进行了不间断的连续观测,观测时间长、数据量大,而且在数据处理时,一般采用精密星历,因此,采用此种形式所建立的 GPS 网具有极高的精度和可靠性。为保证连续观测,一般需要专门建立永久性建筑(即跟踪站),用以安置仪器设备,这使得该布网形式的观测和运行成本很高。

3. 适用范围

跟踪站式布网形式一般用于建立 A 级网。对于其他等级的 GPS 网,由于此种布网形式观测时间长、成本高,故一般不被采用。IGS 跟踪站网、中国大陆构造环境监测网络("陆态网")以及世界各地的连续运行参考站网采用的就是此种布网形式。

8.4.2　会战式

1. 布网形式

在建立 GPS 网时,一次组织多台 GPS 接收机,集中在一段不太长的时间内,共同作业。在作业时,所有接收机在若干天的时间里分别在同一批点上进行多天、长时段的同步观测,在完成一批点的测量后,所有接收机又都迁移到另外一批点上进行相同方式的观测,直至所有的点观测完毕,这就是所谓会战式布网,有时也被称为分区观测。在这一布网形式中,所有接收机的地位是对等的,没有主次之分。

2. 特点

由于各基线均进行过较长时间、较多时段的观测,采用会战式布网形式所建立的 GPS 网可较好地削弱轨道误差、大气折射和多路径效应等因素的影响,具有很高的精度和可靠性。但该布网形式一次需要的接收机数量较多,观测成本也较高。

3. 适用范围

会战式布网形式一般用于建立 B 级网。

8.4.3 多基准站式

1. 布网形式

在多基准站式的布网形式中,若干台接收机在一段时间里长期固定在某几个点上作为基准站进行长时间的观测;与此同时,另外一些接收机则在这些基准站覆盖范围内进行网观测模式或点观测模式的测量①(见图 8-1)。

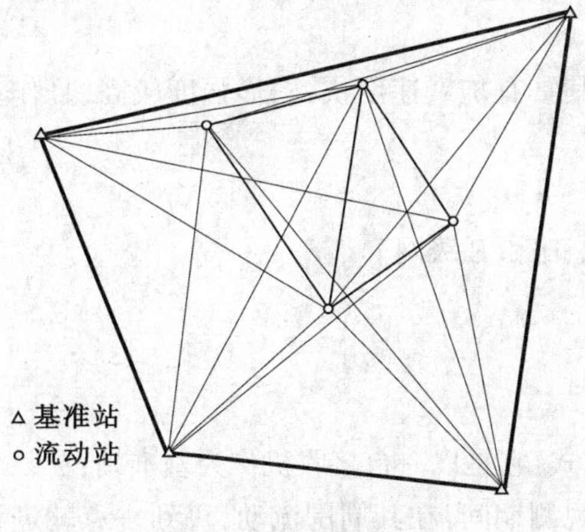

(a) 流动站按网观测模式测量

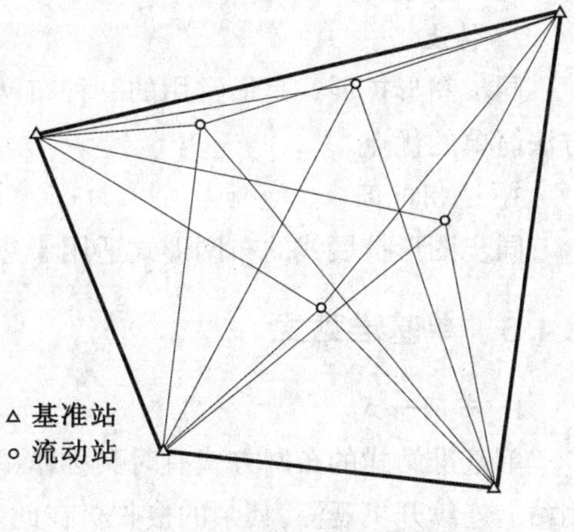

(b) 流动站按点观测模式测量

图 8-1 多基准站式

2. 特点

采用多基准站式的布网形式建立 GPS 网时,由于各个基准站间进行了长时间观测,因而可获得高精度、高可靠性的基线向量,这些基线向量可作为整个 GPS 网的骨架。另一方面,若流动站采用同步观测模式,则除了同步观测的流动站间存在基线向量连接外,流动站

① 在 GPS 测量过程中,若各流动站在测量时均独立作业,不考虑与其他流动站之间同步,则这种测量方式被称为点模式,否则称为网模式。

还与各个基准站之间存在基线向量连接,这样可获得更强的图形结构。

3. 适用范围

多基准站式的布网形式适用于建立 B、C、D、E 级网。根据 GB/T 18314—2009 规定,在采用多基准站式布网形式建立等级 GPS 控制时,网中至少应有包括基准站在内的 4 个以上高等级 GPS 点;当流动站采用点模式进行观测时,最好有 4 个以上的本身为高等级 GPS 点的基准站。

8.4.4 同步图形扩展式

1. 布网形式

所谓同步图形扩展式的布网形式,就是多台接收机在不同测站上进行同步观测,在完成一个时段的同步观测后,又迁移到其他的测站上进行同步观测,每次同步观测都可以形成一个同步图形,在测量过程中,不同的同步图形间一般有若干个公共点,整个 GPS 网由这些同步图形构成。在该布网形式中,接收机的数量通常远少于 GPS 网的点数;所有接收机的地位对等,没有主次之分。采用同步图形扩展式的测量有时也被称为网模式测量。

会战式与同步图形扩展式在观测作业上非常相似,其主要区别在于会战式所采用的接收机数量较多、观测时段长度较长(接近 24h)。

2. 特点

同步图形扩展式是最常用的一种布网形式,其具有扩展速度快,图形强度较高,且作业方法简单的优点。

3. 适用范围

同步图形扩展式的布网形式适用于建立 B、C、D 和 E 级网。

8.4.5 单基准站式

1. 布网形式

单基准站式的布网方式有时又称作星形网方式,它是以一台接收机作为基准站,在某个测站上连续开机观测,其余的接收机在此基准站观测期间,在其周围流动,每到一点就进行观测,流动的接收机之间一般不要求同步,这样,流动的接收机每观测一个时段,就与基准站间测得一条同步观测基线,所有这样测得的同步基线就形成了一个以基准站为中心的星形。流动的接收机有时也称为流动站(见图 8-2)。

2. 特点

单基准站式的布网方式效率很高,但是由于各流动站一般只与基准站之间有同步观测基线,故图形强度很弱,成果可靠性较低,为提高可靠性,一般需要在测站至少进行两次观测。

3. 适用范围

由于可靠性较低,单基准站式的布网形式不适用于等级 GPS 控制网测量,但可用于一些对可靠性要求不高的等外 GPS 测量。

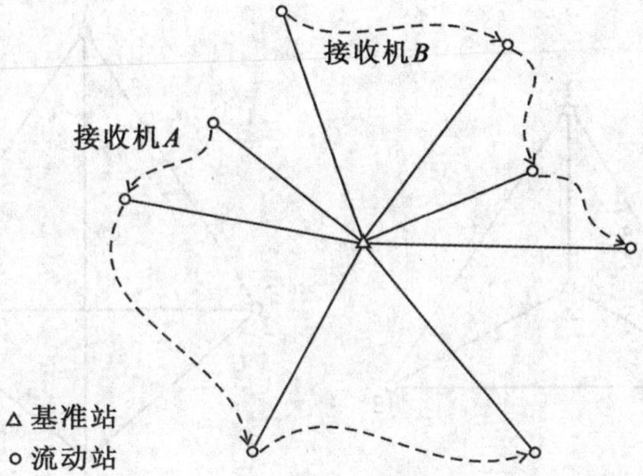

图 8-2　单基准站式

8.5　GPS 网的图形设计

8.5.1　GPS 网图形与质量的关系

众所周知,常规边角网的质量与基本观测图形的外观有着极大的关系,因而它们的基本观测图形通常是接近等边的三角形或大地四边形。但是,GPS 网的基本观测量是表示测站间坐标差的基线向量,可以证明,若假设所有基线向量的精度相同,则 GPS 网图形的外观与 GPS 网的精度和可靠性无关。如图8-3中,若假设(a)、(b)两网中对应的基线质量相同,则两网的质量也相同。

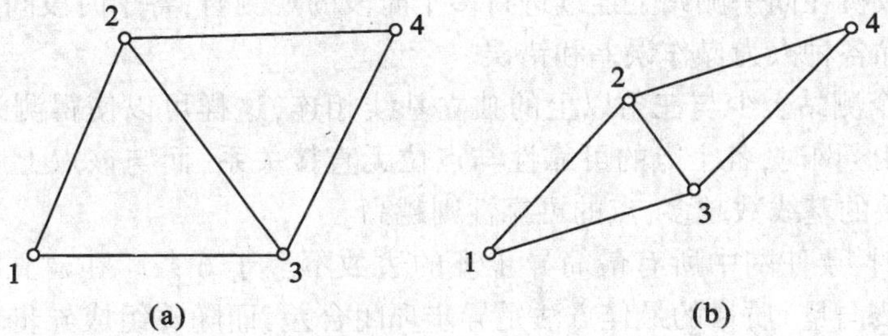

图 8-3　网外观与 GPS 网质量无关

同样可以证明,在 GPS 网中,若假设所有基线向量的精度相同,作为个体的 GPS 点的质量与其位置没有关系,而与其相连接的基线向量的数量有关,数量越多,质量越高。如图8-4中,若假设(a)、(b)两网中对应的基线质量相同,则两网的质量也相同;并且各个网中的各个点的质量也相同,因为它们所连接的基线数相同。

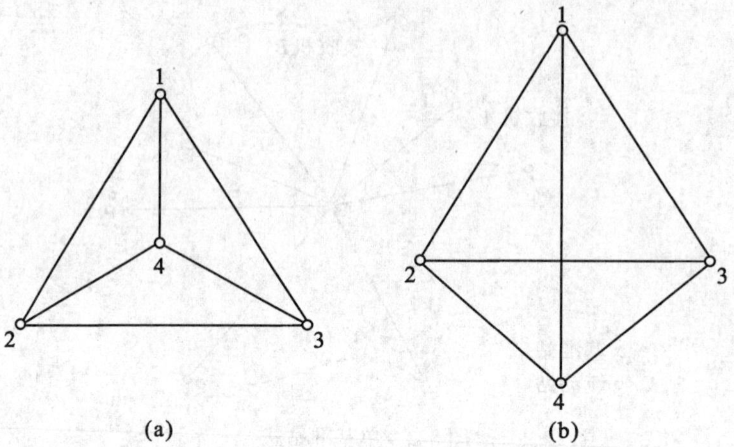

图 8-4　点位与 GPS 网质量无关

8.5.2　提高 GPS 网质量的图形设计方法

1. 提高可靠性的方法

采用下列方法可提高 GPS 网的可靠性：

(1)增加观测期数(增加独立基线数)。在建立 GPS 网时，适当增加观测期数(时段数)，对于提高 GPS 网的可靠性非常有效。因为，随着观测期数的增加，所测得的独立基线数就会增加，而独立基线数的增加对网的可靠性的提高是非常有益的。

(2)保证一定的重复设站次数。保证一定的重复设站次数可确保 GPS 网的可靠性。一方面，通过在同一测站上的多次观测，可有效地发现设站、对中、整平、量测天线高等环节中的人为错误；另一方面，重复设站次数的增加也意味着观测期数的增加。不过，需要注意的是，当同一台接收机在同一测站上连续进行多个时段的观测时，各个时段间必须重新安置仪器，以更好地消除各种人为操作误差和错误。

(3)保证每个测站至少与三条以上的独立基线相连，这样可以使得测站具有较高的可靠性。在建立 GPS 网时，各个点的可靠性与点位无直接关系，而与该点上所连接的基线数有关，点上所连接的基线数越多，点的可靠性则越高。

(4)在布网时，要使网中所有最简异步环的边数不多于 6 条。在建立 GPS 网时，检查 GPS 观测值(基线向量)质量的最佳方法是异步环闭合差，而随着组成异步环的基线向量数的增加，其检验质量的能力将下降。

2. 提高精度的方法

采用下列方法可提高 GPS 网的精度：

(1)为保证 GPS 网中各相邻点具有较高的相对精度，对网中距离较近的点一定要进行同步观测，以获得它们之间的直接观测基线。

(2)为提高整个 GPS 网的精度，可以在全面网之上建立框架网，以框架网作为整个 GPS 网的骨架。

(3)在布网时,要使网中所有最简环或附合线路的边数符合相应规范的要求,见表 8-5 和表 8-6。

(4)在建立 GPS 网时,引入高精度激光测距边,作为观测值与 GPS 观测值(基线向量)一同进行联合平差,或将它们作为起算边长。

(5)若要采用高程拟合的方法测定网中各点的正常高或正高,则需在布网时选定一定数量的水准点,水准点的数量应尽可能多,且应在网中均匀分布,还要保证有部分点分布在网的四周,将整个网包围起来。

(6)为提高 GPS 网的尺度精度,可在网中增设长时间、多时段的基线向量。

表 8-5　**GB/T 18314—2009 对最简环和附合路线边数的规定**

等　级	B	C	D	E
闭合环和附合导线的边数	≤6	≤6	≤8	≤10

表 8-6　**CJJ 73—97 对最简环和附合路线边数的规定**

等　级	二等	三等	四等	一级	二级
闭合环和附合导线边数	≤6	≤8	≤10	≤10	≤10

8.6 GPS 网的设计指标

在进行 GPS 网的设计时,除了应遵循一定的设计原则外,还可以通过一些定量指标来指导设计工作,这些指标包括效率指标、可靠性指标和精度指标。另外,在设计时,也应对建网工作的进度和成本支出进行准确的评估。

8.6.1 GPS 网的特征值

1. 理论最少观测时段数

理论最少观测时段数是在满足所规定的重复设站次数要求的前提下,完成 GPS 网外业观测理论上所需的最少观测时段数。若某 GPS 网由 n 个点组成,要求每点重复设站观测 m 次,若采用 N 台 GPS 接收机进行观测,则该网的理论最少观测时段数 $S_{\min}$ 为:

$$S_{\min} = \mathrm{ceil}(n \cdot m/N) \tag{8-2}$$

式中,ceil( )为天花板函数,作用是对实数进行向上取整,即得出绝对值比自变量绝对值大的最小整数。

由于在 GPS 测量规范中对于不同精度等级网的重复设站次数有明确规定,因此在进行 GPS 网的设计时,根据网的精度等级、规模及作业单位计划投入的接收机数量,就可计算出完成 GPS 网的外业观测所需的理论最少观测时段数。

2. 设计时段数

按照设计的外业观测方案完成 GPS 网的观测所需的观测时段数,称为设计时段数,用

符号 S_D 表示。

3. 基线总数

如前所述(参见 7.3.7),在一个时段中用 N 台接收机进行同步观测时共可获得同步观测基线 $N(N-1)/2$ 条,若完成 GPS 网的外业观测用了 S 个时段,则所测得的基线总数(含非独立基线) B_A 为:

$$B_A = S \cdot N \cdot (N-1)/2 \tag{8-3}$$

4. 独立基线总数

采用 N 台接收机进行观测,每个时段中可测定的独立基线向量仅为 $N-1$ 条,故在该 GPS 网中,独立基线向量的总数 B_I 为:

$$B_I = S \cdot (N-1) \tag{8-4}$$

5. 必要基线数

GPS 网的必要基线数指的是确定网中所有点之间相对关系所必需的基线向量数。在由 n 个点组成的 GPS 网中,最少仅需 $n-1$ 条基线向量就可确定出所有点之间的相对关系(如取其中一点作为基准站,以其为中心用 $n-1$ 条基线向量将剩余的点联系起来)。因此,该 GPS 网的必要基线向量数 B_N 为:

$$B_N = n - 1 \tag{8-5}$$

6. 多余基线数

GPS 网的多余基线数 B_R 为:

$$B_R = B_I - B_N = S(N-1) - (n-1) \tag{8-6}$$

7. 算例

例:某 GPS 网由 80 个点组成,现准备用 5 台 GPS 接收机来进行观测,每点设站次数为 4 次,令 $n=80, N=5, m=4$, 则此网的理论最少观测时段数 $S_{\min}$ 为:

$$S_{\min} = \text{ceil}\left(\frac{n \cdot m}{N}\right) = \text{ceil}\left(\frac{80 \times 4}{5}\right) = 64$$

在上述情况下,全网共有基线向量数为:

$$B_A = S_{\min} \cdot \frac{N(N-1)}{2} = 64 \times \frac{5 \times (5-1)}{2} = 640(\text{条})$$

其中,独立基线向量数为:

$$B_I = S_{\min} \cdot (N-1) = 64 \times 4 = 256(\text{条})$$

必要基线向量数为:

$$B_N = n - 1 = 79(\text{条})$$

多余基线向量数为:

$$B_R = B_I - B_N = 256 - 79 = 177(\text{条})$$

8.6.2　效率指标

建立一个 GPS 网时,在点数、接收机数和平均重复设站次数确定后,则完成该网测设所需的理论最少观测时段数就可以确定。但是,当按照某个具体的布网方式和观测作业方式进行作业时,要按要求完成整网的测设,所需的观测时段数与理论上的最少观测时段数会有

所差异,理论最少观测时段数与设计观测时段数的比值,称之为效率指标(e),即

$$e = \frac{s_{\min}}{s_D} \tag{8-7}$$

其中: $s_{\min}$ 为理论最少观测时段数; s_D 为设计观测时段数。

在进行 GPS 网的设计时,可以采用效率指标来衡量设计方案的效率,其值越接近于 1, GPS 网设计的效率越高。

8.6.3 可靠性指标

GPS 网的可靠性可以分为内可靠性和外可靠性。所谓 GPS 网的内可靠性就是指所建立的 GPS 网发现粗差的能力,即可发现的最小粗差的大小;GPS 网的外可靠性就是指 GPS 网抵御粗差的能力,即未剔除的粗差对 GPS 网最终成果所造成的不良影响的大小。关于内、外可靠性的问题,可以从一些相关书籍上找到更为详细的叙述,并且还给出了内、外可靠性指标的算法。由于内、外可靠性指标在计算上过于烦琐,因此,在实际的 GPS 网的设计中,可采用一个计算较为简单的反映 GPS 网可靠性的数量指标,这个可靠性指标就是整网的多余基线数与独立基线总数的比值,称为整网的平均可靠性指标(η),即

$$\eta = \frac{B_R}{B_I} \tag{8-8}$$

该数值越大,可靠性越高。

8.6.4 精度指标

当 GPS 网布网方式和观测作业方式确定后,GPS 网的网络结构就确定了。根据已确定的 GPS 网的网络结构,可以得到 GPS 网的设计矩阵 $\boldsymbol{B}$, 从而可以得到 GPS 网的协因数阵 $\boldsymbol{Q} = (\boldsymbol{B}^{\mathrm{T}}\boldsymbol{P}\boldsymbol{B})^{-1}$, 在 GPS 网的设计阶段,可以采用 $\mathrm{tr}(\boldsymbol{Q})$ 作为衡量 GPS 网整体精度的指标,该数值越小,整体精度越高。

8.7 技术设计书的编写

技术设计书是 GPS 网设计成果的载体,是 GPS 测量的指导性文件及关键技术文档。技术设计书主要应包括如下内容:

(1)项目来源

介绍项目的来源和性质。即项目由何单位、部门发包、下达,属于何种性质的项目。

(2)测区概况

介绍测区的地理位置、隶属行政区划、气候、人文、经济发展状况、交通条件、通信条件等。这些可为今后工程施测工作的开展提供必要的信息,如在施测时进行作业时间、交通工具的安排以及供电设备、通信设备的准备。

(3)工程概况

介绍工程的目的、作用、精度等级、完成时间、有无特殊要求等在进行技术设计、实际作业和数据处理中所必须了解的信息。

(4)技术依据

介绍工程所依据的测量规范、工程规范、行业标准及相关的技术要求等。

(5)现有测绘成果

介绍测区内及测区周边相关地区的现有测绘成果资料的情况。如已知点、测区地形图等。

(6)施测方案

介绍测量采用的仪器设备的种类、采取的布网方法等。

(7)作业要求

规定选点埋石要求、外业观测时的具体操作规程、技术要求等,包括仪器参数的设置(如采样率、截止高度角等)、对中精度、整平精度、天线高的量测方法及精度要求等。

(8)观测质量控制

介绍外业观测的质量要求,包括质量控制方法及各项限差要求等。如数据删除率、RMS 值、Ratio 值、同步环闭合差、异步环闭合差、相邻点相对中误差、点位中误差等。

(9)数据处理方案

介绍详细的数据处理方案,包括基线解算和网平差处理所采用的软件和处理方法等内容。

对于基线解算的数据处理方案,应包含如下内容:基线解算软件、参与解算的观测值、解算时所使用的卫星星历类型等。

对于网平差的数据处理方案,应包含如下内容:网平差处理软件、网平差类型、网平差时的坐标系、基准及投影、起算数据的选取等。

(10)提交成果要求

规定提交成果的类型及形式。

第 9 章　GPS 测量的外业

本章主要介绍 GPS 测量中的外业观测部分。与常规测量中的外业观测相比，GPS 的外业观测有很大的不同，除了安置接收机天线（对中、整平、定向、量取仪器高），设置接收机中的参数（如观测模式、截止高度角和采样间隔等；如不设参数，接收机一般就采用缺省值），以及开机、关机等工作需由作业人员完成外，其他观测工作都是由接收机自动完成的，作业人员通常无需加以干预。所以在 GPS 测量中，一般都将外业观测工作称为数据采集。

9.1　选点与埋石

9.1.1　选点准备

在进行选点和埋石工作前，应根据项目需要收集测区内及测区周边现有的国家平面控制点（三角点、导线点等）、水准点、GPS 点以及卫星定位连续运行基准站的资料，包括点之记、平面控制网及水准网的网图、成果表、技术总结等资料，以及地形图、交通图、测区总体建设规划及近期发展规划等资料。了解和研究测区内的相关情况，特别是交通、通信、供电、气象及已知点等情况。然后根据项目任务书或合同书的要求在图上进行设计，标绘出计划设站的区域。

9.1.2　选点

1. 测站的基本要求

在选点时应注意如下问题：

(1) 测站四周视野开阔，高度角 15°以上不允许存在成片的障碍物。测站上应便于安置 GPS 接收机和天线，可方便地进行观测。

(2) 测站应远离大功率的无线电信号发射源（如电台、电视台、微波中继站），以免损坏接收机天线。与高压输电线、变压器等保持一定的距离，避免干扰。具体的距离可参阅接收机的用户使用手册。

(3) 测站应远离房屋、围墙、广告牌、山坡及大面积平静水面（湖泊、池塘）等信号反射物，以免出现严重的多路径效应。

(4) 测站应位于地质条件良好、点位稳定、易于保护的地方，并尽可能顾及交通等条件。

(5) 选点时应充分利用符合要求的原有控制点的标石和观测墩。

(6) 应尽可能使所选测站附近的小环境（指地形、地貌、植被等）与周围的大环境保持一致，以避免或减少气象元素的代表性误差。

(7) A 级 GPS 点点位应符合 CH/T 2008 的有关规定。

2. 辅助点和方位点

在某些特殊情况下，需要设置辅助点和方位点。具体要求如下：

(1) A、B 级 GPS 点不位于基岩上时，宜在附近埋设辅助点，并测定与 GPS 点之间的距离和高差，精度应优于 5mm。

(2) 可根据需要在 GPS 点附近设立方位点。方位点应与 GPS 点保持通视，离 GPS 点的距离一般不小于 300m。方位点应位于目标明显、观测方便的地方。

3. 选点作业

选点作业应按如下要求进行：

(1) 选点人员应按照在图上选择的初步位置以及对点位的基本要求，在实地最终选定点位，并做好相应的标记。

(2) 利用旧点时，应对旧点的稳定性、可靠性和完好性进行检查，符合要求时方可利用。

(3) 点名应以该点位所在地命名，无法区分时，可在点名后加注(一)、(二)等予以区别。少数民族地区的点名应使用准确的音译汉语名，在音译后可附原文。

(4) 新旧点重合时，应沿用旧点名，一般不应更改。如由于某些原因确需更改时，要在新点名后加括号注上旧点名。GPS 点与水准点重合时，应在新点名后的括号内注明水准点的等级和编号。

(5) 新旧 GPS 点(包括辅助点与方位点)均需在实地按规范要求的形式绘制点之记。所有内容均要求在现场仔细记录，不得事后追记。A、B 级 GPS 点在点之记中应填写地质概要、构造背景及地形地质构造略图。

(6) 点位周围存在高于 10°的障碍物时，应按规范要求的形式绘制点的环视图。

(7) 选点工作完成后，应按规范要求的形式绘制 GPS 网选点图。

4. 提交资料

选点工作完成后，应提交如下资料：

(1) 用黑墨水填写的点之记和环视图。

(2) GPS 网选点图。

(3) 选点工作总结。

9.1.3　埋石

此处所说的埋石包括埋设标石和建造观测墩的工作。

1. 标石

各级 GPS 点均应埋设固定的标石或标志。A 级 GPS 点标石与相关设施的技术要求按 CH/T 2008 的有关规定执行。B 级 GPS 点应埋设天线墩，C、D、E 级 GPS 点在满足标石稳定、易于长期保存的前提下，可根据具体情况选用。

2. 中心标志

各种类型的标石均应设有中心标志。基岩和基本标石的中心标志应用铜或不锈钢制作。普通标石的中心标志可用铁或坚硬的复合材料制作。标志中心应刻有清晰、精细的十字线或嵌入不同颜色的金属(不锈钢或铜)制作的直径小于 0.5mm 的中心点。用于区域似大地水准面精化的 GPS 点，其标志还应满足水准测量的要求。图 9-1 和图 9-2 给出了国内某单位所设计的金属标志、不锈钢标志设计图。图 9-3 和图 9-4 给出了国内某单位所生产的金属标志和不锈钢标志。

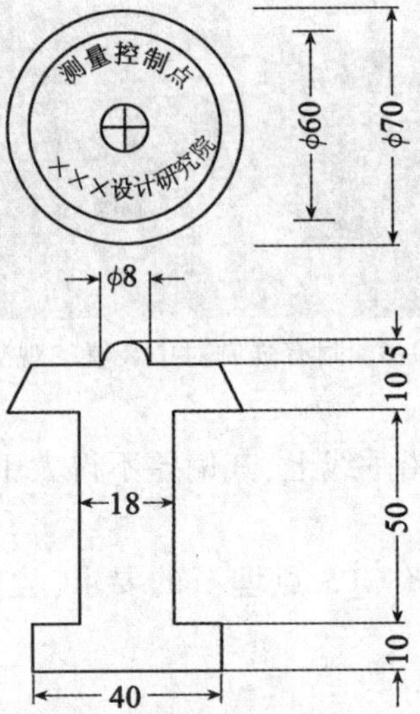

图 9-1 金属标志设计图

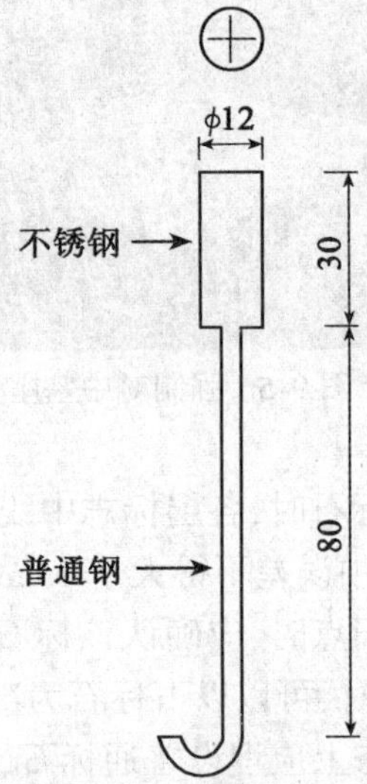

图 9-2 不锈钢标志设计图

图 9-3 金属标志

图 9-4 不锈钢标志

3. 强制对中装置

在进行高等级控制测量(A、B 级控制网)或特种精密工程测量(如大坝、水库、桥梁的控制变形监测)操作时,由于其精度要求特别高,大多建立附有强制对中装置的观测墩。常见的强制对中方法为在观测墩上埋设强制对中装置,并使用连接螺丝或连接杆直接连接仪器的相应部位,其对中误差一般可小于 0.1mm。图 9-5 和图 9-6 分别为强制对中装置和安置了强制对中装置的观测墩。

4. 埋石作业

埋石作业按如下要求进行:

(1)各级 GPS 点的标石一般应用混凝土灌制。有条件的地方也可以用整块花岗岩、青石等坚硬石料凿制,其规格不应小于同类混凝土标石。埋设天线墩、基岩标石、基本标石时,应现场浇灌混凝土,普通标石可预制后运往各点埋设。

图 9-5　强制对中基座

图 9-6　附有强制对中装置的观测墩

(2)埋设标石时,各层标志中线应严格位于同一铅垂线上,其偏差不得大于 2mm。强制对中装置的对中误差不得大于 1mm。

(3)利用旧点时,应确认该标石完好,并符合同级 GPS 点埋石的要求,且能长期保存。上标石被破坏时,可以以下标石为准重新埋设上标石。

(4)方位点上应埋设普通标石,并加以注记。

(5)GPS 点埋石所占土地应经土地使用者或土地管理部门同意,并办理相关手续。新埋标石及天线墩应办理测量标志委托保管书,一式三份,交标石的保管单位或个人一份,上交和存档一份。利用旧点时,需对委托保管书进行核实,不落实时,应重新办理委托保管手续。

(6)B、C 级点的标石埋设后至少需经过一个雨季,冻土地区至少需经过一个解冻期,基岩或岩层标石至少需经一个月后,方可用于观测。

(7)现场浇灌混凝土标石时,应在标石上压印 GPS 点的类别、埋设年代和"国家设施勿动"等字样。荒漠、平原等不易寻找 GPS 点的地方,还需在 GPS 点旁埋设指示碑,规格见 GB/T 12898。

5. 提交资料

埋石结束后,需上交如下资料:

(1)填写了埋石情况的 GPS 点之记;

(2)土地占用批准文件与测量标志委托保管书;

(3)拍摄的所建造标石的照片;

(4)埋石工作总结。

9.2　接收机的维护和保养

GPS 接收机属于贵重的电子仪器设备,日常的维护和保养应按如下要求进行:

(1)GPS 接收机应指定专人保管。无论采用哪种运输方式,均要求有专人押运,并应采取防震措施,不得碰撞和重压。

(2)作业时,必须严格遵守技术规定和操作要求。作业人员培训合格后方可上岗,未经允许,其他人员不得擅自操作仪器。

(3)接收机应注意防震、防潮、防尘、防蚀、防辐射。电缆线不得扭折,不得在地面上拖拉,其接头和联接器要保持清洁。

(4)观测完后,应及时擦净接收机上的水汽和尘埃,并存放在仪器箱内。仪器箱应放置在通风、干燥、阴凉处。箱内的干燥剂呈粉红色时,应及时更换。

(5)接收机交接时,应进行一般性检视,并填写交接记录。

(6)外接电源时,应检查电压是否正常,电池正负极切忌接反。

(7)当将接收机天线置于楼顶、高标及其他设施的顶端进行观测作业时,应采取加固措施。雷雨天进行观测时,应安装避雷设施,否则应停止观测。

(8)接收机在室内存放期间,室内应定期通风,每隔1~2个月应通电检查一次。接收机内的电池要保持充满电的状态。外接电池则应按要求按时充电放电。

(9)严禁私自拆卸接收机。发生故障时,应认真记录并报告有关部门,请专业人员进行维修。

9.3 接收机的检验

9.3.1 一般性检视

一般性检视包括如下内容:

(1)GPS接收机及其天线的外观是否良好,外层涂漆是否有剥落,是否有挤压摩擦造成的伤痕,仪器、天线等设备的型号是否正确。

(2)各种零部件及附件、配件等是否齐全完好,是否与主件匹配。

(3)需紧固的部件是否有松动和脱落的现象。

(4)仪器说明书、使用手册、操作手册及光盘等是否齐全。

9.3.2 通电检验

通电检验包括如下内容:

(1)有关的信号灯工作是否正常;

(2)按键及显示系统工作是否正常;

(3)仪器自测试的结果是否正常;

(4)接收机锁定卫星的时间是否正常;接收到卫星信号的强度是否正常;卫星信号的失锁情况是否正常。

9.3.3 附件检验

接收机附件检验的内容包括:

(1)电池、电缆、电源是否完好;

(2)天线或基座上的圆水准器和光学对中器工作是否正常;

(3)天线高专用量尺是否完好,精度是否符合要求;

(4)数据传录设备及专用软件是否齐全,性能是否正常;

(5)气象仪表工作是否正常;

(6)数据后处理软件是否齐全。

9.3.4 试测检验

1. 接收机内部噪声水平的测试

接收机的内部噪声是由接收机通道间的偏差(检验改正后的残差)、延迟锁相环路的误差及机内信号噪声等所引起的。此项检验可采用零基线法或超短基线法进行,条件允许时,应尽可能采用零基线法。

1)零基线法

在进行零基线检验时,同一天线输出的信号通过“GPS 功率分配器”(简称功分器)分为功率和相位都相同的两路以上的信号送往两台以上的 GPS 接收机,然后依据各接收机所接收的信号组成双差观测值来解算基线向量。显然,这些基线向量的理论值均应为零。采用零基线法检验接收机的噪声水平时,其结果不受卫星星历误差、天线的平均相位中心偏差,电离层延迟和对流层延迟、多路径误差以及天线的对中、整平、定向和量高误差等因素的影响,故精度较高。

在高度角 10°以上无障碍物的开阔地带安置天线,按图 9-7 所示的方式连接天线、功分器和 GPS 接收机,对 4 颗以上的 GPS 卫星进行 1~1.5h 的同步观测,应用厂方提供的随机软件对基线向量进行解算,所求得的坐标分量均应小于 1mm。

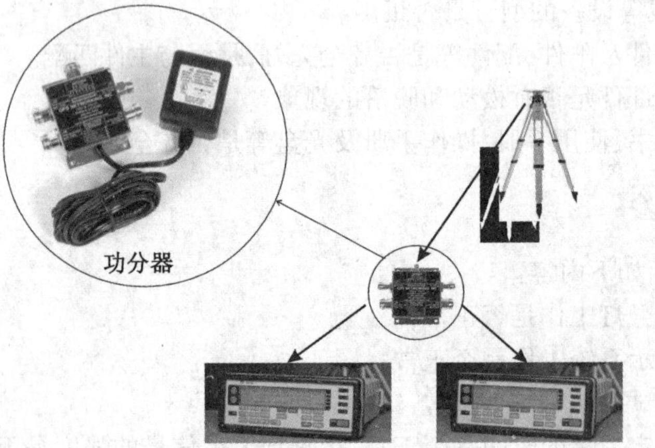

图 9-7　零基线检验示意图

2)超短基线法

当没有功分器时,可采用超短基线法来进行检验。检测方法是在相距数米的地方安置两个或多个接收机天线,各天线都将接收到的信号分别送往对应的 GPS 接收机,接下来的做法与零基线法完全相同。由于各接收机的信号来自不同的天线而不是同一天线,故天线安置误差(对中、定向、整平、量高等误差)将影响检测结果。但由于各天线间仅相距数米,所以卫星星历误差、大气延迟误差等影响一般可忽略不计。如果超短基线法检验不是在GPS接收机检定场中进行,通常基线向量的标准值也难以求得。这时一般只能进行基线长度比对,而无法进行基线分量的比对。

2. 接收天线相位中心偏差及稳定性检测

该项检测可采用以下两种方法进行:

1)旋转天线法

旋转天线法是一种较为严格的专业检测方法。该方法需要在专门的微波暗室中,利用固定的微波发射源来测定天线相位中心的方向图(天线相位中心随卫星信号的高度角和方位角的不同而产生的变化),从而确定天线的平均相位中心偏差及其稳定性。若不具备上述专用检测设备,可采用相对定位法。

2)相对定位法

利用相对定位法测定天线相位中心的稳定性也应在超短基线上进行,以消除或削弱卫星星历、大气延迟等误差的影响。下面介绍一种检测方法:

将 A、B 两台接收机天线分别安置在相距数米的两个观测墩(或三脚架)上,整平、定向(天线指标线指北)后开机观测一个时段(1~1.5h)。接收机天线 A 保持固定不动,天线 B 则分别转动90°、180°、270°,各观测一个时段。接收机天线 B 保持固定不动,将天线 A 分别转动90°、180°、270°,各观测一个时段。采用静态定位的方法计算出各时段的基线向量后,就能求出旋转天线的平均相位中心偏差。采用单历元解算以及滤波、平滑等技术后,也可对天线视相位中心的变化情况进行初步分析。

3. 接收机野外作业性能及不同测程精度指标测试

此项检验应在GPS接收机检定场或电磁波测距仪检定场中进行。检测时,将两台或多台接收机天线分别安置在具有强制对中装置的观测墩上,并进行整平、定向,量取仪器高,短基线观测1.5h,中长基线观测4h。测试结果与已知基线之间的长度较差 Δ(单位:mm)应小于根据仪器标称精度所计算出的相邻点距离中误差 σ,即

$$\Delta < \sigma = \sqrt{a^2 + (b \times d \times 10^{-6})^2} \tag{9-1}$$

式中,a 为仪器标称精度的固定误差项(单位:mm);b 为仪器标称精度的比例误差项(单位:10^{-6});d 为基线长度(单位:mm)。

当仪器检定场已无法提供已知基线长度(基线长已超过检定场中最长的基线)时,可用重复边检验法和异步环检验法来加以检验。重复边检验至少应观测两个时段,两时段所求得的基线向量的坐标差分量 Δx、Δy 和 Δz 以及基线长度较差 Δs 应满足以下条件:

$$\begin{cases} \Delta x \leqslant 3\sqrt{2}\sigma \\ \Delta y \leqslant 3\sqrt{2}\sigma \\ \Delta z \leqslant 3\sqrt{2}\sigma \\ \Delta s \leqslant 2\sqrt{2}\sigma \end{cases} \tag{9-2}$$

式中,σ 为相应级别所规定的精度。

当测试的基线向量可组成异步环时,应进行异步环闭合差检验。边长大于40km,观测时段不小于4h时,各坐标分量的闭合差 W_x、W_y、W_z 应满足:

$$
\begin{cases}
W_x \leqslant 3\sqrt{n}\sigma \\
W_y \leqslant 3\sqrt{n}\sigma \\
W_z \leqslant 3\sqrt{n}\sigma
\end{cases}
\tag{9-3}
$$

式中,σ 为相应级别所规定的精度; n 为闭合环中的边数。

按接收机检定规程的规定,全面检验中除需要进行上述三个项目的检验外,还需进行下列三项检验:

(1)接收机频标稳定性检验和数据质量评价;

(2)接收机高低温性能测试;

(3)接收机综合性能评价。

9.3.5　接收机的检验要求

对新购置的 GPS 接收机,应进行全面检验后方可使用。全面检验包括一般性检视、通电检验和完整的试测检验。同时,对于随接收机一起购买的由接收机生产厂商提供专门数据处理软件(为方便起见,以后简称为随机软件)也需一并进行检验。旧接收机则需定期地进行一般性检视、通电检验、内部噪声水平测试、频标稳定性检验和数据质量评价和附件检验。

9.3.6　野外检定场

如前所述,有多项接收机检测工作应在接收机野外检定场中进行。为保证鉴定工作的顺利进行,建立 GPS 接收机野外检定场时,一般应遵循下列原则:

(1)检定场中应含有超短基线(5~10m)、短基线(1~10km)、中等基线(10~50km)及长基线(>50km)。超短基线的长度可用铟钢基线尺丈量,也可用 GPS 测量的方法来确定,短基线的长度可用 ME5000 等高精度光电测距仪来测定,也可用 GPS 测量来测定;中长基线一般只能依靠长时间多时段的 GPS 测量技术来确定(采用 IGS 的综合精密星历及 GAMIT、Bernese 等软件来进行数据处理)。GPS 测量不仅能给出基线长度,而且能给出基线向量的三个坐标分量。

(2)检定场应地质条件良好,点位稳定,视场开阔,无信号障碍物及信号反射物,也无信号干扰,交通方便,且有较好的通信和供电条件。

(3)各点应建造具有强制对中装置的观测墩,并在墩面上标注正北方向。

(4)中长基线应组成网形,以便进行环闭合差检验。中长基线的精度应优于 0.1×10^{-6}。

9.4　观测方案设计

在完成选点埋石后,下一步的工作就准备进行外业观测作业。在进行外业观测前,应根据规范及技术设计中的有关规定、参与作业的接收机数量、测区的交通状况和通信条件以及天气状况等因素来拟定作业计划。对于规模较大、等级较高的网需要编写专门的“外业观测施工设计书”。对于一般的工程控制网,则仅需要逐天编制外业观测调度计划表。

9.4.1　基本技术要求

A 级 GPS 网属于连续运行参考站,其观测的技术要求在 CH/T 2008 中有规定。B、C、D

和E级GPS网测量的基本技术要求见表9-1。

表9-1 **B、C、D和E级GPS网测量的基本技术要求(GB/T 18314—2009)**

项目	级别			
	B	C	D	E
卫星截止高度角/(°)	10	15	15	15
同时观测有效卫星数	≥4	≥4	≥4	≥4
有效观测卫星总数	≥20	≥6	≥4	≥4
观测时段数	≥3	≥2	≥1.6	≥1.6
时段长度	≥23h	≥4h	≥60min	≥40min
采样间隔/s	30	10~30	10~30	10~30

表9-1说明:

(1)有效卫星指连续观测不短于一定时间的卫星,对于B、C、D和E级GPS网测量,该时间为15min。

(2)计算有效卫星数时,应将各时段的有效观测卫星数扣除重复卫星数。

(3)时段长度为从开始记录数据至结束记录之间的时间段。

(4)观测时段数大于等于1.6是指采用网观测模式时,每测站至少观测一时段,其中60%以上的测站至少观测两个时段。

B、C、D和E级GPS网测量可不观测气象元素,而只记录天气状况。各站的观测数据文件中应包括测站名或测站号、观测单元、测站类型(是参考站还是流动站)、日期、时段号等信息。雷电、风暴天气不宜进行B级GPS测量。

9.4.2 观测方案内容

1. 接收机配备

接收机的配备要考虑类型和数量两方面的问题。

GPS接收机是建立GPS网的关键设备,其性能和质量直接关系到观测成果的质量。不同等级的GPS测量对接收机有不同的要求,在GPS网测量中,所采用的接收机类型应满足规范要求(见表9-2)。尽可能采用双频全相位接收机进行观测,这样有利于周跳探测、电离层折射影响的消除以及观测值质量的保证。

理论上,在一个时段中,用于观测的接收机数量越多,网中直接联测点的数量就越多,网的结构就越好;另外,测量推进的速度也就越快。但是,可供使用的接收机和观测小组的数量是有限的,且作业调度的复杂度也将随着仪器数量的增加迅速增大。为了既保证作业效率,又降低作业调度的复杂度,在一般的工程应用中,接收机的数量最好为偶数,数量为4~6台。

表 9-2　　不同等级 GPS 测量对接收机性能和数量的要求(GB/T 18314—2009)

级别	A	B	C	D、E
单频/双频	双频/全波长	双频	双频或单频	双频或单频
观测值种类	L_1、L_2 载波相位及双频码伪距	L_1、L_2 载波相位	L_1 载波相位	L_1 载波相位
其他性能	可外接频标，3 个以上数据端口，可输出实时数据流(含原始观测数据、导航定位数据和差分修正数据)、可存储 7 天 30s 采样数据	-	-	-
同步观测接收机数	-	≥4	≥3	≥2

2. 接收机参数设置

在进行外业观测期间，接收机必须设置统一的卫星截止高度角和采样间隔参数，在规范中对此有规定(见 9.4.1 节)。需要说明的是，规范中所给出的卫星截止高度角和采样间隔应理解为上限值，实际作业时，可根据接收机存储器容量、观测精度要求及观测时段的长短适当减小它们的设置值，如卫星截止高度角可低至 5°，采样间隔可短至 5s。

3. 设站及观测记录

1)对中、整平和量仪器高

天线安放在三脚架上时，可用光学对中器或垂球进行对中，对中误差应不大于 1mm。用天线上的圆水准气泡或长水准气泡整平天线。用专用量高设备或钢卷尺在互为 120°的三处量取天线高，当互差不大于 3mm 时，取中数采用。否则应重新对中、整平天线后再量取。

2)定向

安置 GPS 接收机的天线时，应将天线上的标志线指向正北，可采用罗盘进行定向，定向时应顾及磁偏角改正。GB/T 18314—2009 规定，B 级 GPS 测量的天线定向误差不超过±5°。在 GB/T 18314—2009 中，未对其他级别 GPS 测量的天线定向误差加以规定，建议在进行测量时仍采用±5°作为天线定向精度要求。

对于未标示定向标志的接收机天线，可预先指定定向标记，每次按此标记安置仪器。

3)观测记录

接收机开始记录数据后，观测员可用专用的功能键和菜单来查看相关信息，如接收的卫星数、卫星编号、卫星的健康状况、各通道的信噪比、单点定位结果、余留的内存量及电池的电量等。发现上述数据有异常时，应及时记录在手簿的备注栏内，并向上级报告。

每时段始末各记录一次观测卫星号、天气状态、实时定位的 PDOP 值等。一次在时段开始时，一次在时段结束时。当时段长度超过 2h 时，应在 UTC 整点时增加记录一次。夜间可每隔 4h 记录一次。若需记录气象元素，也按上述要求进行。

气象观测时，所用的干湿温度计应悬挂在测站附近，与天线相位中心大致同高处。悬挂地点应通风良好，避开阳光直射。空盒气压计可置于测站附近的地面上，但需根据地面与天线相位中心间的高差进行高程修正。当测站附近的小环境与周围的大环境不一致时，可在合适处量测气象元素,然后加上高差修正化算为天线相位中心处的气象元素。

每时段观测前后各量取天线高一次。两次之差不应大于 3mm,并取中数作为最后的天线高。较差超限时应查明原因,提出处理意见并记入手簿记事栏内。

9.5 作业调度

作业调度给出了在外业观测期间人员、设备、车辆的安排及调度方案,决定了 GPS 网的结构,是 GPS 测量的关键环节。

9.5.1 作业调度的内容

1. 人员安排

在 GPS 网测量中,观测作业是由外业观测队来负责具体实施的。外业观测队由队长、内业处理人员、观测小组、驾驶员以及负责后勤保障的人员组成。一个观测小组通常由 1~3 人组成。在进行观测小组的人员安排时,需要考虑可供调配的人员、人员的工作能力及经费开支等因素。在进行分组时,应注意人员的合理搭配,将能力不同的人员安排在一起,每一小组应至少安排一名操作熟练的人员,对于难以到达的点,可以适当增加小组的人员。若每组能够配备一部车辆,则可将驾驶员作为观测小组的一员。

2. 交通工具的配备

在观测作业中需要利用车辆作为迁站时的交通工具,为了不影响作业进度,所需车辆的数量通常不少于观测小组数的一半。

3. 观测时段及时段长度

观测时段的选择主要取决于卫星星座,可以通过专门的"计划"软件来帮助确定合适的观测窗口,此类软件根据测区的概略位置和 30 天以内的卫星概略星历(卫星历书),给出不同时刻 t_i 测站上可见卫星数以及可见卫星的高度角和方位角,同时还可给在上述条件下的 PDOP 值(见图 9-8)。这样用户就能挑选卫星数较多、PDOP 值较小的时间段来进行观测。需要说明的是,在 GPS 组建初期,由于卫星总数还相当有限,上述工作就显得非常重要。因为在这一时期中,每天有相当长一段时间由于用户可见卫星数可能不足 4 颗,或总数虽达 4 颗但几何图形很差(PDOP 值很大),而无法进行观测。目前整个系统已布设完毕,有效卫星总数已达 32 颗左右。在每天的绝大部分时间内,用户可见卫星数不少于 6 颗,PDOP 值也都保持在一个较小的范围内,因而上述预报工作的作用就不如以前大了。

理论上,为使 GPS 测量达到要求质量所需的观测时段长度与观测值质量、卫星星座、基线长度等因素有关。不过,要想根据上述因素严格确定出最短观测时段长度相当困难。实践中,观测时段长度根据规范要求来确定(参见表 9-1),规范所规定的观测时段长度是根据 GPS 网的等级给出的保守值。

4. 调度命令

作业前一天,调度员根据预报的可见卫星数、PDOP 值以及交通情况,就可确定第二天的作业计划,即第二天共观测几个时段,每个时段的起始和结束时间,各时段中各个组到哪个点进行观测等。然后,作业调度员填写调度命令并分发到各组,作为第二天作业的依据。

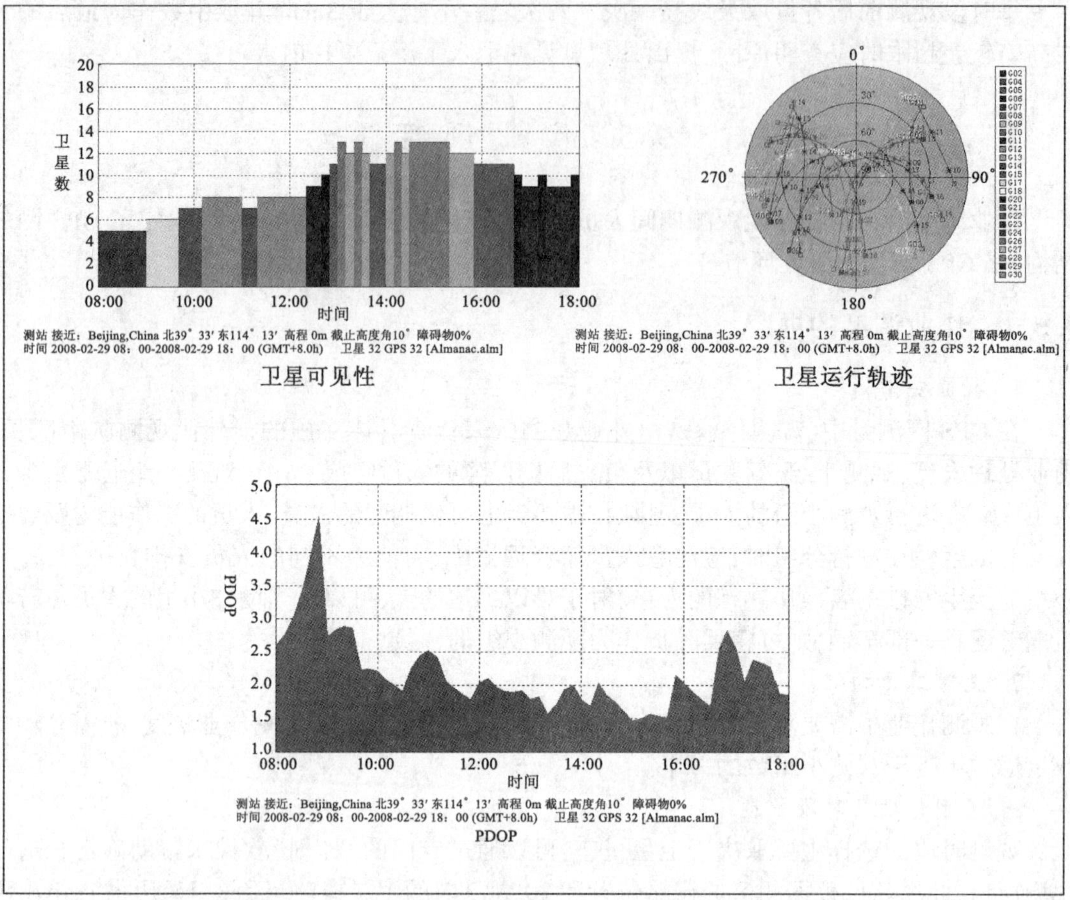

图 9-8　卫星状态预报

在 GPS 相对定位中，若一个组出现了问题，就可能导致邻近多个组同时返工，故每个组均应想方设法使调度计划得以顺利实施。正是由于这种原因，我们通常将“调度计划”称为“调度命令”，以强调它的权威性。

9.5.2　同步图形的连接方式

在 GPS 网建立时，通常网中点的数量要远远多于参与观测的 GPS 接收机的数量，这就需要采用逐步推进方式的同步图形扩展法来进行网测量。采用同步图形推进的作业方式具有作业效率高、图形强度好的特点，它是目前 GPS 测量中普遍采用的一种推进方式。

采用同步图形推进方式建立 GPS 网时，根据相邻同步图形间连接点的数量可将同步图形间的连接方式分为点连式、边连式和网连式等三种基本形式。

1. 点连式

所谓点连式就是在观测作业时，相邻的同步图形间只通过一个公共点相连（见图 9-9）。点连式观测作业方式的优点是作业效率高，图形扩展迅速。它的缺点是图形强度低，如果连接点发生问题,将影响网的完整性。

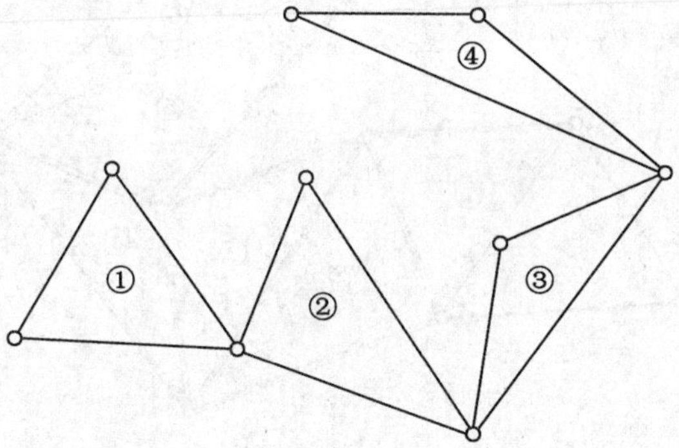

图 9-9 点连式

2. 边连式

所谓边连式就是在观测作业时,相邻的同步图形间有一条边(即两个公共点)相连(见图 9-10)。边连式观测作业方式具有较好的图形强度和较高的作业效率。

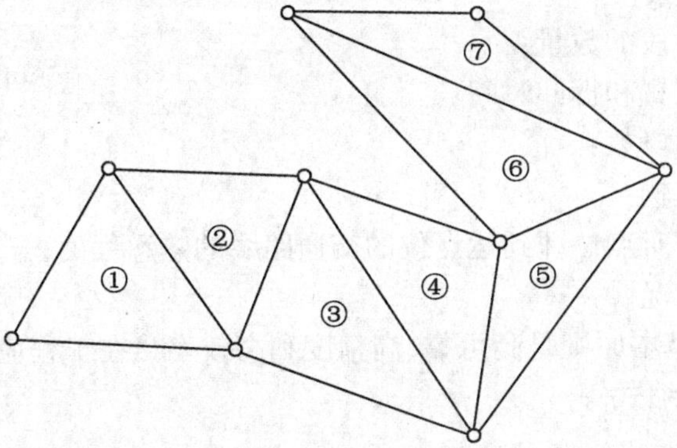

图 9-10 边连式

3. 网连式

所谓网连式就是在作业时,相邻的同步图形间有 3 个以上(含 3 个)的公共点相连(见图 9-11),显然,采用网连式至少需要 4 台以上(含 4 台)的接收机参与观测。采用网连式观测作业方式,所测设的 GPS 网具有很强的图形强度,但网连式观测作业方式的作业效率较低。

4. 混连式

在实际的 GPS 作业中,一般并不是单独采用上面所介绍的某一种观测作业模式,而是根据具体情况,以某种模式为主,根据需要辅以其他模式,这种综合观测作业模式也被称为混连式,它实际上是点连式、边连式和网连式的结合。

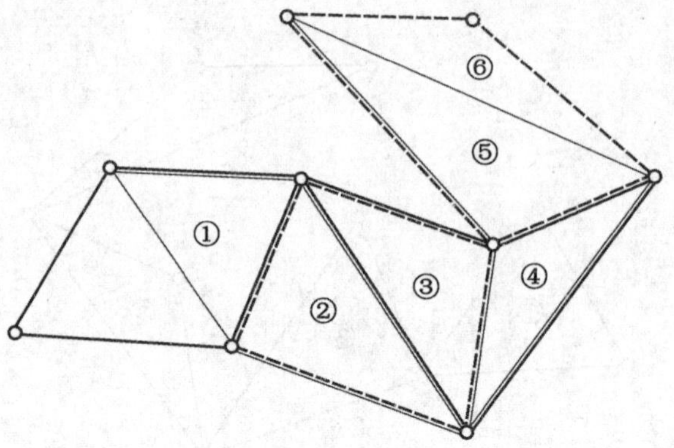

图 9-11　网连式

9.5.3　迁站方案

迁站方案是在连续多个时段的观测作业期间,各小组的调度部署计划,它是调度方案的核心内容,解决的是何组、何时在何点进行测量,以及如何到达该点的问题。在制定迁站方案时,需要考虑以下因素:

(1)一天内观测时段的数量;

(2)迁站及设备安置和拆卸时间;

(3)每点的观测时段数;

(4)可供使用的车辆;

(5)观测小组成员对点位即到达点位的交通路线的熟悉程度;

(6)点间的交通状况。

制定迁站方案的基本原则是高可靠、高精度和高效率。在工程应用中,常用的迁站方案有平推式、翻转式和伸缩式等。

1. 平推式

平推式迁站法的基本原则是在进行同步图形的推进时,各小组从一点到另一点的路线距离基本一致,且每组行进的距离最短。为满足上述要求,推进时通常所有的小组都需要迁站,每个组基本上都向前迁到邻近的一个点,如图 9-12 所示。

从理论上看,平推式迁站法的效率很高,因为每个小组在一个共同的时间里进行迁站,时间利用率非常高。另外,平推式迁站法也提高了测量成果的可靠性,因为在网中将会有许多的点是由不同的小组采用不同的设备测量的,这有利于发现上站错误以及削弱对中整平误差的影响。平推式迁站法的主要缺点是:

(1)在实际作业过程中,迁站需要车辆来运送人员和设备。采用平推式迁站法,需要为每个小组配备车辆,这将大大增加作业单位的投入,在很多情况下无法满足这一条件。在车辆不足的情况下,平推式的作业效率将大大降低。

(2)平推式迁站法在很多时间里将出现所有小组同时迁站的情况,各小组在作业期间不停地运动,这既加大了作业强度,也加大了由于某组出现意外而导致整个观测作业延误的

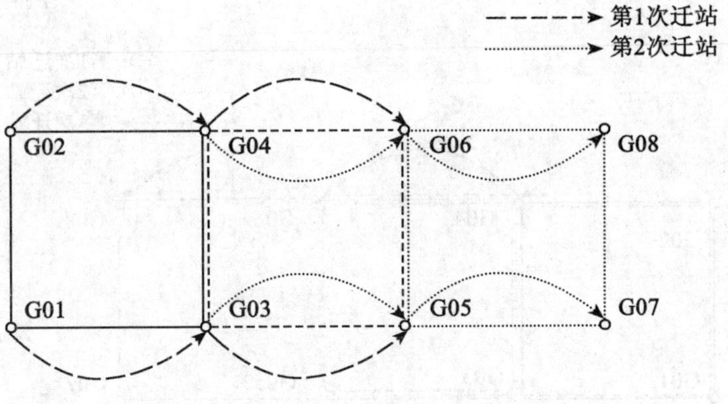

图 9-12 平推式迁站法

可能性,还增加了各组协同的难度。

2. 翻转式

翻转式迁站法的基本方法是在进行同步图形扩展时,一部分小组留在原测站上,另一部分小组则迁站到新的测站上;在进行下一次同步图形扩展时,则上一次留在原测站上的小组迁站,而上一次迁站的小组则留在原测站上(见图 9-13)。

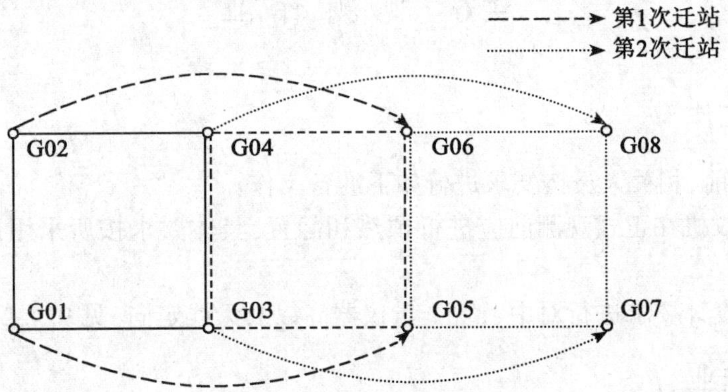

图 9-13 翻转式迁站法

翻转式迁站法的调度比较简单,各作业小组在外业观测过程中的作业强度较小。但是,这种方式无法发现上站发生错误的情况。另外,为了削弱仪器对中整平误差的影响,在原测站上连续观测多个时段的小组一定要在进行每个时段的测量时,重新安置仪器。

3. 伸缩式

伸缩式迁站法也是小组轮流迁站,其具体方法是:在开始进行同步图形扩展时,位于扩展方向后部的数个小组留在测站上,位于扩展方向前部的数个小组则迁站到新的测站上;到了下一次同步图形扩展时,位于后部的数个小组迁至前面小组在前次迁站前的测站上,而位于前部的小组留在测站上;这就完成一次伸缩循环,以此类推,完成整个网的测量(见图9-14)。

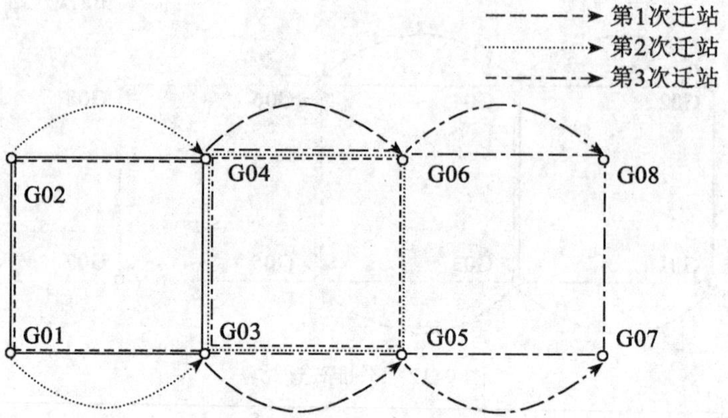

图 9-14　伸缩式迁站法

伸缩式迁站法的特点是所构成网的边长长短结合,点与点之间的关系更为紧密;每个点都采用不同的仪器进行了观测,有利于发现一些人为误差。不过,与翻转式相比,该方法调度略显复杂,而且每个小组需要寻找更多的点。

9.6 观 测 作 业

9.6.1 准备工作

在开始观测前,相关人员按要求进行如下准备工作:

(1)GPS 接收机在正式观测前应进行预热和静置,具体要求按所采用接收机的操作手册进行。

(2)按观测设计要求进行对中、整平、量仪器高以及天线定向(见 9.4.2 节)。

9.6.2 观测作业

GPS 网的观测作业应按如下要求进行:

(1)各作业组必须严格遵守调度命令,按规定的时间进行作业。

(2)经检查接收机电源和天线等连接无误后方可开机。

(3)进行接收机的自检,输入测站、观测单元和时段等控制信息。

(4)在观测前和作业过程中,作业员应按要求填写测量手簿中的记录项目。

(5)按要求进行相关观测记录(见 9.4.2 节)。

(6)除特殊情况外,一般不得进行偏心观测。迫不得已进行时,应精确测定归心元素。

(7)观测时,在接收天线 50m 以内不得使用电台,10m 以内不得使用对讲机。

(8)天气太冷时,可对接收机适当进行保温和加热。天热时,应避免阳光直射接收机,以确保接收机能正常工作。

(9)在一个时段的观测过程中,不允许进行下列操作:

- 关机后重新启动接收机。
- 进行仪器自检。
- 改变截止高度角或采样间隔。
- 改变天线位置。
- 关闭文件或删除文件。

(10)观测期间防止接收设备震动,更不得移动天线,要防止人员和其他物体碰动天线或阻挡信号。

(11)经认真检查,所有预定的作业项目均已全面完成且符合要求,记录和资料完整无误,方可迁站。

9.6.3 记录

1. 记录类型

GPS 测量时,所获得的记录包括以下三类:

(1)存储在各种存储介质(光盘、移动存储设备等)中的观测记录;

(2)测量手簿;

(3)观测计划、偏心观测资料等其他记录。

2. 记录内容

1)观测记录

观测记录的主要内容有:

(1)C/A 码及 P 码伪距;载波相位观测值。

(2)观测时刻 t_i。

(3)卫星星历(历书)。

(4)测站及接收机的初始信息:测站名,观测单元号,参考站或流动站,时段号测站的近似坐标,接收机编号和天线编号,天线高,观测日期,采样间隔,截止高度角等。

2)测量手簿

GPS 测量手簿格式见表 9-3。

现就 GPS 测量手簿中的部分内容说明如下:

(1)图幅编号填写点位所在的 1∶50000 地形图编号。

(2)时段号按调度指令安排的编号填写;观测时间填写年、月、日,并打一斜线填写年积日。

(3)接收机型号及编号、天线类型及编号均填写全名,如"Trimble R7 GNSS"、"Trimble Zephyr Geodetic 2",主机及天线编号(S/N、P/N)从主机及天线的标牌上查取,填写完整。

(4)近似经纬度填至 1′,近似高程填至 100m。

(5)采样间隔填写接收机实际设置的数据采样率。

(6)点位略图按点附近地形地物绘制,应有 3 个标定点位的地物点,比例尺大小视点位的具体情况确定,点位环境发生变化后,应注明新增障碍物的性质,如树林、建筑物等。

表 9-3　　**GPS 测量手簿记录格式**

<table>
<tr><td>点　　号</td><td></td><td>点　　名</td><td></td><td>图幅编号</td><td></td></tr>
<tr><td>观测记录员</td><td></td><td>观测日期</td><td></td><td>时段号</td><td></td></tr>
<tr><td>接收机型号
及编号</td><td></td><td>天线类型
及其编号</td><td></td><td>存储介质类型
及编号</td><td></td></tr>
<tr><td>原始观测数据
文件名</td><td></td><td>RINEX 格式数
据文件名</td><td></td><td>备份存储介质
类型及编号</td><td></td></tr>
<tr><td>近似纬度</td><td>°　′N</td><td>近似经度</td><td>°　′E</td><td>近似高程</td><td>m</td></tr>
<tr><td>采样间隔</td><td></td><td>开始记录时间</td><td>h　min</td><td>结束记录时间</td><td>h　min</td></tr>
<tr><td colspan="2">天线高测定</td><td colspan="2">天线高测定方法及略图</td><td colspan="2">点位略图</td></tr>
<tr><td colspan="2">测前：　　测后：
测定值______m　______m
修正值______m　______m
天线高______m　______m
平均值______m　______m</td><td colspan="2"></td><td colspan="2"></td></tr>
<tr><td colspan="2">时间(UTC)</td><td colspan="2">跟踪卫星数</td><td colspan="2">PDOP</td></tr>
<tr><td colspan="2"></td><td colspan="2"></td><td colspan="2"></td></tr>
<tr><td colspan="2"></td><td colspan="2"></td><td colspan="2"></td></tr>
<tr><td colspan="2"></td><td colspan="2"></td><td colspan="2"></td></tr>
<tr><td colspan="2"></td><td colspan="2"></td><td colspan="2"></td></tr>
<tr><td colspan="2"></td><td colspan="2"></td><td colspan="2"></td></tr>
<tr><td colspan="2"></td><td colspan="2"></td><td colspan="2"></td></tr>
<tr><td colspan="2"></td><td colspan="2"></td><td colspan="2"></td></tr>
<tr><td>记

事</td><td colspan="5"></td></tr>
</table>

(7)测站作业记录，B 级每 4h 记录一次，C 级每 2h 记录一次，D、E 级观测开始与结束时各记录一次。

(8)记事中记载天气状况，填写开机时的天气状况，按晴、多云、阴、小雨、中雨、大雨、小雪、中雪、风力、风向逐一填写，同时记录云量及分布；记载是否进行偏心观测，其记录在何手簿，以及整个观测过程中出现的重要问题、出现时间及其处理情况。

3. 记录要求

对于 GPS 测量时的记录有如下要求：

(1)及时填写各项内容，书写要认真细致，字迹清晰、工整、美观。

(2)一律用铅笔进行记录，不得开刀和涂改，不得转抄和追记。读写有误时，可用铅笔整齐画掉，将正确数据写在上面并注记原因。其中，天线高、气象读数等原始记录不准连环涂改。

(3)手簿整饰，存储介质上的注记和各种计算一律用蓝(黑)墨水书写。

(4)接收机内存中的数据文件应及时拷贝成一式两份，并在存储介质外面适当处贴上标签，注明网区名、点名、点号、观测单元号、时段号、文件名、采集日期、测量手簿编号等。两份存储介质应由两人保管，存放在防水防电的资料箱内。

观测数据卸载至存储单元上时，不得进行任何剔除、删改和编辑。

(5)测量手簿事先应连续编页，装订成册，不得有缺损。其他记录也应分别装订成册。

9.6.4 外业观测成果的质量检核

外业观测结束后，应及时从接收机中下载数据并进行数据处理，以便对外业数据的质量进行检核。检核的内容包括观测记录的完整性、合理性以及观测成果的质量。

1. 观测记录完整性及合理性检查

观测记录的完整性可由各作业小组在野外进行，也可以在完成观测时段或每天在数据提交给内业数据处理时进行。包括下列检查项目：

(1)记录手簿中的内容是否完整，是否按要求量测了天线高，天线类型及量测方式是否正确，天线高的数值是否合理(是否与通常的情况相比偏高或偏低，若发生这种情况，需要与外业作业人员进行核实)。

(2)通过点位略图和测量近似坐标等判定设站是否正确，若发现与点之记或原设计坐标存在较大差异，需要与外业作业人员进行核实。

(3)若在进行观测时采用的是偏心观测的方法，是否采用了合适的量测方法将所测量的点与地面标志连接起来。

2. 外业观测数据质量的检核

外业观测数据质量的检查是通过对外业 GPS 观测数据进行处理，并对处理结果进行检核来进行的。反映 GPS 外业观测数据质量的数据处理结果是基线解算的结果和 GPS 网无约束平差的结果。有关基线解算结果和 GPS 网无约束平差结果的质量检核将分别在 11.4 节和 12.3 节中进行介绍。

9.6.5 补测和重测

当发生如下情况时，应进行补测或重测：

(1)未按施测方案进行观测，外业缺测、漏测，或观测值不满足表 9-1 中的相关规定时，应及时补测。

(2)复测基线的长度较差超限，同步环闭合差超限，独立环闭合差或附合路线的闭合差超限时，可剔除该基线而不必进行重测，但剔除该基线向量后，新组成的独立环所含的基线数不得超过表 8-5 中的相关规定，否则应重测与该基线有关的同步图形。

(3) 当测站的观测条件很差而造成多次重测后仍不能满足要求时，经批准后，可舍弃该点或变动测站位置后再进行重测。

对于需补测或重测的时段或基线向量，要具体分析原因，在满足表 9-1 的前提下，应尽量安排在一起进行同步观测。补测或重测的原因及处理方式等应写入数据处理报告。

9.7　成果验收和上交资料

外业观测及内业数据处理完成后，应进行成果验收并上交有关资料。如果数据处理工作也是由外业观测单位自己来完成的，那么成果验收和上交资料可在数据处理工作结束后进行（进行低等级小范围的 GPS 测量时通常采用这种模式）。如果外业观测工作结束后，数据处理工作交由专门机构来进行（如 A 级网、B 级网等高精度 GPS 网），则在上交外业观测资料时也应对外业观测资料进行检查验收。

9.7.1　成果验收

成果接收按 CH1002—1995《测绘产品检查验收规定》的有关规定进行。交送验收的成果包括观测记录的存储介质及其备份，记录的内容和数量应齐全，完整无缺，各项注记和整饰应符合要求。

验收的重点为：

(1) 实施方案是否符合规范和技术设计的要求。

(2) 补测、重测和数据剔除是否合理。

(3) 数据处理软件是否符合要求，处理项目是否齐全，起算数据是否正确。

(4) 各项技术指标是否符合要求。

注意：若数据处理工作由专门机构来进行，则验收项目不含第(3)项。

验收完成后，应写出成果验收报告。在验收报告中，应根据 CH 1002—1995 的有关规定对成果质量进行评定。

9.7.2　上交资料

完成外业观测后，应上交如下资料：

(1) 测量任务书或测量合同书、技术设计书。

(2) 点之记、测站环视图、测量标志委托保管书、选点资料和埋石资料。

(3) 接收机、气象仪器及其他仪器的检验资料。

(4) 外业观测记录、测量手簿及其他记录。

(5) 数据处理中生成的文件、资料和成果表。

(6) GPS 网展点图。

(7) 技术总结和成果验收报告。

注意：若数据处理工作由专门机构来进行，则外业作业单位在上交观测数据时，除不含第(5)项外，第(7)项也仅含外业观测工作。

9.8 外业进度估算及项目成本预算

9.8.1 外业进度估算

影响GPS外业进度的主要因素包括GPS网的规模和等级,拟采用的GPS接收机的数量,拟采用的车辆的数量,迁站所耗费的时间以及日工作时间等。

将最少观测时段数 $s_{\min}$ 除以每天计划观测时段数 s_p，就可计算出最少工作天数 $d_{\min}$，即

$$d_{\min} = \mathrm{ceil}\left(\frac{s_{\min}}{s_p}\right) \tag{9-4}$$

加上作业期间的休息日 d_o,并考虑由于实际作业时为保证网形结构在某些点上观测时段数超出所要求的平均重复设站次数,以及为了应付不可预期的情况而增加的额外工作天数 d_i,就可以计算出预期完成项目(外业观测)所需的天数 d_e,即

$$d_e = d_{\min} + d_o + d_i \tag{9-5}$$

例:假定有一53个点的C级网项目,用4台GPS接收机采用静态定位的方法进行观测。根据GB/T 18314—2009要求,C级网平均重复设站次数不低于2,这样理论最少观测期数 $s_{\min}$ 为:

$$s_{\min} = \mathrm{ceil}\left(\frac{R \cdot n}{m}\right) = \mathrm{ceil}\left(\frac{2 \cdot 53}{4}\right) = \mathrm{ceil}(26.5) = 27(\text{时段})$$

根据GB/T 18314—2009要求,采用静态定位方法测量C级网,观测时段长度不得低于240min,假定根据点间距离和交通状况,每期之间搬站所需的时间计划为60min,并顾及午休或其他情况所需的时间,预期每日观测 $s_p = 2$ 期,则最少工作天数 $d_{\min}$ 为:

$$d_{\min} = \mathrm{ceil}\left(\frac{s_{\min}}{s_p}\right) = \mathrm{ceil}\left(\frac{27}{2}\right) = \mathrm{ceil}(13.5) = 14(\text{天})$$

由于项目的工作天数不长,不计划安排休息日,即 $d_o = 0$,但为应付各种复杂情况,预期需要3天额外的工作天数,即 $d_i = 3$,这样,预期完成项目外业观测所需的天数 d_e 为:

$$d_e = d_{\min} + d_o + d_i = 14 + 0 + 3 = 17(\text{天})$$

9.8.2 项目成本预算

项目成本的估算需要考虑如下成本支出:

(1)项目设计成本;

(2)踏勘、选点、埋石成本;

(3)差旅费;

(4)成果资料收集整理成本;

(5)外业作业期间每日的支出,包括人员工资、食宿、交通、仪器设备等费用。这可以根据每天的支出乘上预期完成项目外业观测所需天数得出;

(6)内业(含成果计算、报告等)成本。

第 10 章　GPS 测量中的数据格式

10.1　RINEX 格式

10.1.1　概述

GPS 数据处理时，所采用的观测数据来自进行野外观测的 GPS 接收机。接收机在野外进行观测时，通常将所采集的数据记录在接收机的内部存储器或可移动的存储介质中。在完成观测后，需要将数据传输到计算机中，以便进行处理分析，这一过程通常是利用 GPS 接收机厂商所提供的数据传输软件来进行的，传输到计算机中的数据一般采用 GPS 接收机厂商所定义的专有格式以二进制文件的形式进行存储。一般说来，不同 GPS 接收厂商所定义的专有格式各不相同，有时甚至同一厂商不同型号仪器的专有格式也不相同。专有格式具有存储效率高、各类信息齐全的特点，但在某些情况下，如在一个项目中采用了不同接收机进行观测时，却不方便进行数据处理分析，因为，数据处理分析软件能够识别的格式是有限的。

RINEX(Receiver INdependent EXchange format，与接收机无关的交换格式)是一种在 GPS 测量应用中普遍采用的标准数据格式，该格式采用文本文件形式存储数据，数据记录格式与接收机的制造厂商和具体型号无关。

RINEX 格式由瑞士伯尔尼大学天文学院(Astronomical Institute, University of Berne)的 Werner Gurtner 于 1989 年提出，当时提出该数据格式的目的是为了能够综合处理在 EUREF 89(欧洲一项大规模的 GPS 联测项目)中所采集的 GPS 数据，该项目采用了来自 4 个不同厂商共 60 多台 GPS 接收机。

现在，RINEX 格式已经成为了 GPS 测量应用中的标准数据格式，几乎所有测量型 GPS 接收机厂商都提供将其专有格式文件转换为 RINEX 格式文件的工具，而且，几乎所有的数据分析处理软件都能够直接读取 RINEX 格式的数据。这意味着在实际观测作业中可以采用不同厂商、不同型号的接收机进行混合编队，而数据处理则可采用某一特定软件进行。

经过多年不断地修订完善，目前应用最为普遍的是 RINEX 格式的第 2 个版本，该版本能够用于包括静态和动态 GPS 测量在内的不同观测模式数据。下面所介绍的内容主要是针对这一版本。

10.1.2　文件类型及命名规则

1. 文件类型

在 RINEX 格式的第 2 版中定义了 6 种不同类型的数据文件，分别用于存放不同类型的数据，它们分别是：用于存放 GPS 观测值的观测数据文件，用于存放 GPS 卫星导航电文的导航电文文件，用于存放在测站处所测定的气象数据的气象数据文件，用于存放 GLONASS 卫星导航电文的 GLONASS 导航电文文件，用于存放在增强系统中搭载有类 GPS 信号发生器的地球同步卫星（GEO）的导航电文的 GEO 导航电文文件和用于存放卫星和接收机时钟信息的卫星和接收机钟文件。对于大多数 GPS 测量应用的用户来说，RINEX 格式的观测数据、导航电文和气象数据文件最为常见，前两类数据在进行数据处理分析时通常是必需的，而其他类型的数据则是可选的，特别是 GLONASS 导航电文文件和 GEO 导航电文文件平时并不多见。

2. 命名规则

RINEX 格式对数据文件的命名有着特殊规定，以便用户仅通过文件名就能很容易地区分数据文件的归属、类型和所记录数据的时间。根据规定，RINEX 格式的数据文件采用 8.3 的命名方式，完整的文件名由用于表示文件归属的 8 字符长度的主文件名和用于表示文件类型的 3 位字符长度的扩展名两部分组成，其具体形式如下：

ssssdddf.yyt

其中：

ssss：4 字符长度的测站代号。

ddd：文件中第一个记录所对应的年积日。

f：一天内的文件序号，有时也称为时段号。取值从 0~9，A~Z，当为 0 时，表示文件包含了当天所有的数据。注意，文件序号的编列是以整个项目在一天内的同步观测时段为基础，而不是以某台接收机在一天内的观测时段为基础。例如，在某一天，某个项目共采用 4 台接收机进行观测：第 1 个时段，所有 4 台接收机均参与观测，在该时段中，这 4 台接收机所对应的数据文件序号就为 1；第 2 个时段，只有 3 台接收机参与观测，在该时段中，这 3 台接收机所对应的数据文件序号就为 2；第 3 个时段，又是所有 4 台接收机参与观测，在该时段中，包括那台在第 2 时段中未进行观测的接收机在内的 4 台接收机所对应的数据文件序号均为 3。

yy：年份。

t：文件类型，为下列字母中的一个：

O—观测值文件；

N—GPS 导航电文文件；

M—气象数据文件；

G—GLONASS 导航电文文件；

H—地球同步卫星 GPS 有效载荷导航电文文件；

C—钟文件。

例如：文件名为 WHN11410.04O 的 RINEX 格式数据文件，为点 WHN1 在 2004 年 5 月 20 日（年积日为 141）整天的观测数据文件；而文件名为 WHN11410.04N 的 RINEX 格式数据文件，则相应为在该点上进行观测的接收机所记录的导航电文文件。

10.1.3　文件结构及特点

RINEX 格式的数据文件采用文本形式进行存储，可以使用任何标准文本编辑器进行查阅编辑。

RINEX 格式文件的结构是以节、记录、字段和列为单位逐级组织的。所有类型的 RINEX 格式文件都由文件头和数据记录两节所组成。每一节中含有若干记录，每一记录通常为一行，由若干字段所组成，每行最大字符数为 80，当一个记录的内容超过 80 个字符时，可以续行，字段在行中所处的位置及宽度（即起始列和列宽）有严格规定，不能错位。

RINEX 格式文件的文件头用于存放与整个文件有关的全局性信息，位于每个文件的最前部，其最后一个记录为"END OF HEADER"。在文件头中，每一记录的第 61～80 列为该行记录的标签，用于说明相应行上第 1～60 列中所表示的内容。观测值文件的文件头存放有文件的创建日期、单位名、测站名、天线信息、测站近似坐标、观测值数量及类型、观测历元间隔等信息。导航电文的文件头存放有文件创建日期、单位名及其他一些相关信息。另外，还有可能会包含电离层模型的参数以及说明 GPS 时与 UTC 间关系的参数和跳秒等。气象数据文件的文件头则存放有文件创建日期、观测值类型、传感器信息和气象传感器的近似位置及其他一些相关信息。

RINEX 格式文件的记录数据紧跟在文件头的后面，随文件类型的不同，所存放记录数据的内容和具体格式也不相同。在观测值文件中存放的是观测过程中在每一观测历元所观测到的卫星及载波相位、伪距和多普勒等类型的观测值数据等，所包含的实际观测值类型与接收机所记录的类型及格式转换时的参数设置有关。在导航电文文件中存放的是所观测到卫星的钟差改正模型的参数及卫星的轨道数据等，由于广播星历每 2h 更新一次，因此，在导航电文文件中，可能会出现某颗卫星具有多个不同参考时刻的钟差模型改正参数和轨道数据的情况。在气象数据文件中存放的是观测过程中每隔一段时间在测站天线附近所测定的干温、相对湿度和气压等数据。

图 10-1 至图 10-3 中分别为给出了 RINEX 格式的观测值文件、GPS 导航电文文件和气象数据文件的结构说明。

在每一个观测值文件或气象数据文件中，通常仅包含一个测站在一个观测时段中所获得的数据。不过，在快速静态或动态测量应用中，流动接收机通过依次设站所采集的多个测站的数据可以被包含在一个数据文件中。

在观测值文件中，所记录的载波相位数据单位为周，伪距数据的单位为 m。观测值所对应的时标（即观测时刻）是依据接收机钟的读数所生成，属于接收机钟时间框架，而不是标准的 GPS 时，因而在该时标中含有接收机的钟差。

除了根据文件名外，用户还可以通过文件头中相应的字段来区分观测数据、导航电文和气象数据文件。

10.1.4　RINEX 2.10 格式说明

1. 格式说明方法

下面将采用表格的形式详细介绍 RINEX 2.10 的内容。在这里，首先介绍一下表格中

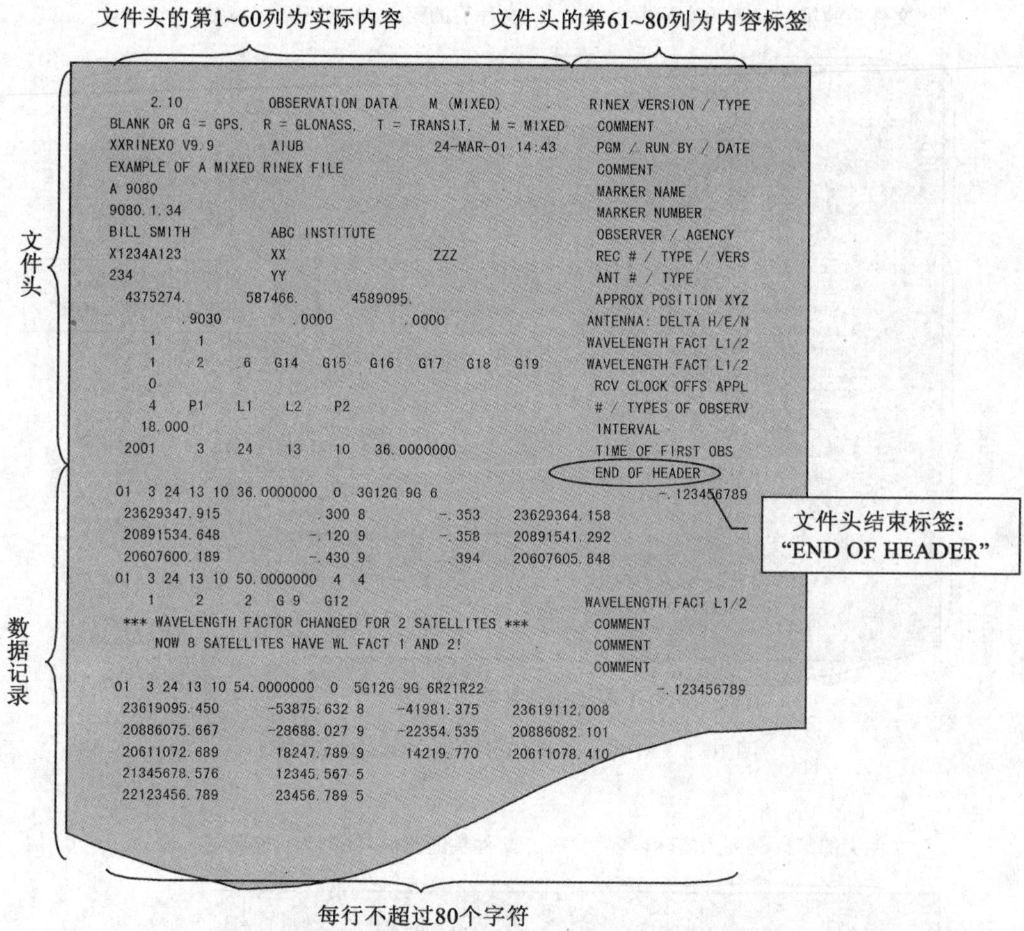

图 10-1 RINEX 格式观测值文件的结构

各栏的内容以及在进行说明时所采用符号的具体含义。

(1)文件头部分说明表格

文件头标签:在这一栏中,将直接给出出现在文件头部分某行上"标签部分"(第 61~80 列)的内容。在 RINEX 文件中,它们通常用简明的英文全称或缩略语表示,若在这一行中将存放多种内容,则在标签中用"/"分隔。

说明:在这一栏中,将对与前面文件头标签同处一行的第 1~60 列所存放数据的内容进行说明。若在某一行上存放有多个内容,则将在多个列表项目中进行说明。

格式:在这一栏中,将对与前面文件头标签同处一行上的第 1~60 列所存放数据的格式进行说明。由于在 RINEX 格式中,对文件格式的定义非常严格,数据必须根据定义存放在相应的列上,不允许有任何的错位,因而在使用时,必须特别注意。在这里,格式说明采用的 Fortran 程序设计语言中的方式,一个格式说明项通常具有如下形式:

$$[r]fw.[m]$$

其中,r 为重复因子,表示后面的内容将重复的次数,该部分是可选的;f 为数据类型符,在

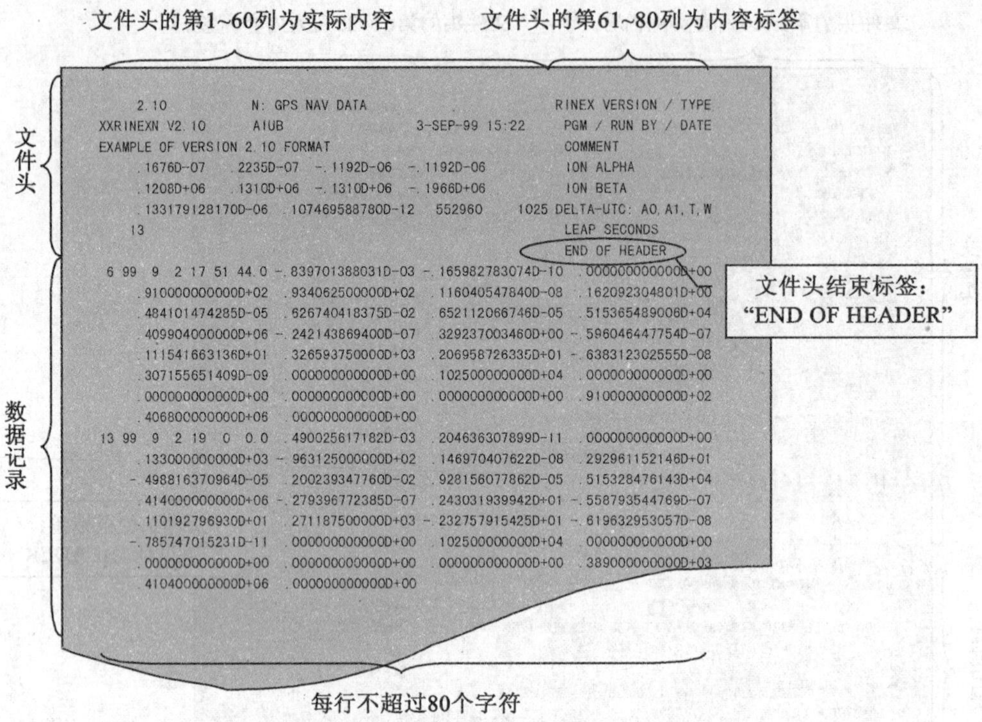

图 10-2　RINEX 格式 GPS 导航电文文件的结构

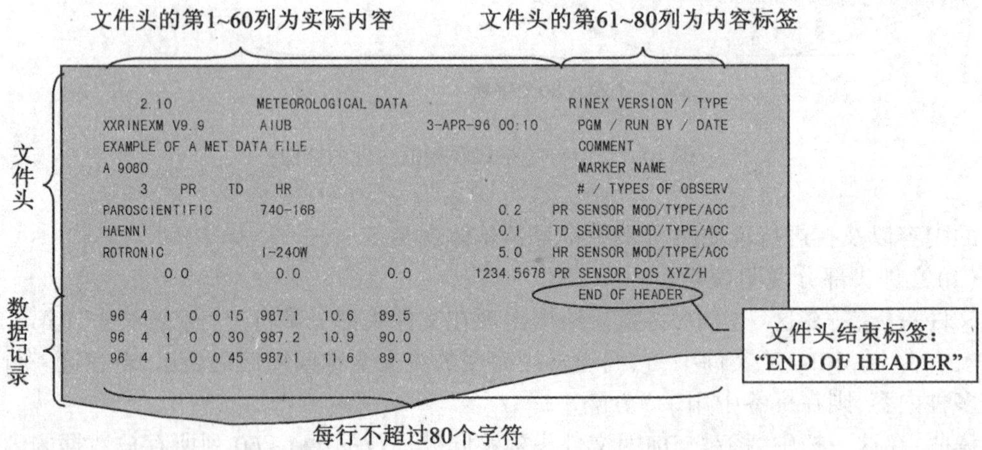

图 10-3　RINEX 格式气象数据文件的结构

RINEX 格式的说明中，用到了如下数据类型：

X 为空格

A 为字符型

I 为整型

F 为单精度浮点型

D 为双精度浮点型

w 为字段宽度;m 为在字段中最少的数字或字符数,当数据类型为单精度浮点型或双精度浮点型时,表示小数位数,该部分是可选的。

例如:格式说明符"F9.2,11X,A1,19X"表示这一行的内容从第 1 列开始依次是宽度为 9 位、小数点后有 2 位的单精度浮点数、11 个空格、宽度为 1 的字符串和 19 个空格;格式说明符"3F14.4"表示这一行内容从第 1 列开始依次是 3 个宽度为 14、小数点后有 4 位的单精度浮点数;而格式说明符"7(3X,A1,I2)"则表示这一行内容从第 1 列开始,将 3 个空格、宽度为 1 的字符串和宽度为 2 的整型这些内容重复 7 次。

(2)数据记录说明表格

观测值记录:本栏列出了在数据记录节中每一记录所包含的字段。在 RINEX 格式的文件中,通常每个记录占一行,但当记录中的字段较多而无法存放在一行中时,一个记录可以占用多行。

说明:本栏对数据记录节的每一记录所包含字段的内容进行说明。

格式:本栏对数据记录节的每一记录所包含字段的格式进行说明。

(3)2 位数字年号

在 RINEX 1 和 2.xx 版中,有时用 2 位数字来表示年号,这时,80~99 表示 1980~1999 年,00~79 表示 2000~2079 年。

2. GPS 观测值文件

(1)文件头格式

表 10-1 为 RINEX 格式 GPS 观测值文件的文件头节的格式说明。

表 10-1　**GPS 观测数据文件的文件头节格式说明**

文件头标签 (第 61~80 列)	说明	格式
RINEX VERSION/TYPE	- RINEX 格式的版本号(在本版本中为 2.10) - 文件类型(在本文件中为"O") - 观测数据所属卫星系统:(空格或 G 为 GPS,R 为 GLONASS,S 为地球同步卫星信号有效载荷,T 为 NNSS 子午卫星,M 为混合系统)	F9.2,11X, A1,19X, A1,19X
PGM/RUN BY/DATE	- 创建本数据文件所采用程序的名称 - 创建本数据文件单位的名称 - 创建本数据文件的日期	A20, A20, A20
COMMENT	注释行	A60
MARKER NAME	天线标志的名称(点名)	A60
MARKER NUMBER	天线标志编号(点号)	A20
OBSERVER/AGENCY	观测员姓名/观测单位名称	A20,A40
REC #/TYPE /VERS	接收机序列号、类型和版本号(接收机内部软件的版本号)	3A20

续表

文件头标签 (第 61~80 列)	说　明	格　式
ANT #/TYPE	天线序列号及类型	2A20
APPROX POSITION XYZ	测站标志的近似位置(WGS84)	3F14.4
ANTENNA:DELTA H/E/N	- 天线高:高于测站标志的天线下表面高度 - 天线中心相对于测站标志在东向和北向上的偏移量	3F14.4
WAVELENGTH FACT L1/2	- 缺省的 L1 和 L2 载波的波长因子(1 表示为全波,2 表示为半波(载波为平方法测定),0(位于 L2 的位置上)表示所用接收机为单频仪器) - 0 或空格 说明: 在缺省情况下,需要有该波长因子记录,而且此记录必须在所有与特定卫星有关的记录之前。	2I6, I6
WAVELENGTH FACT L1/2	- L1 和 L2 的波长因子(1 表示模糊度为完整周数,2 表示模糊度为半周数(载波为平方法测定),0(L2 中)表示所用接收机为单频仪器) - 后面所列出的具有有效因子的卫星数 - PRN 列表(带有系统标识符的卫星号) 说明: 可分别说明各颗卫星的 L1 和 L2 载波观测值的波长因子。如果某颗卫星的 L1 和/或 L2 的波长因子与上面的缺省值不同,则可以通过该记录来加以说明,本记录是可选的。如果需要,本记录可以有多个。	2I6, I6, 7(3X,A1,I2)
#/TYPES OF OBSERV	- 在本数据文件中所存储的不同观测值类型的数量 - 观测值类型列表 - 如果超过 9 种观测值类型,则使用续行 说明: 在 RINEX 2.10 中,定义了下列观测值类型: L1,L2:L1 和 L2 上的相位观测值; C1:采用 L1 上 C/A 码所测定的伪距; P1,P2:采用 L1、L2 上的 P 码所测定的伪距; D1,D2:L1 和 L2 上的多普勒频率; T1,T2:子午卫星的 150(T1)和 400MHz(T2)信号上的多普勒积分; S1,S2:接收机所给出的 L1、L2 相位观测值的原始信号强度或 SNR 值。 在反欺骗(AS)之下所采集的观测值将被转换为“L2”或“P2”,并将失锁指示符(见表 9-2)的第二位置 1。	I6 9(4X,A2) 6X,9(4X,A2)

续表

文件头标签 (第 61~80 列)	说明	格式
	观测值的单位:载波相位为周,伪距为 m,多普勒为 Hz,子午卫星为周,SNR 等则与接收机有关。	
INTERVAL	观测值的(历元)间隔,单位为 s	F10.3
TIME OF FIRST OBS	- 数据文件中第一个观测记录的时刻(4 数字年,月,日,时,分,秒) - 时间系统:GPS 表示为 GPS 时,GLO 表示为 UTC 说明: 在 GPS/GLONASS 混合文件中必须具有本时间系统字段,对于纯 GPS 文件缺省为 GPS,对于纯 GLONASS 文件缺省为 GLO。	5I6,F13.7 5X,A3
TIME OF LAST OBS	- 数据文件中最后一个观测记录的时刻(4 数字年,月,日,小时,分,秒) - 时间系统:与 TIME OF FIRST OBS 记录相同	5I6,F13.7 5X,A3
RCV CLOCK OFFS APPL	历元时标、码伪距和载波相位是否使用实时确定出的接收机钟偏差进行了改正:1=是,0=否;缺省值:0=否 说明: 如果在"历元/卫星"记录中给出了接收机的时钟偏差,则需要具有该记录。	I6
LEAP SECONDS	自 1980 年 1 月 6 日以来的跳秒数,在 GPS/GLONASS 混合文件中通常需要列出此记录	I6
# OF SATELLITES	在文件中存储有观测值的卫星的数量	I6
PRN/# OF OBS	- 在"#/TYPES OF OBSERV"记录中所指出的每一观测值类型所涉及的 PRN(卫星号)及其观测值的数量 - 如果观测值类型超过了 9 个,则使用续行 说明: 对于出现在数据文件中的每一颗卫星,均有一项记录。	3X,A1,I2,9I6 6X,9I6
END OF HEADER	文件头节的最后一个记录	60X

注:阴影部分为可选的记录项。

(2)数据记录格式

在 RINEX 格式 GPS 观测值文件的数据记录节中,为按历元依次存放的观测数据或观测过程中所发生事件的信息。每个历元的数据包含两部分:第一部分为"历元/卫星或事件标志”,用于存放该观测历元时刻的时标及在该历元所观测到卫星的数量及列表或表明事件性质的标志,这一部分通常为该历元数据的第一行;第二部分为“观测值”,用于存放在该历元所采集到的所有观测值,这一部分紧接在“历元/卫星或事件标志”的后面,所占行数与在该历元中所观测卫星的数量有关。表 10-2 为 GPS 观测数据文件数据记录节的历元/卫星或事件标志格式说明,表 10-3 为 GPS 观测数据文件数据记录节的观测值格式说明。

表 10-2　**GPS 观测数据文件数据记录节的历元/卫星或事件标志格式说明**

观测值记录	说明	格式
历元/卫星 或 事件标志	- 观测历元时刻: - 年(2 个数字,如果需要,则前面补零) - 月,日,时,分 - 秒 - 历元标志:0 表示正常,1 表示在前一历元与当前历元之间发生了电源故障,>1 为事件标志 - 当前历元所观测到的卫星数 - 当前历元所观测到卫星的 PRN 列表(带卫星系统标识符的卫星号,参见表 10-1) - 接收机时钟的偏差(单位为 s,为可选项) - 如果卫星数超过 12 颗,则使用续行。 - 如果历元标记为 2~5,则: - 事件标志:2 表示天线开始移动;3 表示新设站(动态数据结束)(后面至少需要跟上 MARKER NAME 记录);4 表示后面紧跟着的是类似于文件头的信息,用于说明观测过程中所发生的一些特殊情况;5 表示外部事件(历元时刻与观测值时标属于相同的时间框架)。 - “当前历元的卫星数”被用来说明紧跟在后面的记录数,即后面共有几行用于事件的描述。最大记录数为 999。 - 对于没有明确历元时刻的事件,历元字段可以为空。 说明: 如果历元标记为 6,则表示后面为描述所探测出并已被修复周跳的记录(格式与 OBSERVATIONS 记录相同,不过,用周跳替代了观测值,LLI 和信号强度为空格或 0)。此项为可选项。	 1X,I2.2 4(1X,I2) F11.7 2X,I1 I3 12(A1,I2) F12.9 32X 12(A1,I2) [2X,I1,] [I3]

对表 10-2 的几点说明:

(1)观测值格式说明中的 m 为观测值类型数。对于在文件头节的“#/TYPES OF OBSERV”记录中所列出的每一观测值类型,都将按该记录所给出的排列顺序出现在本记录中。

(2)由于 5 个观测值将占用 80 个字符,因此,如果观测值类型超过 5 个,则超出的观测值类型可续行列在下一记录中。

(3)本记录按“历元/卫星”记录中所给出的卫星排列顺序依次列出所有卫星的观测值。

(4)载波相位观测值以载波的整周数为单位,码伪距的单位为 m。当某观测值缺失时,可用 0.0 或空格表示。

(5)如果相位观测值的数值超出了固定格式 F14.3 所能表示的范围,则需要将其截短到一个合理的范围内(如加上或减去 10^9),并设置 LLI 标识符。

表 10-3 **GPS 观测数据文件数据记录节的观测值格式说明**

观测值记录	说　明	格　式
观测值	- 观测值 - LLI(Loss of Lock Indicator/失锁标识符) - 信号强度 说明: LLI 的范围为 0~7。0 或空格表示正常或未知;bit 0 置 1 表示在前一历元与当前历元之间发生了失锁,可能有周跳;bit 1 置 1 表示该卫星的波长因子与前面 WAVELENGTH FACT L1/2 记录中的定义相反,仅对当前历元有效;bit 2 置 1 表示为反欺骗(AS)下的观测值(可能会受到噪声增加的影响)。其中,bit 0 和 bit 1 仅用于相位。 在 RINEX 格式中,用 1~9 表示信号强度:1 表示可能的最小信号强度,5 表示良好 S/N 比的阈值,9 表示可能的最大信号强度,0 或空表示未知或未给出。	m(F14.3, I1, I1)

3.GPS 导航电文文件

(1)文件头格式

表 10-4 为 RINEX 格式 GPS 导航电文文件文件头节格式说明。

表 10-4 **GPS 导航电文文件的文件头节格式说明**

文件头标签 (第 61~80 列)	说　明	格　式
RINEX VERSION/TYPE	- RINEX 格式的版本号(在本版本中为 2.10) - 文件类型(在本文件中为“N”)	F9.2,11X A1,19X

续表

文件头标签(第 61~80 列)	说　明	格　式
PGM/RUN BY/DATE	- 创建本数据文件所采用程序的名称 - 创建本数据文件单位的名称 - 创建本数据文件的日期	A20 A20 A20
COMMENT	注释行	A60
ION ALPHA	历书中的电离层参数 A0~A3(第 4 子帧的第 18 页)	2X,4D12.4
ION BETA	历书中的电离层参数 B0~B3	2X,4D12.4
DELTA-UTC:A0,A1,T,W	用于计算 UTC 时间的历书参数(第 4 子帧的第 18 页) - A0,A1:多项式系数 - T:UTC 数据的参考时刻 - W:UTC 参考周数,为连续计数,不是 1024 的余数。	 3X,2D19.12 I9 I9
LEAP SECONDS	由于跳秒而造成的时间差	I6
END OF HEADER	文件头节的最后一个记录	60X

注:阴影部分为可选的记录项。

(2)数据记录格式

在 RINEX 格式 GPS 导航电文文件的数据记录节中,为按卫星和参考时刻存放的各颗卫星的时钟和轨道数据。每颗卫星一个参考时刻的数据占 8 行,第 1 行为卫星的 PRN 号和该卫星时钟的参考时刻及其改正模型参数,第 2~8 行为该卫星的广播轨道数据。由于导航电文通常每 2h 更新一次,因此,某些卫星可能会有多个不同参考时刻的数据。表 10-5 为 RINEX 格式 GPS 导航电文文件数据记录节格式说明。

表 10-5　**GPS 导航电文文件的数据记录格式说明**

观测值记录	说　明	格　式
PRN 号/历元/卫星钟	- 卫星的 PRN 号 - 历元:TOC(卫星钟的参考时刻) 年(2 个数字,如果需要可补 0) 月,日,时,分 秒 - 卫星钟的偏差(s) - 卫星钟的漂移(s/s) - 卫星钟的漂移速度(s/s^2)	I2, 1X,I2.2 4(1X,I2) F5.1 3D19.12

续表

观测值记录	说明	格式
广播轨道-1	- IODE(Issue of Data, Ephemeris/数据、星历发布时间) - C_{rs}(m) - Δn(rad/s) - M_0(rad)	3X,4D19.12
广播轨道-2	- C_{uc}(rad) - e 轨道偏心率 - C_{us}(radians) - sqrt(A)($m^{\frac{1}{2}}$)	3X,4D19.12
广播轨道-3	- TOE 星历的参考时刻(GPS 周内的秒数) - C_{ic}(rad) - Ω(rad)(OMEGA) - C_{is}(rad)	3X,4D19.12
广播轨道-4	- i_0(rad) - C_{rc}(m) - ω(rad) - $\dot{\Omega}$(rad/s)(OMEGA DOT)	3X,4D19.12
广播轨道-5	- $\dot{i}$(rad/s)(IDOT) - L_2 上的码 - GPS 周数(与 TOE 一同表示时间)。为连续计数,不是 1024 的余数 - L_2 P 码数据标记	3X,4D19.12
广播轨道-6	- 卫星精度(m) - 卫星健康状态(第 1 子帧第 3 字第 17~22 位) - TGD(sec) - IODC 钟的数据龄期	3X,4D19.12
广播轨道-7	- 电文发送时刻①(单位为 GPS 周的秒,通过交接字(HOW)中的 Z 计数得出) - 拟合区间(h)②,如未知则为零 - 备用 - 备用	3X,4D19.12

① 如果需要,通过-64800 对该电文发送时间进行调整,以使其对应于所报告的周。

② 参见 ICD-GPS-200,20.3.4.4。

4. 气象数据文件

(1)文件头格式

表 10-6 为气象数据文件文件头节格式说明。

表 10-6　　　　气象数据文件的文件头节格式说明

文件头标签 (第 61~80 列)	说　明	格　式
RINEX VERSION/TYPE	- RINEX 格式的版本号(在本版本中为 2.10) - 文件类型(在本文件中为“M”)	F9.2,11X, A1,39X
PGM/RUN BY/DATE	- 创建本数据文件所采用程序的名称 - 创建本数据文件单位的名称 - 创建本数据文件的日期	A20 A20 A20
COMMENT	注释行	A60
MARKER NAME	点名(宜与相应观测值文件中的 MARKER NAME 同名)	A60
MARKER NUMBER	点号(宜与相应观测值文件中的 MARKER NUMBER 同名)	A20
#/TYPE OF OBSERV	- 在本数据文件中所存储的观测值类型数 - 观测值类型列表 下面是 RINEX 版本 2 中所定义的气象观测值的类型: PR:气压(mbar) TD:干温(°C) HR:相对湿度(%) ZW:天顶湿延迟(mm)(对于 WVR① 数据) ZD:天顶延迟的干分量(mm) ZT:总天顶延迟(mm) 说明: 本记录中观测值类型在列表中的排列顺序与后面数据记录节中相应观测值的排列顺序一致;如果所存储观测值的类型超过 9 个,则可续行,格式为(6X,9(4X,A2))。	I6 9X(4X,A2)
SENSOR MOD/TYPE/ACC	气象传感器说明 - 型号(厂商) - 类型 - 精度(与观测值的单位相同) - 观测值类型 本记录将按出现在上面“#/TYPE OF OBSERV”记录中所列出的每一观测值类型进行重复。	 A20 A20,6X F7.1,4X A2,1X

① WVR:水汽辐射计。

续表

文件头标签 (第 61~80 列)	说明	格式
SENSOR POS XYZ/H	气象传感器在 ITRF 或 WGS-84 下的近似坐标 - 地心坐标 X、Y、Z - 椭球高 H - 观测值类型 注:如果传感器的位置未知,则将 X、Y、Z 设为零;气压计需要使用该记录,建议其他传感器也使用该记录。	 3F14.4 1F14.4 1X,A2,1X
END OF HEADER	文件头节的最后一个记录	60X

注:阴影部分为可选的记录项。

(2)数据记录格式

表 10-7 为气象数据文件的数据记录节格式说明。

表 10-7 **气象数据文件的数据记录节格式说明**

观测值记录	说明	格式
历元/气象数据	- 历元时刻(为 GPS 时,不是地方时) 年(2 位数字,如果需要前面补 0) 月,日,时,分,秒 - 与文件头中给出观测值类型时排列顺序一致的气象数据 当气象数据的类型超过 8 种时,使用续行	1X,I2.2 5(1X,I2) mF7.1 4X,10F7.1,3X

5.GLONASS 导航电文文件

(1)文件头格式

表 10-8 为 GLONASS 导航电文文件文件头节格式说明。

表 10-8 **GLONASS 导航电文文件的文件头节格式说明**

文件头标签 (第 61~80 列)	说明	格式
RINEX VERSION/TYPE	- RINEX 格式的版本号(在本版本中为 2.10) - 文件类型(在本文件中为"G",表示 GLONASS 导航电文文件)	F9.2,11X A1,39X

续表

文件头标签 (第 61~80 列)	说　明	格　式
PGM/RUN BY/DATE	- 创建本数据文件所采用程序的名称 - 创建本数据文件单位的名称 - 创建本数据文件的日期(dd-mm-yy hh:mm)	A20 A20 A20
COMMENT	注释行	A60
CORR TO SYSTEM TIME	- 系统时间修正的参考时刻(年,月,日) - 对系统时间尺度的改正(s)。用于将 GLONASS 系统时间改正到 UTC(SU)(-TauC)	3I6 3X,D19.12
LEAP SECONDS	从 1980 年 1 月 6 日起的跳秒数	I6
END OF HEADER	文件头节的最后一个记录	60X

注:阴影部分为可选的记录项。

(2)数据记录格式

表 10-9 为 GLONASS 导航电文文件数据记录节格式说明。

表 10-9　　**GLONASS 导航电文文件的数据记录节格式说明**

观测值记录	说　明	格　式
PRN 号/历元/卫星钟	- 卫星的历书号 - 星历的历元(UTC) 　- 年(2 位数,如果需要可补 0) 　- 月,日,时,分 　- 秒 - 卫星钟偏差(s)(-TauN) - 卫星相对频率偏差(+GammaN) 　- 电文帧时间(t_k) 　($0<t_k<86400$UTC 天的秒)	I2, 1X,I2.2 4(1X,I2) F5.1 D19.12 D19.12 D19.12
广播轨道-1	- 卫星位置 X(km) - 卫星速度 $\dot{X}$ (X dot)(km/s) - 卫星 X 方向的加速度(km/s^2) - 卫星健康状态(0=正常)	3X,4D19.12

续表

观测值记录	说明	格式
广播轨道-2	- 卫星位置 Y(km) - 卫星速度 $\dot{Y}$ (Y dot)(km/s) - 卫星 Y 方向的加速度(km/s^2) - 卫星的频率数(1~24)	3X,4D19.12
广播轨道-3	- 卫星位置 Z(km) - 卫星速度 $\dot{Z}$ (Z dot)(km/s) - 卫星 Z 方向的加速度(km/s^2) - 运行年限信息(天)(E)	3X,4D19.12

6. 地球同步卫星导航电文文件

(1)文件头格式

表 10-10 为地球同步卫星导航电文文件文件头节格式说明。

表 10-10　　**地球同步卫星导航电文文件的文件头节格式说明**

文件头标签 (第 61~80 列)	说明	格式
RINEX VERSION/TYPE	- RINEX 格式的版本号(在本版本中为 2.10) - 文件类型(在本文件中为“H”,表示 GEO 导航电文文件)	F9.2,11X A1,39X
PGM/RUN BY/DATE	- 创建本数据文件所采用程序的名称 - 创建本数据文件单位的名称 - 创建本数据文件的日期(dd-mm-yy hh:mm)	A20 A20 A20
COMMENT	注释行	A60
CORR TO SYSTEM TIME	- 系统时间修正的参考时刻(年,月,日) - 将 GEO 系统时间转换到 UTC 的改正(W0)	3I6 3X,D19.12
LEAP SECONDS	从 1980 年 1 月 6 日起的跳秒数	I6
END OF HEADER	文件头节的最后一个记录	60X

注:阴影部分为可选的记录项。

(2)数据记录格式

表 10-11 为地球同步卫星导航电文文件数据记录节格式说明。

表 10-11　　地球同步卫星导航电文文件的数据记录节格式说明

观测值记录	说　明	格　式
PRN 号/历元/卫星钟	- 卫星的历书号	I2
	- 星历历元(GPS)(TOE)	
	- 年(2 位数,如果需要可补 0)	1X,I2. 2
	- 月,日,时,分	4(1X,I2)
	- 秒	F5. 1
	- 卫星钟偏差(s)(aGf0)	D19. 12
	- 卫星相对频率偏差(aGf1)	D19. 12
	- 电文帧时间(GPS 天的秒)	D19. 12
广播轨道-1	- 卫星位置 X(km)	3X,4D19. 12
	- 卫星速度 $\dot{X}$(X dot)(km/s)	
	- 卫星 X 方向的加速度(km/s^2)	
	- 卫星的健康状态(0=正常)	
广播轨道-2	- 卫星位置 Y(km)	3X,4D19. 12
	- 卫星速度 $\dot{Y}$(Y dot)(km/s)	
	- 卫星 Y 方向的加速度(km/s^2)	
	- 精度码(m)(URA)	
广播轨道-3	- 卫星位置 Z(km)	3X,4D19. 12
	- 卫星速度 $\dot{Z}$(Z dot)(km/s)	
	- 卫星 Z 方向的加速度(km/s^2)	
	- 备用字段	

10. 1. 5　RINEX 格式文件实例

1.GPS 观测数据文件

图 10-4 是一个 RINEX 格式 GPS 观测数据文件的实例。为了使读者对该数据格式有较为全面完整的了解,这里所给出数据文件的结构较为复杂。在实践中,大多数数据文件的结构要比它简单得多。

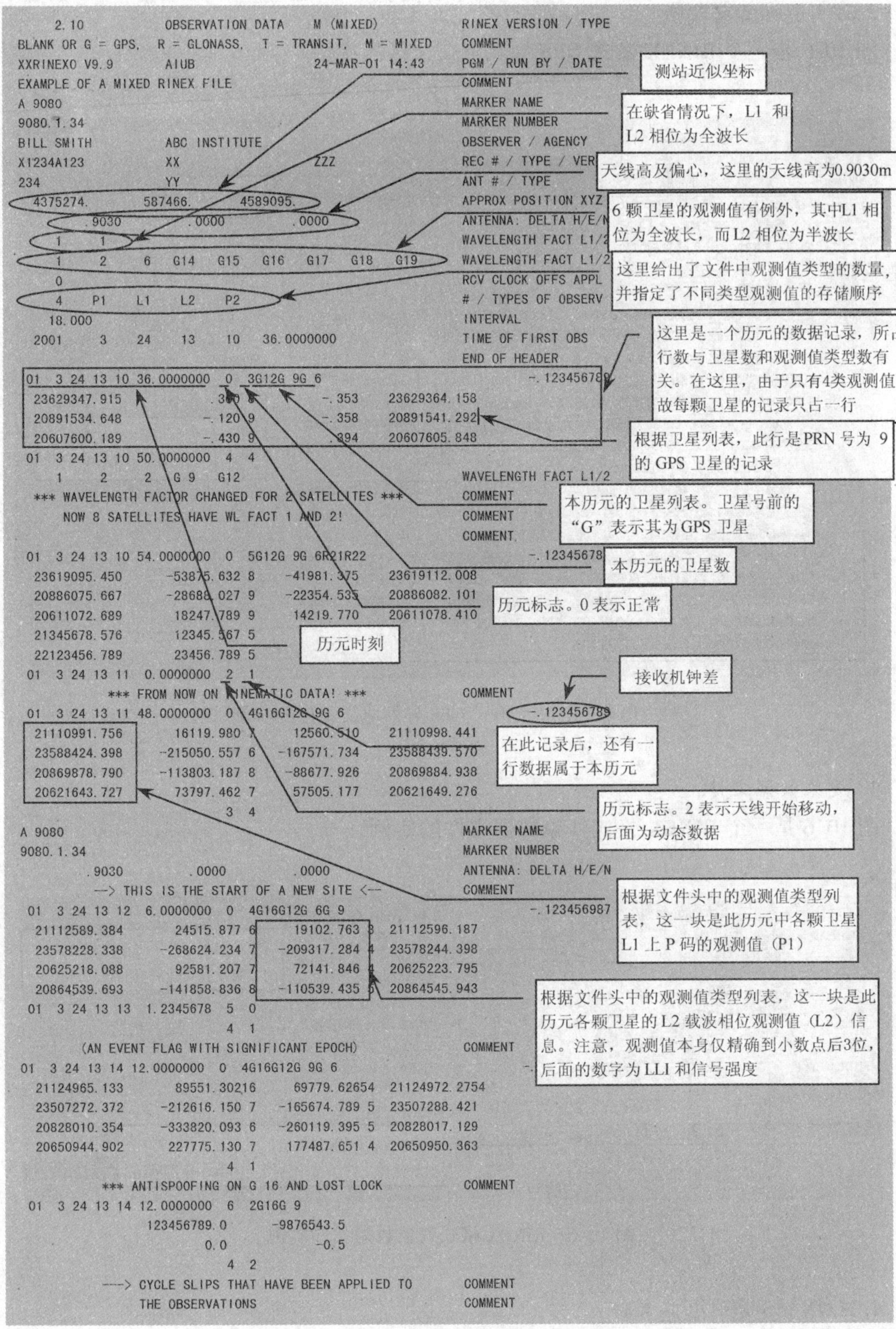

```
     2.10           OBSERVATION DATA    M (MIXED)           RINEX VERSION / TYPE
BLANK OR G = GPS,  R = GLONASS,  T = TRANSIT,  M = MIXED    COMMENT
XXRINEXO V9.9       AIUB                24-MAR-01 14:43     PGM / RUN BY / DATE
EXAMPLE OF A MIXED RINEX FILE                               COMMENT
A 9080                                                      MARKER NAME
9080.1.34                                                   MARKER NUMBER
BILL SMITH          ABC INSTITUTE                           OBSERVER / AGENCY
X1234A123           XX                  ZZZ                 REC # / TYPE / VER
234                 YY                                      ANT # / TYPE
  4375274.   587466.   4589095.                             APPROX POSITION XYZ
       .9030       .0000       .0000                        ANTENNA: DELTA H/E/N
     1     1                                                WAVELENGTH FACT L1/2
     1     2     6   G14   G15   G16   G17   G18   G19      WAVELENGTH FACT L1/2
     0                                                      RCV CLOCK OFFS APPL
     4    P1    L1    L2    P2                              # / TYPES OF OBSERV
    18.000                                                  INTERVAL
  2001     3    24    13    10   36.0000000                 TIME OF FIRST OBS
                                                            END OF HEADER
 01  3 24 13 10 36.0000000  0  3G12G 9G 6                  -.123456789
  23629347.915            .300 8         -.353  23629364.158
  20891534.648           -.120 9         -.358  20891541.292
  20607600.189           -.430 9          .394  20607605.848
 01  3 24 13 10 50.0000000  4  4
     1     2     2   G 9   G12                              WAVELENGTH FACT L1/2
  *** WAVELENGTH FACTOR CHANGED FOR 2 SATELLITES ***        COMMENT
      NOW 8 SATELLITES HAVE WL FACT 1 AND 2!                COMMENT
                                                            COMMENT
 01  3 24 13 10 54.0000000  0  5G12G 9G 6R21R22            -.123456789
  23619095.450      -53875.632 8    -41981.375  23619112.008
  20886075.667      -28688.027 9    -22354.535  20886082.101
  20611072.689       18247.789 9     14219.770  20611078.410
  21345678.576       12345.567 5
  22123456.789       23456.789 5
 01  3 24 13 11  0.0000000  2  1
            *** FROM NOW ON KINEMATIC DATA! ***             COMMENT
 01  3 24 13 11 48.0000000  0  4G16G12G 9G 6               -.123456789
  21110991.756       16119.980 7     12560.510  21110998.441
  23588424.398     -215050.557 6   -167571.734  23588439.570
  20869878.790     -113803.187 8    -88677.926  20869884.938
  20621643.727       73797.462 7     57505.177  20621649.276
                             3  4
A 9080                                                      MARKER NAME
9080.1.34                                                   MARKER NUMBER
         .9030         .0000         .0000                  ANTENNA: DELTA H/E/N
          --> THIS IS THE START OF A NEW SITE <--           COMMENT
 01  3 24 13 12  6.0000000  0  4G16G12G 6G 9               -.123456987
  21112589.384       24515.877 6     19102.763 3  21112596.187
  23578228.338     -268624.234 7   -209317.284 4  23578244.398
  20625218.088       92581.207 7     72141.846 4  20625223.795
  20864539.693     -141858.836 8   -110539.435 5  20864545.943
 01  3 24 13 13  1.2345678  5  0
                             4  1
        (AN EVENT FLAG WITH SIGNIFICANT EPOCH)              COMMENT
 01  3 24 13 14 12.0000000  0  4G16G12G 9G 6               -
  21124965.133       89551.30216     69779.62654  21124972.2754
  23507272.372     -212616.150 7   -165674.789 5  23507288.421
  20828010.354     -333820.093 6   -260119.395 5  20828017.129
  20650944.902      227775.130 7    177487.651 4  20650950.363
                             4  1
      *** ANTISPOOFING ON G 16 AND LOST LOCK                COMMENT
 01  3 24 13 14 12.0000000  6  2G16G 9
            123456789.0      -9876543.5
                    0.0           -0.5
                             4  2
       ---> CYCLE SLIPS THAT HAVE BEEN APPLIED TO           COMMENT
            THE OBSERVATIONS                                COMMENT
```


图 10-4　RINEX 格式的 GPS 观测数据文件实例

2.GPS 导航电文文件

图 10-5 是一个 RINEX 格式 GPS 导航电文文件的实例。

```
     2.10           N: GPS NAV DATA                         RINEX VERSION / TYPE
XXRINEXN V2.10      AIUB                3-SEP-99 15:22      PGM / RUN BY / DATE
EXAMPLE OF VERSION 2.10 FORMAT                              COMMENT
     .1676D-07   .2235D-07  -.1192D-06  -.1192D-06          ION ALPHA
     .1208D+06   .1310D+06  -.1310D+06  -.1966D+06          ION BETA
     .133179128170D-06  .107469588780D-12   552960     1025 DELTA-UTC: A0,A1,T,W
    13                                                      LEAP SECONDS
                                                            END OF HEADER
 6 99  9  2 17 51 44.0 -.839701388031D-03 -.165982783074D-10  .000000000000D+00
     .910000000000D+02  .934062500000D+02  .116040547840D-08  .162092304801D+00
     .484101474285D-05  .626740418375D-02  .652112066746D-05  .515365489006D+04
     .409904000000D+06 -.242143869400D-07  .329237003460D+00 -.596046447754D-07
     .111541663136D+01  .326593750000D+03  .206958726335D+01 -.638312302555D-08
     .307155651409D-09  .000000000000D+00  .102500000000D+04  .000000000000D+00
     .000000000000D+00  .000000000000D+00  .000000000000D+00  .910000000000D+02
     .406800000000D+06  .000000000000D+00
13 99  9  2 19  0  0.0  .490025617182D-03  .204636307899D-11  .000000000000D+00
     .133000000000D+03 -.963125000000D+02  .146970407622D-08  .292961152146D+01
    -.498816370964D-05  .200239347760D-02  .928156077862D-05  .515328476143D+04
     .414000000000D+06 -.279396772385D-07  .243031939942D+01 -.558793544769D-07
     .110192796930D+01  .271187500000D+03 -.232757915425D+01 -.619632953057D-08
    -.785747015231D-11  .000000000000D+00  .102500000000D+04  .000000000000D+00
     .000000000000D+00  .000000000000D+00  .000000000000D+00  .389000000000D+03
     .410400000000D+06  .000000000000D+00
```

卫星的PRN号

13号卫星的导航电文数据，通常两个小时更新一次

图 10-5 RINEX 格式 GPS 导航电文文件的实例

3. 气象数据文件

图 10-6 是一个 RINEX 格式气象数据文件的实例。

```
     2.10           METEOROLOGICAL DATA                     RINEX VERSION / TYPE
XXRINEXM V9.9       AIUB                3-APR-96 00:10      PGM / RUN BY / DATE
EXAMPLE OF A MET DATA FILE                                  COMMENT
A 9080                                                      MARKER NAME
     3    PR    TD    HR                                    # / TYPES OF OBSERV
PAROSCIENTIFIC      740-16B                       0.2    PR SENSOR MOD/TYPE/ACC
HAENNI                                            0.1    TD SENSOR MOD/TYPE/ACC
ROTRONIC            I-240W                        5.0    HR SENSOR MOD/TYPE/ACC
        0.0           0.0           0.0     1234.5678 PR SENSOR POS XYZ/H
                                                            END OF HEADER
 96  4  1  0  0 15  987.1   10.6   89.5
 96  4  1  0  0 30  987.2   10.9   90.0
 96  4  1  0  0 45  987.1   11.6   89.0
```

这里给出了文件中气象观测值类型的数量及各类观测值的排列方式

一个历元的气象观测值记录，其中不同类型的观测值按文件头节中所给出的顺序依次列出

图 10-6 RINEX 格式气象数据文件实例

4.GLONASS 导航电文文件

图 10-7 是一个 RINEX 格式 GLONASS 导航电文文件的实例。

```
     2.10           GLONASS NAV DATA                        RINEX VERSION / TYPE
ASRINEXG V1.1.0 VM  AIUB                19-FEB-98 10:42     PGM / RUN BY / DATE
STATION ZIMMERWALD                                          COMMENT
  1998     2    16    0.379979610443D-06                    CORR TO SYSTEM TIME
                                                            END OF HEADER
 3 98  2 15  0 15  0.0 0.163525342941D-03 0.363797880709D-11 0.108000000000D+05
    0.106275903320D+05-0.348924636841D+00 0.931322574615D-09 0.000000000000D+00
   -0.944422070313D+04 0.288163375854D+01 0.931322574615D-09 0.210000000000D+02
    0.212257280273D+05 0.144599342346D+01-0.186264514923D-08 0.300000000000D+01
 4 98  2 15  0 15  0.0 0.179599039257D-03 0.636646291241D-11 0.122400000000D+05
    0.562136621094D+04-0.289074897766D+00-0.931322574615D-09 0.000000000000D+00
   -0.236819248047D+05 0.102263259888D+01 0.931322574615D-09 0.120000000000D+02
    0.762532910156D+04 0.339257907867D+01 0.000000000000D+00 0.300000000000D+01
11 98  2 15  0 15  0.0-0.559808686376D-04-0.272848410532D-11 0.108600000000D+05
   -0.350348437500D+04-0.255325126648D+01 0.931322574615D-09 0.000000000000D+00
    0.106803754883D+05-0.182923507690D+01 0.000000000000D+00 0.400000000000D+01
    0.228762856445D+05 0.447064399719D+00-0.186264514923D-08 0.300000000000D+01
12 98  2 15  0 15  0.0 0.199414789677D-04-0.181898940355D-11 0.108900000000D+05
    0.131731816406D+05-0.143945598602D+01 0.372529029846D-08 0.000000000000D+00
    0.171148715820D+05-0.118937969208D+01 0.931322574615D-09 0.220000000000D+02
    0.135737919922D+05 0.288976097107D+01-0.931322574615D-09 0.300000000000D+01
```

图 10-7　RINEX 格式的 GLONASS 导航电文文件的实例

5.GLONASS 观测值文件

图 10-8 是一个 RINEX 格式 GLONASS 观测值文件的实例。

```
     2.10           OBSERVATION DATA    R (GLONASS)         RINEX VERSION / TYPE
XXRINEXO V1.1       AIUB                27-AUG-93 07:23     PGM / RUN BY / DATE
TST1                                                        MARKER NAME
VIEWEG              BRAUNSCHWEIG                            OBSERVER / AGENCY
100                 XX-RECEIVER         1.0                 REC # / TYPE / VERS
101                 XX-ANTENNA                              ANT # / TYPE
  3844808.114   715426.767  5021804.854                     APPROX POSITION XYZ
        1.2340          .0000          .0000                ANTENNA: DELTA H/E/N
     1     1                                                WAVELENGTH FACT L1/2
     2    C1    L1                                          # / TYPES OF OBSERV
    10.000                                                  INTERVAL
  1993     8    23    14    24   40.0490000     GLO         TIME OF FIRST OBS
                                                            END OF HEADER
 93  8 23 14 24 40.0490000  0  3  2R01R21
  23986839.824       20520.565 5
  23707804.625       19937.231 5
  23834065.096       -9334.581 5
 93  8 23 14 24 50.0490000  0  3  2R01R21
  23992341.033       49856.525 5
  23713141.002       48479.290 5
  23831189.435      -24821.796 5
 93  8 23 14 25   .0490000  0  3  2R01R21
  23997824.854       79217.202 5
  23718494.110       77092.992 5
  23828329.946      -40219.918 5
 93  8 23 14 25 10.0490000  0  5  2R05R17R01R21
  24003328.910      108602.422 5
  24933965.449      -19202.780 5
  22203326.578       -2987.327 5
  23723851.686      105777.849 5
  23825485.526      -55529.205 5
 93  8 23 14 25 20.0490010  0  5  2R05R17R01R21
  24008828.023      138012.178 5
  24927995.616      -51188.500 5
  22202547.907       -7213.298 5
  23729236.758      134533.636 5
  23822662.277      -70749.590 5
 93  8 23 14 25 30.0490000  0  5  2R05R17R01R21
  24014330.779      167446.477 5
  24922041.288      -83151.666 5
  22201767.457      -11388.909 5
  23734633.024      163360.131 5
  23819848.894      -85881.102 5
```

图 10-8　RINEX 格式的 GLONASS 观测值文件的实例

6.GPS/GLONASS 混合观测值文件

图 10-9 是一个 RINEX 格式的 GPS/GLONASS 混合观测值文件的实例。

```
     2.10           OBSERVATION DATA    M (MIXED)           RINEX VERSION / TYPE
YYRINEXO V2.8.1 VM  AIUB                6-FEB-00 13:59      PGM / RUN BY / DATE
TST2                                                        MARKER NAME
001-02-A                                                    MARKER NUMBER
JIM                 Y-COMPANY.                              OBSERVER / AGENCY
1                   YY-RECEIVER         2.0.1               REC # / TYPE / VERS
1                   GEODETIC L1                             ANT # / TYPE
  3851178.1849   -80151.4072  5066671.1013                  APPROX POSITION XYZ
       1.2340        0.0000        0.0000                   ANTENNA: DELTA H/E/N
     1     0                                                WAVELENGTH FACT L1/2
     2    C1    L1                                          # / TYPES OF OBSERV
    10.000                                                  INTERVAL
    11                                                      LEAP SECONDS
  2000     2     6    11    53    0.0000000     GPS         TIME OF FIRST OBS
                                                            END OF HEADER
 00  2  6 11 53  0.0000000  0 14G23G07G02G05G26G09G21R20R19R12R02R11
                                R10R03
  22576523.586   -11256947.60212
  22360162.704   -16225110.75413
  24484865.974    14662682.882 2
  21950524.331   -13784707.24912
  22507304.252     9846064.848 2
  20148742.213   -20988953.712 4
  22800149.591   -16650822.70012
  19811403.273   -25116169.741 3
  23046997.513    -3264701.688 2
  22778170.622  -821857836.745 1
  22221283.991  -988088156.884 2
  19300913.475   -83282658.19013
  20309075.579  -672668843.84713
  23397403.484  -285457101.34211
 00  2  6 11 53 10.0000000  0 14G23G07G02G05G26G09G21R20R19R12R02R11
                                R10R03
  22578985.016   -11244012.910 2
  22359738.890   -16227337.841 2
  24490324.818    14691368.710 2
  21944376.706   -13817012.849 2
  22512598.731     9873887.580 2
  20147322.111   -20996416.338 4
  22798942.949   -16657163.594 2
  19812513.509   -25110234.795 3
  23053885.702    -3227854.397 2
  22770607.029  -821898566.774 1
  22222967.297  -988079145.989 2
  19297913.736   -83298710.38413
  20313087.618  -672647337.04113
  23392352.454  -285484291.40311
```

图 10-9　RINEX 格式的 GPS/GLONASS 混合观测值文件的实例

7.GPS/GEO 混合观测值文件

图 10-10 是一个 RINEX 格式的 GPS/GEO 混合观测值文件的实例。

```
     2.10           OBSERVATION DATA    M (MIXED)           RINEX VERSION / TYPE
RinExp V.2.0.2      TESTUSER            00-02-04 09:30      PGM / RUN BY / DATE
                                                            COMMENT
The file contains L1 pseudorange and phase data of the      COMMENT
geostationary AOR-E satellite (PRN 120 = S20)               COMMENT
                                                            COMMENT
TLSE D                                                      MARKER NAME
ESTB                TESTAGENCY                              OBSERVER / AGENCY
SGL98030069         Novatel Millennium  HW3-1 SW 4.45/2.3   REC # / TYPE / VERS
                    ASH701073.1                             ANT # / TYPE
  4629365.0750   112100.1790  4371619.4160                  APPROX POSITION XYZ
        0.0000        0.0000        0.0000                  ANTENNA: DELTA H/E/N
     1     1                                                WAVELENGTH FACT L1/2
     4    C1    L1    L2    P2                              # / TYPES OF OBSERV
     1                                                      INTERVAL
  2000     1    13    14    45    0.000000      GPS         TIME OF FIRST OBS
  2000     1    13    15     0    0.000000      GPS         TIME OF LAST OBS
     0                                                      RCV CLOCK OFFS APPL
                                                            END OF HEADER
 00 01 13 14 45  0.0000000  0  8G25G17G06G05G24G29G30S20           0.000535140
  21839900.207      -236148.877 9   -184047.71049  21839901.4384
  25151926.413      -161002.900 9   -125509.72447  25151935.8274
  20531103.515       763336.059 9    594797.53149  20531105.0114
  23001624.801      -432989.642 9   -337436.50348  23001628.1684
  23610349.510      -384890.728 9   -299952.38848  23610354.3504
  23954474.398      -151982.173 9   -118480.96847  23954481.1994
  20622367.016      -332628.466 9   -259214.55249  20622367.8754
  38137559.506       335849.135 9
 00 01 13 14 45  1.0000000  0  8G25G17G06G05G24G29G30S20           0.000535144
  21839500.278      -238250.743 9   -185685.52549  21839501.4814
  25151246.148      -164576.503 9   -128294.33947  25151256.2614
  20531084.382       763235.849 9    594719.44849  20531085.8784
  23002123.430      -430369.237 9   -335394.62748  23002126.7114
  23610670.127      -383205.864 9   -298639.51048  23610674.9834
  23955051.773      -148948.417 9   -116117.00748  23955058.5034
  20622558.579      -331621.765 9   -258430.11049  20622559.4574
  38137558.783       335846.284 9
 00 01 13 14 45  2.0000000  0  8G25G17G06G05G24G29G30S20           0.000535144
  21839100.418      -240352.173 9   -187323.00449  21839101.6534
  25150565.890      -168150.148 9   -131078.97647  25150576.2144
  20531065.378       763136.116 9    594641.73549  20531066.8984
  23002622.082      -427748.683 9   -333352.63648  23002625.3444
  23610990.819      -381520.461 9   -297326.20848  23610995.8424
  23955629.062      -145914.531 9   -113752.94748  23955636.5544
  20622750.161      -330614.723 9   -257645.40149  20622751.0554
  38137558.365       335843.457 9
```

图 10-10 RINEX 格式的 GPS/GEO 混合观测值文件的实例

8.GEO 导航电文文件

图 10-11 是一个 RINEX 格式的 GEO 导航电文文件的实例。

```
     2.10           H: GEO NAV MSG DATA                         RINEX VERSION / TYPE
SuP v. 1.4          TESTUSER              04-02-00 10:04        PGM / RUN BY / DATE
                                                                COMMENT
The file contains navigation message data of the                COMMENT
geostationary AOR-E satellite (PRN 120 = S20)                   COMMENT
                                                                COMMENT
                                                                END OF HEADER
20 00 01 13 14 46 24.0  .209547579288D-07 -.545696821064D-11  .532351280000D+05
       .406131052800D+08  .150625000000D+01  .875000000000D-04  .000000000000D+00
      -.112454290400D+08  .308125000000D+01 -.112500000000D-03  .400000000000D+01
       .781616000000D+05  .959600000000D+01 -.437500000000D-03  .000000000000D+00
20 00 01 13 14 48 00.0  .204890966415D-07 -.545696821064D-11  .533161280000D+05
       .406132503200D+08  .151500000000D+01  .875000000000D-04  .000000000000D+00
      -.112451338400D+08  .307000000000D+01 -.125000000000D-03  .400000000000D+01
       .790812000000D+05  .955600000000D+01 -.437500000000D-03  .000000000000D+00
20 00 01 13 14 49 36.0  .195577406669D-07 -.545696821064D-11  .533981280000D+05
       .406133961600D+08  .152375000000D+01  .875000000000D-04  .000000000000D+00
      -.112448396800D+08  .305875000000D+01 -.125000000000D-03  .400000000000D+01
       .799968000000D+05  .951600000000D+01 -.437500000000D-03  .000000000000D+00
20 00 01 13 14 51 12.0  .190921127796D-07 -.545696821064D-11  .534791280000D+05
       .406135428800D+08  .153250000000D+01  .875000000000D-04  .000000000000D+00
      -.112445465600D+08  .304687500000D+01 -.125000000000D-03  .400000000000D+01
       .809084000000D+05  .947600000000D+01 -.437500000000D-03  .000000000000D+00
```

图 10-11　RINEX 格式的 GEO 导航电文文件的实例

10.2　SP3 精密星历数据格式

10.2.1　概述

SP3 精密星历数据格式的全称是标准产品第 3 号(Standard Product #3),它是一种在卫星大地测量中广泛采用的数据格式,由美国国家大地测量委员会(National Geodetic Survey, NGS)提出,专门用于存储 GPS 卫星的精密轨道数据。

从 1982 年起,NGS 和美国国家海洋和大气局(National Oceanic and Atmospheric Administration,NOAA)就开始考虑改进表示 GPS 轨道数据的方法。1985 年,NGS 公布了其第一代轨道数据格式,虽然当时仅对外公布了 2 种格式,即 SP1——Standard Product #1(标准产品第 1 号)和 SP2——Standard Product #2(标准产品第 2 号),但实际上,当初共提出了 4 种格式即 SP1、ECF1、SP2、ECF2。1989 年,NGS 又增加了第 5 种格式,即 EF13。以上 5 种格式构成了 NGS 的第一代卫星轨道数据格式。

在 NGS 的第一代卫星轨道数据格式中,SP1 和 SP2 为文本文件,而 ECF1、ECF2 和 EF13 则为二进制文件。在 SP1 格式的文件中,既包含位置数据也包含速度数据,而在 SP2 格式的文件中,则仅包含位置数据。ECF2 是与 SP2 相对应的二进制文件,EF13 则是 ECF2 的一个高效存储版本,其存储效率非常高,对于时间跨度 1 周、历元间隔 40min 的 24 颗卫星轨道数据,仅需要 78728 字节的存储空间。

不过,在 NGS 的第一代卫星轨道数据格式中,也存在一些问题。例如,由于当时人们主要关心的是相对定位模式,因而在这些 NGS 轨道数据格式中并未包含卫星钟的改正信息。现在,人们已认识到,标准格式需要为更为广泛的领域服务,其中既包括那些采用多接收机相对定位模式进行工作的领域,也包括那些采用单接收机绝对定位模式进行工作的领域。对于后者,如果能够同时得到精密轨道数据及相应的卫星钟改正,那么就能获得非常精确的处理结果。

经过几年的使用,人们觉得有必要对 NGS 的第一代卫星轨道数据格式进行修订,具体内容包括在数据文件中加入了轨道类型、坐标参照系及星历文件中首个历元的 GPS 周数等信息。

1989 年,NGS 开始对其卫星轨道数据格式进行重新审议,除加入了前面所提及的 EF13 外,又提出了 3 种新轨道数据格式,分别为 SP3、ECF3 和 EF18。随后,又根据所收到的反馈意见,对这些格式进行了一些小的修订,并于 1991 年正式发布。新发布的格式与早先的格式内容非常相似,但是包含了卫星钟改正信息,并进行了其他一些改进,使其具有更强的适应性。

SP3 格式是文本文件格式,其基本内容是卫星位置和卫星钟记录,另外,还可以包含卫星的运行速度和钟漂。若在 SP3 格式文件第一行中有位置记录标记“P”,则表示文件中未包含卫星速度信息;若第一行中有速度记录标记“V”,则表示在文件中,对每一历元、每一颗卫星均已计算出了卫星的速度和钟漂。不过需要指出的是,实际上,利用卫星的位置数据就可以以极高的精度计算出卫星的运动速度。这就是在现代精密卫星轨道数据中通常未包含卫星速度数据的主要原因。当然,如果用户需要,也可以将轨道数据文件从一种格式转换为另一种格式。另外,除了 GPS 卫星,SP3 格式同样也可用于表示其他卫星的轨道信息。ECF3 格式和 EF18 格式是与 SP3 格式相对应的二进制文件格式。

在 SP3 格式文件的第一行中,还有一个专门用来表示轨道数据所属坐标参照系的字段。在通常情况下,SP3 轨道的计算和分发都是在一个国际参考框架下进行的,如 IERS 的 ITRF。由于 ITRF 与 WGS-84 间的差异小于 $1\times10^{-8}\sim2\times10^{-8}$,因而在这一水平上,也可以将 ITRF 下的轨道数据当做是 WGS-84 下的轨道数据。

在 SP3 格式中,所涉及的时间均为 GPS 时,未包含用于将 GPS 时转换为 UTC 的信息。

10.2.2 SP3 格式文件实例

在这里,首先给出两个 SP3 格式文件的实例。

实例 1:图 10-12 是一个 P 类型的 SP3 格式精密轨道数据实例。在该类型的文件中,仅有卫星的位置和钟差信息,而没有卫星的速度和钟漂信息。

实例 2:图 10-13 是一个 V 类型的 SP3 格式精密轨道数据实例。在类型的文件中,既有卫星的位置和钟差信息,也有卫星的速度和钟漂信息。

10.2.3 SP3 格式定义及说明

1. 格式定义

与 RINEX 格式一样,SP3 格式的文件也是以节、记录、字段和列为单位逐级组织的,而且也是分为文件头和数据记录两节,每一节也是由若干记录所组成。不同的是,SP3 文件的记录长度被严格限定为 60 列,而不是 RINEX 格式的 80 列。

SP3 格式文件的文件头节有 20 行，第一行中含有文件版本号、轨道数据首历元的时间、数据历元间隔、文件中具有数据卫星的 PRN 号、数据的精度指数及注释等。SP3 格式文件的数据记录节则是由按一定历元间隔所给出的卫星位置和卫星钟差等信息。

```
#aP1994 12 17  0  0  0.00000000       96      d ITR92 FIT  NGS
##  779 518400.00000000   900.00000000 49703 0.0000000000000
+   25      1  2  4  5  6  7  9 12 14 15 16 17 18 19 20 21 22

+          23 24 25 26 27 28 29 31  0  0  0  0  0  0  0  0  0

+           0  0  0  0  0  0  0  0  0  0  0  0  0  0  0  0  0
+           0  0  0  0  0  0  0  0  0  0  0  0  0  0  0  0  0
+           0  0  0  0  0  0  0  0  0  0  0  0  0  0  0  0  0
++          7  6  5  5  5  5  5  5  5  6  5  5  5  5  6  5  5
++          5  5  6  5  5  5  5  5  0  0  0  0  0  0  0  0  0
++          0  0  0  0  0  0  0  0  0  0  0  0  0  0  0  0  0
++          0  0  0  0  0  0  0  0  0  0  0  0  0  0  0  0  0
++          0  0  0  0  0  0  0  0  0  0  0  0  0  0  0  0  0
%c cc cc ccc ccc cccc cccc cccc cccc ccccc ccccc ccccc ccccc
%c cc cc ccc ccc cccc cccc cccc cccc ccccc ccccc ccccc ccccc
%f  0.0000000  0.000000000  0.00000000000  0.000000000000000
%f  0.0000000  0.000000000  0.00000000000  0.000000000000000
%i    0    0    0    0      0      0      0      0         0
%i    0    0    0    0      0      0      0      0         0
/* CCCCCCCCCCCCCCCCCCCCCCCCCC CCCCCCCCC CCCCCCCCCCCC
/* CCCCCCCCCCCCCCCCCCCCCCCCCC CCCCCCCCC CCCCCCCCCCCC
/* CCCCCCCCCCCCCCCCCCCCCCCCCC CCCCCCCCC CCCCCCCCCCCC
/* CCCCCCCCCCCCCCCCCCCCCCCCCC CCCCCCCCC CCCCCCCCCCCC
*  1994 12 17  0  0  0.00000000
P  1  16258.524750  -3529.015750 -20611.427050    -62.540600
P  2 -21998.652100  -8922.093550 -12229.824050   -131.326200
P  4 -26019.547600   4809.810900  -2508.578200      3.544600
P  5   7014.950200  21130.960300 -14387.334650     79.692800
   *
   *
   *
P 28  13204.937750 -20485.533400  10794.787000     55.200800
P 29  -1638.431050 -24391.479200  10455.312650      3.690300
P 31   6265.255800 -25687.986950   -753.359000     70.830800
*  1994 12 17  0 15  0.00000000
P  1  15716.820135  -1169.850490 -21281.578766    -62.542746
P  2 -22813.261065  -9927.616864  -9816.490189   -131.328686
   *
   *
   *
P 28  13416.746195 -22186.753441   6248.864499     55.385492
P 29  -2745.269113 -22169.709690  14469.340453      3.718873
P 31   5629.986510 -25241.323751  -5659.769347     71.118497
*  1994 12 17 23 45  0.00000000
P  1  16708.907949  -5150.972262 -19904.291167    -62.727331
P  2 -21321.617042  -8048.187511 -13856.581227   -131.555527
P  4 -26107.382526   5010.736034   -422.963345      3.672587
P  5   7932.078481  21838.230749 -12767.671968     79.888744
   *
   *
   *
P 28  13308.321924 -21306.183480   8935.290694     55.387446
P 29  -2059.774801 -23532.083663  12229.852140      3.719337
P 31   6034.395625 -25605.621951  -2843.783172     71.121661
EOF
```

图 10-12　SP3 格式精密轨道数据(P 类型)

```
#AV1994 12 17  0  0  0.00000000       96     D ITR92 FIT  NGS
## 779 518400.00000000   900.00000000 49703 0.000000000000
+   25    1  2  4  5  6  7  9 12 14 15 16 17 18 19 20 21 22
+        23 24 25 26 27 28 29 31  0  0  0  0  0  0  0  0  0
+         0  0  0  0  0  0  0  0  0  0  0  0  0  0  0  0  0
+         0  0  0  0  0  0  0  0  0  0  0  0  0  0  0  0  0
+         0  0  0  0  0  0  0  0  0  0  0  0  0  0  0  0  0
++        7  6  5  5  5  5  5  5  5  6  5  5  5  5  6  5  5
++        5  5  6  5  5  5  5  5  0  0  0  0  0  0  0  0  0
++        0  0  0  0  0  0  0  0  0  0  0  0  0  0  0  0  0
++        0  0  0  0  0  0  0  0  0  0  0  0  0  0  0  0  0
++        0  0  0  0  0  0  0  0  0  0  0  0  0  0  0  0  0
%c cc cc ccc ccc cccc cccc cccc cccc ccccc ccccc ccccc ccccc
%c cc cc ccc ccc cccc cccc cccc cccc ccccc ccccc ccccc ccccc
%f  0.0000000  0.000000000  0.00000000000  0.000000000000000
%f  0.0000000  0.000000000  0.00000000000  0.000000000000000
%i    0    0    0    0      0      0      0      0         0
%i    0    0    0    0      0      0      0      0         0
/* cccccccccccccccccccccccccccccccccccccccccccccccccccccccccc
/* cccccccccccccccccccccccccccccccccccccccccccccccccccccccccc
/* cccccccccccccccccccccccccccccccccccccccccccccccccccccccccc
/* cccccccccccccccccccccccccccccccccccccccccccccccccccccccccc
*  1994 12 17  0  0  0.00000000
P  1  16258.524750  -3529.015750 -20611.427050    -62.540600
V  1  -6560.373522  25605.954994  -9460.427179     -0.024236
P  2 -21998.652100  -8922.093550 -12229.824050   -131.326200
V  2  -9852.750736 -12435.176313  25738.634180     -0.029422
P  4 -26019.547600   4809.810900  -2508.578200      3.544600
V  4   2559.038002  -3340.527442 -31621.490838      0.016744
   *
   *
   *
P 29  -1638.431050 -24391.479200  10455.312650      3.690300
V 29   5754.005457 -12065.761570 -27707.056273      0.003537
P 31   6265.255800 -25687.986950   -753.359000     70.830800
V 31   3053.344058    -63.091750  31910.454757      0.033749
*  1994 12 17  0 15  0.00000000
P  1  15716.820135  -1169.850490 -21281.578766    -62.542746
V  1  -5439.955846  26738.341429  -5409.793390     -0.023226
P  2 -22813.261065  -9927.616864  -9816.490189   -131.328686
V  2  -8178.974330  -9924.329320  27813.754308     -0.025238
   *
   *
   *
P 31   5629.986510 -25241.323751  -5659.769347     71.118497
V 31   5213.646243  -5585.922919  30831.379942      0.040199
*  1994 12 17 23 45  0.00000000
P  1  16708.907949  -5150.972262 -19904.291167    -62.727331
V  1  -7218.304166  24494.550676 -12283.334526     -0.023824
   *
   *
   *
P 31   6034.395625 -25605.621951  -2843.783172     71.121661
V 31   3831.346050  -2469.229615  31655.436179      0.028935
```

图 10-13 SP3 格式精密轨道数据(V 类型)

下面对 SP3 格式的每一个记录(行)进行详细说明。

表 10-12 为 SP3 格式数据文件第 1 行的格式说明。

表 10-12　**SP3 格式数据文件第 1 行的格式说明**

列	内　容	例　子
1~2	版本标识符	#a
3	位置(P)或位置/速度(V)标识符	P
4~7	轨道数据首历元的年	1999
8	未使用	
9~10	轨道数据首历元的月	1
11	未使用	
12~13	轨道数据首历元的日	6
14	未使用	
15~16	轨道数据首历元的时	17
17	未使用	
18~19	轨道数据首历元的分	15
20	未使用	
21~31	轨道数据首历元的秒	.00000000
32	未使用	
33~39	本数据文件的总历元数	151
40	未使用	
41~45	数据处理所采用数据的类型	D
46	未使用	
47~51	轨道数据所属坐标参照系	ITRF
52	未使用	
53~55	轨道类型	FIT
56	未使用	
57~60	发布轨道的机构	NOAA

表 10-13 为 SP3 格式数据文件第 2 行的格式说明。

表 10-13 **SP3 格式数据文件第 2 行的格式说明**

列	内 容	例 子
1~2	符号	##
3	未使用	
4~7	轨道数据首历元的 GPS 周	0991
8	未使用	
9~23	轨道数据首历元的一周内的秒	321300.00000000
24	未使用	
25~38	历元间隔,单位为 s	900.00000000
39	未使用	
40~44	轨道数据首历元约化儒略日的整数部分	51184
45	未使用	
46~60	轨道数据首历元儒略日的小数部分	

表 10-14 为 SP3 格式数据文件第 3 行的格式说明。

表 10-14 **SP3 格式数据文件第 3 行的格式说明**

列	内 容	例 子
1~2	符号	+
3~4	未使用	
5~6	轨道数据所涉及卫星的数量	27
7~9	未使用	
10~12	第 1 颗卫星的 PRN 号(SV1)	1
13~15	第 2 颗卫星的 PRN 号(SV2)	2
	*	
	*	
	*	
58~60	第 17 颗卫星的 PRN 号(SV19)	19

表 10-15 为 SP3 格式数据文件第 4 行的格式说明。

表 10-15　　**SP3 格式数据文件第 4 行的格式说明**

列	内　容	例　子
1~2	符号	+
3~9	未使用	
10~12	第 18 颗卫星的 PRN 号(SV21)	21
	*	
	*	
	*	
37~39	第 27 颗卫星的 PRN 号(SV31)	31

表 10-16 为 SP3 格式数据文件第 5~7 行的格式说明。

表 10-16　　**SP3 格式数据文件第 5~7 行的格式说明**

列	内　容	例　子
如果需要,这些行将用于列出其他卫星的 PRN 号。		

表 10-17 为 SP3 格式数据文件第 8 行的格式说明。

表 10-17　　**SP3 格式数据文件第 8 行的格式说明**

列	内　容	例　子
1~2	符号	++
3~9	未使用	_ _ _ _ _ _
10~12	第 1 颗卫星的精度	_ _5
13~15	第 2 颗卫星的精度	_ _5
	*	
	*	
	*	
58~60	第 17 颗卫星的精度	_ _5

表 10-18 为 SP3 格式数据文件第 9 行的格式说明。

表 10-18　　**SP3 格式数据文件第 9 行的格式说明**

列	内 容	例 子
1~2	符号	++
3~9	未使用	_ _ _ _ _ _ _
10~12	第 18 颗卫星的精度	_ _5
13~15	第 19 颗卫星的精度	_ _5
	*	
	*	
	*	
58~60	第 34 颗卫星的精度	_ _0

表 10-19 为 SP3 格式数据文件第 10 行的格式说明。

表 10-19　　**SP3 格式数据文件第 10 行的格式说明**

列	内 容	例 子
1~2	符号	++
3~9	未使用	_ _ _ _ _ _ _
10~12	第 35 颗卫星的精度	_ _0
13~15	第 36 颗卫星的精度	_ _0
	*	
	*	
	*	
58~60	第 51 颗卫星的精度	_ _0

表 10-20 为 SP3 格式数据文件第 11 行的格式说明。

表 10-20　　**SP3 格式数据文件第 11 行的格式说明**

列	内 容	例 子
1~2	符号	++
3~9	未使用	_ _ _ _ _ _ _
10~12	第 52 颗卫星的精度	_ _0
13~15	第 53 颗卫星的精度	_ _0
	*	
	*	
	*	
58~60	第 68 颗卫星的精度	_ _0

表 10-21 为 SP3 格式数据文件第 12 行的格式说明。

表 10-21　**SP3 格式数据文件第 12 行的格式说明**

列	内　容	例　子
1~2	符号	++
3~9	未使用	_ _ _ _ _ _ _
10~12	第 69 颗卫星的精度	_ _0
13~15	第 70 颗卫星的精度	_ _0
	*	
	*	
	*	
58~60	第 85 颗卫星的精度	_ _0

注：卫星的精度：1 表示“极佳”，99 表示“不要使用”，0 表示“未知”。

表 10-22 为 SP3 格式数据文件第 13~14 行的格式说明。

表 10-22　**SP3 格式数据文件第 13~14 行的格式说明**

列	内　容	例　子
1~2	符号	%c
3	未使用	_
4~5	2 个字符	cc
6	未使用	_
7~8	2 个字符	cc
9	未使用	_
10~12	3 个字符	ccc
13	未使用	_
14~16	3 个字符	ccc
17	未使用	_
18~21	4 个字符	cccc
22	未使用	_
23~26	4 个字符	cccc
27	未使用	_
28~31	4 个字符	cccc
32	未使用	_

续表

列	内 容	例 子
33~36	4 个字符	cccc
37	未使用	_
38~42	5 个字符	ccccc
43	未使用	_
44~48	5 个字符	ccccc
49	未使用	_
50~54	5 个字符	ccccc
55	未使用	_
56~60	5 个字符	ccccc

注:以上这些行是字符域。

表 10-23 为 SP3 格式数据文件第 15~16 行的格式说明。

表 10-23 **SP3 格式数据文件第 15~16 行的格式说明**

列	内 容	例 子
1~2	符号	%f
3	未使用	_
4~13	10 字符宽实数	_0.0000000
14	未使用	_
15~26	12 字符宽实数	_0.000000000
27	未使用	_
28~41	14 字符宽实数	_0.00000000000
42	未使用	
43~60	18 字符宽实数	_0.000000000000000

注:以上这些行是实数域。

表 10-24 为 SP3 格式数据文件第 17~18 行的格式说明。

表 10-24　　SP3 格式数据文件第 17~18 行的格式说明

列	内 容	例 子
1~2	符号	%i
3	未使用	_
4~7	4 字符宽整数	_ _ _0
8	未使用	_
9~12	4 字符宽整数	_ _ _0
13	未使用	_
14~17	4 字符宽整数	_ _ _0
18	未使用	_
19~22	4 字符宽整数	_ _ _0
23	未使用	_
24~29	6 字符宽整数	_ _ _ _ _0
30	未使用	_
31~36	6 字符宽整数	_ _ _ _ _0
37	未使用	_
38~43	6 字符宽整数	_ _ _ _ _0
44	未使用	_
45~50	6 字符宽整数	_ _ _ _ _0
51	未使用	_
52~60	9 字符宽整数	_ _ _ _ _ _ _ _0

注:以上这些行是整数域。

表 10-25 为 SP3 格式数据文件第 19~22 行的格式说明。

表 10-25　　SP3 格式数据文件第 19~22 行的格式说明

列	内 容	例 子
1~2	符号	/*
3	未使用	
4~60	注释	CC…CC

表 10-26 为 SP3 格式数据文件第 23 行的格式说明。

表 10-26　　　　**SP3 格式数据文件第 23 行的格式说明**

列	内　容	例　子
1~2	符号	*_
3	未使用	
4~7	历元时刻的年	1999
8	未使用	
9~10	历元时刻的月	1
11	未使用	
12~13	历元时刻的日	6
14	未使用	
15~16	历元时刻的时	17
17	未使用	
18~19	历元时刻的分	15
20	未使用	
21~22	历元时刻的秒	.00000000

表 10-27 为 SP3 格式数据文件第 24 行的格式说明。

表 10-27　　　　**SP3 格式数据文件第 24 行的格式说明**

列	内　容	例　子
1	位置(P)或速度(V)	P
2~4	卫星标识	1
5~18	*x*-坐标(km)	20104.806030
19~32	*y*-坐标(km)	−13217.390413
33~46	*z*-坐标(km)	−11082.789291
47~60	钟改正(10^{-6}s)	70.501167

另外,可以在位置和钟记录后面使用速度和钟的变率记录,钟的变率的单位为 10^{-10}。表 10-28 为 SP3 格式数据文件第 25 行的格式说明。

表 10-28　　　　**SP3 格式数据文件的第 25 行的格式说明**

列	内　容	例　子
1	符号	V
2~4	卫星标识	_ _1
5~18	*x* 速度(dm/s)	_ _16258.524750
19~32	*y* 速度(dm/s)	_ _−3529.015750
33~46	*z* 速度(dm/s)	_−20611.427050
47~60	钟漂(10^{-10})	_ _ _ _−62.540600

此行后，为所有卫星在所有历元的轨道和钟改正和/或钟漂数据。SP3 格式数据文件的最后一行为 EOF 标志，表示文件的末尾（见表 10-29）。

表 10-29 **SP3 格式数据文件的第 22+历元数＊（卫星数+1）+1 行（最后一行）的格式说明**

列	内容	例子
1~3	符号	EOF

2. 格式说明

第 1 行第 2 个字符为版本标识字符。最初发布的版本为“a”，后续的版本将采用按字母表序排列的小写字母。第 1 行为首个历元的时间、星历文件中的历元数、进行数据处理时所采用数据类型的描述符、轨道类型描述符和轨道发布机构描述符所组成。为了便于区分同一机构所发布的不同类型的轨道解，文件中包含了所采用数据的描述符，它主要用于区分同一机构所发布的多种轨道解，下面列出了一些可能的情况：

u：非差载波相位；

du：u 随时间的变化；

s：2 台接收机/1 颗卫星的载波相位（单差载波相位）；

ds：s 随时间的变化；

d：2 台接收机/2 颗卫星的载波相位（双差载波相位）；

dd：d 随时间的变化；

U：非差码相位；

dU：U 随时间的变化；

S：2 台接收机/1 颗卫星的码相位（单差码相位）；

dS：S 随时间的变化；

D：2 台接收机/2 颗卫星的码相位（双差码相位）；

dD：D 随时间的变化；

+：类型分隔符。

对于所采用数据的描述符，还可能会有“_ _u+U”这样的组合，如果观测值采用标准类型的复杂组合，则可以采用“mixed（混合）”作为标示符，而“mixed”的具体含义可能会在注释行中有解释。

轨道类型用 3 个字符宽度的描述符来表示，目前仅定义了 3 种类型，即 FIT（拟合的）、EXT（外推或预报的）和 BCT（广播的），实际上，还可以有其他类型。轨道发布机构描述符可以由 4 个字符所组成（如_NGS）。

第 2 行所包含的内容有：轨道数据首个历元的 GPS 周及 GPS 周以内的秒数（0. 0≤周内的秒数<604800. 0）、以秒为单位的历元间隔（0. 0<历元间隔<100000. 0）、约化儒略日的整数部分及小数部分。

第 3~7 行为卫星的 PRN 号，这些标识符为连续的字段，在列出了所有的 PRN 号后，剩下的位置用零值填充。卫星的 PRN 号可以按任何顺序列出，但是，为了方便查看包含在轨道文件中的卫星,通常按数字顺序排列。

第 8~12 行为卫星轨道精度指数,若为 0,则表示精度未知。卫星轨道精度指数在第 8~12 行中的排列顺序与第 3~7 行上卫星的 PRN 号的排列顺序相同。由精度指数 n 计算实际精度 σ 的方法为 $\sigma = 2^m$mm。例如,如果精度指数为 13,则精度为 2^{13}mm(约为 8m)。所给出的轨道误差表示 1 倍中误差,且为各颗自卫星在整个文件中的轨道误差。当将多个轨道文件进行合并时,可能会产生一些差异。

第 13~18 行可用来对 SP3 格式的文件进行一些扩充,在文件中添加一些附加信息。

第 19~22 行可为任意内容的注释。

第 23 行为历元的日期和时间。

第 24 行为卫星的位置(或速度)和钟差(或钟漂)。当第 1 个字符为“P”时,表示该行中的值为卫星的位置和钟差。位置的单位为 km,并精确到 1mm,如果采用四舍五入的方法,可以达到 0.5mm 的精度,即所显示出来的值与计算值的差值不超过 0.5mm。与钟有关的值的单位为 10^{-6}s,并且精确到 10^{-12}s。当与位置有关的值为 0.000000,或与钟有关的值为_999999.9999_ _(整数部分必须要有 6 个 9,而小数部分中的 9 可有可无)时,则表明相应的值精度很低或未知。当第 1 行钟位置/速度模式的标志被设置为 V 时,每一个给定卫星的位置记录后面,都将紧跟着一个速度记录,速度记录的第 1 个字符为“V”。速度分量的单位为 dm/s,可精确到 10^{-4} mm。速度记录的最后几列为钟漂,单位为 10^{-10},可以精确到 10^{-16}。

第 11 章　GPS 基线解算

11.1　概　　述

在建立 GPS 网时,数据处理工作通常是随着外业工作的展开分阶段进行的。从算法角度分析,可将 GPS 网的数据处理流程划分为数据传输、格式转换(可选)、基线解算和网平差四个阶段,如图 11-1 所示。

GPS 测量数据处理的对象是 GPS 接收机在野外所采集的观测数据。由于在观测过程中,这些数据是存储在接收机的内部存储器或可移动存储介质上的,因此,在完成观测后,如果要对它们进行处理分析,就必须首先将其下载到计算机中。这一数据下载过程即为数据传输。

下载到计算机中的数据按 GPS 接收机的专有格式存储,一般为二进制文件。通常,只有 GPS 接收机厂商所提供的数据处理软件能够直接读取这种数据以进行处理。若所采用的数据处理软件无法读取该格式的数据(这种情况通常发生在采用第三方软件进行数据处理时),或在项目中存在着由多家不同厂商接收机所采集的数据时,则需要事先通过格式转换,将它们转换为所采用数据处理软件能够直接读取格式的数据,如常用的 RINEX 格式的数据。

在基线解算过程中,由多台 GPS 接收机在野外通过同步观测所采集到的观测数据,被用来确定接收机间的基线向量及其方差-协方差阵。对于一般工程应用,基线解算通常在外业观测期间进行;而对于高精度长距离的应用,在外业观测期间进行基线解算,通常是为了对观测数据质量进行初步评估,正式的基线解算过程往往在整个外业观测完成后进行。基线解算结果除了被用于后续的网平差外,还被用于检验和评估外业观测成果的质量。基线向量提供了点与点之间的相对位置关系,并且与解算时所采用的卫星星历同属一个参照系。通过这些基线向量,可确定 GPS 网的几何形状和定向。但是,由于基线向量无法提供确定点的绝对坐标所必需的绝对位置基准,因此,必须从外部引入,该外部位置基准通常是由一个以上的起算点提供。

网平差是数据处理的最后阶段。在这一阶段中,基线解算时所确定出的基线向量被当做观测值,基线向量的验后方差-协方差阵则被用来确定观测值的权阵,并引入适当的起算数据,通过参数估计的方法确定出网中各点的坐标。通过网平差还可以发现观测值中的粗差,并采用相应的方法进行处理。另外,网平差还可以消除由于基线向量误差而引起的几何矛盾,并评定观测成果的精度。

实际上,可以将数据传输和格式转换当做是基线解算的预处理过程。这样,又可将 GPS 测量数据处理过程划分为基线解算和网平差两个阶段。

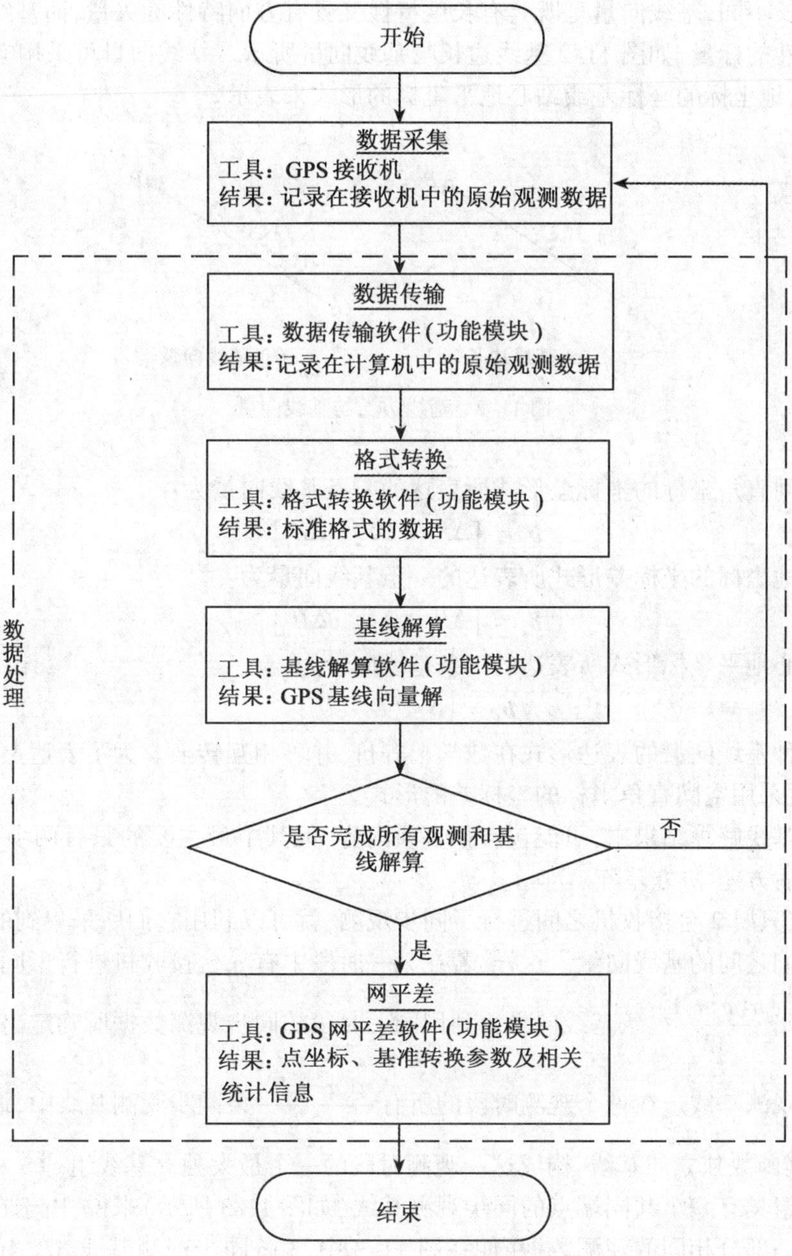

图 11-1　GPS 网的数据处理流程

11.2　基线的解算模式

11.2.1　基线向量解

GPS 基线向量是利用由 2 台以上 GPS 接收机所采集的同步观测数据形成的差分观测值,通过参数估计的方法所计算出的两两接收机间的三维坐标差。与常规地面测量中所测定的基线边长不同,基线向量是既具有长度特性又具有方向特性的矢量,而基线边长则是仅具有长度特性的标量,如图 11-2 基线边长与基线向量所示。基线向量可采用空间直角坐标的坐标差、大地坐标的坐标差或站心地平坐标的形式来表示。

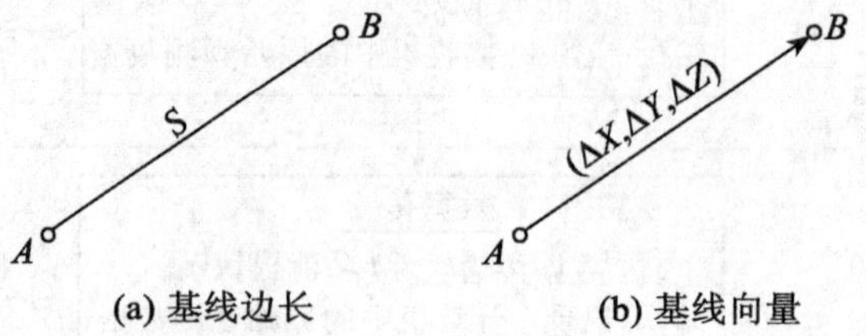

图 11-2　基线边长与基线向量

采用空间直角坐标的坐标差形式所表达的一条基线向量为:

$$\boldsymbol{b}_i = [\Delta X_i \quad \Delta Y_i \quad \Delta Z_i]^{\mathrm{T}} \tag{11-1}$$

采用大地坐标的坐标差形式所表达的一条基线向量为:

$$\boldsymbol{b}_i = [\Delta B_i \quad \Delta L_i \quad \Delta H_i]^{\mathrm{T}} \tag{11-2}$$

采用站心地平坐标形式所表达的一条基线向量为:

$$\boldsymbol{b}_i = [N_i \quad E_i \quad U_i]^{\mathrm{T}} \tag{11-3}$$

以上各种基线向量的表达形式在数学上等价,并可相互转换。为了表达上的方便,在本书中,将主要采用空间直角坐标的坐标差的形式。

在一个基线解算结果中,可能包含很多项内容,但其中最主要的只有两项,即基线向量估值及其验后方差-协方差阵。

理论上,只要 2 台接收机之间进行了同步观测,就可以利用它们所采集到的同步观测数据确定出它们之间的基线向量。这样,若在某一时段中有 n 台接收机进行了同步观测,则一共可以确定出 $\frac{n(n+1)}{2}$ 条基线向量。利用同一时段的同步观测数据所确定出的基线向量,被称为同步观测基线。在一个观测时段的所有 $\frac{n(n+1)}{2}$ 条同步观测基线中,最多可以选取 $n-1$ 条相互函数独立的基线,构成这一观测时段的一个最大独立基线组。

对于一组具有一个共同端点的同步观测基线(如图 11-3 所示)来说,由于在进行基线解算时用到了一部分相同的观测数据(如在图 11-3 中,3 条同步观测基线 AB、AC 和 AD 均用到了 A 点的数据),数据中的误差将同时影响这些基线向量,因此,这些同步观测基线之间应存在固有的统计相关性。在进行基线解算时,应考虑这种相关性,并通过基线向量估值的方差-协方差阵加以体现,从而能最终应用于后续的网平差。但实际上,在经常采用的各种不同基线解算模式中,并非都能满足这一要求。另外,由于不同模式的基线解算方法在数学模型上存在一定差异,因而基线解算结果及其质量也不完全相同。基线解算模式主要有单基线解(或基线)模式、多基线解(或时段)模式和整体解(或战役)模式三种。

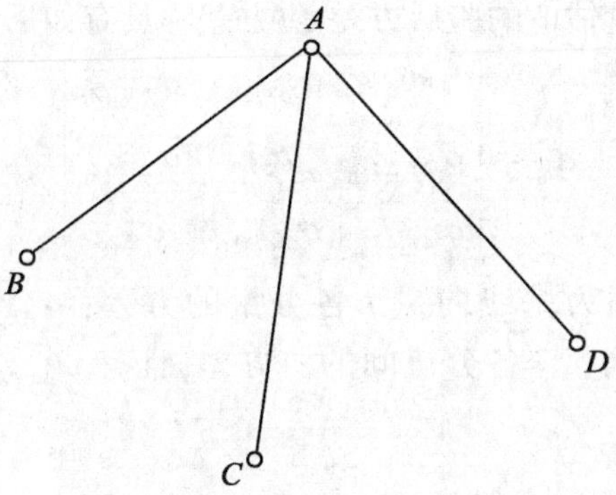

图 11-3 具有一个共同端点的一组同步观测基线

11.2.2 单基线解模式

1. 解算方法

在上述三种基线解算模式中，单基线解模式是最简单也是最常用的一种。在该模式中，基线逐条进行解算，也就是说，在进行基线解算时，一次仅同时提取 2 台 GPS 接收机的同步观测数据来解求它们之间的基线向量，当在该时段中有多台接收机进行了同步观测而需要解求多条基线时，这些基线是逐条在独立的解算过程中解求出来的。例如，在某一时段中，共有 4 台 GPS 接收机进行了同步观测，可确定 6 条同步观测基线，要得到它们的解，则需要 6 个独立的解算过程。在每一个完整的单基线解中，仅包含一条基线向量的结果。由于这种基线解算模式是以基线为单位进行解算的，因而也被称为基线模式。

单基线解模式的优点是：模型简单，一次解求的参数较少，计算量小。但该模式也存在以下两个问题：

(1)解算结果无法反映同步观测基线间的统计相关性。由于基线是在不同解算过程中逐一解算的，因此，无法给出同步观测基线之间的统计相关性，这将对网平差产生不利影响。

(2)无法充分利用不同基线所涉及观测数据以及参数间的关联性。基线解算时，某些待定参数间是具有关联性的，例如，若在进行基线解算时，同时估计测站上的天顶方向的对流层延迟，一个测站在同一时间仅有一个天顶对流层延迟结果，如果将同步观测基线分开进行处理，则将发生同一测站在同一时间不同基线的解算过程中得出不同天顶对流层延迟结果的情况。

虽然存在上述问题，但在大多数情况下，单基线解模式的解算结果仍能满足一般工程应用的要求。它是目前工程应用中采用最为普遍的基线解算模式，绝大多数商业软件采用这一模式进行基线解算。

2. 基线向量解

(1)基线向量估值

在每一个单基线解中，仅包含一条基线向量的估值，可表示为：

$$\boldsymbol{b}_i = [\Delta X_i \quad \Delta Y_i \quad \Delta Z_i]^{\mathrm{T}} \tag{11-4}$$

(2)基线向量估值的验后方差-协方差阵

一条单基线解基线向量估值的验后方差-协方差阵具有如下形式：

$$\boldsymbol{d}_{b_i}=\begin{bmatrix}\sigma^2_{\Delta X_i} & \sigma_{\Delta X_i\Delta Y_i} & \sigma_{\Delta X_i\Delta Z_i}\\ \sigma_{\Delta Y_i\Delta X_i} & \sigma^2_{\Delta Y_i} & \sigma_{\Delta Y_i\Delta Z_i}\\ \sigma_{\Delta Z_i\Delta X_i} & \sigma_{\Delta Z_i\Delta Y_i} & \sigma^2_{\Delta Z_i}\end{bmatrix} \tag{11-5}$$

其中，$\sigma^2_{\Delta X_i}$、$\sigma^2_{\Delta Y_i}$、$\sigma^2_{\Delta Z_i}$ 分别为基线向量 i 各分量的方差；$\sigma_{\Delta X_i\Delta Y_i}$、$\sigma_{\Delta X_i\Delta Z_i}$、$\sigma_{\Delta Y_i\Delta Z_i}$、$\sigma_{\Delta Y_i\Delta X_i}$、$\sigma_{\Delta Z_i\Delta X_i}$、$\sigma_{\Delta Z_i\Delta Y_i}$ 分别为基线向量 i 各分量间的协方差，且有 $\sigma_{\Delta X_i\Delta Y_i}=\sigma_{\Delta Y_i\Delta X_i}$，$\sigma_{\Delta X_i\Delta Z_i}=\sigma_{\Delta Z_i\Delta X_i}$，$\sigma_{\Delta Y_i\Delta Z_i}=\sigma_{\Delta Z_i\Delta Y_i}$。

11.2.3　多基线解模式

1. 解算方法

在多基线解模式中，基线逐时段进行解算，也就是说，在进行基线解算时，一次提取一个观测时段中所有进行同步观测的 n 台 GPS 接收机所采集的同步观测数据，在一个单一解算过程中，共同解求出所有 n-1 条相互函数独立的基线。在每一个完整的多基线解中，包含了所解算出的 n-1 条独立基线向量的结果。

在采用多基线解模式进行基线解算时，究竟解算哪 n-1 条基线，有不同的选择方法，常见的有射线法和导线法，如图 11-4 所示。射线法是从 n 个点中选择一个基准点，所解算的基线为该基准点至剩余 n-1 个点的基线向量。导线法是对 n 个点进行排序，所解算的基线为该序列中相邻两点间的基线向量。虽然，在理论上，这两种方法等价，但是由于基线解算模型的不完善，不同选择方法所得到的基线解算结果并不完全相同。因此，基本原则是选择数据质量好的点作为基准点，以及选择距离较短的基线进行解算。当然，上述两个原则有时无法同时满足，这时就需要在两者之间进行权衡。

由于多基线解模式是以时段为单位进行基线解算的，因而也被称为时段模式。

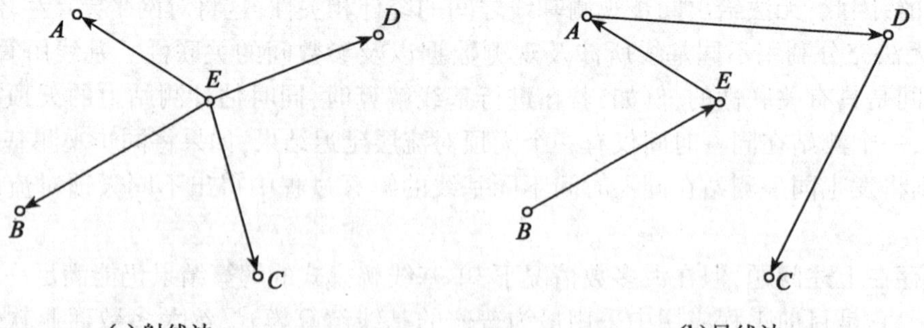

图 11-4　多基线解模式中选择被解算基线的方法

与单基线解模式相比，多基线解模式的优点是数学模型严密，并能在结果中反映出同步观测基线之间的统计相关性。但是，其数学模型和解算过程都比较复杂，并且计算量也较大。该模式通常用于有高质量要求的应用。目前,绝大多数科学研究用软件在进行基线解算时,采用这种多基线解模式。

2. 基线向量解

(1)基线向量估值

在一个基线向量的多基线解中,含有 $m_i - 1$ 条函数独立的基线向量,具有如下形式:

$$\boldsymbol{B}_i = \begin{bmatrix} \boldsymbol{b}_{i,1} & \boldsymbol{b}_{i,2} & \cdots & \boldsymbol{b}_{i,m_i-1} \end{bmatrix}^{\mathrm{T}} \tag{11-6}$$

式中, m_i 为进行同步观测的接收机数量; $\boldsymbol{b}_{i,k}$ 为第 k 条基线向量,具有如下形式:

$$\boldsymbol{b}_{i,k} = [\Delta X_{i,k} \quad \Delta Y_{i,k} \quad \Delta Z_{i,k}]^{\mathrm{T}} \tag{11-7}$$

(2)基线向量估值的验后方差-协方差阵

对于上述一个基线向量多基线解中的 $m_i - 1$ 条基线向量估值,其验后方差-协方差阵具有如下形式:

$$\boldsymbol{D}_{B_i} = \begin{bmatrix} \boldsymbol{d}_{b_{i,1},b_{i,1}} & \boldsymbol{d}_{b_{i,1},b_{i,2}} & \cdots & \boldsymbol{d}_{b_{i,1},b_{i,m-1}} \\ \boldsymbol{d}_{b_{i,2},b_{i,1}} & \boldsymbol{d}_{b_{i,2},b_{i,2}} & \cdots & \boldsymbol{d}_{b_{i,2},b_{i,m-1}} \\ \vdots & \vdots & & \vdots \\ \boldsymbol{d}_{b_{i,m-1},b_{i,1}} & \boldsymbol{d}_{b_{i,m-1},b_{i,2}} & \cdots & \boldsymbol{d}_{b_{i,m-1},b_{i,m-1}} \end{bmatrix} = \begin{bmatrix} \boldsymbol{d}_{b_{i,1}} & \boldsymbol{d}_{b_{i,1},b_{i,2}} & \cdots & \boldsymbol{d}_{b_{i,1},b_{i,m-1}} \\ d_{b_{i,2},b_{i,1}} & d_{b_{i,2}} & \cdots & \boldsymbol{d}_{b_{i,2},b_{i,m-1}} \\ \vdots & \vdots & & \vdots \\ \boldsymbol{d}_{b_{i,m-1},b_{i,1}} & \boldsymbol{d}_{b_{i,m-1},b_{i,2}} & \cdots & \boldsymbol{d}_{b_{i,m-1}} \end{bmatrix} \tag{11-8}$$

式中, $\boldsymbol{d}_{b_{i,k},b_{i,l}}$ 为基线向量 k、l 间的协方差子阵,具有如下形式:

$$\boldsymbol{d}_{b_{i,k},b_{i,l}} = \begin{bmatrix} \sigma_{\Delta X_{i,k}\Delta X_{i,l}} & \sigma_{\Delta X_{i,k}\Delta Y_{i,l}} & \sigma_{\Delta X_{i,k}\Delta Z_{i,l}} \\ \sigma_{\Delta Y_{i,k}\Delta X_{i,l}} & \sigma_{\Delta Y_{i,k}\Delta Y_{i,l}} & \sigma_{\Delta Z_{i,k}\Delta Y_{i,l}} \\ \sigma_{\Delta Z_{i,k}\Delta X_{i,l}} & \sigma_{\Delta Y_{i,k}\Delta Z_{i,l}} & \sigma_{\Delta Z_{i,k}\Delta Z_{i,l}} \end{bmatrix} \tag{11-9}$$

当 $k = l$ 时,有 $\boldsymbol{d}_{b_{i,k},b_{i,k}} = \boldsymbol{d}_{b_{i,l},b_{i,l}}$,其为基线向量 k 的方差子阵,此时,令 $\boldsymbol{d}_{b_{i,k}} = \boldsymbol{d}_{b_{i,k},b_{i,k}}$,有:

$$\boldsymbol{d}_{b_{i,k}} = \begin{bmatrix} \sigma_{\Delta X_{i,k}^2} & \sigma_{\Delta X_{i,k}\Delta Y_{i,k}} & \sigma_{\Delta X_{i,k}\Delta Z_{i,k}} \\ \sigma_{\Delta Y_{i,k}\Delta X_{i,k}} & \sigma_{\Delta Y_{i,k}^2} & \sigma_{\Delta Z_{i,k}\Delta Y_{i,k}} \\ \sigma_{\Delta Z_{i,k}\Delta X_{i,k}} & \sigma_{\Delta Y_{i,k}\Delta Z_{i,k}} & \sigma_{\Delta Z_{i,k}^2} \end{bmatrix} \tag{11-10}$$

需要指出的是,虽然式(11-10)与式(11-5)形式相同,但对于同一基线向量,其单基线解的方差-协方差阵与其在多基线解的方差-协方差阵中所对应子阵各元素的数值并不相同。

11.2.4　整体解/战役模式

在整体解模式中,一次性解算出所有参与构网的相互函数独立的基线,也就是说,在进行基线解算时,一次提取项目整个观测过程中所有的观测数据,在一个单一解算过程中同时对它们进行处理,得出所有函数独立基线。在每一个完整的整体解结果中,包含了整个 GPS 网中所有相互函数独立的基线向量的结果。由于这种基线解算模式是以整个项目(战役)为单位进行基线解算的,因而也被称为战役模式(Campaign Mode)。

除了具有与多基线解一样的优点外,整体解模式还避免了同一基线的不同时段解不一致以及不同时段基线所组成闭合环的环闭合差不为 0 的问题,是最为严密的基线解算方式。实际上,整体解模式是将基线解算与网平差融为了一体。

整体解模式是所有基线解算模式中最为复杂的一种,对计算机的存储能力和计算能力要求都非常高。因此,只有一些大型的高精度定位、定轨软件才采用这种模式进行数据处理。

11.3　基线解算的过程及结果

11.3.1　GPS 基线解算的过程

每一个厂商所生产的接收机都会配备相应的数据处理软件,虽然它们在具体操作细节上存在一些不同,但无论是哪种软件,在总体操作步骤上却是大体相同的。GPS 基线解算的过程如下(参见图 11-5):

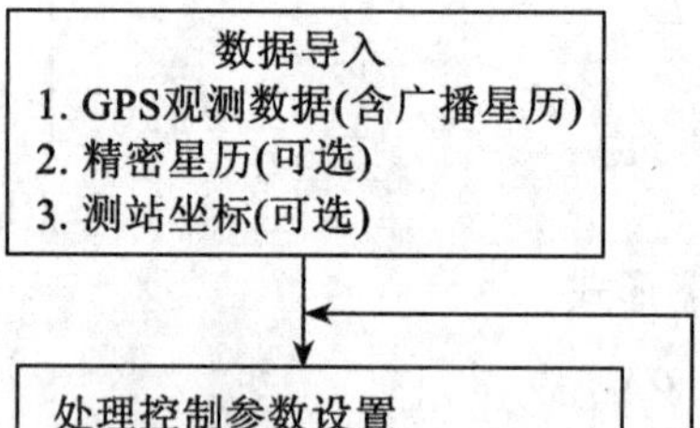

图 11-5　基线解算流程

(1)导入观测数据

在进行基线解算时,首先需要导入原始的 GPS 观测值数据。一般说来,各接收机厂商随接收机一起提供的数据处理软件都可以直接处理从接收机中传输出来的 GPS 原始观测值数据,而由第三方所开发的数据处理软件则不一定能对各接收机的原始观测数据进行处理。要采用第三方软件处理数据,通常需要进行观测数据的格式转换,将原始数据格式转换为软件能够识别的格式。目前,最常用的格式是 RINEX 格式,对于按此种格式存储的数据,几乎所有数据处理软件都能直接处理。

(2)检查与修改外业输入数据

在导入了 GPS 观测值数据后,就需要对观测数据进行必要的检查,以发现并改正由于外业观测时的误操作所引起的问题。检查的项目包括测站名/点号、天线高、天线类型、天线高量高方式等。

(3)设定基线解算的控制参数

基线解算的控制参数用以确定数据处理软件采用何种处理方式来进行基线解算。设定控制参数是基线解算时的一个重要的环节,直接影响基线解算结果的质量。基线的精化处理在很大程度上也是通过控制参数的设定来实现的。

(4)基线解算

基线解算的过程一般自动进行,无需人工干预。

(5)基线质量的控制

基线解算完毕后,基线结果并不能马上用于后续的处理,还必须对其质量进行评估,只有质量合格的基线才能用于后续的处理。若基线解算结果质量不合格,则需要对基线进行重新解算或重新测量。基线的质量评估的指标包括 Ratio、RDOP、RMS、同步环闭合差、异步环闭合差和重复基线较差、以及 GPS 网无约束平差基线向量改正数等。

(6)得到最终的基线解算结果

获得通过基线解算阶段质量检核的基线向量。

11.3.2 基线解的输出结果

基线处理软件的输出结果随着数据处理软件的不同而有所不同,但通常具有一些所共有的内容。基线输出结果可用来评估解的质量,并可以输入到后续的网平差软件中进行网平差处理。一般情况下,基线解算结果包括如下以文字或图形方式给出的内容:

(1)数据记录情况(起止时刻、历元间隔、观测卫星、历元数);

(2)测站信息:位置(经度、纬度、高度)、所采用接收机的序列号、所采用天线的序列号、测站编号、天线高;

(3)每一测站在观测期间的卫星跟踪状况;

(4)气象数据(气压、温度、湿度);

(5)基线解算控制参数设置(星历类型、截止高度角、解的类型、对流层折射的处理方法、电离层折射的处理方法、周跳处理方法等);

(6)基线向量估值及其统计信息(基线分量、基线长度、基线分量的方差-协方差阵/协因数阵、观测值残差 RMS、整周模糊度解方差的比值(Ratio 值)、单位权方差因子(参考方差));

(7)观测值残差序列。

11.4 基线解算的质量控制

质量是产品或工作的优劣程度,质量控制是一种用来确保生产出的产品合乎规定水平的系统,质量控制的内容包括质量评定与质量改善两个方面的内容。基线解算结果的质量通过一系列质量指标来评定,而基线解算结果质量的改善则通过基线的精化处理来实现。

评定基线解算结果质量的指标有两类,一类是基于测量规范的控制指标,另一类是基于统计学原理的参考指标。在工程应用中,控制指标必须满足,而参考指标则不作为判别质量是否合格的依据。

11.4.1 质量的控制指标

1. 数据剔除率

在基线解算时,当观测值的改正数大于某一个阈值时,则认为该观测值含有粗差,需要将其删除。被删除观测值的数量与观测值的总数的比值,就是所谓的数据剔除率。数据剔除率从某一方面反映出了 GPS 原始观测值的质量。数据剔除率越高,往往说明观测值的质量越差。

根据 GB/T 18314—2009,同一时段观测值的数据剔除率宜小于 10%。

2. 同步环闭合差

同步环闭合差是由同步观测基线所组成的闭合环的闭合差。由于同步观测基线间具有一定的内在联系,从而使得同步环闭合差在理论上应总是为 0 的,由于在一般的工程应用中所采用的商用软件的基线解算模式为单基线模式,同步环闭合差并不能保证一定为 0,但通常应是一个微小量。如果同步环闭合差超限,则说明组成同步环的基线中至少存在一条基线向量是错误的,但反过来,如果同步环闭合差没有超限,还不能说明组成同步环的所有基线在质量上均合格。

根据 GB/T 18314—2009,应对所有三边同步环进行检验,闭合差宜满足如下要求:

$$
\begin{aligned}
W_X &\leqslant \frac{\sqrt{3}}{5}\sigma \\
W_Y &\leqslant \frac{\sqrt{3}}{5}\sigma \\
W_Z &\leqslant \frac{\sqrt{3}}{5}\sigma
\end{aligned}
\tag{11-11}
$$

式中,σ 为对基线测量中误差的要求(按网的实际平均边长计算)。

3. 独立环闭合差

不是完全由同步观测基线所组成的闭合环称为异步环,异步环的闭合差称为异步环闭合差。当异步环闭合差满足限差要求时,则表明组成异步环的基线向量的质量是合格的;当异步环闭合差不满足限差要求时,则表明组成异步环的基线向量中至少有一条基线向量的质量不合格,要确定出哪些基线向量的质量不合格,可以通过综合分析多个相邻的异步环或重复基线来进行。

根据 GB/T 18314—2009,B、C、D、E 级 GPS 网外业基线处理结果,其独立环或附合路线坐标闭合差应满足:

$$
\begin{aligned}
W_X &\leqslant 3\sqrt{n}\sigma \\
W_Y &\leqslant 3\sqrt{n}\sigma \\
W_Z &\leqslant 3\sqrt{n}\sigma \\
W_S &\leqslant 3\sqrt{3n}\sigma
\end{aligned}
\tag{11-12}
$$

式中,n 为闭合环边数;σ 为对基线测量中误差的要求(按网的实际平均边长计算)。

4. 复测基线长度较差

不同观测时段对同一条基线的观测结果就是所谓复测基线。这些观测结果之间的差异就是复测基线较差。复测基线较差是评价基线结果质量非常有效的指标,当其超限时,就表明复测基线中一定存在质量不满足要求的基线。通过一条基线三次以上的重复观测结果,通常能够确定出存在质量问题的基线解算结果。

根据 GB/T 18314—2009 要求，B 级网基线外业预处理和 C 级以下各级 GPS 网基线处理，复测基线长度较差 d_S，两两比较应满足下式的规定：

$$d_S \leqslant 2\sqrt{2}\sigma \tag{11-13}$$

式中，$d_S = \sqrt{\Delta X^2 + \Delta Y^2 + \Delta Z^2}$，$\Delta X$、$\Delta Y$ 和 ΔZ 为复测基线的分量较差；σ 为对基线测量中误差的要求（按网的实际平均边长计算）。

5. 网无约束平差基线向量残差

网无约束平差基线向量残差也是一项评定基线解算结果质量的重要控制指标。根据 GB/T 18314—2009，网无约束平差基线分量改正数的绝对值（$V_{\Delta X}$，$V_{\Delta Y}$，$V_{\Delta Z}$）应满足如下要求：

$$\begin{aligned} V_{\Delta X} &\leqslant 3\sigma \\ V_{\Delta Y} &\leqslant 3\sigma \\ V_{\Delta Z} &\leqslant 3\sigma \end{aligned} \tag{11-14}$$

式中，σ 为对基线测量中误差的要求。若无约束平差基线分量改正数超出限差要求，则认为所对应基线向量或其附近的基线向量可能存在质量问题。

6. 其他

GB/T 18314—2009 还专门针对 A 和 B 级高等级 GPS 测量的数据处理制定了专门的质量控制指标。

（1）重复性

A、B 级 GPS 网基线处理后，应计算基线分量 ΔX、ΔY、ΔZ 及边长的重复性，还应对各基线边长、南北分量和垂直分量的重复性进行固定误差和比例误差的直线拟合，作为衡量基线精度的参考指标。重复性的定义为：

$$R_C = \left[\frac{\dfrac{n}{n-1} \cdot \displaystyle\sum_{i=1}^{n} \dfrac{(C_i - C_m)^2}{\sigma_{c_i}^2}}{\displaystyle\sum_{i=1}^{n} \dfrac{1}{\sigma_{c_i}^2}} \right]^{\frac{1}{2}} \tag{11-15}$$

式中，n 为同一基线的总观测时段数；C_i 为一个时段所求得的基线某一分量或边长；$\sigma_{c_i}^2$ 为相应于 C_i 分量的方差；C_m 为各时段的加权平均值。

（2）各时段间的较差检验

B 级 GPS 网同一基线及其各分量不同时段间的较差（d_S、$d_{\Delta X}$、$d_{\Delta Y}$、$d_{\Delta X}$）应满足如下要求：

$$\begin{aligned} d_{\Delta X} &\leqslant 3\sqrt{2}R_{\Delta X} \\ d_{\Delta Y} &\leqslant 3\sqrt{2}R_{\Delta Y} \\ d_{\Delta Z} &\leqslant 3\sqrt{2}R_{\Delta Z} \\ d_S &\leqslant 3\sqrt{2}R_S \end{aligned} \tag{11-16}$$

式中各重复性 R_C 用式（11-15）计算。

(3)独立闭合环或附合路线坐标分量闭合差

B 级 GPS 网基线处理后,独立环闭合差或附合路线的坐标分量闭合差(W_X, W_Y, W_Z)应满足如下要求:

$$
\begin{aligned}
W_X &\leqslant 2\sigma_{W_X} \\
W_Y &\leqslant 2\sigma_{W_Y} \\
W_Z &\leqslant 2\sigma_{W_Z}
\end{aligned} \tag{11-17}
$$

式中,

$$
\begin{aligned}
\sigma_{W_X}^2 &= \sum_{i=1}^{r} \sigma_{\Delta X(i)}^2 \\
\sigma_{W_Y}^2 &= \sum_{i=1}^{r} \sigma_{\Delta Y(i)}^2 \\
\sigma_{W_Z}^2 &= \sum_{i=1}^{r} \sigma_{\Delta Z(i)}^2
\end{aligned} \tag{11-18}
$$

其中, r 为环线中的基线数; $\sigma_{C(i)}^2$ ($C = \Delta x, \Delta y, \Delta z$)为环线中第 i 条基线 C 分量的方差,由基线处理时输出。

环线全长闭合差应满足:

$$W_S \leqslant 3\sigma_W \tag{11-19}$$

式中,

$$\sigma_W^2 = \sum_{i=1}^{r} \boldsymbol{W}\boldsymbol{D}_{b_i}\boldsymbol{W}^{\mathrm{T}} \tag{11-20}$$

$$\boldsymbol{W} = \begin{bmatrix} \dfrac{W_{\Delta X}}{W_S} & \dfrac{W_{\Delta Y}}{W_S} & \dfrac{W_{\Delta Z}}{W_S} \end{bmatrix} \tag{11-21}$$

$$W_S = \sqrt{W_{\Delta x}^2 + W_{\Delta y}^2 + W_{\Delta z}^2} \tag{11-22}$$

其中, $\boldsymbol{D}_{bi}$ 为环线中第 i 条基线的方差-协方差阵。

7. 规范对基线测量中误差的要求

在进行复测基线检验和环闭合差检验时,需要用到一个重要的参数——基线测量中误差的限差 σ, 由于与 GB/T 18314—2001 相比,最新 GPS 测量规范 GB/T 18314—2009 有了较大变化,在此需要加以说明。在 GB/T 18314—2001 中,规定 σ 由相应级别所规定的 GPS 网相邻点基线长度精度及实际平均边长计算。而在 GB/T 18314—2009 中,规定 σ 由外业观测时所采用的 GPS 接收机的标称精度及实际平均边长计算。

11.4.2　质量的参考指标

1. 单位权方差

单位权方差也被称为参考方差,其定义为:

$$\hat{\sigma}_0 = \sqrt{\frac{\boldsymbol{V}^{\mathrm{T}}\boldsymbol{P}\boldsymbol{V}}{f}} \tag{11-23}$$

式中，$\boldsymbol{V}$ 为观测值的残差；$\boldsymbol{P}$ 为观测值的权阵；f 为多余观测值的数量。当观测值的权阵确定时，单位权方差的数值就取决于观测值的残差，总体上看，残差越大，其数值也越大。

2.Ratio 值

$$\text{Ratio} = \sigma_{\text{次最小}} / \sigma_{\text{最小}} \tag{11-24}$$

式中，$\sigma_{\text{最小}}$ 和 $\sigma_{\text{次最小}}$ 分别为在基线解算时确定相位模糊度的过程中，由备选模糊度组所得到最小单位权方差和次最小单位权方差。显然，Ratio ≥ 1.0。

Ratio 值反映了所确定出的整周模糊度参数的可靠性，这一指标取决于多种因素，既与观测值的质量有关，也与观测条件①的好坏有关。

3.RDOP 值

所谓 RDOP 值指的是在基线解算时待定参数的协因数阵的迹（tr(Q)）的平方根，即

$$\text{RDOP} = (\text{tr}(\boldsymbol{Q}))^{\frac{1}{2}} \tag{11-25}$$

RDOP 值的大小与基线位置和卫星在空间中的几何分布及运行轨迹（即观测条件）有关，当基线位置确定后，RDOP 值就只与观测条件有关了。所谓观测条件就是指在观测期间的卫星星座及其变化，卫星数量越多，分布越均匀，同一卫星的位置变化越大，观测条件越好。

RDOP 值反映了观测期间 GPS 卫星星座的状态对相对定位的影响，不受观测值质量的影响。

4. 观测值残差的 RMS

观测值残差的 RMS 的定义为：

$$\text{RMS} = \sqrt{\frac{\boldsymbol{V}^{\text{T}}\boldsymbol{V}}{n}} \tag{11-26}$$

式中，$\boldsymbol{V}$ 为观测值的残差；n 为观测值的总数。

由 RMS 的定义可知，从整体上看，RMS 的大小与残差的大小有着直接的关系，而残差的大小与“观测值”和“计算值”均有关系，而“计算值”的精度与“观测值”的质量和观测条件的好坏等因素有关。RMS 是一个内符合精度指标，RMS 小，内符合精度高，RMS 大，内符合精度差。当然从上面的分析也可以看出，RMS 与结果质量是有一定关系的，结果质量不好时，RMS 会较大，但反过来却不一定成立。在测量中，RMS 的大小并不能最终确定成果的质量，可作为参考。

11.4.3 基线的精化处理

1. 影响基线解算结果的因素

影响基线解算结果的因素主要有：

(1)基线解算时所设定的起点坐标不准确。

起点坐标不准确，会导致基线出现尺度和方向上的偏差，其影响可用式(11-27)来近似估算。

$$\frac{\Delta b}{b} = \frac{\Delta s}{r} \tag{11-27}$$

① 在 GPS 测量中的观测条件指的是卫星星座的几何图形和运行轨迹。

式中，Δs 为起点坐标误差；r 为卫星至基线中点的距离；Δb 为基线误差；b 为基线长度，上述各量的单位均为 m。对于由起点坐标不准确所对基线解算质量造成的影响，目前还没有较容易的方法来加以判别，因此，在实际工作中，只有尽量提高起点坐标的准确度，以避免这种情况的发生。

(2)少数卫星的观测时间太短，导致这些卫星的整周未知数无法准确确定。

当卫星的观测时间太短时，会导致与该颗卫星有关的整周未知数无法准确确定，而对于基线解算来讲，对于参与计算的卫星，如果与其相关的整周未知数没有准确确定，就将影响整个基线解算的结果。

对于卫星观测时间太短这类问题的判断比较简单，只要查看观测数据的记录文件中有关卫星的观测数据的数量就可以了，有些数据处理软件还输出卫星的可见性图(见图 11-6)，这就更直观了。

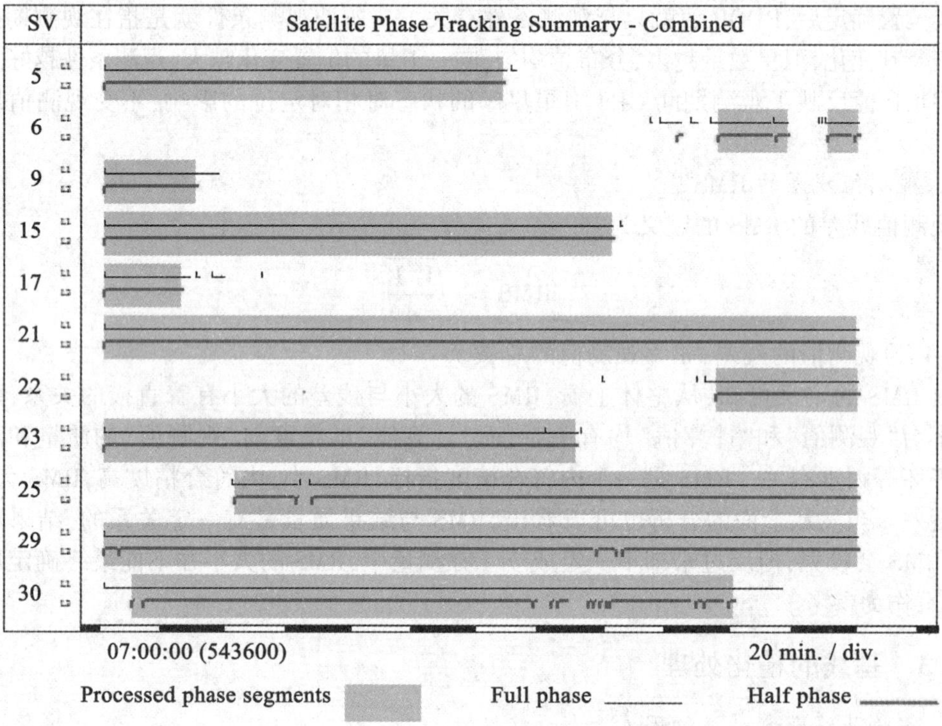

图 11-6　卫星的可见性图

(3)周跳探测、修复不正确，存在未探测出或未正确修复的周跳。

只要存在周跳探测或修复不正确的问题，都会从存在此类问题的历元开始，在相应卫星的后续载波相位观测值中引入较大的偏差，从而严重影响基线解算结果的质量。

发生此类问题时，可以发现相关卫星的验后观测值残差序列存在跳跃，且通常存在很强的系统性偏差(参见图 11-7)。

(4)在观测时段内，多路径效应比较严重，观测值的改正数普遍较大。

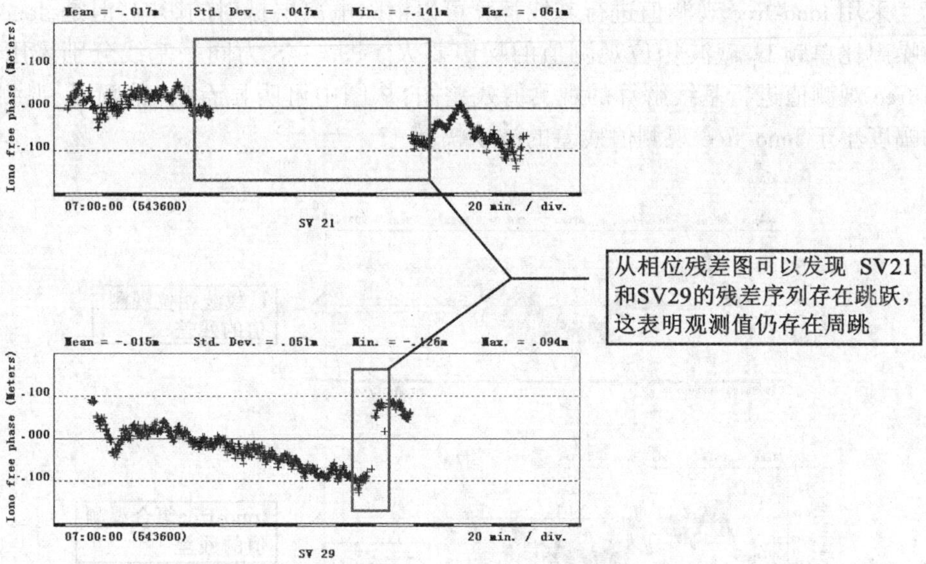

图 11-7　存在周跳的载波相位观测值残差图

(5)对流层或电离层折射影响过大。

对于多路径效应、对流层或电离层折射影响的判别，我们也是通过观测值残差来进行的。不过与整周跳变不同的是，当多路径效应严重、对流层或电离层折射影响过大时，观测值残差不是像周跳未修复那样出现大的跳跃，而只是出现一些波动，一般不超过 1 周，但却又明显地大于正常观测值的残差。

2. 基线的精化处理方法

要解决基线起点坐标不准确的问题，可以在进行基线解算时，使用坐标准确度较高的点作为基线解算的起点，较为准确的起点坐标可以通过进行较长时间的单点定位或通过与 WGS-84 坐标较准确的点联测得到；也可以采用在进行整网的基线解算时，所有基线起点的坐标均由一个点坐标衍生而来，使得基线结果均具有某一系统偏差，然后，再在 GPS 网平差处理时，引入系统参数的方法加以解决。

若某颗卫星的观测时间太短，则可以删除该卫星的观测数据，不让它们参加基线解算，这样可以保证基线解算结果的质量。

对于周跳问题，可采用在发生周跳处增加新的模糊度参数或删除周跳严重的时间段的方法，来尝试改善基线解算结果的质量。

由于多路径效应往往造成观测值残差较大，因此，可以通过缩小残差检验阈值的方法来剔除残差较大的观测值；另外，也可以采用删除多路径效应严重的时间段或卫星的方法。

对于对流层或电离层折射影响过大的问题，可以采用下列方法：

(1)提高截止高度角，剔除易受对流层或电离层影响的低高度角观测数据。但这种方法具有一定的主观性，因为高度角低的信号，受对流层或电离层的影响不一定总较大。

(2)分别采用模型对对流层和电离层延迟进行改正。

(3)如果 GPS 观测值是双频观测值,则可以使用无电离层观测值(Iono-free)来进行基线解算。采用 Iono-free 观测值进行基线解算可以消除电离层折射的影响,但是,Iono-free 观测值的噪声比单频 L_1 载波相位观测值的噪声要大。图 11-8 为同一基线分别采用单频 L_1 和 lono-free 观测值进行基线解算的观测值残差图,从图中可明显看出,单频 L_1 观测值残差的波动幅度小于 Iono-free 观测值残差的波动幅度。

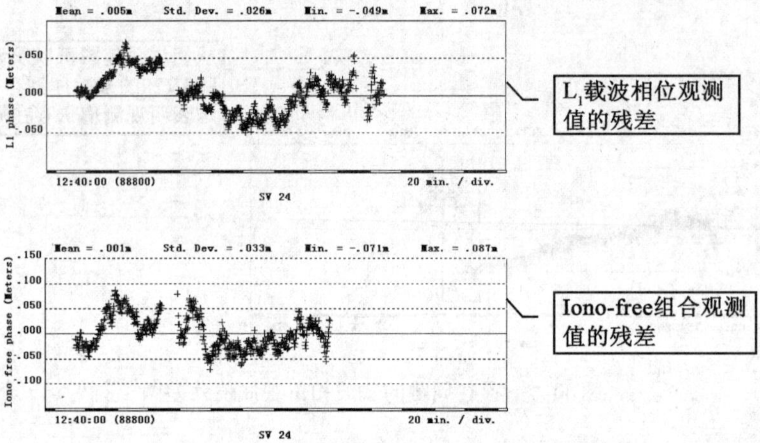

图 11-8　L_1 与 Iono-free 观测值残差图

第 12 章　GPS 网平差

12.1　网平差的类型及作用

12.1.1　网平差的目的

在 GPS 网的数据处理过程中,基线解算所得到的基线向量仅能确定 GPS 网的几何形状,但却无法提供最终确定网中点绝对坐标所必需的绝对位置基准,在 GPS 网平差中,通过起算点坐标可以达到引入绝对基准的目的。不过,这不是 GPS 网平差的唯一目的。总结起来,进行 GPS 网平差的目的主要有三个:

(1)消除由观测量和已知条件中存在的误差所引起的 GPS 网在几何上的不一致。由于观测值中存在误差以及数据处理过程中存在模型误差等因素,通过基线解算得到的基线向量中必然存在误差。另外,起算数据也可能存在误差。这些误差将使得 GPS 网存在几何上的不一致,它们包括闭合环闭合差不为 0;复测基线较差不为 0;通过由基线向量所形成的导线,将坐标由一个已知点传算到另一个已知点的闭合差不为 0 等。通过网平差,可以消除这些不一致。

(2)改善 GPS 网的质量,评定 GPS 网精度。通过网平差,可得出一系列可用于评估 GPS 网精度的指标,如观测值改正数、观测值验后方差、观测值单位权方差、相邻点距离中误差、点位中误差等。结合这些精度指标,还可以设法确定出可能存在粗差或质量不佳的观测值,并对它们进行相应的处理,从而达到改善网的质量的目的。

(3)确定 GPS 网中点在指定参照系下的坐标以及其他所需参数的估值。在网平差过程中,通过引入起算数据,如已知点、已知边长、已知方向等,可最终确定出点在指定参照系下的坐标及其他一些参数,如基准转换参数等。

12.1.2　网平差的类型

通常,无法通过某个单一类型的网平差过程来达到上述三个目的,而必须分阶段采用不同类型的网平差方法。根据进行网平差时所采用的观测量和已知条件的类型和数量,可将网平差分为最小约束平差/自由网平差、约束平差和联合平差三种类型。这三种类型的网平差除了都能消除由于观测值和已知条件所引起的网在几何上的不一致外,还具有各自不同的功能。无约束平差能够被用来评定网的内符合精度和探测处理粗差,而约束平差和联合平差则能够确定点在指定参照系下的坐标。

GPS 网平差的分类除了可以按照前面曾经提到的根据网平差时所采用的观测量和已知

条件的类型、数量等情况，分为无约束平差、约束平差和联合平差以外，还可以根据进行平差时所采用坐标系的类型，分为三维平差和二维平差。在 GPS 网的三维平差中，所采用的 GPS 基线向量观测值和所确定出的点的位置都是在一个三维坐标系下。而在 GPS 网的二维平差中，所采用的 GPS 基线向量观测值和所确定出的点的位置都是在一个二维坐标系下。

1. 无约束平差/最小约束平差

GPS 网的最小约束平差/自由网平差中所采用的观测量完全为 GPS 基线向量，平差通常在与基线向量相同的地心地固系下进行。在平差进行过程中，最小约束平差除了引入一个提供位置基准信息的起算点坐标外，不再引入其他的外部起算数据，而自由网平差则不引入任何外部起算数据。它们之间的一个共性就是都不引入会使 GPS 网的尺度和方位发生变化的起算数据，而这些起算数据将影响网的几何形状，因而有时又将这两种类型的平差统称为无约束平差。

由于 GPS 基线向量本身能够提供尺度和方位基准信息，它们所缺少的是位置基准信息，因此，在进行 GPS 网平差时需要设法获得位置基准信息，而通过引入外部起算数据来提供所缺少的基准信息是数据处理中常用的方法。我们知道，点的坐标中是含有位置基准信息的，因此，GPS 网可以通过引入一个起算点的坐标来获取位置基准。但是，除了一个起算点坐标外，在 GPS 网的无约束平差中就不能再引入其他起算数据了。例如，引入边长、方位和角度作为起算数据时，将可能引起 GPS 网在尺度和方位方面的变化；而若引入多个起算点坐标，由于两个以上的点坐标除了含有位置基准信息外，还含有尺度和方位基准信息，因此，同样可能引起 GPS 网在尺度和方位方面的变化。这种通过一个起算点坐标来提供 GPS 网位置基准的无约束平差，常常又被称为最小约束平差。对于 GPS 网的无约束平差，其位置基准除了由一个起算点坐标来提供外，还可以采用其他方法提供，这将在 12.3.3 节中介绍。

由于在 GPS 网的无约束平差中，GPS 网的几何形状完全取决于 GPS 基线向量，而与外部起算数据无关，因此，GPS 网的无约束平差结果实际上也完全取决于 GPS 基线向量。所以，GPS 网的无约束平差结果质量的优劣，以及在平差过程中所反映出的观测值间几何不一致性的大小，都是观测值本身质量的真实反映。由于 GPS 网无约束平差的这一特点，一方面，通过 GPS 网无约束平差所得到的 GPS 网的精度指标被作为衡量其内符合精度的指标，另一方面，通过 GPS 网无约束平差所反映出的观测值的质量，又被作为判断粗差观测值及进行相应处理的依据。

2. 约束平差

GPS 网的约束平差中所采用的观测量也完全为 GPS 基线向量，但与无约束平差所不同的是，在平差进行过程中，引入了会使 GPS 网的尺度和方位发生变化的外部起算数据。根据前面所介绍的内容可知，只要在网平差中引入了边长、方向或两个以上（含两个）的起算点坐标，就可能会使 GPS 网的尺度和方位发生变化。GPS 网的约束平差常被用于实现 GPS 网成果由基线解算时所用 GPS 卫星星历所采用的参照系到特定参照系的转换。

3. 联合平差

在进行 GPS 网平差时，如果所采用的观测值不仅包括 GPS 基线向量，而且还包含边长、角度、方向和高差等地面常规观测量，这种平差被称为联合平差。联合平差的作用大体上与约束平差相同，也是用于实现 GPS 网成果由基线解算时所用 GPS 卫星星历所采用的参照系到特定参照系的转换，不过在大地测量应用中通常采用约束平差，而联合平差则通常出现在工程应用中。

12.2 网平差的流程

12.2.1 网平差的整体流程

在使用数据处理软件进行 GPS 网平差时，需要按如图 12-1 所示几个步骤进行。

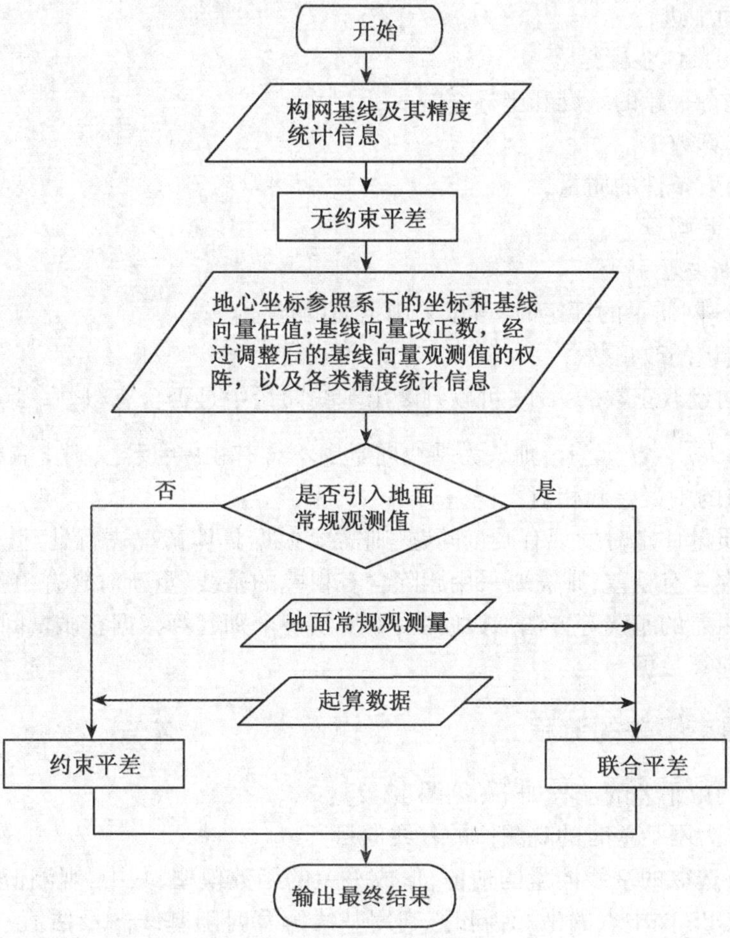

图 12-1　GPS 网平差的总体流程

1. 选取构网基线

要进行 GPS 网平差，首先必须选取参与构网的基线。理论上应选取相互独立的基线构网。实践中，若基线采用商用软件进行解算，也可选取所有质量合格的基线构网。

2. *三维无约束平差*

在完成构网后，需要进行 GPS 网的三维无约束平差，通过无约束平差主要达到以下两个目的：

(1)根据无约束平差的结果，判别在所构成的 GPS 网中是否有粗差基线。如发现含有粗差的基线，则需要进行相应的处理。必须使得最后用于构网的所有基线向量均满足质量要求。

(2)调整各基线向量观测值的先验方差，使它们与基线的精度相匹配。

3. *约束平差/联合平差*

在进行完三维无约束平差后，需要进行约束平差或联合平差。平差可根据需要在三维空间或二维空间中进行。

约束平差的具体步骤是：

(1)指定进行平差的基准和坐标系统。

(2)指定起算数据。

(3)检验约束条件的质量。

(4)进行平差解算。

4. *质量分析与控制*

在进行 GPS 网质量的评定时，可以采用下面的指标：

(1)基线向量的改正数。

根据基线向量改正数的大小，可以判断出基线向量中是否含有粗差。具体判定依据是，若 $|v_i| < \hat{\sigma}_0 \cdot \sqrt{q_i} \cdot t_{1-\alpha/2}$ ①，则认为基线向量中不含有粗差；反之，则含有粗差。

(2)相邻点的中误差和相对中误差。

若在进行质量评定时发现有质量问题，则需要根据具体情况进行处理。如果发现构成 GPS 网的基线中含有粗差，则需要采用删除含有粗差的基线、重新对含有粗差的基线进行解算或重测含有粗差的基线等方法加以解决；如果发现个别起算数据有质量问题，则应该放弃有质量问题的起算数据。

12.2.2　无约束平差的流程

GPS 网无约束平差的流程如下(见图 12-2)：

(1)选取作为网平差时的观测值的基线向量。

(2)利用所选取的基线向量的估值，形成平差的函数模型，其中，观测值为基线向量，待定参数主要为 GPS 网中点的坐标；同时，利用基线解算时随基线向量估值一同输出的基线向量的方差-协方差阵，形成平差的随机模型。最终形成完整的平差数学模型。

(3)对所形成的数学模型进行求解，得出待定参数的估值和观测值等的平差值、观测值的改正数以及相应的精度统计信息。

---

① v_i 为观测值残差，$\hat{\sigma}_0$ 为单位权方差，q_i 为第 i 个观测值的协因数，$t_{1-\alpha/2}$ 为在显著性水平 α 下的 t 分布的区间。

(4)根据平差结果来确定观测值中是否存在粗差,数学模型是否有需要改进的部分,若存在问题,则采用相应的方法进行处理(如对于粗差基线,既可以通过将其剔除,也可以通过调整观测值方差-协方差阵的方式来处理),并重新进行求解。

(5)若在观测值和数学模型中未发现问题,则输出最终结果。

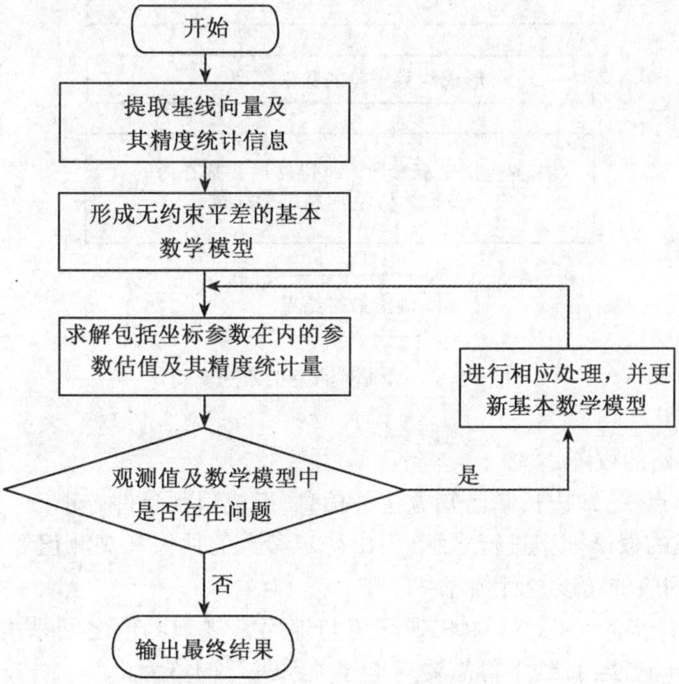

图 12-2 GPS 网无约束平差的流程

12.2.3 约束平差的流程

GPS 网约束平差的流程如图 12-3 所示,具体如下:

(1)利用最终参与无约束平差的基线向量形成观测方程,观测值的方差-协方差阵采用在无约束平差中经过调整后的结果;

(2)利用已知点、已知边长和已知方位等信息,形成限制条件方程;

(3)对所形成的数学模型进行求解,得出待定参数的估值和观测值等的平差值、观测值的改正数以及相应的精度统计信息。

12.2.4 联合平差的流程

GPS 网联合平差的流程如图 12-4 所示,具体如下:

(1)利用最终参与无约束平差的基线向量形成与 GPS 观测值有关的观测方程,观测值的权阵采用在无约束平差中经过调整后(如果调整过)最终所确定出的观测值权阵;

(2)利用地面常规观测值(如边长、角度、方位等)形成与地面常规观测值有关的观测方

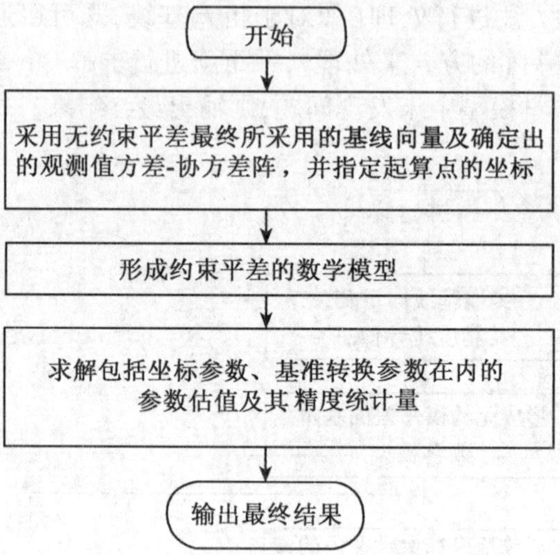

图 12-3　GPS 网约束平差的流程

程,同时给定其初始的权阵;

(3)利用已知点、已知边长和已知方位等信息,形成限制条件方程;

(4)对所形成的数学模型进行求解,得出待定参数的估值和观测值等量的平差值、观测值的改正数以及相应的精度统计信息;

(5)利用第(4)步的结果,对 GPS 观测值与地面常规观测值之间精度的比例关系进行调整,再次进行第(4)步,直到不再需要对上述关系进行调整为止。

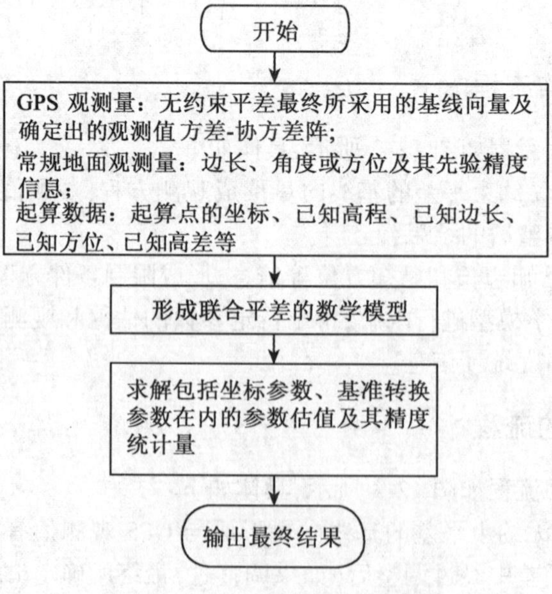

图 12-4　GPS 网联合平差的流程

12.3 网平差原理及质量控制

12.3.1 基本数学模型

1. 空间直角坐标与大地坐标间的微分关系

GPS 测量的基线向量通常是以空间直角坐标表示较为方便，而地面常规观测值和地面已知点通常在大地坐标系下表示较为方便。要进行涉及 GPS 基线向量、地面常规观测值和地面点的网平差，需要用到空间直角坐标与大地坐标之间的转换及其微分关系。

由大地坐标与空间直角坐标之间的转换关系为

$$\begin{cases} X=(N+H)\cos B\cos L \\ Y=(N+H)\cos B\sin L \\ Z=[N(1-e^2)+H]\sin B=\left[N\cdot\dfrac{b^2}{a^2}+H\right]\sin B \end{cases} \tag{12-1}$$

式中，N 为卯酉圈(Prime Vertical)的半径，有：

$$N=\frac{a}{\sqrt{1-e^2\sin^2 B}} \tag{12-2}$$

$$e^2=\frac{a^2-b^2}{a^2}=2f-f^2 \tag{12-3}$$

式中，a 为参考椭球的长半轴；b 为参考椭球的短半轴；e 为参考椭球的第一偏心率；f 为参考椭球的扁率，$f=\dfrac{a-b}{a}$。

可导出它们之间的微分关系式：

$$\begin{bmatrix} \mathrm{d}X \\ \mathrm{d}Y \\ \mathrm{d}Z \end{bmatrix}=\boldsymbol{T}_X\begin{bmatrix} \mathrm{d}B \\ \mathrm{d}L \\ \mathrm{d}H \end{bmatrix} \tag{12-4}$$

式中，

$$\boldsymbol{T}_X=\begin{bmatrix} -(M+H)\sin B\cos L & -(N+H)\cos B\sin L & \cos B\cos L \\ -(M+H)\sin B\sin L & (N+H)\cos B\cos L & \cos B\sin L \\ (M+H)\cos B & 0 & \sin B \end{bmatrix} \tag{12-5}$$

M 为子午圈半径，且

$$M=\frac{a(1-e^2)}{(1-e^2\sin^2 B)^{\frac{3}{2}}} \tag{12-6}$$

2. 空间直角坐标与站心直角坐标间的转换

如果存在 i 和 j 两个点，在同一坐标参照系下，i 点在空间直角坐标系和大地坐标系下的坐标分别为 (X_i,Y_i,Z_i) 和 (B_i,L_i,H_i)，j 点在空间直角坐标系和大地坐标系下的坐标分别为 (X_j,Y_j,Z_j) 和 (B_j,L_j,H_j)，设 j 点在以 i 点为中心的站心坐标系下的坐标为 (N_{ij},E_{ij},U_{ij})，则由空间直角坐标转换为站心直角坐标的公式为：

$$\begin{bmatrix} N_{ij} \\ E_{ij} \\ H_{ij} \end{bmatrix} = \boldsymbol{T}_i \cdot \left(\begin{bmatrix} X_j \\ Y_j \\ Z_j \end{bmatrix} - \begin{bmatrix} X_i \\ Y_i \\ Z_i \end{bmatrix} \right) \tag{12-7}$$

式中，旋转矩阵 $\boldsymbol{T}_i$ 为：

$$\boldsymbol{T}_i = \boldsymbol{S}_2 \boldsymbol{R}_2\left(-\left(\frac{\pi}{2} - B_i\right)\right) \boldsymbol{R}_3(-(\pi - L_i)) = \begin{bmatrix} -\sin B_i \cos L_i & -\sin B_i \sin L_i & \cos B_i \\ -\sin L_i & \cos L_i & 0 \\ \cos B_i \cos L_i & \cos B_i \sin L_i & \sin B_i \end{bmatrix} \tag{12-8}$$

其中，

$$\boldsymbol{S}_2 = \begin{bmatrix} 1 & 0 & 0 \\ 0 & -1 & 0 \\ 0 & 0 & 1 \end{bmatrix} \tag{12-9}$$

$$\boldsymbol{R}_2\left(-\left(\frac{\pi}{2} - B_i\right)\right) = \begin{bmatrix} \cos\left(-\left(\frac{\pi}{2} - B_i\right)\right) & 0 & -\sin\left(-\left(\frac{\pi}{2} - B_i\right)\right) \\ 0 & 1 & 0 \\ \sin\left(-\left(\frac{\pi}{2} - B_i\right)\right) & 0 & \cos\left(-\left(\frac{\pi}{2} - B_i\right)\right) \end{bmatrix} = \begin{bmatrix} \sin B_i & 0 & \cos B_i \\ 0 & 1 & 0 \\ -\cos B_i & 0 & \sin B_i \end{bmatrix} \tag{12-10}$$

$$\boldsymbol{R}_3(-(\pi - L_i)) = \begin{bmatrix} \cos(-(\pi - L_i)) & \sin(-(\pi - L_i)) & 0 \\ -\sin(-(\pi - L_i)) & \cos(-(\pi - L_i)) & 0 \\ 0 & 0 & 1 \end{bmatrix} = \begin{bmatrix} -\cos L_i & -\sin L_i & 0 \\ \sin L_i & -\cos L_i & 0 \\ 0 & 0 & 1 \end{bmatrix} \tag{12-11}$$

而由站心直角坐标转换为空间直角坐标的公式为：

$$\begin{bmatrix} X_j \\ Y_j \\ Z_j \end{bmatrix} = \boldsymbol{T}_i^{-1} \cdot \begin{bmatrix} N_{ij} \\ E_{ij} \\ U_{ij} \end{bmatrix} + \begin{bmatrix} X_i \\ Y_i \\ Z_i \end{bmatrix} \tag{12-12}$$

式中，旋转矩阵 $\boldsymbol{T}_i^{-1}$ 为：

$$\boldsymbol{T}_i^{-1} = \begin{bmatrix} -\sin B_i \cos L_i & -\sin L_i & \cos B_i \cos L_i \\ -\sin B_i \sin L_i & \cos L_i & \cos B_i \sin L_i \\ \cos B_i & 0 & \sin B_i \end{bmatrix} \tag{12-13}$$

3. GPS 基线向量

(1) GPS 基线向量及其方差-协方差阵

通常，GPS 网平差中所涉及的与 GPS 有关的观测值直接来自由基线解算过程所确定出的 GPS 基线向量解，而非由接收机在野外所采集的原始 GPS 观测值，这些 GPS 基线向量解提供了以下信息：

①具有同步 GPS 观测值的测站间的基线向量（$\Delta X, \Delta Y, \Delta Z$）；

②上述基线向量的方差-协方差阵 $\boldsymbol{D}$。

其中,基线向量被用做观测值,而其方差-协方差阵则将被用来形成参与平差的基线向量观测值的方差-协方差阵,求逆后可得到观测值的权阵 $\boldsymbol{P}=\boldsymbol{D}^{-1}$。

虽然在 GPS 网平差中,基线向量所提供信息的类型相同,但是,随着确定基线向量解时所采用的基线处理方式的不同,基线向量所提供信息的内涵有很大差别。

①单基线解

一条单基线解提供了如下信息:

$$\boldsymbol{b}_i=[\Delta X_i \quad \Delta Y_i \quad \Delta Z_i]^{\mathrm{T}} \tag{12-14}$$

$$\boldsymbol{d}_{b_i}=\begin{bmatrix}\sigma_{\Delta X_i}^2 & \sigma_{\Delta X_i\Delta Y_i} & \sigma_{\Delta X_i\Delta Z_i}\\ \sigma_{\Delta Y_i\Delta X_i} & \sigma_{\Delta Y_i}^2 & \sigma_{\Delta Y_i\Delta Z_i}\\ \sigma_{\Delta Z_i\Delta X_i} & \sigma_{\Delta Z_i\Delta Y_i} & \sigma_{\Delta Z_i}^2\end{bmatrix} \tag{12-15}$$

其中,$\boldsymbol{b}_i$ 为第 i 条基线向量的值,$\boldsymbol{d}_{b_i}$ 为相应的方差-协方差阵。注意,此时对于一条基线向量来说,它的各个基线分量之间是相关的。

所有参与构网的基线向量提供了下列信息:

$$\boldsymbol{B}=[\boldsymbol{b}_1 \quad \boldsymbol{b}_2 \quad \cdots \quad \boldsymbol{b}_n]^{\mathrm{T}} \tag{12-16}$$

$$\boldsymbol{D}_B=\begin{bmatrix}\boldsymbol{d}_{b_1} & & & 0\\ & \boldsymbol{d}_{b_2} & & \\ & & \ddots & \\ 0 & & & \boldsymbol{d}_{b_n}\end{bmatrix} \tag{12-17}$$

在以上两式中,$\boldsymbol{B}$ 为所有参与构网的基线向量,$\boldsymbol{D}_B$ 为相应的方差-协方差阵。由所有参与构网的基线向量的方差-协方差阵 $\boldsymbol{D}_B$ 可以看出,基线向量(包括属于同一时段的基线向量)之间是误差不相关的,因为在方差-协方差阵 $\boldsymbol{D}_B$ 中,反映基线向量之间误差相关特性的协方差子阵为零矩阵。

②多基线解

一个时段的多基线解提供了如下信息:

$$\boldsymbol{B}_i=[\boldsymbol{b}_{i,1} \quad \boldsymbol{b}_{i,2} \quad \cdots \quad \boldsymbol{b}_{i,m_i-1}]^{\mathrm{T}} \tag{12-18}$$

$$\boldsymbol{D}_{B_i}=\begin{bmatrix}\boldsymbol{d}_{b_{i,1},b_{i,1}} & \boldsymbol{d}_{b_{i,2},b_{i,1}} & \cdots & \boldsymbol{d}_{b_{i,m-1},b_{i,1}}\\ \boldsymbol{d}_{b_{i,1},b_{i,2}} & \boldsymbol{d}_{b_{i,2},b_{i,2}} & \cdots & \boldsymbol{d}_{b_{i,m-1},b_{i,2}}\\ \cdots & \cdots & \cdots & \cdots\\ \boldsymbol{d}_{b_{i,1},b_{i,m-1}} & \boldsymbol{d}_{b_{i,2},b_{i,m-1}} & \cdots & \boldsymbol{d}_{b_{i,m-1}}\end{bmatrix} \tag{12-19}$$

在式(12-18)中,$\boldsymbol{B}_i$ 为第 i 个时段的一组独立基线,m_i 为在该时段中参与同步观测的接收机数,$\boldsymbol{b}_{i,k}$ 为该时段中的第 k 条独立基线,即

$$\boldsymbol{b}_{i,k}=[\Delta X_{i,k} \quad \Delta Y_{i,k} \quad \Delta Z_{i,k}]^{\mathrm{T}} \tag{12-20}$$

在式(12-19)中,$\boldsymbol{D}_{B_i}$ 为该时段的方差-协方差阵;$\boldsymbol{D}_{b_{i,k},b_{i,l}}$ 为该时段中的第 k 条基线与第 l 条基线间的协方差阵;$\boldsymbol{d}_{b_{i,k},b_{i,l}}$ 具有如下形式:

$$
\boldsymbol{d}_{b_{i,k},b_{i,l}}=\begin{bmatrix}\sigma_{\Delta X_{i,k}\Delta X_{i,l}} & \sigma_{\Delta X_{i,k}\Delta Y_{i,l}} & \sigma_{\Delta X_{i,k}\Delta Z_{i,l}}\\ \sigma_{\Delta Y_{i,k}\Delta X_{i,l}} & \sigma_{\Delta Y_{i,k}\Delta Y_{i,l}} & \sigma_{\Delta Y_{i,k}\Delta Z_{i,l}}\\ \sigma_{\Delta Z_{i,k}\Delta X_{i,l}} & \sigma_{\Delta Z_{i,k}\Delta Y_{i,l}} & \sigma_{\Delta Z_{i,k}\Delta Z_{i,l}}\end{bmatrix} \tag{12-21}
$$

注意,从 $\boldsymbol{D}_{B_i}$ 的具体形式可以看出,此时属于同一时段的基线向量之间是误差相关的,因为反映基线向量之间误差相关特性的协方差子阵 $\boldsymbol{D}_{b_{i,k},b_{i,l}}$（其中 $k \neq l$）不一定为零矩阵。

所有参与构网的基线向量提供了下列信息:

$$
\boldsymbol{B}=[\boldsymbol{B}_1 \quad \boldsymbol{B}_2 \quad \cdots \quad \boldsymbol{B}_n]^{\mathrm{T}} \tag{12-22}
$$

$$
\boldsymbol{D}_B=\begin{bmatrix}\boldsymbol{D}_{B_1} & & & \boldsymbol{0}\\ & \boldsymbol{D}_{B_2} & & \\ & & \ddots & \\ \boldsymbol{0} & & & \boldsymbol{D}_{B_n}\end{bmatrix} \tag{12-23}
$$

在以上两式中,$\boldsymbol{B}$ 为参与构网的所有基线向量,$\boldsymbol{D}_B$ 为相应的方差-协方差阵。由所有参与构网的基线向量的方差-协方差阵 $\boldsymbol{D}_B$ 可以看出,不属于同一时段的基线向量之间是误差不相关的,因为在方差-协方差阵 $\boldsymbol{D}_B$ 中,反映基线向量之间误差相关特性的协方差子阵为零矩阵。

(2)观测方程

在空间直角坐标系下,GPS 基线向量观测值与基线两端点之间的数学关系为:

$$
\begin{bmatrix}\Delta X_{ij}\\ \Delta Y_{ij}\\ \Delta Z_{ij}\end{bmatrix}=\begin{bmatrix}X_j\\ Y_j\\ Z_j\end{bmatrix}-\begin{bmatrix}X_i\\ Y_i\\ Z_i\end{bmatrix} \tag{12-24}
$$

式中,$[X_i \quad Y_i \quad Z_i]^{\mathrm{T}}$ 和 $[X_j \quad Y_j \quad Z_j]^{\mathrm{T}}$ 分别为 i、j 两点在地心地固坐标系下的空间直角坐标;$[\Delta X_{ij} \quad \Delta Y_{ij} \quad \Delta Z_{ij}]^{\mathrm{T}}$ 为 i 点至 j 点的基线向量。

利用上面的数学关系,可以很容易地得出在地心地固系下直角坐标形式的基线向量观测方程:

$$
\begin{bmatrix}\Delta X_{ij}\\ \Delta Y_{ij}\\ \Delta Z_{ij}\end{bmatrix}+\begin{bmatrix}v_{\Delta X_{ij}}\\ v_{\Delta Y_{ij}}\\ v_{\Delta Z_{ij}}\end{bmatrix}=\begin{bmatrix}\hat{X}_j\\ \hat{Y}_j\\ \hat{Z}_j\end{bmatrix}-\begin{bmatrix}\hat{X}_i\\ \hat{Y}_i\\ \hat{Z}_i\end{bmatrix} \tag{12-25}
$$

若令:

$\boldsymbol{b}_{ij}=[\Delta X_{ij} \quad \Delta Y_{ij} \quad \Delta Z_{ij}]^{\mathrm{T}}$,为基线向量观测值

$\boldsymbol{v}_{ij}=[v_{\Delta X_{ij}} \quad v_{\Delta Y_{ij}} \quad v_{\Delta Z_{ij}}]^{\mathrm{T}}$,为基线向量观测值的改正数

$\hat{\boldsymbol{X}}_i=[\hat{X}_i \quad \hat{Y}_i \quad \hat{Z}_i]^{\mathrm{T}}$,为 i 点坐标向量的估值

$\hat{\boldsymbol{X}}_j=[\hat{X}_j \quad \hat{Y}_j \quad \hat{Z}_j]^{\mathrm{T}}$,为 j 点坐标向量的估值

则可将在地心地固系下采用直角坐标形式表示的观测方程表示为:

$$\boldsymbol{b}_{ij}+\boldsymbol{v}_{ij}=\hat{\boldsymbol{X}}_j-\hat{\boldsymbol{X}}_i \tag{12-26}$$

(3)误差方程

根据上面在地心地固系下直角坐标形式的基线向量观测方程式(12-26),并令:

$$\begin{cases}\hat{\boldsymbol{X}}_i=\boldsymbol{X}_i^0+\hat{\boldsymbol{x}}_i\\ \hat{\boldsymbol{X}}_j=\boldsymbol{X}_j^0+\hat{\boldsymbol{x}}_j\\ \boldsymbol{b}_{ij}^0=\boldsymbol{X}_j^0-\boldsymbol{X}_i^0\end{cases} \tag{12-27}$$

式中,$\boldsymbol{X}_i^0$ 为 i 点坐标向量的近似值;$\hat{\boldsymbol{x}}_i$($\hat{\boldsymbol{x}}_i=\begin{bmatrix}\hat{x}_i & \hat{y}_i & \hat{z}_i\end{bmatrix}^{\mathrm{T}}$)为相应的改正数向量;$\boldsymbol{X}_j^0$ 为 j 点坐标向量的近似值;$\hat{\boldsymbol{x}}_j$($\hat{\boldsymbol{x}}_j=\begin{bmatrix}\hat{x}_j & \hat{y}_j & \hat{z}_j\end{bmatrix}^{\mathrm{T}}$)为相应的改正数向量;$\boldsymbol{b}_{ij}^0$ 为由基线两端点的坐标向量近似值计算出来的基线相量近似值(计算值)。则可导出地心地固系下空间直角坐标形式的基线向量误差方程:

$$\boldsymbol{v}_{ij}=\begin{bmatrix}-\boldsymbol{I} & \boldsymbol{I}\end{bmatrix}\begin{bmatrix}\hat{\boldsymbol{x}}_i\\ \hat{\boldsymbol{x}}_j\end{bmatrix}-(\boldsymbol{b}_{ij}-\boldsymbol{b}_{ij}^0) \tag{12-28}$$

式中,$\boldsymbol{I}$ 为单位阵。也可将该误差方程写成如下形式:

$$\begin{bmatrix}v_{\Delta X_{ij}}\\ v_{\Delta Y_{ij}}\\ v_{\Delta Z_{ij}}\end{bmatrix}=\begin{bmatrix}-1 & 0 & 0 & 1 & 0 & 0\\ 0 & -1 & 0 & 0 & 1 & 0\\ 0 & 0 & -1 & 0 & 0 & 1\end{bmatrix}\begin{bmatrix}\hat{x}_i\\ \hat{y}_i\\ \hat{z}_i\\ \hat{x}_j\\ \hat{y}_j\\ \hat{z}_j\end{bmatrix}-\begin{bmatrix}\Delta X_{ij}-\Delta X_{ij}^0\\ \Delta Y_{ij}-\Delta Y_{ij}^0\\ \Delta Z_{ij}-\Delta Z_{ij}^0\end{bmatrix} \tag{12-29}$$

利用空间直角坐标与大地坐标间的微分关系(式(12-4)),可以得出在 GPS 网平差中,点 k 的大地坐标向量改正数 $\hat{\boldsymbol{g}}_k=\begin{bmatrix}\hat{b}_k & \hat{l}_k & \hat{h}_k\end{bmatrix}^{\mathrm{T}}$ 与其空间直角坐标向量改正数 $\hat{\boldsymbol{x}}_k=\begin{bmatrix}\hat{x}_k & \hat{y}_k & \hat{z}_k\end{bmatrix}^{\mathrm{T}}$ 的关系为:

$$\begin{bmatrix}\hat{x}_k\\ \hat{y}_k\\ \hat{z}_k\end{bmatrix}=\boldsymbol{T}_{X_k^0}\begin{bmatrix}\hat{b}_k\\ \hat{l}_k\\ \hat{h}_k\end{bmatrix} \tag{12-30}$$

或

$$\hat{\boldsymbol{x}}=\boldsymbol{T}_{X_k^0}\hat{\boldsymbol{g}} \tag{12-31}$$

将式(12-31)代入式(12-28),可得地心地固系下大地坐标形式的基线向量误差方程:

$$v_{ij} = \begin{bmatrix} -\boldsymbol{T}_{X_i^0} & \boldsymbol{T}_{X_j^0} \end{bmatrix} \begin{bmatrix} \hat{\boldsymbol{g}}_i \\ \hat{\boldsymbol{g}}_j \end{bmatrix} - (\boldsymbol{b}_{ij} - \boldsymbol{b}_{ij}^0) \tag{12-32}$$

4. 地面常规观测量

有时，为了某些特殊目的，在 GPS 网中还会引入一些地面常规观测量，较为常见的有空间距离、方位角、方向和天顶距等。

(1)空间距离

地面两点 i、j 间的空间距离 S_{ij} 与它们的空间直角坐标 (X_i, Y_i, Z_i)、(X_j, Y_j, Z_j) 间的关系为：

$$S_{ij} = \sqrt{(X_j - X_i)^2 + (Y_j - Y_i)^2 + (Z_j - Z_i)^2} \tag{12-33}$$

对上式求微分，得出空间距离与两端点空间直角坐标间的微分关系为：

$$\mathrm{d}S_{ij} = \frac{X_j - X_i}{S_{ij}}(\mathrm{d}X_j - \mathrm{d}X_i) + \frac{Y_j - Y_i}{S_{ij}}(\mathrm{d}Y_j - \mathrm{d}Y_i) + \frac{Z_j - Z_i}{S_{ij}}(\mathrm{d}Z_j - \mathrm{d}Z_i) \tag{12-34}$$

令

$$\begin{cases} \Delta X_{ij} = X_j - X_i \\ \Delta Y_{ij} = Y_j - Y_i \\ \Delta Z_{ij} = Z_j - Z_i \end{cases} \tag{12-35}$$

有：

$$\mathrm{d}S_{ij} = \frac{\Delta X_{ij}}{S_{ij}}(\mathrm{d}X_j - \mathrm{d}X_i) + \frac{\Delta Y_{ij}}{S_{ij}}(\mathrm{d}Y_j - \mathrm{d}Y_i) + \frac{\Delta Z_{ij}}{S_{ij}}(\mathrm{d}Z_j - \mathrm{d}Z_i) \tag{12-36}$$

利用上式，可得空间距离观测值的误差方程为：

$$\hat{v}_{S_{ij}} = \frac{\Delta X_{ij}^0}{S_{ij}^0}(\hat{x}_j - \hat{x}_i) + \frac{\Delta Y_{ij}^0}{S_{ij}^0}(\hat{y}_j - \hat{y}_i) + \frac{\Delta Z_{ij}^0}{S_{ij}^0}(\hat{z}_j - \hat{z}_i) - (S_{ij} - S_{ij}^0) \tag{12-37}$$

式中，S_{ij} 为地面两点 i、j 间空间距离的观测值；$\hat{v}_{S_{ij}}$ 为其改正数，如令 $\hat{S}_{ij}$ 为空间距离的估值，则有 $\hat{S}_{ij} = S_{ij} + \hat{v}_{S_{ij}}$；$S_{ij}^0 = \sqrt{(X_j^0 - X_i^0)^2 + (Y_j^0 - Y_i^0)^2 + (Z_j^0 - Z_i^0)^2}$，为地面两点 i、j 间空间距离的计算值，而 (X_i^0, Y_i^0, Z_i^0) 和 (X_j^0, Y_j^0, Z_j^0) 分别为 i、j 两点空间直角坐标的近似值。

令

$$\boldsymbol{T}_{S_{ij}} = \begin{bmatrix} \dfrac{\Delta X_{ij}}{S_{ij}} & \dfrac{\Delta Y_{ij}}{S_{ij}} & \dfrac{\Delta Z_{ij}}{S_{ij}} \end{bmatrix} \tag{12-38}$$

也可将式(12-37)写成：

$$\hat{v}_{S_{ij}} = \begin{bmatrix} -\boldsymbol{T}_{S_{ij}^0} & \boldsymbol{T}_{S_{ij}^0} \end{bmatrix} \begin{bmatrix} \hat{\boldsymbol{x}}_i \\ \hat{\boldsymbol{x}}_j \end{bmatrix} - (S_{ij} - S_{ij}^0)\ (\text{空间直角坐标形式}) \tag{12-39}$$

或

$$\hat{v}_{S_{ij}} = \begin{bmatrix} -\boldsymbol{T}_{S_{ij}^0}\boldsymbol{T}_{X_i^0} & \boldsymbol{T}_{S_{ij}^0}\boldsymbol{T}_{X_j^0} \end{bmatrix} \begin{bmatrix} \hat{\boldsymbol{g}}_i \\ \hat{\boldsymbol{g}}_j \end{bmatrix} - (S_{ij} - S_{ij}^0)\ (\text{大地坐标形式}) \tag{12-40}$$

(2)方位角

地面 i 点至 j 点的方位角 A_{ij} 与在以 i 点为原点的站心地平坐标系下 j 点坐标 (N_{ij},E_{ij},U_{ij}) 的关系为：

$$A_{ij}=\arctan\left(\frac{E_{ij}}{N_{ij}}\right) \tag{12-41}$$

对上式求微分，得出方位角与站心地平坐标间的微分关系为：

$$\begin{aligned} \mathrm{d}A_{ij} &= -\frac{E_{ij}}{N_{ij}^2+E_{ij}^2}\mathrm{d}N_{ij}+\frac{N_{ij}}{N_{ij}^2+E_{ij}^2}\mathrm{d}E_{ij} \\ &= \begin{bmatrix} -\dfrac{E_{ij}}{N_{ij}^2+E_{ij}^2} & \dfrac{N_{ij}}{N_{ij}^2+E_{ij}^2} & 0 \end{bmatrix} \begin{bmatrix} \mathrm{d}N_{ij} \\ \mathrm{d}E_{ij} \\ \mathrm{d}U_{ij} \end{bmatrix} = \boldsymbol{T}_{A_{ij}} \begin{bmatrix} \mathrm{d}N_{ij} \\ \mathrm{d}E_{ij} \\ \mathrm{d}U_{ij} \end{bmatrix} \end{aligned} \tag{12-42}$$

式中，

$$\boldsymbol{T}_{A_{ij}}=\begin{bmatrix} -\dfrac{E_{ij}}{N_{ij}^2+E_{ij}^2} & \dfrac{N_{ij}}{N_{ij}^2+E_{ij}^2} & 0 \end{bmatrix} \tag{12-43}$$

而利用站心地平坐标与空间直角坐标的关系式(12-7)，又可得出空间直角坐标与站心地平坐标之间的微分关系：

$$\begin{bmatrix} \mathrm{d}N_{ij} \\ \mathrm{d}E_{ij} \\ \mathrm{d}U_{ij} \end{bmatrix} = \begin{bmatrix} -\boldsymbol{T}_{T_{ij}} & \boldsymbol{T}_{T_{ij}} \end{bmatrix} \begin{bmatrix} \mathrm{d}X_i \\ \mathrm{d}Y_i \\ \mathrm{d}Z_i \\ \mathrm{d}X_j \\ \mathrm{d}Y_j \\ \mathrm{d}Z_j \end{bmatrix} \tag{12-44}$$

式中，

$$\boldsymbol{T}_{T_{ij}}=\begin{bmatrix} -\sin B_i\cos L_i & -\sin B_i\sin L_i & \cos B_i \\ -\sin L_i & \cos L_i & 0 \\ \cos B_i\cos L_i & \cos B_i\sin L_i & \sin B_i \end{bmatrix} \tag{12-45}$$

利用以上两个微分关系，可得出空间直角坐标与方位角之间的微分关系：

$$\mathrm{d}A_{ij} = \begin{bmatrix} -\boldsymbol{T}_{A_{ij}}\boldsymbol{T}_{T_{ij}} & \boldsymbol{T}_{A_{ij}}\boldsymbol{T}_{T_{ij}} \end{bmatrix} \begin{bmatrix} \mathrm{d}X_i \\ \mathrm{d}Y_i \\ \mathrm{d}Z_i \\ \mathrm{d}X_j \\ \mathrm{d}Y_j \\ \mathrm{d}Z_j \end{bmatrix} \tag{12-46}$$

利用上式可以写出方位角的误差方程：

$$v_{A_{ij}} = \begin{bmatrix} -\boldsymbol{T}_{A_{ij}}\boldsymbol{T}_{T_{ij}} & \boldsymbol{T}_{A_{ij}}\boldsymbol{T}_{T_{ij}} \end{bmatrix} \begin{bmatrix} \hat{\boldsymbol{x}}_i \\ \hat{\boldsymbol{x}}_j \end{bmatrix} - (A_{ij}-A_{ij}^0)\ \text{(空间直角坐标形式)} \tag{12-47}$$

或

$$v_{A_{ij}} = \left[-\boldsymbol{T}_{A_{ij}}\boldsymbol{T}_{T_{ij}}\boldsymbol{T}_{X_i} \quad \boldsymbol{T}_{A_{ij}}\boldsymbol{T}_{T_{ij}}\boldsymbol{T}_{X_j} \right] \begin{bmatrix} \hat{\boldsymbol{g}}_i \\ \hat{\boldsymbol{g}}_j \end{bmatrix} - (A_{ij} - A_{ij}^0)\text{（大地坐标形式）} \quad (12\text{-}48)$$

式中，$A_{ij}^0 = \arctan\left(\dfrac{E_{ij}^0}{N_{ij}^0}\right)$，为根据 i、j 两点的近似坐标所计算出来的方位角的计算值。

(3)方向

如图 12-5 所示，地面 i 点到 j 点的方向 γ_{ij} 与 i 点到 j 点的大地方位角 A_{ij} 之间具有如下关系：

$$\gamma_{ij} = -\theta_i + A_{ij} \quad (12\text{-}49)$$

式中，θ_i 为定向角参数。

利用方位角与空间直角坐标或大地坐标的微分关系可以得出方向观测值的误差方程：

$$v_{\gamma_{ij}} = \left[-\boldsymbol{T}_{A_{ij}}\boldsymbol{T}_{T_i} \quad \boldsymbol{T}_{A_{ij}}\boldsymbol{T}_{T_i} \right] \begin{bmatrix} \hat{\boldsymbol{x}}_i \\ \hat{\boldsymbol{x}}_j \end{bmatrix} - \hat{\theta}_i - (\gamma_{ij} - A_{ij}^0 - \theta_i^0)$$

（空间直角坐标形式）　(12-50)

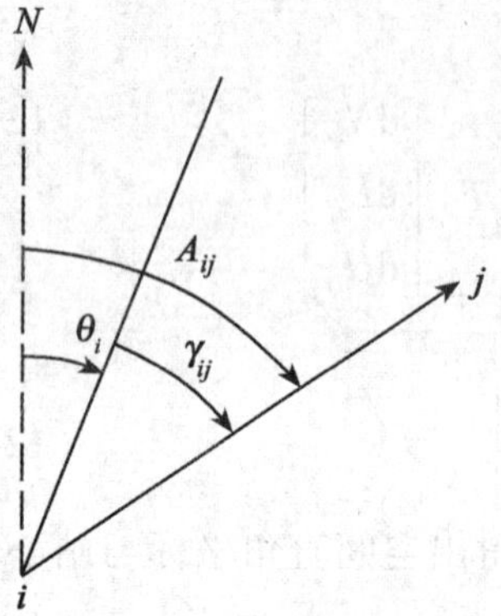

图 12-5　方向与大地方位角的关系

或

$$v_{\gamma_{ij}} = \left[-\boldsymbol{T}_{A_{ij}}\boldsymbol{T}_{T_i}\boldsymbol{T}_{X_i} \quad \boldsymbol{T}_{A_{ij}}\boldsymbol{T}_{T_j}\boldsymbol{T}_{X_j} \right] \begin{bmatrix} \hat{\boldsymbol{g}}_i \\ \hat{\boldsymbol{g}}_j \end{bmatrix} - \hat{\theta}_i - (\gamma_{ij} - A_{ij}^0 - \theta_i^0)\text{（大地坐标形式）}$$

(12-51)

式中，$v_{\gamma_{ij}}$ 为方向观测值 γ_{ij} 的改正数；θ_i^0 为定向角参数的近似值；$\hat{\theta}_i$ 为定向角参数的改正数。

定向角参数的估值 $\hat{\theta}_i$ 为：

$$\hat{\theta}_i = \theta_i^0 + \hat{\theta}_i \quad (12\text{-}52)$$

(4)天顶距

地面 i 点到 j 点的天顶距 Z_{ij} 与在以 i 点为原点的站心地平坐标下 j 点坐标 (N_{ij}, E_{ij}, U_{ij}) 的关系为：

$$Z_{ij} = \arccos\left(\frac{U_{ij}}{\sqrt{N_{ij}^2 + E_{ij}^2 + U_{ij}^2}}\right) = \arccos\left(\frac{U_{ij}}{S_{ij}}\right) \quad (12\text{-}53)$$

对上式求微分，得出天顶距与站心地平坐标间的微分关系为：

$$\mathrm{d}Z_{ij} = \frac{N_{ij}U_{ij}}{S_{ij}^2\sqrt{N_{ij}^2 + E_{ij}^2}}\mathrm{d}N_{ij} + \frac{E_{ij}U_{ij}}{S_{ij}^2\sqrt{N_{ij}^2 + E_{ij}^2}}\mathrm{d}E_{ij} - \frac{\sqrt{N_{ij}^2 + E_{ij}^2}}{S_{ij}^2}\mathrm{d}U_{ij}$$

$$= \left[\frac{N_{ij}U_{ij}}{S_{ij}^2\sqrt{N_{ij}^2 + E_{ij}^2}} \quad \frac{E_{ij}U_{ij}}{S_{ij}^2\sqrt{N_{ij}^2 + E_{ij}^2}} \quad -\frac{\sqrt{N_{ij}^2 + E_{ij}^2}}{S_{ij}^2} \right] \begin{bmatrix} \mathrm{d}N_{ij} \\ \mathrm{d}E_{ij} \\ \mathrm{d}U_{ij} \end{bmatrix}$$

$$= \boldsymbol{T}_{Z_{ij}} \begin{bmatrix} \mathrm{d}N_{ij} \\ \mathrm{d}E_{ij} \\ \mathrm{d}U_{ij} \end{bmatrix} \tag{12-54}$$

式中，

$$\boldsymbol{T}_{Z_{ij}} = \begin{bmatrix} \dfrac{N_{ij}U_{ij}}{S_{ij}^2\sqrt{N_{ij}^2 + E_{ij}^2}} & \dfrac{E_{ij}U_{ij}}{S_{ij}^2\sqrt{N_{ij}^2 + E_{ij}^2}} & -\dfrac{\sqrt{N_{ij}^2 + E_{ij}^2}}{S_{ij}^2} \end{bmatrix} \tag{12-55}$$

由天顶距与站心地平坐标间的微分关系式(12-54)和空间直角坐标与站心地平坐标的微分关系式(12-44)，可得出空间直角坐标与天顶距之间的微分关系为：

$$\mathrm{d}Z_{ij} = \begin{bmatrix} -\boldsymbol{T}_{Z_{ij}}\boldsymbol{T}_{T_i} & -\boldsymbol{T}_{Z_{ij}}\boldsymbol{T}_{T_i} \end{bmatrix} \begin{bmatrix} \mathrm{d}X_i \\ \mathrm{d}Y_i \\ \mathrm{d}Z_i \\ \mathrm{d}X_j \\ \mathrm{d}Y_j \\ \mathrm{d}Z_j \end{bmatrix} \tag{12-56}$$

而大地坐标与天顶距之间的微分关系为：

$$\mathrm{d}Z_{ij} = \begin{bmatrix} -\boldsymbol{T}_{Z_{ij}}\boldsymbol{T}_{T_i}\boldsymbol{T}_{X_i} & -\boldsymbol{T}_{Z_{ij}}\boldsymbol{T}_{T_j}\boldsymbol{T}_{X_j} \end{bmatrix} \begin{bmatrix} \mathrm{d}B_i \\ \mathrm{d}L_i \\ \mathrm{d}H_i \\ \mathrm{d}B_j \\ \mathrm{d}L_j \\ \mathrm{d}H_j \end{bmatrix} \tag{12-57}$$

利用上式可以写出高度角的误差方程：

$$v_{Z_{ij}} = \begin{bmatrix} -\boldsymbol{T}_{Z_{ij}}\boldsymbol{T}_{T_i} & -\boldsymbol{T}_{Z_{ij}}\boldsymbol{T}_{T_j} \end{bmatrix} \begin{bmatrix} \hat{x}_i \\ \hat{x}_j \end{bmatrix} - (Z_{ij} - Z_{ij}^0) \tag{12-58}$$

或

$$v_{Z_{ij}} = \begin{bmatrix} -\boldsymbol{T}_{Z_{ij}}\boldsymbol{T}_{T_i}\boldsymbol{T}_{X_i} & -\boldsymbol{T}_{Z_{ij}}\boldsymbol{T}_{T_j}\boldsymbol{T}_{X_j} \end{bmatrix} \begin{bmatrix} \hat{g}_i \\ \hat{g}_j \end{bmatrix} - (Z_{ij} - Z_{ij}^0) \tag{12-59}$$

式中，Z_{ij}^0 为由 i、j 两点的近似坐标计算出的天顶距；$v_{Z_{ij}}$ 为天顶距观测值 Z_{ij} 的改正数。

5. 起算数据

(1)起算点

在 GPS 网平差中，若 i 点的空间直角坐标已知，则可以列出如下条件方程：

$$\hat{\boldsymbol{x}}_i = 0 \tag{12-60}$$

若 i 点的大地坐标已知，则可以列出如下限制条件：

$$\boldsymbol{T}_{X_i}\hat{\boldsymbol{g}}_i = 0 \tag{12-61}$$

(2)起算边长

在 GPS 网平差中,若 i、j 两点间的空间距离已知,则可以列出如下条件方程:

$$\begin{bmatrix} -\boldsymbol{T}_{S_{ij}^0} & \boldsymbol{T}_{S_{ij}^0} \end{bmatrix} \begin{bmatrix} \hat{\boldsymbol{x}}_i \\ \hat{\boldsymbol{x}}_j \end{bmatrix} = 0 \tag{12-62}$$

或

$$\begin{bmatrix} -\boldsymbol{T}_{S_{ij}^0}\boldsymbol{T}_{X_i^0} & \boldsymbol{T}_{S_{ij}^0}\boldsymbol{T}_{X_j^0} \end{bmatrix} \begin{bmatrix} \hat{\boldsymbol{g}}_i \\ \hat{\boldsymbol{g}}_j \end{bmatrix} = 0 \tag{12-63}$$

(3)起算方位

在 GPS 网平差中,若 i、j 两点间的方位角已知,则可以列出如下条件方程:

$$\begin{bmatrix} -\boldsymbol{T}_{A_{ij}}\boldsymbol{T}_{T_{ij}} & \boldsymbol{T}_{A_{ij}}\boldsymbol{T}_{T_{ij}} \end{bmatrix} \begin{bmatrix} \hat{\boldsymbol{x}}_i \\ \hat{\boldsymbol{x}}_j \end{bmatrix} = 0 \tag{12-64}$$

或

$$\begin{bmatrix} -\boldsymbol{T}_{A_{ij}}\boldsymbol{T}_{T_{ij}}\boldsymbol{T}_{X_i} & \boldsymbol{T}_{A_{ij}}\boldsymbol{T}_{T_{ij}}\boldsymbol{T}_{X_j} \end{bmatrix} \begin{bmatrix} \hat{\boldsymbol{g}}_i \\ \hat{\boldsymbol{g}}_j \end{bmatrix} = 0 \tag{12-65}$$

12.3.2　三维无约束平差

1. 数学模型

(1)误差方程

GPS 网三维无约束平差所采用的观测值均为基线向量,即 GPS 基线的起点到终点的坐标差,因此,对于每一条基线向量都可以列出如下一组误差方程:

$$\begin{bmatrix} v_{\Delta X} \\ v_{\Delta Y} \\ v_{\Delta Z} \end{bmatrix} = \begin{bmatrix} -1 & 0 & 0 \\ 0 & -1 & 0 \\ 0 & 0 & -1 \end{bmatrix} \begin{bmatrix} \mathrm{d}X_i \\ \mathrm{d}Y_i \\ \mathrm{d}Z_i \end{bmatrix} + \begin{bmatrix} 1 & 0 & 0 \\ 0 & 1 & 0 \\ 0 & 0 & 1 \end{bmatrix} \begin{bmatrix} \mathrm{d}X_j \\ \mathrm{d}Y_j \\ \mathrm{d}Z_j \end{bmatrix} - \begin{bmatrix} \Delta X_{ij} - X_i^0 + X_j^0 \\ \Delta Y_{ij} - Y_i^0 + Y_j^0 \\ \Delta Z_{ij} - Z_i^0 + Z_j^0 \end{bmatrix} \tag{12-66}$$

若在 GPS 网共有 n 个点,通过观测共得到 m 条基线向量,可将总的误差方程写为如下形式(假定第 m_1 条基线的两个端点分别为第 n_1 点(起点)和第 n_2 点(终点)):

$$\boldsymbol{V} = \boldsymbol{B}\hat{\boldsymbol{X}} - \boldsymbol{L} \tag{12-67}$$

式中,

$$\underset{3m\times 1}{\boldsymbol{L}} = \begin{bmatrix} \boldsymbol{l}_1 & \boldsymbol{l}_2 & \cdots & \boldsymbol{l}_{m_1} & \cdots & \boldsymbol{l}_m \end{bmatrix}^{\mathrm{T}}, \text{其中}, \underset{3\times 1}{\boldsymbol{l}_{m_1}} = \begin{bmatrix} \Delta X_{m_1} \\ \Delta Y_{m_1} \\ \Delta Z_{m_1} \end{bmatrix} - \begin{bmatrix} \Delta X_{m_1}^0 \\ \Delta Y_{m_1}^0 \\ \Delta Z_{m_1}^0 \end{bmatrix}$$

$$\underset{3m\times 1}{\boldsymbol{V}} = \begin{bmatrix} \boldsymbol{v}_1 & \boldsymbol{v}_2 & \cdots & \boldsymbol{v}_{m_1} & \cdots & \boldsymbol{v}_m \end{bmatrix}^{\mathrm{T}}, \text{其中}, \boldsymbol{v}_{m_1} = \begin{bmatrix} v_{\Delta X_{m_1}} & v_{\Delta Y_{m_1}} & v_{\Delta Z_{m_1}} \end{bmatrix}^{\mathrm{T}}$$

$$\underset{3n\times 1}{\hat{\boldsymbol{X}}} = \begin{bmatrix}\hat{\boldsymbol{x}}_1 & \hat{\boldsymbol{x}}_2 & \cdots & \hat{\boldsymbol{x}}_{n_1} & \cdots & \hat{\boldsymbol{x}}_{n_2} & \cdots & \hat{\boldsymbol{x}}_n\end{bmatrix}^{\mathrm{T}}, \text{其中 } \hat{\boldsymbol{x}}_{n_1} = \begin{bmatrix}\hat{x}_{n_1} & \hat{y}_{n_1} & \hat{z}_{n_1}\end{bmatrix}^{\mathrm{T}}$$

$$\underset{3m\times 3n}{\boldsymbol{B}} = \begin{bmatrix} \cdot & \cdot & \cdots & \cdot & \cdots & \cdot & \cdots & \cdot \\ \cdot & \cdot & \cdots & \cdot & \cdots & \cdot & \cdots & \cdot \\ \vdots & \vdots & \vdots & \vdots & \vdots & \vdots & \vdots & \vdots \\ \mathbf{0} & \mathbf{0} & \cdots & \underbrace{-\boldsymbol{I}}_{\text{第}n_1\text{列块}} & \cdots & \underbrace{\boldsymbol{I}}_{\text{第}n_2\text{列块}} & \cdots & \mathbf{0} \\ \vdots & \vdots & \vdots & \vdots & \vdots & \vdots & \vdots & \vdots \\ \cdot & \cdot & \cdots & \cdot & \cdots & \cdot & \cdots & \cdot \end{bmatrix}$$

，本矩阵由 $m \times n$ 个 3×3 的子块所构成，式中给出了第 m_1 个行块的具体内容，其中，$\boldsymbol{I} = \begin{bmatrix}1 & 0 & 0\\ 0 & 1 & 0\\ 0 & 0 & 1\end{bmatrix}$，$-\boldsymbol{I} = \begin{bmatrix}-1 & 0 & 0\\ 0 & -1 & 0\\ 0 & 0 & -1\end{bmatrix}$。

(2)起算基准

平差所用的观测方程就是通过上面的方法列出的，但为了使平差进行下去，还必须引入位置基准，引入位置基准的方法一般有两种。

第一种是以 GPS 网中一个点的地心坐标作为起算的位置基准，即可有一个基准方程：

$$\hat{\boldsymbol{x}}_k = \mathbf{0}, \text{ 即 } \begin{bmatrix}\hat{x}_k\\ \hat{y}_k\\ \hat{z}_k\end{bmatrix} = \begin{bmatrix}0\\0\\0\end{bmatrix} \tag{12-68}$$

也可将上面基准方程写成：

$$\boldsymbol{G}\hat{\boldsymbol{X}} = 0 \tag{12-69}$$

式中，

$$\underset{3\times 3n}{\boldsymbol{G}} = \underbrace{\begin{bmatrix}\underset{3\times 3}{\mathbf{0}} & \cdots & \underset{\text{第}k\text{个子阵}}{\underset{3\times 3}{\boldsymbol{I}}} & \cdots & \underset{3\times 3}{\mathbf{0}}\end{bmatrix}}_{\text{由}n\text{个}3\times 3\text{的子阵组成，除了第}k\text{个子阵外，其余均为零矩阵}}$$

第二种是采用秩亏自由网基准，引入下面的基准方程：

$$\boldsymbol{G}\hat{\boldsymbol{X}} = 0 \tag{12-70}$$

式中，

$$\underset{3\times 3n}{\boldsymbol{G}} = \underbrace{\begin{bmatrix}\underset{3\times 3}{\boldsymbol{I}} & \underset{3\times 3}{\boldsymbol{I}} & \underset{3\times 3}{\boldsymbol{I}} & \cdots & \underset{3\times 3}{\boldsymbol{I}}\end{bmatrix}}_{\text{由}n\text{个}3\times 3\text{的单位阵组成}}$$

(3)观测值权阵

在 GPS 网的三维无约束平差中，基线向量观测值权阵通常由基线解算时得出各基线向量的方差-协方差阵来确定。根据确定基线向量解所采用的模式，可选择利用式(12-17)或式(12-23)确定出最终参与 GPS 网平差的基线向量观测值的方差-协方差阵。

(4)方程的解

根据上面的误差方程、观测值方差-协方差阵 $\boldsymbol{D}$ 和基准方程，按照最小二乘原理进行平

差解算,得到平差结果:

$$\hat{X} = (N_{bb} + N_{gg})^{-1} W \tag{12-71}$$

式中,

$$N_{bb} = B^{T} D^{-1} B \tag{12-72}$$

$$N_{gg} = G G^{T} \tag{12-73}$$

$$W = B^{T} D^{-1} L \tag{12-74}$$

待定点坐标参数估值:

$$\hat{X} = X^{0} + \hat{x} \tag{12-75}$$

观测值的单位权中误差:

$$\hat{\sigma}_{0} = \sqrt{\frac{V^{T} D^{-1} V}{3n - 3m + 3}} \tag{12-76}$$

其中, n 为组成 GPS 网的基线数; m 为总点数。

2. 单位权方差的检验

在平差完成后,需要进行单位权方差估值 $\hat{\sigma}_0^2$ 的检验,它应与平差前先验的单位权方差 σ_0^2 一致,判断它们是否一致可采用χ^2-检验。检验方法如下:

原假设 $H_0:\hat{\sigma}_0^2 = \sigma_0^2$; 备选假设 $H_1:\hat{\sigma}_0^2 \neq \sigma_0^2$

其中,

$$\hat{\sigma}_0^2 = \frac{V^{T} D^{-1} V}{3n - 3m + 3}$$

若

$$\frac{V^{T} D^{-1} V}{\chi^2_{\alpha/2}} < \sigma_0^2 < \frac{V^{T} D^{-1} V}{\chi^2_{1-\alpha/2}}$$

其中 α 为显著性水平,则 H_0 成立,检验通过;反之,则 H_1 成立,检验未通过。

在三维无约束平差中,单位权方差估值 $\hat{\sigma}_0^2$ 的检验主要用于确定以下两个方面的问题:

(1)观测值的先验单位权方差是否合适;

(2)各观测值之间的权比关系是否合适。

因此,当χ^2- 检验未通过时,通常表明可能具有以下三方面的问题:

(1)给定了不适当的先验单位权方差;

(2)观测值之间的权比关系不合适;

(3)观测值中可能存在粗差。

在进行三维无约束平差时,最初通常会将单位权方差设为 1。由于该值是人为给定的值,因而在大多数情况下,并不是与所给定的观测值权阵相一致的单位权方差。虽然在三维无约束平差中,如果仅有 GPS 观测值,其取值并不会影响参数的估值,但是,为了在后续的约束或联合平差中对起算数据的质量进行检验,通常需要对先验的单位权方差进行调整,使其与验后的单位权方差一致。

而观测值的权阵则通过利用基线解算时与基线向量估值一同得出的基线向量的方差-协方差阵生成,由于基线解算时所得出的方差-协方差阵反映的主要是观测值的内符合精度,而影响基线向量实际精度的系统误差并未能完全反映,因此,据此所生成的权阵实际上可能无法正确反映出观测值间的权比关系。通过χ^2-检验,可以确定观测值的权阵是否合适。

如果GPS基线向量中含有粗差,可以认为其方差非常大,但其基线向量解所给出的方差并不能反映这一情况。实际上,也可以将这种情况当做是观测值之间的权比关系不适当,因此,有时也将使得无法通过χ^2-检验。

这里需要指出的是,若χ^2-检验未通过,还无法确定究竟发生了上述三种情况中的哪一种,还必须利用其他信息来加以判断,如基线向量残差的大小及分布,在测量时是否采用了不同的观测方法或仪器,是否采用了不同数据处理软件进行基线解算,基线向量的类型是否相同。

3. 残差检验

根据GB/T 18314—2009要求,GPS网无约束平差所得出的相邻点距离精度应满足规范中对各等级网的要求参见8.2.2节。除此以外,无约束平差基线分量改正数的绝对值($V_{\Delta X}$,$V_{\Delta Y}$,$V_{\Delta Z}$)应满足如下要求:

$$V_{\Delta X} \leqslant 3\sigma$$
$$V_{\Delta Y} \leqslant 3\sigma$$
$$V_{\Delta Z} \leqslant 3\sigma$$

式中,σ为相应级别规定的基线的精度。若基线分量改正数超限,则认为该基线或其附近的基线存在粗差,应在平差中将其剔除,直至所有参与平差的基线满足要求。

12.3.3 三维约束平差

1. 基本方法

进行GPS网三维约束平差的方法主要有以下两种:

(1)利用已知参心坐标,计算参心系到地心系的转换关系,将已知的参心坐标转换到地心坐标系下,然后在地心系下进行约束平差,最后,将平差结果转换到参心坐标系。

(2)建立包含地心系到参心系的转换参数和参心系下坐标参数在内的统一函数模型,平差后可直接得出待定点在参心系下的坐标。

在这里主要介绍第二种方法的数学模型。

2. 数学模型

(1)误差方程

设有一GPS基线向量$\Delta \boldsymbol{X}_{A_{ij}} = [\Delta X_{ij} \quad \Delta Y_{ij} \quad \Delta Z_{ij}]_A^{\mathrm{T}}$,其两端点在地心地固系$A$下的坐标分别为:

$$\boldsymbol{X}_{A_i} = [X_i \quad Y_i \quad Z_i]_A^{\mathrm{T}}, \quad \boldsymbol{X}_{A_j} = [X_j \quad Y_j \quad Z_j]_A^{\mathrm{T}} \tag{12-77}$$

在参心系B下的坐标分别为:

$$\boldsymbol{X}_{B_i} = [X_i \quad Y_i \quad Z_i]_B^{\mathrm{T}}, \quad \boldsymbol{X}_{B_j} = [X_j \quad Y_j \quad Z_j]_B^{\mathrm{T}} \tag{12-78}$$

根据七参数基准转换模型,有:

$$\boldsymbol{X}_{A_i} = \begin{bmatrix} X_i \\ Y_i \\ Z_i \end{bmatrix}_A = \begin{bmatrix} X_i \\ Y_i \\ Z_i \end{bmatrix}_B + \boldsymbol{K}_j\boldsymbol{T}, \quad \boldsymbol{X}_{A_j} = \begin{bmatrix} X_j \\ Y_j \\ Z_j \end{bmatrix}_A = \begin{bmatrix} X_i \\ Y_i \\ Z_i \end{bmatrix}_B + \boldsymbol{K}_i\boldsymbol{T} \tag{12-79}$$

式中，$\boldsymbol{K}_i = \begin{bmatrix} 1 & 0 & 0 & 0 & -Z_i & Y_i & X_i \\ 0 & 1 & 0 & Z_i & 0 & -X_i & Y_i \\ 0 & 0 & 1 & -Y_i & X_i & 0 & Z_i \end{bmatrix}_A$；$\boldsymbol{K}_j = \begin{bmatrix} 1 & 0 & 0 & 0 & -Z_j & Y_j & X_j \\ 0 & 1 & 0 & Z_j & 0 & -X_j & Y_j \\ 0 & 0 & 1 & -Y_j & X_j & 0 & Z_j \end{bmatrix}_A$；

$\boldsymbol{T} = [T_X \quad T_Y \quad T_Z \quad \omega_X \quad \omega_Y \quad \omega_Z \quad m]^{\mathrm{T}}$ 为 7 个基准转换参数，T_X、T_Y 和 T_Z 为平移参数；ω_X、ω_Y 和 ω_Z 为旋转参数；m 为尺度参数。

则参心系 B 下的基本观测方程为：

$$\begin{bmatrix} \Delta X_{ij} \\ \Delta Y_{ij} \\ \Delta Z_{ij} \end{bmatrix}_A + \begin{bmatrix} v_{\Delta X_{ij}} \\ v_{\Delta Y_{ij}} \\ v_{\Delta Z_{ij}} \end{bmatrix}_A = \left(\begin{bmatrix} \hat{X}_j \\ \hat{Y}_j \\ \hat{Z}_j \end{bmatrix}_B + \boldsymbol{K}_j \boldsymbol{T} \right) - \left(\begin{bmatrix} \hat{X}_i \\ \hat{Y}_i \\ \hat{Z}_i \end{bmatrix}_B + \boldsymbol{K}_i \boldsymbol{T} \right) \tag{12-80}$$

分析式(12-80)可知，平移参数 T_X、T_Y、T_Z 将会被消去，这样就有：

$$\begin{bmatrix} \Delta X_{ij} \\ \Delta Y_{ij} \\ \Delta Z_{ij} \end{bmatrix}_A + \begin{bmatrix} v_{\Delta X_{ij}} \\ v_{\Delta Y_{ij}} \\ v_{\Delta Z_{ij}} \end{bmatrix}_A$$

$$= \begin{bmatrix} X_j^0 + \hat{x}_j \\ Y_j^0 + \hat{y}_j \\ Z_j^0 + \hat{z}_j \end{bmatrix}_B - \begin{bmatrix} X_i^0 + \hat{x}_i \\ Y_i^0 + \hat{y}_i \\ Z_i^0 + \hat{z}_i \end{bmatrix}_B + \begin{bmatrix} 0 & -\Delta Z_{ij}^0 & \Delta Y_{ij}^0 & \Delta X_{ij}^0 \\ \Delta Z_{ij}^0 & 0 & -\Delta X_{ij}^0 & \Delta Y_{ij}^0 \\ -\Delta Y_{ij}^0 & \Delta X_{ij}^0 & 0 & \Delta Z_{ij}^0 \end{bmatrix}_B \begin{bmatrix} \hat{\omega}_X \\ \hat{\omega}_Y \\ \hat{\omega}_Z \\ \hat{m} \end{bmatrix}_B$$

$$= \begin{bmatrix} \Delta X_{ij}^0 \\ \Delta Y_{ij}^0 \\ \Delta Z_{ij}^0 \end{bmatrix}_B + \begin{bmatrix} -1 & 0 & 0 & 1 & 0 & 0 & 0 & -\Delta Z_{ij}^0 & \Delta Y_{ij}^0 & \Delta X_{ij}^0 \\ 0 & -1 & 0 & 0 & 1 & 0 & \Delta Z_{ij}^0 & 0 & -\Delta X_{ij}^0 & \Delta Y_{ij}^0 \\ 0 & 0 & -1 & 0 & 0 & 1 & -\Delta Y_{ij}^0 & \Delta X_{ij}^0 & 0 & \Delta Z_{ij}^0 \end{bmatrix} \begin{bmatrix} \hat{x}_i \\ \hat{y}_i \\ \hat{z}_i \\ \hat{x}_j \\ \hat{y}_j \\ \hat{z}_j \\ \hat{\omega}_x \\ \hat{\omega}_y \\ \hat{\omega}_z \\ \hat{m} \end{bmatrix}_B \tag{12-81}$$

则误差方程为：

$$\begin{bmatrix} v_{\Delta X_{ij}} \\ v_{\Delta Y_{ij}} \\ v_{\Delta Z_{ij}} \end{bmatrix}_A = \begin{bmatrix} -1 & 0 & 0 & 1 & 0 & 0 & 0 & -\Delta Z_{ij}^0 & \Delta Y_{ij}^0 & \Delta X_{ij}^0 \\ 0 & -1 & 0 & 0 & 1 & 0 & \Delta Z_{ij}^0 & 0 & -\Delta X_{ij}^0 & \Delta Y_{ij}^0 \\ 0 & 0 & -1 & 0 & 0 & 1 & -\Delta Y_{ij}^0 & \Delta X_{ij}^0 & 0 & \Delta Z_{ij}^0 \end{bmatrix} \begin{bmatrix} \hat{x}_i \\ \hat{y}_i \\ \hat{z}_i \\ \hat{x}_j \\ \hat{y}_j \\ \hat{z}_j \\ \hat{\omega}_x \\ \hat{\omega}_y \\ \hat{\omega}_z \\ \hat{m} \end{bmatrix}_B$$

$$- \left(\begin{bmatrix} \Delta X_{ij} \\ \Delta Y_{ij} \\ \Delta Z_{ij} \end{bmatrix}_A - \begin{bmatrix} \Delta X_{ij}^0 \\ \Delta Y_{ij}^0 \\ \Delta Z_{ij}^0 \end{bmatrix}_B \right) \tag{12-82}$$

对于一个由 n 个点 m 条基线向量所构成的 GPS 网,其总的误差方程为:

$$\boldsymbol{V} = \boldsymbol{B}\hat{\boldsymbol{X}} - \boldsymbol{L} \tag{12-83}$$

式中,

$\underset{(3n+4)\times 1}{\hat{\boldsymbol{X}}} = \begin{bmatrix} \underset{3n\times 1}{\hat{\boldsymbol{X}}_1} \\ \underset{4\times 1}{\hat{\boldsymbol{X}}_2} \end{bmatrix}$,其中,$\hat{\boldsymbol{X}}_1 = \begin{bmatrix} \hat{x}_1 & \hat{x}_2 & \cdots & \hat{x}_n \end{bmatrix}^{\mathrm{T}}$ 为坐标参数,$\hat{\boldsymbol{X}}_2 = \begin{bmatrix} \hat{\omega}_x & \hat{\omega}_y & \hat{\omega}_z & \hat{m} \end{bmatrix}^{\mathrm{T}}$ 为基准转换参数;

$\underset{3m\times(3n+4)}{\boldsymbol{B}} = \begin{bmatrix} \underset{3\times(3n+4)}{\boldsymbol{b}_1} & \underset{3\times(3n+4)}{\boldsymbol{b}_2} & \cdots & \underset{3\times(3n+4)}{\boldsymbol{b}_m} \end{bmatrix}^{\mathrm{T}}$,假定第 l 条基线向量的两个端点分别为 i、j,则有:

$$\boldsymbol{b}_l = \begin{bmatrix} \underset{3\times 3}{\boldsymbol{0}} & \cdots & \underbrace{\underset{3\times 3}{-\boldsymbol{I}}}_{\text{第}i\text{个子阵}} & \cdots & \underbrace{\underset{3\times 3}{\boldsymbol{I}}}_{\text{第}j\text{个子阵}} & \cdots & \underset{3\times 3}{\boldsymbol{0}} & \underbrace{\underset{3\times 4}{\boldsymbol{T}_{D\ i,j}}}_{\text{第}n+1\text{个子阵}} \end{bmatrix}$$

其中,

$$\boldsymbol{T}_{D\ i,j} = \begin{bmatrix} 0 & -\Delta Z_{ij}^0 & \Delta Y_{ij}^0 & \Delta X_{ij}^0 \\ \Delta Z_{ij}^0 & 0 & -\Delta X_{ij}^0 & \Delta Y_{ij}^0 \\ -\Delta Y_{ij}^0 & \Delta X_{ij}^0 & 0 & \Delta Z_{ij}^0 \end{bmatrix}$$

其余符号的含义与前面三维无约束平差的误差方程(见式(12-67))类似。

(2)约束条件

若在 B 坐标系下共有 l_C 个点的坐标、l_D 个边长和 l_A 个方位已知，则有约束条件（基准方程）：

$$G\hat{X} = 0 \tag{12-84}$$

式中，$\underset{(3l_C+l_L+l_A)\times(3n+4)}{G} = \begin{bmatrix} \underset{3l_C\times(3n+4)}{G_C} & \underset{l_L\times(3n+4)}{G_L} & \underset{l_A\times(3n+4)}{G_A} \end{bmatrix}^T$。而 $\underset{3l_C\times(3n+4)}{G_C} = \begin{bmatrix} \underset{3\times(3n+4)}{g_{C_1}} & \underset{3\times(3n+4)}{g_{C_2}} & \cdots & \underset{3\times(3n+4)}{g_{C_{l_C}}} \end{bmatrix}^T$，

$\underset{l_D\times(3n+4)}{G_D} = \begin{bmatrix} \underset{1\times(3n+4)}{g_{D_1}} & \underset{1\times(3n+4)}{g_{D_2}} & \cdots & \underset{1\times(3n+4)}{g_{D_{l_D}}} \end{bmatrix}^T$，$\underset{l_A\times(3n+4)}{G_A} = \begin{bmatrix} \underset{1\times(3n+4)}{g_{A_1}} & \underset{1\times(3n+4)}{g_{A_2}} & \cdots & \underset{1\times(3n+4)}{g_{A_{l_A}}} \end{bmatrix}^T$ 分别为坐标、边长和方位约束条件的系数，且有：

$$\underset{3\times(3n+4)}{g_{C_k}} = \underbrace{\begin{bmatrix} \underset{3\times3}{0} & \cdots & \underset{\text{第}k\text{个子阵}}{\underset{3\times3}{I}} & \cdots & \underset{3\times3}{0} & \underset{3\times4}{0} \end{bmatrix}}_{\text{由}n+1\text{个子阵组成，除了第}k\text{个子阵外，其余均为零矩阵}} \tag{12-85}$$

$$\underset{1\times(3n+4)}{g_{D_{i,j}}} = \underbrace{\begin{bmatrix} \underset{1\times3}{0} & \cdots & \underbrace{-\underset{1\times3}{T_{S_{ij}^0}}}_{\text{第}i\text{个子阵}} & \cdots & \underbrace{\underset{1\times3}{T_{S_{ij}^0}}}_{\text{第}j\text{个子阵}} & \cdots & \underset{1\times3}{0} & \underset{1\times4}{0} \end{bmatrix}}_{\text{由}n+1\text{个子阵组成，除了第}i,j\text{个子阵外，其余均为零矩阵}} \tag{12-86}$$

$$\underset{1\times(3n+4)}{g_{A_{i,j}}} = \underbrace{\begin{bmatrix} \underset{1\times3}{0} & \cdots & \underbrace{-\underset{1\times3}{T_{A_{ij}}}\underset{3\times3}{T_{T_i}}}_{\text{第}i\text{个子阵}} & \cdots & \underbrace{\underset{1\times3}{T_{A_{ij}}}\underset{3\times3}{T_{T_j}}}_{\text{第}j\text{个子阵}} & \cdots & \underset{1\times3}{0} & \underset{1\times4}{0} \end{bmatrix}}_{\text{由}n+1\text{个子阵组成，除了第}i,j\text{个子阵外，其余均为零矩阵}} \tag{12-87}$$

（3）观测值权阵

在 GPS 网的三维约束平差时，基线向量观测值的权阵为无约束平差中最终采用的观测值方差-协方差阵。

（4）方程的解

根据上面的观测方程和基准方程，按照最小二乘原理进行平差解算，得到平差结果：

$$\hat{X} = (N_{bb} + N_{gg})^{-1}W \tag{12-88}$$

式中，

$$N_{bb} = B^{\mathrm{T}}D^{-1}B \tag{12-89}$$

$$N_{gg} = G\,G^{\mathrm{T}} \tag{12-90}$$

$$W = B^{\mathrm{T}}D^{-1}L \tag{12-91}$$

待定参数估值为：

$$\hat{X} = X^0 + \hat{x} \tag{12-92}$$

单位权中误差：

$$\hat{\sigma}_0 = \sqrt{\frac{V^{\mathrm{T}}D^{-1}V}{3n - 3m + 3l - 4}} \tag{12-93}$$

其中，n 为组成 GPS 网的基线数；m 为总点数；l 为已知点数。

3. *单位权方差的检验*

与无约束平差时一样，在平差约束完成后，也需要采用 χ^2-检验的方法进行单位权方差估值 $\hat{\sigma}_0^2$ 的检验，不过目的不一样，此时是为了确定起算数据是否与 GPS 观测成果相容。如

果未通过χ^2-检验,通常表明起算数据与GPS网不相容。可能有两种原因造成这一情况:一种是起算数据的质量不高;另一种是GPS网的质量不高。在大多数情况下是前一种原因。

4. *残差检验*

根据GB/T 18314—2009要求,GPS网的约束平差中,基线分量改正数与经过粗差剔除后的无约束平差的同一基线相应改正数较差的绝对值($dV_{\Delta X}$,$dV_{\Delta Y}$,$dV_{\Delta Z}$)应满足如下要求:

$$dV_{\Delta X} \leqslant 2\sigma$$

$$dV_{\Delta Y} \leqslant 2\sigma$$

$$dV_{\Delta Z} \leqslant 2\sigma$$

式中,σ为相应级别规定的基线的精度。若结果不满足要求,则认为作为约束的已知坐标、已知距离、已知方位中存在一些误差较大的值,应删除这些误差较大的约束值,直至满足要求。

5. *起算数据的检验*

在进行GPS网的约束平差或联合平差时,必须对起算数据质量进行检验,由于在GPS网平差中所用的起算数据一般为点的坐标,在这里仅给出已知点的检验方法:

在进行平差解算时,不是一次性地固定所有已知点,而是逐步加以固定。具体方法是,首先固定一个已知点进行平差,将平差所得到的其他已知点坐标与已知值进行比较,由于WGS-84与当地坐标系间存在旋转和缩放的原因,此时的坐标差异可能会达到分米级,但具有一定的系统性;然后,再增加一个固定点进行平差,同样,将平差所得的其他已知点坐标与已知值进行比较,当已知点坐标不存在问题时,它们之间的差异应在厘米级,否则就可以确定已知点的坐标存在问题。为了确定出存在问题的起算点,可以采用轮换固定多个已知点的方法。

当只有2个已知点时,可通过直接用GPS联测这两个已知点,然后再在当地坐标系下比较它们坐标差的已知值与联测值或边长已知值与联测值的方法检验起算数据,此时虽能发现已知点可能存在问题,但无法确定存在问题的点。

12.3.4 三维联合平差

1. *误差方程*

GPS网的联合平差通常是在一个局部参照系下进行的,平差所采用的观测量除了GPS基线向量以外,还包括地面常规观测量,这些地面常规观测量可以是边长观测值、角度观测值或方向观测值等,平差所采用的起算数据一般为地面点的三维大地坐标,有时还可加入已知边长和已知方位等作为起算数据。

$$\boldsymbol{V} = \boldsymbol{B}\hat{\boldsymbol{X}} - \boldsymbol{L} \tag{12-94}$$

式中,

$$\underset{(3m_G+m_D+m_A+m_O+m_Z)\times(3n+4+k)}{\boldsymbol{L}} = \begin{bmatrix} \underset{3m_G\times(3n+4+k)}{\boldsymbol{L}_G} & \underset{m_D\times(3n+4+k)}{\boldsymbol{L}_D} & \underset{m_A\times(3n+4+k)}{\boldsymbol{L}_A} & \underset{m_O\times(3n+4+k)}{\boldsymbol{L}_O} & \underset{m_Z\times(3n+4+k)}{\boldsymbol{L}_Z} \end{bmatrix}^{\mathrm{T}}$$

其中,

$\boldsymbol{L}_G = \begin{bmatrix} \boldsymbol{l}_{G_1} & \boldsymbol{l}_{G_2} & \cdots & \boldsymbol{l}_{G_{m_G}} \end{bmatrix}^{\mathrm{T}}$为GPS基线向量的观测值减计算值项,假定第$l$条基线向量

的两个端点分别为 i、j，则有 $\boldsymbol{l}_{G_{ij}} = \begin{bmatrix} \Delta X_{ij} - \Delta X_{ij}^0 & \Delta Y_{ij} - \Delta Y_{ij}^0 & \Delta Z_{ij} - \Delta Z_{ij}^0 \end{bmatrix}^{\mathrm{T}}$；

$\boldsymbol{L}_D = \begin{bmatrix} l_{D_1} & l_{D_2} & \cdots & l_{D_{m_D}} \end{bmatrix}^{\mathrm{T}}$ 为空间距离的观测值减计算值项，假定第 l 个空间距离观测值的两个端点分别为 i、j，则有 $l_{D_l} = S_{ij} - S_{ij}^0$；

$\boldsymbol{L}_A = \begin{bmatrix} l_{A_1} & l_{A_2} & \cdots & l_{A_{m_A}} \end{bmatrix}^{\mathrm{T}}$，$\boldsymbol{L}_O = \begin{bmatrix} l_{O_1} & l_{O_2} & \cdots & l_{O_{m_O}} \end{bmatrix}^{\mathrm{T}}$，$\boldsymbol{L}_Z = \begin{bmatrix} l_{Z_1} & l_{Z_2} & \cdots & l_{Z_{m_Z}} \end{bmatrix}^{\mathrm{T}}$ 分别为方位角、方向、天顶距的观测值减计算值项；

$$\underset{(3m_G+m_D+m_A+m_O+m_Z)\times(3n+5)}{\boldsymbol{V}} = \begin{bmatrix} \underset{3m_G\times(3n+5)}{\boldsymbol{V}_G} & \underset{m_D\times(3n+5)}{\boldsymbol{V}_D} & \underset{m_A\times(3n+5)}{\boldsymbol{V}_A} & \underset{m_O\times(3n+5)}{\boldsymbol{V}_O} & \underset{m_Z\times(3n+5)}{\boldsymbol{V}_Z} \end{bmatrix}^{\mathrm{T}}$$

$$\underset{(3m_G+m_D+m_A+m_O+m_Z)\times(3n+5)}{\boldsymbol{B}} = \begin{bmatrix} \underset{3m_G\times(3n+5)}{\boldsymbol{B}_G} & \underset{m_D\times(3n+5)}{\boldsymbol{B}_D} & \underset{m_A\times(3n+5)}{\boldsymbol{B}_A} & \underset{m_O\times(3n+5)}{\boldsymbol{B}_O} & \underset{m_Z\times(3n+5)}{\boldsymbol{B}_Z} \end{bmatrix}^{\mathrm{T}}$$

其中，

$\boldsymbol{B}_G = \begin{bmatrix} \boldsymbol{b}_{G_1} & \boldsymbol{b}_{G_2} & \cdots & \boldsymbol{b}_{G_{m_G}} \end{bmatrix}^{\mathrm{T}}$ 为设计矩阵中与 GPS 基线向量观测值有关的部分，假定第 l 条基线向量的两个端点分别为 i、j，则有：

$$\boldsymbol{b}_{G_l} = \begin{bmatrix} \underset{3\times3}{\boldsymbol{0}} & \cdots & \underbrace{\underset{3\times3}{-\boldsymbol{I}}}_{\text{第}i\text{个子阵}} & \cdots & \underbrace{\underset{3\times3}{\boldsymbol{I}}}_{\text{第}j\text{个子阵}} & \cdots & \underset{3\times3}{\boldsymbol{0}} & \underbrace{\underset{3\times4}{\boldsymbol{T}_{D\,i,j}}}_{\text{第}n+1\text{个子阵}} & \underset{3\times k}{\boldsymbol{0}} \end{bmatrix};$$

$\boldsymbol{B}_D = \begin{bmatrix} \boldsymbol{b}_{D_1} & \boldsymbol{b}_{D_2} & \cdots & \boldsymbol{b}_{D_{m_D}} \end{bmatrix}^{\mathrm{T}}$ 为设计矩阵中与空间距离观测值有关的部分，假定第 l 个空间距离的两个端点分别为 i、j，则有：

$$\boldsymbol{b}_{D_l} = \begin{bmatrix} \underset{1\times3}{\boldsymbol{0}} & \cdots & \underbrace{\underset{1\times3}{-\boldsymbol{T}_{S_{ij}}}}_{\text{第}i\text{个子阵}} & \cdots & \underbrace{\underset{1\times3}{\boldsymbol{T}_{S_{ij}}}}_{\text{第}j\text{个子阵}} & \cdots & \underset{1\times3}{\boldsymbol{0}} & \underbrace{\underset{1\times4}{\boldsymbol{0}}}_{\text{第}n+1\text{个子阵}} & \underset{1\times k}{\boldsymbol{0}} \end{bmatrix};$$

$\boldsymbol{B}_A = \begin{bmatrix} \boldsymbol{b}_{A_1} \boldsymbol{b}_{A_2} \cdots \boldsymbol{b}_{A_{m_A}} \end{bmatrix}^{\mathrm{T}}$ 为设计矩阵中与方位角观测值有关的部分，假定第 l 个方位角的两个端点分别为 i、j，则有：

$$\boldsymbol{b}_{A_l} = \begin{bmatrix} \underset{1\times3}{\boldsymbol{0}} & \cdots & \underbrace{-\underset{1\times3}{\boldsymbol{T}_{A_{ij}}}\underset{3\times3}{\boldsymbol{T}_{T_i}}}_{\text{第}i\text{个子阵}} & \cdots & \underbrace{\underset{1\times3}{\boldsymbol{T}_{A_{ij}}}\underset{3\times3}{\boldsymbol{T}_{T_i}}}_{\text{第}j\text{个子阵}} & \cdots & \underset{1\times3}{\boldsymbol{0}} & \underbrace{\underset{1\times4}{\boldsymbol{0}}}_{\text{第}n+1\text{个子阵}} & \underset{1\times k}{\boldsymbol{0}} \end{bmatrix};$$

$\boldsymbol{B}_O = \begin{bmatrix} \boldsymbol{b}_{O_1} & \boldsymbol{b}_{O_2} & \cdots & \boldsymbol{b}_{O_{m_O}} \end{bmatrix}^{\mathrm{T}}$ 为设计矩阵中与方向观测值有关的部分，假定第 l 个方向的两个端点分别为 i、j，并与第 s 个定向角参数有关，则有：

$$\boldsymbol{b}_{O_l} = \begin{bmatrix} \underset{1\times3}{\boldsymbol{0}} \cdots \underbrace{-\underset{1\times3}{\boldsymbol{T}_{A_{ij}}}\underset{3\times3}{\boldsymbol{T}_{T_i}}}_{\text{第}i\text{个子阵}} \cdots \underbrace{\underset{1\times3}{\boldsymbol{T}_{A_{ij}}}\underset{3\times3}{\boldsymbol{T}_{T_i}}}_{\text{第}j\text{个子阵}} \cdots & \underset{1\times3}{\boldsymbol{0}} & \underbrace{\underset{1\times4}{\boldsymbol{0}}}_{\text{第}n+1\text{个子阵}} & \underbrace{\begin{bmatrix} 0 & \cdots & \underbrace{-1}_{\text{此子阵的第}s\text{个元素}} & \cdots & 0 \end{bmatrix}}_{\text{第}n+2\text{个}1\times k\text{子阵}} \end{bmatrix};$$

$\boldsymbol{B}_Z = \begin{bmatrix} \boldsymbol{b}_{Z_1} & \boldsymbol{b}_{Z_2} & \cdots & \boldsymbol{b}_{Z_{m_Z}} \end{bmatrix}^{\mathrm{T}}$ 为设计矩阵中与天顶距观测值有关的部分，假定第 l 个方向的两个端点分别为 i、j，则有：

$$\boldsymbol{b}_{Z_l} = \begin{bmatrix} \underset{1\times3}{\boldsymbol{0}} & \cdots & \underbrace{-\underset{1\times3}{\boldsymbol{T}_{Z_{ij}}}\underset{3\times3}{\boldsymbol{T}_{T_i}}}_{\text{第}i\text{个子阵}} & \cdots & \underbrace{\underset{1\times3}{\boldsymbol{T}_{Z_{ij}}}\underset{3\times3}{\boldsymbol{T}_{T_i}}}_{\text{第}j\text{个子阵}} & \cdots & \underset{1\times3}{\boldsymbol{0}} & \underbrace{\underset{1\times4}{\boldsymbol{0}}}_{\text{第}n+1\text{个子阵}} & \underset{1\times k}{\boldsymbol{0}} \end{bmatrix};$$

$$\underset{(3n+4+k)\times 1}{\hat{\boldsymbol{X}}} = \begin{bmatrix} \underset{3n\times 1}{\hat{\boldsymbol{X}}_1} & \underset{4\times 1}{\hat{\boldsymbol{X}}_2} & \underset{k\times 1}{\hat{\boldsymbol{X}}_3} \end{bmatrix}^{\mathrm{T}}$$

其中，$\hat{\boldsymbol{X}}_1 = \begin{bmatrix} \hat{x}_1 & \hat{x}_2 & \cdots & \hat{x}_n \end{bmatrix}^{\mathrm{T}}$ 为坐标参数，$\hat{\boldsymbol{X}}_2 = \begin{bmatrix} \hat{\omega}_x & \hat{\omega}_y & \hat{\omega}_z & \hat{m} \end{bmatrix}^{\mathrm{T}}$ 为基准转换参数，$\hat{\boldsymbol{X}}_3 = \begin{bmatrix} \hat{\theta}_1 & \hat{\theta}_2 & \cdots & \hat{\theta}_k \end{bmatrix}^{\mathrm{T}}$ 为定向角参数，k 为定向角参数的数量。

2. 观测值权阵

在 GPS 网的联合平差中，观测值的方差-协方差阵具有下面形式：

$$\underset{(3m_G+m_D+m_A+m_O+m_Z)\times(3m_G+m_D+m_A+m_O+m_Z)}{\boldsymbol{D}} = \mathrm{diag}(\boldsymbol{D}_G \quad \boldsymbol{D}_D \quad \boldsymbol{D}_A \quad \boldsymbol{D}_O \quad \boldsymbol{D}_Z)$$

3. 起算基准

约束条件的形式与约束平差相同。

4. 方程的解

最终解的形式也与约束平差相同。

12.4 采用 GPS 技术建立独立坐标系

12.4.1 独立坐标系

在测量应用中，常常需要采用平面坐标系，与数学中常用的平面直角坐标系不同，它的纵轴为 X 轴，横轴为 Y 轴。

测量中的平面坐标系分为两类：一类是国家坐标系，另一类是独立坐标系。国家坐标系要求按规定进行投影分带，通常是 6°带或 3°带，投影中央子午线根据投影区域所处的分带得出，如果是 6°带，则投影的中央经线为 $6n-3$；如果是 3°带，则投影的中央经线为 $3n$，其中 n 为投影带的带号，投影面为国家大地基准所确定的参考椭球面。在投影面上，以投影带中央经线的投影为纵轴（X 轴）、赤道投影为横轴（Y 轴）以及它们的交点为原点。如果平面坐标系不按上述方法进行定义，则被称为独立坐标系。

在国家级的大地控制测量中，通常采用国家坐标系，这将有利于测绘资料基准的统一。但是，对于工程应用和城市测量，由于作业区域有可能位于标准投影带的边缘，并且作业区域的平均高程或工程关键区域的高程也有可能与国家大地基准的参考椭球面有较大差异，在这种情况下，国家坐标系下的平面坐标将会具有较大的投影变形，这不利于工程的进行，而独立坐标系可以解决城市建设和工程应用中要求限制投影变形的问题。

独立坐标系也有两类：一类基本上采用标准的投影公式得出坐标，不同的是投影中央经线和投影面与国家标准投影不同，投影中央经线根据具体要求人为指定，通常通过投影区域中央，而投影面为当地的平均高程面，此类独立坐标系通常用于城市坐标系；另一类坐标系则更为特殊，它的坐标原点和坐标轴的指向都根据具体要求人为指定，坐标归化到指定的高程面上。在第一类独立坐标系中，旋转角通常较小；而在第二类独立坐标系中，旋转角通常会很大。

在这两类独立坐标系中都存在着坐标系的旋转、平移和尺度的问题。产生旋转、平移和尺度的原因主要可以分为两类:一类是历史原因所造成,另一类是工程的特殊需要。

第一类独立坐标系主要是由于最初在建立坐标系时,由于技术条件的限制,定向、定位精度有限,导致最终所定义出来的坐标系与国家坐标系在坐标原点和坐标轴指向上有所差异。还有一种情况,就是出于成果保密等原因,在按国家坐标系进行数据处理后,对所得坐标成果进行一定的平移和旋转,得出独立坐标系。

第二类独立坐标系主要是在许多的工程应用中,为了满足工程的要求以及工程计算或施工放样的方便,通常并不采用地心坐标系或参心坐标系,而是采用一种极为特殊的参考系,即所谓的独立坐标系或工程坐标系。此类坐标系通常为平面坐标系,并且具有坐标平面高度、坐标轴指向及坐标原点根据工程需要进行指定的特点。例如,在桥轴线坐标系中,将桥轴线为坐标系的纵轴;通过指定桥轴线上一点的坐标来确定坐标系的原点;将坐标平面置于桥墩顶平面处。而在坝轴坐标系中,则定义坝轴线方向为横轴;通过指定某一点的坐标来确定坐标系的原点;坐标系的纵轴与水流方向平行,指向下游;坐标平面为放样精度要求最高的平面(一般为厂房基础平面),也有可能是各重要设备安装平面的平均高程面。

12.4.2　建立独立坐标系基本方法

采用 GPS 技术建立独立坐标系,需要解决两方面的问题:第一个问题是将成果归化到特定投影面上,这个问题本质上是一个将坐标投影到任意指定相对于参考椭球面高度的投影面的问题;第二个问题是独立坐标系的旋转、平移和尺度的问题,可以采用相似变换的方法来处理。

根据具体情况,在采用 GPS 技术建立独立坐标系下的控制网时,可以用下面两种方法。

方法一:首先进行 GPS 网的无约束平差,得到地心地固系下的坐标;然后将 GPS 测定的三维坐标投影到独立坐标系所在的平均高程面或指定高度的高程面上;最后再进行平移和旋转变换得出最终的坐标。

方法二:首先通过约束平差或基准转换,得出国家大地基准下的坐标;然后通过坐标投影,将三维坐标投影到参考椭球面上;最后进行坐标的相似变换,从而得出最终的坐标。对于这种情况,要求事先在网中测定几条高精度的激光测距边,在处理时,既可以将这些边当做约束值,也可以将它们当做观测值,与 GPS 基线向量观测值一起进行平差。

有关标准的坐标投影和约束平差或联合平差的原理和过程,在前面的章节中已有介绍,这里仅补充介绍将成果投影到指定高度的高程面以及相似变换的方法。

12.4.3　投影面的转换

在进行坐标的投影变换时,如果直接采用国家参考椭球参数和国家大地坐标系下的球面坐标,所得到的是在与国家参考椭球相切的平面上的坐标,而不是在指定高度的高程面上的坐标。要得到指定高程面上的平面坐标,可以采用直接法和间接法两种方法。直接法仍采用标准的投影过程,不过投影时的参考椭球的定位或参考椭球的参数需要进行相应的改变,这种方法又分为椭球平移法和椭球膨胀法。间接法则是在进行投影时不改变参考椭球的定位和参考椭球的参数,而是对投影后的坐标进行比例缩放,从而达到将坐标改化到指定高程面上的目的。后一种方法实际上属于相似变换。

1. 椭球平移法

(1)基本思想

椭球平移法的基本思想是将国家参考椭球沿独立坐标系的原点(局部区域的中心点)所在法线进行平移,使椭球面与该点相切,将坐标转换到基于平移后的参考椭球的坐标参照系下,再以平移后的椭球为依据,对这些坐标进行投影变换,得出在指定高程面上的平面坐标。如图 12-6 所示。

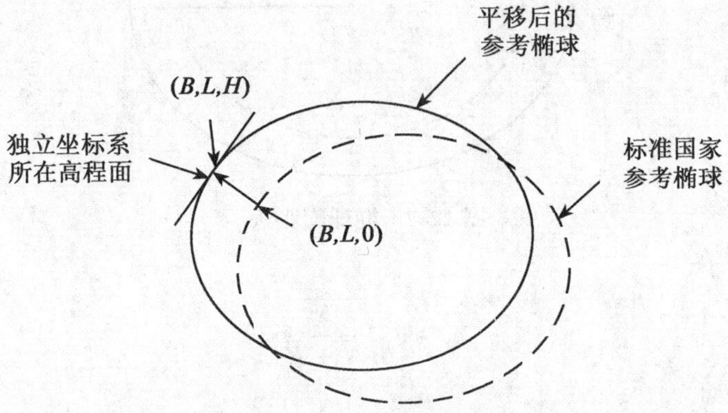

图 12-6 椭球平移法

(2)算法流程

①确定项目中心区域的纬度 B 和经度 L;

②获取项目中心区域的高程异常 ζ;

③将指定投影高程面的正常高 h 与上面所得到的高程异常 ζ 相加,得出投影高程面的大地高 H;

④利用式(12-1)将(B,L,H)转换为(X,Y,Z);

⑤计算将椭球沿中心区域法线方向平移,使椭球面与所要求的高程面相切后的中心区域的空间直角坐标(X_1,Y_1,Z_1),即将大地坐标($B,L,0$)转换为空间直角坐标(X_1,Y_1,Z_1);

⑥将空间直角坐标(X_1,Y_1,Z_1)与(X,Y,Z)相减,计算出椭球的平移量($\Delta X,\Delta Y,\Delta Z$);

⑦利用所计算出的平移量,将原坐标系下的三维坐标转换到平移后的坐标系中,再在新坐标系下进行投影。

2. 椭球膨胀法

(1)基本思想

该方法的基本思想是保持参考椭球的定位和定向不变,对椭球进行缩放,使得经过缩放之后的参考椭球的椭球面与独立坐标系所选定平面在中心区域相切,如图 12-7 所示,此时,在切点处,两椭球面的法线是重合的。

要满足上述缩放条件,新椭球的长半轴 a_1 和扁率 e_1 分别为:

$$a_1 = \frac{N + H}{\sqrt{1 - e_1^2 \sin^2 B}} \tag{12-95}$$

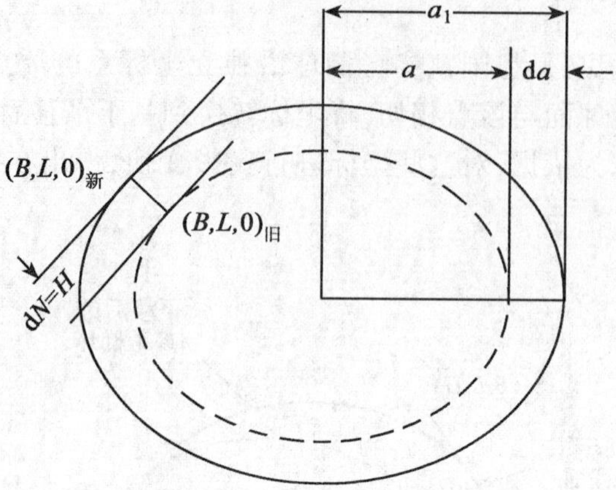

图 12-7　椭球膨胀法

$$e_1 = e\sqrt{\frac{N}{N+H}} \tag{12-96}$$

(2)算法流程

①确定项目中心区域的纬度 B 和经度 L；

②获取项目中心区域的高程异常 ζ；

③将指定投影高程面的正常高 h 与上面所得到的高程异常 ζ 相加，得出投影高程面的大地高 H；

④利用式(12-95)和式(12-96)计算新参考椭球的长半轴 a_1 和扁率 e_1；

⑤将原参考椭球下的大地坐标转换到新参考椭球下；

⑥以新椭球为基准进行投影，得出指定高程面下的坐标。

3. 两种直接方法的比较

这两种方法的特点如下：

①两种直接方法都适合于在没有外部约束的条件下建立独立坐标系，也就是说在没有独立坐标系下的多个已知点或至少一条已知边长的情况下。

②采用椭球平移法时，由于进行椭球平移后的球面坐标与平移前的球面坐标在数值上会产生较大差异，因此，虽然投影时所采用的椭球参数并未改变，但所得到的指定高程面上的平面坐标却与国家参考椭球的椭球面上的平面坐标在数值上有很大差异，不过点与点之间的几何关系并未改变。

③采用椭球膨胀法时，虽然投影时所采用的椭球参数与国家参考椭球的参数有所差异，但是投影前的球面坐标却是与进行椭球膨胀前一样的，因此，经过投影后所得到的平面坐标在数值上与国家参考椭球的椭球面上的平面坐标接近，只是进行了相应的比例缩放。

④在一个小的局部区域中，两种直接方法所得出的指定高程面上的平面坐标，在坐标间的相对关系上是一致的。

12.4.4 坐标的相似变换

采用相似变换的方法,也可以得出独立坐标系下的坐标。该方法的基本思想是:先将经过无约束平差得到的三维坐标投影为平面坐标,投影所采用的参考椭球可以直接选择地心椭球,然后采用相似变换的方法得出独立坐标系下的坐标。相似变换所需要的参数 ΔX_0、ΔY_0、m、α 可利用在独立坐标系下的已知坐标、已知边长和已知方位得出。下面为进行相似变换的公式:

$$\begin{cases} X_B = \Delta X_0 + m \cdot \cos\alpha \cdot X_A - m \cdot \sin\alpha \cdot Y_A \\ Y_B = \Delta Y_0 + m \cdot \sin\alpha \cdot X_A + m \cdot \cos\alpha \cdot Y_A \end{cases} \tag{12-97}$$

式中, X_A、Y_A 为原平面坐标系下的坐标; X_B、Y_B 为独立坐标系下的坐标; ΔX、ΔY 为原平面坐标系下的坐标转换到独立坐标系下的坐标的平移量; m 和 α 分别为原平面坐标系下的坐标转换到独立坐标系下的坐标的缩放因子及旋转角。

12.5 GPS 高程测量

在采用传统地面观测技术进行地面点位置的确定时,通常其平面位置和高程是分别确定的,这样做的原因主要有两个:一个是平面位置和高程分别基于不同的参考基准,确定平面位置时,通常以参考椭球面为基准,而确定高程时,则以大地水准面或似大地水准面为基准;另一个是确定平面位置和高程所采用的观测方法不同,水平位置通常通过测水平角、测边的方法来确定,而高程则是通过水准测量或测竖直角和边长的方法来确定,由于观测方法不尽相同,因而进行观测时所要求的观测条件也不相同。

采用包括 GPS 在内的空间定位技术,虽可以同时确定出点的三维位置,但令人遗憾的是,所确定出的高程是相对于一个选定的参考椭球,即所谓的大地高,而不是在实际应用中广泛采用的与地球重力场密切相关的正高或正常高。不过,如果能够设法获得相应点上的大地水准面差距或高程异常,就可以进行相应高程系统的转换,将大地高转换为正高或正常高。

12.5.1 高程系统及其相互关系

高程系统指的是与确定高程有关的参考面及以其为基础的高程的定义。目前,常用的高程系统包括大地高、正高和正常高等。其中,在工程应用中,普遍采用的是正高和正常高系统。本节将介绍常用的高程系统及其相互关系。

1. 高程系统

(1)大地水准面和正高

重力位 W 为常数的面被称为重力等位面。由于给定一个重力位 W, 就可以确定出一个重力等位面,因而地球的重力等位面有无穷多个。在某一点处,其重力值 g 与两相邻大地水准面 W 和 $W + \mathrm{d}W$ 间的距离 $\mathrm{d}h$ 之间具有下列关系

$$\mathrm{d}W = g\mathrm{d}h \tag{12-98}$$

由于重力等位面上点的重力值不一定相等,从式(12-98)可以看出,两相邻等位面不一

定平行。

在地球的众多重力等位面中，有一个被称为大地水准面的特殊面，它是重力位为 W_0 的地球重力等位面，一般认为大地水准面与平均海水面一致。由于大地水准面具有明确的物理定义，因而在某些高程系统中被当做自然参考面。

大地水准面与地球内部质量分布有着密切的关系。但由于该质量分布复杂多变，因而大地水准面虽具有明确的物理定义，却仍然非常复杂。其形状大致为一个旋转椭球，但在局部地区会有起伏。大地水准面差距或大地水准面起伏为沿参考椭球的法线，从参考椭球面量至水准面的距离，在本书中统一用符号 N 表示，如图 12-8 所示。

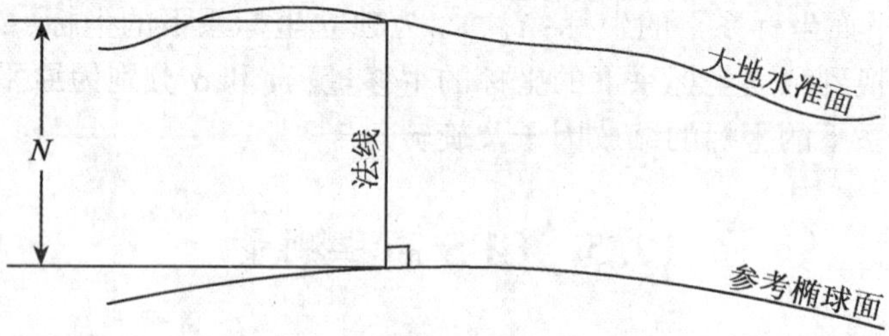

图 12-8　大地水准面与参考椭球面

正高系统是以地球大地水准面为基准面的高程系统。某点的正高是从该点出发，沿该点与基准面间各个重力等位面的垂线所量测出的距离，如图 12-9 所示。需要指出的是，重力中的内在变化将引起垂线平滑而连续的弯曲，因而在一段垂直距离上，与重力正交的物理等位面并不是平行的（即垂线并不完全与椭球的法线平行）。在本书中，正高用符号 H_g 表示。

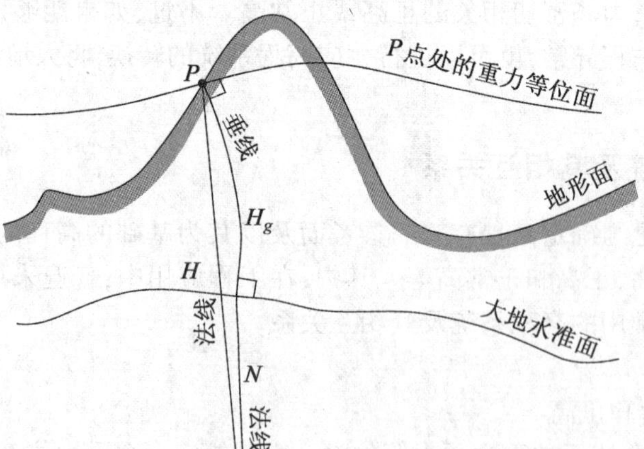

图 12-9　大地高和正高

作为大地高基准的参考椭球与大地水准面之间的几何关系见图 12-9,并具有如下关系:

$$N = H - H_g \tag{12-99}$$

其中,N 为大地水准面差距或大地水准面高;H 为大地高;H_g 为正高。

虽然,在上面正高的定义中采用了一些几何概念,但实际上正高是一种物理高程系统。根据物理学原理,可以将重力位沿垂线的增量表示为:

$$\mathrm{d}W = -g(h)\,\mathrm{d}h \tag{12-100}$$

其中,$g(H_g)$ 为垂线上各点的实测重力值。那么,对 $\mathrm{d}W$ 沿垂线从大地水准面到地面某点 P 进行积分,有:

$$\Delta W = W_P - W_0 = \int_{\mathrm{Geoid}}^{P} \mathrm{d}W = -\int_{\mathrm{Geoid}}^{P} g(h)\,\mathrm{d}h \tag{12-101}$$

如果令沿垂线从大地水准面到地面某点 P 的平均重力值为 g_m,则有:

$$g_m = -\frac{\int_{\mathrm{Geoid}}^{P} g(h)\,\mathrm{d}h}{\int_{\mathrm{Geoid}}^{P} \mathrm{d}h} \tag{12-102}$$

由式(12-101)和式(12-102)可得:

$$\frac{-\int_{\mathrm{Geoid}}^{P} g(h)\,\mathrm{d}h}{g_m} = \frac{\Delta W}{g_m} = \int_{\mathrm{Geoid}}^{P} \mathrm{d}h \tag{12-103}$$

由于

$$\int_{\mathrm{Geoid}}^{P} \mathrm{d}h = H_g \tag{12-104}$$

这样,就得出了正高的物理定义:

$$H_g = -\frac{1}{g_m}\int_{\mathrm{Geoid}}^{P} g(h)\,\mathrm{d}h \text{ 或 } H_g = \frac{\Delta W}{g_m} \tag{12-105}$$

正高的测定通常是通过水准测量来进行的。

(2)似大地水准面和正常高

虽然正高系统具有明确的物理定义,但是由于难以直接沿垂线测定从地面点至大地水准面之间的平均重力值 g_m,需要利用重力场模型、地球内部质量分布及地形数据进行复杂的计算才能得到,所以通过式(12-105)来确定地面点的正高有一定的难度。为了解决这一问题,莫洛金斯基提出了正常高的概念,即用平均正常重力值 γ_m 来替代式(12-105)中的 g_m,从而得到正常高的定义:

$$H_\gamma = -\frac{1}{\gamma_m}\int_{\mathrm{Geoid}}^{P} g(h)\,\mathrm{d}h \text{ 或 } H_\gamma = \frac{\Delta W}{\gamma_m} \tag{12-106}$$

由于 γ_m 是可以精确计算的,所以正常高也是可以精确确定的。

似大地水准面是沿正常重力线由各地面点向下量取正常高后所得到的点构成的曲面。

与大地水准面不同,似大地水准面不是一个等位面,它没有确切的物理意义,但与大地水准面较为接近,并且在辽阔的海洋上与大地水准面是一致的。沿正常重力线方向,由似大地水准面上的点量测到参考椭球面的距离被称为高程异常,书中用符号 ζ 表示,如图 12-10 所示。

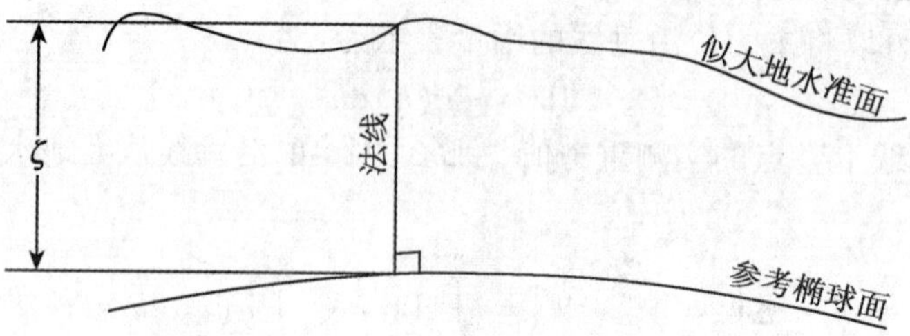

图 12-10　似大地水准面与参考椭球面

点相对于似大地水准面的高度被称为正常高,表示为 H_γ。ζ 与 H_r 的关系为:

$$N + H_g = \zeta + H_\gamma \tag{12-107}$$

高程异常 ζ 到大地水准面差距 N 的转换关系为:

$$N = \zeta + \frac{g_m - \gamma_m}{\gamma_m} H_g \tag{12-108}$$

其中, g_m 为大地水准面与地球表面间铅垂线上真实平均重力值; γ_m 为从参考椭球沿法线方向到近似地球面的平均正常重力值。根据上面两式,可以得到 H_g 与 H_γ 间的转换关系:

$$H_\gamma = H_g + \frac{g_m - \gamma_m}{\gamma_m} H_g \tag{12-109}$$

正高和正常高系统都是世界上应用非常广的高程系统。正高或正常高都可以通过传统的几何水准来确定,这种方法虽然非常精密,但却费时费力。从目前的理论和技术水平来看,GPS 定位技术是一种高效的可在一定程度上替代几何水准的方法。采用 GPS 技术所确定出的大地高的精度可以优于 1cm,要将所确定出的大地高转换为正高或正常高而又不降低精度,需要具有相同精度的大地水准面或似大地水准面。大地水准面或似大地水准面为地形测图、GPS 水准、导航、水道测量、海洋测量和其他一些卫星定位应用提供了将大地高转换为正高(或正常高)的基础。

(3)参考椭球面和大地高

大地高系统是以参考椭球面为基准面的高程系统。某点的大地高是该点到通过该点的参考椭球的法线与参考椭球面的交点间的距离。大地高也称为椭球高,在本书中用符号 H 表示。

大地高是一个纯几何量,不具有物理意义。它是大地坐标的一个分量,与基于参考椭球的大地坐标系有着密切的关系。显然,大地高与大地基准有关,同一个点在不同的大地基准下,具有不同的大地高。

大地高可以通过将空间直角坐标(X,Y,Z)转换为大地坐标(B,L,H)得出。

2. 不同高程系统间的关系

根据前面的内容,可将大地高、正高和正常高之间的相互关系总结如下:

$$H = H_g + N \quad 或 \quad H_g = H - N \tag{12-110}$$

$$H = H_\gamma + \zeta \quad 或 \quad H_\gamma = H - \zeta \tag{12-111}$$

$$H_\gamma = H_g + \frac{g_m - \gamma_m}{\gamma_m} H_g \quad 或 \quad H_g = H_\gamma - \frac{\gamma_m - g_m}{\gamma_m} H_\gamma \tag{12-112}$$

12.5.2 GPS 水准

1. 概述

虽然正高和正常高均可以通过水准和重力测量得到,但是这些方法的作业成本非常高,而作业效率又相对较低。随着 GPS 的出现,采用 GPS 技术测定点的正高和正常高,即所谓的 GPS 水准,引起了越来越广泛的兴趣。不过,单独采用 GPS 技术是无法测定出点的正高或正常高的,因为 GPS 测量得出的是一组空间直角坐标 (X,Y,Z) 坐标,通过坐标转换可以将其转换为大地经纬度和大地高 (B,L,H),要确定出点的正高或正常高,需要在基于椭球和大地水准面或似大地水准面的高程系统间进行转换,也就是必须要知道这些点上的大地水准面差距或高程异常。由此可以看出,GPS 水准实际上包括两方面的内容:一方面是采用 GPS 方法确定大地高,另一方面是采用其他技术方法确定大地水准面差距或高程异常。前者与 GPS 测量定位同属一类问题,在本书中已进行了大量叙述;而后者本身并不属于 GPS 测量定位的范畴,而是属于一个物理大地测量问题,本节主要围绕此问题进行介绍。

需要说明的一点是,虽然下面的内容以正高系统为例进行介绍,但由本章概述部分可知,这两个高程系统间也是可以相互转换的,所以经过很小的变化后,同样适用于正常高系统。另外,对于纯几何内插方法而言,无论对正高系统还是正常高系统,算法都是完全一样的。

2. 大地水准面差距的确定

如果大地水准面差距已知,就能够通过式(12-110)进行大地高与正高间的相互转换,但当其未知时,则需要设法确定大地水准面差距的数值。确定大地水准面差距的基本方法有天文大地法、地球重力场的重力位模型、重力测量法(Stokes 积分)和几何内插法及残差模型法等方法。

(1)天文大地法

天文大地法(Astro-Geodetic Method)的基本原理是利用天文观测数据并结合大地测量成果,确定出一些点上的垂线偏差,这些同时具有天文和大地观测资料的点被称为天文大地点,然后再利用这些垂线偏差来确定大地水准面差距。具体用来确定大地水准面差距的天文大地法有两种。

方法一:测定 A、B 两点间加入了垂线偏差改正的天顶角,计算出两点间大地高之差 ΔH_{AB},利用水准测量的方法测定出两点间的正高之差 $\Delta H_{g_{AB}}$ 或正常高之差 $\Delta H_{\gamma_{AB}}$。这样,就可以得出两点间大地水准面差距的变化 ΔN_{AB} 或高程异常的变化 $\Delta \zeta_{AB}$:

$$\Delta N_{AB} = \Delta H_{AB} - \Delta H_{g_{AB}} \tag{12-113}$$

$$\Delta \zeta_{AB} = \Delta H_{AB} - \Delta H_{\gamma_{AB}} \tag{12-114}$$

如果采用上述方法确定出了一系列相互关联的点之间的大地水准面差距的变化或高程异常的变化,并且已知其中一个点上的大地水准面差距或高程异常,则可以确定出其他点上的大地水准面差距或高程异常。

方法二：要确定 A、B 两点间大地水准面差距之差，首先设法确定出从 A 点到 B 点的路线上的垂线偏差 ε，然后沿路线 AB 进行垂线偏差的积分，即得：

$$\Delta N_{AB} = N_B - N_A = -\int_A^B \varepsilon \mathrm{d}S - E_{AB} \tag{12-115}$$

或

$$\Delta N_{AB} = N_B - N_A = -\int_A^B \varepsilon_0 \mathrm{d}S \tag{12-116}$$

式中，ε 为在地面上所观测到的垂线偏差；ε_0 为改化到大地水准面上的垂线偏差；E_{AB} 为正高改正。

天文大地法所采用的基本数据为垂线偏差，它们是由二维大地平差所计算出的大地坐标与相应天文方法所确定出的天文坐标之间的差异。由于在该方法中需要利用大地测量成果来确定垂线偏差，因而采用该方法所获得的大地水准面差距信息是相对于大地测量成果所对应的局部参考椭球的，它是一种获得相对于参考椭球所隐含的局部大地基准的大地水准面差距的方法。该方法所得到的大地水准面差距信息本质上是天文大地点间的倾斜，大地水准面的剖面通过一系列的天文大地点来确定。另外，该方法仅适用于具有天文坐标的区域，其精度与天文大地点间的距离、各剖面间的距离、大地水准面的平滑程度以及天文观测的精度等因素有关，整体的相对大地水准面差距的精度可能仅有几米。

(2)大地水准面模型法

大地水准面模型是一个代表地球大地水准面形状的数学面，通常由有限阶次的球谐多项式构成，具有如下形式：

$$N = \frac{GM}{R\gamma}\sum_{n=2}^{n_{\max}}\sum_{m=0}^{n}\left(\frac{a_e}{R}\right)^n P_{nm}(\sin\phi)\left[C_{nm}^{*}\cos m\lambda + S_{nm}\sin m\lambda\right] \tag{12-117}$$

式中，ϕ、λ 为计算点的地心纬度和经度；R 为计算点的地心半径；γ 为椭球上的正常重力；a_e 为地球赤道半径；G 为万有引力常数；M 为地球质量；P_{nm} 为 n 次 m 阶伴随 Legendre 函数；C_{nm}^{*}、S_{nm} 为大地水准面差距所对应的参考椭球重力位的 n 次 m 阶球谐系数；$n_{\max}$ 为球谐展开式的最高阶次。

大地水准面模型的基本数据为球谐重力位系数，所得到的大地水准面差距信息相对于地心椭球，模型精度取决于用作边界条件的重力观测值的覆盖面积和精度、卫星跟踪数据的数量和质量、大地水准面的平滑性以及模型的最高阶次等因素，旧的针对一般用途的大地水准面模型的绝对精度低于 1m，但目前最新的大地水准面模型的绝对精度有了显著提高，达到了几个厘米。另外，通过模型所得到的相对大地水准面差距的精度要比绝对大地水准面差距的精度高，因为，计算点处所存在的偏差(或长波误差)将在大地水准面差距的求差过程中被大大地削弱。实践中，要得到特定位置处的大地水准面差距，可首先提取该位置所处规则化格网节点上的模型数值，然后采用双二次内插方法来估计所需大地水准面差距。大地水准面模型的适用性很广，可在陆地、海洋和近地轨道中使用，不过目前全球性的模型在某些区域其精度和分辨率有限。

(3)重力测量法(Stokes 积分)

重力测量方法的基本原理是对地面重力观测值进行 Stokes 积分,得出大地水准面差距。其中,Stokes 积分为:

$$N=\frac{R}{4\pi\gamma}\iint_{S}\Delta g S(\psi)\mathrm{d}S \tag{12-118}$$

式中,R 为地球平均半径;γ 为球上的正常重力;$S(\psi)$ 为 Stokes 函数;Δg 为某个表面单元的重力异常(等于归化到大地水准面上的观测重力值减去椭球上相应点处的正常重力值);ψ 为从地心所量测的计算点与重力异常点间的角半径。

原则上积分应在全球范围进行,在未采用空间技术之前,特别是未具有由球谐系数所提供的全球重力场之前,由于需要全球的重力异常,从而限制了该重力测量方法的使用。现在,重力测量技术实际上是 Stokes 积分与球谐模型的联合。即

$$N=N_L+N_S \tag{12-119}$$

其中,N_L 为长波信息,由式(12-117)求得;N_S 是由表面重力积分所得出的短波信息,不过所采用的是下面经过修改的公式:

$$N_S=\frac{R}{4\pi\gamma}\int_0^{\psi_0}\int_0^{2\pi}f(\psi)\Delta g'\mathrm{d}\alpha\mathrm{d}\psi \tag{12-120}$$

积分仅在以计算点为中心、半径为 ψ_0 的有限区间中进行,而 $\Delta g'$ 为:

$$\Delta g'=\Delta g+\Delta g_L \tag{12-121}$$

式中,

$$\Delta g_L=\frac{GM}{R^2}\sum_{n=2}^{n_{\max}}\left(\frac{a_e}{R}\right)^n\sum_{m=0}^{n}P_{nm}(\sin\phi)\left[C_{nm}^{*}\cos m\lambda+S_{nm}\sin m\lambda\right] \tag{12-122}$$

采用重力测量法所得到的大地水准面差距信息是相对于地心椭球的,其基本数据是计算点附近的地面重力观测值,仅适用于具有良好局部重力覆盖的区域。采用该方法所得到的大地水准面差距的精度与重力观测值的质量和覆盖密度有关。与大地水准面模型法相似,该方法所确定出的相对大地水准面差距精度要优于绝对大地水准面差距,其相对精度可达数十万分之一。

(4)几何内插法

在一个点上进行了 GPS 观测,可以得到该点的大地高 H。若能够得到该点的正常高 H_g,就可根据下式计算出该点处的大地水准面差距 N:

$$N=H-H_g \tag{12-123}$$

其中,H 可通过水准测量确定。

几何内插法的基本原理就是通过一些既进行了 GPS 观测又具有水准资料的点上的大地水准面差距,采用平面或曲面拟合、配置、三次样条等内插方法,得到其他点上的大地水准面差距。

下面简单介绍常用的多项式内插算法。

在进行多项式内插时,可采用不同阶次的多项式,如可将大地水准面差距表示为下面三种多项式形式之一。

零次多项式(常数拟合):

$$N = a_0 \tag{12-124}$$

一次多项式(平面拟合)：

$$N = a_0 + a_1 \cdot \mathrm{d}X + a_2 \cdot \mathrm{d}Y \tag{12-125}$$

二次多项式(二次曲面拟合)：

$$N = a_0 + a_1 \cdot \mathrm{d}X + a_2 \cdot \mathrm{d}Y + a_3 \cdot \mathrm{d}X^2 + a_4 \cdot \mathrm{d}Y^2 + a_5 \cdot \mathrm{d}X \cdot \mathrm{d}Y \tag{12-126}$$

式中，$\mathrm{d}X = X - X_0$；$\mathrm{d}Y = Y - Y_0$；$X_0 = \frac{1}{n}\sum X$；$Y_0 = \frac{1}{n}\sum Y$；n 为进行了 GPS 观测的点的数量。

利用其中一些具有水准资料的所谓公共点上的大地高和正高，可以计算出这些点上的大地水准面差距 N。若要采用零次多项式进行内插，要确定 1 个拟合系数，因此，至少需要 1 个公共点；若要采用一次多项式进行内插，要确定 3 个拟合系数，至少需要 3 个公共点；若要采用二次多项式进行内插，要确定 6 个参数，则至少需要 6 个公共点。以进行二次多项式拟合为例，存在一个这样的公共点，就可以列出一个方程：

$$N_i = a_0 + a_1 \cdot \mathrm{d}X_i + a_2 \cdot \mathrm{d}Y_i + a_3 \cdot \mathrm{d}X_i^2 + a_4 \cdot \mathrm{d}Y_i^2 + a_5 \cdot \mathrm{d}X_i \cdot \mathrm{d}Y_i \tag{12-127}$$

若存在 m 个这样的公共点，则可列出一个由 m 个方程所组成的方程组：

$$\begin{cases} N_1 = a_0 + a_1 \cdot \mathrm{d}X_1 + a_2 \cdot \mathrm{d}Y_1 + a_3 \cdot \mathrm{d}X_1^2 + a_4 \cdot \mathrm{d}Y_1^2 + a_5 \cdot \mathrm{d}X_1 \cdot \mathrm{d}Y_1 \\ N_2 = a_0 + a_1 \cdot \mathrm{d}X_2 + a_2 \cdot \mathrm{d}Y_2 + a_3 \cdot \mathrm{d}X_2^2 + a_4 \cdot \mathrm{d}Y_2^2 + a_5 \cdot \mathrm{d}X_2 \cdot \mathrm{d}Y_2 \\ \cdots \\ N_m = a_0 + a_1 \cdot \mathrm{d}X_m + a_2 \cdot \mathrm{d}Y_m + a_3 \cdot \mathrm{d}X_m^2 + a_4 \cdot \mathrm{d}Y_m^2 + a_5 \cdot \mathrm{d}X_m \cdot \mathrm{d}Y_m \end{cases} \tag{12-128}$$

将式(12-128)写成误差方程的形式，即

$$\boldsymbol{V} = \boldsymbol{A}\boldsymbol{x} + \boldsymbol{L} \tag{12-129}$$

式中，

$$\boldsymbol{A} = \begin{bmatrix} 1 & \mathrm{d}X_1 & \mathrm{d}Y_1 & \mathrm{d}X_1^2 & \mathrm{d}Y_1^2 & \mathrm{d}X_1 \cdot \mathrm{d}Y_1 \\ 1 & \mathrm{d}X_2 & \mathrm{d}Y_2 & \mathrm{d}X_2^2 & \mathrm{d}Y_2^2 & \mathrm{d}X_2 \cdot \mathrm{d}Y_2 \\ & & & \cdots & & \\ 1 & \mathrm{d}X_m & \mathrm{d}Y_m & \mathrm{d}X_m^2 & \mathrm{d}Y_m^2 & \mathrm{d}X_m \cdot \mathrm{d}Y_m \end{bmatrix}$$

$$\boldsymbol{x} = [a_0 \quad a_1 \quad a_2 \quad a_3 \quad a_4 \quad a_5]^{\mathrm{T}}$$

$$\boldsymbol{L} = [N_1 \quad N_2 \quad \cdots \quad N_m]^{\mathrm{T}}$$

通过最小二乘法可以求解出多项式的系数：

$$\boldsymbol{x} = -(\boldsymbol{A}^{\mathrm{T}}\boldsymbol{D}^{-1}\boldsymbol{A})^{-1}(\boldsymbol{A}^{\mathrm{T}}\boldsymbol{D}^{-1}\boldsymbol{L}) \tag{12-130}$$

式中，$\boldsymbol{D}$ 为大地水准面差距值的方差-协方差阵，可根据正高和大地高的精度加以确定。

几何内插法简单易行，不需要复杂的软件，可以得到相对于局部参考椭球的大地水准面差距信息，适用于那些具有足够数量较高精度的既有正高又有大地高的点，并且其分布和密度都较为合适的区域。该方法所得到的大地水准面差距的精度与公共点的分布、密度和质量及大地水准面的光滑度等因素有关。由于该方法是一种纯几何的方法，进行内插时，未考虑大地水准面的起伏变化，因此，一般仅适用于大地水准面较为光滑的地区，如平原地区，在这些区域，拟合的准确度可优于 1dm，但对于大地水准面起伏较大的地区，如山区，这种方法

的准确度有限。另外,通过该方法所得到的拟合系数,仅适用于确定这些系数的 GPS 网范围内。

(5)残差模型法

残差模型法较好地克服了几何内插法的一些缺陷,其基本思想也是内插,不过与几何内插所针对的内插对象不同,残差法内插的对象并不是大地水准面差距或高程异常,而是它们的模型残差值,其处理步骤如下:

①根据大地水准面模型计算地面点 P 的大地水准面差距 N_P;

②对 P 点进行常规水准联测,利用这些点上的 GPS 观测成果和水准资料求出这些点的大地水准面差距 N_P';

③求出采用以上两种不同方法所得到的大地水准面差距的差值 $\Delta N_P = N_P' - N_P$,即所谓的大地水准面模型残差;

④可算出 GPS 网中所有进行了常规水准联测的点上的大地水准面模型残差值;

⑤根据所得到的大地水准面模型残差值,采用内插方法确定出 GPS 网中未进行过常规水准联测的点上的大地水准面模型残差值 ΔN_i,并利用这些值对这些点上由大地水准面模型所计算出的大地水准面差距 N_i 进行改正,得出经过改正后的大地水准面差距值 $N_i' = N_i + \Delta N$。

3.GPS 水准的精度

(1)GPS 水准的精度

与常规水准相比,GPS 水准具有费用低、效率高的特点,能够在大范围的区域上进行高程数据的加密。但目前 GPS 水准的精度通常还不高,这主要有两方面的原因,一是受制于采用 GPS 方法所测定的大地高的精度;二是受制于采用不同方法所确定出来的大地水准面差距或高程异常的精度。

现在,GPS 测量的精度从 0.01ppm 到 10ppm 不等;采用重力位模型能够提供精度达到 3~10ppm 的相对大地水准面差距;由简单的内插方法所得到的大地水准面差距的精度差异较大,从几个 ppm 到 10ppm 或更差,具体精度与内插方法、大地水准面差距已知点的数量和分布以及内插区域大地水准面起伏情况等因素有关。综合目前各方面的实际情况,GPS 水准最好能够达到 3 等水准的要求。

(2)保证和提高 GPS 水准精度的方法

GPS 水准的精度取决于大地高和大地水准面差距两者的精度,因此,要保证和提高 GPS 水准的精度必须从提高这两者的精度着手。

大地水准面差距精度的提高有赖于物理大地测量的理论和技术。从局部应用的角度来看,在这一方面的发展方向是建立区域性的高精度、高分辨率大地水准面或似大地水准面模型。目前,应用最新的全球重力场模型,结合地面重力数据、GPS 测量成果和精密水准资料所建立的区域性水准面或似大地水准面模型的精度已达到 2~3cm。

要保证通过 GPS 测量所得到的大地高的精度,可以采用以下方法和步骤进行作业和数据处理:

(1)使用双频接收机。使用双频接收机所采集的双频观测数据,可以较为彻底地改正 GPS 观测值中与电离层有关的误差。

(2)使用相同类型的带有抑径板或抑径圈的大地型接收机天线。不同类型的 GPS 接收机天线具有不同的相位中心特性,当混合使用不同类型的天线时,如果数据处理时未进行相位中心偏移和变化改正,将引起很大的垂直分量误差,极端情况下能达到分米级。有时,即使进行了相应的改正,也可能由于所采用的天线相位中心模型的不完善而在垂直分量中引入一定量的误差。如果使用相同类型的天线,则可以完全避免这一情况的发生。至于要求天线带有抑径板或抑径圈,则是为了有效地抑制多路径效应的发生。

(3)对每个点在不同卫星星座和大气条件下进行多次设站观测。由于卫星轨道误差和大气折射会导致高程分量产生系统性偏差,如果同一测站在不同卫星星座和不同大气条件下进行了设站观测,则可以通过平均在一定程度上削弱它们对垂直分量精度的影响。

(4)在进行基线解算时使用精密星历。使用精密星历将减小卫星轨道误差,从而提高 GPS 测量成果的精度。

(5)基线解算时,对天顶对流层延迟进行估计。将天顶对流层延迟作为待定参数在基线解算时进行估计,可有效地减小对流层对 GPS 测量成果精度特别是垂直分量精度的影响。不过,需要指出的是,由于天顶对流层延迟参数与基线解算时的位置参数具有较强的相关性,因而要使其能够准确确定,必须进行较长时间的观测。

附录1　调制在 L_2C 码上的导航电文 CNAV

调制在 L_2C 码上的导航电文 CNAV(也称 $D_c(t)$)的结构、内容和精度等与先前所介绍的调制在P(Y)码和C/A码上的导航电文NAV有较大差异。CNAV中所含的内容更为丰富,结构更为合理,精度更高,计算方法也更为严密,能获得更好的结果,可以看成是NAV的改进版。用户在使用时,应区分这两种不同的导航电文,不能把NAV中的参数与CNAV中的参数混在一起使用。

1.CNAV的总体结构

CNAV是以300个比特为一个单位成组播发的,为方便起见,我们不妨仍沿用原来的术语,将这一组电文称为一帧电文。"帧"中间不再分"字",也无主帧和子帧之分别。奇偶检验方法也从原来的按字检核(每个字用6个比特的奇偶检验码来进行检核)改为用24bit的循环冗余码(CRC)来对整帧电文进行检核。导航电文的播发速率由原来的50bps改为现在的25bps,每帧电文的播发时间为12s。

CNAV电文共有15种不同的类型(NAV为12种不同类型:子帧1、2、3;子帧4有7种不同类型的电文;子帧5有2种不同类型的电文),详见附表1-1。其中电文类型0是在地面控制系统没有上传导航电文时或生成的导航电文有错误时而形成的一种电文,该帧电文的第39~279bit将交替出现0和1,以拒绝用户使用该组电文,这是全球定位系统为改善系统的可靠性而采取的一种措施。

附表1-1　**15种不同类型的CNAV电文**

序　号	电文类型	电文主要内容
1	0	错误电文,用户不使用
2	10	卫星星历1
3	11	卫星星历2
4	30	卫星钟、电离层延迟及群延迟参数
5	31	卫星钟及简化历书参数
6	32	卫星钟及EOP参数
7	33	卫星钟及UTC参数
8	34	卫星钟及微小改正参数
9	35	卫星钟及GGTO参数
10	36	卫星钟参数及其他电文
11	37	卫星钟和Midi历书参数
12	12	简化历书参数
13	13	卫星钟微小改正参数
14	14	星历微小改正参数
15	15	其他电文

各种类型的电文都是以 8 个比特的前导 10001011 开头的，然后是 6 个比特（第 9~14bit）的卫星 PRN 号，6 个比特的导航电文类型号（15~20bit），以及 17 个比特的 TOW 计数（21~37bit），如前所述 TOW 计数实际上是一个时间计数，将它乘以 6 后就是下一帧电文开始的时刻（在一星期内的时间，单位为 s）。第 38bit 为警告标识符，该比特为“1”时，说明卫星的实际精度可能比导航电文中的 URA 或 UDRA 给出的精度值更差，用户若使用该卫星将自己承担风险。

附表 1-2　不同参数重复播发的最大时间间隔

参　数	电文类型	重复播发的最大间隔
卫星星历	10,11	48s(4)
卫星钟	30~37	48s(4)
ISC,IONO	30	288s(24)
UTC	33	288s(24)
GGTO	35	288s(24)
简化历书	31 或 12	20min(100)
EOP	32	30min(150)
微小改正	34,12,14	30min(150)
Midi 历书	37	120min(600)
其他电文	36 或 15	按需要而定

上述各种类型的电文并不是按固定的顺序播发的，而是按对用户最为有利的原则按具体情况进行播发的。根据各种参数的特点、用途以及对用户的重要程度的不同，对每组参数重复播发的最大时间间隔作了规定，详见附表 1-2。例如，用户最多在 48s 内（4 帧电文中）即可获得一组完整的星历参数和卫星钟改正参数；用户最多在 288s 内（24 帧电文中）即可获得一组反映 GPS 时和其他 GNSS 时之差的参数 GGTO。

2.不同类型的导航电文的结构和内容

下面我们将依次介绍不同类型的导航电文的结构、内容以及利用这些参数来进行计算的方法。介绍的重点是在 CNAV 中出现的一些新参数及相应的计算方法，对于与 NAV 中相同或相仿的那些参数就不再详细介绍。

(1)10 型和 11 型导航电文

① 卫星星历

10 型和 11 型导航电文中包含了卫星星历、卫星健康状况等信息。导航电文的具体结构和内容见附图 1-1 和附图 1-2。其中与卫星星历有关的参数的名称、含义、所占的比特数及其单位等信息见附表 1-3。

由于卫星星历中给出的参数与 NAV 中给出的参数有所不同，因而计算卫星位置时的算法也需作出相应的调整。与以前的不同之处主要有：

A.参考时刻 t_{oe} 时的轨道长半径 $A_0 = A_{参考值} + \Delta A = 26559710\text{m} + \Delta A$；

B. t_{oe} 时的卫星平均运动角速度 $n_0 = \sqrt{\dfrac{\mu}{A_0^3}}$，$\mu = 3.986005 \times 10^{14}\text{m}^3/\text{s}^2$；

C. t 时刻的轨道长半径 $A = A_0 + \dot{A}(t - t_{oe})$；

D. t 时刻的卫星运动平均角速度 $n = n_0 + \Delta n_0 + \dfrac{1}{2}\Delta\dot{n}_0(t - t_{oe})$；

E.升交点赤经的变化率 $\dot{\Omega} = \dot{\Omega}_{参考值} + \Delta\dot{\Omega} = -2.6 \times 10^{-9} \times 180^{\circ}/\text{s} + \Delta\dot{\Omega}$

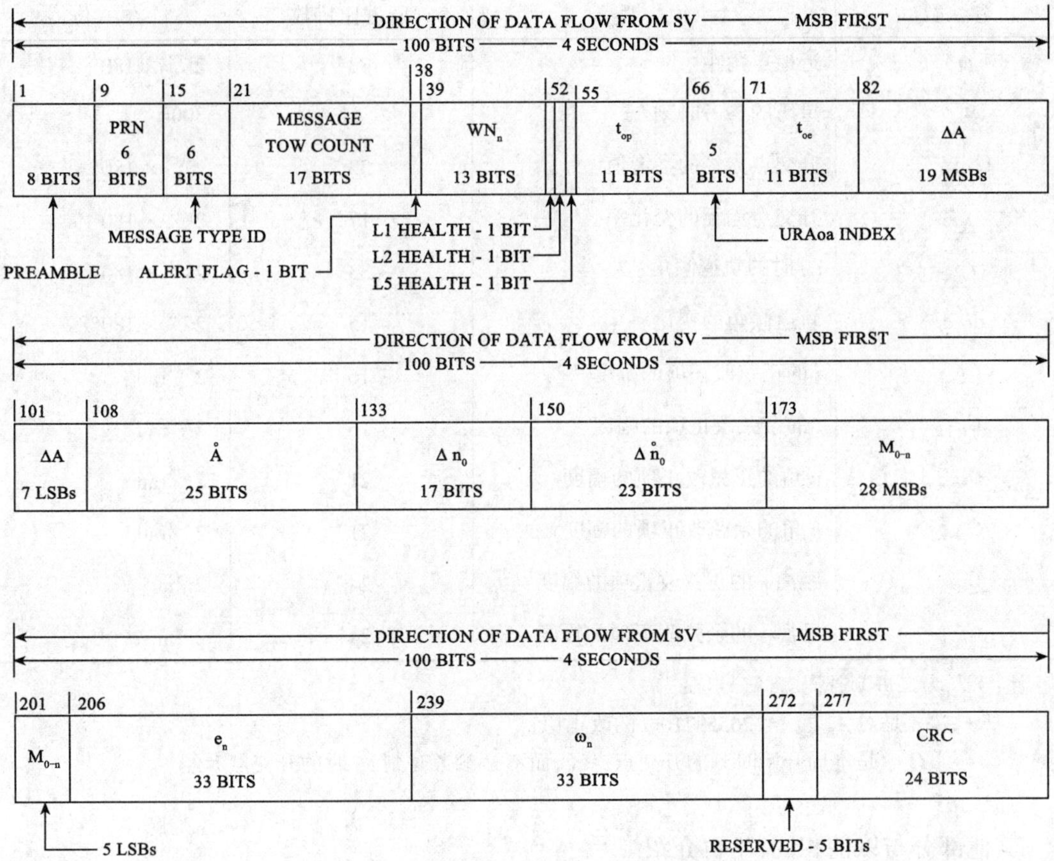

附图 1-1　Message Type10-Ephemeris 1

附表 1-3　**10 型和 11 型导航电文中的星历参数**

参　数	说　明	所占比特数	单　位
WN	星期数	13	1 星期
卫星精度		5*	
信号健康状况	L_1、L_2、L_5信号的健康状况	3	
t_{op}	资料预报时间	11	300s
ΔA **	t_{oe} 时 A_0 的改正数	26*	2^{-9}m
$\dot{A}$	轨道长半径的变化率	25*	2^{-21}m/s
Δn_0	t_{oe} 时的计算值 n_0 的改正数	17*	$2^{-44}\times 180°/s$
$\Delta\dot{n}_0$	Δn_0 的变化率	23*	$2^{-57}\times 180°/s^2$
M_{o-n}	t_{oe} 时的平近点角	33*	$2^{-32}\times 180°$
e_n	轨道的偏心率	33	2^{-34}

续表

参 数	说 明	所占比特数	单 位
ω_n	近地点角距	33*	$2^{-32}\times 180°$
t_{oe}	星历的参考时刻	11	300s
Ω_{o-n} ***	升交点赤经的参考值	33*	$2^{-32}\times 180°$
$\Delta\dot{\Omega}$	升交点赤经的变化率	17*	$2^{-44}\times 180°/s$
i_{o-n}	t_{oe} 时的轨道倾角	33*	$2^{-32}\times 180°$
di/dt	轨道倾角的变化率	15*	$2^{-44}\times 180°/s$
C_{is-n}	i 的正弦改正项的幅度	16*	2^{-30}rad
C_{ic-n}	i 的余弦改正项的幅度	16*	2^{-30}rad
C_{us-n}	u 角的正弦改正项的幅度	21*	2^{-30}rad
C_{uc-n}	u 角的余弦改正项的幅度	21*	2^{-30}rad
C_{rs-n}	距离 r 的正弦改正项的幅度	24*	2^{-8}m
C_{rc-n}	距离 r 的余弦改正项的幅度	24*	2^{-8}m

注：* 为二进制补码，含符号位；

** ΔA 是对 $A_{参考值}$ = 26559710m 的改正值；

*** Ω_{o-n} 是本周开始时刻的升交点赤经，而不是参考时刻 t_{oe} 时的升交点赤经。

其他部分与以前相同，不再介绍。

上述参数是地面控制系统根据 3h 的预报值用最小二乘曲线拟合法求得的，一般说来，这组参数在星历播发的 2h 及随后的 1h 内是有效的。

② WN

10 型导航电文的第 39~51bit 给出了卫星星历开始播发时的 GPS 星期数。由于 WN 已从原来的 10bit 扩充为 13bit，因而其最大的表示范围也从原来的 1023 周扩大为 8191 周（约 157 年）。

③ 资料预报时间 t_{op}

10 型导航电文中的第 55~65bit 给出了用来预报准开普勒轨道根数所进行的状态估计的时间。请注意区分 t_{op} 和 t_{oe} 的不同含义。

④ 卫星测距精度 URA_{oe} 的指数 N

10 型导航电文中的第 66~70bit 为卫星测距精度指数 N。未经授权的用户可根据该指数来评估由于卫星星历误差而导致的用户测距误差 URA_{oe}。用户测距误差在整个曲线拟合区间中可能是不相同的，URA_{oe} 是其最大值。N 可以在 −16~+15 变化，其中 N 在 1~15 间的含义与以前相同，无任何变化，但把原来的 $N=0$（$0 < URA_{oe} \leqslant 2.40$m）又加以细分，详见附表 1-4。其中 $N=1$~15 的部分与表 3-5 相同，未列出。

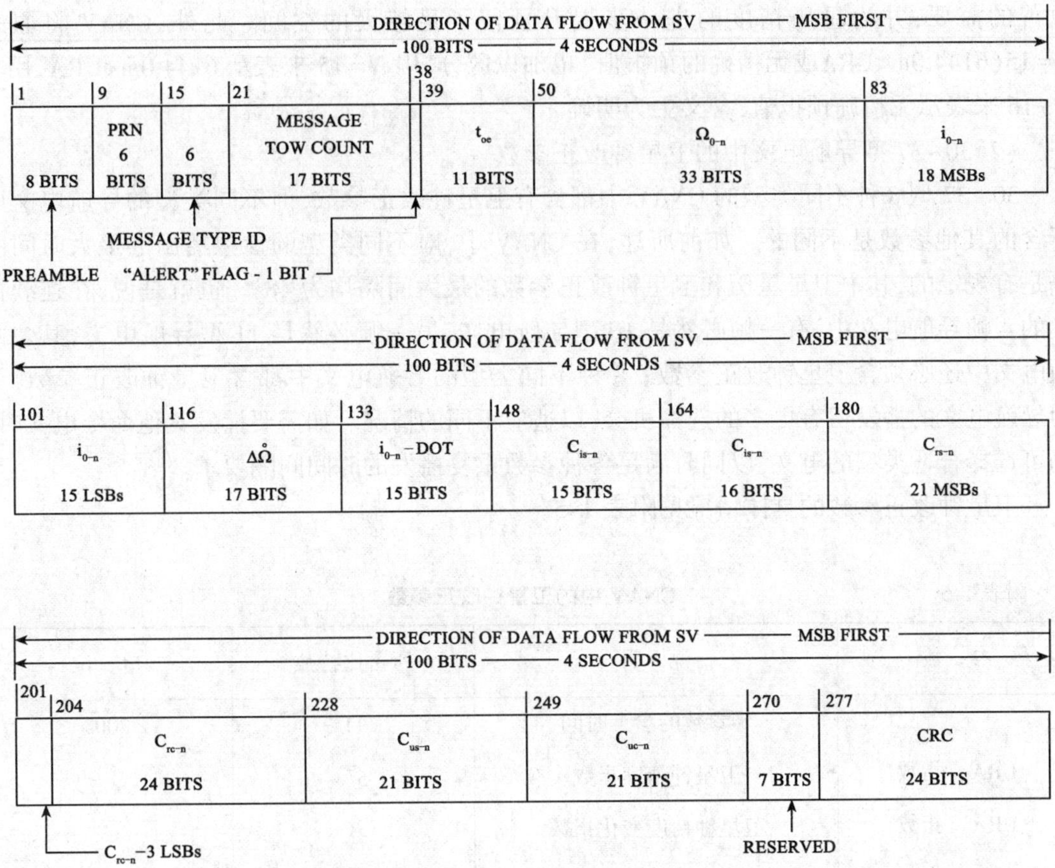

附图 1-2 Message Type11-Ephemeris 2

附表 1-4 **N 值(0~−16)与 URA_{oe} 间的对应关系**

N	URA_{oe} /m	N	URA_{oe} /m
0	$1.70 < URA_{oe} \leqslant 2.40$	−9	$0.08 < URA_{oe} \leqslant 0.11$
−1	$1.20 < URA_{oe} \leqslant 1.70$	−10	$0.06 < URA_{oe} \leqslant 0.08$
−2	$0.85 < URA_{oe} \leqslant 1.20$	−11	$0.04 < URA_{oe} \leqslant 0.06$
−3	$0.60 < URA_{oe} \leqslant 0.85$	−12	$0.03 < URA_{oe} \leqslant 0.04$
−4	$0.43 < URA_{oe} \leqslant 0.60$	−13	$0.02 < URA_{oe} \leqslant 0.03$
−5	$0.30 < URA_{oe} \leqslant 0.43$	−14	$0.01 < URA_{oe} \leqslant 0.02$
−6	$0.21 < URA_{oe} \leqslant 0.30$	−15	$URA_{oe} \leqslant 0.01$
−7	$0.15 < URA_{oe} \leqslant 0.21$	−16	无精确预报值,使用时有风险
−8	$0.11 < URA_{oe} \leqslant 0.15$		

CNAV 将原来的 $N=0(0<\mathrm{URA}\leqslant 2.40\mathrm{m})$ 细分为 16 个不同的等级，以适应广播星历不断改善的需要，并为星历精度的进一步提升预留了足够大的空间。此外，CNAV 将原来 $N=15(6144.0\mathrm{m}<\mathrm{URA}$ 或无精确的预报值）也加以区分，用 $N=15$ 来表示 $6144.0\mathrm{m}<\mathrm{URA}$，用 $N=-16$ 来表示无精确预报值，含义更为明确。

(2)30~37 型导航电文中的卫星钟改正参数

30~37 型 8 种不同类型的 CNAV 中都含有卫星钟改正参数，但不同类型的导航电文中所含的其他参数是不同的。如前所述，在 CNAV 中，对不同类型的参数播出的最大时间间隔是有规定的，其中卫星星历和卫星钟改正参数的最大间隔均为 48s。也就是说，在连续播发的 4 帧导航电文中，有一帧必然是 10 型导航电文，另一帧必然是 11 型导航电文，其余两帧电文中还必须含卫星钟改正参数。8 种不同类型的导航电文中都含卫星钟改正参数，可为导航电文的播发留有更多的选择机会，以适应不同的情况。如需要播发其他命令电文时，仍可选择合适类型的电文，以同时满足各种参数重复播发的时间间隔要求。

卫星钟改正参数的具体情况见附表 1-5。

附表 1-5 **CNAV 中的卫星钟改正参数**

参 数	说 明	所占比特数	单 位
t_{oc}	钟参数的参考时间	11	300s
URA_{ocb} 指数	卫星钟精度指数	5*	
URA_{oc1} 指数	卫星钟精度变化指数	3	
URA_{oc2} 指数	卫星钟精度变化率指数	3	
$a_{f_{2-n}}$	卫星钟频漂系数	10*	$2^{-60}\mathrm{s/s}^2$
$a_{f_{1-n}}$	卫星钟速(频偏)系数	20*	$2^{-48}\mathrm{s/s}$
$a_{f_{0-n}}$	卫星钟差	26*	$2^{-35}\mathrm{s}$

注：* 为二进制补码，含符号位。

从附表 1-5 中可以看出，在 CNAV 中，卫星钟改正参数 a_{f_0} ，a_{f_1} ，a_{f_2} 所占的比特数都增加了，相应的单位也都比原来小了，反映了卫星钟改正数精度的提高。这些参数在导航电文中的具体位置见附图 1-3~附图 1-10。

此外，在 CNAV 的 30~37 型电文中还增加了 3 个反映卫星钟精度的指数：反映 URA_{ocb} 的指数 N_b、反映 URA_{oc1} 的指数 N_1、反映 URA_{oc2} 的指数 N_2。其中，指数 N_b 与反映卫星星历精度的指数 N 非常相似，是一个二进制补码，带有符号位，为 $-16\sim+15$ 区间内的一个整数。指数 N_b 与 URA_{ocb} 之间的关系见附表 1-6。URA_{ocb} 是预报钟参数时刻(t_{op})由于卫星钟改正参数的误差而导致的用户测距误差。

附表 1-6　　　　**指数 N_b 与 URA_{ocb} 间的关系**

N_b	URA_{ocb}	N_b	URA_{ocb}
15	$6144.0 < URA_{ocb}$	−1	$1.20 < URA_{ocb} \leqslant 1.70$
14	$3072.00 < URA_{ocb} \leqslant 6144.00$	−2	$0.85 < URA_{ocb} \leqslant 1.20$
13	$1536.00 < URA_{ocb} \leqslant 3072.00$	−3	$0.60 < URA_{ocb} \leqslant 0.85$
12	$768.00 < URA_{ocb} \leqslant 1536.00$	−4	$0.43 < URA_{ocb} \leqslant 0.60$
11	$384.00 < URA_{ocb} \leqslant 768.00$	−5	$0.30 < URA_{ocb} \leqslant 0.43$
10	$192.00 < URA_{ocb} \leqslant 384.00$	−6	$0.21 < URA_{ocb} \leqslant 0.30$
9	$96.00 < URA_{ocb} \leqslant 192.00$	−7	$0.15 < URA_{ocb} \leqslant 0.21$
8	$48.00 < URA_{ocb} \leqslant 96.00$	−8	$0.11 < URA_{ocb} \leqslant 0.15$
7	$24.00 < URA_{ocb} \leqslant 48.00$	−9	$0.08 < URA_{ocb} \leqslant 0.11$
6	$13.65 < URA_{ocb} \leqslant 24.00$	−10	$0.06 < URA_{ocb} \leqslant 0.08$
5	$9.65 < URA_{ocb} \leqslant 13.65$	−11	$0.04 < URA_{ocb} \leqslant 0.06$
4	$6.85 < URA_{ocb} \leqslant 9.65$	−12	$0.03 < URA_{ocb} \leqslant 0.04$
3	$4.85 < URA_{ocb} \leqslant 6.85$	−13	$0.02 < URA_{ocb} \leqslant 0.03$
2	$3.40 < URA_{ocb} \leqslant 4.85$	−14	$0.01 < URA_{ocb} \leqslant 0.02$
1	$2.40 < URA_{ocb} \leqslant 3.40$	−15	$URA_{ocb} \leqslant 0.01$
0	$1.70 < URA_{ocb} \leqslant 2.40$	−16	无精确预报值,用户使用有风险

用户可以用 URA_{ocb} 中的上限值来计算,由此求得的 URA_{oc} 值将大于或等于地面系统预报的 URA_{oc} 值,用户也可用 URA_{ocb} 中的下限值来进行计算,由此求得的 URA_{oc} 将小于或等于地面控制系统预报的 URA_{oc} 值。

URA_{oc1} 的指数 N_1 是 0~7 间的一个整数。N_1 与 URA_{oc1} 之间的关系如下:

$$URA_{oc1} = \frac{1}{2^{(N_1+4)}} \text{m/s} \tag{附 1-1}$$

URA_{oc2} 的指数 N_2 也是 0~7 间的一个整数。N_2 与 URA_{oc2} 之间有下列关系式:

$$URA_{oc2} = \frac{1}{2^{(N_2+25)}} \text{m/s}^2 \tag{附 1-2}$$

根据导航电文中给出的指数 N_b、N_1 和 N_2 求得相应的 URA_{ocb}、URA_{oc1} 和 URA_{oc2} 值后,用户就能用下列公式来计算 URA_{oc}:

当 $(t - t_{op}) \leqslant 93600$s 时:

$$URA_{oc} = URA_{ocb} + URA_{oc1}(t - t_{op}) \tag{附 1-3}$$

当 $(t - t_{op}) > 93600$s 时:

$$URA_{oc} = URA_{ocb} + URA_{oc1}(t - t_{op}) + URA_{oc2}(t - t_{op} - 93600)^2 \tag{附 1-4}$$

用户据此可求得任一时刻 t,由于卫星钟改正数的误差而导致的用户测距误差。

(3)30 型导航电文中的电离层延迟和群延差参数

① 群延差参数

群延差参数 T_{GD}、$ISC_{L_1C/A}$ 和 ISC_{L2C} 位于 30 型导航电文的第 128～166bit，每个参数含有 13bit。这些参数均为二进制补码，含符号位。它们的单位均为 2^{-35} s。如果群延差参数为 1000000000000 时，就表示无法提供群延值。这些参数在导航电文中的具体位置见附图 1-3。

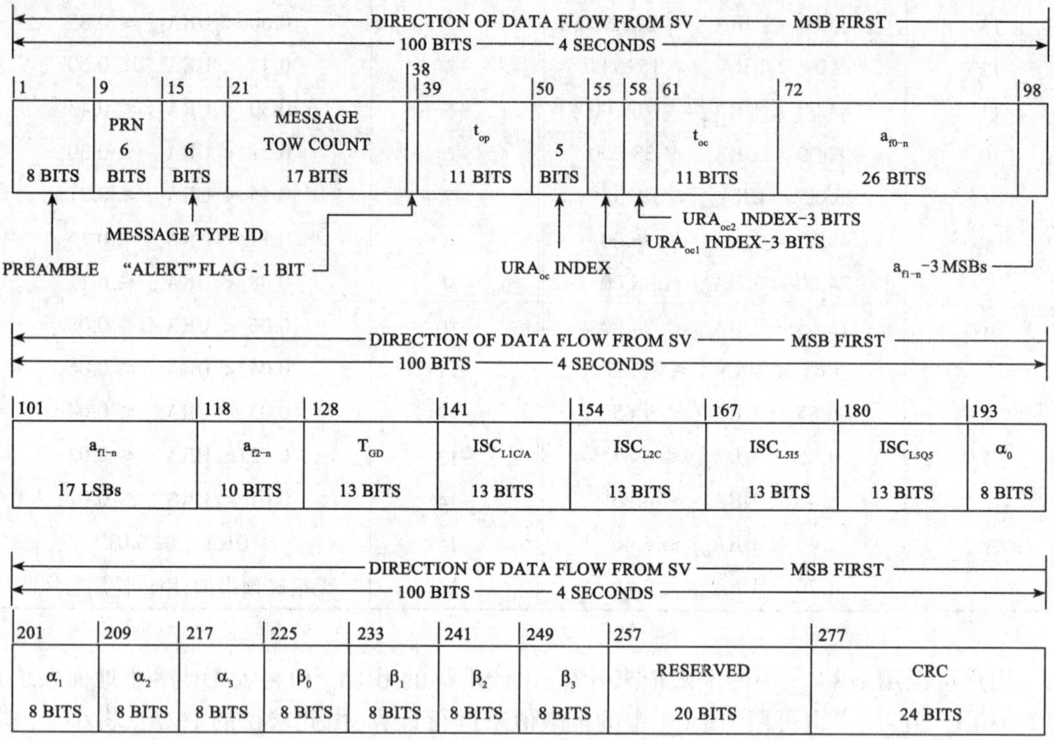

附图 1-3　Message Type 30-Clock, IONO & Group Delay

在 CNAV 中新增加了两个群延差参数 $ISC_{L_1C/A}$ 和 ISC_{L2C}。其中 $ISC_{L_1C/A}$ 为：

$$ISC_{L_1C/A} = t_{L_1P(Y)} - t_{L_1C/A} \tag{附 1-5}$$

它反映了调制在 L_1 载波上的 P(Y) 码与调制在 L_1 载波上的 C/A 码在卫星内部的时延之差。所谓的卫星内部的时延是指从卫星钟信号驱动开始生成信号至该信号离开卫星发射天线的相位中心之间所花费的时间。最初是由卫星生产厂商在制造卫星期间实际测定的，随后可以由地面控制系统根据实际测定的平均值来加以更新，以反映不同时期卫星在轨时的实际群延差。

同样有：

$$ISC_{L_2C} = t_{L_1P(Y)} - t_{L_2C} \tag{附 1-6}$$

为了获得尽可能好的精度，使用 L_1C/A 码的单频机用户需用下式来计算卫星钟差：

$$(\Delta t_{sv})_{L_1C/A} = \Delta t_{sv} - T_{GD} + ISC_{L_1C/A} \tag{附 1-7}$$

因为卫星钟差是地面控制系统利用 $L_1P(Y)$ 码和 $L_2P(Y)$ 码的双频观测资料来测定的。

同样，采用 L_2C 码的单频机用户需用下式来计算卫星钟差：

$$(\Delta t_{sv})_{L_2C} = \Delta t_{sv} - T_{GD} + ISC_{L_2C} \tag{附 1-8}$$

② 电离层延迟改正参数

30 型导航电文中也给出了电离层延迟改正参数 α_0、α_1、α_2、α_3 及 β_0、β_1、β_2、β_3，参数的结构及计算方法和 NAV 相同，不再介绍。

但利用 L_1C/A 码和 L_2C 码进行观测的非军方用户，最好采用双频改正的方法来消除电离层延迟，计算公式如下：

$$PR = \frac{(PR_{L_2C} - \gamma_{12}PR_{L_1C/A}) + c(ISC_{L_2C} - \gamma_{12}PR_{L_1C/A})}{1 - \gamma_{12}} - cT_{GD} \tag{附 1-9}$$

式中，PR 为经电离层延迟改正后的伪距；PR_{L_2C} 为利用 L2C 码测定的伪距，$PR_{L_1C/A}$ 为利用 L_1C/A 码测定的伪距；$\gamma_{12} = \left(\frac{f_{L_1}}{f_{L_2}}\right)^2 = \left(\frac{77}{60}\right)^2 = 1.64694$。

电离层延迟改正参数由地面控制系统至少每 6 天更新一次，如不及时更新，精度将降低。

(4) 31 型、12 型和 37 型导航电文中的卫星历书参数

CNAV 提供了两种不同的卫星历书，一种称为 Midi 历书，是由 37 型导航电文提供的；另一种是更为简单的、播发时间更短的简化历书，由 12 型或 31 型导航电文提供。这两种历书的分布情况见附图 1-4 和附图 1-10、附图 1-11。

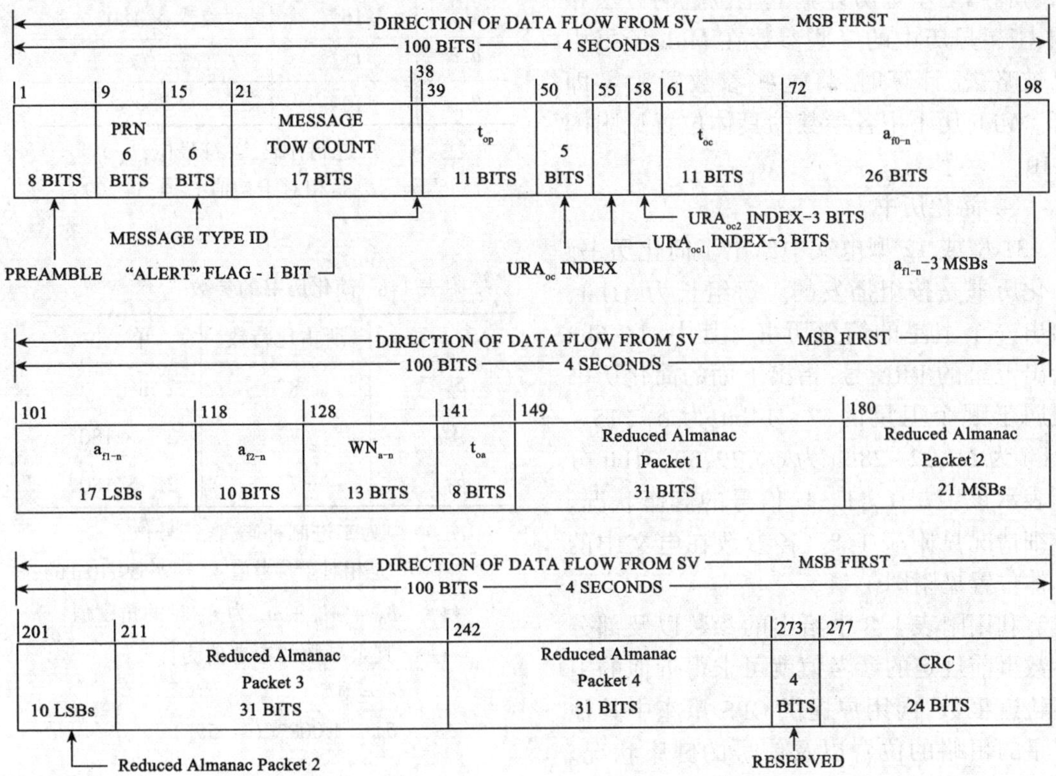

附图 1-4　Message Type 31-Clock, Reduced Almanac

① 历书的参考时间

我们知道,在导航电文中,时间通常是由星期数(Week Number,WN)及一星期内的时间(Time of Week,TOW)来表示的,其中 WN 表示从 GPS 时的起算时刻 1980 年 1 月 6 日 0h 起算的星期数,TOW 表示从本星期开始时刻星期日 $0^h00^m00^s$ 起算的时间。历书参考时刻所在的星期数位于 12 型电文的第 39 ~ 51bit 以及 31 型和 37 型电文的第 128 ~ 140bit,称为 WN_{a-n}。而参考时刻在本星期内的时间则由 12 型电文的第 52 ~ 59bit、31 型和 37 型电文中的第 141 ~ 148bit 给出,称为 t_{oa}。

② 卫星的 PRN 号

在给出历书的同时,还需给出卫星的 PRN 号,以表明该历书是属于哪个卫星的。PRN 号由 6 个比特组成,其具体位置见附图 1-4、附图 1-10 和附图 1-11。

③ Midi 历书

如前所述,37 型导航电文给出了 Midi 历书的参数,这些参数的具体情况见附表 1-7。

附表 1-7　**Midi 历书的参数**

参　数	所占比特数	单　位
t_{oa}	8	2^{12}s
e	11	2^{-16}
δ_i **	11*	$2^{-14}\times 180°$
$\dot{\Omega}$	11*	$2^{-33}\times 180°/s$
$\sqrt{A}$	17	$2^{-4}\sqrt{m}$
Ω_0	16*	$2^{-15}\times 180°$
ω	16*	$2^{-15}\times 180°$
M_0	16*	$2^{-15}\times 180°$
a_{f_0}	11*	2^{-20}s
a_{f_1}	10*	2^{-37}s/s

注:*　二进制补码,含符号位;

**　δ_i 是相对于初值 $i_0 = 54°$ 的。

利用 Midi 历书参数计算卫星位置的方法与利用卫星星历计算卫星位置的方法相同,卫星星历中的一些参数在 Midi 历书中已被略去,计算时,将这些参数置为零即可。Midi 历书中各参数的具体位置见附图 1-10。

④ 简化历书

31 型或 12 型电文中给出了简化历书。简化历书是按组播发的。每组长为 31bit,给出一个卫星的简化历书。其中,1 ~ 6bit 给出卫星的 PRN 号,指出下面的简化历书是属于哪个卫星的,7 ~ 14bit 为 δ_A,15 ~ 21bit 为 Ω_0,22 ~ 28bit 为 ϕ_0,29,30,31bit 分别表示该卫星 L_1,L_2,L_5 信号的健康状况。详细情况见附表 1-8。各参数在电文中的具体位置见附图 1-11。

附表 1-8　**简化历书的参数**

参　数	所占比特数	单　位
δ_A **	8*	2^9m
Ω_0	7*	$2^{-6}\times 180°$
ϕ_0 ***	7*	$2^{-6}\times 180°$

注:*　为二进制补码,含符号位;

**　δ_A 是相对于参考值 $A_0 = 26559710$m 的;

***　$\phi_0 = M_0 + \omega$,为 t_{oa} 时的角度值;

****　其余参数的参考值为:

$e = 0$

$\delta_i = 1.008°(i = 55°)$

$\dot{\Omega} = -2.6\times 10^{-9}\times 180°/s$

利用附表 1-8 中给出的参数以及部分参数事前规定的参考值就可求得近似的卫星轨道根数,向用户提供 GPS 星座中其他卫星的粗略的位置以及信号的健康状况。利用简化历书参数计算卫星坐标的方法与利用卫星星历计算卫星坐标的方法相同。

在简化历书中被略去的参数,在计算过程中均置为零。

(5)地球定向参数 EOP

32 型导航电文中还给出了地球定向参数 EOP(见附图 1-5),用户利用这些参数可以实现从地心天球坐标系 GCRS 向国际地球坐标系 ITRS 或 WGS-84 坐标系的转换(对于广播星历而言,这两种坐标框架间的微小差异,已可忽略不计)。附表 1-9 列出了 EOP 的具体情况。

附表 1-9　**地球定向参数 EOP**

参　数	说　明	所占比特数	单　位
t_{EOP}	EOP 的参考时刻	16	2^4s
X_p	极移的 X 分量	21*	2^{-20}as
Y_p	极移的 Y 分量	21*	2^{-20}as
$\dot{X}_p$	X_p 的变率	15*	2^{-21}as/d
$\dot{Y}_p$	Y_p 的变率	15*	2^{-21}as/d
ΔUT1	UT1-UTC	31*	2^{-24}s
$\Delta U\dot{T}1$	ΔUT1 的变率	19*	2^{-25}s/d

注:*　为二进制补码,含符号位;

**　s 表示时秒,as 表示角秒。

IS-GPS-200D 中介绍了利用地球定向参数进行坐标转换的具体方法和步骤:

① 计算 t 时刻(GPS 时)所对应的地球动力学时 TDT(地球时 TT)

$$\mathrm{TDT} = t + 51.184\mathrm{s} \tag{附 1-10}$$

并将其化算为儒略日 J.E.D。

② 计算 t 时刻地球在绕日公转轨道上的平近点角 g

$$g = \frac{\pi}{180^\circ}\left(357.528^\circ + 35999.05^\circ \times \frac{\mathrm{J.E.D} - 2451545.0}{36525}\right) \tag{附 1-11}$$

式中, 35999.05° 为每个儒略世纪平近点角的变化数。

③ 将 J.E.D 化算为 J.B.D

$$\mathrm{J.B.D}=\mathrm{J.E.D}+\frac{0.001658\sin(g+0.0167\sin g)}{86400^{\mathrm{s}}} \tag{附 1-12}$$

上述过程中实际上就是将 TDT 化算为 TDB,并以儒略日来表示。

④ 计算离 J2000.0(J.D2451545.0)时的儒略世纪数

$$T = \frac{\mathrm{J.B.D} - 2451545.0}{36525} \tag{附 1-13}$$

⑤ 计算 t 时刻的岁差

$$\begin{cases}\zeta = 2306.2181'' \cdot T + 0.30188'' \cdot T^2 + 0.017998'' \cdot T^3 \\ \eta = 2306.2181'' \cdot T + 1.09468'' \cdot T^2 + 0.018203'' \cdot T^3 \\ \theta = 2004.3109'' \cdot T - 0.42665'' \cdot T^2 - 0.041833'' \cdot T^3\end{cases} \tag{附 1-14}$$

⑥ 计算岁差矩阵 [**D**]

$$[\boldsymbol{D}] = \boldsymbol{R}_Z(-90° - \eta) \cdot \boldsymbol{R}_X(\theta) \cdot \boldsymbol{R}_Z(90° - \zeta) \quad (附1\text{-}15)$$

⑦计算章动矩阵 [**C**]

只考虑岁差不考虑章动时,任一时刻 t 的黄赤交角 ε_0 为:

$$\varepsilon_0 = 23°26'21.448'' - 46.815'' \cdot T - 0.00059 \cdot T^2 + 0.001813 \cdot T^3 \quad (附1\text{-}16)$$

计算 t 时刻的黄经章动 $\Delta\Psi$ 和交角章动 $\Delta\varepsilon$:

$$\Delta\Psi = \sum_{i=1}^{106} a_i \sin\left(\sum_{j=1}^{5} e_j E_j\right)$$

$$\Delta\varepsilon = \sum_{i=1}^{106} b_i \cos\left(\sum_{j=1}^{5} e_j E_j\right) \quad (附1\text{-}17)$$

⑧ 计算 t 时刻的 UT1

$$\mathrm{UT1} = \mathrm{UTC} + \Delta\mathrm{UT1} + \Delta\mathrm{U}\dot{\mathrm{T}}1(t - t_{\mathrm{EOP}}) \quad (附1\text{-}18)$$

将 UT1 化算为儒略日 J.D,并计算离 J2000.0 时的儒略世纪数 T_u :

$$T_u = \frac{\mathrm{J.D} - 2451545.0}{36525} \quad (附1\text{-}19)$$

⑨ 计算格林尼治平恒星时 $\overline{\alpha}$

$$\alpha = \frac{2\pi}{24^{\mathrm{h}}}(\mathrm{UT1} + 6^{\mathrm{h}}41^{\mathrm{m}}50.54841^{\mathrm{s}} + 8640184.812866^{\mathrm{s}} \cdot T_u + 0.093104^{\mathrm{s}} \cdot T_u^2 - 6.2^{\mathrm{s}} \times 10^{-6} \cdot T_u^3) \quad (附1\text{-}20)$$

再将格林尼治平恒星时 $\overline{\alpha}$ 化算为格林尼治真恒星时 α :

$$\alpha = \overline{\alpha} + \Delta\Psi(\varepsilon_0 + \Delta\varepsilon) \quad (附1\text{-}21)$$

⑩ 计算地球自转矩阵 [**B**]

$$[\boldsymbol{B}] = \boldsymbol{R}_Z(\alpha)$$

⑪计算极移矩阵 [**A**]

t 时刻的极移值 X_p、Y_p :

$$\begin{cases} X_p = X_p^0 + \dot{X}_p(t - t_{\mathrm{EOP}}) \\ Y_p = Y_p^0 + \dot{Y}_p(t - t_{\mathrm{EOP}}) \end{cases} \quad (附1\text{-}22)$$

组成极移矩阵 [**A**] :

$$[\boldsymbol{A}] = \boldsymbol{R}_Y(-X_p) \cdot \boldsymbol{R}_X(-Y_p) \quad (附1\text{-}23)$$

⑫进行坐标转换

$$R_{\mathrm{WGS-84}} = [\boldsymbol{D}]^{-1}[\boldsymbol{C}]^{-1}[\boldsymbol{B}]^{-1}[\boldsymbol{A}]^{-1}R_{\mathrm{GCRS}} \quad (附1\text{-}24)$$

式中, $\boldsymbol{R}_X(\alpha)$ 表示绕 X 轴旋转 α 角:

$$\boldsymbol{R}_X(\alpha) = \begin{bmatrix} 1 & 0 & 0 \\ 0 & \cos\alpha & \sin\alpha \\ 0 & -\sin\alpha & \cos\alpha \end{bmatrix}$$

$\boldsymbol{R}_Y(\alpha)$ 表示绕 Y 轴旋转 α 角：

$$\boldsymbol{R}_Y(\alpha)=\begin{bmatrix}\cos\alpha & 0 & -\sin\alpha\\ 0 & 1 & 0\\ \sin\alpha & 0 & \cos\alpha\end{bmatrix}$$

$\boldsymbol{R}_Z(\alpha)$ 表示绕 Z 轴旋转 α 角：

$$\boldsymbol{R}_Z(\alpha)=\begin{bmatrix}\cos\alpha & \sin\alpha & 0\\ -\sin\alpha & \cos\alpha & 0\\ 0 & 0 & 1\end{bmatrix}$$

利用 NAV 中的参数来计算卫星位置时未顾及(UT1-UTC)的影响，导航电文中也未提供极移值，因而只能求得卫星在瞬时地球坐标系中的位置。若要求得卫星在 WGS-84 坐标系中的位置，用户还需通过其他渠道来获取极移值 X_p、Y_p。CNAV 则直接提供了上述参数，使用户能按照较严格的方式来完成坐标转换。数据处理方法总是要随着定位精度的提高而不断完善。EOP 各参数在导航电文中的具体位置见附图 1-5。

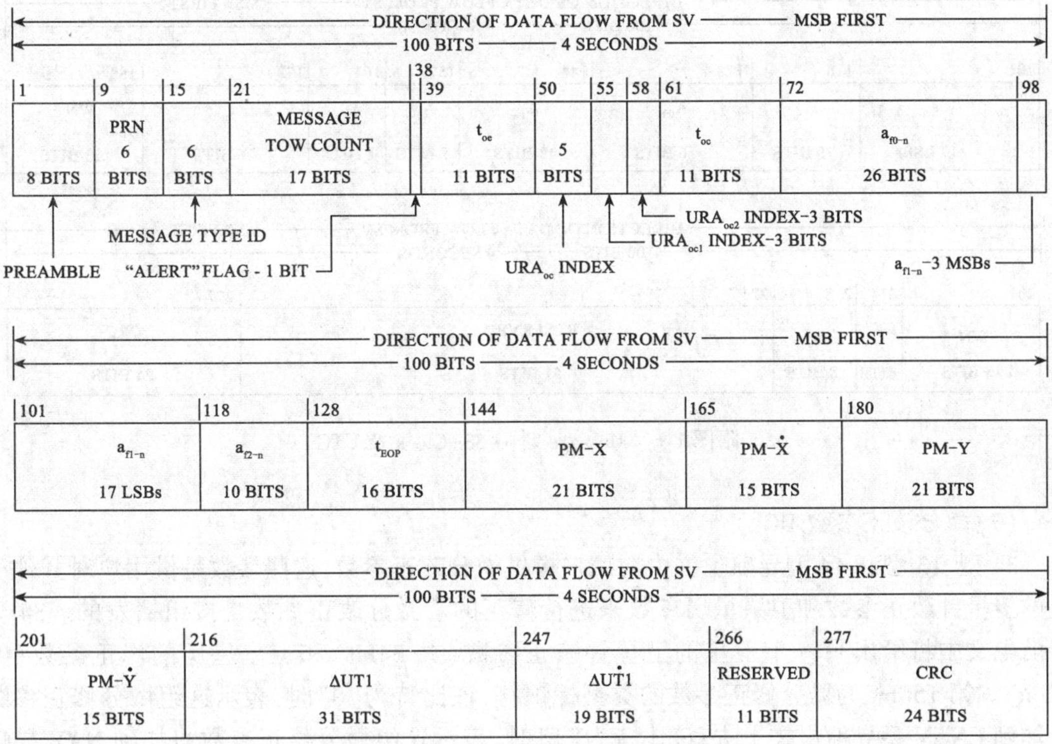

附图 1-5　Message Type 32-Clock & EOP

(6) UTC 参数

在 33 型导航电文中除含有卫星钟改正参数外，还给出了 UTC 参数，见附图 1-6。利用这些参数可求得 GPS 时与由美国海军天文台维持的 UTC(USNO)时之差 Δt_{UTC}。CNAV 给出的 UTC 参数与 NAV 中给出的参数相似，唯一的差别是为了提高精度在 CNAV 中是用一个二阶多项式来拟合 Δt_{UTC} = GPST−UTC 的。电文中除了给出 A_{0-n}、A_{1-n} 外，还给出了参数 A_{2-n}。利用上述参数来计算 Δt_{UTC} 的公式也变成：

$$\Delta t_{UTC}(秒) = \Delta t_{LS} + A_{0-n} + A_{1-n}[t - t_{ot} + 604800(WN - WN_{ot})] + A_{2-n}[t - t_{ot} + 604800(WN - WN_{ot})]^2 \quad (附 1-25)$$

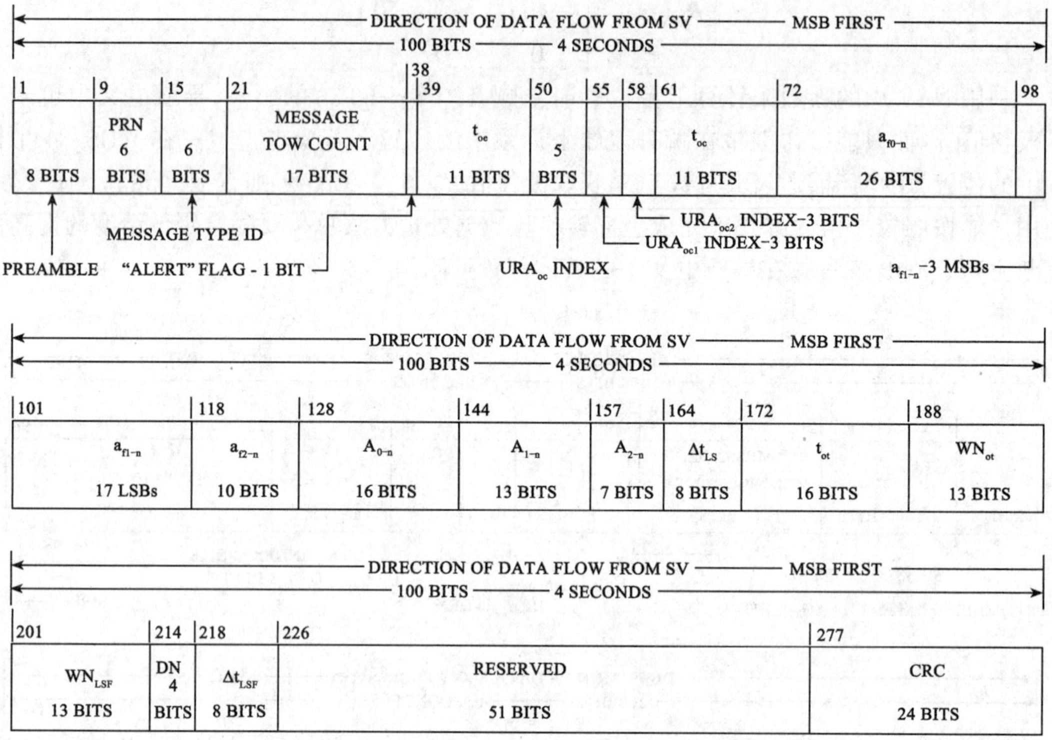

附图 1-6　Message Type 33-Clock & UTC

(7)微分改正参数 DC

34 型、13 型和 14 型导航电文中向用户提供微分改正参数，这些参数是供用户对其他卫星的卫星钟改正参数和卫星星历参数来进行修正的。微分改正参数是按组播发的。34 型导航电文中将给出另一个卫星的卫星钟修正参数(共 34bit)和卫星星历的修正参数(共 92bit)。第 150bit 为微分修正参数的类型标识符，该比特为"0"时，表示这组微分修正参数将加到 CNAV 型导航电文上去；该比特为"1"时，表示这组微分修正参数将加到 NAV 导航电文上去。上述参数在导航电文中的具体位置见附图 1-7。

13 型和 14 型导航电文也提供了微分修正参数。一帧 13 型导航电文可同时提供 6 个卫星的卫星钟微分修正参数(CDC)，而一帧 14 型导航电文则可提供 2 个卫星的星历修正参数(EDC)。CDC 和 EDC 在导航电文中的位置见附图 1-12 和附图 1-13。CDC 和 EDC 的详细内容和结构见附图 1-14 和附图 1-15。

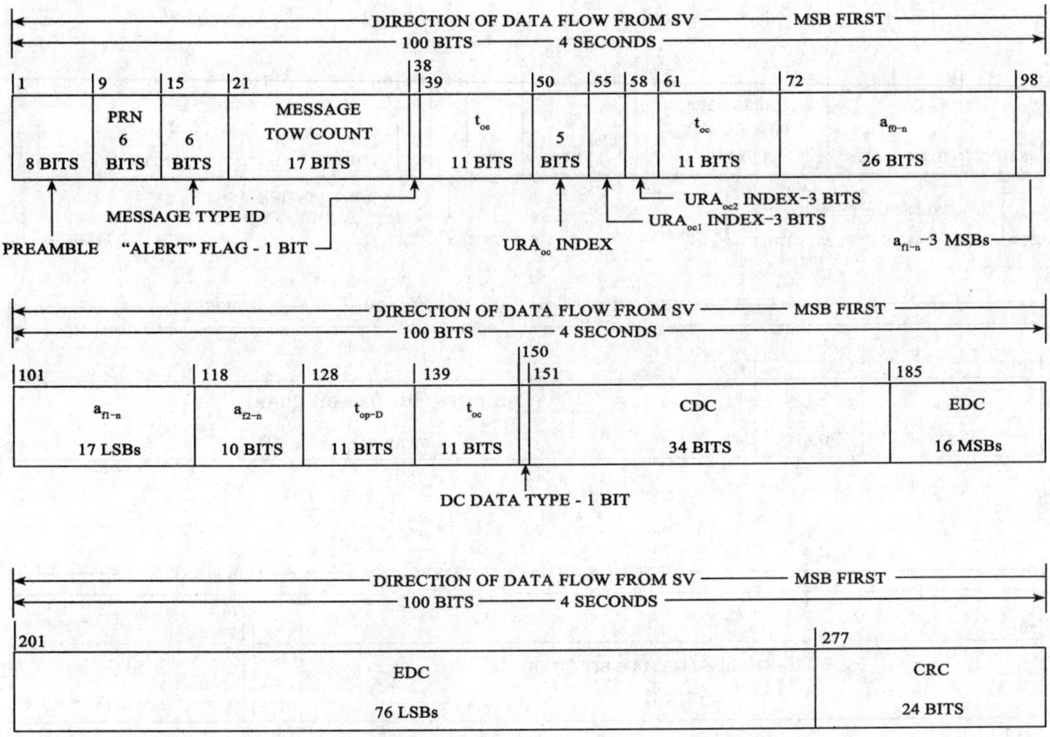

附图 1-7　Message Type 34-Clock & Differential Correction

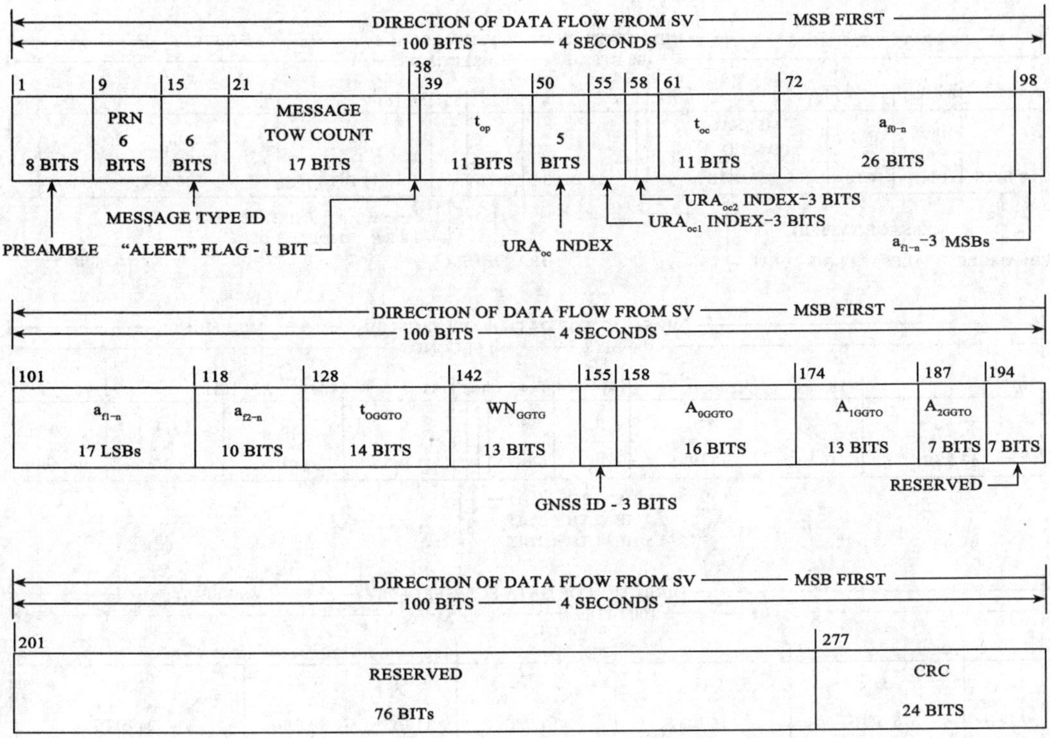

附图 1-8　Message Type 35-Clock & GGTO

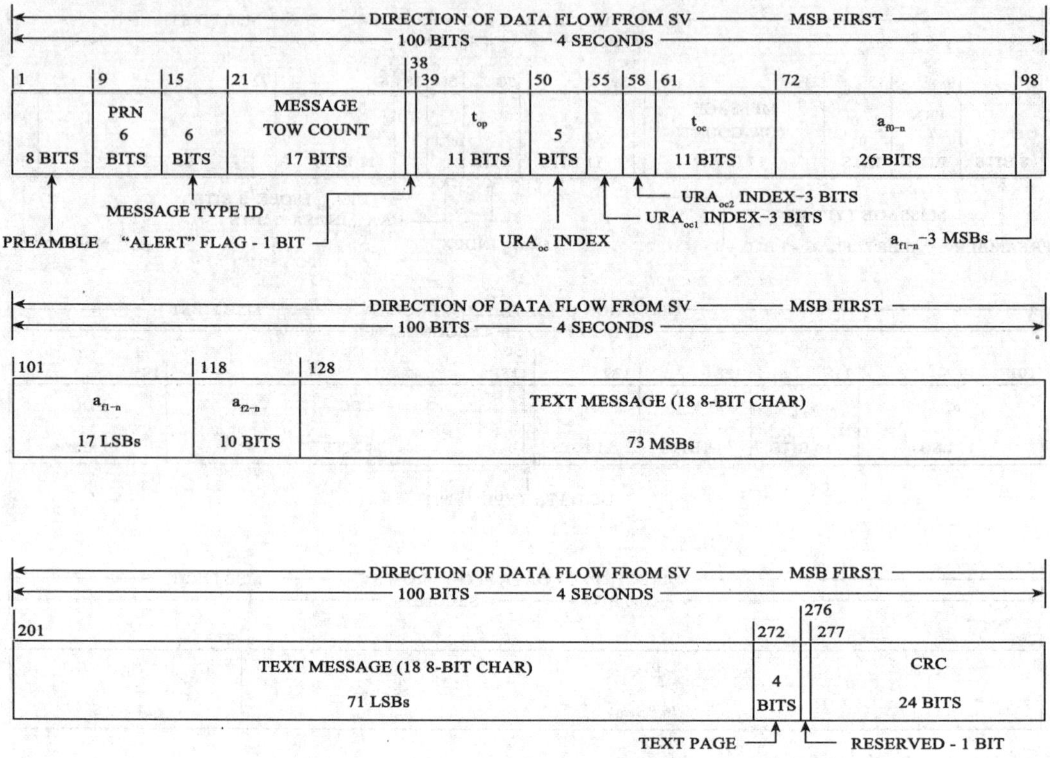

附图 1-9 Message Type 36-Clock & Text

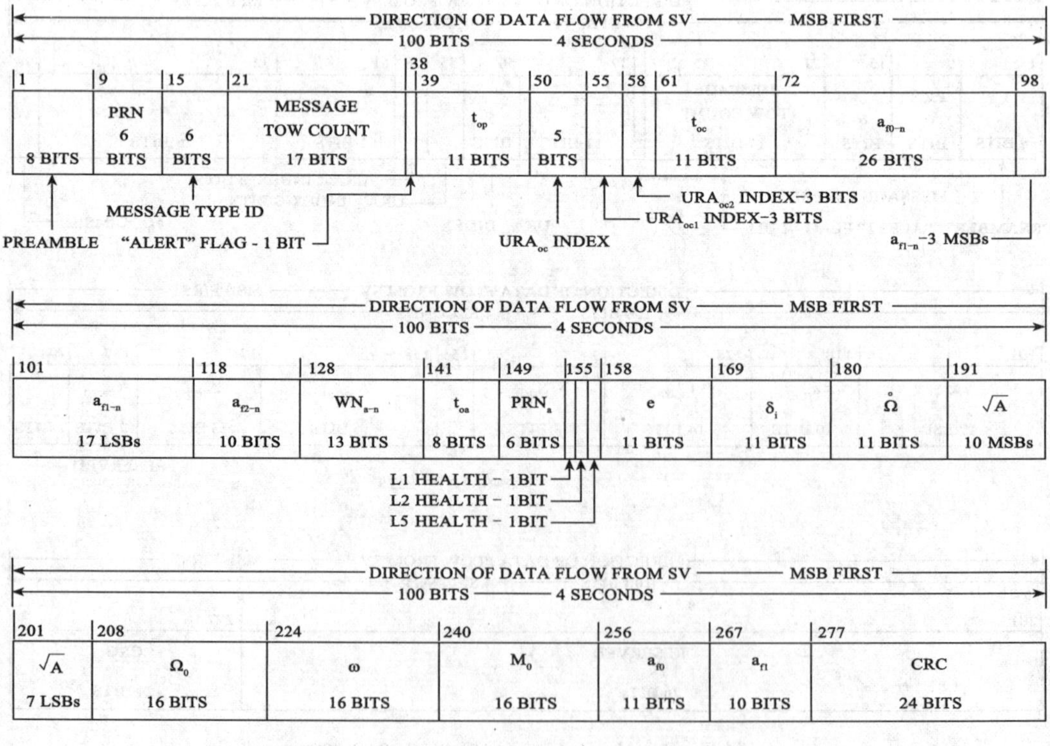

附图 1-10 Message Type 37-Clock & Midi Almanac

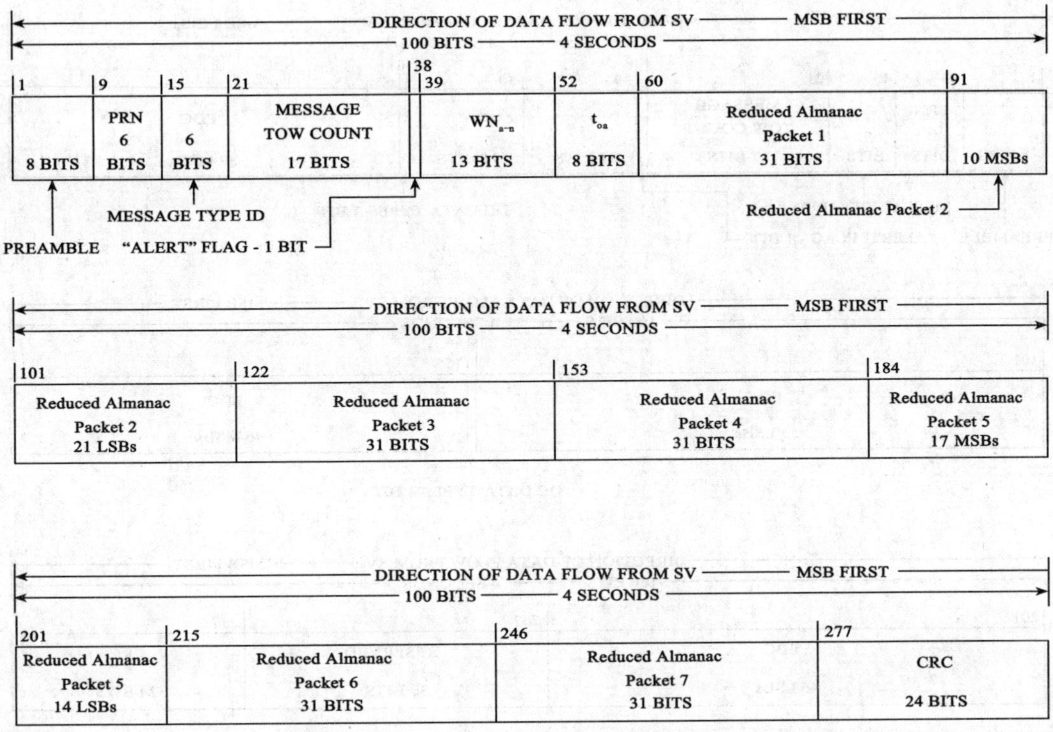

附图 1-11　Message Type 12-Reduced Almanac

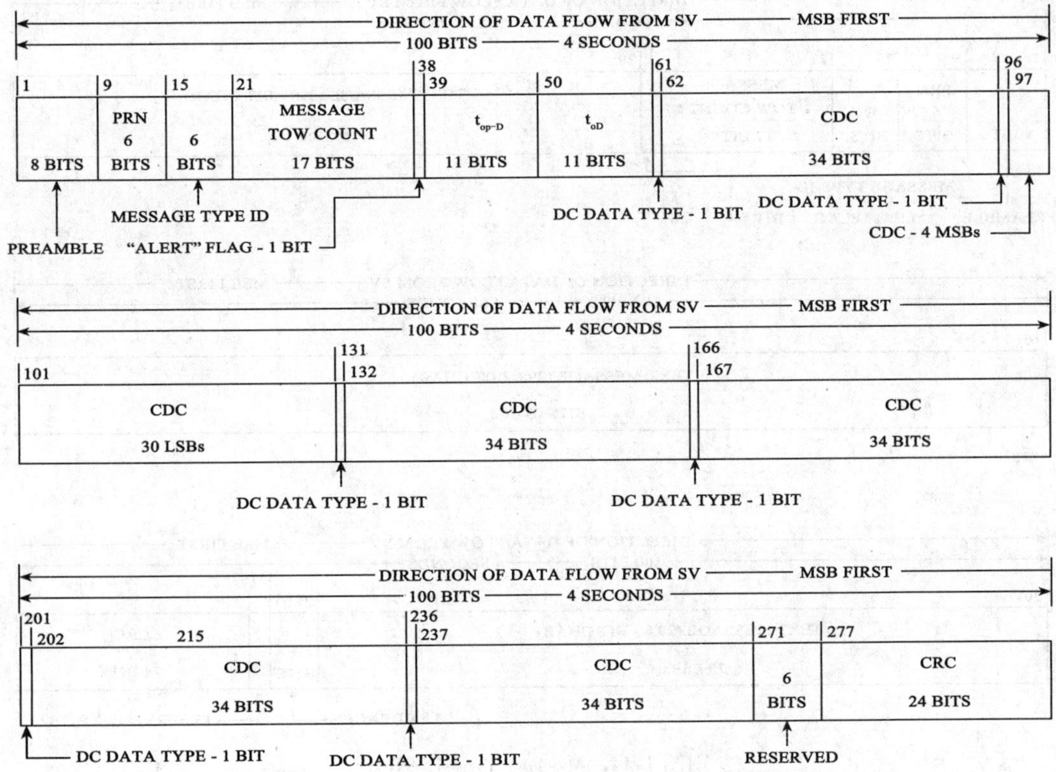

附图 1-12　Message Type 13-Clock Differential Correction

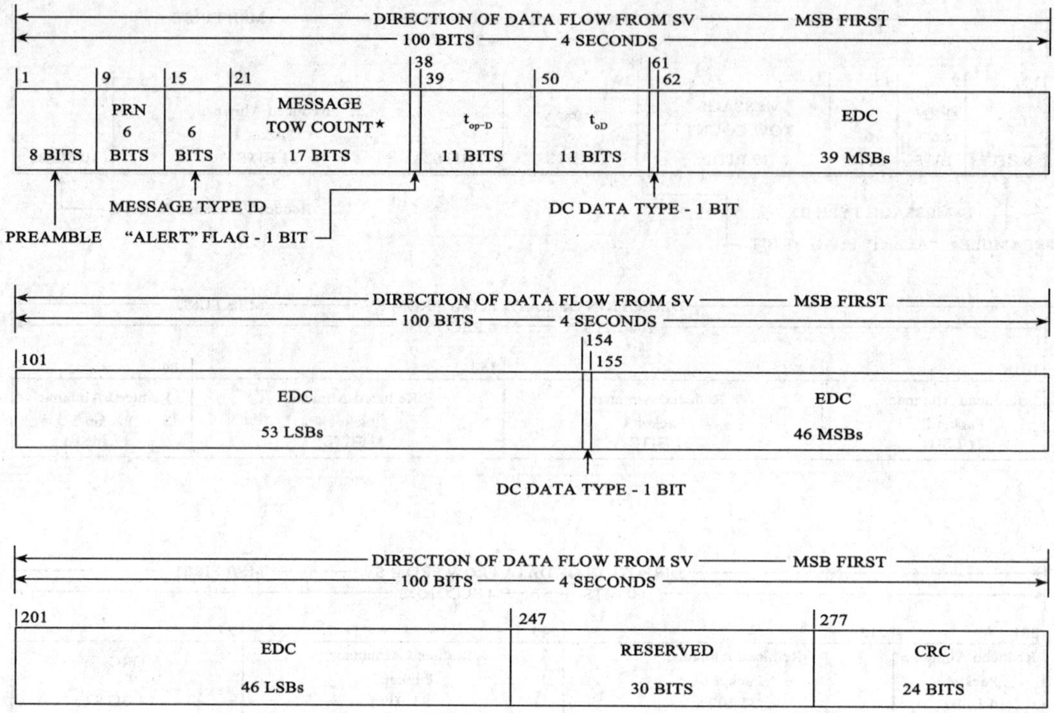

附图 1-13　Message Type 14-Ephemeris Differential Correction

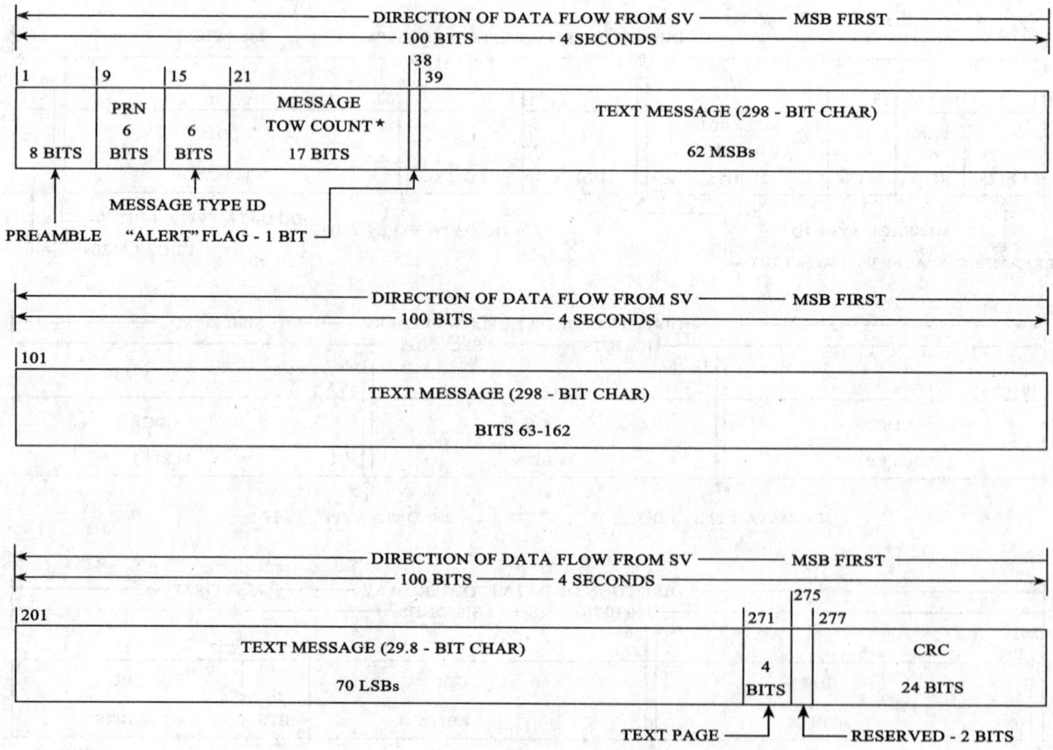

附图 1-14　Message Type 15-Text

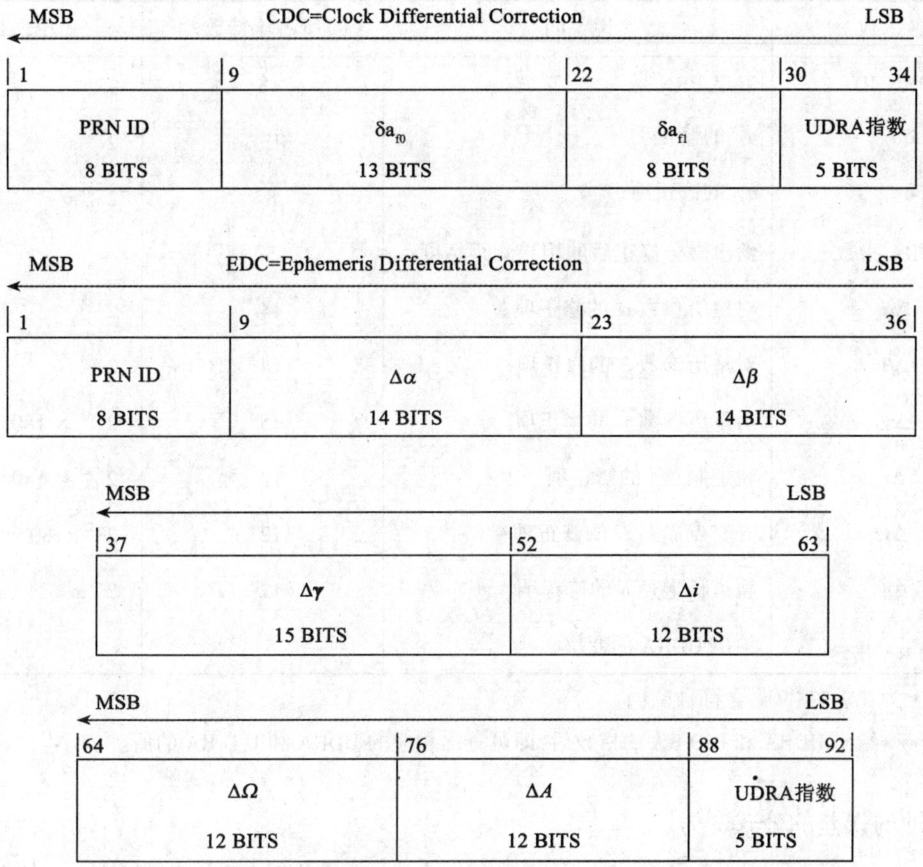

附图 1-15　Differential Correction Data Packet

一个卫星的微分修正参数包括：对卫星钟参数进行修正的参数 CDC、对 t_{oe} 时的准开普勒轨道根数进行修正的参数 EDC，以及反映修正参数精度的参数 UDRA 和 $U\dot{D}RA$。用户必须成对地使用具有相同的 t_{op-D} 和相同的 t_{OD} 的 CDC 参数和 EDC 参数。

① 微分修正参数的预报时间 t_{op-D} 及参考时间 t_{OD}

t_{op-D} 是指这组微分修正参数是什么时候预报的，而 t_{OD} 则是指这组预报的微分修正参数是相对于哪一时刻的参数。读者应区分这两个不同的概念，并准确使用它们。

② SV PRN 标识符

PRN ID 告诉用户这组微分参数是对哪个卫星进行修正的。如果该参数的 8 个比特全部为 1 时，就表示下续资料块中不含微分修正参数，此时该资料块将交替出现 1 和 0。

③ 微分修正参数

微分修正参数的具体情况见附表 1-10。

④ 对卫星钟参数的修正方法

用户可以用获得的微分修正参数 CDC 对相应的卫星钟的改正系数进行修正，修正后计

附表 1-10　　　　　　　　　　　　**微分修正参数**

参　数	说　明	所占比特数	单　位
PRN ID	卫星 PRN 号	8	
δa_{f_0}	a_{f_0} 的修正项	13*	2^{-35}s
δa_{f_1}	a_{f_1} 的修正项	8*	2^{-51}s/s
UDRA 指数	给出微分修正后的用户测距精度	5*	
$\Delta\alpha$	对星历参数 α 的修正项	14*	2^{-34}
$\Delta\beta$	对星历参数 β 的修正项	14*	2^{-34}
$\Delta\gamma$	对星历参数 γ 的修正项	15*	$2^{-32}\times 180°$
Δi	轨道倾角 i 的修正项	12*	$2^{-32}\times 180°$
$\Delta\Omega$	升交点赤经 Ω 的修正项	12*	$2^{-32}\times 180°$
ΔA	轨道长半径 a 的修正项	12*	2^{-9}m
$\mathrm{U\dot{D}RA}$ 指数	给出 UDRA 的变率	5*	

注：* 为二进制补码，含符号位；

** 给出 UDRA 和 $\mathrm{U\dot{D}RA}$ 的指数后，即可查出相应的 UDRA 和 $\mathrm{U\dot{D}RA}$ 的值。

算卫星钟的误差的公式变为：

$$\Delta t_{sv}=(a_{f_0}+\delta a_{f_0})+(a_{f_1}+\delta a_{f_1})(t-t_{oc})+a_{f_2}(t-t_{oc})^2+\Delta t_r \qquad (附 1\text{-}26)$$

如果卫星钟误差系数 a_{f_0}，a_{f_1} 和 a_{f_2} 所对应的 t_{op} 的数值比微分修正参数 δa_{f_0} 和 δa_{f_1} 的预报时间 t_{op-D} 大，则不应再用 δa_{f_0}，δa_{f_1} 对 a_{f_0}，a_{f_1} 进行修正。因为 a_{f_0}，a_{f_1} 是在微分修正参数 δa_{f_0}，δa_{f_1} 以后求得的，资料比微分修正的资料要新，可以认为已含有上述微分修正项了。

⑤ 对卫星轨道进行修正

A.组成一组新的初始轨道参数

$$\begin{aligned}
A_i&=A_0\\
e_i&=e_n\\
i_i&=i_{0-n}\\
\Omega_i&=\Omega_{0-n}\\
\alpha_i&=e_n\cos\omega_n\\
\beta_i&=e_n\sin\omega_n\\
\gamma_i&=M_{0-n}+\omega_n
\end{aligned} \qquad (附 1\text{-}27)$$

式中，A_0、e_n、i_{0-n}、Ω_{0-n} 和 ω_n 是从 10 型或 11 型导航电文中获得的。

由于 GPS 卫星轨道的偏心率 e 很小，已接近于 0（当 $e=0$ 时，任何一点皆可以认为是近地点，所以 ω 和 M 便无法准确定义），为增加参数的稳定性，先用参数 α、β 和 γ 来取代轨道

根数 M、ω 和 e。

B.对初始轨道参数 α_i、β_i 和 γ_i 进行修正

$$\begin{aligned}\alpha_c &= \alpha_i + \Delta\alpha \\ \beta_c &= \beta_i + \Delta\beta \\ \gamma_c &= \gamma_i + \Delta\gamma\end{aligned} \tag{附 1-28}$$

C.归算为准开普勒轨道根数

$$\begin{aligned}A_c &= A_i + \Delta A \\ e_c &= (\alpha_c^2 + \beta_c^2)^{\frac{1}{2}} \\ i_c &= i_i + \Delta i \\ \Omega_c &= \Omega_i + \Delta\Omega \\ \omega_c &= \arctan\frac{\beta_c}{\alpha_c} \\ M_{0-c} &= \gamma_c - \omega_c + \Delta M_0\end{aligned} \tag{附 1-29}$$

其中，
$$\Delta M_0 = -3\frac{\sqrt{\mu}}{A_c^2}(t_{oe} - t_{OD}) \tag{附 1-30}$$

其余修正参数 ΔA、Δi 和 $\Delta\Omega$ 为微分修正参数。

微分修正参数 DC 的出现为用户提供了一种可能性:当一个卫星由于某些原因而无法及时更新卫星星历时,还可通过其他卫星提供的微分修正参数来间接地更新卫星星历。微分修正参数可以根据需要由地面控制系统来生成和上传。

⑥ 经微分修正后的用户测距精度 URA

用户可以利用微分修正参数中给出的 UDRA_{op-D} 指数和 $\mathrm{U\dot{D}RA}$ 指数求出相应的 UDRA_{op-D} 值(资料预报时刻 t_{op-D} 的 UDRA 值和它的变化率 $\mathrm{U\dot{D}RA}$),然后用下式来估计任一时刻 t 时的 UDRA 值:

$$\mathrm{UDRA} = \mathrm{UDRA}_{op-D} + \mathrm{U\dot{D}RA}(t - t_{op-D}) \tag{附 1-31}$$

至于 UDRA_{op-D} 值与它的指数间的关系以及 $\mathrm{U\dot{D}RA}$ 值与其指数间的关系见附表 1-11。而它们的指数值则是由微分修正参数块给出。

⑦GPS 与其他 GNSS 间的时间偏差(GPS/GNSS Time Offset,GGTO)

35 型导航电文给出了 GPS 与其他 GNSS 之间的时间偏差 GGTO 参数,该参数的有效期至少为 1 天。

35 型电文中的第 155~157bit 将指明下列偏差是 GPS 系统与哪一种全球卫星导航系统之间的时间偏差:

000 表示无时间偏差资料;

001 表示与 Galileo 系统的时间偏差;

010 表示与 GLONASS 系统的时间偏差;

其余编码(011~111)留给其他系统用。

附表 1-11　　**$UDRA_{op-D}$ 和 $U\dot{D}RA$ 与它们的指数间的关系**

指数值	$UDRA_{op-D}$/m	$U\dot{D}RA/10^{-6}$m/s	指数值	$UDRA_{op-D}$/m	$U\dot{D}RA/10^{-6}$m/s
15	$6144.00 < URA_{op-D}$		−1	$1.20 < URA_{op-D} \leqslant 1.70$	1.20
14	$3072.00 < URA_{op-D} \leqslant 6144.00$	3072.00	−2	$0.85 < URA_{op-D} \leqslant 1.20$	0.85
13	$1536.00 < URA_{op-D} \leqslant 3072.00$	1536.00	−3	$0.60 < URA_{op-D} \leqslant 0.85$	0.60
12	$768.00 < URA_{op-D} \leqslant 1536.00$	768.00	−4	$0.43 < URA_{op-D} \leqslant 0.60$	0.43
11	$384.00 < URA_{op-D} \leqslant 768.00$	384.00	−5	$0.30 < URA_{op-D} \leqslant 0.43$	0.30
10	$192.00 < URA_{op-D} \leqslant 384.00$	192.00	−6	$0.21 < URA_{op-D} \leqslant 0.30$	0.21
9	$96.00 < URA_{op-D} \leqslant 192.00$	96.00	−7	$0.15 < URA_{op-D} \leqslant 0.21$	0.15
8	$48.00 < URA_{op-D} \leqslant 96.00$	48.00	−8	$0.11 < URA_{op-D} \leqslant 0.15$	0.11
7	$24.00 < URA_{op-D} \leqslant 48.00$	24.00	−9	$0.08 < URA_{op-D} \leqslant 0.11$	0.08
6	$13.65 < URA_{op-D} \leqslant 24.00$	13.65	−10	$0.06 < URA_{op-D} \leqslant 0.08$	0.06
5	$9.65 < URA_{op-D} \leqslant 13.65$	9.65	−11	$0.04 < URA_{op-D} \leqslant 0.06$	0.04
4	$6.85 < URA_{op-D} \leqslant 9.65$	6.85	−12	$0.03 < URA_{op-D} \leqslant 0.04$	0.03
3	$4.85 < URA_{op-D} \leqslant 6.85$	4.85	−13	$0.02 < URA_{op-D} \leqslant 0.03$	0.02
2	$3.40 < URA_{op-D} \leqslant 4.85$	3.40	−14	$0.01 < URA_{op-D} \leqslant 0.02$	0.01
1	$2.40 < URA_{op-D} \leqslant 3.40$	2.40	−15	$URA_{op-D} \leqslant 0.01$	0.005
0	$1.70 < URA_{op-D} \leqslant 2.40$	1.70	−16	无精度预报值,使用有风险	

GGTO 参数的具体情况见附表 1-12。GPS 时与其他 GNSS 时之差可用下式计算:

$$t_{GPS} - t_{GNSS} = A_{0GGTO} + A_{1GGTO}[t_{GPS} - t_{0tGGTO} + 604800(WN - WN_{0tGGTO})] + A_{2GGTO}[t_{GPS} - t_{0tGGTO} + 604800(WN - WN_{0tGGTO})]^2 \quad s \tag{附 1-32}$$

用户可以利用 GGTO 资料对不同的卫星导航系统资料进行统一处理。GGTO 参数见附表 1-12。

附表 1-12　　**GGTO 参数**

参　数	说　明	所占比特数	单　位
A_{0GGTO}	GGTO 中的偏差项	16*	2^{-35}s
A_{1GGTO}	GGTO 中的一阶项系数	13*	2^{-51}s/s
A_{2GGTO}	GGTO 中的二阶项系数	7*	2^{-68}s/s^2
t_{0tGGTO}	GGTO 参数的参考时间	16	2^4s
WN_{0tGGTO}	t_{0tGGTO} 的星期数	13	1 星期
GNSS ID	GNSS 的标识符	3	

注:* 为二进制补码,含符号位。

35 型电文的具体结构见附图 1-8。

⑧其他电文

36 型和 15 型导航电文中还可提供其他电文,其内容是任意一种操作命令。36 型电文中可容纳 18 个 8bit 的 ASCII 码字符;15 型电文中可容纳 29 个 8bit 的 ASCII 码字符。8bit 的 ASCII 码字符仅限于附表 1-13 中的这些字符。

附表 1-13　二进制码表示的字符

字母、数字和符号	ASCII 码	八进制码
A–Z	A–Z	101–132
0–9	0–9	060–071
+	+	053
–	–	055
小数点(.)	.	056
分(′)	′	047
度(°)	°	370
/	/	057
空	Space	040
:	:	072
秒(″)	″	042

36 型电文的具体结构见附图 1-9、15 型导航电文的具体结构见附图 1-14。

调制在 L_5 信号上的导航电文与 CNAV 几乎完全一样,只是在 10 型导航电文中的第 272bit(原为留作备用的比特)上新增加了一个完备性状态标识,该比特为"0"时,表示播发的信号具有传统的完备性水平,也就是说,在无警告信号的情况下,所播发的 GPS 信号的瞬时 URE 值超过目前正在播发的 URA 指标的上限的 4.42 倍,时间超过 5.2s 的概率小于 1×10^{-5}/h;当该比特为"1"时,表示播发的信号超过了传统的完备性水平,也就是说,在无警告信号的情况下,所播发的 GPS 信号的瞬时 URE 值超过目前正在播发的 URA 指标的上限的 5.73 倍,时间超过 5.2s 的概率小于 1×10^{-8}/h。

附录 2　北斗卫星导航系统

附 2.1　系统简介

北斗卫星导航系统是由中国自主研制、组建、独立运行并与世界上其他主要的卫星导航系统兼容的一个卫星导航系统，简称北斗系统。其英文名称为 Bei Dou Navigation Satellite System，缩写为 BDS。但有些文献中不用北斗的汉语拼音，而直接将其称为 COMPASS 系统。

附 2.1.1　北斗系统的发展历程

北斗系统能在全球范围内向各类用户提供全天候、全天时的导航、定位、授时服务，并具有短报文通信功能。北斗系统是按照"自主、开放、兼容、渐进"的原则建设的，所谓自主，是指北斗系统是由中国独立研制、组建、运行的卫星导航系统。系统可独立地向全球用户，特别是亚太地区的用户提供各项服务。"开放"是指北斗系统将免费向全球用户提供高质量的公开服务，并欢迎全球用户使用北斗系统。中国将就卫星导航的相关问题与世界各国进行深入的、广泛的交流与合作。由于用于卫星导航的无线电频段已较为拥挤，而现代卫星导航系统一般都将同时采用 3~4 种不同的频率来发射卫星信号，因而导航信号的频率间难免会有所重叠或部分重叠。所谓兼容是指一个卫星导航系统的运行不会对其他系统的正常运行产生实质性的伤害。我国愿意在国际电信联盟 ITU 的规则指导下通过协商来解决上述问题，达成各方都能接受的解决方案，以免各卫星导航系统的信号间产生相互干扰。

为了便于用户能同时用几个导航系统来进行导航定位，各卫星导航系统最好能采用统一的坐标系统和时间系统，至少应给出不同导航系统所采用的坐标系统和时间系统间的转换关系式及相应的转换参数。当然严格地说这已经超出了系统兼容的问题，而是属于各系统的互操作性问题。

"渐进"则是指北斗系统的建设将根据我国经济和技术的发展情况，循序渐进地进行。整个建设过程分"三步走"：

第 1 步：建立北斗卫星导航试验系统

1994 年中国启动北斗卫星导航试验系统的建设。这是一个较为简单的有源的卫星导航系统，也有人将其称为双星定位系统或第一代北斗卫星导航系统。试验系统的技术水平虽然不是十分先进，但结构简单，能迅速建成，解决我国没有自己的卫星导航系统的问题。2000 年 10 月 31 日及 12 月 21 日我国相继发射了 2 颗试验卫星，初步建成试验系统，成为继美国和俄罗斯后第三个拥有自主卫星导航系统的国家。2003 年 5 月 25 日和 2007 年 2 月 3 日我国又先后发射试验卫星，进一步增强了北斗试验系统的性能。

北斗试验系统由空间卫星星座、地面控制和用户终端三个部分组成。空间星座部分包括 3 颗地球静止轨道(GEO)卫星，它们分别定点于东经 80°、110.5°和 140°的赤道上空。地面控制部分由地面控制中心和若干个标校站组成。地面控制中心的主要任务是：导航卫星轨道的确定和预报，电离层延迟校正，计算用户的位置以及用户短报文信息交换。标校站的主要任务是：为地面控制中心提供距离观测值校正参数。用户终端的主要功能是发射定位申请，接收位置信息及短报文。试验系统的主要功能是：定位、单双向授时和短报文通信。其主要功能指标如下：

- 服务区域：中国及周边地区；
- 定位精度：优于 20m；
- 授时精度：单向授时 100ns；双向授时 20ns；
- 短报文通信：120 个汉字/次。

第 2 步：建立区域性的北斗卫星导航系统

2004 年中国启动北斗卫星导航系统的建设。与试验系统相比，北斗卫星导航系统在导航定位的原理和方法上有了重大变化，将有源定位改为无源定位，与当前国际上的主流卫星导航系统保持一致。此外导航卫星的类型也从原来单一的地球静止轨道(Geostationary Earth Orbit，GEO)卫星变为三种类型：新增加了倾斜的地球同步轨道卫星(Inclined Geosynchronous Satellite Orbit，IGSO)和中圆地球轨道(Medium Earth Orbit，MEO)卫星。有人将第二步中所建立的区域性北斗卫星导航系统称为第二代北斗卫星导航系统(第一期)。

北斗卫星导航系统已于 2011 年 12 月 27 日起提供区域性的试运行服务。此后又用 4 颗火箭发射了 6 颗北斗卫星，使系统的覆盖范围扩大，星座的稳健性得到了增强。试运行以来卫星星座和地面控制系统工作稳定，通过不同类型的测试和评估表明系统的各种性能均已满足设计指标。2012 年 12 月 27 日中国卫星导航系统管理办公室宣布从即日起北斗系统在继续提供北斗试验系统的有源定位、双向授时及短报文通信服务的基础上，向亚太部分地区正式提供连续的无源定位、导航、授时等服务。附表 2-1 为 2007.4.14 ~ 2012.12.27 期间发射的北斗卫星。目前尚有 14 颗北斗卫星(5 颗 GEO 卫星、5 颗 IGSO 卫星、4 颗 MEO 卫星)在正常工作。

区域性北斗卫星导航系统的服务区域为：东经 84° ~ 160°，南纬 55° ~ 北纬 55°间的大部分地区。比较形象的说法是西起伊朗，东至中途岛，南含新西兰，北至俄罗斯。

该系统在中国及周边地区的基本服务性能如附表 2-2 所示。

附表 2-1　　**区域性北斗导航卫星发射情况表**

序号	发射日期	卫星类型	卫星编号	PRN	序号	发射日期	卫星类型	卫星编号	PRN
1	2007.4.14	MEO	M1	C30	9	2011.7.27	IGSO	I4	C09
2	2009.4.15	GEO	G2	C02 *	10	2011.12.2	IGSO	I5	C10
3	2010.1.17	GEO	G1	C01	11	2012.2.15	GEO	G5	C05
4	2010.6.2	GEO	G3	C03	12	2012.4.30	MEO	M3	C11 * *
5	2010.8.1	IGSO	I1	C06	13	2012.4.30	MEO	M4	C12 * *
6	2010.11.1	GEO	G4	C04	14	2012.9.18	MEO	M5	C13 * *
7	2010.12.18	IGSO	I2	C07	15	2012.9.18	MEO	M6	C14 * *
8	2011.4.10	IGSO	I3	C08	16	2012.10.25	GEO	G2	C02

注：* 该卫星无法发射正常的导航信号，卫星位置已漂移出赤道平面。

* * MEO 卫星采用一箭双星的方式发射。

附表 2-2　　**系统的基本服务性能**

定位精度	测速精度	授时精度	短报文通信
平面：10m 高程：10m	0.2m/s	单向：50ns 双向：20ns	120 个汉字/次

此外还可通过广域差分和地基增强系统进一步提升系统的服务性能。

为了鼓励国内外企业尽早研发北斗系统的各种应用终端，推动北斗的广泛应用，中国卫星导航系统管理办公室于 2011 年公布了北斗系统空间信号接口控制文件（测试版）。目前北斗系统的技术状态已经固化，管理办公室于 2012 年 12 月 27 日正式公布了北斗系统空间信号接口控制文件（正式版）。上述文件的中英文两种版本可从北斗政府网站（www. beidou. gov. cn）中下载。该文件规范了卫星与用户接收机之间的信号接口关系，是开发研制接收机及相关芯片、编写相应软件时必不可少的技术文件。

由于种种原因，目前 GPS 仍然在我国的卫星导航领域中占据垄断地位（占 95%左右）。迅速推广、普及北斗系统就成为我们面临的迫切任务。这一任务之所以重要是因为：

①卫星导航系统已在我国的国民经济建设及国防建设的众多领域中得到了广泛应用，甚至深入到社会生活的各个方面，成为关系到国家安全和社会秩序的重大基础性设施。

②北斗卫星导航产业有良好的发展前景，有可能成为新的经济增长点。到 2015 年该产业的规模可达 1500 亿~2000 亿，到 2020 年有可能超过 4000 亿。必须很好把握这一机遇。

③目前北斗导航系统的用户终端产品的价格还远高于 GPS 终端产品的价格。大力推广普及北斗系统的应用，大幅增加终端产品的数量是迅速降低终端产品价格的有效手段，可使产量与价格之间进入一个良性循环的通道。为此除了政府要通过政策和法规加以调控和引导，各接收机生产厂商及科研机构要大力进行创新研究和技术攻关外，各级教学机构也必须在学习、推广北斗系统方面作出贡献。

第 3 步：建立全球卫星导航系统

第 3 步的建设目标是在区域性的卫星导航系统已顺利建成并稳定运行的基础上，再花费 7~8 年时间，在 2020 年左右将北斗系统建成全球性的卫星导航系统。在这一阶段的建设任务中，不仅需大量增发 MEO 卫星，以便使卫星星座能覆盖全球，而且还需要在下列几个方面做进一步的工作：

①扩充、改进地面控制系统，以适应从区域性系统向全球性系统转变的需要。

②改进北斗卫星的定轨方法和手段，如利用星间距离观测值进行星地联合定轨及卫星自主定轨。

③从多个方面来进一步提升北斗系统的精度及稳定性，如进一步改正星载原子钟的性能及卫星钟差参数的精度；进一步改进电离层改正模型及相应参数的精度，进一步改进卫星硬件延迟差 T_{GD}的精度等。

④普及、推广北斗系统在各个领域中的应用，生产价廉物美的北斗接收机。

在这一关键性的阶段中，高等学校不仅要积极承担相应的科研课题，解决关键技术，更应在培养大批急需人才，推广普及北斗系统方面作出自己的贡献。

经过多年的努力，中国航天科技集团已研制出三颗新一代的北斗卫星，即将开展对全球组网卫星系统的方案和体制、关键技术、系统中的接口和运行管理等的在轨检验。新一代的北斗卫星具有技术指标高，采用的新技术、新产品多，器部件国产化程度高等三大特点。其中新技术、新产品占卫星全部产品近 80%。此外，还实现了关键元器件和所有关键部组件的国产化，为大规模全球组网奠定了基础。

附 2.1.2　北斗系统采用的坐标系统及时间系统

1. 坐标系统

北斗系统采用 2000 中国大地坐标系 CGCS2000，该坐标系的定义与 2.7.3 中 ITRS 的定义是一致的，同样满足建立 ITRS 时的四条规定。中国卫星导航系统管理办公室在北斗卫星导航系统空间信号接口控制文件(公开服务信号 B_{11}1.0 版)中将建立 CGCS2000 的具体要求总结如下：

①原点位于地球质心；

②Z 轴指向国际地球自转服务组织(IERS)定义的参考极(IRP)方向；

③X 轴为 IERS 定义的参考子午面(IRM)与通过原点且与 Z 轴正交的赤道面的交线；

④Y 轴与 Z、X 轴构成右手直角坐标系。

如果用户不采用空间直角坐标系的形式而采用大地坐标系的形式时，CGCS2000 所采用的地球椭球参数如下：

长半轴：$a = 6378137.0\text{m}$

地球(包含大气层)引力常数：$\mu = 3.86004418 \times 10^{14} \text{m}^3/\text{s}^2$

扁率：$f = 1/298.257222101$

地球自转角速度：$\dot{\Omega}_e = 7.2921150 \times 10^{-5} \text{rad/s}$

该地球椭球的中心与空间直角坐标系的坐标原点(即地球质心)重合。椭球的短轴与 Z 轴重合，椭球的起始子午面通过 X 轴。此时空间直角坐标与大地坐标间可方便地进行坐标转换。

CGCS2000 与 ITRS、WGS-84 坐标系的定义是相同的。但是由于在具体实现的过程中所采用的手段不同，所用的观测值和数据处理方法的不同，因而所获得的坐标之间也会有细微的差别，但在 cm 级的水平上是相互兼容的。

CGCS2000 是我国目前正在使用的一种动态的坐标系。该坐标系主要是依靠 GNSS 定位技术来建立和维持的，覆盖我国的大陆和领海，其中连续观测的 GNSS 站的三维站坐标的精度达 mm 级，站坐标的三维变化速度的精度达 mm/y 级。除此以外还有 2500 多个高等级的 GPS 点以及 5 万个大地控制点来进行加密。

2. 时间系统

北斗卫星导航系统所采用的时间系统为北斗时(BDT)。北斗时采用国际单位制(SI)秒作为基本单位。该时间系统的起始历元为 2006 年 1 月 1 日协调世界时 UTC0h00m00s，连续计时，不跳秒。由于此时 UTC 与协调原子时 TAI 之间已有 33s 的差异，所以从理论上讲 BDT 与 TAI 间总会有 33s 的差异，即

$$T_{\text{TAI}} - T_{\text{BDT}} = 33\text{s} \tag{附 2-1}$$

但是 TAI 与 BDT 是分别由两组不同的原子钟来建立和维持的，由于原子钟的误差以及数据处理方法的不同，这两种时间系统间除了理论上存在的 33s 的差异外，还会有微小差异。这些差异可保持在 100ns 以内。BDT 与 UTC 虽然在 BDT 的起始历元 2006 年 1 月 1 日 0h00m00s 保持一致。但是由于 UTC 存在跳秒，而 BDT 则不跳秒，因而随着时间的推移这两种时间系统在理论上会存在若干个整秒的差异。相差的整秒数在 BDS 的导航电文中给出，当然除了上述理论上的整秒差异外，BDT 与 UTC 之间还存在微小差异。其具体数值也可由 BDS 的导航电文给出，其值可保持在 100ns 以内。

GPS 系统所用的时间系统 GPST 的起始时刻为 1980 年 1 月 6 日 0h00m00s，在该时刻 GPS 时与 UTC 时是相同的。BDT 的起始时刻比 GPST 晚了约 26 年(差 5 天)。在此段时间内 UTC 共跳秒 14s，因而 GPST 与 BDT 之间理论上也会相差 14s，即

$$T_{\text{GPS}} - T_{\text{BDT}} = 14\text{s} \tag{附 2-2}$$

同样 GPST 与 BDT 是由两组不同的原子钟分别建立和维持的，因而这两种时间系统之间除了理论上的差值 14s 外，还会存在微小的差异。为了便于用户能同时用 GPS 与 BDS 来进行导航定位，在导航定位中也会给出这种微小差异的数值。

在北斗系统中时间一般并不用年、月、日、时、分、秒来表示，而是采用星期数 WN

及本星期内的秒数 SOW 来表示，详细情况将在导航电文中介绍。

附 2.2　北斗卫星导航系统的组成

附 2.2.1　空间部分

1. 北斗导航卫星概况

北斗导航卫星是以通信卫星东方红-3 作为卫星平台而进一步研发的[241]。北斗导航卫星上都配备了星载原子频标、码生成器、信号发射设备及天线、信号接收及储存设备等进行卫星导航所需的仪器和部件。此外在 GEO 卫星上还配备了 C 波段信号转发器等设备，可提供短报文通信服务以及双向精密时间传递和频率传递等服务。所有的北斗卫星上都安装了高性能的激光反射棱镜，但目前国际激光测距服务 ILRS 只对 MEO 卫星进行了跟踪观测。

高性能的星载原子频标对于导航和实时定位用户来讲具有极其重要的作用，因为此时只能使用预报的卫星钟差。北斗二代卫星上都配备了国产的铷原子频标和进口的铷原子频标。Oliver Montenbruck 等人曾以高精度的地面氢梅塞钟作为基准对北斗二代卫星的铷原子频标 RAFS 的性能进行了评估，并与 GPS Block IIF 卫星及伽利略系统的 GIOVE-A、B 卫星的星载原子钟频标进行了比较。附图 2-1 中左边为 GPS Block IIF 和 GIOVE-A、B 卫星的 RAFS 的阿伦方差，右边为 Beidou 卫星的 RAFS 的阿伦方差。

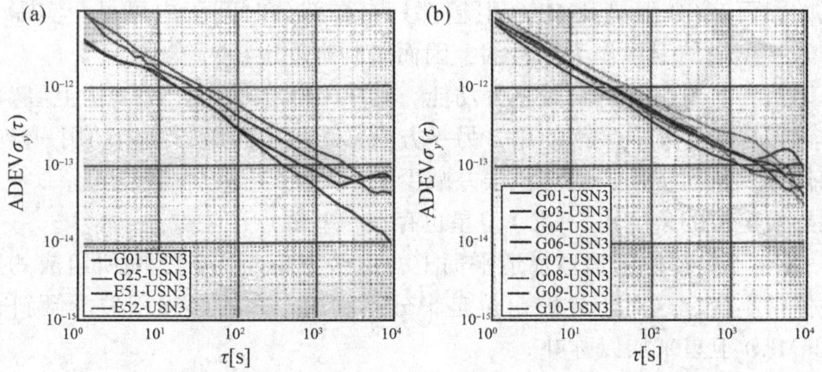

附图 2-1　不同卫星的 RAFS 的阿伦方差

从图中可以看出，当 S = 1s 时北斗卫星的 RAFS 的短期稳定度为$(7\sim10)\times10^{-12}$，而 Block IIF 卫星的 RAFS 的稳定度为$(4\sim6)\times10^{-12}$；当 S = 1000s 时，北斗卫星的 RAFS 的稳定度为$(1\sim3)\times10^{-13}$，而 Block IIF 卫星的 RAFS 的稳定度则优于1×10^{-13}。此外所有北斗卫星的卫星钟漂值为 0. 2cm/s~2cm/s，其数值与 GPS 卫星的值相同。而 Galileo 系统的 GIOVE A、B 卫星的数值分别为 7. 5cm/s 和 15cm/s。

总之，目前北斗卫星的星载原子钟的性能已达到一般 GNSS 卫星的水平，但与最新一代的 GPS Block IIF 卫星相比，尚有一定差距。更多的信息可参阅参考文献。

2. 卫星类型

我们知道，GPS 系统、GLONASS 系统和 Galileo 系统无一例外地均采用了 MEO 卫星，在每种卫星导航系统中，所有导航卫星的轨道的大小和形状以及轨道倾角都是一致的。而北斗系统则不一样，其卫星星座是由 3 种不同轨道类型的卫星组成的。

(1) GEO 卫星

北斗卫星导航系统中的 GEO 卫星是位于赤道上空，在高度为 35786km 的圆形轨道上运行的卫星。由于其运行角速度与地球自转的角速度 ω 相同，因而从地面上看这些卫星似乎是固定在空间某一位置不动的，因而被称为地球静止卫星。GEO 卫星的运行周期为 1 恒星日=23h56m04s，与地球自转周期相同。

由于各种摄动因素的影响，GEO 卫星所处的位置会发生较大的偏移，因而需要不断加以调整，这种调整工作被称为“卫星轨道机动”。北斗系统中的 GEO 卫星平均一个月左右要调整一次轨道。

采用 GEO 卫星的优点是：

①GEO 卫星可长期位于服务区域上空，一天 24 小时可用。对于区域性导航系统而言，其利用率远高于 MEO 卫星，而且信号覆盖范围也比 MEO 卫星的覆盖范围要大得多(一个 GEO 卫星的信号覆盖范围可达地球总面积的 40%左右)，且信号强度较为均匀，变化不大。因而特别适用于区域性的卫星导航系统。

②GEO 卫星可以方便地同时兼备通信卫星的功能，承担北斗卫星导航系统中的短报文通信功能，以及高精度的双向时间传递等功能。这是因为在服务区域内 GEO 卫星是长期连续可见的，而 IGSO 卫星及 MEO 卫星都只有在部分时间段内可见。实际上北斗卫星就是以东方红-3 型通信卫星作为平台的，因而研制难度也相对较小。

③北斗卫星导航系统具有广域差分功能，其中 GEO 卫星充当了“伪卫星”的角色。它一方面可作为普通的导航卫星来使用，另一方面又承担了向服务区内的用户转发广域差分改正信息的任务，从而将用户的定位误差减少至 1m 内。

但是从导航定位的角度讲，GEO 卫星也存在一些缺点，主要是：

①所有 GEO 卫星都位于地球赤道平面上，这些卫星与用户之间所组成的几何图形不好，且始终保持不变。这对于导航定位是十分不利的。因而必须用位于倾斜轨道面上的 IGSO 卫星和 MEO 卫星来加以弥补。

②信号无法覆盖极区和高纬度地区。

③与 MEO 卫星相比，GEO 卫星离用户的距离更远，在卫星信号发射功率相同的情况下，在地球表面所接收到的 GEO 卫星的信号比 MEO 的信号更为微弱，对接收机的性能会提出更高的要求。实际上，在地面上 GPS 系统中的 C/A 码的最低信号功率为-158. 5dBw，而与此相仿的北斗卫星公开服务信号 B_{11} 的最低信号功率为-163dBw。

(2) IGSO 卫星

IGSO 卫星是位于倾斜轨道面($i \neq 0$)的地球同步卫星。在北斗卫星导航系统中所有的 IGSO 卫星的轨道倾角 i 均取 55°。IGSO 卫星也在高度为 35786km 的圆形轨道上运行，其运行周期也为 1 恒星日。卫星在地球表面上的垂直投影点称为星下点。IGSO 卫星的星下点轨迹是一个阿拉伯数字“8”，南北对称。星下点的纬度在±55°的范围内变化。

与 GEO 卫星一样，IGSO 卫星也具有信号覆盖范围大，且信号强度较为均匀等优点。而且 IGSO 卫星的信号还能间断性地覆盖南北两极和高纬度地区。合理分布的多个 IGSO 卫星能与用户间构成较好的几何图形，而且这些图形会不断变化，这对于不同未知参数的相互分离是十分重要的。IGSO 卫星的这些特性可弥补 GEO 卫星的不足。但一般来说 IGSO 卫星无法长期连续地停留在用户的视场内，其利用率不如 GEO 卫星高，而且通常也不能同时承担卫星通信的功能。

(3) MEO 卫星

这是一种在中等高度的圆形轨道上运行的卫星。Beidou 系统中的 MEO 卫星的高度为 21528km，轨道倾角为 55°，相应的运行周期为 12h50m。GPS、GLONASS、Galileo 等全球性的卫星导航系统都清一色地采用 MEO 卫星，这是因为相对而言，MEO 卫星的高度、运行周期、信号覆盖面积和信号强度等都较为适中。卫星所受到的摄动力较小，大气阻力可忽略，卫星轨道相对较为稳定，易于进行精密定轨和轨道预报。

由于区域性卫星导航系统都有其特定的服务区域(如中国及其周边地区)，而 MEO 卫星只有部分时间出现在服务区上空，其卫星利用率比 GEO 等卫星低。因而区域性卫星导航系统不会大量使用 MEO 卫星而更愿意使用 GEO、IGSO 卫星。但对于全球卫星导航系统来说，MEO 卫星仍是一天 24 小时可用的卫星，只不过是不同时间在为不同地区的用户服务而已。

此外与 GEO 卫星和 IGSO 卫星星座相比，MEO 卫星星座具有更好的“整体性”。在一天时间内，用户几乎可观测到 MEO 卫星星座中的所有卫星，换言之，用户几乎可用星座中所有的卫星来进行定位。而由 GEO 和 IGSO 卫星组成的卫星星座则不然，某一经度区域中的用户只能利用位于这一经区上空的 GEO 卫星和 IGSO 卫星来定位。而中国的用户则永远不能利用位于美国上空的 GEO 卫星和 IGSO 卫星来进行定位。从某种程度上讲，这种由 GEO 卫星和 IGSO 卫星组成的全球定位系统似乎是由若干个区域性定位系统拼接起来的，其整体性较差。仅利用星座中的部分卫星来进行导航定位时其结果容易受到这些卫星钟残余系统误差的影响。不同地区的定位结果经常会出现不相洽的情况。MEO 卫星却能较好地解决上述问题。

北斗二代从区域性导航系统(第一期)补充、改进成全球性系统(第二期)时，MEO 卫星数将从 4 颗激增至 27 颗，GEO 卫星数不变，IGSO 卫星则从目前的 5 颗减少为 3 颗。因为那时 IGSO 的部分功能可由 MEO 卫星来承担，届时全球性的卫星导航系统功能将主要由 MEO 卫星承担，GEO 和 IGSO 卫星的主要作用则为：区域性增强、数据通信及广域差分等。

3. *卫星星座*

(1) 区域性导航系统的卫星星座

2012 年 12 月 27 日中国卫星导航系统管理办公室宣布从即日起北斗二代系统正式向部分亚太地区的用户提供连续的导航、定位、授时服务。这个区域性的导航系统的卫星星座由 14 颗卫星组成，其中 GEO 卫星有 5 颗、IGSO 卫星也有 5 颗、MEO 卫星为 4 颗。

5 颗 GEO 卫星分别位于东经 58.75°、80°、110.5°、140°、160°的赤道上空。在各种

摄动因素的作用下，这些卫星会在经度方向上产生长期漂移，从而逐渐远离预定位置。此时就应在地面控制系统的控制下定期通过卫星轨道机动（命令卫星发动机动点火工作），将其调整回正确的位置。卫星在经度方向上产生长期位移的同时，在纬度方向上也会产生周期性的变化，对这种变化则不作调整。

5 颗 IGSO 卫星分布在两个倾角为 55°的圆形地球同步轨道上。但是由于各卫星受到的轨道摄动不同，轨道机动也并非同时进行，因而卫星的实际轨道与设计轨道并不完全相同。

4 颗 MEO 卫星分布在两个轨道面上，一个轨道面的升交点赤经 $\Omega = 106.3°$，另一个轨道面的 $\Omega = 226.0°$（据 2013 年 3 月 14 日的卫星星历求得）。每个轨道面各有 2 颗卫星，相互之间的幅角（$\omega + M$）相差 45°。

在参考文献[244]中曾对上述区域性 BDS 系统的可见卫星数以及星座的 DOP 值进行过计算。计算时分为两个区域：一个是东经 50°~180°，纬度为 55°S~55°N 的大区域，在参考文献中将其称为整个服务区域（附图 2-2 中的整个大区域）；另一个是东经 75°~135°，北纬 10°~55°的小区域，在参考文献中将其称为重要服务区域（附图 2-2 中小框内的区域）。由于可见卫星数以及 DOP 值会随着时间及用户位置的不同而不同，故参考文献中以 5 分钟为时间间隔，对区域中 2°×2°的各格网点分别进行了计算，然后给出了上述两个区域中的可见卫星数和 DOP 值的最大值、最小值和平均值。为节省篇幅，附表 2-3 中仅列出了平均值以反映两个区域内的整体状况。为方便比较也给出了 GPS 和 GLONASS 系统的相应值。

附表 2-3　　**两个区域中可见卫星数及 DOP 数的平均值**

卫星导航系统	服务区域	可见卫星数的平均值	平均 DOP 值			
			GDOP	PDOP	HDOP	VDOP
区域性 Beidou	整个区域	7.3	6.98	5.92	3.96	4.69
	重要区域	7.9	3.74	3.10	2.13	2.55
GPS	整个区域	8.2	2.42	2.12	1.07	1.85
	重要区域	8.0	2.50	2.78	1.13	1.88
GLONASS	整个区域	5.7	3.18	2.79	1.47	2.43
	重要区域	6.2	3.03	2.68	1.41	2.38

说明：① 计算时间为 24 小时，截止高度角取 5°，计算时测站高程统一取 25m；

② 计算时参考文献中所取的卫星轨道与最终公布值略有不同，因而表中给出的值也可能略有出入；

③ 上述两个服务区域是参考文献中定义的，与中国政府公布的服务区域不同。

该参考文献的计算结果表明：

①区域性北斗系统的可见卫星数 n 是相当不错的，大体上与 GPS 系统相当，优于 GLONASS 系统。在整个服务区内可见卫星数 $n \geq 4$ 的地区占 99.8%。在中国领土和领海可见卫星数均≥6，大部分地区≥8；

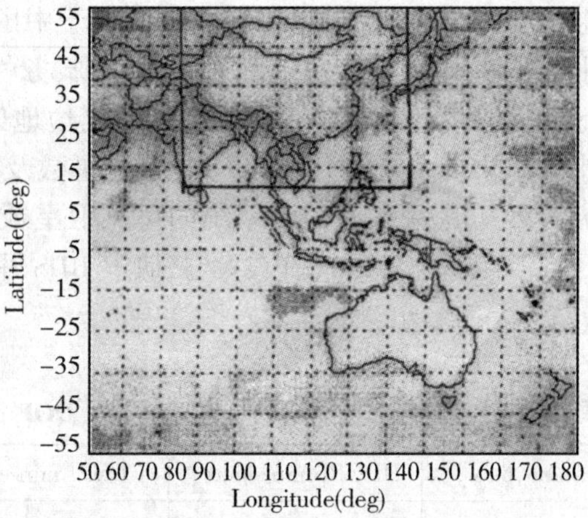

附图 2-2　参考文献中定义的两个服务区域

②在整个服务区域内有 62. 8%的地区 PDOP 值<6，在重要服务区内 PDOP 值<6 的区域占 99. 6%。在中国领土及领海中绝大部分地区 PDOP<4；

③在两个服务区内，区域性北斗系统的 DOP 值均要比 GPS 及 GLONASS 系统差。这是由北斗系统中的 5 颗 GEO 卫星均分布在赤道面上，IGSO 卫星间的经差也较小等原因造成的。因而虽然可见卫星数比 GLONASS 多，但 DOP 值却比 GLONASS 和 GPS 都要差。今后大量补发射 MEO 卫星后，此问题可得到解决。

(2)全球性的 BOS 卫星星座

预计在 2020 年 BDS 可正式向全球的用户提供服务。届时的卫星星座将由 5 颗 GEO 卫星，3 颗 IGSO 卫星和 27 颗 MEO 卫星组成。全球星座与区域性星座间的 GEO 卫星保持一致，无任何变化。IGSO 卫星的数量从原有的 5 颗减少至 3 颗，但考虑到区域性星座中的 5 颗 IGSO 卫星中有 2 颗原来就属于备用卫星，因而实际上也无多少变化。这 3 颗 IGSO 卫星将均匀分布在升交点赤经 Ω＝118°的倾斜轨道上，卫星间的幅角各相差 120°，轨道倾角和轨道高度仍保持不变。变化最大的是 MEO 卫星，其数量将从现在的 4 颗增加至 27 颗，这 27 颗 MEO 卫星将分布在 3 个轨道平面上，每个轨道面 9 颗卫星。这与其他卫星导航系统十分相似(见附表 2-4)：

附表 2-4　　**BDS 中的 MEO 卫星与其他卫星导航星座的比较**

卫星系统	卫星数	轨道面	卫星高度	卫星运行周期	轨道倾角
GPS	24(实际已达 31 颗左右)	6	20200km	11h58m	55°
GLONASS	24	3	19100km	11 h15 m	64. 8°
GALILEO	30	3	23222km	14h22m	56°
BDS 中的 MEO 卫星	27	3	21528km	12 h50 m	55°

由此可见，在将来 BDS 中的 MEO 卫星将成为全球星座中的主体，为全球用户提供导航、定位、授时等服务将主要依靠 MEO 卫星来完成。而位于中国及周边地区的 5 颗 GEO 卫星及 3 颗 IGSO 卫星则可进一步提升 BDS 在该区域内的服务性能，参考文献[239]对 GPS 系统和北斗系统进行了比较。计算结果表明在中国及周边地区(5 颗 GEO 卫星和 3 颗 IGSO 卫星覆盖区域)以外，这两个系统的每天平均可见卫星数及 DOP 值基本相同。但在中国及周边地区北斗系统的可见卫星数比 GPS 系统的可见卫星数要多 3~7 颗，其相应的 DOP 值也比 GPS 系统要小，详见附表 2-5(在参考文献中 BDS 用 Compass 表示，未作改动)。

附表 2-5　　**中国及周边地区 GPS 与北斗系统的可见卫星数及 DOP 值比较表**

MA = 10°	NVS[min~max]	HDOP[min~max]	VDOP[min~max]	GDOP[min~max]
GPS	8~10	0.82~1.13	1.53~1.85	1.96~2.76
Compass	11~17	0.77~1.02	1.32~1.79	1.73~2.34
GPS/Compass	20~27	0.54~0.69	0.95~1.14	1.24~1.48

附表 2-6 和附表 2-7 则分别给出了在上述区域内一些有代表性的主要城市中在开阔地区和高楼林立的闹市区中 GPS 系统与北斗系统的可见卫星数。

附表 2-6　　**在城市开阔地区两个系统的可见卫星数**

NVS Masking Angle = 10°	GPS			COMPASS		
	Min	Max	Mean	Min	Max	Mean
Beijing	6	13	8.75	13	17	14.87
Seoul	6	13	8.78	12	17	13.80
Tokyo	6	13	8.80	12	17	13.97
Shanghai	6	13	8.90	13	18	15.09
Taipei	6	13	9.10	13	18	15.42
Hongkong	7	13	9.00	13	18	15.44
Bangkok	6	13	9.31	14	18	16.15
Singapore	8	13	9.92	16	19	17.27
Sydney	6	12	8.82	11	16	12.83

从上述结果可以看出,5 颗 GEO 卫星和 3 颗 IGSO 卫星在其覆盖的中国及其周边地区可起到下列作用:

① 在视场较为开阔的一般地区,用户可见的北斗卫星数量可大幅增加。一天中北斗卫星的最少可见数大体与最多的 GPS 卫星可见数相当,DOP 值下降,卫星几何图形得到增强。

附表 2-7　　在高楼林立的闹市区两个系统的可见卫星数

NVS Masking Angle = 40°	GPS				COMPASS			
	Min	Max	Mean	SR	Min	Max	Mean	SR
Beijing	1	6	4.02	74%	4	7	6.00	100%
Seoul	1	7	4.02	71%	4	8	7.04	100%
Tokyo	2	7	3.88	57%	5	8	7.05	100%
Shanghai	1	8	4.06	70%	5	8	7.21	100%
Taipei	1	7	4.00	61%	5	8	7.29	100%
Hongkong	2	7	3.96	54%	6	9	8.31	100%
Bangkok	1	7	3.54	45%	7	10	8.68	100%
Singapore	1	6	3.17	36%	6	9	7.08	100%
Sydney	2	7	3.88	63%	4	8	6.92	100%

SR：Success rate

②附表 2-7 的结果表明在高楼林立的城市闹区，用户至少可以观测到 4 个卫星，导航定位的成功率为 100%。而在同样的条件下，GPS 卫星的可见数有时只能达 1~2 颗。9 个城市的导航定位平均成功率为 59%。上述情况也适用于山区山谷地区。由此可见，由于 8 个卫星的增强作用，使北斗系统在城市、山区等隐蔽地区的导航定位能力有了实质性的提升。

③除了上述增强作用外，这 8 颗卫星的存在也为北斗系统的短报文通信功能以及广域差分等地基增强功能奠定了基础。用户利用广域差分服务可将定位精度提高至 1m。

我们知道 GPS，GLONASS，GALILEO 等卫星导航系统是通过不同的服务类型(如 GPS 中的标准定位服务 SPS 和精密定位服务 PPS，GALILEO 的公开服务，商业服务等)向不同的用户提供性能不同的服务的，其服务性能与用户所在的地理位置并无太大关系(定位精度会随着纬度的不同而略有变化，但与经度基本无关)。而 BDS 则有所不同，即使是同一类型的服务，在某一特定的增强区域中(中国及周边地区)仍可获得比一般地区性能更好的服务，这种情况当然与全球性的 BDS 是从区域性的 BDS 的基础上发展而成的历史过程有关，此外也与目前我国还不具备在全球均匀布设增强系统的条件有关。在一些文献中，也有人将第三步建设任务称为第二代北斗卫星导航系统(第二期)工程。

附 2.2.2　地面控制系统

北斗卫星导航系统的地面控制部分由若干个监测站、主控站和注入站组成。

(1)主控站

主控站是整个地面控制部分的技术中心与行政管理中心，其主要任务如下：

① 用各监测站传递过来的观测资料进行定轨和轨道预报生成导航电文以及广域差分信息和完好性信息，并将上述信息传递给注入站。

②对系统进行控制和管理。发布各种命令，如调整某卫星的轨道，启用备用件等，维持系统的正常运行。

(2)注入站

注入站的任务是：在主控站统一调度下，接收、储存卫星导航电文、广域差分信息和完好性信息及相关命令，并及时将上述信息上传给卫星。

(3)监测站

监测站的任务是：对视场中的卫星进行距离测量，并测定气象元素，跟踪监测卫星信号，并将上述资料传递给主控站。

BDS 的组成与 GPS 相似，但台站的具体数量及位置等信息尚未对外公布，无法一一列出。

附 2.2.3　用户终端

用户终端是指利用 BDS 进行导航、定位、授时及其他各种应用的用户设备。一般是指 BDS 接收机，但也可以指 CEM 板、芯片、天线等关键部件，也包括与 GPS，GLONASS 等系统兼容的用户设备。与 GPS 相比，BDS 的用户终端还处于起步阶段，但随着北斗系统的推广普及，用户终端也会飞速发展。有关用户终端的具体型号、性能、价格等不再一一介绍，感兴趣的读者可参阅相关资料。

附 2.3　BDS 所用的载波与测距码

附 2.3.1　载波

BDS 的卫星信号也是由载波、测距码和导航电文三个部分组成的。由于包含的内容较多，所以分两节加以介绍。本节介绍载波和测距码，下节介绍导航电文。

与 GPS、GLONASS、GALILEO 系统一样，BDS 也采用频率为 1~2GHz 的 L 波段微波来作为载波。这是因为 L 波段的频率较为适中。以频率 $f=1.5$GHz(L 波段的平均频率)的载波为例，它所受到的最大电离层延迟约为 50m，信号在穿过大气层时的损耗约为 0.5dB，在可接受的范围内。如果采用频率更低的 p 波段的微波来作为载波(频率 f 为 0.22~0.30GHz)，虽然信号损耗可进一步减小，但电离层延迟将增大数十倍(电离层延迟与 f^2 成反比)，用现有模型进行改正后的残余误差会很大，从而严重影响导航定位精度。如果采用频率更高的微波来作为载波，例如用 C 波段的载波，虽然电离层延迟可减至很小，但信号在穿过大气层时，会受到水汽、氧和降雨的影响，其能量衰减严重，可达 10dB 左右，从而严重影响信号的接收。

目前的北斗卫星均用三种不同的频率来发射卫星信号。为了与 GPS 等其他卫星导航系统相区别，我们分别将这三种不同的频率载波称为 L_{B1}，L_{B2}，L_{B3}。其中调制 B1 信号的 L_{B1} 载波的频率 $f_{B1}=1561.098$MHz；调制 B2 信号的载波 L_{B2} 的频率 $f_{B2}=1207.14$MHz；调制 B3 信号的载波 L_{B3} 的频率 $f_{B3}=1268.52$MHz。这三种载波中，L_{B1} 和 L_{B2} 位于航空无线电导航服务 ARNS 的频段内。由于其他用户不能使用 ARNS 频段，所以无线电信号干扰相对较少。相比之下用于工业、医学、科研等工作的 ISM 频段内，所受到的无线电信号干扰就要严重得多，一般要比 ARNS 频段内的干扰大 20～30dB。

未来的北斗卫星导航系统还可能增加第四个载波 L_{B1-2}，其频率为 f_{B1-2} = 1589.74MHz。因为我国向国际电信联盟 ITU 申报的卫星信号频率中含上述频率。GPS，GLONASS，GALILEO 和 Beidou 等卫星导航系统一般都要用 3～4 种不同频率来播发各自的卫星信号。这些卫星信号的频率基本上都集中在 1.2GHz 附近和 1.6GHz 附近。采用扩频技术后每个信号的频谱宽度都将达 20MHz 左右，因而难免会造成信号频率的拥挤、重叠或部分重叠。附表 2-8 列出了 GPS，Galileo 和 Beidou 系统所用的载波及其频率。

附表 2-8　**GPS、Galileo 和 Beidou 系统所用的载波**

GPS		Galileo		Beidou	
载波	中心频率(MHz)	载波	中心频率(MHz)	载波	中心频率(MHz)
L_1	1575.42	E_1	1575.42	L_{B1}	1561.098
L_2	1227.60	E_{5a}	1176.45	L_{B1-2}	1589.74
L_5	1176.45	E_{5b}	1207.14	L_{B2}	1207.14
		E_6	1278.75	L_{B3}	1268.52

从表中可以看出在 GPS 与 Galileo 系统中，$f_{L_1}=f_{E_1}$，$f_{L_5}=f_{E_{5a}}$，在 Beidou 与 Galileo 系统中，$f_{L_{B2}}=f_{E_{5b}}$，L_{B_3} 与 E_6 的频率仅相差 10MHz 左右，L_{B1} 与 L_{B1-2} 的频率则分别比 E_1 的频率小 14.32MHz 和大 14.32MHz。附图 2-3 为 GPS、Galileo 和目前区域性的北斗卫星导航系统的信号频谱图。从图中可以看出不同系统的信号间出现了重叠或部分重叠。这些信号可通过不同的测距码结构加以区分，也可通过协商调整，使其更为合理。

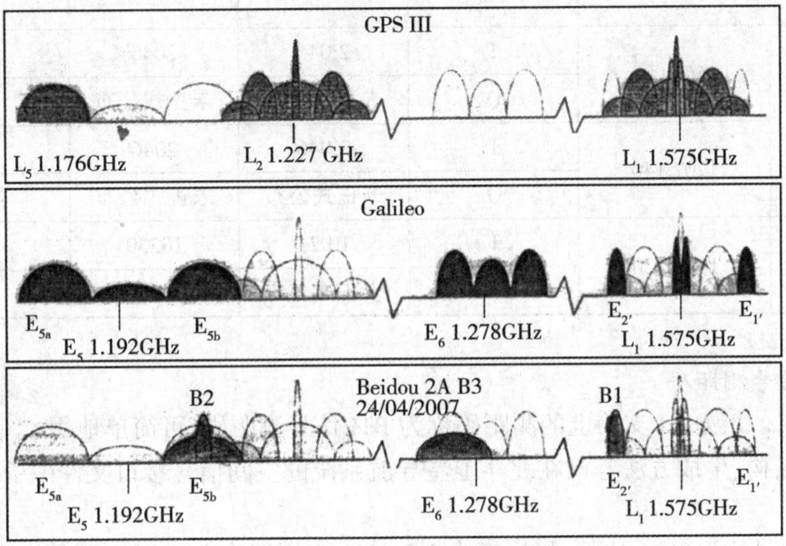

附图 2-3　GPS、Galileo 和 Beidou 卫星信号频谱图

北斗卫星发射的信号为右旋圆极化（RHCP）信号。天线轴比见附表 2-9：

附表 2-9　　卫星天线轴比

卫星类型	天线轴比
GEO	天线轴比小于 2.9dB，范围：±10°
MEO	天线轴比小于 2.9dB，范围：±15°
IGSO	天线轴比小于 2.9dB，范围：±10°

当卫星仰角大于 5°，在地球表面附近的接收机右旋圆极化天线为 0dB 增益时，卫星发射的导航信号到达接收机输出端的 I 支路最小保证电平为−163dBW。

附 2.3.2　测距码

1. 概况

如前所述，目前区域性的北斗卫星导航系统中的卫星是以三种不同频率来播发卫星信号的。每种载波分为两个支路。其中一个支路的载波信号不变，称为 I 支路，或同相（In-phase）分量；另一支路的相位变化为 90°，使之与 I 支路正交，被称为 Q 支路，或正交（Quadrature-phase）分量。然后再在这 6 种载波分量上调制测距码和导航电文，供不同用户使用。与其他卫星导航系统一样，北斗系统也可提供两种不同类型的服务。一种是公开向全球所有用户免费开放的服务，称为公开服务。另一种是仅向经有关当局批准的部分用户提供的服务，称为授权服务。

附表 2-10　　北斗卫星的信号及服务方式

载波	载波频率（MHz）	支路	码速率（Mcps）	码长（比特）	服务方式
L_{B1}	1561.098	I	2.046	2046	公开
		Q	未正式公布	未正式公布	授权
L_{B2}	1207.140	I	2.046	2046	公开
		Q	未正式公布	未正式公布	授权
L_{B3}	1268.520	I	10.23	10230	公开
		Q	未正式公布	未正式公布	授权

2. B1I 信号测距码

调制在 L_{B1} 载波的 I 支路上的测距码称为 B1I 信号测距码，可简单地用 C_{B1I} 来表示。测距码 C_{B1I} 的结构、生成方法等已在北斗卫星导航系统的空间信号接口文件中予以公布，现介绍如下：

C_{B1I} 码的码长为 2046 比特，码速率为 2.046Mcps，周期为 1ms。C_{B1I} 码是由两个线性二进

制序列 G_1 和 G_2 经模二相加后生成的。G_1 和 G_2 序列都是由 11 级线性移位寄存器产生的。这两个线性移位寄存器的特征多项式分别为：

$$G_1(X) = 1 + X + X^7 + X^8 + X^9 + X^{10} + X^{11}$$

$$G_2(X) = 1 + X + X^2 + X^3 + X^4 + X^5 + X^8 + X^9 + X^{11}$$

G_1 和 G_2 的初始相位为：

G_1 序列初始相位：01010101010；

G_2 序列初始相位：01010101010。

C_{B1I} 码发生器如附图 2-4 所示：

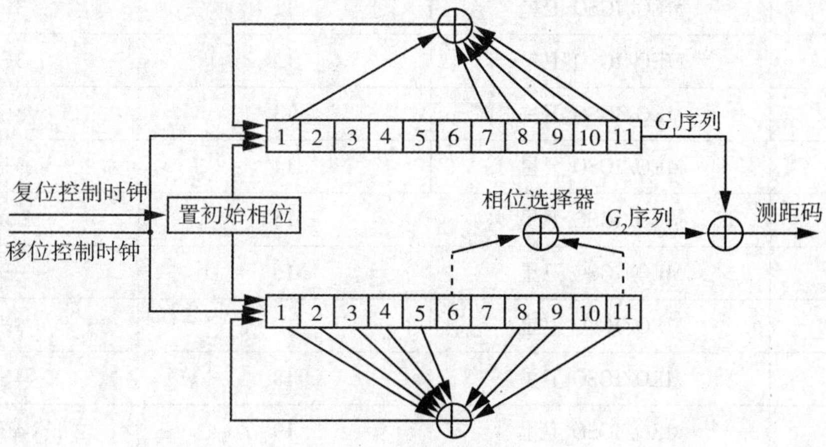

附图 2-4　C_{B1I}码发生器示意图

其中生成 G_1 序列的移位寄存器的抽头方式是固定不变的，因而该寄存器只能生成一种 G_1 序列。而生成 G_2 序列的移位寄存器的抽头方式是可变的，不同的抽头方式可生成不同的平移 G_2 序列。BDS 中生成 G_2 序列的移位寄存器共有 37 种不同的抽头方式，可生成 37 种不同的 G_2 平移序列。这些序列分别与 G_1 序列相加后可生成 37 种不同的 C_{B1I} 码供不同卫星使用，详见附表 2-11。附图 2-4 中给出的是生成第 37 种 G_2 序列的抽头情况。

附表 2-11　　**BDS 中生成 G_2 序列的寄存器的抽头方式**

编号	卫星类型	测距码编号	抽头方式
1	GEO 卫星	1	1⊕3
2	GEO 卫星	2	1⊕4
3	GEO 卫星	3	1⊕5
4	GEO 卫星	4	1⊕6
5	GEO 卫星	5	1⊕8

续表

编号	卫星类型	测距码编号	抽头方式
6	MEO/IGSO 卫星	6	1⊕9
7	MEO/IGSO 卫星	7	1⊕10
8	MEO/IGSO 卫星	8	1⊕11
9	MEO/IGSO 卫星	9	2⊕7
10	MEO/IGSO 卫星	10	3⊕4
11	MEO/IGSO 卫星	11	3⊕5
12	MEO/IGSO 卫星	12	3⊕6
13	MEO/IGSO 卫星	13	3⊕8
14	MEO/IGSO 卫星	14	3⊕9
15	MEO/IGSO 卫星	15	3⊕10
16	MEO/IGSO 卫星	16	3⊕11
17	MEO/IGSO 卫星	17	4⊕5
18	MEO/IGSO 卫星	18	4⊕6
19	MEO/IGSO 卫星	19	4⊕8
20	MEO/IGSO 卫星	20	4⊕9
21	MEO/IGSO 卫星	21	4⊕10
22	MEO/IGSO 卫星	22	4⊕11
23	MEO/IGSO 卫星	23	5⊕6
24	MEO/IGSO 卫星	24	5⊕8
25	MEO/IGSO 卫星	25	5⊕9
26	MEO/IGSO 卫星	26	5⊕10
27	MEO/IGSO 卫星	27	5⊕11
28	MEO/IGSO 卫星	28	6⊕8
29	MEO/IGSO 卫星	29	6⊕9
30	MEO/IGSO 卫星	30	6⊕10
31	MEO/IGSO 卫星	31	6⊕11
32	MEO/IGSO 卫星	32	8⊕9
33	MEO/IGSO 卫星	33	8⊕10

续表

编号	卫星类型	测距码编号	抽头方式
34	MEO/IGSO 卫星	34	8⊕11
35	MEO/IGSO 卫星	35	9⊕10
36	MEO/IGSO 卫星	36	9⊕11
37	MEO/IGSO 卫星	37	10⊕11

以上 37 种不同的 C_{B1I} 码足以供 35 个卫星使用，并使每个卫星使用的 C_{B1I} 码各不相同，具有唯一性。选择合适的抽头方式(即合适的 G_2 平移序列)后，可使生成的测距码之间的互相关系数尽可能小，或者说不同测距码间尽可能正交。C_{B2I} 的结构与 C_{B1I} 相同。

虽然中国卫星导航系统管理办公室公布的卫星信号接口文件中只公布了 C_{B1I} 码和 C_{B2I} 码的相关信息，但有些学者通过对所采集的北斗卫星信号的分析和研究也掌握了提供开放服务的 C_{B3I} 测距码的结构及生成方法。因而在接口控制文件 ICD 公布前，不少接收机生产厂家已能生产出能同时接收 BDS 信号的多系统 GNSS 接收机，详见参考文献[240]。

BDS 中提供公开服务的测距码具有良好的特性。其中测距码 C_{B1I} 和 C_{B2I} 的码速率均为 2.046Mcps，为 GPS 中的民用测距码 C/A 码和新增的 L_2C 码的码速率的 2 倍，因而具有更好的测距精度。C_{B3I} 的码速率为 10.23Mcps，码长为 10230 个码片(chip)，周期为 1ms，这些参数均与 GPS Block ⅡF 卫星中新增的 L_5 码相同，是目前具有最佳特性的民用测距码。

附 2.3.3 信号调制

下面要介绍的是在北斗二代卫星导航系统中如何将一个二进制的信号调制到载波上去的。这里所说的二进制信号序列是指已经调制了导航电文的测距码序列。至于把导航电文调制到测距码上的方法在后面再进行介绍。

我们知道在全球定位系统 GPS 中，已调制上导航电文的 C/A 码是采用二进制相位调制(二进制相移键控)BPSK 的方法来进行相位调制的：当调制信号为“0”时载波相位不变(相移为 0°)；当调制信号为“1”时，载波相位变化 180°(相移为 180°)。在 BDS 中采用的是更为先进的正交相移键控(Quadrature Phase Shift Keying：QPSK)方法。在该方法中先将要调制的二进制序列每两位分成一组，这组数据共有四种不同的状态：00，01，11，10。此时载波相位也将出现四种互相正交的相移值与之对应，例如 45°，135°，225°，315°。采用这种调制方法时，互相垂直的四个载波相移值中，每个相移值均能表示两个二进制代码。其效率比 BPSK 高一倍。从扩频的角度讲，在同样的带宽内可传输两倍的数据量。此外，QPSK 调制信号也具有较好的抗干扰能力，在电路上实现也较为简单，因而也成为卫星数字通信中一种常用的信号调制方法。

最后要指出的是，研究结果表明 QPSK 调制的出错率与 BPSK 是相同的。这是因为在 QPSK 调制中，由于各种干扰因素和相位测量的误差而造成的误判通常只会出现在两个相邻的相移值中，与相差 180°的相移值之间产生误判的可能性极小。而在 QPSK 调制中任意两个相邻的相移值所代表的两个二进制码中有一个是相同的。例如，00与01间，有一个二进制码“0”是相同的。因此虽然一个相移值代表二个二进制码，但与相邻的相移值间出现误判时也只会使一个二进制码出错。有关详情见参考文献[239，243]。

附2.4　导航电文

目前，中国卫星导航系统管理办公室仅公布了公开服务信号B1I的空间信号接口文件BDS-S1S-1CD-B1I-1.0。因而本节中介绍的也是加载在B1I信号中的导航电文。为了不致使接收机解码过于复杂，相信加载在其他频率的公开服务信号中的导航电文的内容和结构也不会有太多差异。

B1I信号中的导航电文可分为两部分：D_1导航电文和D_2导航电文。D_1导航电文的码速率为50bps，内容也与GPS系统中加载在C/A码和P(Y)码上的导航电文相仿，主要包括有关本卫星的基本导航信息(如卫星的工作状态，卫星轨道和卫星钟差参数等)，星座中其他卫星的概略状况(卫星历书)，以及与其他卫星导航系统间的时间同步信息等。D_2导航电文的码速率为500bps，主要内容为系统的完备性信息，差分改正信息及电离层格网改正信息等增强服务信息。用户可借助于D_2电文来大幅提高自己的定位精度。

附2.4.1　D_1导航电文

1. D_1导航电文的总体结构

D_1导航电文由超帧、主帧、子帧组成。每个超帧含36000个比特，历时12分钟。每个超帧由24个主帧(页面)组成。每个主帧含1500比特，历时30秒。每个主帧由5个子帧组成，每个子帧为300比特，历时6秒。每个子帧由10个字组成，每个字为30比特，历时0.6秒。这种结构与GPS系统中调制在C/A码和P(Y)码上的导航电文的结构类似。只不过GPS导航电文中一个超帧含25个页面，而Beidou系统中只含24个页面。D_1导航电文的总体结构见附图2-5。

D_1导航电文主帧结构及所含的信息内容见附图2-6。子帧1~子帧3播发有关本卫星的基本导航信息，子帧4和子帧5的内容分24个页面分别播发，其中子帧4的1~24页及子帧5的1~6页分别播发星座中30颗卫星的卫星历书以及与其他卫星导航系统间的时间同步信息，子帧5的11~24页则留作他用。

如前所述，播发一个超帧需要花费12分钟，其具体过程如下：先依次播发第1、第2、第3子帧，然后播发第4、第5子帧的第一个页面；然后重复播发第1、第2、第3子帧，再播发第4、第5子帧的第二个页面……反复重复上述过程，直至播完第4、5子帧的第24个页面为止。D_1导航电文一般每小时会更新一次内容。在这1小时中，超帧将被重复播发5次。

2. D_1导航电文的内容及电文格式

在D_1导航电文中每个子帧的开头都会提供一些必要的前导信息，如子帧同步码、子帧编号及相应的时间等信息，此外还将分别给出本卫星的基本导航信息及星座中其他卫星的卫星历书以及本系统与其他卫星导航系统之间的时间同步信息等。详细情况见附表2-

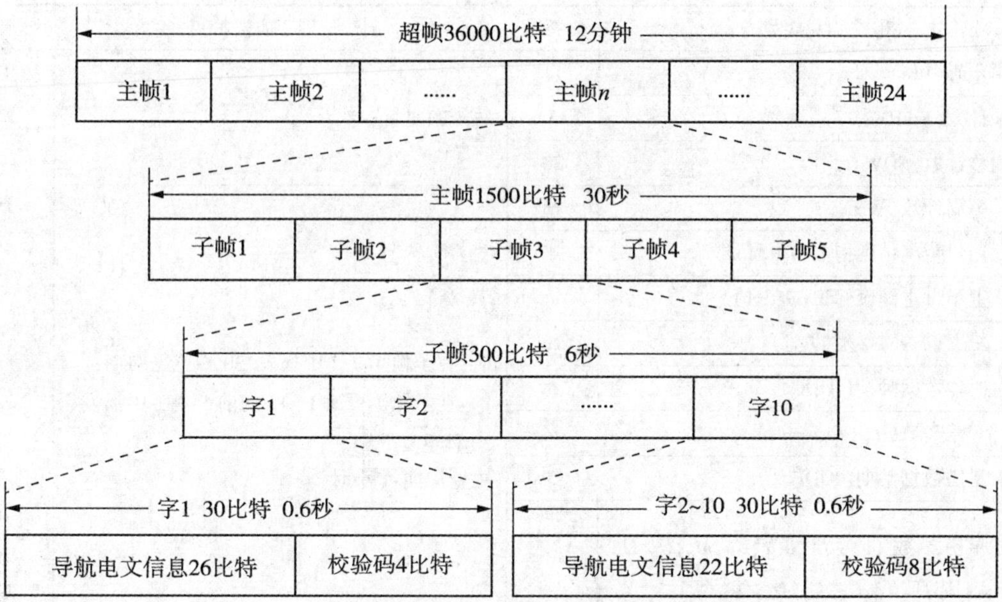

附图 2-5　D_1 导航电文帧结构

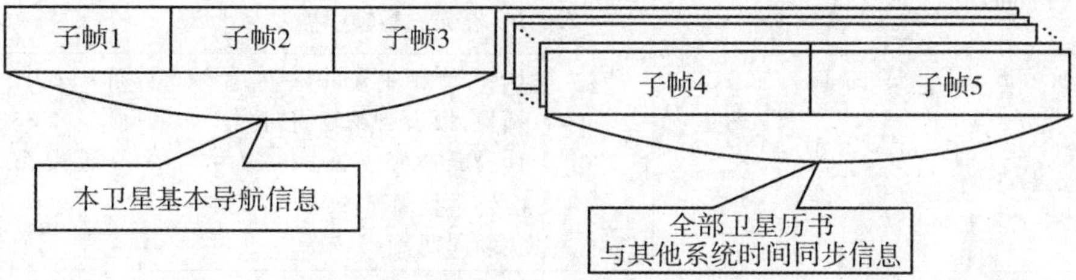

附图 2-6　D_1 导航电文帧结构与信息内容

12。此外，考虑到在 D_2 导航电文中有部分内容与此相同，为节省篇幅，避免重复，D_2 导航电文中的播发情况也在附表 2-12 中一并给出。而 D_1 导航电文的详细电文格式则在附图 2-7～附图 2-10 中给出。用户可据此对接收到的二进制电文进行解码。

3. D_1 导航电文中的符号和参数

D_1 导航电文中包含许多符号和参数，有必要进行解释和说明，其中与 GPS 导航电文中类似的符号及参数不再详细介绍。

(1) 子帧同步码 Pre

每个子帧中第 1 个字的前 11 个比特为子帧同步码，其具体数值为 11100010010。同步码中第 1 个比特(也是每个子帧中的第 1 个比特)的前沿称为秒前沿，其相应的时间由周内秒计数 SOW 给出，其作用与 GPS 导航电文的遥测字中的同步码相同。但在 GPS 系统中同步码只含 8 个比特，其数值为 10001001。

附表 2-12　　**D_1(D_2)导航电文信息类别及播发特点**

<table>
<tr><th colspan="2">电文信息类别</th><th>比特数</th><th colspan="2">播发特点</th></tr>
<tr><td colspan="2">帧同步码(Pre)</td><td>11</td><td rowspan="3">每子帧重复一次</td><td rowspan="21">基本导航信息，所有卫星都播发</td></tr>
<tr><td colspan="2">子帧计数(FraID)</td><td>3</td></tr>
<tr><td colspan="2">周内秒计数(SOW)</td><td>20</td></tr>
<tr><td rowspan="9">本卫星基本导航信息</td><td>整周计数(WN)</td><td>13</td><td rowspan="9">D_1:在子帧 1、2、3 中播发,30 秒重复周期;
D_2:在子帧 1 页面 1~10 的前 5 个字中播发,30 秒重复周期。
更新周期:1 小时</td></tr>
<tr><td>用户距离精度指数(URAI)</td><td>4</td></tr>
<tr><td>卫星自主健康标识(SatH1)</td><td>1</td></tr>
<tr><td>星上设备时延差(T_{GD1})</td><td>10</td></tr>
<tr><td>时钟数据龄期(IODC)</td><td>5</td></tr>
<tr><td>钟差参数(t_{oc}、a_0、a_1、a_2)</td><td>74</td></tr>
<tr><td>星历数据龄期(IODE)</td><td>5</td></tr>
<tr><td>星历参数(t_{oe}, $\sqrt{A}$, e, ω, Δn, M_0, Ω_0, $\dot{\Omega}$, i_0, IDOT, C_{uc}, C_{us}, C_{rc}, C_{rs}, C_{ic}, C_{is})</td><td>371</td></tr>
<tr><td>电离层模型参数(α_n, β_n, $n = 0 \sim 3$)</td><td>64</td></tr>
<tr><td colspan="2">页面编号(Pnum)</td><td>7</td><td>D_1:在第 4 和第 5 子帧中播发
D_2:在第 5 子帧中播发</td></tr>
<tr><td rowspan="3">历书信息</td><td>历书参数(t_{oa}, $\sqrt{A}$, e, ω, M_0, Ω_0, $\dot{\Omega}$, δ_i, a_0, a_1)</td><td>176</td><td>D_1:在子帧 4 页面 1~24,子帧 5 页面 1~6 中播发,12 分钟重复周期;
D_2:在子帧 5 页面 37~60,95~100 中播发,6 分钟重复周期;
更新周期:小于 7 天</td></tr>
<tr><td>历书周计数(WN_a)</td><td>8</td><td rowspan="2">D_1:在子帧 5 页面 7~8 中播发,12 分钟重复周期;
D_2:在子帧 5 页面 35~36 中播发,6 分钟重复周期;
更新周期:小于 7 天</td></tr>
<tr><td>卫星健康信息(Hea_i, i=1~30)</td><td>9×30</td></tr>
<tr><td rowspan="4">与其他系统时间同步信息</td><td>与 UTC 时间同步参数(A_{0UTC}, A_{1UTC}, Δt_{LS}, Δt_{LSF}, WN_{LSF}, DN)</td><td>88</td><td rowspan="4">D_1:在子帧 5 页面 9~10 中播发,12 分钟重复周期;
D_2:在子帧 5 页面 101~102 中播发,6 分钟重复周期;
更新周期:小于 7 天</td></tr>
<tr><td>与 GPS 时间同步参数(A_{0GPS}, A_{1GPS})</td><td>30</td></tr>
<tr><td>与 Galileo 时间同步参数(A_{0Gal}, A_{1Gal})</td><td>30</td></tr>
<tr><td>与 GLONASS 时间同步参数(A_{0GLO}, A_{1GLO})</td><td>30</td></tr>
</table>

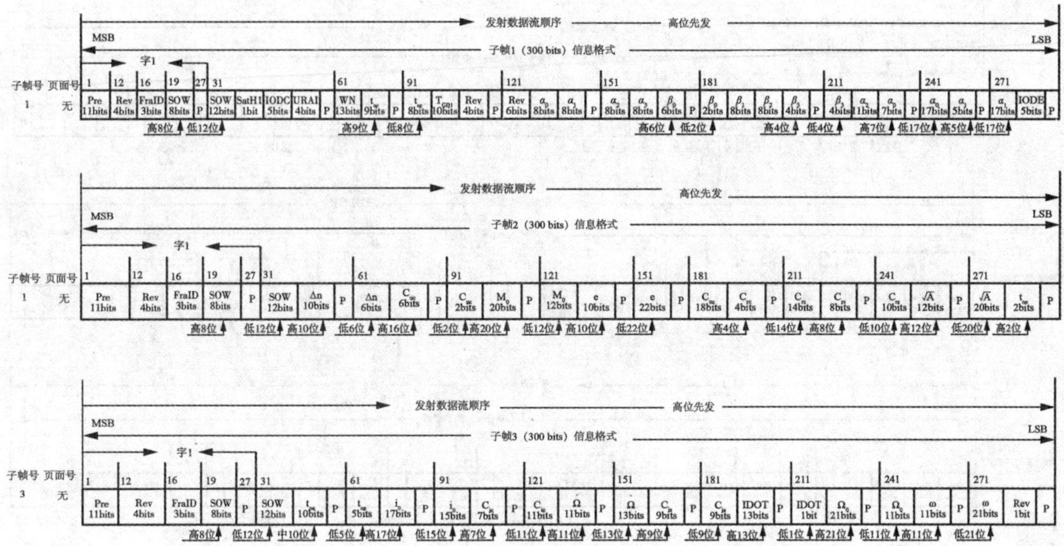

附图 2-7　第 1、2、3 子帧的电文格式

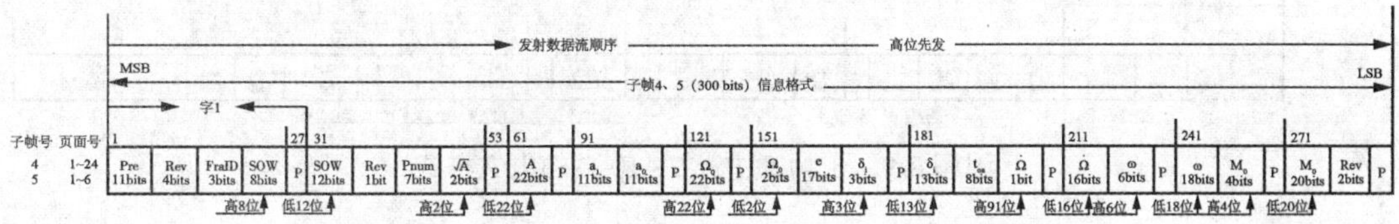

附图 2-8　子帧 4,1~24 页和子帧 5,1~6 页的电文格式

(2)子帧计数(Fra ID)

子帧计数位于每个子帧第 1 个字的第 16~18 比特,它给出了该子帧在整个主帧中为第几个子帧,其具体含义见附表 2-13。

附表 2-13　**子帧计数的含义**

子帧计数	001	010	011	100	101	110	111
代表的子帧数	1	2	3	4	5	保留	保留

(3)周内秒计数 SOW

如前所述,北斗卫星导航系统采用北斗时 BDT。该时间系统的起点是 2006 年 1 月 1 日 0h00m00s(UTC),以国际单位制(SI)的“秒”作为基本时间单位连续累积。与 GPS 系统一样,在广播星历中也采用周(离起始时刻的星期数)以及周内时(离本周起始时刻星期日 0h00m00s 的时间)来表示时间。所不同的是,在 BDS 中直接给出了本子帧中第一个比特脉冲上升沿所对应的周内时的秒数,而在 GPS 中直接给出的是交接字中的“Z 计数”,将它乘

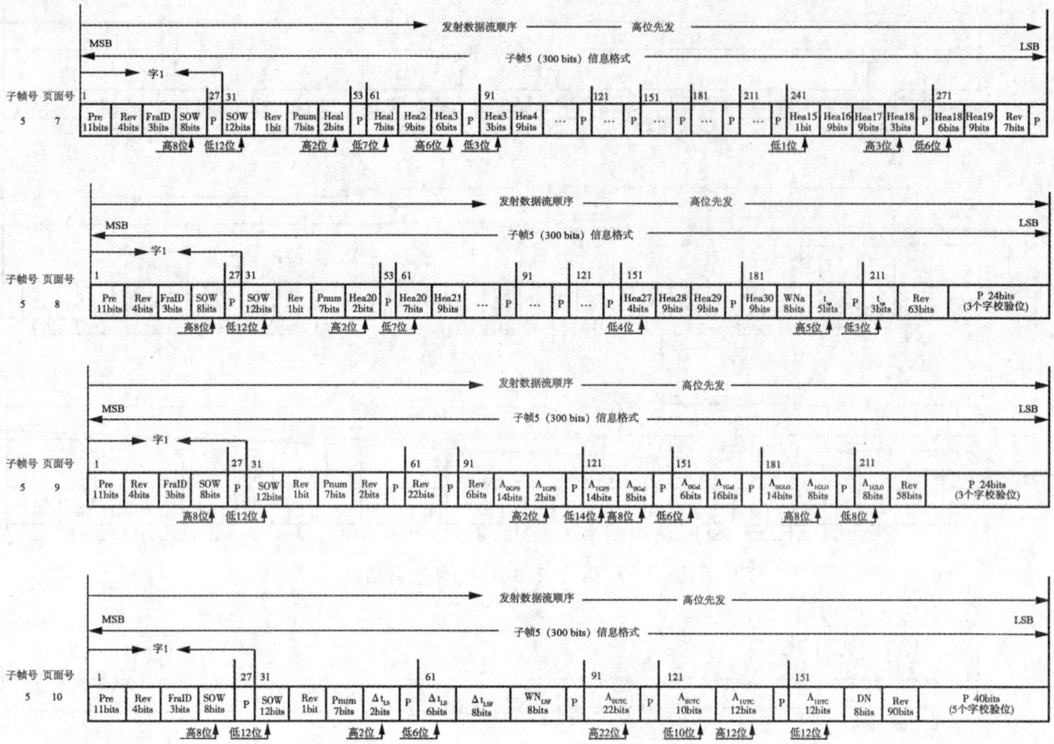

附图 2-9　子帧 5 中第 7~10 页的电文格式

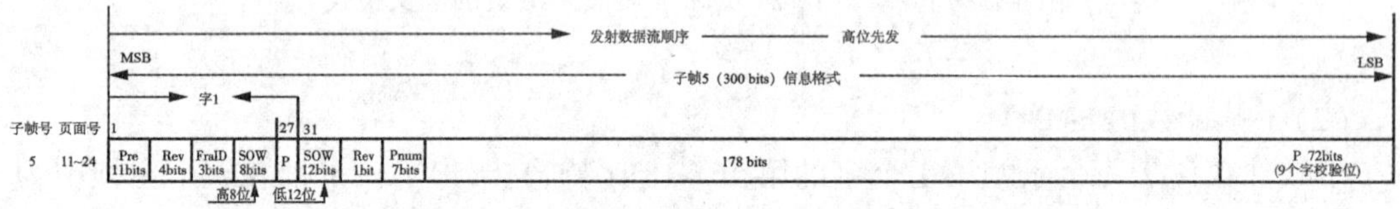

附图 2-10　子帧 5 预留页面 11~24 的电文格式

上 6 秒后是下一个子帧前沿所对应的周内时，将它乘上 4 以后给出的则是下一个子帧开始时 X_1 码的周期数。

(4) 周计数 WN

从 BDT 的起始时刻至当前的星期数，该参数共占 13 比特，取值范围为 0~8191，相当于 157 年，在 GPS 的老导航电文 NAV（调制在 C/A 码和 P(Y) 码上的导航电文）中，参数 WN 只占用了 10 个比特，其最大表示范围还不足 20 年。用完后 WN 参数又需全部归零重新开始第二次循环，出现类似于计算机中“千年虫”的问题。在 GPS 的新导航电文 CNAV（调制在 L2C 码上的导航电文）已作了修改，将该参数的比特数增加为 13 比特。

(5) 用户距离精度指数 URAI

这是一组用来表述卫星空间信号精度的参数，卫星空间信号精度中只顾及了卫星星历误差、卫星钟差参数的误差、卫星天线相位中心偏差等与导航系统的空间部分有关的误差。

不包含卫星信号的传播误差(如对流层延迟、电离层延迟、多路径误差等)以及用户端的误差(如接收机测量噪声、仪器的对中误差等),因为上述误差取决于用户采用的改正模型及接收机的性能等,无法统一给出。导航电文中不直接给出距离精度,而是给出了一组指数,指数与距离精度间有明确的对应关系,以节省导航电文中的比特数。

BDS 中 URAI 的取值范围,精度指数与用户距离精度之间的对应关系,以及计算用户距离精度的标称值的公式等与 GPS 老导航电文(调制在 C/A 码及 P(Y)码上的导航电文)中完全一样,在 GPS 导航电文中用户距离精度指数用 N 表示。读者可参阅表 3-5 及相应计算公式。

在 GPS 的新导航电文(调制在 L_2C 码和 L_5 码上的导航电文)中,对该参数进行了较大的修改,使其功能更为完善。读者可参阅本书附录 1 中的相关内容。随着 BDS 系统精度的改善,估计该参数将来也会进行相似的修改。

(6)卫星健康状况标识(Sat HI)

这是一个反映卫星健康状况的参数,只占 1 个比特。该参数为 0 时表示卫星工作正常,可使用。当该参数为 1 时表示卫星有故障,不可用。

(7)电离层延迟改正参数(α_i, β_i)

这是一组供单频用户使用的电离层延迟改正模型中的系数($\alpha_0, \alpha_1, \alpha_2, \alpha_3, \beta_0, \beta_1, \beta_2, \beta_3$)。在 BDS 中也采用了 Klobuchar 模型来进行电离层延迟改正。计算方法、系数的含义及单位等均与 GPS 系统相同。此处不再重复介绍。

(8)时钟数据龄期 IODC

IODC 代表钟差参数的外推时间,即本时段钟差参数的参考时刻与最后观测历元之间的差值。该参数共占用 5 个比特,其具体定义见附表 2-14。

附表 2-14 **时钟数据龄期参数的具体含义**

IODC	代表的数据龄期	IODC	代表的数据龄期
1~24	1~24 小时	28	5 天
25	2 天	29	6 天
26	3 天	30	7 天
27	4 天	31	>7 天

数据龄期代表了钟差参数的预报时间,其数值越大,钟差参数的精度就越差。

(9)钟差参数(t_{oc}, a_0, a_1, a_2)

上述四个钟差参数共占用 74 比特,其中 t_{oc} 为本时段钟差参数的参考时刻。BDS 中的钟差参数的含义与 GPS 中的钟差参数相同,但参数的表示范围(比特数)及单位则有所不同,见附表 2-15。

附表 2-15 **BDS 中钟误差参数的说明**

参数	比特数	比例因子	表示范围
t_{oc}	17	2^3s	0~604792 s
a_0	24*	2^{-33}s	$-(2^{23}-1)\times2^{-33}$ s~$+(2^{23}-1)\times2^{-33}$ s 即-0.98ms~+0.98ms
a_1	22*	2^{-50}s/s	$-(2^{21}-1)\times2^{-50}$ s/s~$+(2^{21}-1)\times2^{-50}$ s/s 即-1.9×10^{-9}s/s~$+19\times10^{-9}$s/s
a_2	11*	2^{-66}s/s^2	$-(2^{10}-1)\times2^{-66}$ s/s^2~$+(2^{10}-1)\times2^{-66}$ s/s^{2}即-1.4×10^{-17} s/s^2~$+1.4\times10^{-17}$ s/s^2

注：* 为二进制补码，最高位为符号位（+或-）。

(10)星历数据龄期(IODE)

该参数代表卫星星历参数的外推时间，即本时段卫星星历参数的参考时刻与最后观测历元之间的时间差，IODE 参数也占用 5 个比特，该参数与星历数据龄期之间的对应关系与时钟的数据龄期参数完全一样，见附表 2-14，只需将表中的时钟换成卫星星历即可。

(11)卫星星历参数

BDS 中的卫星星历参数共有 16 个：星历的参考时刻 t_{oe}；参考时刻的 6 个轨道参数：$\sqrt{A}, e, \omega, \Omega_0, i_0, M_0$；9 个轨道摄动参数：$\Delta n, \dot{\Omega}, \frac{\mathrm{d}i}{\mathrm{d}t}, C_{uc}, C_{us}, C_{ic}, C_{is}, C_{rc}, C_{rs}$。

上述 16 个星历参数的含义与 GPS 导航电文中相同，不再重复介绍。需要说明的是 Ω_0 并非星历参考时刻 t_{oe} 时的升交点赤经 $\Omega_{t_{oe}}$，而是 $\Omega_{t_{oe}}$ 与本周起始时刻的格林尼治恒星时 GAST(t_0) 之差，即 $\Omega_0 = \Omega_{t_{oe}} - \mathrm{GAST}(t_0)$，详细可参阅本书第 3 章。

但 BDS 中的部分星历参数所占用的比特数及比例因子、参数的取值范围等与 GPS 有所不同。这是由于 BDS 并非全部采用 MEO 卫星，以及参数所对应的精度不完全相同等原因引起的。BDS 中的卫星星历参数的具体情况见附表 2-16。用户据卫星星历参数所计算的卫星坐标属 CGCS 2000 坐标系。

附表 2-16 **星历参数说明**

参数	比特数	比例因子(LSB)	有效范围	单位
t_{oe}	17	2^3	604792	s
$\sqrt{A}$	32	2^{-19}	8192	m$^{1/2}$
e	32	2^{-33}	0.5	—
ω	32*	2^{-31}	±1	π
Δn	16*	2^{-43}	$\pm3.73\times10^{-9}$	π/s
M_0	32*	2^{-31}	±1	π
Ω_0	32*	2^{-31}	±1	π

续表

参数	比特数	比例因子(LSB)	有效范围	单位
$\dot{\Omega}$	24*	2^{-43}	$\pm 9.54 \times 10^{-7}$	π/s
i_0	32*	2^{-31}	±1	π
IDOT	14*	2^{-43}	$\pm 9.31 \times 10^{-10}$	π/s
C_{uc}	18*	2^{-31}	$\pm 6.10 \times 10^{-5}$	rad
C_{us}	18*	2^{-31}	$\pm 6.10 \times 10^{-5}$	rad
C_{rc}	18*	2^{-6}	±2048	m
C_{rs}	18*	2^{-6}	±2048	m
C_{ic}	18*	2^{-31}	$\pm 6.10 \times 10^{-5}$	rad
C_{is}	18*	2^{-31}	$\pm 6.10 \times 10^{-5}$	rad

注：* 为 2 进制补码，最高有效位(MSB) 是符号位(+或-)。

(12)第 4、第 5 子帧的页面编号 P_{num}

第 4 子帧和第 5 子帧各有 24 个页面。P_{num} 给出了本页是第几个页面。该参数共有 7 个比特。其中子帧 4 第 1~24 页及子帧 5 的 1~6 页分别给出了 30 个卫星的历书。

(13)历书参数($t_{oa}, \sqrt{A}, e, \omega, M_0, \Omega_0, \dot{\Omega}, \delta_i, a_0, a_1$)

卫星历书可以使用户了解卫星星座中其他卫星的概略状况。其作用主要是：①可以根据用户的概略位置计算未来一段时间内的可见卫星数及 DOP 值，制订工作计划，选择有利时间进行观测；②可以根据用户的近似坐标及卫星历书求出卫星信号的传播时间 Δt 及多普勒频移的近似值，以缩小搜索区间，快速捕获卫星信号。历书参数说明具体见附表 2-17。

附表 2-17 **历书参数说明**

参数	比特数	比例因子	有效范围	单位
t_{oa}	8	2^{12}	602112	s
$\sqrt{A}$	24	2^{-11}	8192	$m^{1/2}$
e	17	2^{-21}	0.0625	—
ω	24*	2^{-23}	±1	π
M_0	24*	2^{-23}	±1	π
Ω_0	24*	2^{-23}	±1	π
$\dot{\Omega}$	17*	2^{-38}	—	π/s
δ_i	16*	2^{-19}	—	π
a_0	11*	2^{-20}	—	s
a_1	11*	2^{-38}	—	s/s

注：*为 2 进制补码，最高有效位(MSB)是符号位(+或-)。

与卫星星历相比,历书中略去了一些数值较小的摄动项,保留的参数所占用的比特数也较少,只给出了这些参数的粗略数值。

(14)卫星历书中的周计数 WN

与星历中的周计数 WN 类似,历书中也给出当前的星期数。但 WN 参数只占用 8 个比特,取值范围为 0~255 星期,不足 5 年,此后计数将归零,重新开始新的循环。

(15)卫星健康信息 Hea_i($i=1\sim30$)

第 5 子帧的第 7,第 8 两个页面中给出了 Beidou 卫星星座中 30 颗卫星的健康信息 Hea 1~Hea 30。每个参数虽然占用了 9 个比特,但其中有 6 个比特被保留,留作他用,因而真正表示各卫星健康状况的只有 3 个比特。具体情况见附表 2-18。

附表 2-18　**卫星健康信息定义**

信息位	信息编码	健康状况标识
第 9 位(MSB)	0	卫星钟可用
	1	*
第 8 位	0	B1I 信号正常
	1	B1I 信号不正常 * *
第 7~第 3 位	0	保留
	1	保留
第 2 位	0	导航信息可用
	1	导航信息不可用(龄期超限)
第 1 位(LSB)	0	保留
	1	保留

注:* 后 8 位均为"0"表示卫星钟不可用,后 8 位均为"1"表示卫星故障或永久关闭,后 8 位为其他值时,保留;

* * 信号不正常指信号功率比额定值低 10dB 及以上

(16)与 UTC 时间同步参数(A_{0UTC},A_{1UTC},Δt_{LS},WN_{LSF},DN,Δt_{LSF})

上述参数反映了北斗时 BDT 与协调世界时 UTC 之间的关系。BDT 与 UTC 之差被拟合为一个一阶代数多项式。其系数 A_{0UTC} 及 A_{1UTC} 被给出。参数的具体含义,所占的比特数等说明见附表 2-19。

附表 2-19　**与 UTC 时间同步参数说明**

参数	比特数	比例因子	有效范围	单位
A_{0UTC}	32 *	2^{-30}	—	s
A_{1UTC}	24 *	2^{-50}	—	s/s

续表

参数	比特数	比例因子	有效范围	单位
Δt_{LS}	8*	1	—	s
WN_{LSF}	8	1	—	week
DN	8	1	6	day
Δt_{LSF}	8*	1	—	s

注：* 为 2 进制补码，最高有效位（MSB）是符号位（+或-）。

A_{0UTC}：BDT 相对于 UTC 的钟差；

A_{1UTC}：BDT 相对于 UTC 的钟速；

Δt_{LS}：新的闰秒生效前 BDT 相对于 UTC 的累积闰秒改正数；

WN_{LSF}：新的闰秒生效的周计数；

DN：新的闰秒生效的周内日计数；

Δt_{LSF}：新的闰秒生效后 BDT 相对于 UTC 的累积闰秒改正数；

由 BDT 计算 UTC 的具体方法如下：

①当指示闰秒生效的周计数 WN_{LSF} 和周内天计数 DN 还没到来时，而且用户当前时刻 t_E 处在 DN+2/3 之前，则 UTC 与 BDT 之间的变换关系为：

$$t_{UTC} = (t_E - \Delta t_{UTC})[\text{模 } 86400], \text{秒} \quad (\text{附 } 2\text{-}3)$$

$$\Delta t_{UTC} = \Delta t_{LS} + A_{0UTC} + A_{1UTC} \times t_E, \text{秒} \quad (\text{附 } 2\text{-}4)$$

其中，t_E 指用户计算的 BDT，以周内秒计数表示。

②若用户当前的系统时刻 t_E 处在指示闰秒生效的周计数 WN_{LSF} 和周内天计数 DN+2/3 到 DN+5/4 之间，则 UTC 与 BDT 之间的变换关系为：

$$t_{UTC} = W[\text{模}(86400 + \Delta t_{LSF} - \Delta t_{LS})], \text{秒} \quad (\text{附 } 2\text{-}5)$$

式中：

$$W = (t_E - \Delta t_{UTC} - 43200)[\text{模 } 86400] + 43200, \text{秒} \quad (\text{附 } 2\text{-}6)$$

$$\Delta t_{UTC} = \Delta t_{LS} + A_{0UTC} + A_{1UTC} \times t_E, \text{秒}$$

③当指示闰秒生效的周计数 WN_{LSF} 和周内天计数 DN 已经过去，且用户当前的系统时刻 t_E 处在 DN+5/4 之后，则 UTC 与 BDT 之间的变换关系为：

$$t_{UTC} = (t_E - \Delta t_{UTC})[\text{模 } 86400], \text{秒} \quad (\text{附 } 2\text{-}8)$$

$$\Delta t_{UTC} = \Delta t_{LSF} + A_{0UTC} + A_{1UTC} \times t_E, \text{秒} \quad (\text{附 } 2\text{-}9)$$

式中各参数的定义与(1)的情况相同。

用户利用 BDS 进行授时后，可用上述方法将 BDT 转换为 UTC。

(17) BDS 与其他卫星导航系统间的时间同步参数

BDT 与其他卫星导航系统的时间差也分别用一个一阶代数来进行拟合，其系数将在 D_1 导航电文中给出（目前尚未播出）。用户可以利用这些参数将不同卫星导航系统的时间统一起来。下面以 BDT 与 GPST 之间的同步参数为例来加以说明，同步参数的具体情况见附表 2-20。

附表 2-20　　**与 GPS 时间同步参数说明**

参数	比特数	比例因子	单位
A_{0GPS}	14*	0.1	ns
A_{1GPS}	16*	0.1	ns/s

注：* 为 2 进制补码，最高有效位（MSB）是符号位（+或-）

A_{0GPS}：BDT 相对于 GPS 系统时间的钟差。

A_{1GPS}：BDT 相对于 GPS 系统时间的钟速。

BDT 与 GPS 系统时间之间的换算公式：

$$t_{GPS} = t_E - \Delta t_{GPS} \tag{附 2-10}$$

其中，

$$\Delta t_{GPS} = A_{0GPS} + A_{1UTC} \times t_E \tag{附 2-11}$$

t_E 为用户计算的 BDT，取月内秒计数部分。

此外，D_1 导航电文中也将给出 BDT 与 GLONASS 系统间的时间同步参数 A_{0GLO}，A_{1GLO} 以及 BDS 与 Galileo 系统间的时间同步参数 A_{0Gal}，A_{1Gal}。参数的含义，所占用的比特数、比例因子、单位及计算公式等均与 GPS 系统相同，为节省篇幅不再一一给出。

需要说明的是：

①相对钟差系数 A_{0GPS}（A_{0GLO}，A_{0Gal}）共占用 14 比特，其中一个比特为符号位，因而其最大表示范围为 $(2^{13}-1)\times 0.1(\mathrm{ns}) = \pm 819.1\mathrm{ns}$。它反映了在本周起始时刻 BDT 与 GPST 之间的微小差异。这些差异是由于建立和维持 BDT 以及 GPST 的两组原子钟的误差而造成的，其中并未包含 BDT 与 GPST 在理论上存在的 14 秒钟的差异，见（附 2-2）公式。在进行 BDT 与其他卫星导航系统的时间转换时，还应顾及这些卫星导航系统在理论上本已存在的差值。

②相对钟速参数 A_{1GPS}（A_{1GLO}，A_{1Gal}）共占用 16 个比特，除一位符号位外，最大表示范围为 $\pm(2^{15}-1)\times 0.1(\mathrm{ns/s}) = \pm 3276.7\mathrm{ns/s} \approx 3.3\times 10^{-6}$。此范围显然过大，无必要。反之由于钟速参数只能取至 0.1ns/s，而 t_E 的数值可达10^5 级。用（附 2-11）式计算时钟速参数的舍入误差所造成的影响又过大。因而附表 2-17 中 A_1 参数的比例因子选取不够合理，还可小几个数量级。

（18）星上设备时延差 T_{GD1}

T_{GD1} 参数共 10 个比特，为 2 进制补码。最高位符号位，0 表示正号，1 表示负号，比例因子为 0.1，单位为纳秒。T_{GD2} 的计算方法相同。

附 2.4.2　D_2 导航电文

1.D_2 导航电文的总体结构

D_2 导航电文由超帧、主帧和子帧组成。每个超帧为 18 万比特，历时 6 分钟播完，播发速率为 500bps，为 D_1 导航电文的 10 倍。每个超帧由 120 个主帧组成，每个主帧为 1500 比特，历时 3 秒。每个主帧由 5 个子帧组成，每个子帧为 300 比特，历时 0.6 秒。每个子帧由

10 个字组成，每个字为 30 比特，历时 0.06 秒。每个字中含导航数据及校验码两个部分，每个子帧第 1 个字的前 15 个比特不进行纠错编码，后 11 个比特采用 BCH(15,11,1)方式进行纠错。其他 9 个字则采用 BCH(15,11,1)加交织方式进行纠错编码，信息为 22 比特。帧结构见附图 2-11。

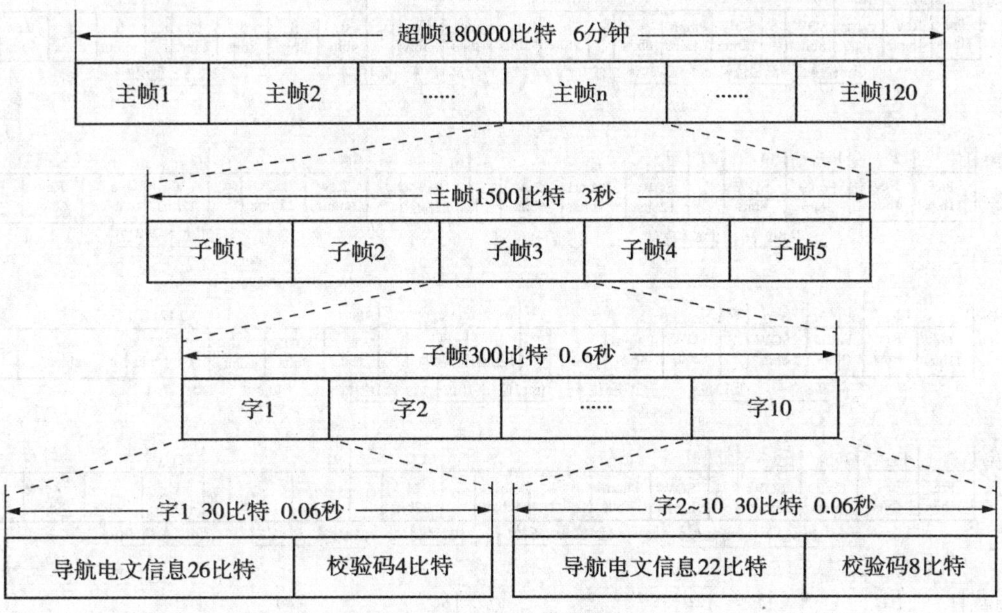

附图 2-11 D_2 导航电文帧结构

D_2 导航电文的信息内容及编排见附图 2-12。

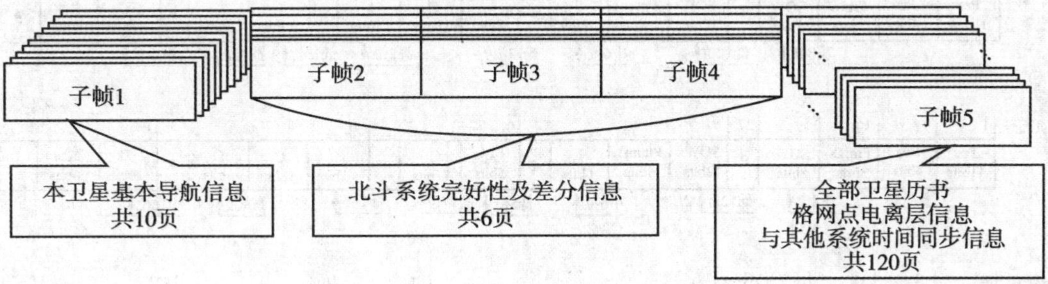

附图 2-12 D_2 导航电文的信息内容及编排

2.D_2 导航电文的内容及电文格式

D_2 导航电文的具体内容及电文格式见附图 2-13~附图 2-17。其中子帧 1 的 1~10 页中的后 150 个比特，子帧 4 的 1~6 页及子帧 5 中的 1~34 页、74~94 页、103~120 页均未使用，为预留信息。

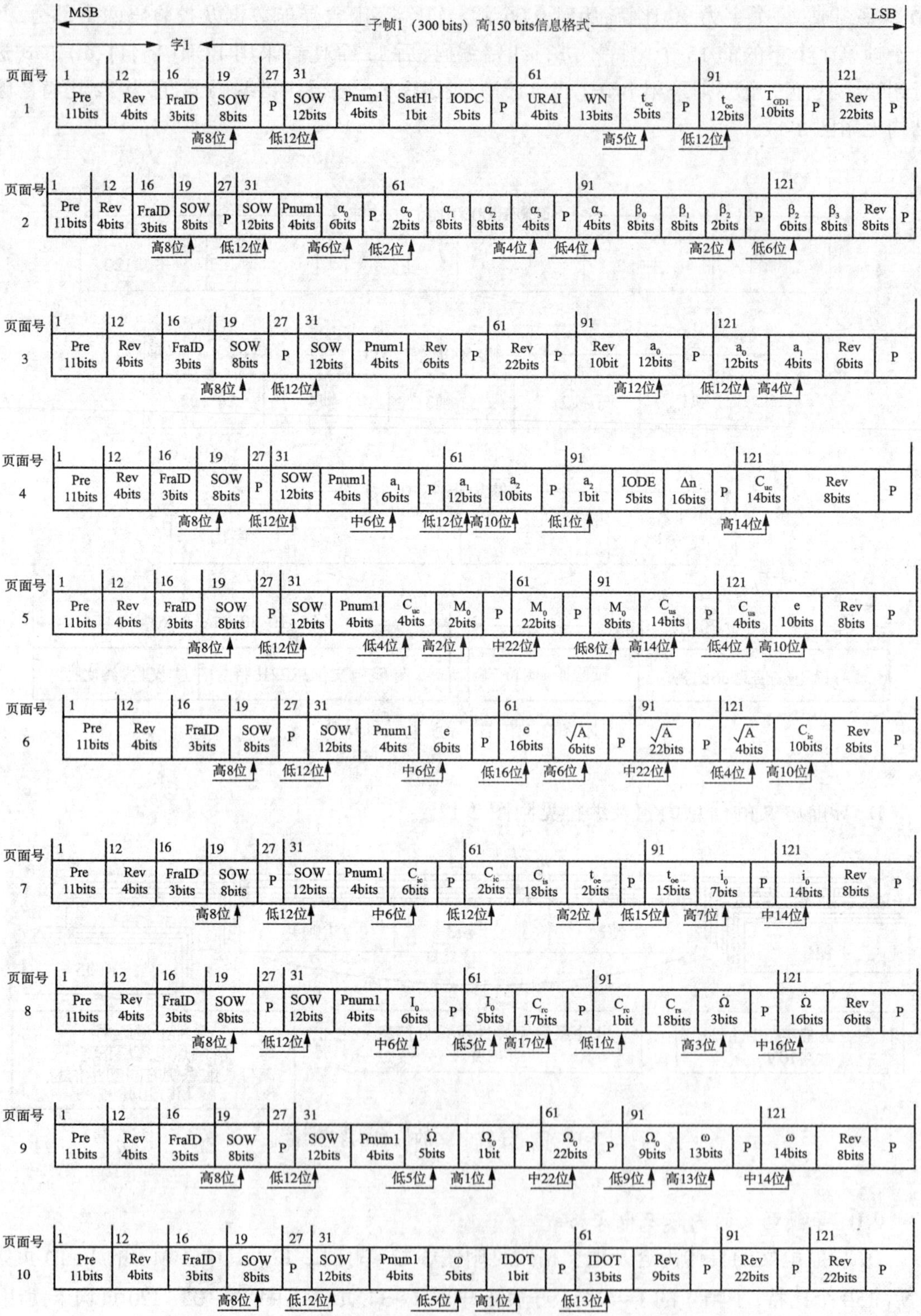

附图 2-13　D_2 导航电文子帧 1(1~10 页)前 150 比特的电文格式

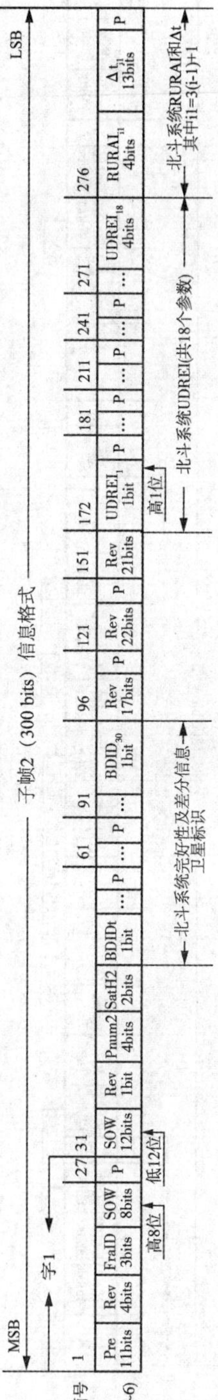

附图2-14　D_2导航电文子帧2的电文格式

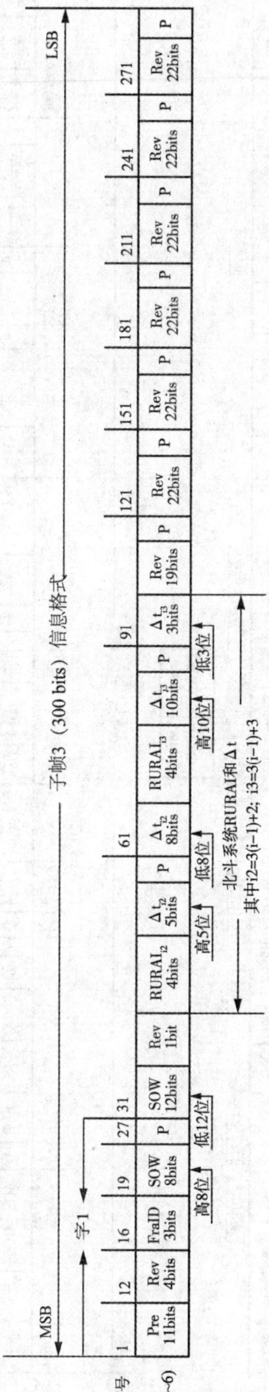

附图2-15　D_2导航电文子帧3的电文格式

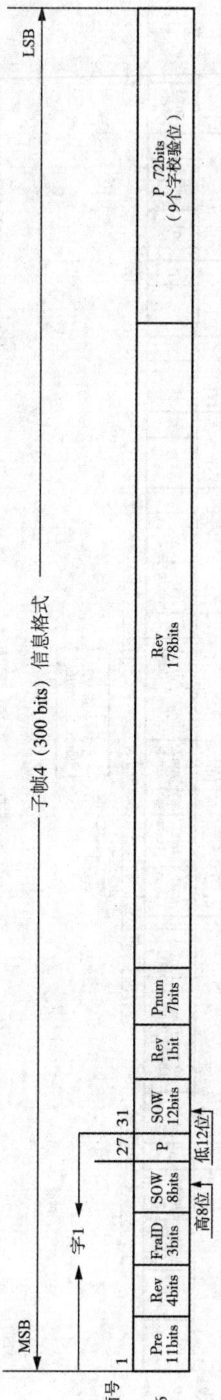

附图2-16　D_2导航电文子帧4的电文格式

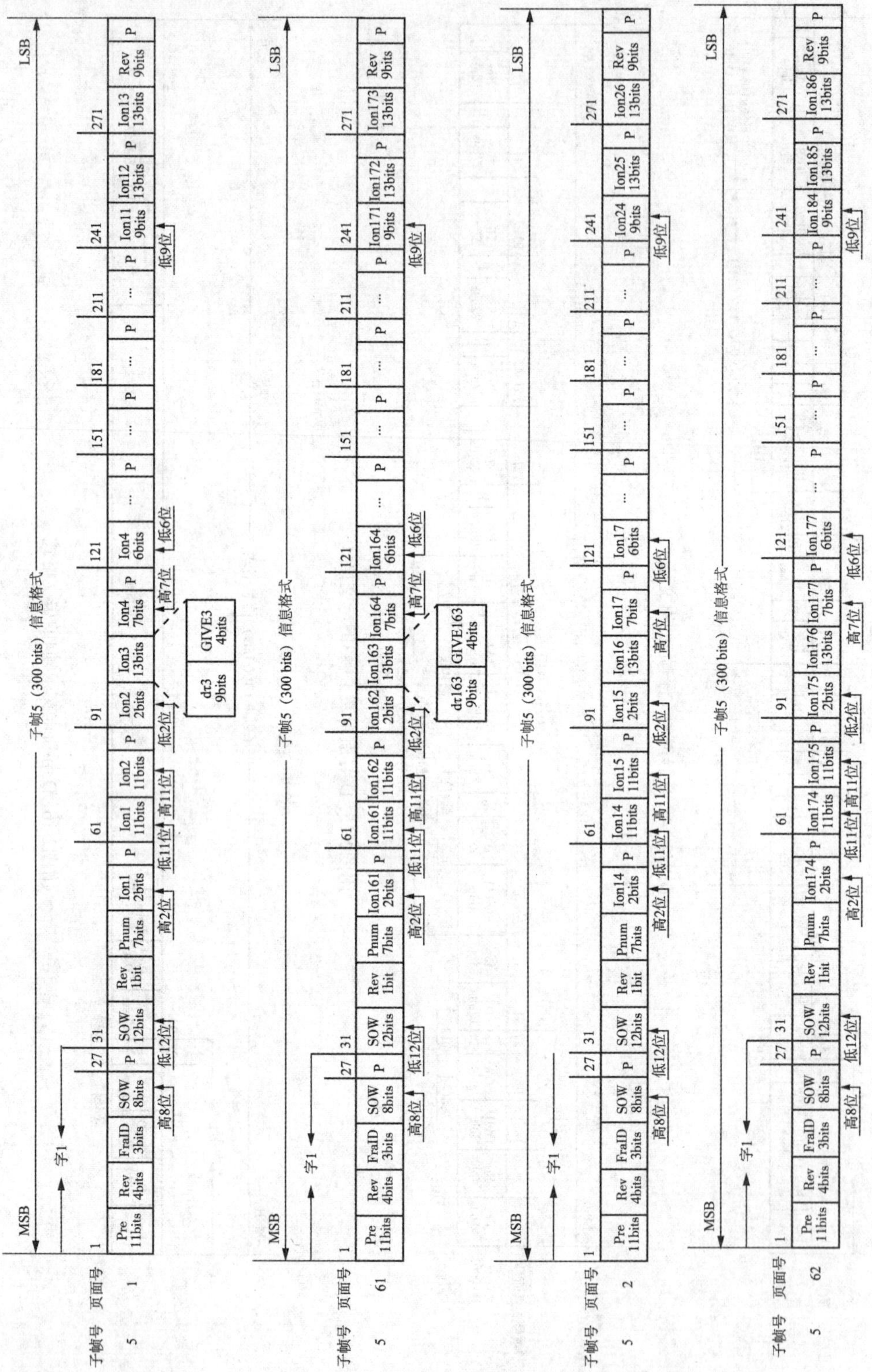

附图2-17(a)　D_2导航电文子帧5的电文格式

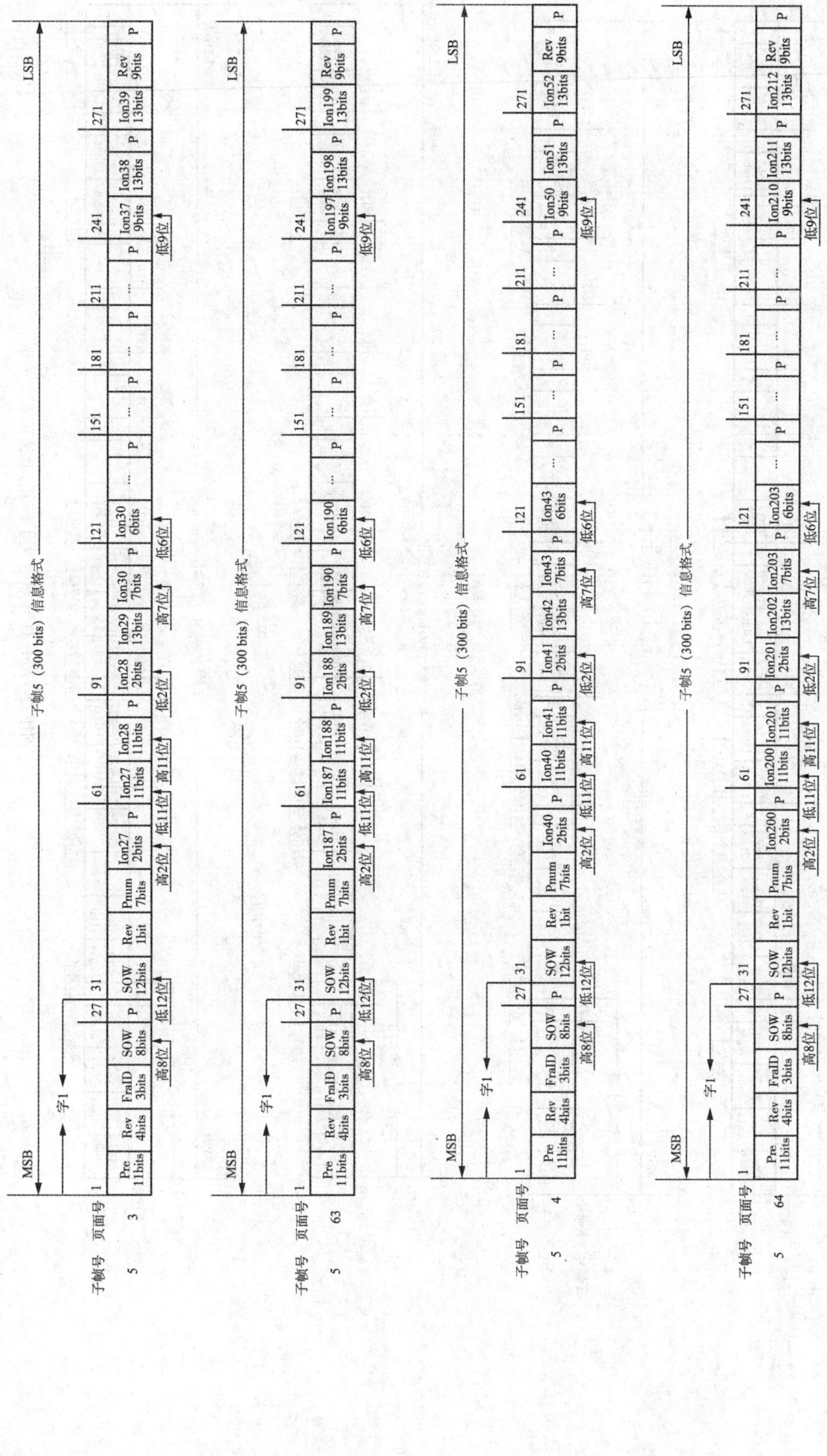

附图2-17(b)　D_2导航电文子帧5的电文格式

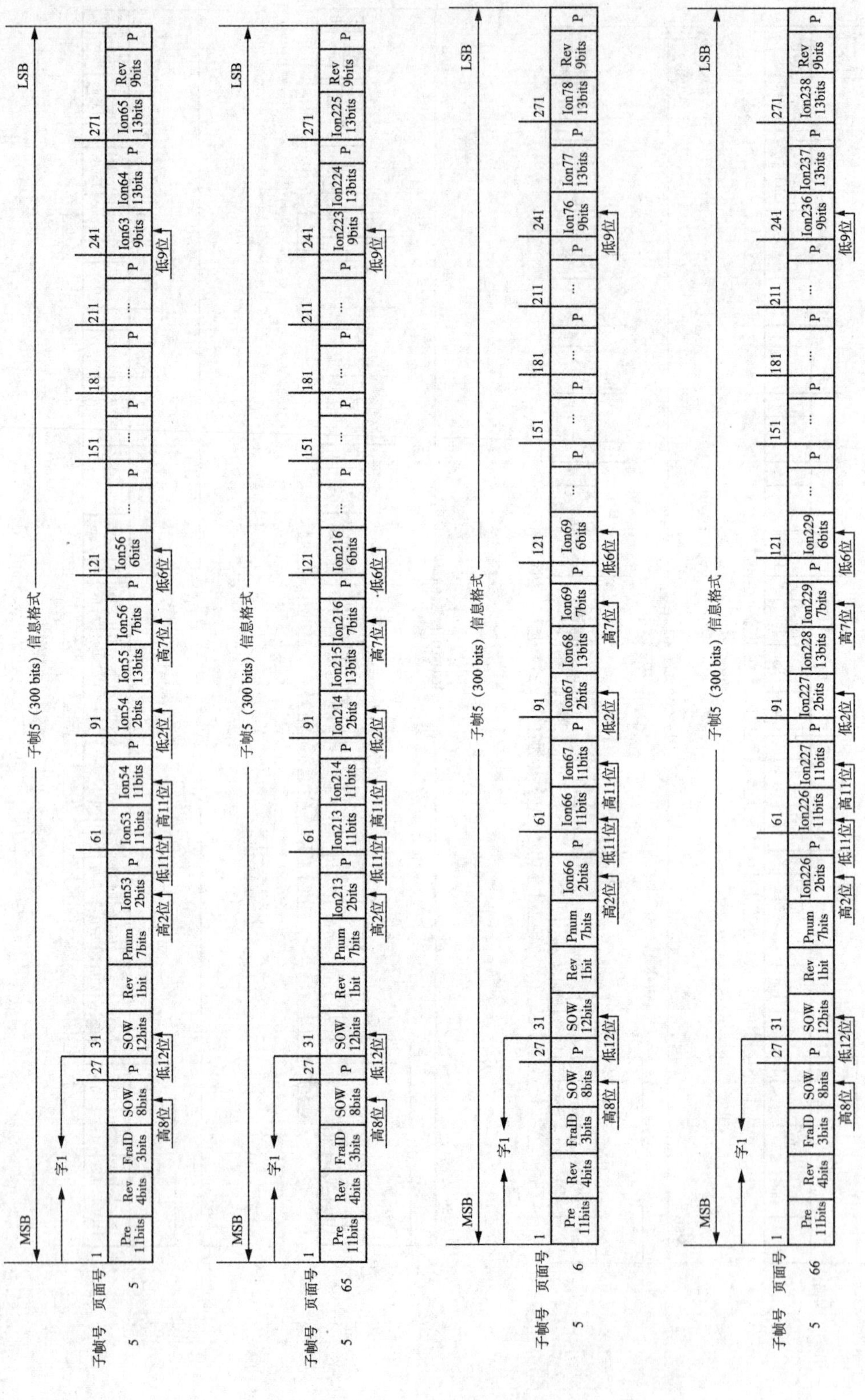

附图2-17(c)　D_2导航电文子帧5的电文格式

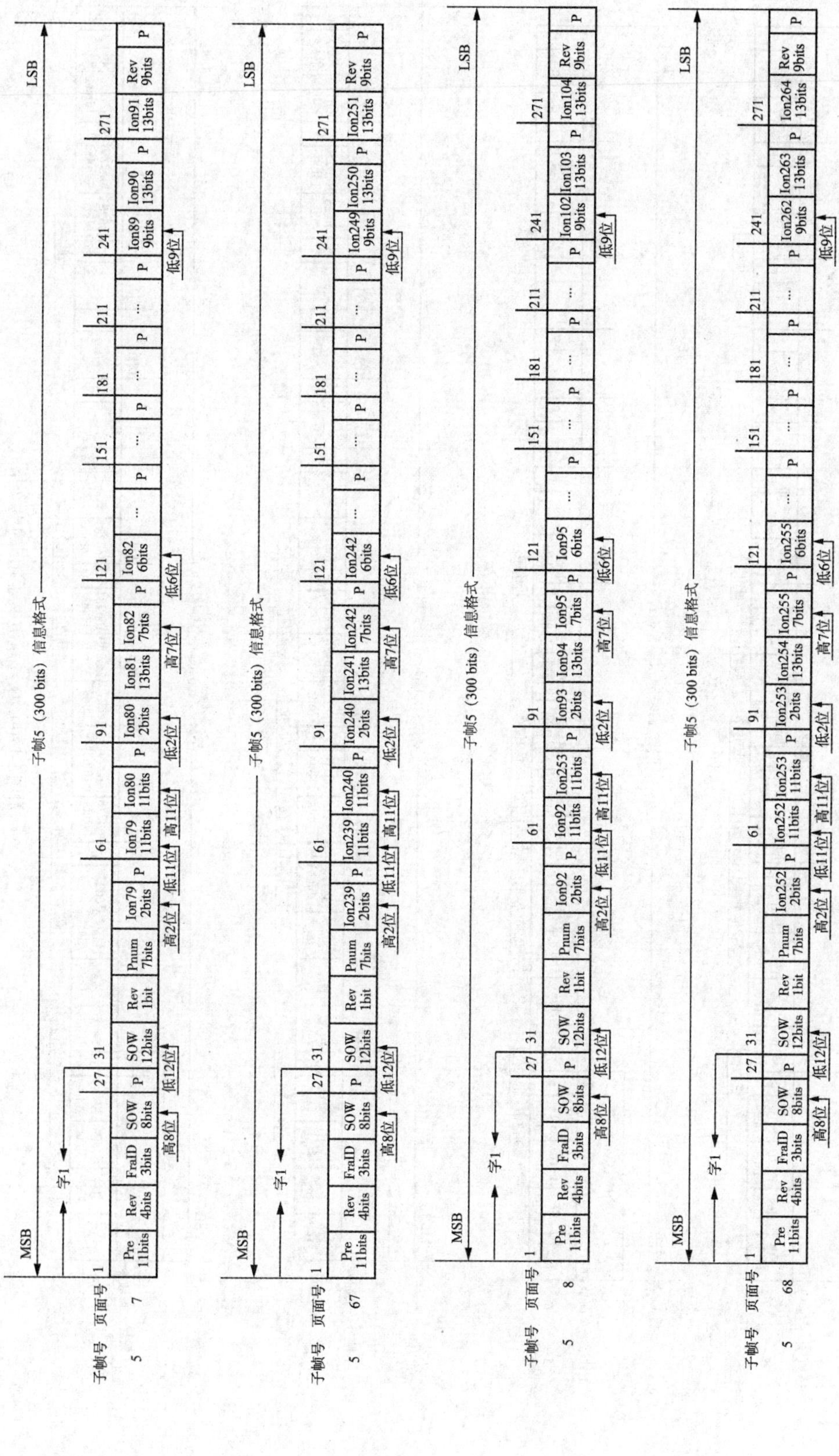

附图2-17(d)　D_2导航电文子帧5的电文格式

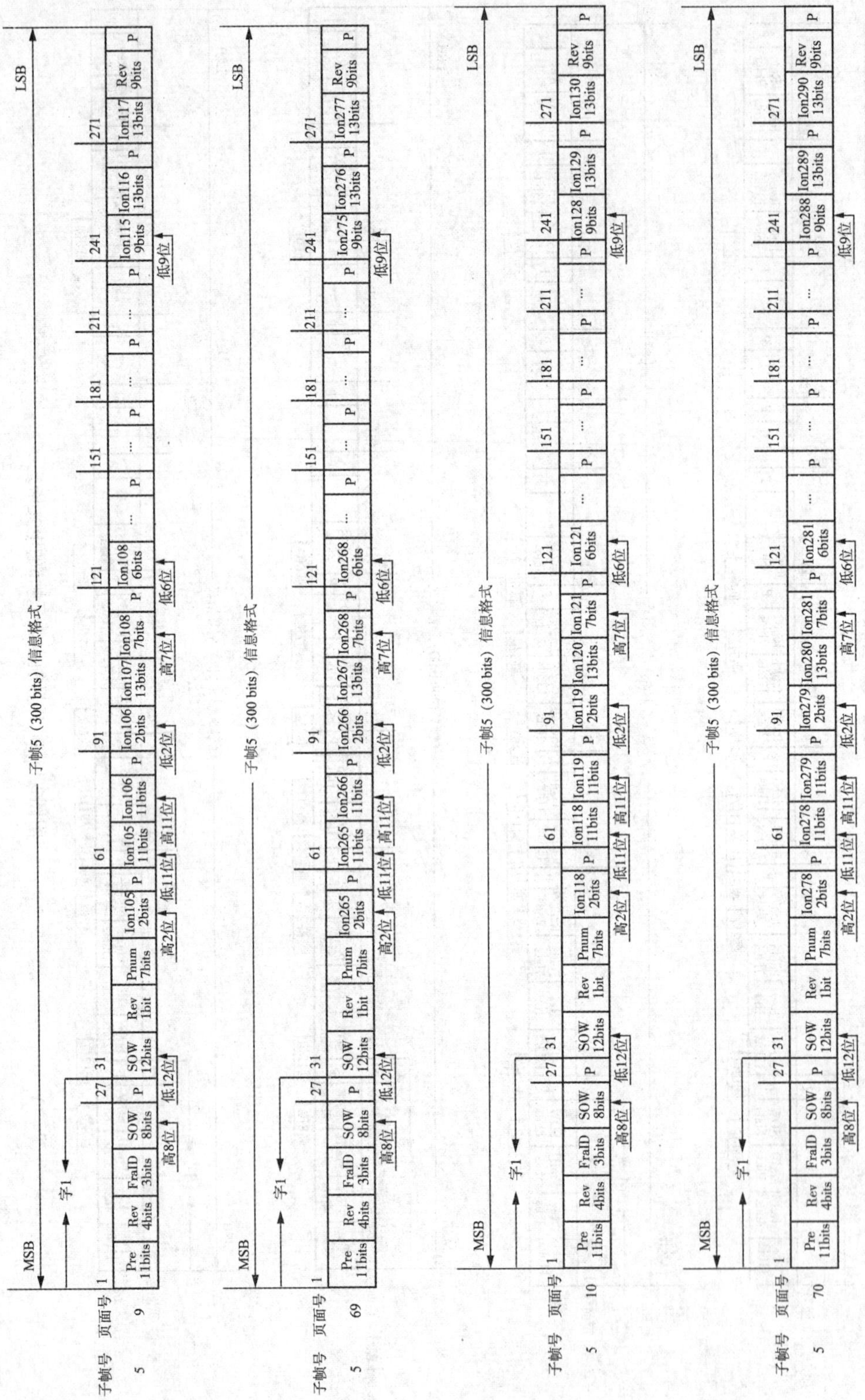

附图2-17(e) D_2导航电文子帧5的电文格式

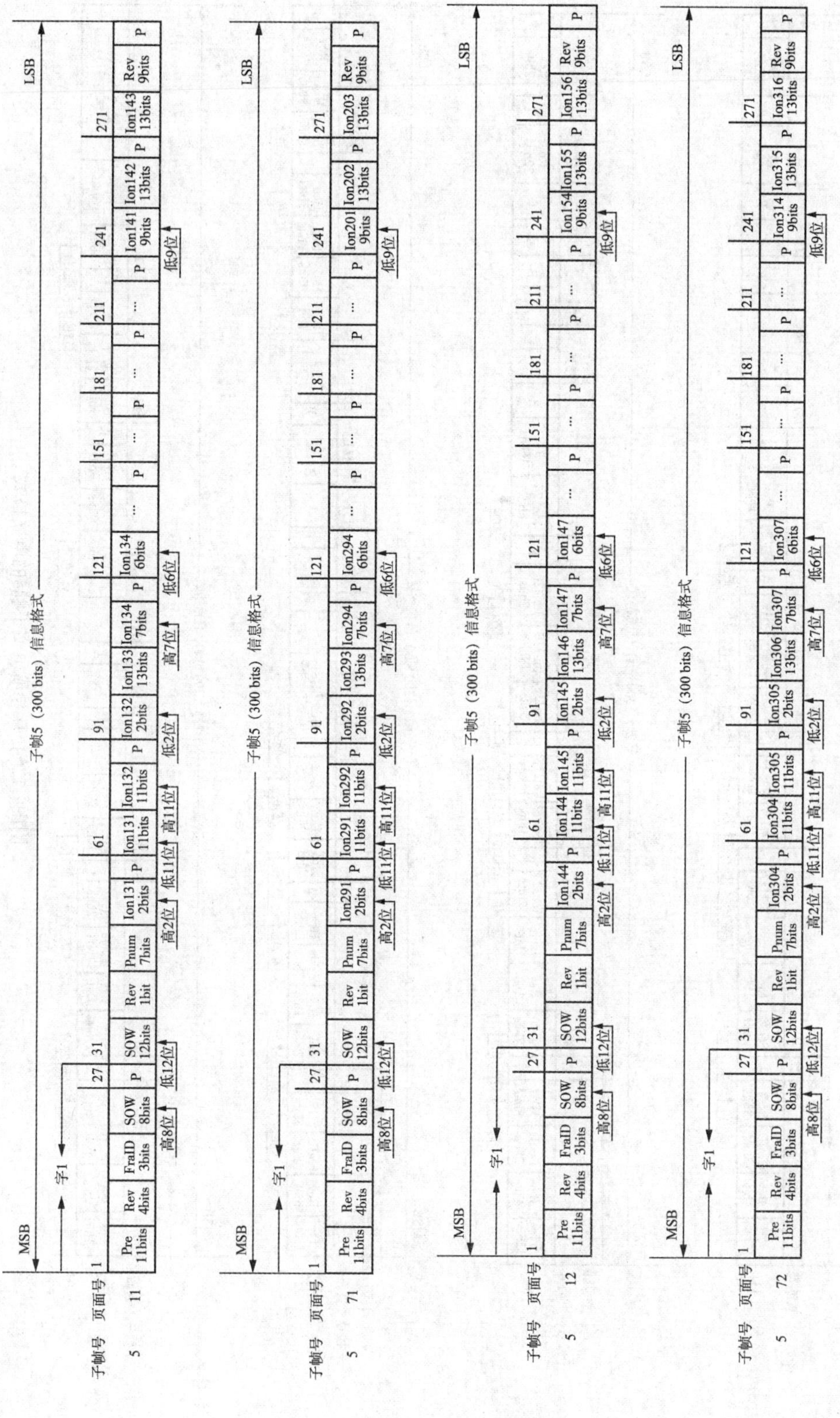

附图2-17(f) D_2导航电文子帧5的电文格式

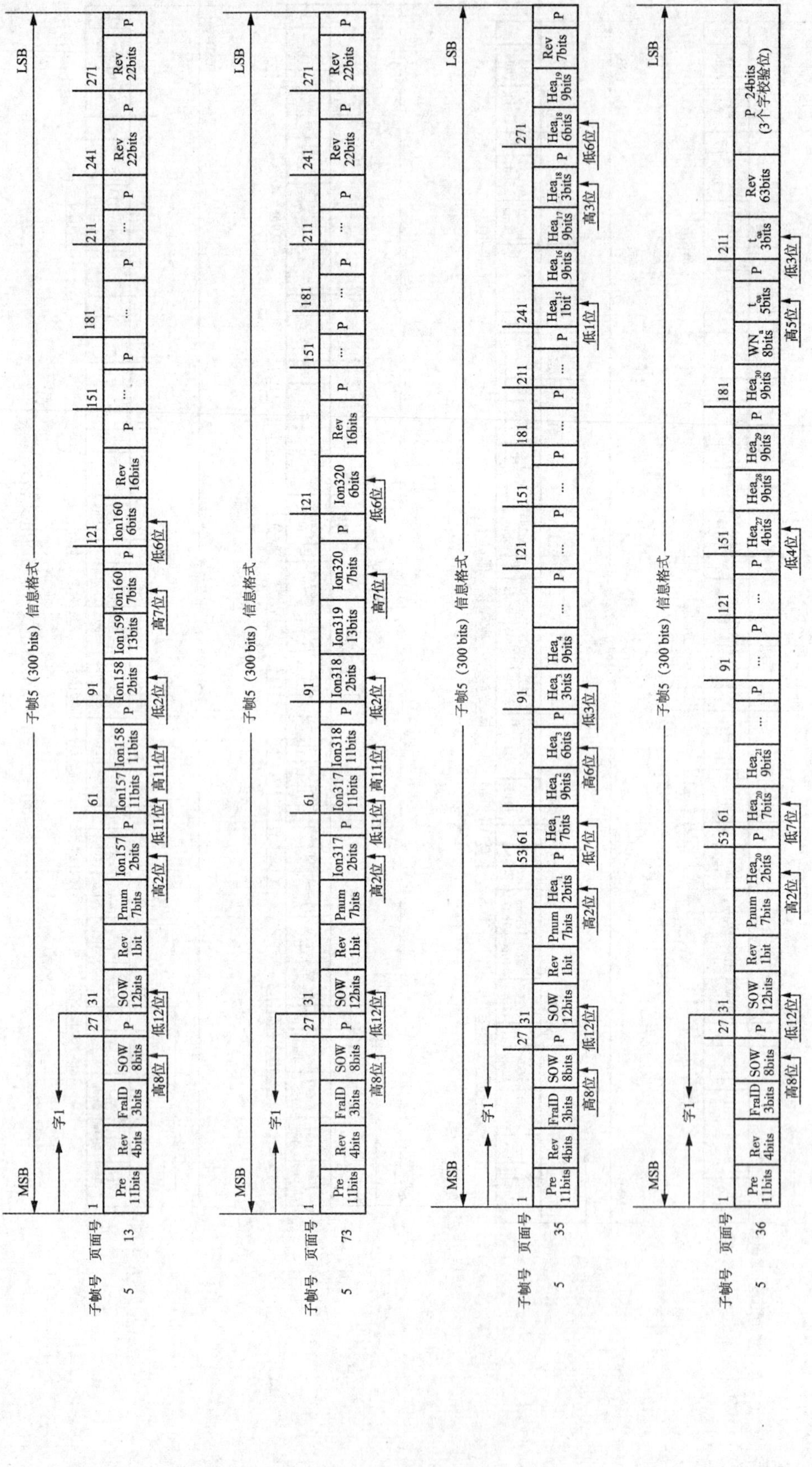

附图2-17(g) D_2导航电文子帧5的电文格式

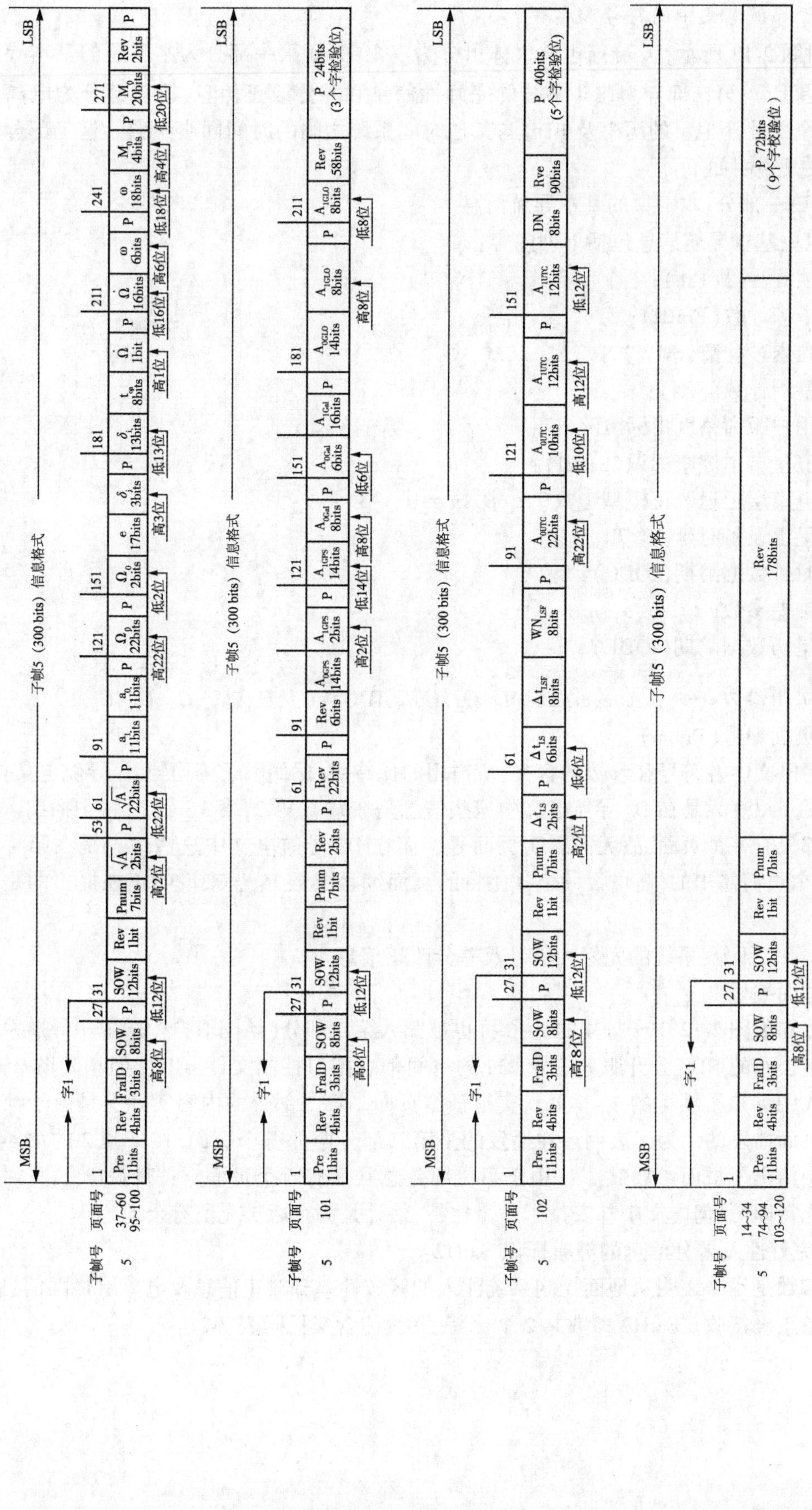

附图2-17(h)　D_2导航电文子帧5的电文格式

3. D_2 导航电文中的符号和参数

如附图 2-12 所示,D_2 导航电文大体可分为三个部分:第一部分为本卫星的基本导航信息(卫星星历);第二部分为北斗系统的完好性信息和差分改正信息;第三部分为电离层格网信息、全部北斗卫星的历书及 BDS 与其他时间系统之间的时间同步参数。这三部分的具体内容及其说明如下:

(1)第一部分:本卫星的基本导航信息

本卫星基本导航信息包括下列内容:

- 帧同步码(Pre);
- 子帧计数(FraID);
- 周内秒计数(SOW);
- 整周计数(WN);
- 用户距离精度指标(URAI);
- 卫星自主健康标识(SatHI);
- 电离层延迟改正模型参数($\alpha_n,\beta_n,n=0\sim3$);
- 星上设备时延差(T_{GDI});
- 时钟数据龄期(IODC);
- 钟差参数(t_{oc},a_0,a_1,a_2);
- 星历数据龄期(IODE);
- 星历参数:($t_{oe},\sqrt{A},e,\omega,\Delta n,M_0,\Omega_0,\dot{\Omega},i_0,\mathrm{IDOT},C_{uc},C_{us},C_{rc},C_{rs},C_{ic},C_{is}$)
- 页面编号(Pnum)。

上述电文中各符号和参数的含义,所占用的比特数、比例因子等均与 D_1 导航电文相同,不再重复介绍。只是在 D_1 导航电文中这些信息是在第 1,第 2,第 3 三个子帧中播出。这三个子帧都只有一个页面,故无需表明页面号。而在 D2 导航电文中这些信息是在第 1 子帧中分 10 个页面播出的,需增设一个 4 比特的页面编号参数 P_{num},来说明正在播出的是第几个页面。

(2)第二部分:系统的完好性信号及差分改正信息

①页面编号 $P_{\mathrm{num\,2}}$:

虽然在附图 2-12 中子帧 4 的 1~6 页也被归入第二部分(该图取自中国卫星导航系统管理办公室公布的 BDS 公开服务信号 B1I 的空间信息接口控制文件 ICD),但从附图 2-16 的电文格式中可知子帧 4 的 1~6 页其实是预留页面。第二部分的内容实际上是由子帧 2~3 的 6 个页面播发的。为了表明还在播发的是第二部分中的哪个页面,在子帧 2 的第 44~47 个比特中给出了页面参数 P_{num2}。由于第二部分总共只有 6 个页面。按理说 P_{num2} 只需要占用 3 个比特即可,但电文中却安排了 4 个比特,估计是为今后扩充留有余地。

② 完好性及差分信息的健康标识 SatH2:

该参数是用来表明从地面控制系统注入的区域性差分改正信息及电离层格网信息是否已被卫星正确接收。SatH2 参数共 2 个比特,其具体含义见附表 2-21:

附表 2-21 **完好性及差分信息健康标识含义**

信息位	信息编码	SatH2 信息含义
高位(MSB)	0	RURA、UDRE 及 Δt 信息校检正确
	1	RURA、UDRE 及 Δt 信息校检错误
低位(LSB)	0	格网点电离层信息校检正确
	1	格网点电离层信息存在错误

③ 北斗系统完好性及差分信息卫星标识符 $BDID_i$:

$BDID_i$($i=1\sim30$)共占用 30 比特,每个比特对应一个北斗卫星。当与某卫星对应的标识符为 1 时,标识系统将播发该卫星的完好性及差分信息,反之当标识符为 0 时表示系统不播发该卫星的完好性及差分信息。系统一次最多连续播发 18 个卫星的完好性及差分信息,也就是说在上述 30 个比特中,最多只能有 18 个“1”,其余则为“0”,系统将按先后顺序依次播发标识符为 1 的各卫星的完好性及差分信息。

北斗系统将在包括中国及周边地区的局部区域中提供增强服务功能。从附表 2-5 可知,即便采用 35 个卫星的星座,该区域内任何一地最多也只能观测 11~17 颗北斗卫星,因而给出 18 颗卫星的差分信息一般是能够满足该区域内增强(差分)服务的需要的。

④ 区域用户距离精度指标 RURAI:

RURAI 是用来描述卫星距离误差的,单位为米。D_2 导航电文中并不直接给出各卫星的距离误差,而是用一个精度指数来表示。RURAI 占 4 个比特,其更新周期为 18 秒,精度指数 RURAI 与卫星距离误差间的对应关系见附表 2-22

附表 2-22 **RURAI 定义表**

RURAI 编码	RURA(m,99.9%)
0	0.75
1	1.0
2	1.25
3	1.75
4	2.25
5	3.0
6	3.75
7	4.5
8	5.25
9	6.0
10	7.5
11	15.0
12	50.0
13	150.0
14	300.0
15	>300.0

⑤差分改正数(等效钟差改正数)Δt:

为了使包括中国在内的特定服务区内的用户可以获得更高的导航定位精度,北斗系统在该区域内采取了一些增强措施,主要是:a. 为该地区的用户提供距离差分改正数;b. 为该区域的用户提供天顶方向电离层延迟格网值,以提高单频用户电离层延迟改正的精度。

虽然在北斗系统公开服务信号 B1I 的接口文件 ICD 中将差分信息称为等效钟差

改正数,但按本教材 5.10.2 的分类方法,它实际上是一种距离差分改正数。

差分改正数 Δt 共 13 比特。采用二进制编码,最高位为符号位,比例因子为 0.1,单位为米。该参数的更新周期为 18 秒。计算时用户只需将各卫星的伪距改正数 Δt 加入到相应的伪距观测值上即可。

我们知道卫星星历误差矢量在不同方向上的投影长度是不相同的,也就是说对不同地点的用户来说,同一卫星星历误差对卫地距的影响并不相同,而导航电文中只能给出一个平均值供服务区域中的所有用户统一使用。这种做法的优点是简便易行,也能保证一定的精度。但由于增强服务区的面积很大,因而这种方法不如广域差分(给出较为精确的卫星轨道根数和卫星钟差)及局域差分$\left(\text{给出服务区中部某点的差分改正数 }\Delta t\text{ 及改正数的变化率 }\frac{\partial \Delta t}{\partial L},\frac{\partial \Delta t}{\partial B}\right)$严格,影响精度的进一步提高(见本教材 5.10 差分 GPS 一节)。

⑥差分改正数的精度指数 UDREI:

UDREI 是用以描述系统所提供的差分改正数 Δt 的精度的一个指数。为了节省比特数,电文中并未直接给出改正数 Δt 的精度,而是用一组 4 个比特数的指数来表示。指数 UDREI 与改正数精度间的对应关系见附表 2-23,表中所给出的改正数的误差单位为米。置信度为 99.9%,大约为中误差的 3.3 倍。

附表 2-23　**UDREI 定义表**

UDREI 编码	UDRE(m,99.9%)
0	1.0
1	1.5
2	2.0
3	3.0
4	4.0
5	5.0
6	6.0
7	8.0
8	10.0
9	15.0
10	20.0
11	50.0
12	100.0
13	150.0
14	未被监测
15	不可用

(3) 第三部分:电离层格网信息,卫星历书及时间同步参数

① 格网点上的电离层延迟信息 ION:

如前所述,BDS 在 D_1 导航电文中向用户提供了电离层延迟改正系数 $\alpha_n,\beta_n(n=0\sim3)$。这样单频用户就能用 Klobuchar 模型来进行电离层延迟改正。但该模型的精度不是很好,一般只能消除 60%~70%的电离层延迟。为进一步提高电离层延迟改正的精度,BDS 在 D_2 导航电文中又为增强区域中的用户提供了更为精确的电离层延迟信息 ION。

BDS 所提供的电离层格网信息的范围为东经70°~145°,北纬7.5°~55°。格网点的纬差为 2.5°,经差为 5°。这样在整个增强区域中共形成 320 个格网点,这些格网点按纬度错开 2.5°分为两个子区域播发。一个子区域为北纬10°~55°,东经70°~145°,经差和纬差均为 5°的格网,其格网点的编号为 1~160。详见附表 2-24-1。这些格网点上的

ION 信息在 D_2 导航电文第 5 子帧的第 1~13 页中依次播出。其中 1~12 页每个页面播发 13 个格网点的信息，第 13 页播发其余 4 个格网点的电离层延迟信息，详细情况见附图 2-17。第二个子区域为北纬 7.5°~52.5°，东经70°~145°，经差和纬差均为 5°的格网，格网点的编号为 161~320。详细对应关系见附表 2-24-2。这些格网点上的电离层延迟信息在 D_2 导航电文第 5 子帧的 61~73 页中依次播出。其中第 61~72 页中，每页播发 13 个格网点上的电离层延迟信息，第 73 页播发其余 4 个格网点上的电离层延迟信息。详见附图 2-17。

电离层延迟信息 ION 占用 13 个比特，其中 9 个比特为格网点天顶方向电离层延迟 $d\tau$ 。另 4 个比特为描述 $d\tau$ 精度的误差指数 GIVEI。

附表 2-24-1　　**IGP 编号表**

纬度＼经度	70	75	80	85	90	95	100	105	110	115	120	125	130	135	140	145
55	10	20	30	40	50	60	70	80	90	100	110	120	130	140	150	160
50	9	19	29	39	49	59	69	79	89	99	109	119	129	139	149	159
45	8	18	28	38	48	58	68	78	88	98	108	118	128	138	148	158
40	7	17	27	37	47	57	67	77	87	97	107	117	127	137	147	157
35	6	16	26	36	46	56	66	76	86	96	106	116	126	136	146	156
30	5	15	25	35	45	55	65	75	85	95	105	115	125	135	145	155
25	4	14	24	34	44	54	64	74	84	94	104	114	124	134	144	154
20	3	13	23	33	43	53	63	73	83	93	103	113	123	133	143	153
15	2	12	22	32	42	52	62	72	82	92	102	112	122	132	142	152
10	1	11	21	31	41	51	61	71	81	91	101	111	121	131	141	151

附表 2-24-2　　**IGP 编号表**

纬度＼经度	70	75	80	85	90	95	100	105	110	115	120	125	130	135	140	145
52.5	170	180	190	200	210	220	230	240	250	260	270	280	290	300	310	320
47.5	169	179	189	199	209	219	229	239	249	259	269	279	289	299	309	319
42.5	168	178	188	198	208	218	228	238	248	258	268	278	288	298	308	318
37.5	167	177	187	197	207	217	227	237	247	257	267	277	287	297	307	317
32.5	166	176	186	196	206	216	226	236	246	256	266	276	286	296	306	316
27.5	165	175	185	195	205	215	225	235	245	255	265	275	285	295	305	315
22.5	164	174	184	194	204	214	224	234	244	254	264	274	284	294	304	314
17.5	163	173	183	193	203	213	223	233	243	253	263	273	283	293	303	313
12.5	162	172	182	192	202	212	222	232	242	252	262	272	282	292	302	312
7.5	161	171	181	191	201	211	221	231	241	251	261	271	281	291	301	311

当用户从 D_2 导航电文第 5 子帧第 1~13 页获取某格网点的电离层信息后(即格网点编号 IGP≤160 时),可用下列方法来计算该格网点的经度 L 和纬度 B:

$$\begin{cases} L^0 = 70+\text{INT}[(\text{IGP}-1)/10]\times 5 \\ B^0 = 5+\{\text{IGP}-\text{INT}[(\text{IGP}-1)/10]\times 10\}\times 5 \end{cases} \tag{附 2-12}$$

当用户从第 5 子帧第 61~第 73 页获取某格网点上的电离层信息后(即格网点编号 IGP >160 时),则可用下列公式来计算该格网点的经度 L 和纬度 B:

$$\begin{cases} L^0 = 70+\text{INT}[(\text{IGP}-161)/10]\times 5 \\ B^0 = 2.5+\{\text{IGP}-160-\text{INT}[(\text{IGP}-161)/10]\times 10\}\times 5 \end{cases} \tag{附 2-13}$$

其中,INT(*)表示向下取整。

D_2 导航电文中所给出的格网点的电离层延迟参数 $d\tau$ 指的是该点天顶方向上公开服务信号 B_{1I} 的电离层延迟值,单位为米。参数 $d\tau$ 共 9 个比特,比例因子为 0.125。当这 9 个比特全部为 1 时,即 $d\tau$ = 63.875m 时表示该值不可用。当这 9 个比特的最后一位为 0,前 8 位为 1 时,即 $d\tau$ = 63.750m 时表示该点的延迟值未被监测,也不可使用。因而 $d\tau$ 值的有效范围为 0~63.625m(步长为 0.125m)。

2. $d\tau$ 的误差指数 GIVEI

格网点电离层垂直延迟改正数的误差指数 GIVEI 是用来描述改正数 $d\tau$ 精度的一组指数,由 4 个比特组成。这组指数与改正数 $d\tau$ 的精度之间的对应关系见附表 2-25。

附表 2-25　**GIVEI 定义表**

GIVEI 编码	GIVE(m.99.9%)
0	0.3
1	0.6
2	0.9
3	1.2
4	1.5
5	1.8
6	2.1
7	2.4
8	2.7
9	3.0
10	3.6
11	4.5
12	6.0
13	9.0
14	15.0
15	45.0

3. 卫星历书及时间同步参数

D_2 导航电文的第三部分中还给出了所有卫星的历书信息以及与其他时间系统间的时间同步参数。

其中历书信息包含下列内容:

- 历书参数(t_{oa}, $\sqrt{A}$, e, ω, M_0, Ω_0, $\dot{\Omega}$, δ_i, a_0, a_1);
- 历书周计数(WN_a);
- 卫星健康信息(i = 1 ~ 30);

与其他系统时间同步信息包括下列内容:

- 与 UTC 时间同步参数(A_{0UTC}, A_{1UTC}, Δt_{LS}, WN_{LSF}, DN, Δt_{LSF});
- 与 GPS 时间同步参数(A_{0GPS}, A_{1GPS});
- 与 Galileo 时间同步参数(A_{0Gal}, A_{1Gal});
- 与 GLONASS 时间同步参数(A_{0GLO},

A_{1GLO})。

上述参数的含义,所占用的比特数、比例因子等均与 D_1 导航电文相同,不再重复介绍。

附 2.5　利用导航电文提供的信息进行相关计算

这种计算主要为:利用导航电文中提供的电离层格网信息和电离层模型系数来计算单频观测值的电离层延迟;利用钟差参数来计算卫星钟差;利用卫星星历参数及历书参数来计算卫星位置。

附 2.5.1　电离层延迟改正

1.用 D_2 导航电文中的电离层格网信息来内插电离层延迟

我们知道,在 D_2 导航电文中以 $\Delta L=5°$, $\Delta B=2.5°$ 的间距给出了增强服务区域(东经 70°~145°,北纬7.5°~55°)中各格网点天顶方向的电离层延迟改正 $d\tau$ 及其误差指数 GIVEI,用户据此即可计算出较为精确的电离层延迟改正。具体计算方法如下:

(1)计算穿刺点 p' 的位置(L',B')

为方便起见,各卫星导航系统在进行单频观测值的电离层改正时,总是要将整个电离层沿垂直方向压缩为一个单层,并用它来代替整个电离层。该单层一般位于电子密度最大处,称为中心电离层。在 BDS 中,中心电离层取高度为 375km 的一个球面。事实证明这种近似是合理的,不会对结果造成重大影响。

卫星信号与中心电离层的交点称为穿刺点。在某历元 t_i 若接收机同时对 n 个卫星进行了观测,就可形成 n 个穿刺点。现在的任务是求出各穿刺点的位置(B,L),然后自动确定各穿刺点四周的格网点编号,进而从 D_2 导航电文中获取这些格网点上的垂直电离层延迟,并内插出穿刺点天顶方向上的电离层延迟,最后将其投影至倾斜方向上,求得各观测值的电离层改正。

BDS D_2 导航电文中所给出的格网点上的垂直电离层延迟值一般为数米,目前典型的精度为 0.2~0.3m,其相对精度为 2%~5%。(由 IGS 所给出的电离层格网图 GIM 的精度也大体相仿)。因此,在计算过程中允许进行一些近似,例如把地球和中心电离层都看成是圆球。因为忽略了椭球扁率 α 项所作的球近似产生的相对误差一般仅为 1/300 左右。

在附图 2-18 中,P 为用户接收机的近似位置,其坐标 (X_p, Y_P, Z_P) 可采用各种方法求得,例如从地形图上获取,动态定位时可据先前的运动轨迹来加以预报,也可采用不顾及电离层延迟时的单点定位结果。卫星 S_i 的坐标 (X^S, Y^S, Z^S) 则可据卫星历书求得。测站 P 点的天顶方向可用单位矢量 $\boldsymbol{R}_0$ 来表示:

$$\boldsymbol{R}_0=\frac{1}{\sqrt{X_P^2+Y_P^2+Z_P^2}}\begin{pmatrix}X_P\\Y_P\\Z_P\end{pmatrix} \tag{附 2-14}$$

从测站 P 至卫星 S_i 的方向可用单位矢量:

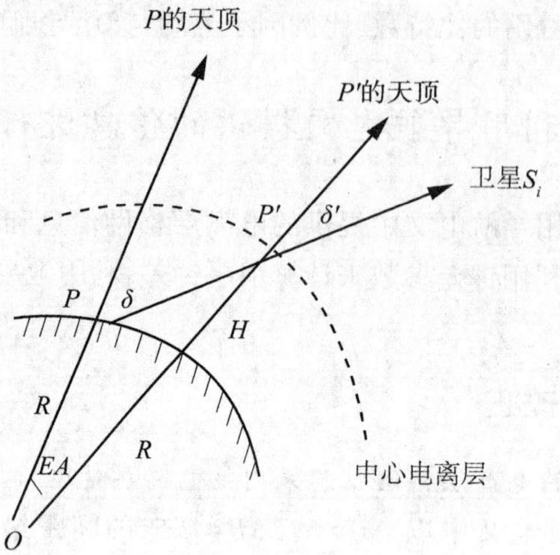

附图 2-18　计算电离层延迟的示意图

$$\boldsymbol{\rho}_i^0 = \frac{1}{\sqrt{(X^S - X_P)^2 + (Y^S - Y_P)^2 + (Z^S - Z_P)^2}} \begin{pmatrix} X^S - X_P \\ Y^S - Y_P \\ Z^S - Z_P \end{pmatrix} \tag{附 2-15}$$

显然在测站 P 处,卫星 S_i 的天顶距 δ 为:

$$\delta = \arccos(\boldsymbol{R}_0 \cdot \boldsymbol{\rho}_i^S) \tag{附 2-16}$$

在由地心 O ,地面测站 P 和穿刺点 P' 所组成的三角形中,不难求得在穿刺点 P' 处卫星 S_i 的天顶距 δ' 为:

$$\delta' = \arcsin\left(\frac{R}{R + H}\sin\delta\right) \tag{附 2-17}$$

式中,R 为地球平均半径,取 6371km,H 为中心电离层的高度,取 375km。δ' 在将 P' 处的垂直电离层延迟投影至信号传播路径的电离层延迟时要用到。地面测站 P 及穿刺点 P' 在地心处的夹角 $EA = \delta - \delta'$ 。于是 P 与 P' 间的长度:

$$PP' = R\frac{\sin EA}{\sin\delta'} \tag{附 2-18}$$

从而可得有穿刺点 P' 的空间直角坐标为:

$$\begin{pmatrix} X_P' \\ Y_P' \\ Z_P' \end{pmatrix} = \begin{pmatrix} X_P \\ Y_P \\ Z_P \end{pmatrix} + PP' \cdot \boldsymbol{\rho}_i^0 \tag{附 2-19}$$

当然该穿刺点应位于 BDS 的增强区域中。即 $70° \leqslant L_P' \leqslant 145°, 7.5° \leqslant B_P' \leqslant 55°$ 。

然后再将空间直角坐标转换为经纬度 L_P' 和 B_P' :

$$\begin{cases} L_P' = \arctan \dfrac{Y_P'}{X_P'} \\ B_P' = \arcsin \dfrac{Z_P'}{PP'} \end{cases} \tag{附 2-20}$$

(2)确定穿刺点周围的格网点编号及电离层信息

为计算方便,将最接近穿刺点的四个格网点按附图 2-19 中的方式编号。下面先确定位于穿刺点西南方的格网点 1 在导航电文中的编号:

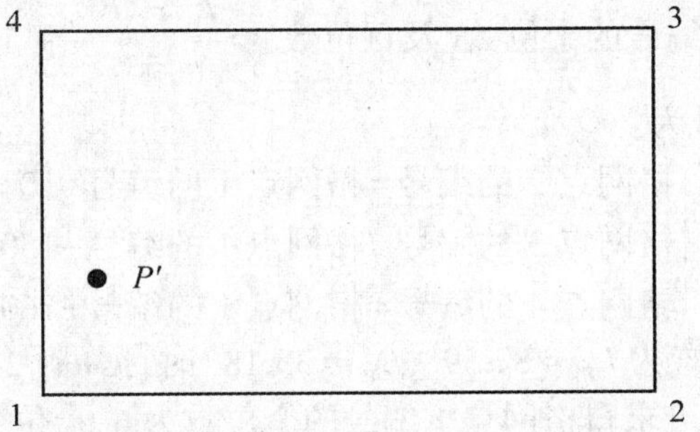

附图 2-19　穿刺点 P' 及四周的格网点编号

格网点 1 的经纬度可用下列方法来确定:

$$\begin{cases} L_1 = \text{int}\left(\dfrac{L_P'}{5^\circ}\right) \times 5^\circ \\ B_1 = \text{int}\left(\dfrac{B_P'}{2.5^\circ}\right) \times 2.5^\circ \end{cases} \tag{附 2-21}$$

式中,符号 Int 表示向下取整。

下面分两种情况介绍确定格网点在导航电文中的编号的方法。

①情况 1: $\text{Int}\,\dfrac{B_1}{5^\circ} \times 5^\circ = B_1$

此时格网点 1 位于表 1 中(编号为 1~160)。计算编号的方法如下:

$$\begin{cases} \text{编号的个位数} = \dfrac{B_1}{5^\circ} \times 5^\circ - 1 \\ \text{编号的十位数(及百位数)} = \dfrac{L_1 - 70^\circ}{5^\circ} \end{cases} \tag{附 2-22}$$

其余 3 个格网点编号为:

$$\begin{cases} \text{格网点 2 的编号} = \text{格网点 1 的编号} + 10 \\ \text{格网点 3 的编号} = \text{格网点 1 的编号} + 171 \\ \text{格网点 4 的编号} = \text{格网点 1 的编号} + 161 \end{cases} \tag{附 2-22}$$

例如,当穿刺点的位置为 $L_P' = 103.78^\circ$,$B_P' = 41.32^\circ$ 时,据(附 2-21)式可求得格网点 1

的坐标为 $L_1 = 100°, B_1 = 40°$。据(附 2-22)式可求得格网点 1 的个位数为 7，十位数(及百位数)为 6，编号为 67，进而可用(附 2-23)式求得格网点 2 的编号为 77，格网点 3 的编号为 238，格网点 4 的编号为 228。

②情况 2：

$$\text{int}\frac{B_1}{5°} \times 5° \neq B_1$$

此时格网点 1 位于表 2 中(编号为 161～320)。计算编号的方法如下：

$$\begin{cases} \text{编号的个位数} = \dfrac{B_1 - 2.5°}{5°} \\ \text{编号的十位数(及百位数)} = \dfrac{L_1 - 70°}{5°} + 16 \end{cases} \tag{附 2-24}$$

其他 3 个格网点编号为：

$$\begin{cases} \text{格网点 2 的编号} = \text{格网点 1 的编号} + 10 \\ \text{格网点 3 的编号} = \text{格网点 1 的编号} - 150 \\ \text{格网点 4 的编号} = \text{格网点 1 的编号} - 160 \end{cases} \tag{附 2-25}$$

例如，当穿刺点的位置为 $L_{P'} = 87.59°, B_{P'} = 33.18°$ 时，据(附 2-21)式可求得 $L_1 = 85°, B_1 = 32.5°$。用(附 2-24)式可求得格网点 1 编号的个位数为 6，十位数(及百位数)为 19，即格网点 1 的编号为 196。进而可用(附 2-25)式求得格网点 2 的编号为 206，格网点 3 的编号为 46，格网点 4 的编号为 36。

如前所述，一旦求得了格网点的编号，即可从 D_2 导航电文中获取相应的电离层信息。由于 D_2 导航电文的更新速度较慢，当观测值采样率较高时可预先将相关的电离层信息编制成表，统一查取。

(3) 内插和投影

获取穿刺点四周格网点上的垂直电离层延迟值 $d\tau_i (i = 1,2,3,4)$ 后，即可据穿刺点 P' 及格网点的坐标在经度和纬度间进行双线性内插求得穿刺点 P' 上的垂直电离层延迟。计算公式如下：

$$d\tau = \frac{\sum P_i d\tau_i}{\sum P_i} \tag{附 2-26}$$

式中：

$$\begin{cases} P_1 = (1 - P_L) \cdot (1 - P_B) \\ P_2 = P_L \cdot (1 - P_B) \\ P_3 = P_L \cdot P_B \\ P_4 = (1 - P_L) \cdot P_B \end{cases} \tag{附 2-27}$$

上式中，

$$\begin{cases} P_L = \dfrac{L_P{}' - L_1}{5°} \\ P_B = \dfrac{B_P{}' - B_1}{2.5°} \end{cases} \tag{附 2-28}$$

求得穿刺点上垂直方向上的电离层延迟后，还要将它投影至倾斜方向（信号传播路径）上，以便求得公开服务信号 B_{12} 的电离层延迟改正：

$$V_{\text{ion}} = d\tau \cdot \sec\delta' \tag{附 2-29}$$

式中，δ' 为穿刺点 P' 处的卫星天顶距，已由公式（附 2-17）求得。

D_2 导航电文中所提供的电离层信息每 6 分钟更新一次，在这 6 分钟内是有效的。6 分钟后给出的新的垂直电离层延迟的变化量一般都≤0.125m。因而通常无需进行时间域内的内插。

2.据 D_1 和 D_2 导航电文中的参数 α_n，β_n 来计算电离层延迟

在 D_1 和 D_2 导航电文中都给出了 Klobuchar 模型中的系数 α_n，β_n（$n = 0,1,2,3$）。利用这 8 个系数和 Klobuchar 模型，用户就能求得观测值的电离层延迟，并对单频观测值进行改正。下面介绍参考文献[235]（北斗系统的接口控制文件）中给出的算法。其符号及近似计算的方法与前面所介绍的不完全相同，但均能保证计算的精度。

$$I_z(t) = \begin{cases} 5 \times 10^{-9} + A_2\cos\left[\dfrac{2\pi(t - 50400)}{A_4}\right], & |t - 50400| < A_4/4 \\ 5 \times 10^{-9}, & |t - 50400| \geqslant A_4/4 \end{cases} \tag{附 2-30}$$

式中，t 是接收机至卫星连线与中心电离层的交点（穿刺点 M）处的地方时（取值范围为 0~86400），单位为秒。

A_2 为白天电离层延迟余弦曲线的幅度，用 α_n 系数求得：

$$A_2 = \begin{cases} \sum\limits_{n=0}^{3} \alpha_n\,|\phi_M|^n, & A_2 \geqslant 0 \\ 0, & A_2 < 0 \end{cases} \tag{附 2-31}$$

A_4 为余弦曲线的周期，单位为秒，用 β_n 系数求得：

$$A_4 = \begin{cases} 172800, & A_4 \geqslant 172800 \\ \sum\limits_{n=0}^{3} \beta_n\,|\phi_M|^n, & 172800 > A_4 \geqslant 72000 \\ 72000, & A_4 < 72000 \end{cases} \tag{附 2-32}$$

上述两式中的 ϕ_M 是穿刺点的地理纬度，单位为半周（π）。穿刺点 M 的地理纬度 ϕ_M、地理经度 λ_M 的计算公式为：

$$\begin{cases} \phi_M = \arcsin(\sin\phi_u \cdot \cos\psi + \cos\phi_u \cdot \sin\psi \cdot \cos A \\ \lambda_M = \lambda_u + \arcsin\left(\dfrac{\sin\psi \cdot \sin A}{\cos\phi_M}\right) \end{cases} \tag{附 2-33}$$

其中，ϕ_u 为用户（测站）的地理纬度，λ_u 为用户（测站）的地理经度，单位均为弧度；A 为卫星方位角，单位为弧度，其计算方法前面已进行过介绍；ψ 为用户和穿刺点之间的地心张角，单位为弧度，其计算公式为：

$$\psi = \frac{\pi}{2} - E - \arcsin\left(\frac{R}{R + h} \cdot \cos E\right) \tag{附 2-34}$$

式中，R 为地球半径，E 为卫星高度角，单位为弧度，h 为电离层单层高度，取值375km。

通过公式 $I_{B1I}(t)=\dfrac{1}{\sqrt{1-\left(\dfrac{R}{R+h}\cdot\cos E\right)^2}}\cdot I_z(t)$，可将 $I_z(t)$ 转化为B1I信号传播路径上的电离层延迟 $I_{B1I}(t)$，单位为秒。将其乘上光速 c 后可化算为以距离(米)为单位的电离层延迟。

注：位于南半球的用户使用上述模型时，电离层延迟改正精度比位于北半球的用户略有降低。因为确定模型系数 α、β 时的地面站大多位于北半球。

附2.5.2　计算卫星钟差

1.利用钟差参数(t_{oc},a_0,a_1,a_2)计算卫星钟差

在 D_1 和 D_2 导航电文中都给出了钟差参数(t_{oc},a_0,a_1,a_2)，钟差参数一般每小时更新一次，用户可利用这组参数计算任一时刻 t (在参数有效时段内)的卫星钟差参数 Δt_{sv}，计算公式如下：

$$\Delta t_{sv}=a_0+a_1(t-t_{oc})+a_2(t-t_{oc})^2+\Delta t_r \tag{附2-35}$$

$$\Delta t_r=F\cdot e\cdot\sqrt{A}\cdot\sin E_K \tag{附2-36}$$

其中，

e 为卫星轨道偏心率，由本卫星星历参数得到；

$\sqrt{A}$ 为卫星轨道长半轴的平方根，由本卫星星历参数得到；

E_K 为卫星轨道偏近点角，由本卫星星历参数得到；

$F=-2\mu^{1/2}/C^2=-4.442807633\times10^{-10}\mathrm{s/m}^{1/2}$；

$\mu=3.986004418\times10^{14}\mathrm{m}^3/\mathrm{s}^2$，为地球引力常数；

$C=2.99792458\times10^8\mathrm{m/s}$，为光速。

注意，用(附2-35)式求得的是卫星钟差而不是钟差的改正数，顾及星上设备时延差 T_{GD1} 后，使用 B_{1I} 信号的用户可用下式来计算正确的北斗时。

$$T=t_{SV}-(\Delta t_{SV}-T_{GD1}) \tag{附2-37}$$

式中的 t_{SV} 为由卫星钟所给出的时间。

2.用卫星历书中给出的钟差参数来计算粗略的卫星钟差

在 D_1 和 D_2 导航电文中的卫星历书中也给出了粗略的钟差参数(t_{oc},a_0,a_1)，这组参数中不仅略去了钟差参数 a_2，而且给出的参数 t_{oc},a_0,a_1 也较为粗略。此外参数的更新周期也要长得多，但计算方法是相同的，计算时，令 $a_2=0$ 即可。

附2.5.3　计算卫星位置

1.利用已知星历参数计算卫星位置

在 D_1 和 D_2 导航电文中均给出了由一个星历参考时间 t_{oe} 和15个轨道参数组成的卫星星历参数。该参数也是每小时更新一次。用户利用这组参数就能计算出参数有效时间段内任一时刻t时的卫星位置，具体计算方法见附表2-26。

附表 2-26　　星历参数用户算法

计算公式	描　述
$\mu = 3.986004418 \times 10^{14}\,\mathrm{m^3/s^2}$	CGCS2000 坐标系下的地球引力常数
$\Omega_e = 7.2921150 \times 10^{-5}\,\mathrm{rad/s}$	CGCS2000 坐标系下的地球旋转速率
$\pi = 3.1415926535898$	圆周率
$A = (\sqrt{A})^2$	计算半长轴
$n_0 = \sqrt{\dfrac{\mu}{A^3}}$	计算卫星平均角速度
$t_k = t - t_{oe}$	计算观测历元到参考历元的时间差
$n = n_0 + \Delta n$	改正平均角速度
$M_k = M_0 + nt_k$	计算平近点角
$M_k = E_k - e\sin E_k$	迭代计算偏近点角
$\begin{cases} \sin v_k = \dfrac{\sqrt{1-e^2}\sin E_k}{1-e\cos E_k} \\ \cos v_k = \dfrac{\cos E_k - e}{1-e\cos E_k} \end{cases}$	计算真近点角
$\phi_k = v_k + \omega$	计算纬度幅角参数
$\begin{cases} \delta u_k = C_{us}\sin(2\phi_k) + C_{uc}\cos(2\phi_k) \\ \delta r_k = C_{rs}\sin(2\phi_k) + C_{rc}\cos(2\phi_k) \\ \delta i_k = C_{is}\sin(2\phi_k) + C_{ic}\cos(2\phi_k) \end{cases}$	纬度幅角改正项 径向改正项 轨道倾角改正项
$u_k = \phi_k + \delta u_k$	计算改正后的纬度幅角
$r_k = A(1 - e\cos E_k) + \delta r_k$	计算改正后的向径
$i_k = i_0 + \mathrm{IDOT} \cdot t_k + \delta i_k$	计算改正后的轨道倾角
$\begin{cases} x_k = r_k\cos u_k \\ y_k = r_k\sin u_k \end{cases}$	计算卫星在轨道平面内的坐标
$\Omega_k = \Omega_0 + (\dot{\Omega} - \Omega_e) t_k - \Omega_e t_{oe}$	计算历元升交点在 CGCS2000 中的经度
$\begin{cases} X_k = x_k\cos\Omega_k - y_k\cos i_k\sin\Omega_k \\ Y_k = x_k\sin\Omega_k + y_k\cos i_k\cos\Omega_k \\ Z_k = y_k\sin i_k \end{cases}$	计算 MEO/IGSO 卫星在 CGCS2000 坐标系中的坐标

续表

计算公式	描述
$\Omega_k = \Omega_0 + \dot{\Omega} t_k - \dot{\Omega}_e t_{oe}$	计算历元升交点在特定坐标系中的经度
$\begin{cases} X_{GK} = x_k\cos\Omega_k - y_k\cos i_k\sin\Omega_k \\ Y_{GK} = x_k\sin\Omega_k + y_k\cos i_k\cos\Omega_k \\ Z_{GK} = y_k\sin i_k \end{cases}$	计算 GEO 卫星在特定坐标系中的坐标
$\begin{bmatrix} X_k \\ Y_k \\ Z_k \end{bmatrix} = R_z(\dot{\Omega}_e t_k) R_X(-5°) \begin{bmatrix} X_{GK} \\ Y_{GK} \\ Z_{GK} \end{bmatrix}$ 其中： $R_X(\varphi) = \begin{bmatrix} 1 & 0 & 0 \\ 0 & +\cos\varphi & +\sin\varphi \\ 0 & -\sin\varphi & +\cos\varphi \end{bmatrix}$ $R_Z(\varphi) = \begin{bmatrix} +\cos\varphi & +\sin\varphi & 0 \\ -\sin\varphi & +\cos\varphi & 0 \\ 0 & 0 & 1 \end{bmatrix}$	计算 GEO 卫星在 CGCS2000 坐标系中的坐标（从特定坐标系转换为 CGCS2000 坐标系）

注：* t 是信号发射时刻的北斗时，t_k 是 t 和 t_{oe} 之间的总时间差，必须考虑周变换的开始或结束，即如果 t_k 大于 302400，将 t_k 减去 604800；如果 t_k 小于 −302400，则将 t_k 加上 604800。

需要说明的是：

（1）由于 GEO 卫星的轨道倾角 $i=0$，因而升交点将失去意义，升交点赤经 Ω 和近地点角距 ω 将无法确定（由于摄动因素的影响，i 角实际上是一个接近于 0° 的微小量，此时方程奇异。Ω 与 ω 将难以精确分离）。为解决上述问题 BDS 为 GEO 卫星专门设立了一个特殊的坐标系：将星历参考时刻 t_{oe} 时的地球坐标系 CGCS2000 围绕 X 轴逆时针旋转 5°，使该坐标系的 xy 平面不再与地球赤道平面重合。GEO 卫星的星历参数就是在这一特定的坐标系中拟合的。换言之，BDS 导航电文中所给出的 GEO 卫星的星历参数就是在这一特定坐标系中的参数。

（2）随着时间的推移，GEO 卫星的星历参数在不断更新，星历参考时刻 t_{oe} 及相应的特定坐标系也在不断变化（一般每小时更新变化一次），坐标系周而复始的变化会使 GEO 卫星的某些轨道参数也产生周期性的日变化。我们不妨将其称为数学摄动。不同时间的 GEO 卫星星历参数之差是由于卫星在各种摄动力作用下所产生的真正的轨道摄动（物理摄动）以及由于采用了不同的坐标系所产生的数学摄动共同产生的。例如，GEO 卫星的轨道倾角 i 每天有±1.7°的变化便是如此。

（3）除 GEO 卫星的计算方法较为特殊外，其余卫星的计算方法和步骤均与 GPS 相类似。

2.利用卫星历书参数计算卫星位置

在 D_1 和 D_2 导航电文中都给出了所有北斗卫星的历书参数。在卫星历书参数中略去了一些数值较小的参数，保留下来的参数所占有的比特数也比相应的星历参数少得多，因而用户据此只能求得各卫星的粗略位置。利用历书参数计算卫星位置的方法和步骤见附表 2-27。

附表 2-27　　用历书参数计算卫星位置的方法和步骤

计算公式	描　述
$\mu = 3.986004418\times10^{14}\mathrm{m^3/s^2}$	CGCS2000 坐标系下的地球引力常数
$\Omega_e = 7.2921150\times10^{-5}\mathrm{rad/s}$	CGCS2000 坐标系下的地球旋转速率
$A = (\sqrt{A})^2$	计算长半轴
$n_o = \sqrt{\dfrac{\mu}{A^3}}$	计算卫星平均角速度
$t_k = t - t_{oa}$	计算观测历元到参考历元的时间差
$M_k = M_0 + n_0 t_k$	计算平近点角
$M_k = E_k - e\sin E_k$	迭代计算偏近点角
$\begin{cases}\sin v_k = \dfrac{\sqrt{1-e^2}\sin E_k}{1-e\cos E_k}\\ \cos v_k = \dfrac{\cos E_k - e}{1-e\cos E_k}\end{cases}$	计算真近点角
$\phi_k = v_k + \omega$	计算纬度幅角
$r_k = A(1 - e\cos E_k)$	计算卫星的向径
$\begin{cases}x_k = r_k\cos\phi_k\\ y_k = r_k\sin\phi_k\end{cases}$	计算卫星在轨道平面内的坐标
$\Omega_k = \Omega_0 + (\dot{\Omega} - \dot{\Omega}_e)t_k - \dot{\Omega}_e t_{oa}$	计算升交点赤经
$i = i_0 + \delta_i^{**}$	参考时间的轨道倾角
$\begin{cases}X_k = x_k\cos\Omega_k - y_k\cos i\sin\Omega_k\\ Y_k = x_k\sin\Omega_k + y_k\cos i\cos\Omega_k\\ Z_k = y_k\sin i\end{cases}$	计算 GEO/MEO/IGSO 卫星在 CGCS2000 坐标系中的坐标

注：* t 是信号发射时刻的北斗时。t_k 是 t 和 t_{oe} 之间的总时间差，必须考虑周变换的开始或结束，即如果 t_k 大于 302400，将 t_k 减去 604800；如果 t_k 小于 − 302400，则将 t_k 加上 604800；

** 对于 MEO/IGSO 卫星，$i_0 = 0.30\pi$；对于 GEO 卫星，$i_0 = 0.00$。

从表中可以看出：

(1)由于精度要求较低,在卫星历书中不再给出每个卫星在参考时刻 t_{oa} 的轨道倾角 i_0,而是将 GEO 卫星的轨道倾角统一设置为 0,将 MEO 和 IGSO 卫星的轨道倾角统一设置为 0.30π(54°),同时给出每个卫星相对于上述初始值的轨道倾角改正数 δ_i 。

(2)不再为 GEO 卫星设置特殊的坐标系,而是与 MEO,IGSO 一样进行计算。

(3)计算方法与用星历参数计算时类似,将历书中略去的参数看成 0 即可。

附录 3　引用的缩写词

AROF 或 OTF	Ambiguity Resolution on the Fly	动态确定整周未知数实时模糊度解算
A-S	Anti-Spoofing	反电子欺骗
AT	Atomic Time	原子时
CIO	Conventional International Origin	国际协议原点
Cs	Cesium	铯
CTS	Conventional Terrestrial System	协议地球坐标系
DGPS	Differential GPS	差分 GPS
DMA	Defence Mapping Agency	(美国)国防制图局
DOP	Dilution of Precision	精度因子
EDM	Electronic Distance Measuring	电子测距
ESA	European Space Agency	欧洲空间局
FAA	Federal Aviation Administration	(美国)联邦航空局
FARA	Fast Ambiguity Resolution Approach	快速解算整周未知数
GAST	Greenwich Apparent Sidereal Time	格林尼治视恒星时
GDOP	Geometric Dilution of Precision	几何精度因子
GIS	Geographic Information System	地理信息系统
GLONASS	Global Navigation Satellite System	全球导航卫星系统
GNSS	Global Navigation Satellite System	全球导航卫星系统
GPS	Global Positioning System	全球定位系统
GPST	GPS Time	GPS 时
HDOP	Horizontal Dilution of Precision	平面位置精度因子
HOW	Hand Over Word	交接字
IAG	International Association of Geodesy	国际大地测量学协会
IAT	International Atomic Time	国际原子时
IAU	International Astronomical Union	国际天文学联合会
IERS	International Earth Rotation Service	国际地球自转服务
IGS	International GPS Service	国际 GPS 服务
INMARSAT	International Maritime Satellite (organization)	国际海事卫星组织
INS	Inertial Navigation System	惯性导航系统
JPL	Jet Propulsion Laboratory	(美国)喷气推进实验室
LADGPS	Local Area DGPS	区域差分 GPS

NASA	National Aeronautics and Space Administration	(美国)航空航天局
NNSS	Navy Navigational Satellite System	海军导航卫星系统
PDOP	Position Dilution of Precision	空间位置精度因子
PPS	Precise Positioning Service	精密定位服务
PRN	Pseudorandom Noise	伪随机噪声
Rb	Rubidium	铷
RDOP	Relative Dilution of Precision	相对精度因子
RINEX	Receiver Independent Exchange (Format)	标准数据格式(与接收机无关)
RTD	Real Time DGPS	实时差分 GPS
RTK	Real Time Kinematic	实时动态(定位)
SA	Selective Availability	选择可用性
SLR	Satellite Laser Ranging	卫星激光测距
SPS	Standard Positioning Service	标准定位服务
SVN	Space Vehicle Number	空间飞行器编号
TD	Triple-Difference	三差
TDOP	Time Dilution of Precision	钟差精度因子
TLW	Telemetry Word	遥测字
UT	Universal Time	世界时
UTC	Coordinate Universal Time	协调世界时
VDOP	Vertical Dilution of Precision	高程精度因子
VLBI	Very Long Baseline Interferometry	甚长基线干涉测量
WAAS	Wide Area Augmentation System	广域增强系统
WADGPS	Wide Area DGPS	广域差分 GPS
WGS	World Geodetic System	世界大地坐标系
LAMBDA	Least-square AMBiguity Decorrelation Adjustment	最小二乘模糊度降相关平差法
PPP	Precise Point Positioning	精密单点定位
JD	Julian Day	儒略日
MJD	Modified Julian Day	简化儒略日
DOY	Day of Year	年积日
ECEF	Earth-Centered Earth-Fixed	地心地图系
NIMA	National Imagery and Mapping Agency	(美国)国家影像和制图局
ITRF	International Terrestrial Reference Frame	国际地标参考框架
CGCS2000	China Geodetic Coordinate System 2000	2000 中国国家大地坐标系

参考文献

[1]安永强. 武汉市建设连续运行卫星定位系统方案设计[D]. 武汉:武汉大学,2004

[2]蔡昌盛,李征航,张小红. SA 取消前后 GPS 单点定位精度分析[J]. 测绘信息工程,2002(3):24-25

[3]蔡昌盛,李征航,赵晓峰.太阳耀斑的 GPS 监测方法及实测分析[J]. 武汉大学学报(信息科学版),2003(4):422-424

[4]蔡昌盛. 利用 GPS 对电离层 TEC 的观测研究[D]. 武汉:武汉大学,2002

[5]陈健,晁定波. 椭球大地测量学[M].北京:测绘出版社,1989

[6]陈俊勇. 地面参照系的现代定向理论和地球自转运动[M]. 北京:测绘出版社,1991

[7]陈俊勇. 世界大地坐标系统 1984 的最新精化[J]. 测绘通报,2003(2):1-3

[8]陈俊勇. 卫星多普勒定位[M]. 北京:测绘出版社,1983

[9]陈俊勇.国际地球参考框架 2000(ITRF2000)的定义及其参数[J].武汉大学学报(信息科学版),2005,30(9):753-756

[10]陈小明,刘基余,李德仁. OTF 方法及其在 GPS 辅助航空摄影测量数据处理中的应用[J]. 测绘学报,1997(2):101-108

[11]陈永奇. GPS 相对定位中系统误差的影响[J]. 武汉测绘科技大学学报,1990(2)

[12]陈永奇. 一种检验 GPS 整周模糊度有效性的方法[J]. 武汉测绘科技大学学报,1997(4)

[13]崔天鹏. GPS 现代化与模糊度解算方法研究[D]. 武汉:武汉大学,2002

[14]丁子明,言中. 卫星导航与微波着陆[M]. 北京:国防工业出版社,1984

[15]董世清. 区域性 GPS 控制网数据处理[D].武汉:武汉大学,2004

[16]杜道生,陈军,李征航. RS、GIS、GPS 的集成与应用[M]. 北京:测绘出版社,1995

[17]冯延明. GPS 高精度定位理论问题的研究[D]. 武汉:武汉测绘科技大学,1989

[18]管泽霖,宁津生. 地球形状及外部重力场[M]. 北京:测绘出版社,1981

[19]郭际明. GPS 与 GLONASS 组合测量及变形监测数据处理研究[D]. 武汉:武汉大学, 2001

[20]国家测绘局. 全球定位系统(GPS)测量规范(CH2001—92). 北京:测绘出版社,1992

[21]国家测绘局. 全球定位系统(GPS)测量型接收机检定规程(CH8016—1995). 北京:测绘出版社,1995

[22]国家质量技术监督局. 全球定位系统(GPS)测量规范(GB/T18314—2001). 北京:

中国标准出版社,2001

[23]国家自然科学基金委员会. 自然科学学科发展战略调研报告 · 大地测量学[M]. 北京:科学出版社,1994

[24]过静君,葛茂荣,郑国忠, 等. 高精度动态 GPS 测量[C]. GPS 学术研讨会,涿州,1990

[25]过静君,葛茂荣. GPS 动态定位原理及其数据处理[J]. 北京测绘,1991(1)

[26]韩保民,欧吉坤, 等. 基于 GPS 非差观测值进行精密单点定位研究[J]. 武汉大学学报(信息科学版),2003(4):409-412

[27]韩春好.相对论框架中的时间计量[J].天文学进展,2002,20(2):107-113

[28]胡明城,鲁福. 现代大地测量学(上、下册)[M].北京:测绘出版社,1993

[29]胡明城. 现代大地测量学的理论及其应用[M]. 北京:测绘出版社, 2003

[30]胡友健,罗昀, 曾云. 全球定位系统(GPS)原理与应用[M]. 武汉:中国地质大学出版社,2003

[31]胡毓钜,龚剑文,黄伟. 地图投影[M]. 北京:测绘出版社,1981

[32]黄丁发,熊永良, 等.GPS 卫星导航定位技术与方法[M].北京:科学出版社,2009

[33]黄劲松,李英冰.GPS 测量与数据处理实习教程[M].武汉:武汉大学出版社,2010

[34]黄声享. 变形数据分析方法研究及其在精密工程 GPS 自动监测系统中的应用[D]. 武汉:武汉大学,2001

[35]焦文海,魏子卿, 等.PZ-90 GLONASS 与 ITRF 之间转换参数的谱分析[J]. 武汉大学学报(信息科学版),2003(6):740-744

[36]解放军总参谋部测绘局. GPS 大地控制测量技术规范, 1991

[37]金国雄,刘大杰,等. GPS 卫星定位的应用与数据处理[M]. 上海:同济大学出版社,1994

[38]金双根,朱文耀. ITRF2000 参考框架的评价及其探讨[J]. 武汉大学学报(信息科学版),2002(6):598-603

[39]金文敬. 岁差模型研究的新进展——P03 模型[J]. 天文学进展,2008,26(2):155-174

[40]兰虎彪,王昆杰. GPS 网正常高求解方法的研究[J]. 武汉测绘科技大学学报,1992(3):18-26

[41]李德仁. GPS 用于摄影测量与遥感[M]. 北京:测绘出版社,1996

[42]李洪涛,等. GPS 应用程序设计[M]. 北京:科学出版社, 1999

[43]李建成,陈俊勇,宁津生,晁定波. 地球重力场逼近理论与中国 2000 似大地水准面的确定[M]. 武汉:武汉大学出版社,2003

[44]李庆海,崔春芳. 卫星大地测量原理[M]. 北京:测绘出版社,1989

[45]李淑慧. 整周模糊度搜索方法的比较研究[D]. 武汉:武汉大学,2002

[46]李天文. GPS 原理及应用[M]. 北京:科学出版社,2003

[47]李英冰. 固体地球的环境变化响应[D]. 武汉:武汉大学, 2003

[48]李毓麟,等. GPS 测量成果分析[J]. 测绘通报,1990(6)

[49]李征航，张小红,朱智勤. 利用 GPS 进行高精度变形监测的新模型[J]. 测绘学报，2002(3):206-210

[50]李征航,包满泰,叶乐安. 利用 GPS 测量和水准测量精确确定局部地区的似大地水准面[J]. 测绘通报,1994(6):7-12

[51]李征航,陈锴,刘万科,黄欢.顾及 f^3 项的电离层延迟模型[J].武汉大学学报(信息科学版),2007,32(2):139-143

[52]李征航,魏二虎,王正涛,等.空间大地测量学[M].武汉:武汉大学出版社,2010

[53]李征航,丁文武,李昭.广播星历的轨道误差分析[J].大地测量与地球动力学,2008,28(1):50-54

[54]李征航,李会青. 几种常用气象元素获取法的比较[J]. 武测科技,1993(1):9-15

[55]李征航,刘志赵,王泽民. 利用 GPS 定位技术进行大坝变形观测的研究[J]. 武汉水利电力大学学报,1996(6)

[56]李征航,刘志赵,张小红. 提高 GPS 大坝变形监测精度的一种有效方法[J]. 武汉测绘科技大学学报,1998(增刊):15-19

[57]李征航,王泽民,等. 利用 GPS 在短基线上进行亚毫米级定位[J]. 武汉测绘科技大学学报,1998(增刊):9-14

[58]李征航,徐德宝,等. 空间大地测量理论基础[M]. 武汉:武汉测绘科技大学出版社,1998

[59]李征航,徐晓华,罗佳. 利用 GPS 观测反演三峡地区对流层湿延迟的分布与变化[J]. 武汉大学学报(信息科学版),2003(4):393-396

[60]李征航,徐晓华. GPS 气象学[J]. 测绘信息与工程,2003(2):29-33

[61]李征航,叶乐安. 沧州市 GPS 城市控制网的建立[J]. 测绘通报,1991(4):14-19

[62]李征航,张小红,等.卫星导航定位新技术及高精度数据处理方法[M].武汉:武汉大学出版社,2009

[63]李征航,张小红,徐晓华. 隔河岩大坝变形 GPS 自动监测系统的精度评定[J].哈尔滨工程高等专科学校学报,2000,11(3):1-6

[64]李征航. AS 技术与 GPS 接收机技术的发展[J]. 武测科技,1995(4):42-48

[65]李征航. GPS 测高精度的研究[J]. 武汉测绘科技大学学报,1993,18(3):67-73

[66]李征航. GPS 定位技术在变形监测中的应用[J]. 全球定位系统,2001(2):18-25

[67]李征航. GPS 相对定位中气象误差的影响[J]. 测绘通报,1993(2):3-9

[68]李征航. 利用 GPS 进行垂直形变测量的精度分析. 测绘遥感信息工程国家重点实验室,1993—1994 年年报:126-134

[69]李征航. 三种不同层次的 GPS 接收机检验法[J]. 武测科技,1994(1):10-14

[70]刘大杰,刘经南. GPS 地面测量的三维联合平差[J]. 测绘学报,1994(1)

[71]刘大杰,施一民,过静珺. 全球定位系统(GPS)的原理与数据处理[M]. 上海:同济大学出版社,1996

[72]刘晖.地球空间信息网格及其在连续运行参考站网络中的应用研究[D]. 武汉:武汉大学, 2005

[73]刘基余,李征航,等. 全球定位系统原理及其应用[M]. 北京:测绘出版社,1993

[74]刘基余. GPS 卫星导航定位原理与方法[M]. 北京:科学出版社,2003

[75]刘经南,陈俊勇,等. 广域差分 GPS 原理和方法[M]. 北京:测绘出版社,1999

[76]刘经南,刘晖. 连续运行卫星定位服务系统——城市空间数据的基础设施[J]. 武汉大学学报(信息科学版),2003(3):259-264

[77]刘经南,吴素芹. GPS 控制网基准优化方案[C]. 大地测量学术年会论文,1991

[78]刘经南,叶世榕. GPS 非差相位精密单点定位技术探讨[J]. 武汉大学学报(信息科学版),2002(3):234-240

[79]刘林. 人造地球卫星轨道力学[M]. 北京:高等教育出版社,1992

[80]刘祥林,袁建平,罗建军. 卫星导航系统的发展及我国发展卫星导航系统的建议,1999

[81]柳景斌. Galieo 卫星导航定位系统及其应用研究[D]. 武汉:武汉大学,2004

[82]柳响林. GPS 动态定位的质量控制与随机模型精化[D]. 武汉:武汉大学,2002

[83]陆仲连,吴晓平.人造地球卫星与地球重力场[M]. 北京:测绘出版社,1994

[84]聂桂根,刘经南. GPS 测时在电力系统中的应用[J]. 武汉大学学报(信息科学版),2002(2):153-157

[85]聂桂根. 高精度 GPS 测时与时间传递的误差分析及应用研究[D]. 武汉:武汉大学, 2002

[86]宁津生, 罗志才,等. 深圳市 1km 高分辨率厘米级高精度大地水准面的确定[J]. 测绘学报,2003(2):102-107

[87]宁津生,等.现代大地测量理论与技术[M].武汉:武汉大学出版社,2006

[88]帕金森 B W,等. 导航星全球定位系统[M]. 曲广吉,等译. 北京:测绘出版社,1983

[89]钱天爵,瞿学林. GPS 全球定位系统[M]. 北京:海军出版社,1989

[90]秦显平,杨元喜,等.利用 SLR 与伪距资料综合定轨[J]. 武汉大学学报(信息科学版),2003(6):745-758

[91]曲建光. 利用 GPS 测量数据推算大气水汽含量[D]. 武汉:武汉测绘科技大学, 1999

[92]日本测地学会. GPS 人造卫星精密定位系统[M]. 顾国华等译. 北京:地震出版社,1989

[93]Remondi B W. 利用 GPS 相位观测值进行相对大地测量[M]. 吴延忠译. 北京:解放军出版社,1987

[94]Seeber G. 卫星大地测量学[M]. 赖锡安,等译. 北京:地震出版社,1998

[95]施闯,刘经南,姚宜斌. 高精度 GPS 网数据处理中的系统误差分析[J].武汉大学学报(信息科学版),2002(2):148-152

[96]施闯. 大规模高精度 GPS 网平差处理与分析理论及其应用[D]. 武汉:武汉测绘科技大学,1999

[97]施品浩. GPS 接收机天线装置定向标志线及平均相位中心参数的检测[J].武汉测

绘科技大学学报,1990(1)

[98]施品浩. 无初始化动态 GPS 测量——介绍 SKI 软件家族中的新成员 AROF[J].导航,1994(1)

[99]宋成骅,汪鸿生,谢世杰. 卫星多普勒定位测量[M]. 北京:测绘出版社,1987

[100]宋成骅,许才军,刘经南,等. 1998 青藏高原块体相对运动模型的 GPS 方法确定与分析[J]. 武汉测绘科技大学学报,1998(1):21-25

[101]苏继杰,李征航. GPS 人为干扰研究[J]. 航天电子对抗,2002(4):17-20

[102]苏继杰. 杂波干扰对 GPS 影响的研究[D].武汉:武汉测绘科技大学, 2000

[103]陶本藻. GPS 水准似大地水准面拟合和正常高估算[J]. 测绘通报,1992(4)

[104]陶本藻. 自由网平差与变形分析[M]. 武汉:武汉测绘科技大学出版社,1984

[105]田泽海. 提高 GPS 高程方向精度的研究[D]. 武汉:武汉大学,2003

[106]王爱朝. GPS 动态定位的理论研究[D]. 武汉:武汉测绘科技大学, 1995

[107]王广运,陈增强,等. GPS 精密测地系统原理[M]. 北京:测绘出版社,1988

[108]王广运,郭秉义,李洪涛. 差分 GPS 定位技术与应用[M]. 北京:电子工业出版社,1996

[109]王广运,李洪涛. 提高 GPS 信号接收机 C/A 码的测量精度[J].导航,1994(2)

[110]王惠南. GPS 导航原理与应用[M]. 北京:科学出版社,2003

[111]王解先. GPS 精密定轨定位[M]. 上海:同济大学出版社,1997

[112]王昆杰,王跃虎,李征航. 卫星大地测量学[M]. 北京:测绘出版社,1990

[113]王泽民,柳景斌.Galileo 卫星定位系统相位组合观测值的模型研究[J]. 武汉大学学报(信息科学版),2003(6):723-727

[114]王振杰. 大地测量中不适定问题的正则化解法研究[D]. 武汉:中国科学院测量与地球物理研究所,2003

[115]韦耿. 基于小波分析的 GPS 信号周跳检测及修复[D]. 武汉:武汉大学,2002

[116]魏子卿,葛茂荣. GPS 相对定位的数学模型[M]. 北京:测绘出版社,1998

[117]魏子卿,王刚. 用地球位模型和 GPS/水准数据确定我国大陆似大地水准面[J]. 测绘学报,2003(1):1-5

[118]吴北平. GPS 网络 RTK 定位原理与数学模型研究[D]. 武汉:武汉大学,2003

[119]吴守贤,漆贯荣,边玉敬.时间测量[M].北京:测绘出版社,1983

[120]武汉测绘科技大学测量平差教研室. 测量平差基础[M]. 北京:测绘出版社,1996

[121]武汉大学测绘学院卫星应用工程研究所. 卫星应用概论, 2003

[122]夏林元. GPS 观测值中多路径理论研究及数值结果[D]. 武汉:武汉大学,2001

[123]肖云. 利用 GPS 确定航空重力测量载体运动姿态的理论与方法[D]. 武汉:武汉测绘科技大学,2000

[124]谢世杰. 论 GPS 测量中的多径误差[C].GPS 技术应用论文集,1995

[125]徐绍铨, 张华海, 杨志强, 等. GPS 测量原理及应用[M]. 武汉:武汉大学出版社,2008

[126]徐绍铨,吴祖仰. 大地测量学[M]. 武汉:武汉测绘科技大学出版社,1996

[127]徐晓华, 李征航. GPS 气象学研究的最新进展[J]. 黑龙江工程学院学报,2002,26(1):14-18

[128]徐晓华. 利用 GNSS 无线电掩星技术探测地球大气的研究[D]. 武汉:武汉大学,2003

[129]许其凤,等. GPS 一级网的施测与数据处理[C]. 大地测量专业学术研讨会,无锡,1992

[130]许其凤. GPS 卫星导航与精密定位[M]. 北京:解放军出版社,1989

[131]许尤楠. GPS 卫星的精密定轨[M]. 北京:解放军出版社,1989

[132]杨剑. 利用 GPS 三频组合观测值求解模糊度理论及算法研究[D]. 武汉:武汉大学,2004

[133]易照华. 天体力学引论[M].北京:科学出版社,1978

[134]余学祥. GPS 变形监测信息提取方法的研究与软件研制[D]. 武汉:武汉大学,2002

[135]於宗俦,鲁林成. 测量平差基础[M]. 北京:测绘出版社,1983

[136]翟造成.原子时标技术进展[J].世界科技研究与发展,2006,28(3):63-69

[137]张波. 削弱 GPS 多路径效应的实用研究[D]. 武汉:武汉大学,2002

[138]张建军. 利用 GPS 建立区域性电离层模型[D]. 武汉:武汉测绘科技大学, 1996

[139]张健. 利用 GPS 对太阳耀斑电离层响应监测的研究[D]. 武汉:中国科学院测量与地球物理研究所, 2002

[140]张鹏. GPS 实时精密星历确定方法与软件研究[D]. 武汉:武汉测绘科技大学,2000

[141]张勤,李家权,等.GPS 测量原理及应用[M].北京:科学出版社,2005

[142]张勤,李家权. 全球定位系统(GPS)测量原理及其数据处理基础[M]. 西安:西安地图出版社, 2000

[143]张勤. 非线性最小二乘理论及其在 GPS 定位中的应用研究[D]. 武汉:武汉大学,2002

[144]张献洲. 组合动态定位系统及其在铁路运输中应用的研究[D]. 武汉:武汉大学, 2001

[145]张小红, 李征航, 徐绍铨. 高精度 GPS 变形监测的新方法及模型研究[J]. 武汉大学学报(信息科学版),2001(5):451-454

[146]张永军. GPS/GLONASS 高精度相对定位数据处理软件研究[D]. 武汉:武汉测绘科技大学 ,2000

[147]章红平. 利用地基 GPS 数据估计大气可降水分[D]. 武汉:武汉大学,2003

[148]赵晓峰. 区域性电离层格网模型建立方法的研究[D] .武汉:武汉大学,2003

[149]郑祖良. 大地坐标系的建立与统一[M]. 北京:解放军出版社,1993

[150]中华人民共和国国家质量监督检验检疫总局. 中国国家标准化管理委员会. 全球定位系统(GPS)测量规范. 中华人民共和国国家标准, GB/T 18314—2009, 北京:中国标准

出版社,2009

[151]中华人民共和国建设部.全球定位系统城市测量技术规程(CJJ73-97)[M].北京:中国建设工业出版社,1997

[152]钟义信. 伪噪声编码通信[M]. 北京:人民邮电出版社,1979

[153]周忠谟,晁定波. 论卫星网与地面网在高斯平面坐标系统中的联合平差问题[J]. 武汉测绘科技大学学报,1991(4)

[154]周忠谟,晁定波.基于卫星网的位置基准及其对联合平差的影响[J]. 测绘学报,1991(4)

[155]周忠谟,易杰军,周琪 . GPS 卫星测量原理与应用[M]. 北京:测绘出版社,1992(第 1 版),1997(第 2 版)

[156]周忠谟. 地面网与卫星网之间转换的数学模型[M]. 北京:测绘出版社,1984

[157]周忠谟. 关于 GPS 偏心观测的归心问题[J]. 测绘科技动态,1994(1)

[158]朱华统. 常用大地坐标系及其变换[M]. 北京:解放军出版社,1990

[159]朱华统. 大地坐标系的建立[M]. 北京:测绘出版社,1986

[160]朱华统. 海军导航卫星系统和全球定位系统的卫星基准[C]. 大地测量综合学术年会,1991

[161]Ashjaee J. An Analysis of Y code Tracking Techniques and Associated Technologies. GIM 1993,7

[162]Bagley C L C, Lamons J W. Navstar Joint Program Office and a Status Report on the GPS Program[C]. The 6th International Geodetic Symposium on Satellite Positioning,Ohio, 1992

[163]Boehm J, Niell A, Tregoning P, Schuh H.Global Mapping Function(GMF):A New Empirical Mapping Function Based on Numerical Weather Model Data[J].Geophys Res Lett, 2006, 33:L07304

[164]Boucher C, Altamimi Z, Sillard P, Feissel-Vernier M. The ITRF2000, IERS Technical Note No.31

[165]Brunner F K, Gu Min. An inmproved Model for the Dual Frequency Ionospheric Correction of GPS Observations[J].Manuscripta Geodetic, 1991, 16:205-214

[166]Brunner F K,Gu Min. An Improved Modal for Dual Frequency Ionospheric Correction of GPS Observation[J]. Manuscripta Geodaetica, 1991,16:205-214

[167]Cannon E, et al. Recovery of a 1700km Baseline Using Dual Frequency GPS Carrier Phase Measurement[C]. The 1th International Symposium on Precise Position with the Global Position System ,Washington D C, 1985

[168]Cannon M E, et al. Kinematics position with GPS: An Analysis of Road Tests[C]. The 4th International Geodetics Symposium on Satellite Position, Texas, 1986

[169]Capitaine N, Wallace P T, Chapront J. Expressions for IAU 2000 Precession Quantities[J]. Astronomy and Astrophysics, 2003, 412:567-586

[170]Chao, et al. An Algorithm for Inter-frequency Bias Calibration and Application to WAAS Ionospheric Modeling[C]. ION GPS-95, 1995

[171] Clynch J R. Datums-Map Coordinate Reference Frames. White Paper of Naval Postgraduate School, 2002

[172] Clynch J R. What Datum Am I On. White Paper of Naval Postgraduate School, 2003

[173] Committee on Geodesy. Commission on physical Science. Mathematics and Resource, National Research Council: Geodesy—A look to the Future, 1986

[174] Decker B L. World Geodetic System 1984[C]. The 4th International Geodetics Symposium on Satellite Position, Texas, 1986

[175] Department of Defense World Geodetic System, NIMA TR8350. 2, Third Edition, 2000

[176] Eastwood R A. An Integrated GPS/GLONASS Receiver[J]. Navigation, 1990(2): 141-151

[177] El-Rabbany A. Introduction to GPS: The Global Positioning System[J]. Artech House, 2002

[178] ERIC WEISSTEIN'S World of Astronomy. http://scienceworld. wolfram. com/astronomy/

[179] Fell P J.Transit and GPS—a Report on Geodetic Position Activities .Bulletin

[180] Geodesique, 1986: 181-192

[181] Georgiadou Y. Doucent K D. The Issue of Selective Availability[J]. GPS World, 1990(5):53-56

[182] Georgiadou Y. Kleusberg A. On Carrier Signal Multipath Effects in Relative GPS Position[J].Manuscripta Geodatica, 1988, 13: 172-179

[183] Gurtner W. RINEX-The Receiver Independent Exchange Format Version 2.10[OL]. ftp://igscb.jpl.nasa.gov/pub/data/format/rinex210.txt, 2002

[184] Han Shaowei. Garrier Phase-Based Long-Range GPS Kinematic Positioning. School of Geomatic Engineering The University of New Southwales, 1997

[185] Hilton J L, et al. Report of the International Astronomical Union Division I Working Group on Precession and the Ecliptic[J]. Celestial Mechanics and Dynamical Astronomy, 2006, 94(3):351-367

[186] Hofmann-Wellenhof B, Lichtenegger H, Collins J. Global Positioning System Theory and Practice[M]. New York: Springer Wien, 1997

[187] IS-GPS-705, 2009

[188] Kim D, Langley R B. GPS Ambiguity Resolution and Validation: Methodologies, Trends and Issues[C]. The 7th GNSS Workshop-International Symposium on GPS/GNSS, Seoul, Korea, 2000

[189] Kleusberg A, Langley R B. The Limitation of GPS[J].GPS World, 1990(2):50-52

[190] Kleusberg A, Teunissen P J G. GPS for Geodesy[M]. Springer-Verlag Telos, 1996

[191] Klobuchar G.Ionospheric Effect on GPS[J]. GPS World, 1991(4): 48-51

[192] Lachapelle G, et al. High Precision C/A Code Technology for Rapid static DGPS

Survey[C]. The 6th International Geodetic Symposium on Satellite Position ,Ohio, 1992

[193]Langley R B. Why is the GPS Signal so Complex? [J].GPS world, 1990(3): 56-59

[194]Leick A. GPS Satellite Surveying[M]. John Wiley and Sons,1990

[195] McCarthy D D, Petit G. IERS Conventions (2003). IERS Technical Note No. 31, 2003

[196]Merrigan M J, Swift E R, Wong R F, Saffel J T. A Refinement to the World Geodetic System 1984 Reference Frame[C]. ION-GPS-2002, Portland, OR, 2002

[197]Mitrikas V V, et al. WGS 84/PZ 90 Transformation Parameters Determination Based Laser And Ephemeris Mueller T. Wide Area Differential GPS[J].GPS World, 1994(6): 36-44

[198]Parkinson B W, et al. Global Positioning System: Theory and Applications. American Institute of Aeronautics and Astronautics, Inc, 1996

[199]Possible Weighting Schemes for GPS Carrier Phase Observations in the Presence of Multipath.Technical Paper of University of New Brunswick, 1999

[200]Remondi B W. The NGS GPS Orbital Formats[OL]. http://www.ngs.noaa.gov/GPS/Utilities/format.txt, 1994

[201]Remondi W. Performing Centimeter-level Surveys in Seconds with GPS Carrier phase: Initial Results Journal of the Institute of Navigation, 32(4)

[202]Rizos C. Principles and Practice of GPS Surveying[OL]. http://www.gmat.unsw.edu.au/snap/gps/gps _ survey/principles _ gps.htm, 1999

[203]Roken C, Meertens C. Monitoring Selective Availability Dither Frequencies and Their Effect on GPS Data[J]. Bulletin Geodesique, 1991,65:162-169

[204]Rothacher M, Schmid R.ANTEN:The Antenna Exchange Format Version 1.3, 2006

[205]Schwarz K P. Kinematic Position—Efficient New Tool for Surveying[J].Journal of Surveying Engineering, 1990(4): 181-192

[206]Schüler T. On Ground-Based GPS Tropospheric Delay Estimation[D]. Universität der Bundeswehr Mchen, 2001

[207]Space and Missile System Center. Navstar GPS Joint Program Office. Navstar GPS Space Segment/Navigation User Interfaces(IS-GPS-200D), 2004

[208]Spofford P R, Remondi B W. The National Geodetic Survey Standard GPS Format SP3[OL], ftp://igscb.jpl.nasa.gov/pub/data/format/sp3_docu.txt

[209] Wells D E, et al. Guide to GPS Positioning University of New Burnswick, Canada,1997

[210]Wells D, Kleusberg A. A Multipurpose System[J]. GPS World ,1990(1): 60-64

[211] Witchayangkoon B. Elements of GPS Precise Point Positioning[D]. The Graduate School of The University of Maine, 2000

[212] Wooden W H. NAVSTAR Global Position System [C]. The 1th International Symposium on Precise Position with the Global Position System,Washington D C,1985

[213]Wu J T, et al.Effect of Antenna Orientation on GPS carrier Phase[J].Manuscripta

Geodatica, 1993, 18(2):91-98

[214]朱智勤. 全球定位系统进行变形监测的新方法、模型及软件研究[D]. 武汉:武汉大学,2002

[215]于兴旺. 多频 GNSS 精密定位理论与方法研究[D]. 武汉:武汉大学,2011

[216]耿长江. 广域实时精密定位系统关键技术及其应用研究[D]. 武汉:武汉大学,2011

[217]黄丁发, 周乐韬,李成钢,等. GPS 增强系统站网络理论[M]. 北京:科学出版社,2011

[218]张绍成.基于 GPS/GLONASS 集成的 CORS 网络建模与 RTK 算法实施[D].武汉:武汉大学,2010

[219] Interface Specification. IS-GPS-200 Revision E: Navstar GPS Space Segment/Navigation User Interfaces[2010-06-08]

[220] Interface Specification. IS-GPS-705 Revision A: Navstar GPS Space Segment/User Segment L5 Interfaces[2010-06-08]

[221] Interface Specification. IS-GPS-800 Revision A: Navstar GPS Space Segment/User Segment L1C Interfaces[2010-06-08]

[222] Gold R. Optimal binary sequences for spread spectrum multiplexing [J]. IEEE Transactions on Information Theory, 1967,17(13):619-621

[223]Kai Borre., Dennis M. Akos, 等. 杨凯东等,译. 软件定义的 GPS 和伽利略接收机[M]. 北京:国防工业出版社,2009

[224]Pratap Misra, Per Enge. 著,罗鸣,曹冲等,译. 全球定位系统——信号、测量与性能(第二版)[M]. 北京:电子工业出版社,2008

[225]李征航,张小红,等. 卫星导航定位新技术及高精度数据处理方法[M]. 武汉:武汉大学出版社,2009

[226]范千. GPS 网络 RTK 定位技术算法研究与程序实现[D]. 武汉:武汉大学,2009

[227]Mueller T. Minimum Variance Network DGPS Algorithm[J]. Position Location and Navigation Symposium, 1994

[228]李征航,屈小川. 全球定位系统的新进展讲座:第 1 讲 导航电文结构的变化和参数的转化[J]. 测绘信息与工程. Vol.37, No.1, 2012

[229]李征航,屈小川. 全球定位系统的新进展讲座:第 2 讲 导航电文新增参数及相应的算法[J]. 测绘信息与工程. Vol.37, No.2, 2012

[230]李征航,龚晓颖. 全球定位系统的新进展讲座:第 3 讲 GPS 中的民用测距码[J]. 测绘信息与工程. Vol.37, No.3, 2012

[231]李征航,龚晓颖. 全球定位系统的新进展讲座:第 4 讲 信号的内部时延及其对钟差的影响[J]. 测绘信息与工程. Vol.37, No.4, 2012

[232]李征航,龚晓颖. 全球定位系统的新进展讲座:第 5 讲 信号时延对电离层延迟的影响[J]. 测绘信息与工程. Vol.37, No.5, 2012

[233]李征航,屈小川. 全球定位系统的新进展讲座:第 6 讲 广域实时精密定位技术

和濒电离层延迟改正[J]. 测绘信息与工程. Vol.37, No.6, 2012

[234]中国卫星导航系统管理办公室. 北斗卫星导航系统发展报告(2.0 版)[R]. 2012,5

[235]中国卫星导航系统管理办公室. 北斗卫星导航系统空间信号接口控制文件. 公开服务信号 BI1(1.0 版). 2012,12

[236]杨元喜. 北斗卫星导航系统的进展——贡献与挑战[J]. 测绘学报,2010,39(1)

[237] He-Chin Chen, 等. The Performance Comparison between GPS and Beidou-2/Compass: A Perspective from Asia. Journal of Chinese Institute of Engineers, 2009, 32(5)

[238]刘天旻. 北斗卫星导航系统 BI 频段信号分析研究[D]. 上海:上海交通大学,2013

[239]Oliver Montenbruck, Peter Steigenberger, Peter Teunissen. Initial Assessment of the Compass/Beidou-2 Regional Navigation Satellite System. GPS Solution, D01 10 1007/s-10291-012-0272-x.2012

[240]Han C, Yang Y, Cai Z(2011) Beidou navigation satellite system and its timescales. Metrologia 48:S213-S218.doi:10.1088/0026-1394/48/4/S13.

[241]Rochat P(2010)Onboard atomic clocks in global navigation satellite system, SATW Congress 2010, 11 Nov. 2010, Zurich, Switzerland, Schweizerische Akademie der Technischen Wissenschaften

[242]吴涛. QPSK 调制解调器的设计及 FPGA 系统[D]. 南京:南京理工大学硕士论文,2010

[243] Linfeng Zhang, Zheng Yao, Yonglian Zheng, et al. Simulation and Analysis of Satellite Visibility and Dop for Multi-Constellation and Their Combinations

[244]Teunissen, P. Least-square estimation of the integer GPS ambiguities. In IAG General Meeting. Invited Lecture. Section IV Theory and Methodology, 1993

[245]Teunissen, P.J.G. A new method for fast carrier phase ambiguity estimation[C]// Proceedings of IEEE Position, Location and Navigation Symposium. IEEE, Inc., New York, USA, 1994: 562-573